AF626085

Jetzt helfe ich mir selbst

Motor
buch
Verlag

Umschlagentwurf und Buchgestaltung: Anita Ament.
Umschlagfoto: Archiv der Daimler AG.

ISBN 978-3-613-01156-4

6. Auflage 2011

Sie finden uns im Internet unter www.motorbuch-verlag.de

Alle Angaben und Tipps in diesem Ratgeber wurden nach bestem Wissen und Gewissen erteilt. Eine Haftung der Autoren oder des Verlages und seiner Beauftragten ist ausgeschlossen.
Der Inhalt dieses Bands entspricht dem Kenntnisstand zum Zeitpunkt der Drucklegung der Erstauflage. Abweichungen durch Weiterentwicklung der beschriebenen Fahrzeuge, geänderte Anweisungen des Fahrzeugherstellers bzw. neue gesetzliche Bestimmungen sind möglich.

Manuskriptbearbeitung: Redaktion »Jetzt helfe ich mir selbst«
Fotos: Axmann 258, Mercedes-Benz 48.
Zeichnungen: Daimler-Benz, Archiv Verfasser 7, autopress 1, Axmann 4, BMW 1, Bosch 3, Lautenschlager 3, Mercedes-Benz 155, Opel 2, Oris 1.

Druck und Bindung: KN Digital Printforce GmbH, Schockenriedstr. 37, 70565 Stuttgart.
Printed in Germany

Dieter Korp
Gerhard Axmann

Mercedes-Benz 200/200 E/230 E 260 E/280 E/300 E 300 E-24/320 E

Dezember '84 bis Juni '93

E 200/220/280/320

Juli '93 bis Juni '95

Motorbuch Verlag Stuttgart

Inhaltsverzeichnis

Sie finden in diesem Buch

Seite

Seite

Vorwort

Einstimmung

Nachdem unsere Buchreihe »Jetzt helfe ich mir selbst« nun in ihr drittes Jahrzehnt geht – wohl ein Zeichen der Bewährung –, wurde sie vollständig überarbeitet und erweitert. Damit wollen wir der Tatsache Rechnung tragen, daß der technische Sachverstand und die praktischen Fähigkeiten vieler Autofahrer/-innen mit den Jahren stark zugenommen haben. Auf zweierlei Weise soll der vorliegende Band den Anforderungen genügen:

□ Die gesamte Autotechnik wird erklärt. Hier wird mancher Besitzer staunen, wieviel moderne Technik er mit dem Mercedes gekauft hat. Erwähnen wir hier nur so interessante Funktionsbeschreibungen wie ABS, Gurtstraffer, Einspritzung, Kennfeldzündung, ASD, 4MATIC und Abgas-Entgiftung. Selbst wenn Sie nicht zum Werkzeug greifen wollen, kann das erworbene Wissen bei Verhandlungen mit der Werkstatt oder bei der Fehlersuche hilfreich sein. Oder es dient einfach der persönlichen Weiterbildung in Sachen Fahrzeugtechnik.

□ Alle erforderlichen Wartungsarbeiten sind beschrieben. Die »Selbsthelfer-Ampel« im Wartungsplan gibt Hinweise über den Schwierigkeitsgrad der Arbeit.

Eine Vielzahl aller erdenklicher Prüf- und Reparaturarbeiten ist beschrieben. Beim Arbeiten werden auch geübte und sachkundig gewordene Selbstpfleger nicht auf die gegebenen Tips und Ratschläge verzichten wollen.

Damit Sie sich nun schnell im Buch zurechtfinden, hier einige Hinweise:

□ Im Inhaltsverzeichnis auf den vorangegangenen Seiten ist bereits eine kleine Auswahl der Stichworte herausgegriffen, die im einzelnen Kapitel zur Sprache kommen.

□ Innen auf der hinteren Umschlagseite finden Sie den Wartungsplan. Regelmäßige Kontrollen müssen von allen durchgeführt werden. Wer sein Fahrzeug selbst wartet, muß auch die anderen Punkte im Auge haben.

□ Auf Seite 251 finden Sie eine Auflistung der Störungsbeistände. Diese sollen Sie schnell auf Fehlerquellen hinführen.

□ Stichwortverzeichnis auf Seite 294.

□ Motorraum-Bildseiten ab Seite 9 und ab Seite 262.

□ Ebenfalls der besseren Orientierung dient die Buchgestaltung auf die einzelnen Seiten. So erscheinen reine Arbeitsschritte Punkt für Punkt zweispaltig.

An dieser Stelle noch ein herzliches Dankeschön an all die hilfsbereiten Mitmenschen aus der Autombilbranche, die mit Rat zum Gelingen des Buches beigetragen haben.

Die Verfasser

Plansoll

Zuverlässigkeit und Fahrsicherheit erfordern Pflege und Wartung. Je nach Beanspruchung des Bauteiles muß der Verschleißzustand immer wieder überprüft werden und der Austausch muß rechtzeitig erfolgen.

Wartungs-intervalle

Ein sogenannter **Pflegedienst** (Öl- und Filterwechsel) ist bis 6/93 alle 10 000 km und ab 7/93 alle 15 000 km durchzuführen. Zum **Wartungsdienst**, auch großer Kundendienst oder große Inspektion genannt, muß man mit einem bis 6/93 gebauten Mercedes alle 20 000 km, bei den neueren Modellen nur noch alle 30 000 km. Nach 60 000 km werden Zusatzarbeiten erforderlich. Da auch ein wenig gefahrenes Fahrzeug altert, sollte unabhängig von der Kilometerleistung mindestens einmal jährlich das Motoröll gewechselt werden und spätestens nach zwei Jahren ein Wartungsdienst erfolgen.

Wartungsplan für den Selbsthelfer

Innen auf der hinteren Umschlagseite finden Sie den Wartungsplan. Kommt Ihnen dieser Plan auf den ersten Blick lang und arbeitsintensiv vor? Lassen Sie sich nicht beeindrucken, denn wenn Sie Ihren Wagen erst ein- oder zweimal stur nach Liste gewartet haben, werden Sie feststellen, daß die meisten Punkte mit wenigen Handgriffen erledigt werden können. Schlagen Sie dazu die hintere Umschlagseite auf oder kopieren Sie sich den Wartungsplan, damit Sie jeden Punkt gleich streichen können, nachdem die Wartungsarbeit durchgeführt wurde.
Ganz oben im Wartungsplan finden Sie einige Arbeiten unter der Überschrift **»Ständige Kontrollen«** aufgeführt. Diese Punkte unbedingt immer wieder durchführen. Dies muß eigentlich jeder bewerkstelligen können, der sich hinter ein Lenkrad setzt.

Wer soll was machen?

Fast alle Wartungsarbeiten am Mercedes können Sie selbst ausführen. Die »Selbsthelfer-Ampel« weist Ihnen dabei den richtigen Weg:
Grün: Freie Fahrt für den Selbsthelfer. Diese Arbeit können Sie mit den Kenntnissen aus diesem Buch fachgerecht durchführen und Geld sparen.
Gelb: Die Arbeit ist zwar nicht schwierig, doch es fehlen meist die nötigen Einrichtungen. In diesem Fall sind Sie an der Tankstelle am besten aufgehoben.
Rot: Halt, hier lassen Sie am besten die Werkstatt ran. Spezielle Werkzeuge oder Meßgeräte sind erforderlich. Der Aufwand an Eigenarbeit lohnt sich nicht, weil die Werkstatt wesentlich schneller arbeitet oder weitergehende Kenntnisse erforderlich sind.

Einschränkungen innerhalb der Garantiezeit

Solange Ihr Wagen jünger als ein Jahr ist oder wenn ein Austauschmotor eingebaut wurde, verlangt das Werk, daß die Wartungsarbeiten termingerecht in einer Mercedes-Werkstatt erledigt werden. Andernfalls können auch berechtigte Garantieansprüche abgelehnt werden.

Wartungspakete

Verschiedene Werkstätten bieten eine Reihe von Einzelleistungs-Paketen an, die sich meist auf bestimmte Fahrzeugteile beschränken. Es gibt z. B. den Hohlraum-, den Unterbodenschutz-, Bremsen-, Auspuff-, Stoßdämpfer- und den TÜV-Service.
Bei solchen Wartungspaketen kommt der Preis der Ersatzteile grundsätzlich noch dazu. Lassen Sie sich nicht vom niedrigen Lockpreis blenden, sondern verlangen Sie einen Kostenvoranschlag.

Motorraumbild Typ 200

Vergasergeneration

Was unter der Motorhaube des Mercedes 200 mit dem elektronischen 2-E-E-Vergaser zu finden ist, wurde hier bezeichnet. Es bedeuten: 1 – Ausgleichsbehälter des Kühlsystems; 2 – Verschlußdeckel; 3 – Steckverbindung (Koaxial) einer Drehzahlfühlerleitung; 4 – Prüfkupplung für Diagnose (ASD, 4MATIC); 5 – Duoventil; 6 – Kunstoffabdeckung vor elektronischen Geräten; 7 – Abdeckung am Lufteintritt; 8 – Getriebekopf des Scheibenwischers; 9 – Kühlmittelleitung zur Heizung; 10 – Ölfilter; 11 – Bremskraftverstärker mit Hauptbremszylinder und Bremsflüssigkeitsbehälter; 12 – Relaiskasten; 13 – Sicherungskasten; 14 – Vordrosselsteller; 15 – Vergaser; 16 – Drosselklappenansteller; 17 – Ölmeßstab; 18 – Öleinfülldeckel; 19 – Benzinpumpe; 20 – Aktivkohlebehälter für Schwimmerkammer; 21 – Zündschaltgerät; 22 – Diagnosedose; 23 – Hydraulikeinheit (ABS); 24 – Zündspule; 25 – Ölpumpe und Vorratsbehälter für Servolenkung; 26 – Kühler; 27 - Lüfterhaupe; 28 – Druckölpume für Niveauregelung und ASD; 29 – Druckölleitung; 30 – Saugleitung (druckloser Zulauf); 31 – Warmluftsammelblech; 32 – Vorratsbehälter für Hydrauliköl; 33 – Waschwasserbehälter
Weitere Teile siehe andere Motorraumbilder.

Motorraumbild Typ 230 E

Vierzylinder-Einspritzer

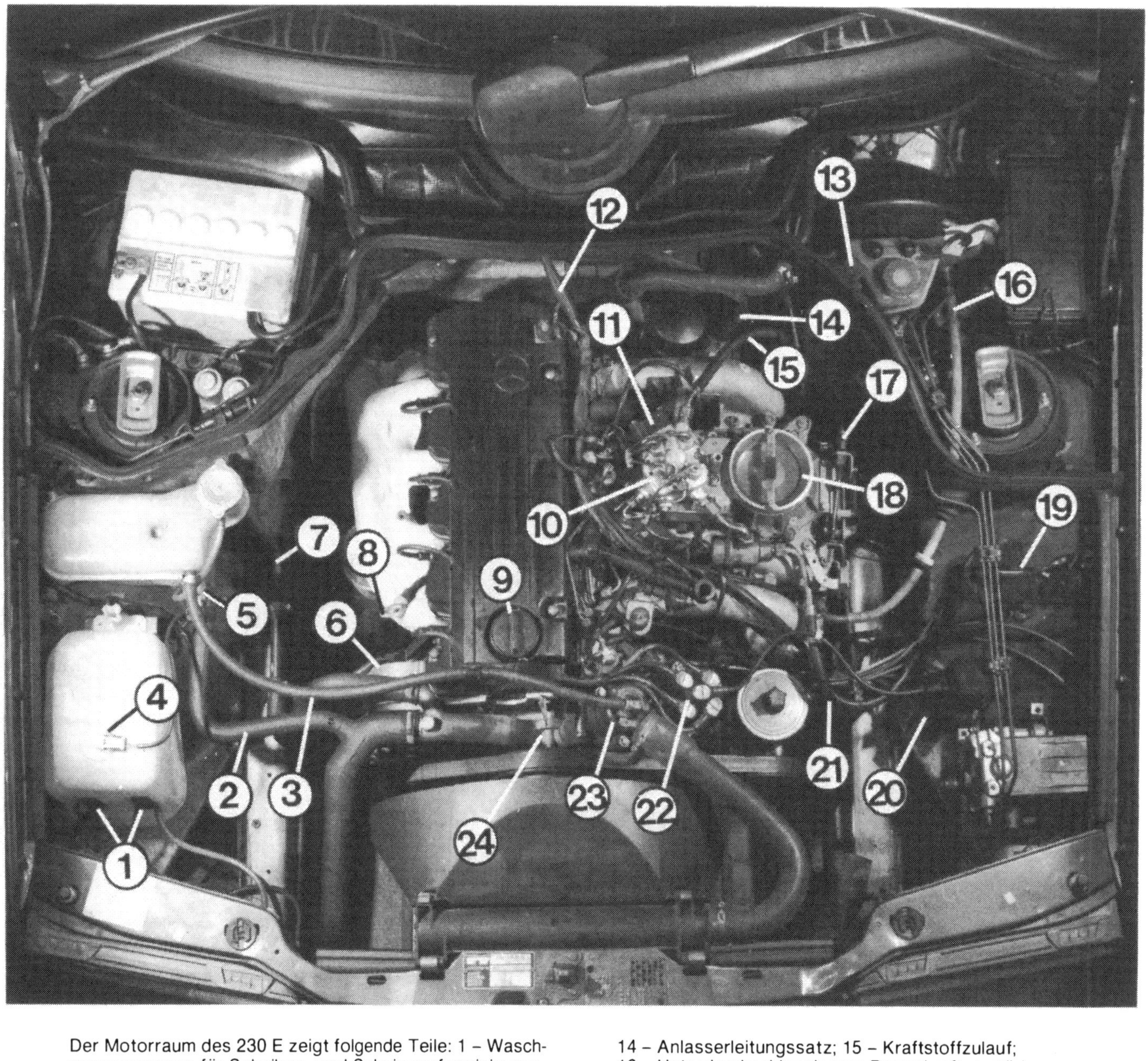

Der Motorraum des 230 E zeigt folgende Teile: 1 – Waschwasserpumpen für Scheiben- und Scheinwerferreinigung; 2 – Ausgleichsleitung für Kühlmittel; 3 – Entlüftungsleitung; 4 – Geber für Waschwasserstand; 5 – Geber für Kühlmittelstand; 6 – Lichtmaschine; 7 – Kühlmittelrücklauf von der Heizung; 8 – Ölmeßstab; 9 – Öleinfülldeckel; 10 – Kraftstoffmengenteiler; 11 – Stellglied; 12 – Motorleitungssatz; 13 – Steckverbindung X 27 (Seite 213); 14 – Anlasserleitungssatz; 15 – Kraftstoffzulauf; 16 – Unterdruckschlauch zum Bremskraftverstärker; 17 – Gaszug; 18 – Luftmengenmesser; 19 – Zündschaltgerät; 20 – Zündspule; 21 – Kraftstoffrücklauf; 22 – Hochspannungsverteiler; 23 – Thermostatgehäuse; 24 – Wasserpumpe. Weitere Teile sind in den anderen Motorraumbildern bezeichnet.

Motorraumbild 260 E/ 300 E

Sechszylinder-Einspritzer

Hier werfen wir einen Blick in den Motorraum eines Mercedes 260 E/300E: 1 – Abdeckung über Hochspannungsverteiler; 2 – Umlenkrolle des Riementriebes; 3 – Umwälzpumpe für Kühlmittel; 4 – Öleinfülldeckel; 5 – Ölmeßstab; 6 – Kurbelgehäuseentlüftung zum Luftfilter; 7 – Wärmeabschirmblech auf Motorlager; 8 – Schlauch zum Saugrohr für die luftumfaßten Einspritzventile; 9 – Vorkatalysator; 10 – Bremsflüssigkeitsbehälter; 11 – Abgleichstecker für die EZL-Zündanlage; 12 – Dämpfererbeinbefestigung an Gummilager; 13 – Befestigung des Gummilagers am Vorbau; 14 – Luftmengenmesser; 15 – Membrandruckregler; 16 – Druckbehälter für Klimaanlage; 17 – Druckschalter (S31) für den Kompressor (darunter Schalter S32 für den Zusatzlüfter der Klimaanlage); 18 – Luftansaughutze; 19 – Einstellschraube für Flachriemenspannung; 20 – Thermostatgehäuse. Weitere Bezeichnungen finden Sie in den anderen Motorraumbildern.

Schmiersäfte

Was das Motoröl leistet

Wichtigste Aufgabe: Das Öl soll die Reibung vermindern, damit Kolben und Zylinder nebst Kurbelwellenlagern, Ventiltrieb und sonstige Lagerstellen mit möglichst geringem Verschleiß über die Runden kommen. Das Motoröl muß aber auch abdichten: Zwischen Kolben und Zylinderwand bleibt trotz der Kolbenringe noch ein gewisser, nur tausendstel Millimeter breiter Spalt. Das Öl muß hier die Feinabdichtung schaffen zwischen Kolben, Kolbenringen und Zylinderlaufflächen. Weiter wird das Öl zur Kühlung herangezogen. Bei der Verbrennung kann nur etwa ein Drittel der anfallenden Energie für die Fortbewegung nutzbar gemacht werden, ein Teil verläßt den Motor als Wärme durch den Auspuff und ein weiteres Teil Wärmeenergie muß über das Kühlwasser und Öl abgeführt werden. So kann z. B. ein Kolben nur durch das Motoröl gekühlt werden. Zum einen wird die Wärme vom Kolben über die Kolbenringe und das abdichtende Öl an die Zylinderlaufflächen und weiter an das Kühlmittel geleitet, und zum anderen kühlt das im Kurbelgehäuse umherspritzende Öl den Kolben direkt. Aber auch jedes einzelne Lager von Kurbelwelle, Nockenwelle usw. wird durch das Öl gekühlt. Die vom Motoröl aufgenommene Wärme wird über die Ölwanne an den Fahrtwind abgeleitet.

Die Motoren-Konstrukteure haben noch spezielle Wünsche an das Öl: Es soll bei den hohen Temperaturen, wie sie an den Zylinderlaufbahnen auftreten, nicht verdampfen. Es darf bei diesen ungünstigen Bedingungen den Schmierfilm nicht abreißen lassen. Wenn es verbrennt, soll dies ohne Rückstände geschehen – Ölverbrauch bedeutet im Grund genommen, daß das Öl verbrannt wird. Das Öl soll Ruß und Schmutz binden, damit sie sich nicht im Motor ablagern. Es soll alterungsbeständig sein, im Motor eine Schlammbildung verhindern und noch einiges mehr.

Motorölstand prüfen

Ständige Kontrolle

Der Motorölstand wird am besten bei jedem Volltanken kontrolliert. Den Ölmeßstab finden Sie seitlich vorn am Motor (siehe Motorraumbilder auf den Vorseiten).

- Wagen auf waagrechtem Untergrund abstellen.
- Nach dem Abstellen des vorher warmgefahrenen Motors mindestens fünf Minuten warten, damit alles Öl in die Ölwanne abtropfen kann. Besser ist die Kontrolle vor dem ersten Start bei noch kaltem Motor.
- Peilstab ziehen – Vorsicht bei heißem Motor, die benachbarten Kühlmittelschläuche sind sehr heiß –, mit sauberem fusselfreien Lappen oder Papiertuch abwischen, bis zum Anschlag wieder hineinschieben, kurz warten und erneut herausziehen.
- An der Peilstabspitze können Sie nun den Ölstand ablesen: Der Pegel muß sich zwischen den Markierungen befinden; dann ist alles in Ordnung.
- Reicht die Schmiermittelmenge nur noch bis zur unteren Markierung oder leuchtet die Ölstand-Kontrolleuchte (Seite 44), muß Motoröl nachgefüllt werden.

Öl nachfüllen

Die Ölmenge zwischen der oberen und unteren Peilstabmarke beträgt **2 Liter.** Es paßt also eine handelübliche 1-Liter-Dose Öl in den Motor, wenn sich der Ölstand im unteren Peilstabdrittel befindet bzw. wenn die Ölstand-Kontrolleuchte aufleuchtet. Zum Nachfüllen aus einem 5-Liter-Kanister besorgen Sie sich eine Einfüllkanne. Das Motoröl wird über die Zylinderkopfhaube in den Motor gegossen. Dazu den Verschlußdeckel abnehmen (siehe Motorraumbilder). Noch folgendes beachten:

□ Bei gemäßigtem Fahrstil genügt Nachfüllen, wenn sich der Ölstand im unteren Peilstabdrittel befindet bzw. die Kontrollampe aufleuchtet.

□ Bei rasanter Fahrweise oder bei Anhängerbetrieb empfiehlt es sich, den Ölstand nahe der oberen Peilstabmarke zu halten. Die größere Ölmenge kann die Kühlungsaufgaben besser erfüllen.

□ Sie erweisen dem Motor keinen Gefallen, wenn Sie zuviel Öl einfüllen. Die MAX-Marke am Peilstab darf nicht überschritten werden. Deshalb besser erst gar nicht versuchen, möglichst genau bis zur Markierung aufzufüllen. Zuviel eingefülltes Öl wird schneller verbraucht und bildet mehr Verbrennungsrückstände. Außerdem panscht die Kurbelwelle stärker im Öl. Es können sich Luftblasen bilden, welche im Extremfall die Schmierung gefährden.

Fingerzeig: *Die Ölmeßstäbe der Motoren sind unterschiedlich und dürfen untereinander nicht vertauscht werden: 200/230 E – der Griff sieht wie ein Bierflaschenöffner aus und ist grau; 260 E/300 E – roter flaschenöffnerförmiger Griff.*

Darf man Öle mischen?

Die Ölsorten aller Hersteller lassen sich ohne Gefahr untereinander mischen, auch Einbereichs- mit Mehrbereichsölen. Diese Mischbarkeit ohne schädliche Folgen ist eine Grundforderung der internationalen Öl-Normen. Zwar werden spezifische Eigenschaften eines bestimmten Öls durch die Vermischung mit anderem Motoröl möglicherweise leicht beeinträchtigt, da jede Ölmarke ihre eigene Additivkombination besitzt. Die Schmierwirkung ist jedoch nie gefährdet.

Ausgenommen hiervon sind einige synthetische Öle und Leichtlauföle, die dann aber auch nicht in den Daimler-Benz Betriebsstoff-Vorschriften aufgeführt sind: Bei der Mischung mit herkömmlichem Motorschmiersaft kann eine untaugliche Kombination entstehen mit der Gefahr eines Motorschadens.

Ölverbrauch ermitteln

Muß nach hoher Laufleistung oft Öl nachgekippt werden, sollten Sie sich einmal die Mühe machen und den Ölverbrauch genau ermitteln. Mit Geduld genau bis zur oberen Marke Öl einfüllen. Nach 500 oder 1000 km Fahrstrecke Motorenöl aus einem Meßbecher nachgießen und den Verbrauch auf 1000 km feststellen.

Ölverbrauch

Ein Teil des Motoröls verbrennt bei seiner Schmiertätigkeit. Ölverbrauch ist also völlig natürlich. Gut eingefahrene Motoren kommen mit **0,2 Liter je 1000 km.** Für den Mercedes gilt als **höchstzulässiger Wert** ein Verbrauch von **1,5 Liter je 1000 km.** Wieviel Öl Ihr Fahrzeug braucht, hängt von folgenden Umständen ab:

□ Ölüberfüllung bewirkt höheren Verbrauch, denn die Kurbelgehäuse-Entlüftung bläst das Zuviel wieder zum Motor hinaus.

□ Dünnflüssiges Öl verbrennt schneller als dickflüssiges. Einbereichsöl wird in heißem Zustand dünn wie Wasser, Mehrbereichsöl bleibt dickflüssiger. Letzteres kann vor allem bei Langstreckenfahrern den Ölverbrauch senken.

□ Motoröl – vor allem Mehrbereichsöl –, das zu lange im Motor bleibt, hat einen höheren Nachfüllbedarf.

□ Scharfe Fahrweise treibt außer dem Kraftstoffkonsum auch den Ölverbrauch in die Höhe. Besonders stark wirkt sich aus, wenn der neue Motor sofort voll belastet wurde.

□ In der Einlaufzeit braucht der Motor etwas mehr Schmiermittel.

□ Motorundichtigkeiten. Kontrollieren Sie, wie auf Seite 44 beschrieben.

□ Defekt im Motor; z. B. Ventilschaftabdichtungen defekt, Spiel zwischen Ventilführung und Ventilschaft zu groß, Kolbenringe falsch eingebaut oder schadhaft, beschädigte Zylinderwand durch Kolbenfresser.

Ihr Motor verbraucht kein Öl?

Im winterlichen Kurzstreckenbetrieb kann es vorkommen, daß der Ölstand zwischen den Messungen überhaupt nicht abnimmt oder gar ansteigt. Das ist kein Grund zur Freude, denn dann ist das Motoröl durch Kraftstoff und Kondenswasser verdünnt. Diese in ihrer Schmiereigenschaft wesentlich beeinträchtigte Ölfüllung sollte durch eine regelmäßige, längere Fahrt »aufgekocht« werden, damit die Kondensate verdunsten. Sofort anschließend den Ölstand kontrollieren, da der Pegel durch die verdunsteten Benzin/Wasser-Anteile erheblich absinkt! Bei extremem Stadtbetrieb ohne zwischenzeitliche Langstreckenfahrt sollten Sie das Öl vor den üblichen Intervallen wechseln; evtl. schon nach 5000 km.

Im Winter rechnet man mit einem Kraftstoffanteil im Öl von 2–5%, wobei ein Einspritzmotor durch die besser dosierte Kaltstartanreicherung weniger Benzin im Motoröl hat als ein Vergasermotor.

Die Tabelle zeigt die Ölviskositätsempfehlungen von Daimler-Benz. Die genannten Temperaturen verstehen sich als Dauertemperatur. Kurzzeitige Schwankungen spielen keine Rolle.

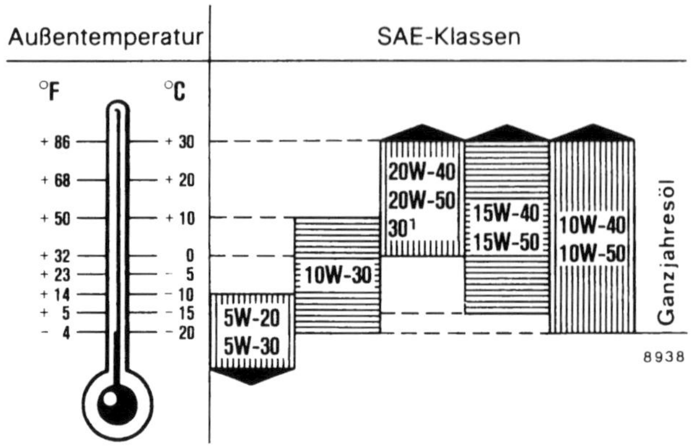

[1] Bei andauernder Außentemperatur über + 30° C (+ 86° F) kann SAE 40 verwendet werden.

Das richtige Motoröl

Beim Öleinkauf müssen Sie grundsätzlich auf zweierlei achten:

□ Die Ölqualität: Daimler Benz unterhält eine eigene Schmierstoff-Versuchsabteilung, wo ständig alle erhältlichen Motoröle untersucht werden. Erfüllt das untersuchte Produkt alle Anforderungen, wird es namentlich in einer Freigabeliste aufgeführt. Die Listen sind inzwischen rund 30 Seiten lang. Für Auskünfte bzw. Einblicke wenden Sie sich an die Vertragswerkstatt.
Die Qualität des Motoröls wird mit unterschiedlichen Systemen bezeichnet. Neben der verbreiteten Bezeichnung vom **A**merikanischen **P**etroleum **I**nstitut (API) gibt es noch die der europäischen Autohersteller (CCMC), eine vom US-Militär (MIL) und noch einige weitere.
Alle Motorenöle der Betriebsstoff-Vorschriften Blatt-Nr. 226.0; 226.1; 227.0; 227.1; 228.0 und 228.1 können verwendet werden. Wer darüber hinaus noch der Ölschlammbildung (siehe nächster Abschnitt) entgegenwirken will, muß die Liste rechts beachten.

□ Das Fließverhalten des Öls – also die Dick- bzw. Dünnflüssigkeit – bestimmt, ob der Anlasser den kalten Motor durchdrehen kann, alle Schmierstellen nach dem Kaltstart sofort versorgt werden und bei hohen Temperaturen und Drehzahlen der Schmierfilm nicht abreißt.
Die amerikanische **S**ociety of **A**utomotive **E**ngineers hat die Öle entsprechend ihrer Zähflüssigkeit in Klassen eingeteilt. Die reichen vom dünnflüssigen **W**interöl SAE 5 W, 10 W, 15 W über die Zwischenstufe SAE 20 W/20 zu den dickflüssigen Sommerölen SAE 30, 40 und 50.
Mehrbereichsöl besitzt Viskositätsindex-(VI) Verbesserer – lange Molekülketten, die beim Erhitzen quellen und beim Abkühlen wieder schrumpfen. Das Öl kann sich damit den Temperaturen elastisch anpassen und mehrere Viskositätsklassen überspannen. Ein Öl SAE 15 W-50 entspricht bei einer Temperatur von – 15° C der Zähflüssigkeitsklasse 15 W und bei 100° C der Klasse 50. Problematisch ist bei manchen Mehrbereichsölen, daß die Molekülketten ihrer Viskositäts-Verbesserer mit der Zeit regelrecht kleingehackt (abgeschert) werden können. Dann ist die obere Zähflüssigkeitsklasse nicht mehr voll erhalten, das Öl also nicht mehr so temperaturbeständig. Aus diesem Grund sind Mehrbereichsöle der Klassen SAE 10 W-30 und 5 W-20 in der warmen Jahreszeit nicht freigegeben.
Bei welchen Temperaturen unsere Motoren welche Öl-Zähflüssigkeit verlangen, zeigt die Tabelle oben.

Ölschlammbildung im Motor

Mit der Einführung moderner Einspritzsysteme und dem Katalysator kommt es in den Motoren aller Hersteller verstärkt zur Ölschlammbildung. Verdichteter Ölschlamm behindert die Motorschmierung durch verstopfte Ölkanäle, und der Motor kann so recht schnell zerstört werden. Die Ölschlammbildung erkennen Sie auf der Innenseite der ausgebauten Zylinderkopfhaube oder wenn Sie bei herausgedrehter Ölablaßschraube mit dem Finger über den Boden der Ölwanne streifen.
Die Ursachen für die Schlammbildung sind unter anderem:

□ Die Gemischaufbereitung arbeitet in allen Lastbereichen des Motors möglichst »mager« (viel Sauerstoff), um Kraftstoff zu sparen. Hierbei entstehen zwangsläufig mehr Stickoxide (Seite 65), welche das Motoröl belasten.

□ Die Motorölwechselintervalle sind inzwischen so groß, daß die Motorenöle eher bis an ihre Leistungsgrenze belastet werden. Daher unbedingt den Ölwechsel pünktlich ausführen, d. h. spätestens alle 10 000 km. Bei überwiegendem Kurzstreckenverkehr den Ölwechsel sogar schon alle 5000–8000 km durchführen.

Manche Ölhersteller haben inzwischen dem Öl Zusätze beigemischt, welche die Schlammbildung verhindern und verschleißmindernd wirken. In der folgenden Liste (Stand 1988) sind besonders untersuchte und geeignete Öle aufgeführt. Wir raten Ihnen, Öle der Liste zu verwenden.

Markenname	SAE-Klasse	Hersteller
Aral Super LL Motoröl	10W–30	Aral AG, Bochum
Autol Targa	10W–40	Autol-Werke, Würzburg
Avia Turob CFE	10W–40	Deutsche Avia, München
BP Pilote 5	10W–40	BP France
BP Strato	10W–40	Deutsche BP AG, Hamburg
BP Visco 2000 Plus	10W–40	BP Oil International, London
BP Visco Strato	10W–40	BP Austria AG, Wien
Castrol TXT Softec-DB	15W–40	Deutsche Castrol, Hamburg
Deltinol-Multi-Economy Super	10W–40	Merk & Cie., Landshut
Econo-Veritas LS	10W–40	Oelwerke J. Schindler GmbH, Hamburg
Ersolin Alpha	10W–30	Engros-Handelsgesellschaft, Bonn
Ersolin Multi-Rekord	15W–40	Engros-Handelsgesellschaft, Bonn
Esso Superlube +	15W–40	Esso Petroleum Co. Ltd., London
Esso Superlube EX2	10W–30	Essc Petroleum Co. Ltd., London
Esso Super Oil	15W–40	Esso AG, Hamburg
Esso Ultra Oil	10W–30	Esso AG, Hamburg
Frankoline HDC	15W–40	Beckmann Mineralölhandel GmbH, Osnabrück
Gatoil Multi Motor Oil	15W–40	Gatoil Lubes AG, Zürich
Havoline Multigrade Motor Oil	15W–40	Deutsche Texaco AG, Hamburg
HG Leichtlauföl 2000 LL	10W–40	Raiffeisen, Hannover
H.o.B. Multi-Motor-Oil MBC	15W–40	H.o. Burrenkopf & Co., Köln
Homberg Multi-Oel HDC	15W–40	J. & A. Homberg, Wuppertal-Barmen
Kompressol-Leichtlauföl	10W–30	Kompressol-Oel Verkaufs GmbH, Köln
Kompressol-Ultralub C	15W–40	Kompressol-Oel Verkaufs GmbH, Köln
Lubroviscol Motorenöl FE	15W–40	Deutsche Texaco AG, Hamburg
Lubroviscol Spezial-Motorenöl	15W–40	Deutsche Texaco AG, Hamburg
Mobil 1 Rally SHC	5W–50	Mobil Oil AG, Hamburg
Shell TMO	10W–30	Deutsche Shell AG, Hamburg
Veedol Spezial R-DB	15W–40	Deutsche Veedol GmbH, Hamburg
Westfalen Corda Motoröl	15W–40	Sauerstoffwerk Westfalen AG, Münster/Westfalen
Westfalen Wega Motoröl	10W–40	Sauerstoffwerk Westfalen AG, Münster/Westfalen
Westfalen WXD	10W–30	Sauerstoffwerk Westfalen AG, Münster/Westfalen
Wintershall 6700	10W–30	Wintershall Mineralöl GmbH, Düsseldorf
Wintershall Primalub	15W–40	Wintershall Mineralöl GmbH, Düsseldorf
Winterhshall Primalub Alpha	10W–30	Wintershall Mineralöl GmbH, Düsseldorf
Wintershall Magnum SL	15W–40	Wintershall Mineralöl GmbH, Düsseldorf
Wintershall Multi-Rekord	15W–40	Wintershall Mineralöl GmbH, Düsseldorf
Wintershall Viva 1	10W–30	Wintershall Mineralöl GmbH, Düsseldorf

Wie oft Öl wechseln?

Daimler-Benz verlangt laut Wartungsplan einen Ölwechsel alle 10 000 km oder einmal jährlich. Bei überwiegendem Stadt- oder Kurzstreckenverkehr mit vielen Kaltstarts wird das Öl stärker beansprucht, und der Öl- und Filterwechsel sollte nach 5000–8000 km erfolgen.

Wo Öl wechseln?

□ In den Werkstätten kostet der Ölwechsel nach unseren Erfahrungen das meiste Geld, weil nur sehr teure Ölsorten vorrätig sind. Außerdem ist der Motor oft schon wieder kalt, bis das alte Öl abgelassen wird, so daß nicht aller Schmutz herausgeschwemmt wird. Manche Werkstätten berechnen die Arbeit für den Ölwechsel zusätzlich zum Ölpreis. Vorteilhaft ist allerdings, daß die neuesten Betriebsstoff-Vorschriften des Herstellers vorliegen.
□ An Tankstellen kommt der Wagen dagegen meist sofort dran, Sie können auch ein billigeres Öl aus dem Tankstellenverkaufsprogramm auswählen, und im Ölpreis ist die Arbeit des Tankwarts inbegriffen.
□ Ölwechsel zu Hause lohnt sich nur dann, wenn Sie das Öl sehr billig einkaufen und Spaß an dieser Arbeit haben.

Fingerzeig: *Bei jedem Ölwechsel auch den Ölfilter erneuern. Dies ist für die Lebensdauer des Motors von entscheidender Bedeutung!*
Vergessen Sie nicht den Ölwechsel vom Wartungsumfang auszuklammern, wenn Sie Öl und Filter selbst gewechselt haben.

Die Zeichnung zeigt den Ölfilter mit Unterteil. Damit kein Öl ausläuft, wenn die volle Ölfilterpatrone losgeschraubt wird, sind im Unterteil Ventile eingebaut. Es bedeuten: 531 – Ölfilterunterteil; 532 – Anschlußstutzen; 534 bis 537 – Umgehungsventil, falls Ölfilter verstopft; 542 – Wechselpatrone; 543 – Filterelement; 545 bis 548 – Sperrventil, Ölrücklauf; 550 bis 553 – Sperrventil, Ölvorlauf; A – Zulauf von der Ölpumpe; B – Ungereinigtes Öl; C – Gereinigtes Öl, D – Anschluß für den elektrischen Öldruckgeber.

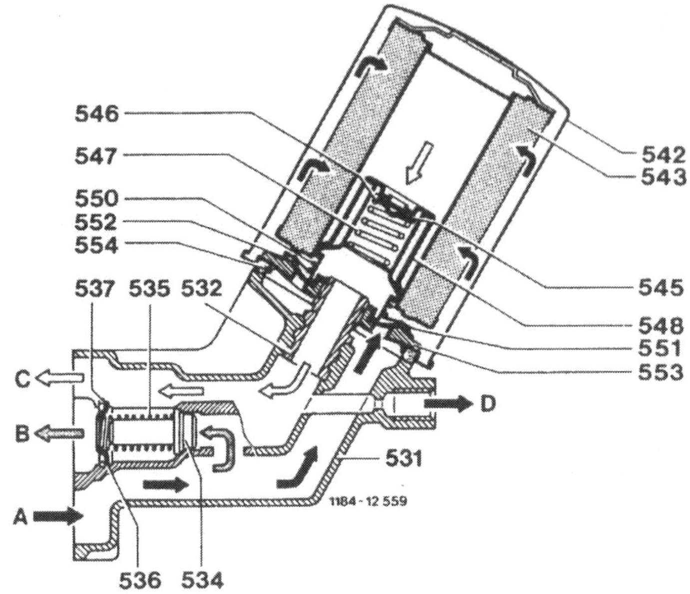

Motoröl absaugen

Für dieses saubere und schnelle Verfahren sind unsere Motoren bereits gut vorbereitet. Das Führungsrohr für den Ölpeilstab hat einen recht großen Durchmesser, und es ragt bis an den tiefsten Punkt in der Ölwanne. Das Absaugen kann deshalb direkt über das Führungsrohr erfolgen. Eine besondere Absaugsonde ist nicht erforderlich – der Absaugschlauch wird einfach oben auf das Führungsrohr gesteckt. Vor dem Absaugen den Öleinfülldeckel von der Zylinderkopfhaube abnehmen. Ölfilterwechsel nicht vergessen!

Selbst Öl absaugen

Zum Absaugen wird eine saugstarke, selbst ansaugende Pumpe gebraucht. Im Zubehörhandel werden Absauggeräte für Hand- und Elektroantrieb angeboten. Manche Geräte können an die Fahrzeugbatterie angeschlossen werden. Die billigsten Absauggeräte haben oft eine zu geringe Saugleistung. Es dauert dann recht lang, bis alles Öl aus dem Motor herausgepumpt ist. Die Anschaffung eines leistungsstarken Absauggerätes lohnt sich unserer Meinung nach für den Selbstpfleger nicht. Außerdem ist die Ölablaßschraube gut erreichbar.
Wer das Motoröl selbst absaugen möchte, macht dies am besten bei einer ausgesuchten Tankstelle. Manche Tankstellenketten (z. B. Esso) halten Selbstbedienungs-Absauggeräte mit den erforderlichen Absauganschlüssen bereit. Voraussetzung für eine kostenlose Benutzung ist allerdings, daß Sie Ihr Motoröl an der Tankstelle einkaufen. Wir haben jedoch auch Tankstellen ausfindig machen können, wo es gegen eine annehmbare Benutzungsgebühr für das Absauggerät erlaubt wurde, mitgebrachtes Öl einzufüllen.

Motoröl und Ölfilter wechseln

Wartung Nr. 1 und 2

Für diese Arbeit brauchen Sie:

☐ **Vierzylindermotor** 200 und 230 E: **5 Liter** Motoröl. Sollte der Ölfilter aus irgendwelchen Gründen einmal nicht gewechselt werden, genügen ca. 4,5 Liter Öl.

☐ **Sechszylindermotor** 260 E und 300 E: **6 Liter** Motoröl mit Filterwechsel (ohne Filterwechsel ca. 5,5 Liter).

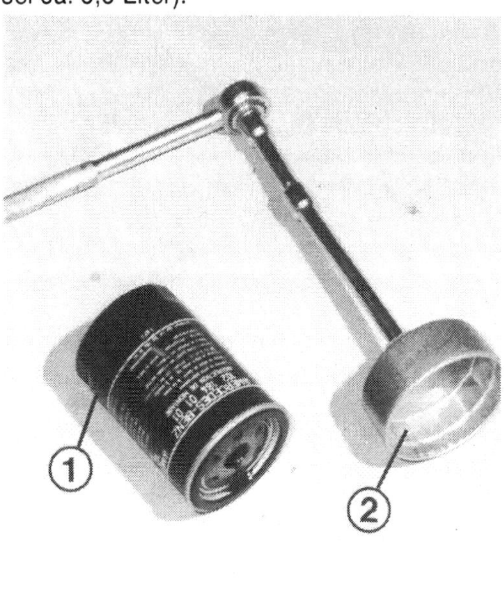

Zum bequemen Ölfilterwechsel bei eingebautem Luftfilter besorgen Sie sich am besten den gezeigten Hazet-Spezialsteckschlüssel. Mit der Werkzeugkombination (2) wird der Ölfilter (1) gut erreicht.

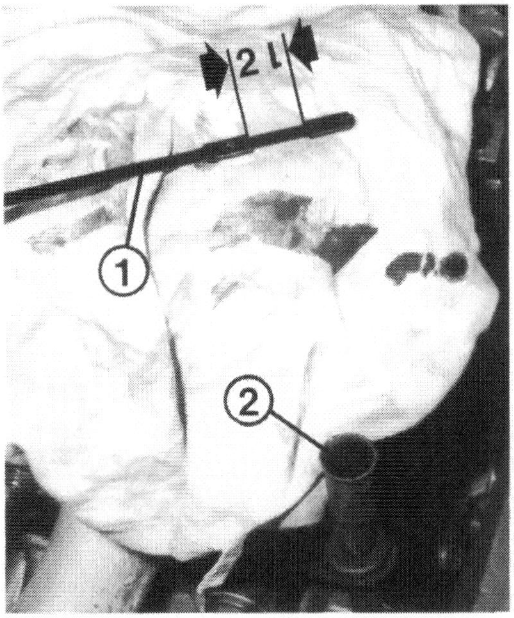

Links: Die Differenz am Ölmeßstab (1) zwischen »MIN« und »MAX« beträgt 2 Liter. Das Motoröl kann über das Ölmeßstabführungsrohr (2) abgesaugt werden.

Rechts: Die Ölablaßschraube (3) wird bei eingebauter Motorraumabdeckung erreicht.

□ Zum Losschrauben der Ölfilterwechselpatrone von oben besorgen Sie sich am besten den preiswerten Spezialsteckschlüssel SW 74/14kantig (Hazet-Nr. 2169).
□ Neuen Dichtring für die Ölablaßschraube (meist dem Ölfilter beigepackt).
□ Neuen Ölfilter: DB-Nr. 102 184 01 01; Knecht AW 168; Purolator PR 338; Mann W 719/13.

■ Vor dem Beginn der Arbeit den Motor warmfahren (ca. 10 Minuten Fahrt).
■ Fahrzeug vorn etwas anheben.
■ Öleinfülldeckel von der Zylinderkopfhaube abnehmen.
■ Ölablaßschraube unten in der Ölwanne etwas lösen.
■ Kleine Wanne unterschieben und Schraube vollends herausdrehen. Vorsicht, das heiße Öl kommt im Bogen schwungvoll herausgeflossen!
■ Wenn das Öl ausgelaufen ist, Ablaßschraube zusammen mit einem neuen Dichtring in die Ölwanne hineinschrauben. Behutsam festdrehen (25 Nm).
■ Nun den Ölfilter erneuern. Dazu einen Lappen um das Ölfilterunterteil legen, damit ausfließendes Öl aufgefangen wird. Ölfilter von oben mit dem Spezialsteckschlüssel abschrauben und abnehmen.
■ Alten Ölfilter über der Auffangwanne entleeren und wie ölgetränkte Lappen zum Sondermüll geben.
■ Dichtring am neuen Ölfilter etwas mit Fett einreiben. Kein Öl nehmen, weil dieses bei der Dichtheitskontrolle am Schluß für austretendes Öl gehalten werden könnte.
■ Filter von Hand festschrauben.
■ Filter mit Spezialsteckschlüssel um 90° weiter festdrehen.
■ Motoröl einfüllen. Anschließend Motor starten.
■ Ölstand und Dichtheit an Ölablaßschraube und am Ölfilter kontrollieren. Evtl. Ölfilter etwas nachziehen.

Ölstand im Schaltgetriebe

Wartung Nr. 25

Ein Getriebe verbraucht kein Schmiermittel. Dieses kann nur durch undichte Stellen verloren gehen. Werden ständig Tropfen unter dem Getriebe vorgefunden, muß es repariert werden. Eine Ölstandskontrolle kann zwischendurch Aufschluß geben, wieviel bereits fehlt: Einfüllschraube (Abb. nächste Seite) herausdrehen. Bis an die Unterkante der Einfüllöffnung muß das Schmiermittel reichen.
Nur einmal braucht nach 10 000 km das Schmiermittel des Schaltgetriebes getauscht zu werden. Als Schmierstoff dienen 1,3 Liter ATF (bei 5-Gang-Getriebe 1,5 Liter). Den umständlichen Austausch am ohnehin fast neuen Fahrzeug wird man wohl meist der Werkstatt überlassen. Dort besitzt man Einfüllanlagen, mit denen die Arbeit schnell getan ist.

Ölstand im Differential

Wartung Nr. 26

Wie beim Schaltgetriebe braucht auch hier das Schmiermittel (Hypoid-Getriebeöl SAE 90) nur einmal nach den ersten 10 000 km getauscht zu werden. Eine Arbeit also, die wohl immer der Werkstatt überlassen bleibt. Auch das Differential kann Öl nur durch Undichtigkeit verlieren. Finden Sie ständig Ölspuren auf Ihrem Fahrzeugabstellplatz, könnte es erforderlich werden, den Ölstand einmal zu überprüfen. Dazu die Kontroll- und Einfüllschraube (Abb. Seite nächste Seite) herausdrehen. Der Ölstand muß bis an die Unterkante der Öffnung reichen.

Ölablaß- (2) und Ölstandskontrollschrauben (1) an Schaltgetriebe (rechts) und Hinterachsdifferential (links). Weiterhin: 3 – Drehzahlfühler (Seite 194); 4 – Verschraubung der Hinterachswelle.

Beim 200 passen 0,7 Liter und beim 230 E, 260 E, 300 E 1,1 Liter Hypoid-Getriebeöl SAE 90 ins Differential. Soll die Ölfüllung bei einem Differential mit begrenztem Schlupf oder bei ASD (Seite 161) erneuert werden, ist ein Spezialöl zu verwenden (z. B. Hypoid-Getriebeöl SAE 90, Veedol Multigear Limit Slip Spezial).

Öl- und Filterwechsel am Automatik-Getriebe

Wartung Nr. 30

Alle 60 000 km muß die ATF (= Automatic Transmission Fluid) und ihr Filter erneuert werden. Fährt man fast nur im Kurzstreckenverkehr, viel mit Hänger oder viel Bergstrecken, wird ein Austausch schon nach 30 000 km nötig.
Welche ATF verwendet werden darf, steht in den Betriebsstoff-Vorschriften Blatt-Nr. 236.4 und 236.6. Die Tabelle nennt die unterschiedlichen Füllmengen in Liter:

Typ	200	230 E/260 E	300 E
Neubefüllung	6,6	7,1	7,3
bei Öl- und Filterwechsel	5,5	6,0	6,2

Wer unbedingt den Ehrgeiz zum Selbermachen hat, geht wie folgt vor:

- Motor abstellen und Wählhebel in Stellung »P« bringen.
- Fahrzeug möglichst waagrecht anheben oder über Grube fahren.
- Auffanggefäß bereithalten und Ablaßschraube (Abb. rechts oben) aus der Ölwanne drehen.
- Motor weiterdrehen, bis die Ablaßschraube am Drehmomentwandler erreicht werden kann. Herausdrehen und Öl ablassen.
- Ölwanne abschrauben und Ölfilter austauschen.
- Ölwanne reinigen und wieder montieren (Anzugsmoment 8 Nm).
- Ablaßschrauben in Ölwanne und Wandler mit 14 Nm festdrehen.
- Mit Trichter bei stehendem Motor 4–5 Liter ATF einfüllen.
- Feststellbremse betätigen, Motor in Wählhebelstellung »P« im Stand drehen lassen und den Rest langsam vollends einfüllen.
- Getriebe zweimal durchschalten und wieder in Stellung »P« bringen. Ölstandskontrolle durchführen (Seite 157).

Schmierarbeiten

Wartung Nr. 3

Neben dem Motor gibt es noch eine ganze Reihe anderer Schmierstellen am Fahrzeug, die ständig gewartet werden wollen. Wer sich einmal im Jahr einige Minuten Zeit dafür nimmt, verhindert vorzeitigen Teileverschleiß. Es wird jedoch nicht nur Geld gespart, wenn z. B. die Schließzylinder länger halten, vielmehr wird auch gefährlichen Situationen vorgebeugt, die beispielsweise durch ein klemmendes Gasgestänge entstehen könnten.

□ **Gasgestänge und -wellen schmieren:** Drücken Sie – natürlich bei stehendem Motor – auf das Gaspedal bzw. lassen Sie dies einen Helfer tun. Beobachten Sie, was sich da so alles be-

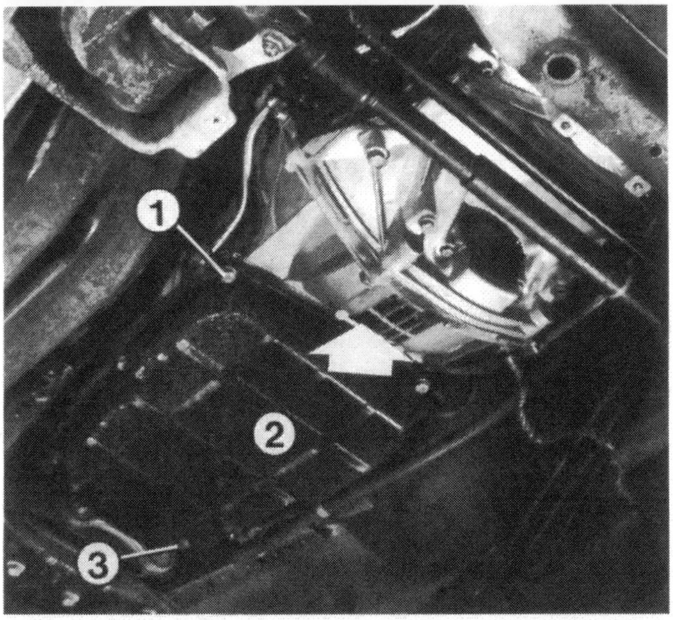

Hier ist das Automatikgetriebe von unten gezeigt. Zum Öl- und Filterwechsel Ablaßschrauben an Ölwanne (3) und im Wandler (Pfeil) herausdrehen. Nach dem Auslaufen die Ölwanne (2) abschrauben und den Filter darunter erneuern. Schrauben (1) mit 8 Nm festdrehen. Bei der Arbeit darauf achten, daß kein Schmutz in das Getriebe gelangt.

wegt. Schmieren Sie die Gelenkstellen, die Lagerstellen und die blanken Seilzugenden mit dem Fett Molykote Longterm 2 (Werksempfehlung). Die Kugelgelenke werden leicht eingefettet. Wellenlagerungen in Leichtmetall dürfen nicht geschmiert werden. Schmutzteile, die an den Schmiermitteln kleben bleiben, könnten die Lagerstellen schnell ausschleifen.

□ **Seilzugausgleich schmieren:** Hierzu müssen Sie sich unter das Fahrzeug begeben. Am hinteren Ende des Mitteltunnels finden Sie die Schmierstellen (Abb. Seite 189). Mit Fett die Enden der Seilzüge, das Gewinde der Einstellschraube und das Gleitblech schmieren.

□ **Motorhaube:** Die Scharniere und die beweglichen Teile der Haubenentriegelung werden mit Öl geschmiert.

□ **Schließzylinder** an Türen und Heckklappe werden nach unseren Erfahrungen am besten durch ein Rostlöser-Isolierspray geschmiert. Dadurch werden die Teile vor Rost geschützt und Feuchtigkeit verdrängt, so daß das Schloß im Winter auch nicht einfrieren kann. Geeignet ist z. B. auch Silikonspray.

□ **Schiebedach:** Gleitschienen reinigen und wieder neu einfetten. Hierzu ist Silikonpaste ganz gut geeignet.

Fingerzeig: *Türscharniere, -schlösser und das Gelenk des Außenspiegels sind an Ihrem Mercedes wartungsfrei.*

Auch die eher unscheinbaren

Dichtheit prüfen

Wartung Nr. 29

Bei dieser Arbeit sollen Motor, Getriebe, Bremsleitungen, Leitungen von Servolenkung und Niveauregelung, Einspritz- und Kraftstoffleitungen, Stoßdämpfer, Dämpferbeine usw. bewußt auf undichte Stellen abgesucht werden. Flüssigkeitsverluste deuten oft auf einen baldigen Ausfall des jeweiligen Aggregates hin. In den Kapiteln finden Sie weitere Hinweise. Grundsätzlich gilt: Immer wenn Sie Flecken und Tropfen auf dem Standplatz Ihres Mercedes finden, müssen Sie den Ursachen nachgehen.

Schmierstellen dürfen bei der Fahrzeugpflege nicht zu kurz kommen.
Links: Das Motorhaubenschloß.
Rechts: Damit das Gasgestänge stets leichtgängig bleibt, müssen gelegentlich sämtliche Gelenkstellen geschmiert werden. Dazu das Gestänge von den Kugelbolzen abdrücken und in die Kugelpfannen etwas Fett streifen.
1 – Bohrung für Steuerzug (Seite 157).

Die Motoren und ihr Innenleben

Treibende Kräfte

Die verschieden starken Modelle werden von zwei unterschiedlichen Motorversionen angetrieben: dem Vierzylinder (Werksbezeichnung M 102) und dem Sechszylinder (M 103).
Die Motoren sind in Längsrichtung um 15° geneigt in den Motorraum eingebaut. Dies schafft trotz flacher Motorhaube den Platz für lange Ansaugrohre und damit günstigen Drehmomentverlauf: Im Drehzahlbereich von 2000–5000/min stehen über ca. 90 % der Motorkraft zur Verfügung. Diese Charakteristik ermöglicht einen sehr lang übersetzten höchsten Gang des Getriebes. Bei geringeren Motordrehzahlen wird so kräftig Kraftstoff gespart. Überhaupt sind die Modelle der Baureihe W 124 durch verminderte Motorreibung, weniger Gewicht und Luftwiderstand, sehr gute Gemischaufbereitung und elektronische Zündsysteme um rund 20 % sparsamer als die entsprechenden Vorgängermodelle. So ist allein schon der Sechszylinder um 43 kg leichter.
Die Wartung ist bei allen Motoren wegen der eingebauten hydraulischen Ventilspiel-Ausgleichselemente in den Kipphebeln und dem Flachriemen mit automatischer Spannvorrichtung vereinfacht.

Welcher Motor ist eingebaut?

Hier ist in erster Linie die Motornummer zu prüfen. Sie ist in den Zylinderblock eingeschlagen (siehe unten). Außerdem ist neben dem Kühler ein Motordatenschild eingeklebt.
Bei gleicher Motornummer kann der Motor aber trotzdem eine unterschiedliche Gemischaufbereitung und damit andere Leistungs- und Abgaswerte haben. Man unterscheidet in Standard-Ausführung (keine Abgasreinigung vorgesehen), in RÜF-Ausführung (mit vorbereiteter Abgasreinigung) und in KAT-Ausführung (mit geregeltem Katalysator). Seit 9/86 sind alle Modelle mit geregeltem Katalysator ausgestattet.
Auf Seite 72 finden Sie mehr über das Modell 200 mit dem Stromberg-Vergaser, und ab Seite 80 ist der neue elektronische 2-E-E-Vergaser beschrieben. Die zahlreichen Ausführungen mit Einspritzung sind auf Seite 95 aufgelistet.

Neuen Motor einfahren

Die ersten 1500 km sollte ein neuer Motor schonend eingefahren werden. Zwar sind die Oberflächen an den Lagern, Nocken usw. so hochwertig, daß eine nachträgliche Glättung kaum

Die Pfeile zeigen auf die Motornummer. Links beim Vierzylinder und rechts beim Sechszylinder.

Hier ist die rechte Seite des Sechszylindermotors mit Schaltgetriebe gezeigt.

mehr möglich ist, doch die Oberflächen der Zylinderwände oder Kolben können noch eine Rauhigkeit aufweisen. Durch eine kurze Einlaufzeit sollen diese letzten Unebenheiten beseitigt werden.
Zum Einfahren bewegt man den Mercedes am besten mit wechselnden Geschwindigkeiten und Drehzahlen. Die Höchstgeschwindigkeit eines jeden Ganges nur 2/3 ausfahren. Bei Fahrzeugen mit Automatik-Getriebe möglichst in Wählhebel-Stellung »D« fahren. Kein Übergas (Kickdown) geben. Nach der Einfahrzeit die Drehzahlen allmählich steigern.

Nenn- und Höchstdrehzahl

Unsere Motoren entfalten die höchste Leistung nur bei einer bestimmten Drehzahl: der Nenndrehzahl. Ein Hinausdrehen über diese Drehzahl bringt keine höhere Leistung mehr. Nur in den eher seltenen Fällen, wenn Sie die volle Beschleunigung verlangen, kann zum besseren Anschließen der Motorkraft im nächsten Gang ein Ausdrehen über die Nenndrehzahl vorteilhaft sein. Wird dabei die Höchstdrehzahl erreicht, tritt die Drehzahlbegrenzung in Funktion und läßt die Motordrehzahl nicht weiter ansteigen.
Bei den Motoren in Standard-Ausführung kann die Drehzahl durch Abschalten der Zündung begrenzt werden. Bei Fahrzeugen mit Katalysator oder Katalysatorvorbereitung (RÜF) wird immer die Kraftstoffzufuhr unterbrochen, damit sich während der Begrenzung kein Kraftstoff im Katalysator ansammelt und dort beim Wiedereinsetzen der Verbrennung Schäden verursacht. Die Begrenzung erfolgt beim jeweiligen Modell:

200 Standard	200 RÜF/KAT	230 E/300 E Standard	230 E, 260 E, 300 E RÜF/KAT
durch Kraftstoff-Abschaltventil (Seite 74)	durch Verschlußplatte im Vergaser (Seite 83)	durch Abschalten der Zündung	durch Abschalten der Kraftstoffpumpe (Seite 99) und durch Verschließen des Zulaufes zu den Einspritzleitungen (Seite 109)
bei 6100/min	bei 6150/min	Vierzylinder: bei 6200/min Sechszylinder: bei 6350/min	

Die Motor-Lebensdauer

Die Lebensdauer Ihres Motors können Sie durch Ihre Fahr- und Pflegegewohnheiten entscheidend mitbestimmen. So wirkt sich das Hochdrehen des noch kalten Motors nicht eben lebensverlängernd aus. Selbst wenn die Kühlmittelanzeige schon anspricht, ist das noch kein Zeichen dafür, daß jetzt voll aufs Gaspedal getreten werden kann. Erst nach etwa 8 bis 10 Minuten Fahrt ist das Motoröl warm und dünnflüssig genug, einen sicheren Schmierfilm aufzubauen und so zu starken Verschleiß zu verhindern. Eine weitere Möglichkeit, dem Motor den Garaus zu machen, ist nach wochenlangem Kurzstreckenverkehr sofort Dauervollgas auf der Autobahn zu fahren. Bei den langen Leerlaufzeiten im Stadtverkehr bilden sich nämlich in

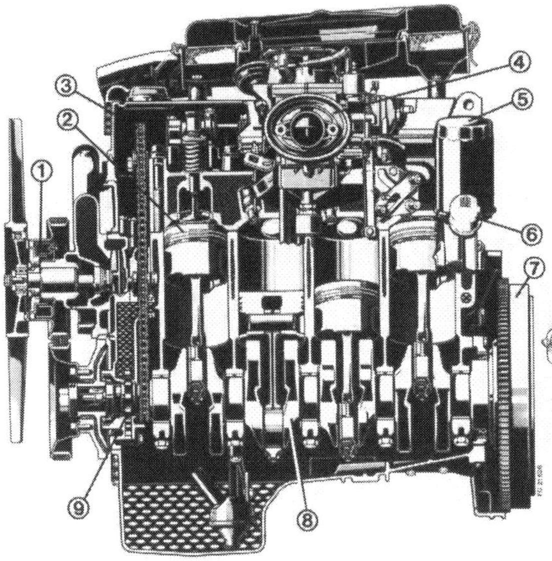

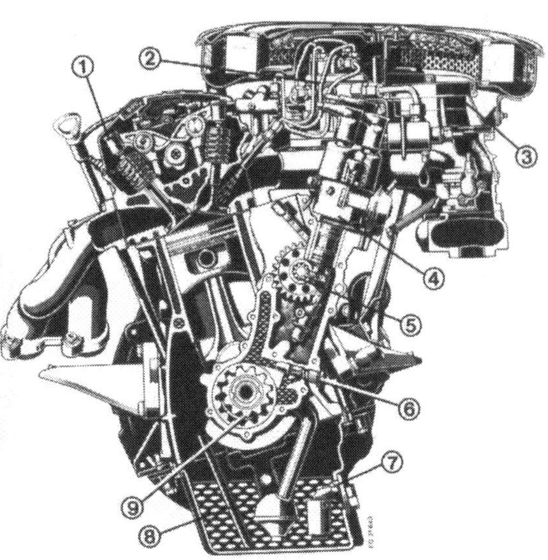

Links: Längsschnitt am Vierzylinder mit Stromberg-Vergaser. 1 – Lüfterkupplung; 2 – Kolben; 3 – Steuerkette; 4 – Vergasser; 5 – Ölfilter; 6 – Druckgeber; 7 – Schwungmasse; 8 – Kurbelwelle; 9 – Ölpumpe.

Rechts: Querschnitt am 230 E. 1 – Kipphebel mit Ausgleichselement; 2 – Kraftstoffmengenteiler; 3 – Luftmengenmesser; 4 – Zündverteiler; 5 – Zwischenwelle; 6 – Öldruckventil; 7 – Ölstandgeber; 8 – Führungsrohr für Ölmeßstab; 9 – Ölpumpe.

den Brennräumen und an den Ventilen Ablagerungen, die bei voller Betriebstemperatur und zügiger (jedoch nicht scharfer) Fahrt langsam abgebrannt werden sollen.
Nicht zuletzt wirkt sich die Pflege des Motors auf seine Lebensdauer aus. Ausgelassene Öl- bzw. Filterwechsel erhöhen den Verschleiß und verkürzen das Motorleben. Berücksichtigt man all diese Sachverhalte, wird klar, daß eine pauschale Angabe über die Lebensdauer kaum möglich ist. Erwarten darf man wohl eine Lebensdauer von mindestens 110 000 km beim Vierzylinder. Beim Sechszylinder werden es bestimmt rund 40 000 km mehr sein.

Einzelteile des Motors

Auf den folgenden Seiten werden die wichtigsten Motorteile vorgestellt. Ihre Bauweise und Aufgabe sowie der Aus- und Einbau werden beschrieben. Auf mögliche Schäden wird hingewiesen.

Der Zylinderblock

Dieses schwerste und größte Einzelteil des Motors wird auch noch als Kurbelgehäuse oder Motorblock bezeichnet. Er ist in moderner Dünngußtechnik aus Grauguß gefertigt. Kühlmittelkanäle um die aufgereihten Zylinderbohrungen sorgen dafür, daß die entstehende Verbrennungswärme schnell abgeführt wird. Da die Zylinderbohrungen nicht weit voneinander entfernt sind, konnte dort kein Wasserkanal mehr eingegossen werden. Die im oberen Zylinderbereich besonders wichtige Kühlung wird aber durch eingefräste Wasserschlitze (DB-Patent) sichergestellt. Unten am Zylinderblock befinden sich die Lagerstellen für die Kurbelwelle. Die Seitenwände des Zylinderblockes reichen 65 mm tiefer als die Lagermitte, um den Block steifer zu machen und um Nebenaggregate einfacher befestigen zu können. Durch Abschrauben der Lagerdeckel kann die Kurbelwelle ausgebaut werden.
Mit zunehmender Laufleistung des Motors läßt der Kompressionsdruck nach, und der Ölverbrauch steigt. Schuld daran sind die Zylinderbohrungen, welche durch das ständige Auf und Ab der Kolben verschleißen. Die Bohrungen werden größer und unrund. Kratzer und Rattermarken in den Laufflächen sind weitere Verschleißzeichen. Bei einer grundlegenden Motorüberholung werden die Zylinderbohrungen auf die erste oder zweite Reparaturstufe aufgeschliffen und anschließend neue Kolben und Kolbenringe eingebaut.

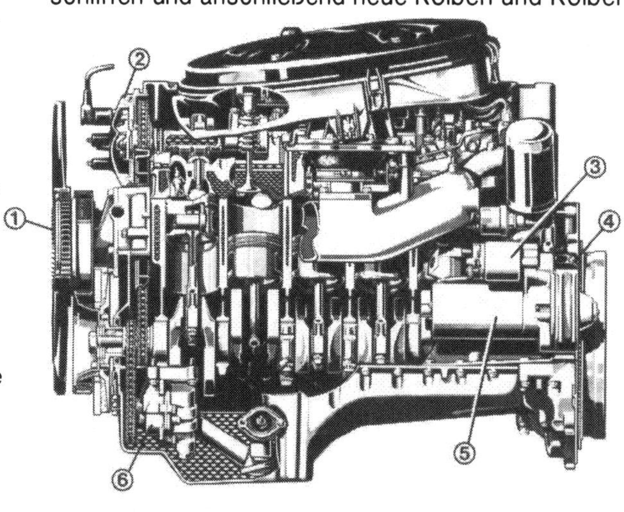

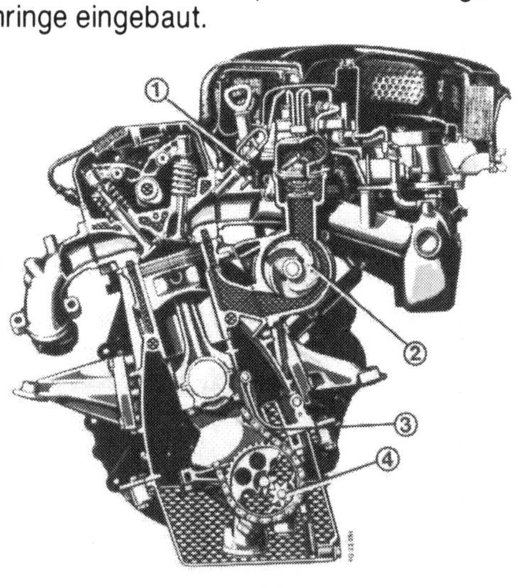

Schnitte am 260 E/300 E.

Links: 1 – Viskolüfterkupplung; 2 – Hochspannungsverteiler; 3 – Magnetschalter; 4 – Positionsgeber für Zündung; 5 – Anlasser; 6 – Ölpumpe.

Rechts: 1 – Einspritzventil; 2 – Wasserpumpe; 3 – Antriebskette für Ölpumpe (4).

Hier ist die rechte Seite des Vierzylindermotors mit automatischem Getriebe gezeigt.

Die Kurbelwelle

Aufgabe der Kurbelwelle ist es, die geradlinige Bewegung der in den Zylindern auf- und ablaufenden Kolben in eine Drehbewegung umzusetzen. Die zu den Kolben führenden Stangen – die Pleuel – wirken deshalb, wie bei einer Andrehkurbel, versetzt zur Mittelachse auf die Kurbelwelle. Durch die versetzte Anordnung der »Kurbeln« kann immer eine der Pleuelstangen die Kraft der Verbrennung oberhalb des Kolbens so zur Kurbelwelle weiterleiten, wie es für die Drehbewegung günstig ist. Um ein Durchbiegen der Kurbelwelle im Betrieb zu vermeiden – schließlich drücken und zerren die Kolben ja ganz ordentlich an der Welle – ist sie an möglichst vielen Stellen im Motorblock gelagert. Jede »Kurbel«, auf der eine Pleuelstange sitzt, ist rechts und links durch ein Motorlager gestützt. Um ein möglichst vibrationsarmes Drehen der Kurbelwelle zu erreichen, ist die Welle ausgewuchtet. Beim Sechszylinder wird die Kurbelwelle mit ihren 12 Gegengewichten in einem ebenen Stück geschmiedet. Dabei stehen die Kurbeln um 180° versetzt. Erst anschließend werden sie auf die beim Sechszylinder erforderlichen 120° gedreht. Dieses Verfahren ermöglicht ausgekehlte Kurbelwandungen und damit eine leichtere Kurbelwelle.
Auf der Getriebeseite der Kurbelwelle sitzt die Schwungscheibe des Motors, die an ihrem Umfang mit einem Zahnkranz ausgestattet ist. In diesen greift beim Starten das Ritzel des Anlassers. Bei Fahrzeugen mit Schaltgetriebe ist an die Schwungscheibe die Kupplung montiert. Bei Automatik sitzt statt dessen ein Drehmomentwandler dort. Am vorderen Ende der Kurbelwelle befinden sich beim Sechszylinder innerhalb des Motors zwei Kettenräder zum Antrieb der Steuerkette und der Zahnradölpumpe. Beim Vierzylinder ist nur ein Kettenrad eingebaut. Die Sichelölpumpe sitzt direkt auf der Kurbelwelle. Außerhalb des Motors ist eine Riemenscheibe am Kurbelwellenende montiert. Der darüber laufende Flachriemen besorgt den Antrieb der Nebenaggregate, wie Lichtmaschine, Wasserpumpe, Servopumpe der Lenkhilfe, Kühlerlüfter und Kompressor der Klimaanlage. Weiterhin ist hinter der Riemenscheibe noch eine runde Masse, sogenannter Schwingdämpfer, eingebaut. Dieser besteht zur Gewichtseinsparung aus einer Elastomer-Mischung mit Leichtmetallnabe.

Kolben und Pleuel

Die Kolben laufen in den Zylindern auf und ab. Hinabgedrückt werden sie vom Explosionsdruck des entzündeten Kraftstoffs, wieder hinaufgeschoben werden sie von der Schwungkraft der sich drehenden Kurbelwelle.
Die kurzen Kolben bestehen aus einer besonderen Leichtmetall-Legierung mit einer Stahleinlage zur Regelung der Wärmedehnung. Im oberen Drittel jedes Kolbens sind drei Ringe in Nuten eingebettet, die federnd gegen die Zylinderwand drücken. Die beiden oberen, sehr schmalen Kolbenringe verwehren dem Verbrennungsdruck den Weg am Kolben vorbei ins Kurbelgehäuse. Der unterste Ring ist der sogenannte Ölabstreifring. Er verhindert, daß zuviel Schmiermittel vom Kurbelgehäuse in die Brennräume gelangt. Der oberste Rechteckring ist an seiner Lauffläche kanalverchromt. In einem Netz feiner Kanäle wird Öl mitgeführt. Der mittlere Ring – ein sogenannter Minutenring mit Innenfase – ist außen geläppt, während der Ölab-

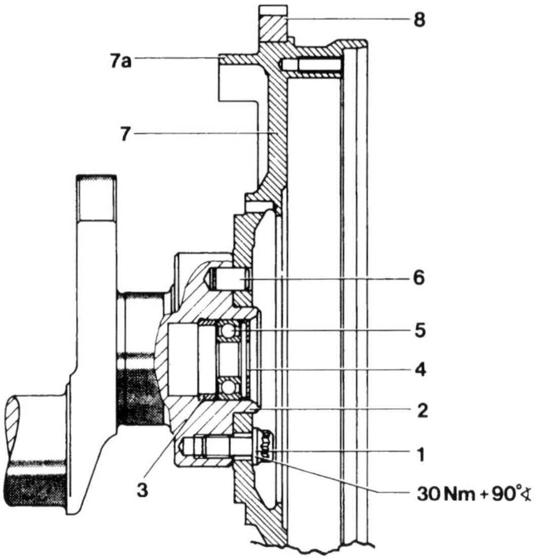

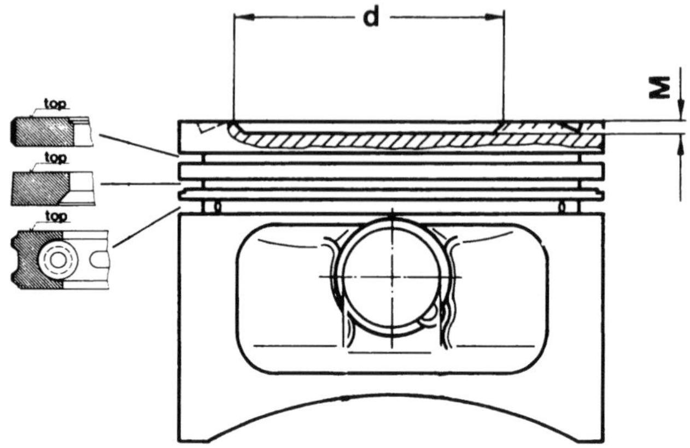

Oben: Hier ist die Einbaulage der Kolbenringe gezeigt. Die Motorverdichtung kann durch unterschiedliche Mulden im Kolbenboden verändert werden (Maß d und M).
Links: So ist die Schwungmasse hinten an der Kurbelwelle befestigt: 1 – Dehnschraube mit Drehmomentangabe; 2 – Kurbelwelle; 3 – Abstandring; 4 – Deckel; 5 – Kugellager für Getriebewelle; 6 – Paßstift; 7 – Schwungrad; 7a – Segment zur Spannungsinduktion in Positionsgeber; 8 – Zahnkranz für Anlasserritzel.

streifring – sogenannter Dachfasenring – verchromt ist. Damit die Ringe ihre Aufgaben möglichst gut erfüllen, muß bei der Montage auf deren richtige Lage geachtet werden.
Die Pleuel verbinden die Kolben mit der Kurbelwelle. Sie sind aus Stahl geschmiedet. Der Kolben ist mit dem Kolbenbolzen am oberen Pleuelende befestigt. Die Pleuel werden durch den Kolben geführt, was eine schmälere Ausführung und damit Gewichtsreduzierung ermöglicht. Die Pleuel sind durchbohrt. So gelangt Öl zum Kolbenbolzen und spritzt zur Kühlung gegen den Kolbenboden.
Das untere Lager des Pleuels zur Kurbelwelle hin kann durch Lösen von 2 Schrauben geteilt werden. Wenn der Zylinderkopf und die Ölwanne ausgebaut ist, kann man so die Kolben samt Pleuel nach oben aus den Zylinderbohrungen schieben. Das untere Pleuellager ist mit zwei Lagerschalen ausgestattet. Bisweilen kann es dort nach hoher Kilometerleistung des Motors zum ersten deutlich hörbaren Lagerschaden kommen. Neue Schalen schaffen manchmal Abhilfe. Es gibt auch vier Reparaturstufen.

Die Ölwanne

Den Abschluß des Motors nach unten besorgt die Ölwanne aus Leichtmetall. Ihr Boden ist so geformt, daß er waagrecht steht, obwohl der Motor um 15° geneigt eingebaut ist. Im Öl-Sammelraum steckt die Ölablaßschraube. Das im Sammelraum zusammenfließende Öl wird vom Ansaugschnorchel der Ölpumpe angesaugt und startet von dort zu einer weiteren Runde durch den Motor.
Ein Ölstandsgeber ist seitlich in die Ölwanne eingebaut. Der Aus- und Einbau der Ölwanne kann bei eingebautem Motor durchgeführt werden. Allerdings ist die umfangreiche Arbeit nur etwas für Könner. Im nächsten Abschnitt wird in groben Schritten der Ausbau beschrieben.

- Untere Motorraumabdeckung ausbauen.
- Batterie abklemmen.
- Motoröl ablassen.
- Vordere Motorlager losschrauben.
- Masseleitungen am Getriebe und Leitung zum Ölstandsgeber lösen.
- Lüfterhaube lösen und über Ventilator hängen.
- Motor vorsichtig an seiner vorderen Aufhängeöse so weit wie möglich anheben. Auf Kühlmittelschläuche und Leitungen achten.
- Ölwanne am Getriebe abschrauben.
- Ölwanne vom Motor losschrauben.
- Ölwanne ablassen und Ölpumpe abschrauben. Beim Sechszylinder zuerst das Kettenrad an der Pumpe abschrauben (25 Nm). Beim Einbau kommt die gewölbte Seite am Kettenrad zur Pumpe.
- Ölwanne herausnehmen. Evtl. noch Ölmeßstab samt Rohr ausbauen.
- Vor dem Einbau die Trennflächen an Ölwanne und Zylinderblock reinigen.
- Ölwanne mit neuer Dichtung und Dichtungsmittel montieren. Dabei die Ölwanne am Getriebe zunächst leicht anziehen, dann die Schrauben zum Motor gleichmäßig anziehen: M 6 mit 10 Nm; M 8 mit 25 Nm.

Der Steuergehäusedeckel

Dieses Leichtmetallteil sitzt an der Vorderseite des Motors. Es ist an der Ölwanne und mit unterschiedlich langen Schrauben mit dem Zylinderblock verschraubt. Beim Vierzylinder ist der Deckel oben mit dem Zylinderkopf verschraubt. Beim Sechszylinder mit dem vorderen Abschlußdeckel des Zylinderkopfes. Hinter dem Deckel läuft die Steuerkette. Auch Spann- und

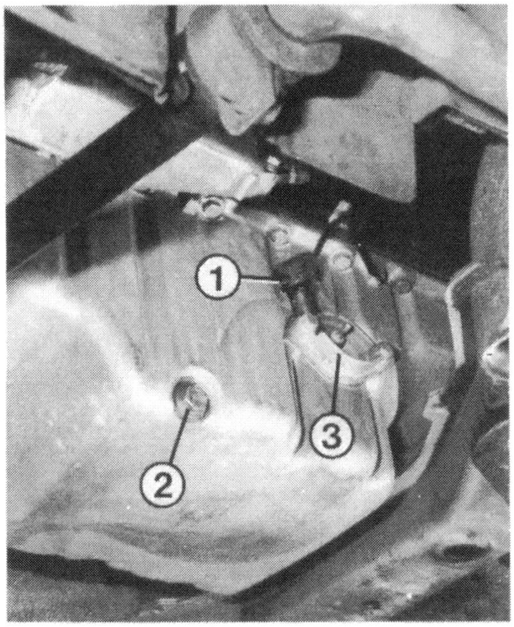

Links: Hier ist die Ölwanne gezeigt. 1 – Stecker und Leitung zum Ölstandsgeber (3); 2 – Motorölabiaßschraube mit Dichtring (Anziehdrehmoment 25 Nm).

Rechts: Zum Ausbau der Ölwanne (2) muß beim Sechszylinder das Kettenrad (1) von der Ölpumpe abgeschraubt werden.

Gleitschienen finden sich hinter dem Deckel (siehe Zeichnungen Seite 33). Außen sind viele Aggregate mit dem Steuergehäusedeckel verschraubt.

Die Zylinderkopfhaube

Dieses Teil besteht aus Leichtmetall. Auf der Innenseite der Haube befindet sich ein Ölabscheider mit Rücklaufrohr – beides Teile der Motorentlüftung. Der Öleinfülldeckel sitzt oben in der Haube. Seitlich steckt noch ein Schlauch in der Zylinderkopfhaube, der die Durchblasegase des Motors zur Ansaugseite leitet. Beim Sechszylinder führt ein weiterer Schlauch zum Saugrohr, welcher Luft für die luftumfaßten Einspritzventile liefert. Die Abdichtung der Zylinderkopfhaube besorgt eine langlebige Gummi-Profildichtung.

Zylinderkopfhaube ausbauen

- Luftfilter ausbauen.
- Alle Zündkerzenstecker abziehen.
- Vierzylinder: Verteilerkappe lösen.
- Sechszylinder: Alle Zündkabel an Verteilerkappe ausstecken.
- Schrauben herausdrehen und Haube abnehmen.
- Beim Einbau Dichtung auf Beschädigungen kontrollieren.
- Zylinderkopfhaube aufsetzen. Schrauben in zwei Stufen bis 9 Nm (Sechszylinder) bzw. 15 Nm (Vierzylinder) festdrehen.

Der Zylinderkopf

Dieses Teil ist gewissermaßen der Deckel des Motors. Es ist aus einer Leichtmetall-Legierung gegossen. In verschiedenen Kanälen strömen das Motorkühlmittel, das Motoröl, das Kraftstoff/Luft-Gemisch sowie die Auspuffgase. In Bohrungen stecken die Zündkerzen und die Ventilführungen. Oben im Zylinderkopf ist die Nockenwelle gelagert. Der Auspuffkrümmer und die langen Saugrohre sind außen am Zylinderkopf montiert. Links am Zylinderkopf sind verschiedene temperaturabhängige Schalter, Fühler und Ventile eingeschraubt.

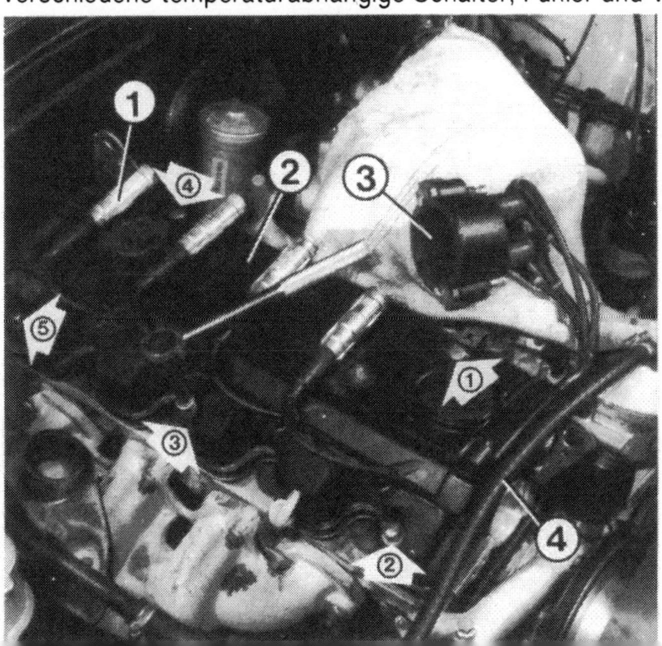

Ausbau der Zylinderkopfhaube (2): Kerzenstecker (1) abziehen. Verteilerkappe (3) beim Vierzylinder ausbauen, sonst Leitungen ausstekken. Schrauben (Pfeile) nacheinander anziehen.

Schnitt durch den Zylinderkopf:
A – Auslaßkanal
E – Einlaßkanal
1 – Zylinderkopf
2 – Ventilführung Auslaß
3 – Ventilfederteller
4 – Ventilschaft-Abdichtung Auslaß
5 – Auslaßventil
6 – Ventilfeder
7 – Ventilfederteller
8 – Ventilkeile
9 – Kugelpfanne
10 – Kipphebelachse
11 – Kipphebel
12 – Nockenwellen-Lagerbock
13 – Schraube
14 – Sicherungsring
15 – Einstellscheibe
16 – Hydraulisches Ventilspiel-Ausgleichelement
17 – Einlaßventil
18 – Ventilschaft-Abdichtung Einlaß
19 – Ventilführung Einlaß
20 – Ventilsitzring Einlaß
21 – Ventilsitzring Auslaß

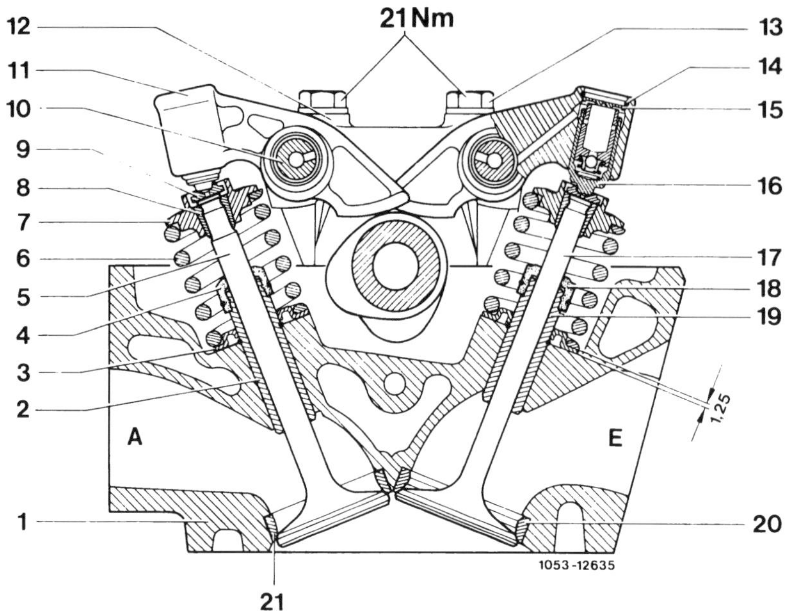

Weil die Verbrennungsluft von der einen Motorseite in die Brennräume strömt und die Abgase den Motor auf der gegenüberliegenden Seite wieder verlassen, spricht man von einem »Querstromkopf«. Der Gasstrom wird am wenigsten umgelenkt. Dabei ist die Ventilanordnung und die Brennraumform so gewählt, daß zur Abgas- und Leistungsverbesserung turbulenzfördernde Quetschzonen entstehen.
Ein Leichtmetall-Zylinderkopf kann sich bei Kühlungsmangel sowie bei unsachgemäßer Behandlung (Montagereihenfolge der Zylinderkopfschrauben nicht eingehalten oder Ausbau des heißen Zylinderkopfes) leichter verziehen als ein Graugußkopf, doch dafür ist er leichter und kann aufgenommene Verbrennungswärme schneller an das Kühlmittel abgeben.
Die Ventilsitze aus kobalthaltigem Sintermetall sind ein ringförmiges Gegenstück zum Ventilteller. Sie helfen mit, den Brennraum bei geschlossenen Ventilen gut abzudichten, und sie verhindern, daß sich die Ventilteller in das weiche Leichtmetall eindrücken.
Eine Prüfung des Zylinderkopfes im eingebauten Zustand ist kaum möglich. Nur ein Riß, durch den Kühlmittel sickert, könnte auf einen Zylinderkopfschaden hinweisen. Für weitere Prüfungen muß man den Zylinderkopf ausbauen. Dies braucht in aller Regel nur dann gemacht zu werden, wenn Sie größere Schäden beheben wollen. Beispielsweise, wenn nach längerer Fahrt ohne ausreichende Kühlung die Zylinderkopfdichtung durchgebrannt ist (Seite 29) oder wenn der Motor schlechte Kompressionswerte (Seite 38) zeigt und die Ursache in Richtung Ventilsitze vermutet wird.
Einen stark überhitzten Zylinderkopf in der Werkstatt auf Verzug prüfen lassen. Suchen Sie den ausgebauten Zylinderkopf auch nach kleinen Rissen ab. Bisweilen findet man welche im Brennraum zwischen den Ventilen.
Sind die Ventilsitze undicht, müssen die Ventile neu eingeschliffen werden (Seite 34). In besonders schweren Fällen müssen die Ventilsitzringe und die Ventile erneuert werden. Viel-

Die Befestigungsbolzen der Gleitschienen und der Spannschiene sind hohl und haben ein M6-Gewinde eingeschnitten. Diese Tatsache ermöglicht uns das einfache Ausziehen der Bolzen: Dazu eine längere M6-Schrauben (1) mit Unterlegscheibe und eine Hülse (2) verwenden. Den Inndurchmesser der Hülse so wählen, daß der Bolzen hineinpaßt. Ihre Länge hängt von der Schraubenlänge ab. Wenn man die Schraube etwa vier Umdrehungen in den Bolzen geschraubt hat, sollte sich die Hülse zwischen Zylinderkopf und Unterlegscheibe festklemmen. Nun die Schraube weiter hineindrehen – der Bolzen wird so aus seinem Paßsitz herausgezogen.

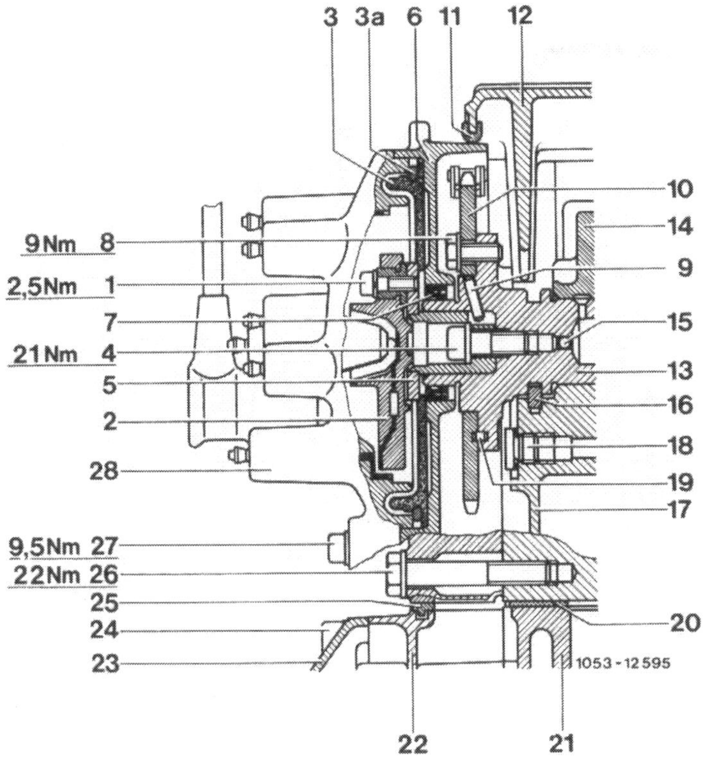

Längsschnitt vorn am Zylinderkopf beim Sechszylinder. Es bedeuten:
1 Schraube
2 Verteilerläufer
3 Schutzdeckel
3a Dichtring
4 Schraube mit Scheibe
5 Mitnehmer für Verteilerläufer
6 Verschlußdeckel vorne
7 Radialdichtring
8 Schraubbe
9 Fixierstift für Verteilerläufer
10 Nockenwellenrad
11 Dichtung Zylinderkopfhaube
12 Zylinderkopfhaube
13 Nockenwelle
14 Nockenwellen-Lagerbock
15 Kugelverschluß ⌀ 6 mm
16 Anlaufscheibe für Nockenwelle
17 Zylinderkopf
18 Verschlußschraube Ölkanal mit Dichtring
19 Fixierstift, Nockenwellenrad/Nockenwelle
20 Zylinderkopfdichtung
21 Zylinderkurbelgehäuse
22 Steuergehäusedekkel
23 Lüfterlagerbock
24 Schraube
25 Dichtung
26 Schraube
27 Schraube
28 Hochspannungsverteiler

leicht ist auch der Austausch von einzelnen Ventilen nötig. Meist trifft dies auf die thermisch stärker beanspruchten Auslaßventile zu.

Zylinderkopf ausbauen

Diese Arbeit ist recht umfangreich und nichts für Ungeübte. Unsere Beschreibung nennt nur die wichtigsten Arbeitsschritte. Je nach Ausstattung ergeben sich in unwesentlicheren Dingen weitere Arbeiten. Grundsätzlich gilt es, alle Schraub- und Schlauchverbindungen sowie alle elektrischen Leitungen zum Zylinderkopf zu lösen, damit der Zylinderkopf samt Auspuffkrümmer abgenommen werden kann. Um Unsicherheiten beim Einbau vorzubeugen, sollten Sie ggf. lieber einige Teile bezeichnen. Das Losschrauben des Zylinderkopfes darf nur bei abgekühltem Motor erfolgen.

- Motorhaube voll öffnen und Minusklemme an der Batterie lösen.
- Kühlmittel ablassen (Seite 52).
- Luftfilter ausbauen (Seite 61).
- Kühler ausbauen (Seite 53).
- Flachriemen entspannen und abnehmen (Seite 46). Stoßdämpfer der Riemenspannvorrichtung oben losschrauben.
- Ölmeßstab-Führungsrohr oben losschrauben.
- Kühlmittelschläuche, Kraftstoffleitungen und alle elektrischen Leitungen zum Zylinderkopf lösen. Wenn erforderlich, abklemmen und kennzeichnen.
- Gaszug aushängen.
- Unterdruckleitungen lösen.
- Auspuff abschrauben.
- Saugrohrabstützung oben losschrauben.
- Zylinderkopfhaube ausbauen.
- Beim Sechszylinder Verteilerkappe und Läufer losschrauben. Mitnehmer für den Läufer ausbauen. Schrauben am vorderen Abschlußdeckel des Zylinderkopfes herausdrehen und Deckel abnehmen.
- Motor so drehen, daß der 1. Zylinder auf OT steht. Zu diesem Arbeitsschritt die weiteren Hinweise auf Seite 32 beachten.
- Kettenspanner ausbauen. Dazu Verschlußschraube abschrauben und Druckfeder abnehmen. Teilweise noch Gewindering innen abschrauben und eine M-10-Schraube eindrehen, bis sie klemmt. Spanner daran herausziehen.
- Farbkennzeichnungen am Kettenrad der Nockenwelle zur Steuerkette und beim Sechszylinder auch zur Nockenwelle anbringen. Kettenrad ausbauen (siehe Nockenwelle ausbauen, Seite 30).
- Gleitschiene der Steuerkette im Zylinderkopf ausbauen. Dazu die Flachriemen-Spannvorrichtung losschrauben und die Gleitschienenbefestigungsbolzen herausziehen (Abb. links).
- Die vorderen beiden Zylinderkopfschrauben (M 8) herausschrauben.
- Alle weiteren Zylinderkopfschrauben in der umgekehrten Reihenfolge des Anziehens lösen (siehe Seite 29).
- Zylinderkopf abheben. Die Trennflächen reinigen.

Beim Vierzylindermotor ist der Zylinderkopf mit insgesamt zehn Innenvielzahn-Schrauben (1) und mit vier M8-Innensechskantschrauben befestigt – siehe auch Schema rechts oben. Die Pfeile zeigen auf die etwas versteckten Innensechskanntschrauben vorn am Zylinderkopf. Eine weitere Schraube ist außerhalb des Zylinderkopfes zu finden.

Zylinderkopf einbauen

- Neue Zylinderkopfdichtung auflegen.
- Zylinderkopf aufsetzen, dabei auf richtigen Sitz der Paßstifte achten.
- Die unterschiedlich langen Zylinderkopfschrauben (M 12) messen. Da es sich um Dehnschrauben handelt, darf sich der Schraubenschaft um höchstens 3,0 mm in die Länge gezogen haben. Ist dieses Maß überschritten, neue Schrauben verwenden. Neue Schrauben sind beim Vierzylinder 119 mm und beim Sechszylinder 105 mm lang.
- Schraubengewinde und Anlageflächen einölen.
- Schrauben stufenweise und in der richtigen Reihenfolge anziehen (siehe Anzugsschema rechts oben).
- 1. Anzugsstufe: Alle Schrauben mit 70 Nm anziehen.
- 2. Anzugsstufe: Alle Schrauben um 90° weiter festdrehen. Dazu das Werkzeug z. B. in Längsrichtung ansetzen und so lange drehen, bis es quer zur Fahrtrichtung steht.
- 3. Anzugsstufe: Die Schrauben nochmals um 90° weiterdrehen. Der Zylinderkopf wird später nicht mehr nachgezogen.
- Die Schrauben (M 8) vorn am Zylinderkopf einsetzen und mit 25 Nm festdrehen.
- Kettenrad und Gleitschiene der Steuerkette wieder montieren.
- Kettenspanner zerlegen. Den Druckbolzen vollends durchschieben und dann von der Außenseite nur bis zur ersten Raste einschieben. Kettenspanner einbauen (Anziehdrehmomente: Verschlußstopfen mit großem Sechskant 70 Nm; Verschlußstopfen mit Innensechskant 50 Nm; Gewindering 30 Nm).
- Beim Einbau in umgekehrter Ausbaufolge auch die Stellung von Nockenwelle zu Kurbelwelle prüfen (Seite 33).

Vierzylindermotor mit ausgebauter Zylinderkopfhaube. Es bedeuten: 1 – Lagerbock-Befestigungsschraube (21 Nm); 2 – Stehbolzen zur Befestigung der Zylinderkopfhaube; 3 – Befestigungsschraube für Nockenwellen-Kettenrad (80 Nm); 4 – Vielzahn-Zylinderkopfschraube.

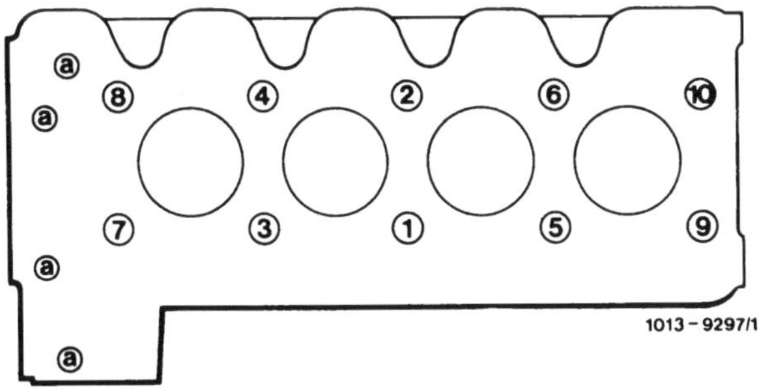

1013-9297/1

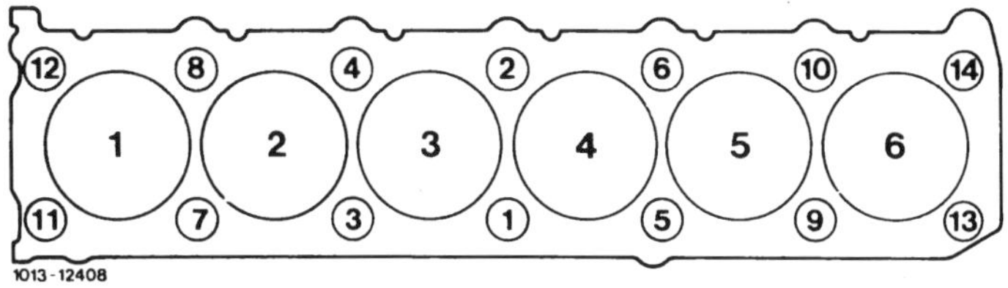

1013-12408

Die Zylinderkopfschrauben müssen in der numerierten Reihenfolge, beginnend mit 1, angezogen werden. Die Schrauben (a) beim Vierzylinder (links) werden zuletzt mit 25 Nm festgedreht.

Die Zylinderkopfdichtung

Die Dichtung zwischen dem Motorblock und dem Zylinderkopf hat einen schweren Stand, denn sie hat dafür zu sorgen, daß die Verbrennungsräume und die Kanäle für Kühlmittel und Öl voneinander getrennt bleiben. Dabei muß sie enormen Temperatur- und Druckschwankungen widerstehen.

Störungsbeistand Zylinderkopfdichtung

Ein Schaden an der Zylinderkopfdichtung tritt meist als Folge von Überhitzung auf.

Erkennungsmerkmal	Ursache/Besonderheiten
A Kühlflüssigkeitsstand nimmt laufend ab	Kühlmittel gelangt in sehr geringer Menge in die Brennräume. Die Erscheinung kann sich ohne weitere Merkmale über längere Zeit hinziehen
B Beträchtlicher Kühlmittelverlust. Der Wagen zieht bei warmgefahrenem Motor einen weißen Abgasschleier hinter sich her	Kühlmittel dringt in erheblicher Menge in einen Verbrennungsraum, verdampft dort und entweicht als weiße Schwaden zum Auspuff hinaus
C Aus dem geöffneten Ausgleichsbehälter steigen Luftblasen auf oder beim Öffnen des Verschlußdeckels sprudelt eine größere Menge Kühlmittel heraus	Verbrennungsgase werden ins Kühlsystem gedrückt. Aus der Einfüllöffnung riecht es nach Abgasen
D Buntschillernde Verfärbung an der Oberfläche des Kühlmittels	Öl aus dem Schmierkreislauf gelangt ins Kühlsystem
E Gräulich aussehende Emulsion am herausgezogenen Ölpeilstab oder Öl von Wasserbläschen durchsetzt	Kühlflüssigkeit ist ins Schmieröl geraten. Achtung: Wasser im Motoröl kann einen Lagerschaden verursachen. Zylinderkopfdichtung sofort wechseln (lassen). Wagen zur Reparatur abschleppen

Die Nockenwelle

Die gehärtete Nockenwelle aus Temperguß ist oben am Zylinderkopf gelagert. Das untere Teil der Lagerstellen ist direkt in den Zylinderkopf eingearbeitet. Die obere Hälfte bilden die abschraubbaren Kipphebellagerböcke. Der Antrieb der Nockenwelle erfolgt über eine Einfach-Steuerkette von der Kurbelwelle. Das Kettenrad vorn an der Nockenwelle hat doppelt so viele Zähne wie das Kettenrad unten an der Kurbelwelle, dadurch dreht sich die Nockenwelle mit halber Kurbelwellen-Drehzahl. Entsprechend der Zylinderzahl sind die Nockenwellen unterschiedlich lang.

Die Nockenwelle übernimmt die Aufgabe, die Ventile in einer bestimmten Reihenfolge und für eine bestimmte Dauer zu öffnen. Die entsprechenden Öffnungs- und Schließzeiten werden in Winkelgrad der Kurbelwelle angegeben. Wie die Ventile von der Nockenwelle aus über die Kipphebel mit eingebauten Ventilspiel-Ausgleichselementen geöffnet und geschlossen werden, zeigt die Zeichnung Seite 37.

Zur Gewichtseinsparung ist die Nockenwelle hohl. Über eine Nut vorn wird sie in Längsrichtung gehalten. Eine Prüfung der Nockenwelle ist teilweise bei abgenommener Zylinderkopfhaube möglich. Achten Sie darauf, daß die Nockenbahnen keine starken Riefen oder ähnliche Beschädigungen aufweisen. Will man die Leichtgängigkeit der Nockenwelle prüfen (vielleicht ist die Welle verbogen oder eine Lagerstelle verschlissen), muß man das Kettenrad und alle Kipphebel ausbauen und die Nockenwelle von Hand drehen.

Kipphebel und Lagerböcke

Oben im Zylinderkopf finden Sie für jeden Zylinder einen Lagerbock mit einer entsprechenden Kennzahl für die Zylinderzugehörigkeit. Jeder Lagerbock ist mit 4 Schrauben festgeschraubt. An den Lagerböcken sind die Kipphebel gelagert. Weiterhin bilden sie die obere Hälfte der

Links: Der Kettenspanner (1) für die Steuerkette ist bei der Lichtmaschine (2) eingeschraubt.

Rechts: Beim Vierzylindermotor kann die Nockenwelle am hinteren Ende mit einem Gabelschlüssel gegengehalten werden (Pfeil).

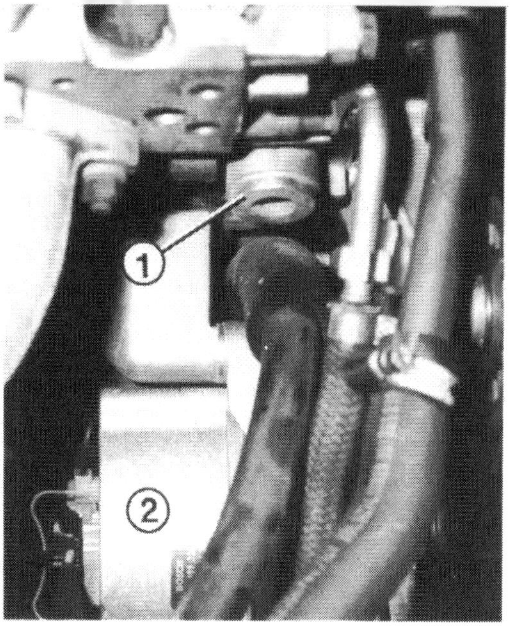

Nockenwellenlager. Bei Montagearbeiten muß die Einbaulage der Lagerböcke gewährleistet bleiben, andernfalls werden Ölkanäle zu den Kipphebelwellen verschlossen.
Die Kipphebel übertragen das genau bestimmte Auf und Ab der Nocken auf der Nockenwelle zu den Ventilen. Die stark beanspruchte Lauffläche der Kipphebel ist gehärtet und hartverchromt. Auf der anderen Seite ist ein hydraulisches Ventilspiel-Ausgleichselement im Kipphebel untergebracht. Die Kipphebellagerung wird durch die hohle Kipphebelwelle geschmiert.

Kipphebel, Lagerböcke und Nockenwelle aus- und einbauen

- Minuspolklemme an der Batterie lösen.
- Luftfilter und Zylinderkopfhaube (Seite 61 und 25) ausbauen.
- Motor auf Zünd-OT des 1. Zylinders drehen (Seite 32).
- Kettenrad zu Nockenwelle und Steuerkette mit einem Lacktupfer kennzeichnen.
- Kettenrad losschrauben. Beim Sechszylinder 3 Schrauben SW 10. Beim Vierzylinder die Schraube in der Mitte des Kettenrades herausdrehen. Hier mit einem Gabelschlüssel (SW 24) am anderen Nockenwellenende gegenhalten.
- Kettenspanner ausbauen (siehe unter »Zylinderkopf ausbauen«, Seite 27).
- Kettenrad abnehmen. Aufpassen, daß beim Vierzylinder der Mitnehmerkeil nicht in den Motor fällt.
- Ölspritzrohr über den Lagerböcken ausbauen.
- Sechskantschrauben aller Lagerböcke gleichmäßig lösen.
- Lagerböcke und Nockenwelle abnehmen.
- Zum Einbau in umgekehrter Folge alle Nockenwellenlager kräftig ölen. Unbedingt die Einbaulage der Lagerböcke beibehalten. Alle Schrauben gleichmäßig über Kreuz mit 21 Nm festziehen.
- Steuerkette über Kettenrad legen (Markierungen beachten) und Kettenrad an Nokkenwelle vormontieren.
- Kettenspanner einbauen.
- Kettenrad festschrauben (Sechszylinder: je 9 Nm; Vierzylinder 80 Nm). Dabei wie beim Lösen der Schraube gegenhalten. Aufpassen, daß der Motor beim Anziehen nicht verdreht wird, denn dabei kann leicht die Steuerkette am Kurbelwellenritzel überspringen.
- Motor an der Kurbelwelle um 2 Umdrehungen vorwärts drehen, bis wieder der Zünd-OT des 1. Zylinders erreicht ist. Die Stellung der Nockenwelle prüfen (Abb. Seite 33).
- Zylinderkopfhaube montieren.

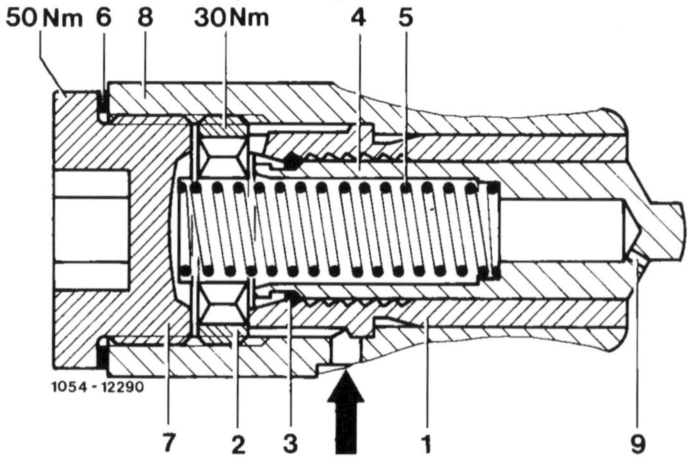

Kettenspanner des Sechszylindermotors. Es bedeuten:
1 – Kettenspannergehäuse
2 – Gewindering
3 – Rastenfeder
4 – Druckbolzen
5 – Druckfeder
6 – Dichtring
7 – Verschlußschraube
8 – Steuergehäusedeckel
9 – Drosselbohrung
Pfeil – Ölzulauf

Links: Zylinderkopf beim Sechszylinder. 1 – Kettenrad; 2 – Verschlußdeckel; 3 – Hochspannungsverteiler; 4 – Ölspritzrohr; 5 – Kipphebel mit Ausgleichselement.

Rechts: Bevor man das Nockenwellen-Kettenrad (1) ausbaut, besser Steuerkette mit Kettenrad zusammenbinden und kennzeichnen (Pfeil).

Der Kettenspanner

Der seitlich rechts in den Zylinderkopf eingeschraubte Kettenspanner drückt über die Spannschiene auf die Steuerkette. Seine Kraft setzt sich aus der Federkraft der eingebauten Feder und dem Druck des Motoröls zusammen, das ständig durch den Kettenspanner gepumpt wird. Das Öl im Spanner dämpft auch stoßartige Belastungen beim Schlagen der Kette. Ein defekter Kettenspanner kann nicht repariert werden. Deshalb bei Beanstandungen einen neuen Spanner einbauen. Wie der Kettenspanner eingebaut wird, steht unter »Zylinderkopf aus- und einbauen« auf Seite 27. Zuvor soll ein neuer Kettenspanner mit Öl gefüllt werden: Zum Füllen eine Dose mit dünnflüssigem Motoröl (SAE 10 oder erwärmtes Öl) verwenden. Den Kettenspanner mit dem Druckbolzen nach unten ins Öl tauchen und rund zehn Mal kräftig bis zum Anschlag durchdrücken. Der volle Spanner läßt sich nur noch langsam und mit großer Kraft zusammendrücken.

Die Steuerkette

Nockenwelle und beim Vierzylinder die Zwischenwelle werden von der Kurbelwelle über eine endlose Einfach-Steuerkette angetrieben. Das Kettenrad der Nockenwelle hat doppelt so viele Zähne wie das Kettenrad auf der Kurbelwelle. Dadurch dreht die Nockenwelle, entsprechend der Arbeitsweise von Viertaktmotoren, mit halber Kurbelwellen-Drehzahl. Auf der Zugseite wird die wartungsfreie Steuerkette von Schienen geführt. Auf der anderen Seite läuft sie über eine lange Spannschiene, die vom Kettenspanner gegen die Kette gedrückt wird. Bei Laufgeräuschen der Steuerkette oder wenn die Zylinderkopfhaube ohnehin ausgebaut ist, sollte der Verschleißzustand der Kette beurteilt werden.
Die Steuerkette wird bei Verschleiß immer länger. Diese Längung führt zu deutlichen Verschleißspuren an den Zähnen am Nockenwellen-Kettenrad. In extremen Fällen brechen die Zähne ab, und die Steuerkette springt über.
Wird ein Schaden rechtzeitig erkannt, genügt es, die Steuerkette und das Nockenwellen-Kettenrad zu ersetzen. Bei fortgeschrittenem Verschleiß den Steuergehäusedeckel ausbauen und alle Kettenräder, Schienen sowie den Kettenspanner erneuern.

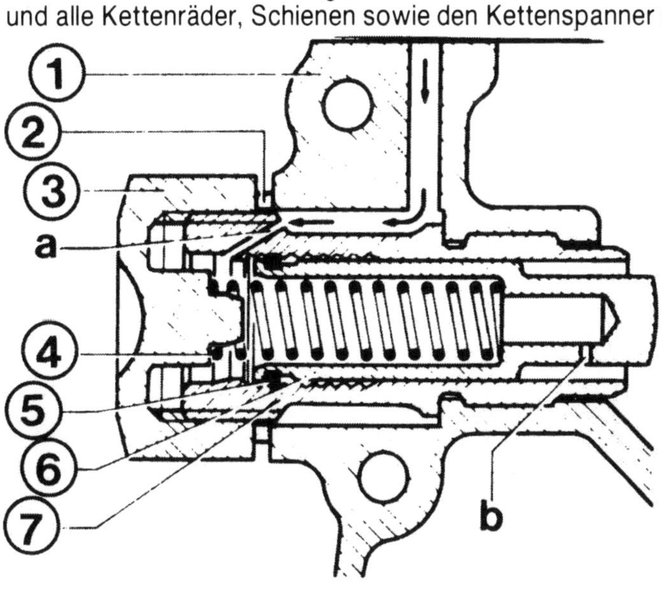

Hier ist der hydraulische Rastenkettenspanner des Vierzylindermotors gezeigt:
1 – Kurbelgehäuse
2 – Dichtring
3 – Verschlußmutter (70 Nm)
4 – Druckfeder
5 – Rastenfeder
6 – Druckbolzen
7 – Gehäuse
a – Ölzulauf
b – Ölrücklauf

Steuerkette ersetzen

■ Alle Zündkerzen ausbauen, damit sich der Motor leicht durchrehen läßt.
■ Zylinderkopfhaube und Kettenspanner ausbauen.
■ Kettenkasten mit einem Lappen abdekken und oben am Nockenwellen-Kettenrad ein Glied der Kette aufschleifen.
■ Neue Kette mit dem Schloß an die alte Kette anhängen und den Motor langsam vorwärts drehen. Dabei alte Kette oben herausziehen.
■ Neue Kette mit dem Schloß schließen.
■ Stellung von Nocken- und Kurbelwelle prüfen.

Motor durchdrehen

Für manche Arbeiten ist es erforderlich, den Motor durchzudrehen. Dies macht man am besten am vorderen Kurbelwellenende. Dort findet man in der Mitte der Riemenscheibe eine große Sechskantschraube. Mit einer Rätsche mit eingesteckter 27-mm-Stecknuß erreicht man die Schraube. Beim Drehen des Motors beachten:
■ Zündung ausschalten.
■ Die Kurbelwelle darf nur in Vorwärtsrichtung weitergedreht werden, d. h. im Uhrzeigersinn, wenn man von vorne auf den Motor schaut.
■ Den Motor niemals an der Schraube des Nockenwellen-Kettenrades drehen, denn hierbei könnte die Steuerkette überspringen.
■ Will man den Motor ohne Widerstand drehen, muß man alle Zündkerzen ausbauen (Seite 134).
■ Bei Fahrzeugen mit Schaltgetriebe kann man zum Durchdrehen des Motors auch den 3. Gang einlegen und dann das Fahrzeug vorwärts ruckeln. Weiterhin kann man den Motor noch mit dem Anlasser drehen (Seite 213).

Stellung der Nockenwelle zur Kurbelwelle prüfen

Wann die Ventile öffnen und schließen müssen, damit der Motor gute Leistung zeigt, wird einmal durch die Form der Nocken auf der Nockenwelle (hier nicht von Interesse, da nicht veränderbar) und zum anderen von der Stellung der Nockenwelle zur Kurbelwelle bestimmt. War beispielsweise das Nockenwellen-Kettenrad ausgebaut, anschließend so prüfen:
■ Noch bei abgenommener Zylinderkopfhaube, aber mit montiertem Kettenspanner den Motor an der Kurbelwelle vorwärts drehen. Genau auf Zünd-OT des 1. Zylinders stellen.
■ In dieser Stellung muß die Nockenwelle genau zum Bezugspunkt ausgerichtet sein.
Vierzylinder: Die Kerbe im vorderen Bund der Nockenwelle muß bei der Bezugsfläche am Zylinderkopf stehen (Abb. oben links).
Sechszylinder: Der Stift im Nockenwellenflansch muß gegenüber der Markierung im vordersten Lagerdeckel stehen (Zeichnung oben rechts).
■ Stimmt die Stellung nicht, Kettenspanner und Nockenwellen-Kettenrad nochmals ausbauen und anschließend die Kette entsprechend versetzt wieder auflegen.
■ Motor nochmals um 2 Umdrehungen an der Kurbelwelle weiterdrehen und erneut prüfen.

Fingerzeig: *Wurde die Kette um einen Zahn versetzt aufgelegt, ergibt dies einen Fehler von 20° an der Kurbelwelle.*

Zünd-OT des 1. Zylinders

Zu verschiedenen Arbeiten am Motor muß der Kolben im Zylinder 1 im oberen Totpunkt (OT) stehen – das heißt, er muß sich am oberen Ende der Zylinderlaufbahn befinden. Bei Viertaktmotor kommt der Kolben bei jedem Arbeitszyklus zweimal in den OT: einmal beim Komprimieren des angesaugten Kraftstoff/Luft-Gemisches, das zweite Mal beim Hinausdrücken der Verbrennungsgase. Stellt man den Motor an der Kurbelwelle auf OT, muß man sich also weiter die Frage stellen, ob nun am 1. Zylinder gerade komprimiert wurde oder ob lediglich Abgase ausgestoßen worden sind. Erscheint irgendwo der Hinweis: »1. Zylinder auf Zünd-OT stellen«, meint man immer den OT nach erfolgter Kompression. Man benötigt deshalb ein weiteres Zeichen, um den Motor in diese »Grundstellung« drehen zu können:
□ Bei abgenommener Zylinderkopfhaube sieht man nach der Stellung der Nockenwelle. Im Zünd-OT des 1. Zylinders steht die Nockenwelle zum Bezugspunkt (siehe letzten Abschnitt).

Ventilaufhängung

Die Zeichnung auf Seite 26 zeigt die Einzelteile der Ventilaufhängung und die Ventilanordnung im Zylinderkopf. Die Ventilführungen und -sitze sind fest in den Zylinderkopf eingepreßt. Dichtringe an den oberen Enden der Ventilführungen verhindern, daß Motoröl aus dem Zylinderkopf in die Brennräume fließt. Ventilfedern übernehmen das Schließen der Ventile.
Eine Prüfung der Teile ist am ausgebauten Zylinderkopf leicht möglich. Bei ausgebauten Ven-

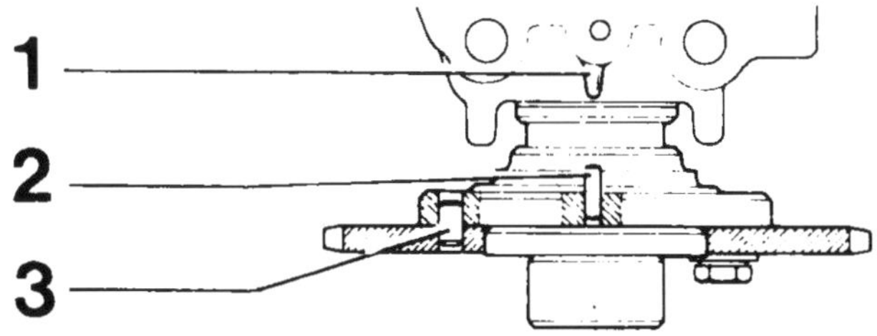

Links: Beim Vierzylinder stehen sich im Zünd-OT des 1. Zylinders die Kerbe (1) und die Bezugsfläche (2) gegenüber.

Oben: Beim Sechszylinder steht der 1. Zylinder im Zünd-OT, wenn sich die Stifte im vordersten Nockenwellenlagerdeckel (1) und im Nockenwellenflansch (2) gegenüberstehen. 3 – Fixierstift im Flansch.

tilen prüft man sowohl die Ventilschäfte als auch die ringförmigen Berührungsflächen der Ventilteller zu den Ventilsitzen hin auf Überhitzung, Undichtigkeit und Abbrand. Undichtigkeit eines Ventilsitzes erkennt man daran, daß sich die Metallflächen dunkel verfärbt haben und nicht mehr metallen glänzen. Man kann auch am ausgebauten schräggestellten Zylinderkopf Kraftstoff in die Kanäle vor den Ventilen kippen und beobachten, ob Kraftstoff am Ventilsitz austropft. Auch das Spiel zwischen Ventilschaft und -führung darf nicht zu groß werden, sonst verbraucht der Motor mehr Öl. Die Ventilschaftabdichtungen dürfen nicht spröde sein.

Ventile ausbauen

Zum Aus- und Einbau der Ventile müssen deren Federn niedergedrückt werden. Das machte man früher mit zwei Schraubenziehern. Bei den unter hoher Spannung stehenden Ventilfedern unserer Motoren ist die Verletzungsgefahr bei dieser Methode ziemlich groß. Wir empfehlen die im Text unten beschriebene Methode:

So verläuft die Steuerkette vorn am Vierzylindermotor. 1 – Spannschiene; 2 – Kettenspanner; 3 – Nockenwellenrad; 4 – Obere Gleitschiene; 5 – Zwischenwellenrad; 6 – Untere Gleitschiene; 7 – Kurbelwellenrad.
Die Steuerzeiten stimmen, wenn Nocken- und die Kurbelwelle in einer bestimmten Stellung zueinander stehen (linke Seite).

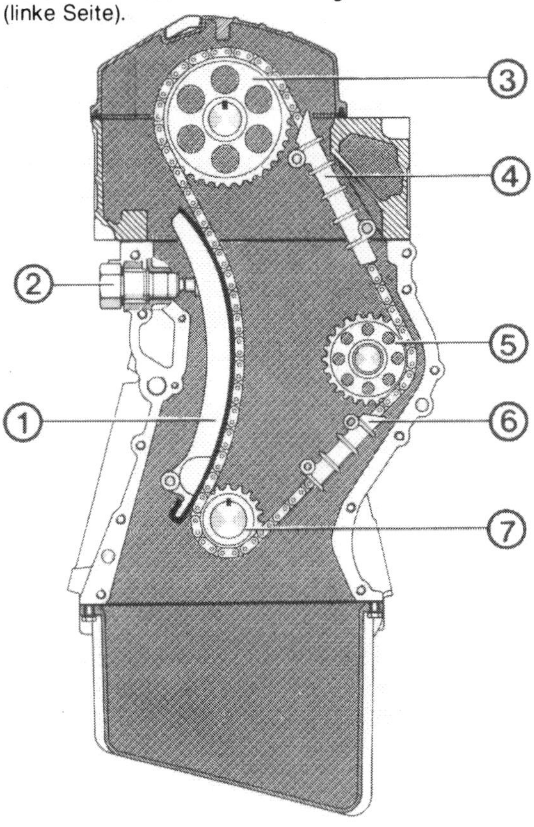

Frontseite beim Sechszylinder. Es bedeuten: 1 – Nockenwellenrad; 2 – Lagerbolzen im Zylinderkopf; 3 – Führungsschiene; 4 – Lagerbolzen im Kurbelgehäuse; 5 – Spannfeder; 6 – Lagerbolzen; 7 – Spannschiene für Ölpumpenkette; 8 – Ölpumpenkette; 9 – Ölpumpen-Kettenrad; 10 – Kurbelwellenrad; 11 – Lagerbolzen; 12 – Spannschiene; 13 – Kettenspanner; 14 – Steuerkette.

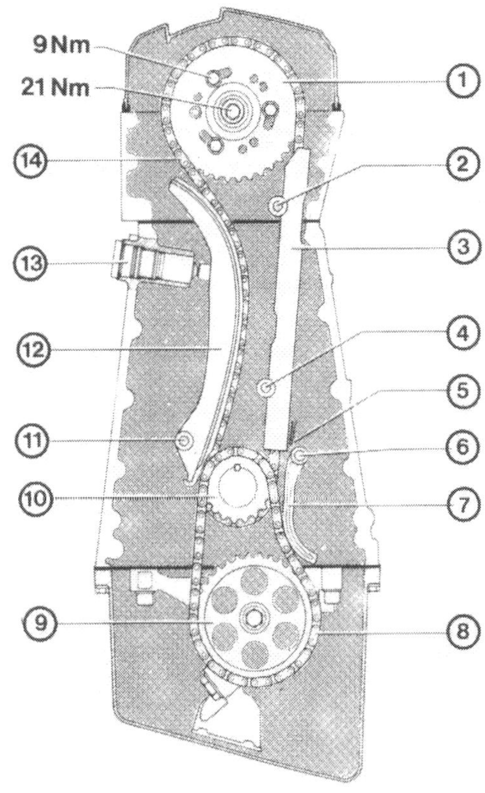

Für den eigenhändigen Einbau brauchen Sie einen Bohrständer von der Heimwerker-Bohrmaschine. Mit diesem und einem passend zurechtgesägten Rohrstück von etwas geringerem Durchmesser als jenem der Ventilfederteller können Sie die Federn gefahrlos zusammenpressen. Aus diesem Rohr muß am unteren Ende ein genügend großes Stück herausgesägt werden, durch das Sie die Haltekeile der Ventile einsetzen können. Haben Sie kein derartiges Handwerkszeug zur Verfügung, sollten Sie den Ventileinbau einer Werkstatt überlassen.

- Zylinderkopf ausbauen.
- Nockenwelle ausbauen.
- Zylinderkopf mit Holzstücken so unterlegen, daß die Spindel des Bohrständers senkrecht zum Ventil steht. **Vorsicht:** Die Ventilteller nicht belasten, denn sie verbiegen sich recht leicht.
- Ventilfedern zusammendrücken und Haltekeile entfernen (siehe oben).
- Ventilfedern abnehmen.
- Ventil aus seiner Führung herausziehen.
- Alle Ventile auf diese Art ausbauen und der Reihe nach ablegen.
- Ventilteller reinigen (siehe nachfolgenden Fingerzeig).
- Ventile beurteilen: Sie müssen sich leicht in der Ventilführung bewegen lassen, aber dürfen kein übermäßig großes Spiel in der Führung aufweisen. Sonst müssen die Ventilteller der Auslaßventile stark verbrannt und zeigen sich am Übergang von Ventilteller zum Schaft rißartige Vertiefungen? Risse oder Einkerbungen an der Dichtfläche des Ventiltellers? Entsprechendes Ventil austauschen! Stimmen die Maße am Ventilsitz (Zeichnung 266)? Der Ventilteller muß senkrecht zum Ventilschaft stehen. Ventil in Bohrmaschine spannen und prüfen, ob der Ventiltellerrand beim Drehen schwankt.
- Defekte Ventile ersetzen.
- Ventilschäfte zur Montage einölen.
- Ventilfedern mit Bohrständer und Rohrstück zusammendrücken.
- Von Helfer Haltekeile in die Nuten im Ventilschaft »einfädeln« lassen.

Fingerzeig: *Nut der Ventilkeile mit einem Ölstein entgraten, falls diese scharfkantig ist. Zum Reinigen die Ventile in eine Bohrmaschine spannen. Damit der Ventilschaft nicht beschädigt wird, vor dem Festklemmen ein Schlauchstück o. ä. über den Schaft schieben. Drehenden Ventilteller mit Schmirgelleinen von Ablagerungen befreien.*

Ventile einschleifen

Hat eine Kompressionsdruckprüfung (Seite 38) oder eine Sicht- bzw. Tropfprüfung bestätigt, daß die Ventile nicht mehr abdichten, kann man diesen Mangel durch Einschleifen der Ventile beheben. Meist müssen die Auslaßventile nachgearbeitet werden, denn diese sind thermisch stärker belastet. Besonders ein Austausch der Auslaßventile ist manchmal angezeigt. Nicht immer erreicht man mit dem Einschleifen der Ventile den gewünschten Erfolg. Nach hoher Laufleistung des Motors genügt Nachschleifen seltener, meist müssen neue Ventilsitze und Ventilführungen eingebaut werden. Hierzu braucht man spezielle Fräser, Meßvorrichtungen und Auszieher. Zum Einschleifen der Ventile brauchen Sie einen Ventilsauger und Schleifpaste. Wie folgt vorgehen:

- Zylinderkopf ausbauen.
- Nockenwelle ausbauen.
- Kipphebel, Ventilfedern und Ventile ausbauen (siehe letzten Abschnitt).
- Zum Einschleifen den Ventilteller an der Dichtfläche mit Schleifpaste bestreichen und in den Zylinderkopf einsetzen. Dabei darf keine Schleifpaste in die Ventilführung geraten.
- Ventilsauger auf dem Ventilteller ansetzen und damit das Ventil unter leichtem Druck hin- und herdrehen. Hin und wieder Ventil etwa eine Vierteldrehung weiterdrehen und dann weiter einschleifen. Wenn nötig, Schleifpaste zugeben.
- Geschliffen wird so lange, bis die Dichtfläche auf die vorgeschriebene Breite von 2,5 mm eingeschliffen ist. Bei alten Ventilen unterscheidet sich diese Fläche durch helles Glänzen vom übrigen Ventilteller.
- Nach beendetem Einschleifen Zylinderkopf und Ventile peinlich genau von Schleifpasteresten reinigen.
- Ventilschäfte einölen und Ventile in den Zylinderkopf einsetzen. Am besten noch neue Ventilschaftabdichtungen einbauen.
- Ventile wieder einbauen (umgekehrt wie Ausbau).

Ventilschaftabdichtungen auswechseln

Im Schiebebetrieb, beim ersten Gasgeben nach längerem Leerlauf oder nach dem Kaltstart kann bei älteren Motoren starker bläulicher Auspuffrauch auftreten. Braucht der Motor noch dazu über 1 l Öl auf 1000 km, wird dies vielleicht durch schadhafte Ventilschaftabdichtungen

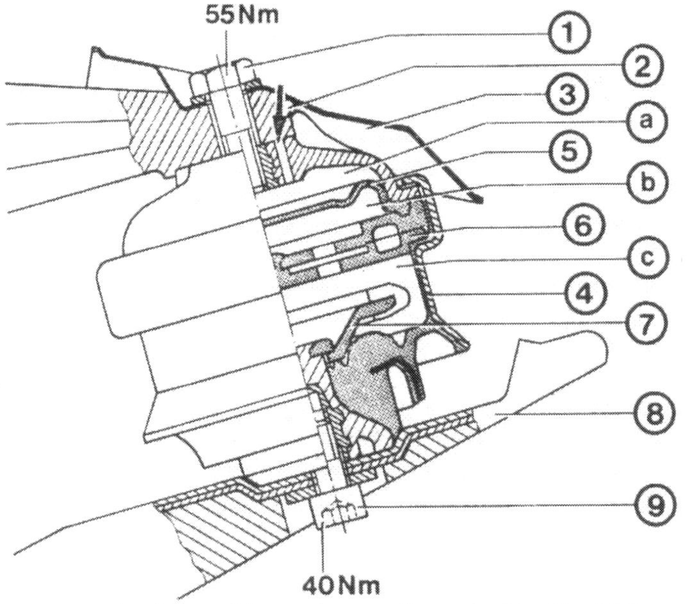

Die Zeichnung zeigt ein hydraulisches vorderes Motorlager. Die beiden Kammern im Motorlager (b,c) sind über einen Ringkanal in der Kunststoffscheibe (6) miteinander verbunden. Je nach Ein- oder Ausfedern strömt die Flüssigkeit (Glycol-Gemisch) in die jeweilige Kammer. Der Membranraum (a) über der oberen Kammer wird belüftet (Pfeil) Der Gummianschlag (7) begrenzt die Motorschwingungen. Weiter bedeuten 1,9 – Schrauben; 2 – Motorträger; 3 – Abschirmblech; 4 – Motorlager; 5 – Membran; 8 – Rahmenquerträger.
Die hintere Motorlagerung siehe Abb. Seite 40.

verursacht. Motoröl kann dann entlang der Ventilschäfte vom Zylinderkopf aus in die Brennräume gelangen. Dort wird es verbrannt und bildet die blauen Rauchschwaden.
Damit man zum Austausch den Zylinderkopf nicht ausbauen muß, dreht man statt der Zündkerze einen Preßluft-Adapter in das Zündkerzenloch und bläst Luft in denjenigen Zylinder, wo gerade die Ventilschaftabdichtungen gewechselt werden sollen. Die Ventile werden durch die Preßluft fest in ihren Sitz gedrückt und können nicht in den Motor rutschen, während die Ventilkeile entfernt sind. Einen Preßluft-Adapter baut man sich selbst (Elektroden und Kern einer alten Zündkerze entfernen und einen Preßluftschlauch über den Isolator stecken). Nun braucht man noch einen Kompressor, mit dem im Zylinder mindestens 5 bar Überdruck erzeugt werden können. Die Ventilschaftabdichtungen werden mit einer Montagehülse als Reparatursatz angeboten. Die im Durchmesser wie im Werkstoff unterschiedlichen Abdichtungen für Ein- und Auslaßventilschäfte dürfen nicht vertauscht werden (Zeichnung unten). Die Montagehülse unbedingt über die Schäfte an den Einlaßventilen schieben, sonst werden die Dichtlippen der neuen Abdichtungen beim Einbauen beschädigt.

- Zylinderkopfhaube ausbauen.
- Alle Zündkerzen herausdrehen.
- Einen Lagerbock samt den Kipphebeln ausbauen. An diesem Zylinder den Preßluft-Adapter ins Kerzenloch schrauben und Luftpolster erzeugen.
- Ventilkeile und -federn ausbauen.
- Mit einem Schraubenzieher die alte Abdichtung lösen und mit einer Zange herausnehmen.
- Neue Dichtung einölen. Vorsichtig über den Ventilschaft nach unten schieben und von Hand aufdrücken. Am Einlaßventil Montagehülse verwenden.
- Lagerbock mit Kipphebeln wieder einbauen.
- Nacheinander die Dichtungen an allen Ventilschäften ersetzen.

Hydraulischer Ventilspiel-Ausgleich

Bei unseren Motoren brauchen keine Ventile mehr eingestellt zu werden. Dies kommt der Wartungsfreundlichkeit und der Zuverlässigkeit zugute. Der Ventiltrieb arbeitet auch leiser und verschleißärmer, weil die Nockenwelle und die weiteren Teile des Ventiltriebes ständig spielfrei aneinander gleiten.
All diese Vorzüge verdanken wir den hydraulischen Ventilspiel-Ausgleichselementen, die in den Kipphebeln untergebracht sind (siehe Zeichnung Seite 37). Die Elemente werden über Bohrungen im Zylinderkopf und in den Kipphebeln mit Motoröl versorgt. Der Ventilspielausgleich geschieht durch Öl-Volumensänderungen im sogenannten Arbeitsraum. Das Öl gelangt über eine Bohrung mit Kugelventil in den Arbeitsraum. Wird ein Kipphebel vom Nocken auf der Nockenwelle nicht belastet (Aus- oder Einlaßventil geschlossen), öffnet das Kugelventil, und die Ölmenge im Arbeitsraum kann sich entsprechend der Längenänderung des Ventilschaftes ändern. Wird ein Kipphebel belastet, schließt das Kugelventil, und das Ölpolster im Arbeitsraum wirkt als hydraulisch starre Verbindung.

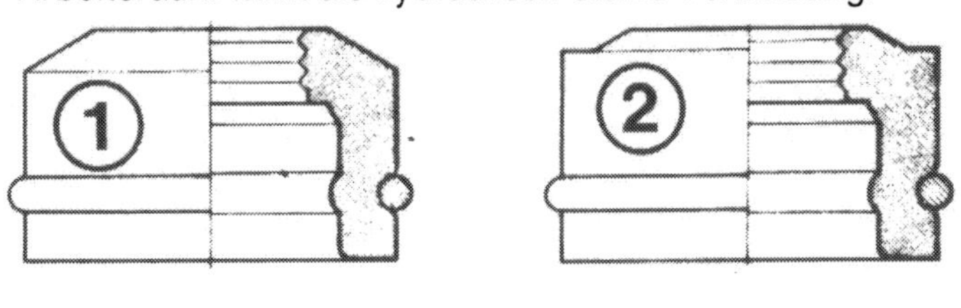

Die Ventilschaftabdichtungen haben entsprechend den Ventilschäften unterschiedliche Innendurchmesser. Die gezeigten Abdichtungen sind schon an der Form unterscheidbar: 1 – Außenseite; 2 – Einlaßseite.

Wozu Ventilspielausgleich?

Durch die Erwärmung des Motors werden die Einzelteile des Ventiltriebs länger. Hauptsächlich sind dies die Ventilschäfte, die im unteren Bereich besonders heiß werden. Ohne Ausgleichselemente würden die Ventile schließlich so lang sein, daß der Ventilteller den Ventilsitz nicht mehr erreicht. Das Ventil schließt nicht mehr. Für den Motor hat dies fatale Folgen: Die sehr heiß werdenden Auslaßventile können dann ihre Wärme nicht mehr an die Sitzringe abgeben. Die Ränder der Ventilteller brennen ein und reißen nach einiger Zeit; das Ventil wird unbrauchbar. Unterstützt wird dieser Zerfall von den heißen Gasen, die ständig am undichten Ventilsitz vorbeistreichen. Das bittere Ende: Der Motor verliert an Kompression und Leistung, früher oder später müssen die Ventile ersetzt und der Zylinderkopf überholt werden.

Ausgleichs-Elemente prüfen

Bleibt der Ventiltrieb auch bei betriebswarmem Motor geräuschvoll, müssen die hydraulischen Ausgleichselemente überprüft werden. Defekte oder laute Ausgleichselemente müssen nach oben aus den Kipphebeln ausgebaut und ausgewechselt werden.

■ Zur Prüfung muß der Motor warmgefahren sein.
■ Dann für ca. 5 Minuten den Motor mit 3000/min drehen lassen.
■ Bleibt der Ventiltrieb immer noch laut:
■ Motor abstellen.
■ Zylinderkopfdeckel abnehmen.
■ Motor drehen, bis der Kipphebel am zu prüfenden Ausgleichselement nicht mehr von den Nocken der Nockenwelle belastet ist.
■ Am Ausgleichselement den Kipphebel nach unten drücken.
■ Spüren sie hierbei »Luft« bis zum Öffnungspunkt des Ventils, muß das Ausgleichselement ersetzt werden.

Lagerschäden

Klopfgeräusche aus dem Motorraum, die mit wärmer werdendem Öl lauter werden, sind Anzeichen für einen Lagerschaden.

Ursachen

□ Wasser im Motoröl als Folge einer defekten Zylinderkopfdichtung
□ Mangelnde Schmierung durch zu niedrigen Ölstand
□ Zu hohe Drehzahlen bei kaltem Motor und daher zähflüssigem Öl
□ Abgerissener Schmierfilm bei hohen Öltemperaturen, evtl. durch falsche Ölviskosität

Pleuel- oder Hauptlager defekt?

Fast immer sind die Gleitlager der Pleuel defekt. Ganz selten liegt der Schaden an den Hauptlagern der Kurbelwelle. Normalerweise bedeutet ein Lagerschaden eine umfangreiche Motorreparatur. Wenn Sie ein defektes Pleuellager aber bereits im Frühstadium erkennen, kann der Austausch der Lagerschalen genügen. Voraussetzung ist, daß die Zapfen der Kurbelwelle noch keine Beschädigung ihrer Oberfläche aufweisen. So läßt sich der Lagerschaden erkennen:

■ Motor im Stand auf mittlere Drehzahlen bringen, Gas zurücknehmen. Mit abfallender Drehzahl taucht ein leichtes Klopfgeräusch auf, etwa »nack-nack-nack-nack«.
■ Dieses leichte Klopfen kann auch nach dem Hochschalten beim Beschleunigen hörbar werden.
■ Dann möglichst nicht mehr weiterfahren. Der Schaden kann sich verschlimmern und ist dann mit Eigenmitteln nicht mehr zu reparieren.
■ Hartes »klack-klack-klack-klack« beim Hochdrehen des Motors, das bei zurückgenommenem Gaspedal leiser oder sogar unhörbar wird, ist das Merkmal eines kapitalen Lagerschadens.

Defektes Lager lokalisieren

Bei dieser Arbeit werden nacheinander alle Zylinder kurz »ausgeschaltet«. Hierbei sind die Sicherheitsvorschriften (Seite 134) für elektronische Zündsysteme mit lebensgefährlich hohen Spannungen zu beachten. Außerdem darf der Motor nicht mit abgezogenen Kerzensteckern laufen, um Schäden am Zündschaltgerät zu vermeiden.

■ Zündung ausschalten.
■ Einen Kerzenstecker abziehen. Statt der Zündkerze einen Nagel, Schraubenzieher oder eine Reservekerze in den losen Stecker drücken. Diese Hilfskonstruktion fest an Masse legen – am besten mit einem Starthilfekabel festklemmen.
■ Motor von einem Helfer starten und hochdrehen lassen.
■ Läßt das Klopfgeräusch bei einem abgezogenen Stecker nach, ist an diesem Zylinder das Lager defekt.
■ Zündung abschalten, Kerzenstecker aufdrücken und nächsten Zylinder auf dieselbe Weise prüfen.

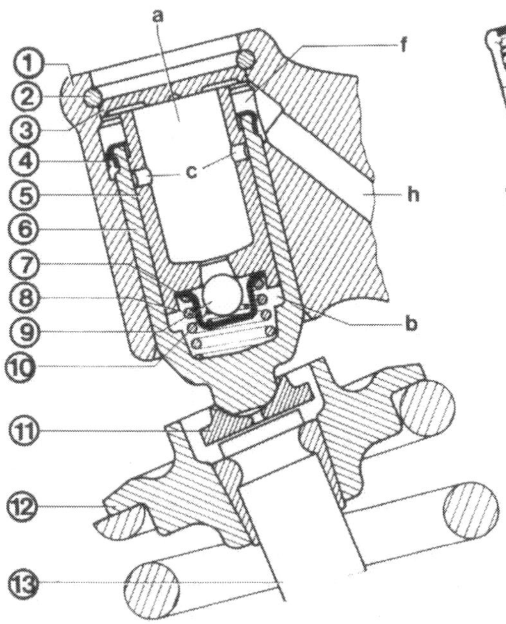

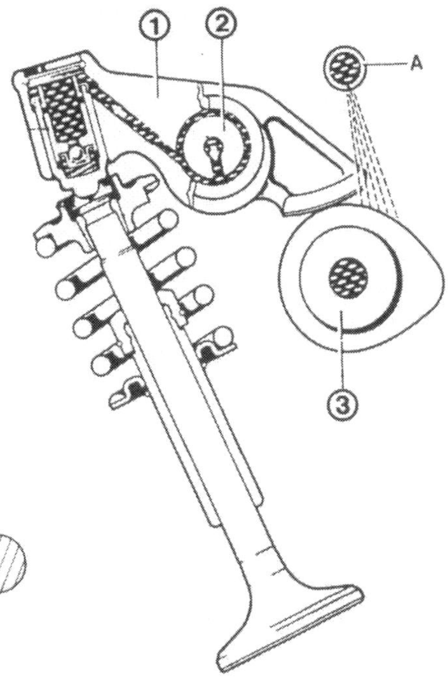

Links: In jedem Kipphebel ist ein Ventilspiel-Ausgleichselement untergebracht. Es bedeuten: 1 – Kipphebel; 2 – Sprengring; 3 – Scheibe; 4 – Verschlußkappe; 5 – Druckbolzen; 6 – Führungshülse; 7 – Kugelführung; 8 – Druckfeder; 9 – Kugel; 10 – Druckfeder; 11 – Kugelpfanne; 12 – Ventilfederteller; 13 – Ventil; a – Ölvorratsraum; b – Arbeitsraum; c, h, f – Ölbohrungen

Rechts: Das unter Druck stehende Motorenöl gelangt durch die Kipphebel-Lagerwellen (2) über eine Ringnut in die Kipphebel (1) und dann zum Ausgleichselement. Weiterhin gezeigt: 3 – Nockenwelle; A – Ölspritzrohr.

Fahren mit defektem Lager

Besteht keine Möglichkeit zum Abschleppen, können Sie auch mit einem defekten Lager bei ausgesprochen niedertouriger Fahrweise noch in die Werkstatt oder nach Hause kommen.

- Zündung ausschalten.
- Legen Sie den Zylinder mit dem defekten Lager lahm: Zündkerze herausdrehen; dadurch entfällt die Belastung des Lagers durch den verdichtenden Kolben.
- Um Schäden am Schaltgerät zu vermeiden, muß das Zündkabel des defekten Zylinders an Masse gelegt werden:
- Kerzenstecker abschrauben.
- Blankes Kabelende fest mit Masse verbinden. Frei in der Luft darf das Zündkabel bei laufendem Motor nicht hängen.
- Mit den verbliebenen Zylindern können Sie allerdings nicht mehr das gewohnte Tempo anschlagen. Der Motor soll höchstens bis in mittlere Drehzahlen hochgedreht werden.

Fingerzeige: *Bei laufendem Motor und ausgebauter Zündkerze verursacht die durch das Zündkerzenloch vom Kolben angesaugte und wieder herausgedrückte Luft ein pfeifend-knallendes Geräusch. Das darf Sie nicht irritieren.*
Bei einem ursprünglich noch guten Motor kann die unbesorgte Weiterfahrt einen größeren Schaden verursachen: Durch Abrieb von Gleitlagermaterial kann das defekte Lager fressen und im schlimmsten Fall das Pleuel brechen.

Selbsthilfe noch möglich?

Das Ausmaß eines Lagerschadens läßt sich erst nach Öffnen des Lagers erkennen:
□ Zeigen lediglich die Lagerschalen Riefen oder flächige »Auswaschungen« und ist der Kur-

Hier ist das Prüfen der Ventilspiel-Ausgleichselemente gezeigt. Mit einem Hammerstiel auf die Kipphebel (1) drücken (Pfeil) und feststellen, ob »Luft« vorhanden ist. Die Beurteilung erfordert viel Erfahrung, doch wenn man alle Ausgleichselemente nacheinander prüft, erkennt man ein defektes Element gleichfalls.

belzapfen der Kurbelwelle noch spiegelglatt und unbeschädigt (mit dem Fingernagel prüfen), haben Sie Glück gehabt. Austauschen der Lagerschalen genügt fast immer.

□ Sind auf den Kurbelwellenzapfen nur geringe Lagermetallauftragungen erkennbar, müssen diese mit Polierpapier (Körnung 600) entfernt werden. Dabei nicht quer zur Laufrichtung schmirgeln. Nach dem Ersetzen der Lagerschalen ca. 500 km zurückhaltend fahren. Stellt sich erneut ein Lagerschaden ein, Pleuelbohrung vermessen lassen.

□ Weisen Kurbelwellen-Lagerzapfen und Lagerschalen starke Riefen auf, ist eine Motorüberholung fällig. Vermutlich wurde der Lagerdefekt zu spät erkannt.

□ Pleuellager ersetzen: Für diese Reparatur brauchen Sie Pleuellagerschalen – mit »Originalmaß« bzw. mit »Übermaß«, wenn der Motor schon einmal überholt wurde, eine neue Ölwannendichtung und neue Pleuelschrauben (Anziehen: Voranzug 30 Nm und 90° Drehwinkel).

Kompression messen

Die Messung des Kompressionsdrucks in den Motorzylindern gibt Aufschluß darüber, ob Ventile und Kolbenringe noch gut abdichten. Leistung, Kaltstartverhalten sowie Öl- und Kraftstoffverbrauch unseres Motors hängen davon ab.

■ Motor warmfahren. Die Kolbenringe dichten bei warmem Öl besser ab.

■ Zündung während der Arbeit keinesfalls einschalten. Motor nur durch Überbrücken an X 27 drehen lassen (Seite 213).

■ Alle Zündkerzen herausschrauben.

■ Gummikonus des Druckprüfers auf das Kerzenloch des 1. Zylinders (in Fahrtrichtung ganz vorn) pressen oder Anschlußleitung ins Zündkerzengewinde schrauben.

■ Handbremse anziehen, Schalthebel in Leerlaufstellung drücken.

■ Von Helfer Gaspedal voll durchtreten lassen. So erhalten die Zylinder ihre größte Füllung.

■ Motor etwa 5 Sekunden durchdrehen lassen (siehe oben).

■ Meßwert ablesen und notieren. Bei einem Druckschreiber mit Meßkärtchen weiterschalten für den nächsten Zylinder.

Druckwerte

Verdichtungsverhältnis des Motors	Verdichtungsdruck in bar		
	neu	mindestens	max. Differenz
9,0–9,4 (alle Motoren)	10–12	ca. 8,5	1,5
10,0 (nur Motor 103.980)	13,5–15,5	ca. 12	1,5

Zu niedrige Druckwerte

Gleichmäßig niedriger Kompressionsdruck ist nicht unbedingt ein Alarmzeichen; Ursache können Meßtoleranzen zwischen verschiedenen Prüfgeräten sein. Bedenklich ist es dagegen, wenn zwischen den Meßwerten für die Zylinder Unterschiede von mehr als 1,5 bar bestehen. Das kann bedeuten:

□ Kolben- und Kolbenringverschleiß

□ festsitzende Kolbenringe durch Rückstandsbildung

□ unrunde Zylinder als Folgeerscheinung von Kolbenklemmern

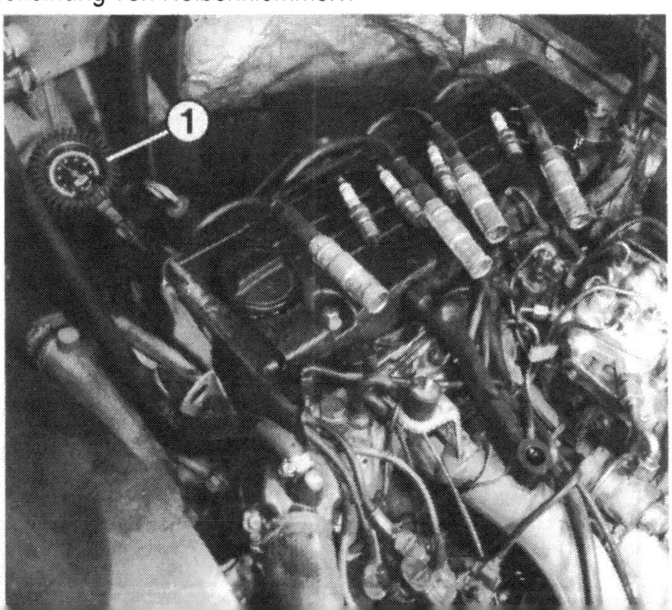

Zur Kompressionsmessung mit dem Drucktester (1) muß der Motor warm sein. Alle Zündkerzen herausschrauben. Wichtig: Den Motor nicht mit dem Zündschlüssel drehen lassen, denn hierbei wird die Zündung eingeschaltet und das Schaltgerät könnte Schaden nehmen (Seite 134). Oder man muß die Zündanlage stillegen: Dazu den kleinen Rundstecker mit der grünen Geberleitung am Zündschaltgerät ausstecken (Seite 129 und 141).

Die Abdeckung (1) am Kabelkanal ist mit vier Kunststoffschrauben (Pfeile) befestigt. Weiterhin: 2 – Motorleitungssatz; 3 – Anlasserleitungssatz.

□ Ablagerungen an den Ventilschäften oder -sitzen durch Verbrennungs- bzw. Schmierölrückstände
□ eingeschlagene Ventile
□ verbrannte Ventile durch zu knappes Ventilspiel
In den meisten Fällen sind undichte Ventile die Ursache für mangelhaften Kompressionsdruck und damit geringere Motorleistung. Abhilfe bringt entweder Einschleifen der Ventile oder die Überholung des Zylinderkopfes.

Fehlersuche

Um bei zu niedrigem Kompressionsdruck den Fehler lokalisieren zu können, wendet man folgenden Trick an: Ins Zündkerzenloch mit einer Spritzkanne etwas zähflüssiges Öl träufeln und Kompressionsdruck nochmals messen.
□ Sind die Werte weiterhin schlecht, liegt es an den Ventilen.
□ Erhalten Sie höhere Druckwerte, liegt es an den Kolbenringen und vielleicht auch an den Zylindern. Das eingefüllte Öl hat kurzfristig zwischen Kolben und Zylinderwänden besser abgedichtet, so daß das komprimierte Gas kaum noch entweichen konnte.

Der Druckverlusttest

Genauere Erkenntnisse liefert der Druckverlusttest, den manche Werkstätten durchführen können. Das Testgerät besteht aus zwei Kammern, wobei in einer ein gleichbleibender Druck herrscht. Die zweite Kammer ist über einen Schlauch zur Zündkerzenbohrung mit dem Verbrennungsraum, durch eine Düse mit der ersten Kammer und außerdem mit einer Anzeigeskala verbunden.
Verliert der geprüfte Brennraum Druck, wird dies auf der Skala angezeigt. Eine größere Leckstelle läßt sich durch Abhorchen erkennen:
□ Blasgeräusche am Auspuff lassen auf ein undichtes Auslaßventil schließen.
□ Strömt Druckluft aus dem Luftfiltergehäuse, ist das Einlaßventil defekt.

Zum Motorausbau den Kompressor (1) der Klimaanlage vom Motor abschrauben (Pfeile) und samt der Kühlmittelleitung zur Seite binden. So braucht man das Kühlmittel nicht abzulassen. Zum Befüllen der Klimaanlage mit neuem Kühlmittel ist eine aufwendige Füllanlage erforderlich. Denn das Kühlmittel verdampft bei etwa minus 30°C, wenn es nicht unter Druck steht. Neben den Werkstätten haben auch Bosch-Dienste solche Anlagen. Beachten Sie den Fingerzeig Seite 65.

Zum Motor- oder Getriebeausbau muß der Querträger (5) zwischen Getriebe und Fahrzeugboden ausgebaut werden. Davor am Getriebe abstützen. Dann die Schrauben (7) zum Motorlager und die Schrauben (6) zum Fahrzeugboden herausdrehen. Weiter bedeuten: 1 – Ölstandskontrollschraube; 2 – Tachowelle; 3 – Ölablaßschraube am Getriebe; 4 – Seitenabstützung der Auspuffanlage.

□ Bei einer defekten Zylinderkopfdichtung oder einem Riß im Zylinderkopf gelangt Druckluft durch das benachbarte Zündkerzenloch oder aus dem geöffneten Kühlmittel-Ausgleichsbehälter ins Freie.
□ Verschlissene Zylinderwände, Kolbenlaufbahnen oder Kolbenringe lassen Druck ins Kurbelgehäuse strömen und am geöffneten Öleinfüllstutzen oder am Rohr für den Ölpeilstab austreten.

Motorschaden

Ein Motorschaden muß nicht immer eine Höchstbelastung für den Geldbeutel sein, wie sie dann entsteht, wenn man in der Werkstatt ein Austauschaggregat einbauen läßt. Ein Motor hat ganz bestimmte Verschleißstellen, die alle wieder instand gesetzt werden können. Vom geübten Motorenfachmann bestimmen lassen, wo der Fehler liegt.
□ Zylinderkopf oder Teile davon, wie Nockenwelle, Ventile usw., können einzeln ersetzt bzw. überholt werden. Wenn man dies nicht selbst schafft, beauftragt man damit die Werkstatt oder eine Motorinstandsetzungsfirma.
□ Sind die Zylinderbohrungen verschlissen, kann man den Motor selbst ausbauen und zerlegen. Den Motorblock mit Kurbelwelle und Kolben bringt man zum Motorinstandsetzer. Dort werden neue Zylinderlaufbüchsen eingebaut und anschließend gehont. Die Kolben werden erneuert und sämtliche Lagerstellen überarbeitet. Den Motor mit einem Dichtungssatz, neuer Ölpumpe und Steuerkette zusammenbauen.
□ Man kann bei vielen Motorinstandsetzungsfirmen überholte Motoren ohne Nebenaggregate kaufen.
□ Zu guter Letzt: der gebrauchte Motor vom Schrottplatz. Lassen Sie sich ein Umtauschrecht oder eine Garantie einräumen. Eine Kompressionsprüfung sollte möglichst vor dem Kauf durchgeführt werden. Achten Sie auf die richtige Motornummer (Seite 20).

Beim Getriebe- und Motorausbau eine Holz- oder Blechtafel (1) zwischen Motor und Zwischenwand stellen. Stützt sich der Motor dagegen ab, wird die Dämmatte nicht beschädigt.

Motor ausbauen

Zum Ausbau wird ein Kettenflaschenzug oder ein feststellbarer Seilzug gebraucht. Eine gute Werkzeugausstattung und ein erfahrener Helfer erleichtern die recht umfangreiche Arbeit zusätzlich. Der Motor wird zusammen mit dem Getriebe nach oben aus dem Motorraum ausgebaut (ca. 200 kg). Die nachfolgende Beschreibung nennt zwar alle wesentlichen Schritte, doch können bei entsprechend umfangreich ausgestatteten Fahrzeugen weitere Verbindungen zu lösen sein. Dies gilt besonders bei eingebauter Klimaanlage. Schauen Sie sich vor der Arbeit die Motorraum-Schaubilder an, damit Sie wissen, wo die hier angesprochenen Teile im Motorraum sitzen. Da eine Vielzahl von elektrischen und Unterdruckleitungen eingebaut ist, sollten Sie als erstes alle diese Kabel und Schläuche so kennzeichnen, daß sie anschließend wieder an der richtigen Stelle angeschlossen werden.

- Motorhaube ganz öffnen.
- Batterie ausbauen.
- 4 Kunststoffschrauben der Kabelkanalabdeckung (Abb. Seite 39) abschrauben. Kabel zum Anlasser vor Batterie und die Steckverbindung beim Bremskraftverstärker abschrauben.
- Kabelsatz vom Anlasser über den Motor ablegen.
- Untere Motorraumabdeckung abmontieren.
- Kühlmittel ablassen (Seite 52).
- Kühler ausbauen (Seite 53).
- Lüfterflügel abschrauben.
- Luftfilter ausbauen.
- Alle Kabelbinder entlang dem Motorleistungssatz lösen und sämtliche Stecker abziehen.
- Am Zündschaltgerät die Unterdruckleitung und die grüne Geberleitung ausstekken.
- An der Diagnosedose die Schraubverbindung für das TD-Signal lösen.
- Diagnosedose losschrauben und von der Rückseite die graue Leitung vom OT-Geber ausstecken.
- Bei Niveaureglulierung oder ASD die Zulauf- und Druckölleitung an der Pumpe abschrauben. Zulaufleitung verschließen.
- Öl aus dem Vorratsbehälter der Servolenkung absaugen und Schläuche losschrauben.
- Gaszug lösen.
- Alle Kühlmittelschläuche, Unterdruck-, Öl-, Kraftstoff- und elektrischen Leitungen zum Motor lösen.
- Tachowelle am Getriebe lösen und die Halter ausrasten.
- Auspuffanlage am Auslaßkrümmer abschrauben und den Halter am Getriebe losschrauben.
- Gelenkwelle am Getriebe abschrauben und etwas zusammenschieben (Seite 158).
- Leitung zum Nehmerzylinder der Kupplungsbetätigung lösen.
- Schaltstangen am Getriebe lösen (Clips lösen).
- Etwa in Getriebemitte einen Wagenheber ansetzen.
- Hinter dem Motor eine Blechtafel einstekken (Abb. links unten).
- Bei Fahrzeugen mit Klimaanlage den unter hohem Druck stehenden Kältemittelkreislauf nicht öffnen. Hier den Kompressor samt Zuleitungen vom Motor abschrauben und mit einem Draht seitlich im Motorraum befestigen (Abb. Seite 39).
- Querträger hinten am Getriebe ausbauen. Dazu die Schrauben zum Getriebe und die Schrauben zum Fahrzeugboden herausdrehen (Abb. links oben).
- Innensechskantschrauben an den Motorlagern von unten herausdrehen.
- Der Motor wird an den Ösen vorn und hinten am Zylinderkopf aufgehängt.
- Beim Anheben muß der Motor samt Getriebe zunehmend schräg nach hinten gekippt werden, bis Motor und Getriebe schließlich in einer Schräglage von 45° nach oben aus dem Motorraum gehoben werden können. Man erreicht die erforderliche Schräglage, wenn man den Motor beim Anheben zwischendurch auf einem sicheren Unterbau absetzt und die Länge einer Aufhängekette durch Umhängen entsprechend verändert.
- Vor dem Motoreinbau den Kupplungsverschleiß prüfen (Seite 150). Falls nach dem Einbau die Kupplungsbetätigung nicht mehr arbeitet, diese entlüften (Seite 148).

Die Kurbelgehäuse-Entlüftung

Selbst die besten Kolbenringe können nicht verhindern, daß ein Teil der unter hohem Druck stehenden Verbrennungsgase zwischen Kolben und Zylinderwänden vorbei ins Kurbelgehäuse gelangt (ca. 50–100 Liter in der Minute). Dort würde sich schon nach kurzer Laufzeit des Motors ein beachtlicher Überdruck aufbauen, der die Dichtungen unseres Motors arg in Mitleidenschaft ziehen würde. Der Druck muß also aus dem Motor entweichen können.
Die Gase steigen hierzu im Motor hoch und strömen durch den Ölabscheider oben in der Zy-

In einer Schräglage von etwa 45° kann der Motor (hier mit Dieselmotor gezeigt) zusammen mit dem Getriebe aus dem Motorraum gehoben werden. Mit einem sogenannten Motordirigenten, mit dem die Schräglage ständig angepaßt werden kann, geht's am besten.

linderkopfhaube. Sie verlassen die Zylinderkopfhaube durch einen dicken Schlauch und werden zum Luftfilter weitergeleitet. Von dort gelangen sie zur wiederholten Verbrennung nochmals in den Motor.
Beim Vierzylinder hat der Verbindungsschlauch nach der Zylinderkopfhaube noch eine dünne Abzweigung. Bei hohem Unterdruck im Saugrohr wird darüber ein Teil der Gase abgesaugt. Beim 200 mit 2-E-E-Vergaser ist die dünne Leitung mit Kühlmittel beheizt.
Beim Sechszylinder strömt ein Teil der Durchblasegase zum Saugrohr und wird dort zur Luftumfassung der Einspritzventile benutzt.

Das Schmiersystem

Durch welche Kanäle das Motoröl fließt und wie es zu den Lagerstellen gelangt, zeigt die Zeichnung unten am Sechszylindermotor. Seine Zahnrad-Ölpumpe sitzt unten am Motor und wird über eine Kette von der Kurbelwelle angetrieben. Beim Vierzylinder ist eine Sichelpumpe direkt auf der Kurbelwelle eingebaut.
Die Ölpumpe ist mit einem Regelventil ausgestattet, das den Öldruck auf maximal 5 bar begrenzt. Der Ansaugschnorchel der Ölpumpe ragt in das Ölsammelbecken der Ölwanne. Von der Ölpumpe fließt das Öl zum Ölfilter. Dort wird es gereinigt. Ist der Filter verstopft, öffnet ein Sicherheitsventil, und der Filter wird umgangen. Durch das ungefilterte Öl steigt der Lagerverschleiß. Am Fuß des Ölfilters wird der Öldruck für die Öldruckanzeige im Armaturenbrett gemessen. Dazu ist am Ölfilterfuß ein Geber eingebaut, der die Druckwerte in Widerstandswerte umsetzt. Die Anzeige erfolgt nun, ähnlich wie bei der Tankanzeige (Seite 59), auf elektrischem Weg. Ventile im Fuß des Ölfilters versperren den Ölweg, wenn die Wechselpatrone abgeschraubt wird.

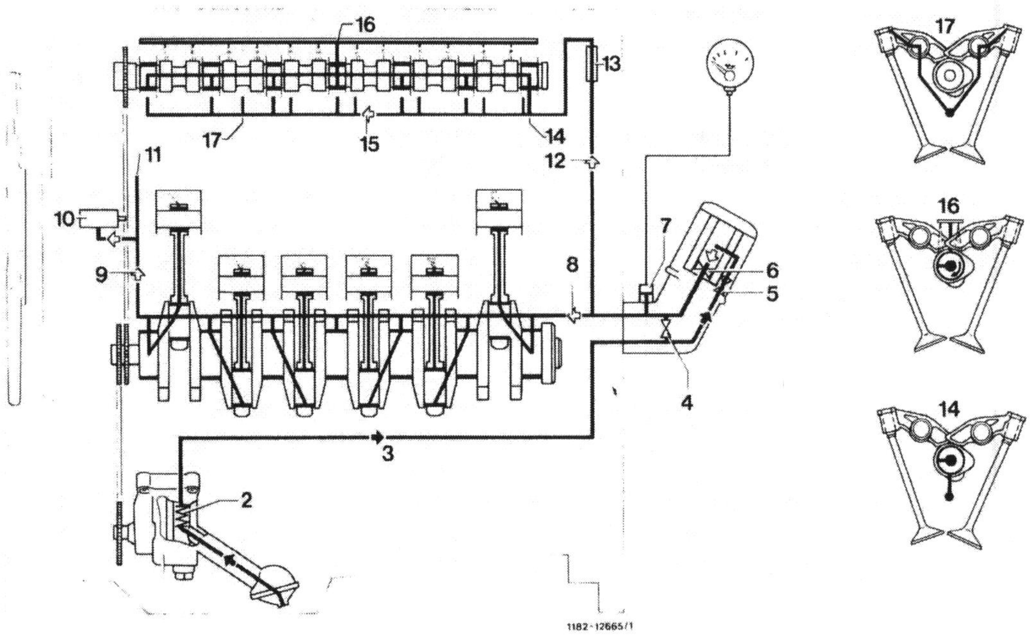

Ölkreislauf beim Sechszylinder:
1 – Ölpumpe
2 – Überdruckventil
3 – Öllängskanal
4 – Umgehungsventil im Ölfilterteil
5 – Ablaufsperre
6 – Rücklaufsperrventil
7 – Öldruckgeber
8 – Hauptölkanal
9 – Ölsteigkanal vorne
10 – Kettenspanner
11 – Bohrhilfskanal
12 – Ölsteigkanal hinten
13 – Ölrücklaufsperre
14 – Ölzulauf in Nockenwelle
15 – Öllängskanal im Zylinderkopf
16 – Ölzulauf zum Ölspritzrohr
17 – Ölzulauf in Ausgleichelemente

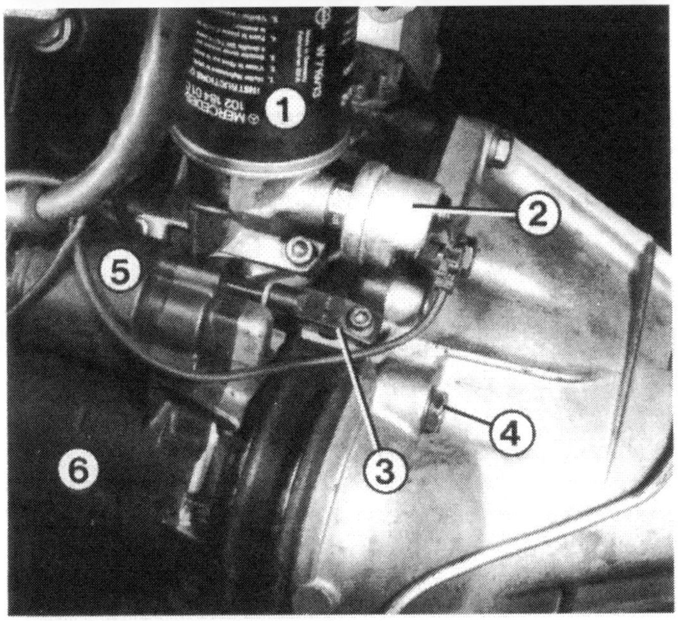

Hier ist die linke Motorseite beim Anlasser gezeigt. Es bedeuten:
1 – Ölfilter
2 – Öldruckgeber
3 – Positionsgeber für EZL-Zündanlage
4 – Schraube zur Anlasserbefestigung (55 Nm)
5 – Magnetschalter
6 – Anlassermotor

Nach dem Filter strömt das Öl zum Hauptölkanal im Zylinderblock, wo die weitere Verteilung erfolgt. Ein Weg führt durch die Kurbelwellenlager zu den unteren Pleuellagern und weiter durch eine Bohrung im Pleuel zum Kolbenbolzen. In der Bohrung zum Zylinderkopf ist auf halber Höhe eine Spritzdüse zur Steuerkettenschmierung eingebaut. Im Zylinderkopf werden die Kipphebel, der Kettenspanner und die Nockenwellenlager geschmiert. Nach dem Durchlauf fließt das Öl wieder im Sammelbecken der Ölwanne zusammen und wird von dort erneut angesaugt.

Ölpumpe ausbauen (Sechszylinder)

■ Ölwanne ausbauen (Seite 24).
■ Schraube am Kettenrad herausdrehen und das Kettenrad von der Antriebswelle abnehmen.
■ Drei Innensechskantschrauben zum Zylinderblock herausdrehen und die Ölpumpe abnehmen.
■ Beim Einbau die Schrauben mit 25 Nm festdrehen. Das Kettenrad so einbauen, daß die Wölbung an der Nabe zur Pumpe zeigt.

Der Öldruck

Kaltes Motorenöl ist ziemlich zähflüssig, heißes hingegen viel dünnflüssiger. Verschlissene Lagerstellen und Ölmangel lassen den Öldruck sinken.
Die Öldruckanzeige im Armaturenbrett informiert Sie darüber, wie es um den Öldruck steht. Es gilt:
□ Minimaler Öldruck bei Betriebstemperatur und Leerlaufdrehzahl **0,3 bar.**
□ Wird etwas Gas gegeben, muß die Öldruckanzeige sofort wieder voll ausschlagen.
□ Fällt der Öldruck bei starkem Beschleunigen oder in der Kurve kurz ab, sofort den Ölstand prüfen.
□ Wenn auf der Fahrt der Öldruck plötzlich abfällt, sofort den Motor abstellen. Fehlt Motoröl? Warum? Den Wagen in die Werkstatt schleppen, wenn die Ursache nicht geklärt und behoben werden kann.

Öldruckanzeige prüfen

Bei eingeschalteter Zündung liegt am Anzeigeinstrument im Armaturenbrett dauernd Spannung an. Am zweiten Anschluß des Anzeigeinstruments wird über den Druckgeber am Ölfilter Masse zugeführt. Dabei erhöht sich mit zunehmendem Öldruck auch der ohmsche Widerstand. Die Tabelle nennt die Widerstandswerte in Abhängigkeit vom Öldruck:

Öldruck in bar	0	1	2	3
Widerstand in Ω	10	69	129	184

■ Beim Einschalten der Zündung und mit stehendem Motor müssen 0 bar angezeigt werden.
■ Werden bei stehendem Motor 3 bar angezeigt, liegt eine Leistungsunterbrechung vor, oder der Stecker am Geber ist abgezogen. Der Geber kann Unterbrechung haben.
■ Zur Kontrolle den Leitungsstecker mit Masse verbinden, die Anzeige muß dabei von 3 bar langsam nach 0 bar wandern.
■ Wird bei laufendem Motor und richtigem Ölstand kein Öldruck angezeigt, den Motor sofort wieder abstellen und so prüfen:

■ Zündung einschalten und Stecker am Geber abziehen. Nun müssen 3 bar angezeigt werden.
■ Andernfalls ist das Anzeigeinstrument oder seine Spannungsversorgung im Kombiinstrument unterbrochen.

■ **Achtung!** Motor nicht wieder anlassen, solange Ursache für mangelnden Öldruck nicht geklärt ist.

Die Ölstandskontrolle

Ein Ölstandsgeber überwacht den Ölinhalt Ihres Motors. Diese Einrichtung befreit Sie aber nicht von der Ölstandskontrolle mit dem Peilstab – nur diese ist völlig zuverlässig.
Die Ölstandskontrolle im Armaturenbrett leuchtet dann auf, wenn sich der Ölstand im unteren Peilstabdrittel befindet. Damit es aber nicht zu Fehlanzeigen kommt, sorgt einmal eine Verzögerungsschaltung dafür, daß die Lampe nur dann aufleuchtet, wenn 60 Sekunden lang Ölmangel gemeldet wird. Weiterhin muß für eine zuverlässige Anzeige das Öl dünnflüssig genug sein. Eine Bimetall-Schnappscheibe unten am Ölstandsgeber öffnet erst bei 60° C. Erst dann kann sich der Ölspiegel im becherförmigen Geber ändern.
Beim Einschalten der Zündung leuchtet die Kontrollampe schwach auf (Lampenkontrolle) und verlöscht bei laufendem Motor. Wenn bei Ölmangel die Lampe aufleuchtet, genügt es, beim nächsten Tanken einen Liter Motorenöl nachzufüllen.

Ölstandskontrolle prüfen

Die Kontrolleuchte leuchtet bei richtigem Ölstand und laufendem Motor ständig auf.

■ Den Stecker vom Ölstandsgeber in der Ölwanne ausstecken.
■ Mit einem Widerstandsmeßgerät zwischen Steckanschluß am Geber und Masse prüfen.
■ Bei Unterbrechung (∞ Ω) den Geber ausbauen und erneuern.
■ Wird am Geber Durchgang (0 Ω) festgestellt, den Leitungsverlauf zum Kombiinstrument auf Unterbrechung prüfen.
■ Dazu das Kombiinstrument ausbauen (Seite 229) und die 15polige Steckverbindung auf der Rückseite ausstecken.
■ Zwischen Buchse 5 des 15poligen Steckers und dem Kabel am Ölstandsgeber muß Durchgang (0 Ω) bestehen, sonst Leitungsverlauf prüfen und ggf. Kabel ersetzen.
■ Sind Geber und Leitungsverlauf in Ordnung, kann noch eine Unterbrechung im Kombiinstrument den Fehler verursachen.

Kontrolleuchte leuchtet bei eingeschalteter Zündung nicht auf.

■ Vermutlich ist die Glühlampe durchgebrannt.
■ Kombiinstrument ausbauen und Vielfachstecker abziehen.
■ Wird zwischen Buchse 6 und 9 eine Spannung von 12 Volt gemessen, muß die Lampe leuchten, andernfalls ist sie durchgebrannt.

Kontrolle leuchtet bei laufendem Motor, einer Öltemperatur von mehr als 60° C und einem Ölstand unter der MIN-Marke nicht auf.

■ Kabel am Ölstandsgeber abziehen.
■ Widerstand zwischen Geberanschluß und Masse messen.
■ Bei den oben genannten Bedingungen müßte der Geber seinen Kontakt geöffnet haben. Es muß Unterbrechung (∞ Ω) gemessen werden.
■ Brennt die Lampe nicht, obwohl der Kontakt im Geber unterbrochen ist, muß die Lampe durchgebrannt sein.
■ Hat der Kontakt im Geber nicht geöffnet, den Geber ausbauen, prüfen und ggf. ersetzen.

Ölverluste

Ein öltriefender Antriebsblock (Motor und Getriebe) ist nicht nur eine unnötige Umweltbelastung, auch bei der TÜV-Untersuchung wird dies Grund zur Kritik sein. Betrachten Sie nach dem Ausbau der unteren Motorraumabdeckung den Antriebsblock von allen Seiten, und stellen Sie fest, ob irgendwo Öl austritt. Zu kritisch darf man dabei allerdings auch nicht sein, denn es gilt als normal, daß etwas Öl »ausgeschwitzt« wird. Um undichte Stellen besser einkreisen zu können, den entsprechenden Bereich säubern und nach einigen Kilometern Fahrt nochmals nachsehen, wo sich Ölspuren zeigen. Beachten Sie besonders, ob die Zylinderkopfhaube, beim Sechszylinder der vordere Deckel am Zylinderkopf, die Schläuche der Kurbelgehäuse-Entlüftung, die Ölwanne, der Ölfilter, die Ölablaßschraube, der Steuergehäusedeckel und der Kettenspanner einwandfrei abdichten.

Der Riementrieb

Die Zeichnungen zeigen, wie sämtliche Aggregate an der Frontseite des Motors mit nur einem Riemen angetrieben werden. Dieser sogenannte Keilrippenriemen wird durch eine auto-

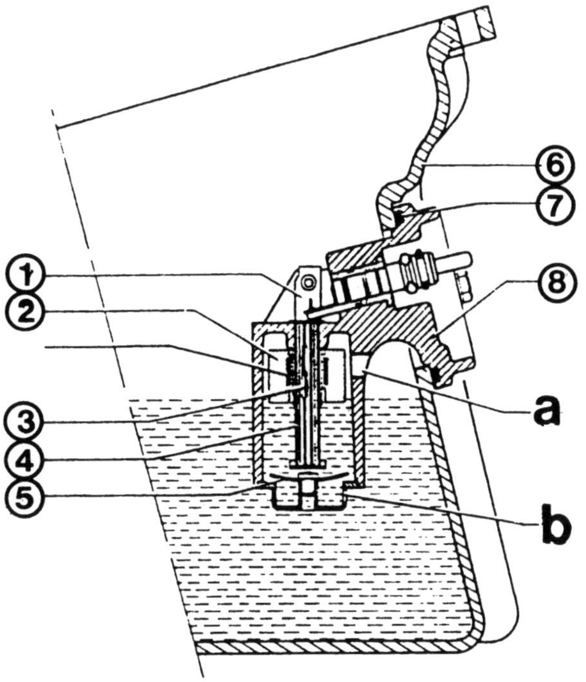

In die Ölwanne ist ein Ölstandsgeber eingebaut. Es bedeuten: 1 – Ölstandsgeber; 2 – Schwimmer mit Magnet; 3 – Reed-Kontakt; 4 – Schwimmerführung; 5 – Bimetall-Schnappscheibe; 6 – Ölwanne; 7 – Dichtring; a – Belüftungsbohrung; b – Ablaufbohrung.

matische Spannvorrichtung gespannt. Sie besteht aus einem Spannrollenhalter mit eingepreßtem Torsionsgummilager. Das Drehmoment des Gummilagers hält die Spannrolle unter Spannung. Bei Klimaanlage ist am Spannrollenhalter noch ein kleiner Stoßdämpfer eingebaut.
Der langlebige Keilrippenriemen braucht nur alle 20 000 km auf seinen Zustand untersucht zu werden.

Riementrieb prüfen

Wartung Nr. 7

- Riemen an einer gut einsehbaren Stelle mit einem Kreidestrich kennzeichnen.
- Zündung ständig ausgeschaltet lassen.
- Motor mit dem Anlasser immer wieder etwas drehen lassen (Seite 213), bis der Riemen eine Runde gelaufen ist.
- Zeigt der Riemen irgendwo rissige, verbrannte bzw. ausgefranste Stellen, so muß ein neuer Riemen eingebaut werden.

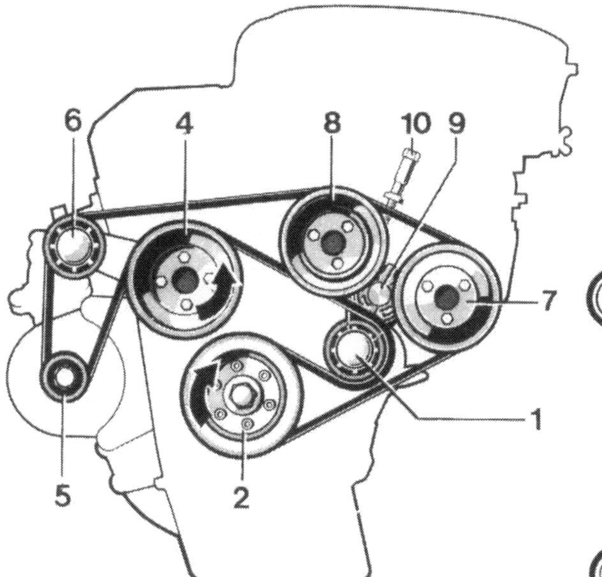

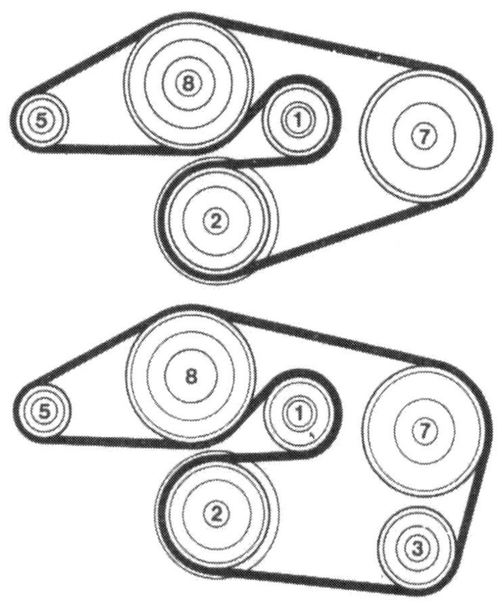

Hier sind die Laufschemas des Flachriemens an der Frontseite des Motors dargestellt – links beim Sechszylindermotor und rechts beim Vierzylinder. Bei eingebautem Kältekompressor ist der Riemen länger. Zum Auflegen des Riemens in Ziffernfolge vorgehen, bei Spannrolle (1) beginnen. Es bedeuten:

1 – Spannrolle
2 – Kurbelwelle
3 – Kältekompressor
4 – Viskolüfter
5 – Lichtmaschine
6 – Umlenkrolle
7 – Servolenkung
8 – Wasserpumpe
9 – Torsionsgummilager
10 – Spannmutter

Die Zeichnung zeigt die Motorfrontseite. Es sind bezeichnet: 1 – Spannrolle; 3 – Schraube am Einstellzeiger; 4 – Mutter des Riemenspanners. Der Pfeil zeigt auf die Einstellskala an der Spannvorrichtung.

Flachriemen erneuern und spannen

- Schraube am Einstellzeiger eine halbe Umdrehung lösen (siehe oben).
- Spannrolle zurückschwenken. Dazu die Mutter am Spanner nach links verdrehen.
- Riemen abnehmen. Lagerspiel an Spannrolle und Riemenscheiben prüfen.
- Neuen Riemen auflegen. An der Spannrolle beginnen und an der Wasserpumpe enden.
- Spannrolle schwenken, bis sich der Zeiger bewegt.
- Einstellzeiger nach links auf den ersten langen Teilstrich stellen.
- Riemen durch Rechtsdrehen der Mutter oben spannen.
- So lange spannen, bis sich der Zeiger um 5 Teilstriche (bei Klimaanlage um 7 Striche) nach rechts bewegt hat.
- Schraube am Einstellzeiger festziehen.

Fingerzeig: *Ist der Stoßdämpfer defekt, wird der Riementrieb störend laut. Zur Prüfung Motor starten und Motorhaube öffnen. Zur weiteren Fehlersuche Flachriemen abnehmen und den Motor maximal 30 Sekunden (Wasserpumpe steht) laufen lassen. Ist das Geräusch verschwunden, den Stoßdämpfer erneuern. Bleibt das Geräusch, z. B. Steuerkette prüfen (Seite 31).*

Die Auspuffanlage

Ausgang

Die lautstark aus dem Motor strömenden Abgase zu schalldämpfen und sie ans Heck des Fahrzeuges zu leiten, sind die Aufgaben der Auspuffanlage. Bei der Ausführung der Anlage wurde auf eine strömungsgünstige äußere Form der Schalldämpfer und auf einen möglichst flächenglatten Einbau im Unterboden geachtet. So konnte der Luftwiderstand am Fahrzeugboden recht klein gehalten werden. Die Rohrabmessungen sowie die Ausführung der Schalldämpfer sind auf die jeweilige Motorleistung abgestimmt.
Die Anlage besteht aus Vor-, Mittel- und Nachschalldämpfer. Im vorderen Teil der Anlage ist seit 9/86 serienmäßig der Katalysator (Seite 67) und die Lambdasonde eingebaut. Außerdem sind zwei Vorkatalysatoren in den Auspuffrohren nach dem Auspuffkrümmer angeordnet. Eine Seitenabstützung zum Getriebe ist über einen Spannbügel mit den Auspuffrohren verschraubt. Der Mittelschalldämpfer ist vorn mit einer Flanschverbindung mit Sinter-Dichtring angeschraubt. Er ist kurz vor der Hinterachse zu finden und am Hinterachskörper aufgehängt. Der Nachschalldämpfer unter der linken hinteren Fahrzeugecke ist mit zwei Gummischlaufen aufgehängt. Die Sechszylinder haben gebenüber den anderen Modellen zwei Endrohre.
Die Langlebigkeit der Auspuffanlage soll durch die Verwendung von feueraluminisiertem Stahlblech für Schalldämpfer und Endrohr gewährleistet sein. Bei Katalysator ist das vordere Teil aus rostfreien Blechen hergestellt.

Auspuffanlage überprüfen

Die Lebensdauer der Auspuffanlage ist begrenzt. Von außen nagen Spritzwasser und Streusalz am Blech, während Kondenswasser, das bei Kurzstreckenbetrieb ensteht, die innere Korrosion fördert. Steinschlag und Aufsetzer im Gelände sowie starke Motorschwingungen (etwa durch eine schadhafte Motorlagerung) wirken ebenso lebensverkürzend. Einen durchgerosteten Auspuff hört man am »sportlichen« Klang (der Schall wird nur noch teilweise gedämpft):

- Nur das vordere Auspuffrohr ist fest mit dem Antriebsblock verbunden, ansonsten ist die Anlage beweglich. Sie hängt in schwingungsdämpfenden Gummilagern.
- Diese müssen auf Brüchigkeit, Einrisse oder sonstige Beschädigungen überprüft und gegebenenfalls ersetzt werden.

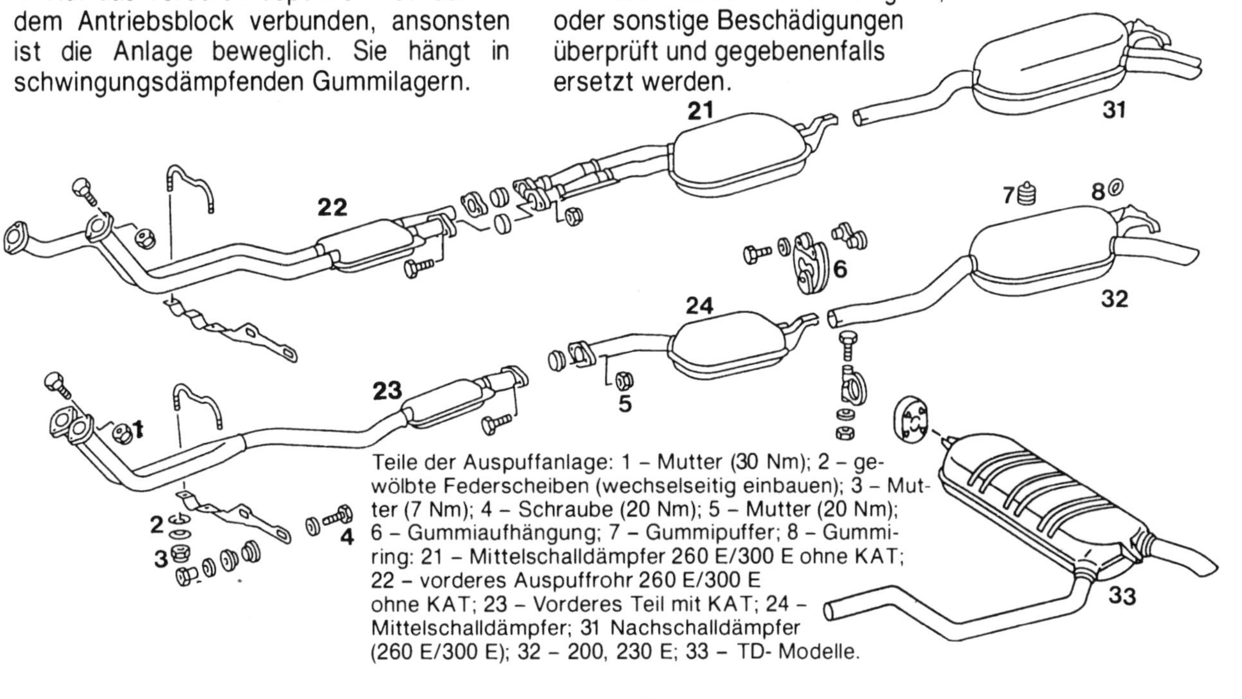

Teile der Auspuffanlage: 1 – Mutter (30 Nm); 2 – gewölbte Federscheiben (wechselseitig einbauen); 3 – Mutter (7 Nm); 4 – Schraube (20 Nm); 5 – Mutter (20 Nm); 6 – Gummiaufhängung; 7 – Gummipuffer; 8 – Gummiring: 21 – Mittelschalldämpfer 260 E/300 E ohne KAT; 22 – vorderes Auspuffrohr 260 E/300 E ohne KAT; 23 – Vorderes Teil mit KAT; 24 – Mittelschalldämpfer; 31 Nachschalldämpfer (260 E/300 E); 32 – 200, 230 E; 33 – TD- Modelle.

■ Statt der Gummischlaufen ein Stück Draht zu verwenden taugt nur für einen Notbehelf unterwegs. Draht ist zu starr und bricht bald wieder.
■ Ob die Auspuffanlage dicht ist, läßt sich leicht prüfen: Mit einem Lappen bei laufendem Motor das Auspuffende zuhalten.
■ Die undichten Stellen lassen sich durch das zischende Geräusch leicht entdecken.
■ Achten Sie auf den Verbindungsflansch und auf die Verschraubungen der Rohre am Auslaßkrümmer.

Auspuffanlage reparieren

Eine durchgerostete Auspuffanlage zu flicken ist Augenwischerei. Denn gleich, welche Reparaturmethode Sie wählen, ob Sie schweißen oder Auspuffkitt bzw. -band verwenden, schon nach kurzer Zeit wird eine stark angerostete Anlage wieder undicht. Da auch dem TÜV dieser Umstand bekannt ist, dürfen Sie kaum damit rechnen, mit einer derart geflickten Auspuffanlage das Wohlwollen des Prüfers zu gewinnen.
Die serienmäßige Auspuffanlage ist zwar ursprünglich zweiteilig, doch es gibt den Nachschalldämpfer auch als Reparaturteil. Zu dessen Einbau muß dann die Auspuffanlage hinter dem Mittelschalldämpfer auseinandergesägt werden.

Auspuffanlage ausbauen

■ Fahrzeug so weit anheben, daß genügend Arbeitsraum entsteht.
■ Fahrzeug sichern!
■ Untere Motorraumabdeckung ausbauen.
■ Steckverbindungen zur Lambdasonde vor dem Beifahrersitz ausstecken (Seite 66) und Leitungen durch Mitteltunnel drücken.
■ Vorderes Auspuffrohr am Auslaßkrümmer abschrauben.
■ Flansch am Ende des Auspuffrohrs aufschrauben.
■ Gummiaufhängungen an den Schalldämpfern lösen.
■ Braucht nur das hintere Teil der Anlage ausgebaut zu werden, kann das vordere Rohr montiert bleiben.
■ Bei der Montage beachten: Anlageflächen des Sinter-Dichtrings an der Flanschverbindung ggf. von Verbrennungsrückständen sauberschmirgeln. Aufhängungsteile prüfen und ggf. erneuern.
■ Den Flansch am Auspuffkrümmer gleichmäßig anziehen.
■ Selbstsichernde Muttern immer erneuern. Alle Muttern werden mit 20 Nm festgedreht (Ausnahme: die mit Federn hinterlegten Muttern am Haltebügel der Seitenabstützung mit 7 Nm).

Nachschalldämpfer erneuern

■ Hinteren Teil der Auspuffanlage ausbauen.
■ Reparatur-Nachschalldämpfer mit Steckverbindung genau über die ausgebaute Anlage legen.
■ Sägestelle so anzeichnen, daß sich eine Einstecktiefe von 70–80 mm ergibt.
■ Der Schalldämpfer ist richtig montiert, wenn die Halter der Gummischlaufen um 10 mm zueinander versetzt sind (Abb. unten).

Fingerzeige: *Die Teile der Auspuffanlage immer zunächst lose vormontieren und dann ausrichten. Die Schraubverbindungen erst danach festdrehen, um so Brummgeräusche und Spannungsrisse zu vermeiden.*
Beim Einbau die Schraubverbindungen kräftig mit Kupferfett bestreichen, damit sich die Verschraubungen später wieder gut lösen lassen.

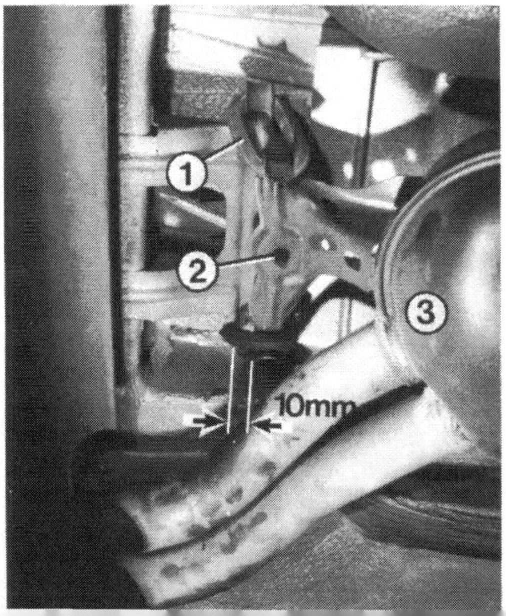

Links: Bei richtig eingebauter Auspuffanlage sollen die Ösen für die Gummiringe (1) um ca. 10 mm versetzt sein. Fehlt der Gummipuffer (2), schlägt der Nachschalldämpfer (3) an.

Rechts: Gummiaufhängung (4) hinter dem Mittelschalldämpfer (5).

Erfrischungstrunk

Bei der Verbrennung des Kraftstoff/Luft-Gemisches wird es dem Motor ausgesprochen warm ums Herz. Denn außer der Kraft für die Fortbewegung entsteht Wärme, und das nicht wenig: 1/4 Kraft, 3/4 Wärme. Diese Wärme gilt es über das Kühlmittel abzuführen. Um Gewicht zu sparen und damit der Motor schnell auf die Betriebstemperatur kommt, ist die Kühlmittelmenge recht klein.

Die Zeichnung unten zeigt das Kühlsystem in Ihrem Mercedes. Das Kühlmittel wird ständig von der Wasserpumpe vorn am Motor durch die Kanäle und Schläuche gepumpt. Angetrieben wird die Wasserpumpe, wie auch die anderen Nebenaggregate, über den Flachriemen (Seite 44) von der Kurbelwelle aus.
Geregelt wird das Kühlsystem vom Thermostat. Dieser ist vorn links am Motor zu finden und hat im sogenannten Thermostatgehäuse seinen Platz. Je nach erforderlicher Kühlleistung wird der Kühlmitteldurchfluß durch den Kühler vom Thermostat gesteuert. Man unterscheidet Warmlaufphase (Kühlmittelweg durch den Kühler gesperrt), Normalbetrieb (unterschiedlicher Durchfluß des Kühlers) und Maximalkühlung (das gesamte Kühlmittel muß durch den Kühler).
Um die Abkühlung des Kühlmittels beim Durchfluß durch den Kühler noch zu verbessern, sitzt hinter dem Kühler ein großer Lüfterflügel. Dieser unterstützt den Fahrtwind, indem er zusätzlich kräftig Luft durch den Kühler saugt, sobald er durch seine Lüfterkupplung mit der Antriebswelle verbunden ist. Das Zuschalten des Lüfters besorgt beim Vierzylinder eine elektromagnetische Lüfterkupplung (Seite 54) und beim Sechszylinder eine Visko-Lüfterkupplung (Seite 56). Um nicht unnötig Motorleistung zu verbrauchen, wird der Lüfter nur dann zugeschaltet, wenn es wirklich erforderlich ist.
Ihr Mercedes besitzt ein Kühlsystem mit separatem Ausgleichsbehälter rechts im Motor-

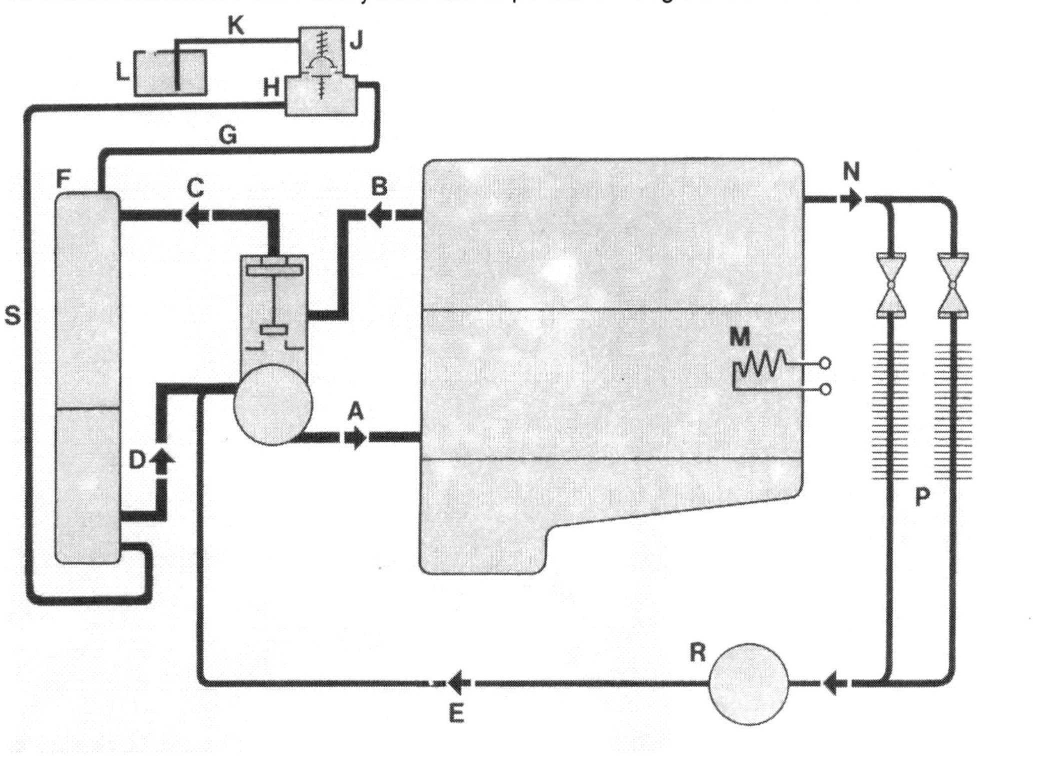

So wird gekühlt

Kühlmittelkreislauf

A – Von der Kühlmittelpumpe zum Zylinderkurbelgehäuse
B – Vom Zylinderkopf zum Thermostat
C – Vom Thermostat zum Kühler
D – Vom Kühler zur Kühlmittelpumpe
E – Von der Umwälzpumpe zur Kühlmittelpumpe
F – Kühler
G – Entlüftungsschlauch
H – Ausgleichbehälter mit Kühlmittelstand-Anzeige
J – Verschlußdeckel
K – Ablaufschlauch
L – Überlaufbehälter
M – Kühlmittel-Vorwärmgerät
N – Vom Zylinderkopf zum Wärmetauscher
P – Wärmetauscher
R – Umwälzpumpe (elektrisch)
S – Kühlmittel-Füllschlauch

raum. Unten ist in den Behälter ein Kühlmittelstandsgeber eingebaut. Sein Kontakt schließt, und eine Kontrollampe im Armaturenbrett leuchtet auf, sobald das Kühlmittel unter die »MIN«-Marke abgesunken ist. Durch die Ausgleichsleitung unten am Behälter wird entweder Kühlmittel abgesaugt oder zurückgedrückt; je nach dem Kühlmittel-Volumen im restlichen System. Die obere Leitung ist die Entlüftungsleitung. Das Kühlsystem entlüftet sich beim Befüllen über ein Kugelventil am Thermostat selbständig. Der Verschlußdeckel auf dem Ausgleichsbehälter regelt den Druck im Kühlsystem (nächster Abschnitt).
Der Überlaufschlauch vom Einfüllstutzen des Ausgleichsbehälters leitet das giftige Kühlmittel nicht einfach ins Freie, sondern in einen Überlaufbehälter im rechten Radlauf.

Das Überdruck-Kühlsystem

Um die Wirkung des Kühlmittels noch zu steigern, baut sich im Kühlsystem bei zunehmender Erwärmung ein Druck bis 1,2 bar auf. Dafür sorgt die federbelastete Platte im Verschlußdeckel auf dem Ausgleichsbehälter. Durch diesen Druck, aber auch durch die Beigabe des Gefrierschutzes steigt der Siedepunkt des Kühlmittels auf etwa 126° C. Bei Überschreitung des Maximaldruckes öffnet die Verschlußplatte und läßt unter eindrucksvollem Gezisch meist schon dampfförmiges Kühlmittel entweichen.

Der Thermostat

Dieser temperaturabhängige Regler steuert den Strom des Kühlmittels. Eine mit Wachs gefüllte Buchse und eine Feder sorgen dafür, daß sich die beiden Ventilplatten am Thermostat wunschgemäß bewegen.

□ **Warmlaufphase bis ca. 85° C:** Das Hauptventil am Thermostat versperrt den Weg zum Kühler. Das Kurzschlußventil auf der anderen Seite läßt Kühlmittel gleich wieder zur Wasserpumpe strömen. Von dort gelangt es wieder in den Motor. Dieser sogenannte »Kleine Kreislauf« dient dem möglichst schnellen Erwärmen von Motor und Heizung.

□ **Normalbetrieb zwischen 85° C bis 100° C:** Der Durchfluß durch den Kühler wird teilweise freigegeben, und der direkte Weg zur Wasserpumpe bleibt mehr oder weniger weit geöffnet. So wird bewirkt, daß sich kalte Flüssigkeit vom Kühler etwas mit warmem Kühlmittel vermischt, bevor es in den Motor gepumpt wird. Ein Kälteschock für den Motor wird verhindert.

□ **Maximale Kühlung ab ca. 100° C:** Das Hauptventil ist ganz geöffnet, das Kurzschlußventil voll geschlossen. Das gesamte Kühlmittel durchströmt den Kühler.

Fingerzeig: *Es hat keinen Sinn, zur besseren Kühlung den Thermostat auszubauen, denn dadurch wird ja auch die Kurzschlußstrecke freigegeben. Es stellt sich eine Kühlwirkung wie bei Normalbetrieb ein.*

Störungen am Thermostat

□ **Der Thermostat öffnet nicht,** weil er klemmt oder eine Ventilplatte festklebt. Obwohl die Temperaturanzeige schon die rote Marke überschritten hat, fühlt sich dann der Kühler immer noch kalt an. Warten Sie, bis sich der Motor abgekühlt hat, schrauben Sie das Thermostatgehäuse auf und bauen Sie den Thermostat aus. Wenn Sie einige Zeit ohne Thermostat fahren, schadet dies Ihrem Motor nicht. Wer hingegen mit geschlossenem Thermostat weiterfährt, riskiert einen gewaltigen Motorschaden. So kann die Zylinderkopfdichtung durchbrennen, der Zylinderkopf kann sich hoffnungslos verziehen oder gar Risse bekommen.

Beim Ausgleichsbehälter des Kühlsystems zu sehen: 1 – Verschlußdeckel, die Gummidichtung (Pfeil) darf nicht beschädigt sein; 2 – Überlaufleitung, sie führt in einen Überlaufbehälter damit nicht giftiges Kühlmittel die Umwelt belastet; 3 – Geber für den Kühlmittelstand; 4 – Entlüftungsleitung; 5 – Waschwasserbehälter.

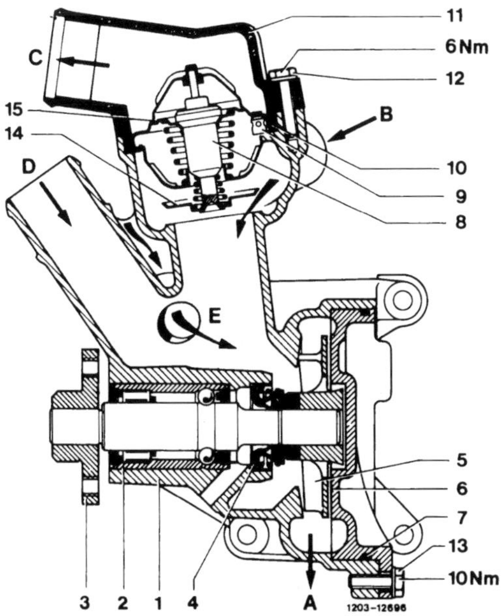

Schnitt durch die Wasserpumpe beim Sechszylinder. Es bedeuten:
A – Zum Zylinderkurbelgehäuse
B – Vom Zylinderkopf
C – Zum Kühler (oben)
D – Vom Kühler (unten)
E – Von der Heizung
1 – Pumpengehäuse
2 – Lagerkörper mit Welle
3 – Flansch
4 – Kassettendichtung
5 – Flügelrad
6 – Spiralgehäuse
7 – O-Ring
8 – Thermostat 87°C
9 – Kugelventil
10 – O-Ring
11 – Deckel
12 – Kombischraube
13 – Kombischraube
14 – Kurzschlußventil
15 – Hauptventil

□ **Der Thermostat schließt nicht** mehr richtig, weil ihn ein Fremdkörper verklemmt hat. In diesem Fall wird der Kühler nach dem Kaltstart gleich warm wie beispielsweise das Thermostatgehäuse. Die Fahrzeugheizung kommt nur langsam in Schwung. Ersetzen Sie baldmöglichst den Thermostat, denn auf Dauer ist es unwirtschaftlich und für den Motor schädlich, wenn er seine Arbeitstemperatur nicht mehr erreicht.

Thermostat ausbauen

- Warten, bis sich das Kühlmittel etwas abgekühlt hat, dann den Verschlußdeckel abnehmen.
- Wenn kein Kühlmittel verlorengehen soll, etwas Kühlmittel ablassen.
- Den Deckel vom Thermostatgehäuse losschrauben (3 Schrauben) und zur Seite schwenken (Abb. Seite 55 oben).
- Thermostat herausnehmen. Dessen Einbaulage merken. Bei den Motoren ab 10/92 Deckel und Thermostat nicht auseinandernehmen! Nur zusammen ersetzen.
- Beweglichkeit des Entlüftungsventiles kontrollieren.
- Nach dem Einbau den Gehäusedeckel wieder montieren.
- Wurde die Deckeldichtung beschädigt, für Ersatz sorgen.
- Haben Sie nicht gleich eine neue Dichtung zur Hand, den Deckel mit Dichtungsmasse abdichten oder kurzfristig in Kauf nehmen, daß dort etwas Kühlmittel austropft. Auf der Fahr dann besonders oft die Kühlmitteltemperatur beobachten und öfters nach dem Kühlmittelstand sehen.
- Wurde unterwegs nur Wasser nachgefüllt, bald den Gefrier- und Korrosionsschutz ergänzen.

Thermostat prüfen

Mit einem Einmachthermometer können Sie selbst prüfen, ob der Thermostat bei der richtigen Temperatur öffnet. Hängen Sie ihn hierzu in einen Wassertopf und erhitzen Sie das Wasser. Bei ca. 85° C soll der Thermostat zu öffnen beginnen. Bei kochendem Wasser soll er voll offen sein (8 mm Mindesthub).

Das Kühlmittel

Etwa 8,5 Liter Kühlmittel faßt das Kühlsystem. Das werksseitig eingefüllte Kühlmittel besteht aus 56% Wasser und 44% Gefrier- und Korrosionsschutzmittel. Das Kühlmittel kann so bis –30° C nicht einfrieren, und es ist genügend Korrosionsschutz darin enthalten. Durch die Gefrierschutzanteile erhöht sich der Siedepunkt des Kühlmittels um etwa 10° C (auf insgesamt 126° C bei 1 bar Überdruck).
Beim Erneuern des Kühlmittels alle 3 Jahre müssen mindestens 30% Gefrier- und Korrosionsschutz beigegeben werden, weil ansonsten kein ausreichender Korrosionsschutz besteht. Es kommt bevorzugt an den Leichtmetallteilen zu Schäden.

Fingerzeig: *Daimler-Benz erlaubt nur die Verwendung des hauseigenen Frostschutzmittels. Im Zweifelsfall die Betriebsstoff-Vorschriften in der Vertragswerkstatt einsehen. Vielleicht wurden im Lauf der Zeit noch andere Fabrikate freigegeben. Bei Schäden an den Leichtmetallteilen des Motors oder in den dünnen Röhrchen des Kühlers durch aggressive Fremdfabrikate erlischt die Garantie.*

Kühlmittelstand und Gefrierschutz prüfen
Wartung Nr. 24

□ Das kalte Kühlmittel muß bis zur Markierung am Ausgleichsbehälter reichen (Abb. rechts). Zusätzlich wird der Kühlmittelstand durch eine Kontrollampe im Armaturenbrett überwacht.
□ Vor den ersten Frostnächten den Verschlußdeckel am Ausgleichsbehälter abnehmen und mit einem Tester prüfen. Bis mindestens –30° C muß der Gefrierschutz reichen.

Fingerzeige: *Den Verschlußdeckel auf dem Ausgleichsbehälter nur bei einer Kühlmitteltemperatur unter 90° C öffnen. Den Deckel bis zur ersten Raste lösen, den Druckabbau abwarten und den Deckel vollends abnehmen.*
Zum Ergänzen kleiner Kühlmittelverluste normales Wasser verwenden. Mit völlig kalkfreiem Wasser, Regenwasser, destilliertem oder entsalztem Wasser tun Sie der Kühlanlage keinen Gefallen, weil diese Wasserarten korrosiver wirken.
Falls Sie unterwegs erhebliche Wassermengen aus dem Kühlsystem verloren haben, soll bei heißer Maschine kein kaltes Wasser nachgegossen werden, denn der Zylinderkopf kann sich verziehen oder gar Spannungsrisse bekommen. Kleinere Wassermengen dürfen aber auch bei warmem Motor nachgegossen werden.

Kühlmittel austauschen
Wartung Nr. 38

Mit der Zeit werden die Korrosionsschutzzugaben im Kühlmittel unwirksam, deshalb das Kühlmittel alle 3 Jahre unbedingt austauschen. Für den Austausch besorgen Sie sich das Frostschutzmittel in einer Mercedes-Werkstatt.

- Nach der Tabelle unten sauberes Wasser und Frostschutzmittel in einer Kanne vermischen.
- Kühlmittel ablassen.
- Neues Kühlmittel langsam in den Ausgleichsbehälter einfüllen.

Kühlmittel insgesamt	Gefrierschutz bis –30° C Wasser/Zusatz in Liter	Gefrierschutz bis –45° C Wasser/Zusatz in Liter
ca. 8,5 Liter	4,75/3,75	3,75/4,75

Kühlmittel ablassen und einfüllen

- Verschlußdeckel am Ausgleichsbehälter stufenweise öffnen.
- Untere Motorraumabdeckung ausbauen.
- Ablaßschraube am Kühler unten öffnen. Auf den Auslaufstutzen zum Auffangen ein Schlauchstück aufstecken.
- Auf Ablaßschraube rechts am Zylinderblock Schlauch aufstecken und Schraube lösen.
- Ablaßschrauben wieder zudrehen.
- Zum Einfüllen die Heizung auf beiden Fahrzeugseiten voll öffnen.
- Kühlmittel langsam in den Ausgleichsbehälter einfüllen, bis es an die Markierung reicht.
- Motor laufen lassen und stoßweise Gas geben, bis der Thermostat öffnet (ca. 90° C). Während der Erwärmung des Motors bei ca. 60° C den Verschlußdeckel am Ausgleichsbehälter schließen.
- Kühlmittelstand nochmals prüfen und ggf. richtigstellen.

Kühlsystem prüfen
Wartung Nr. 20

- An Kühler, Wasserpumpe, Thermostatgehäuse, Ausgleichsbehälter und Heizung nachsehen, ob alle Kühlmittelschläuche weit genug auf den Stutzen sitzen und die Schlauchbinder festgezogen sind.
- Die Gummischläuche dürfen nicht hart, spröde oder gar schon eingerissen sein. Gealterte Schläuche werden meist dann undicht oder platzen, wenn im Kühlsystem der volle Druck herrscht.
- Ist der Kühler undicht? Vielleicht ist eines der dünnen Röhrchen zwischen den Lamellen beschädigt. Irgendwo ein Riß in den Wasserkästen?
- Der Thermostat muß richtig arbeiten.
- Schaltet die elektromagnetische Lüfterkupplung beim Vierzylinder (Seite 55)?
- Visko-Lüfterkupplung beim Sechszylinder in Ordnung (Seite 56).
- Die Wasserpumpe kann undicht werden, wenn ihr Wellendichtring verschlissen ist. Dann tropft aus einer Bohrung unterhalb der Pumpe Kühlmittel aus (durch Riemenscheibe verdeckt). Die Wasserpumpe muß ausgetauscht werden.
- Wie Sie schon gelesen haben, regelt der Verschlußdeckel am Ausgleichsbehälter den Druck im Kühlsystem. Die Gummidichtungen am Verschlußdeckel dürfen nicht eingerissen oder spröde sein.
- Sind die Kühlmittelschläuche nach dem Abkühlen des Kühlsystems zusammengeschrumpft, ist das Unterdruckventil im Verschlußdeckel schadhaft.

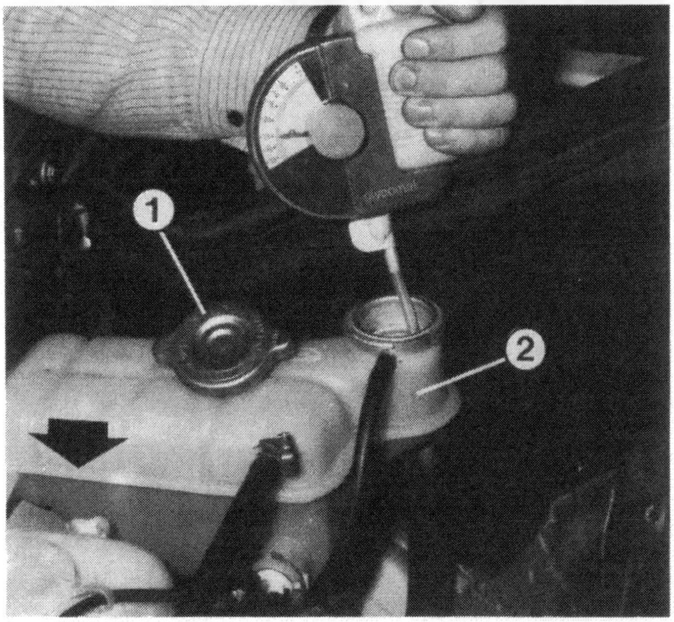

Vor der kalten Jahreszeit den Gefrierschutz des Kühlmittels prüfen. Dazu den Verschlußdeckel (1) abnehmen und mit dem Tester etwas Kühlmittel aus dem Ausgleichsbehälter (2) ansaugen. Bis zur Markierung (Pfeil) muß das Kühlmittel im Ausgleichsbehälter (2) reichen.

Fingerzeig: *Wird unterwegs ein Wasserschlauch undicht, hilft festes Klebeband weiter, das man mehrfach um das gesäuberte und trockene Schlauchstück wickelt. Noch besser ist das »Pannenband« von Weyer, Düsseldorf oder Holts »Hoseweld Bandage«; beide kleben auf den Gummischläuchen besser. Da aber eine solche Bandage den Betriebsüberdruck des Kühlsystems nicht aushält, dreht man den Kühlerverschlußdeckel nicht ganz fest, der Überdruck kann so entweichen. Temperaturanzeige beobachten!*

Die Kühler

Alle Modelle sind mit einem Leichtmetall-Querstromkühler ausgestattet. Die beiden Kunststoff-Wasserkästen sind hierbei seitlich links und rechts angeordnet. Die Kästen sind durch ein Mittelteil aus Leichtmetall miteinander verbunden. Darin ist eine Vielzahl von dünnwandigen Röhrchen untergebracht. Kühllamellen um diese Röhrchen verbessern den Wärmeaustausch. Die Kühler wie auch ihre Lüfterhauben sind unterschiedlich groß. Bei Fahrzeugen mit Automatik-Getriebe ist im rechten Wasserkasten noch ein Getriebeölkühler eingebaut. Unten am rechten Wasserkasten des Kühlers finden Sie die Ablaßschraube für das Kühlmittel. Gelegentlich sollten Sie die Kühlerlamellen von Insektenresten reinigen. Hierzu die Insektenteile mit einem eiweißlösenden Mittel einsprühen – z. B. »Summer Screen« von Holt – und anschließend abwaschen. Einen minimal undichten Kühler kann man in der Mercedes- oder in einer Kühlerwerkstatt abdichten lassen.

Kühler ausbauen

- Kühlmittel ablassen.
- Bei Automatik-Getriebe: Ölleitungen mit Schraubzwingen o. ä. abklemmen und die Leitungen am Kühler abschrauben.
- Kühlmittelschläuche lösen.
- Lüfterhaube von Kühler lösen. Einteilige Lüfterhaube über dem Lüfterflügel ablegen. Teilbare Lüfterhaube vollends ausbauen (nächster Abschnitt).
- Seitliche Abdeckungen ausbauen.

Bevor die Ablaßschrauben in Kühler (2) und Zylinderblock (Pfeil) geöffnet werden, einen Wasserschlauch (1) aufstecken. Das Kühlmittel kann so bequem aufgefangen werden.
4 – Kühlmittelschlauch vom Kühler (3).

■ Oben die Federklemmen am Kühler herausziehen und den Kühler nach oben ausbauen.
■ Beim Einbau in umgekehrter Reihenfolge die Ölleitungen (nur bei Fahrzeugen mit Automatik-Getriebe) mit 20 Nm anziehen.
■ Auf richtigen Sitz der Gummitüllen am Kühler und auf die Haltelaschen der Lüfterhaube achten.

Lüfterhaube ausbauen

Abhängig von der Motorlänge (Zylinderanzahl) und vom Baujahr sind unterschiedliche Lüfterhauben eingebaut.
■ Ggf. Schlauchleitung zum Kühlmittel-Ausgleichsbehälter von der Lüfterhaube ausstecken und seitlich losschrauben.
■ Federklemmen zwischen Lüfterhaube und Kühler lösen.
■ Lüfterhaube vom Kühler aushängen.
■ Einteilige Lüfterhaube über dem Lüfterflügel ablegen. Zum weiteren Ausbau entweder den Lüfterflügel (unter »Wasserpumpe ausbauen«) oder den Kühler ausbauen.
■ Zweiteilige, vertikal teilbare Lüfterhaube ausbauen. Sie besteht aus dem Grundkörper direkt hinter dem Kühler und einem Ring um den Lüfterflügel. Die Teile sind mit vier Verschlüssen und einem Arretierungsstift verbunden.
■ Zum Ausbau den Arretierungsstift herausziehen und den Ring nach links drehen.
■ Erst den Grundkörper, dann den Ring aus dem Motorraum nehmen.

Die Wasserpumpe

Beim Vierzylinder sitzt die Wasserpumpe auf der gleichen Achse wie der Lüfterflügel im Steuergehäusedeckel. Beim Sechszylinder ist sie seitlich links am Motor mit 4 Schrauben befestigt. Hier sitzt noch der Thermostat oben im Wasserpumpengehäuse.
Das Pumpenteil besteht aus einer Welle mit Lagerkörper und Kassettendichtring, einem Flügelrad und einem Flansch für die Riemenscheibe am anderen Wellenende. Tropft Kühlmittel unten aus der Wasserpumpe, ist der Kassettendichtring verschlissen, und das Pumpenteil muß erneuert werden. Nach Abziehen des Flügelrades kann der Dichtring auch einzeln ersetzt werden.

Wasserpumpe ausbauen

■ Kühlmittel ablassen.
■ Lüfterhaube und Kühler ausbauen.
■ Lüfterflügel durch Lösen der zentralen Schraube ausbauen.
■ Flachriemen entspannen und abnehmen.
■ Riemenscheibe an Wasserpumpe abschrauben.
■ Kühlmittelleitungen zum Wasserpumpengehäuse lösen.
■ **Vierzylinder:** Kabel am Magnetkörper ausstecken und den Magnetkörper ausbauen (3 Schrauben). Lichtmaschine mit Halter ausbauen (45 Nm).
■ Wasserpumpe losschrauben.
■ Vor dem Einbau die Dichtflächen reinigen und leicht mit dauerelastischer Dichtungsmasse bestreichen.
■ **Vierzylinder:** Die zentrale Befestigungsschraube des Lüfters mit 25 Nm festdrehen. Auf die richtige Lage der Unterlegscheibe achten (Zeichnung rechts unten).
■ **Sechszylinder:** Lüfterkupplung mit 45 Nm befestigen.
■ M-6-Schrauben mit 10–15 Nm festdrehen.

Fingerzeig: *Beim Sechszylinder muß die Visko-Lüfterkupplung zum Lösen bzw. Anziehen der zentralen Schraube mit einem besonderen Haken auf der Rückseite blockiert werden. Man muß den Haken hinter die Visko-Kupplung führen, dort in eine Bohrung stecken und dann den Haken an einem Gegenlager abstützen. Man fertigt sich den Haken aus einem etwa 40 cm langen Stahlstab mit 4 mm Durchmesser. Ein Ende (ca. 8 mm) knickt man möglichst scharf (Schraubstock) um 90° ab. Den langen Teil etwas biegen, damit man hinter die Visko-Kupplung kommt.*

Elektromagnetische Lüfterkupplung
Vierzylinder bis 10/92

Die Zeichnung rechts unten zeigt die Einzelteile. Erst wenn das Kühlmittel bis ca. 100° C erwärmt ist, schaltet die magnetische Lüfterkupplung, und der Kunststofflüfter hinter dem Kühler beginnt kräftig Luft zu saugen. Der Lüfter ist dann starr mit der Riemenscheibe verbunden. Sinkt die Kühlmitteltemperatur wieder, öffnet die Kupplung den Kraftschluß. Und es wird keine Motorleistung mehr vom Lüfter verbraucht. Der Lüfter dreht zwar noch leicht mit, doch geschieht dies kraftlos. Lagerreibung und Fahrtwind lassen den Lüfter drehen.
Im einzelnen funktioniert die Lüfterkupplung so: Die Spule im Magnetkörper erhält bei eingeschalteter Zündung über Sicherung Nr. 7 Plusstrom, wenn der Temperaturschalter vorn links

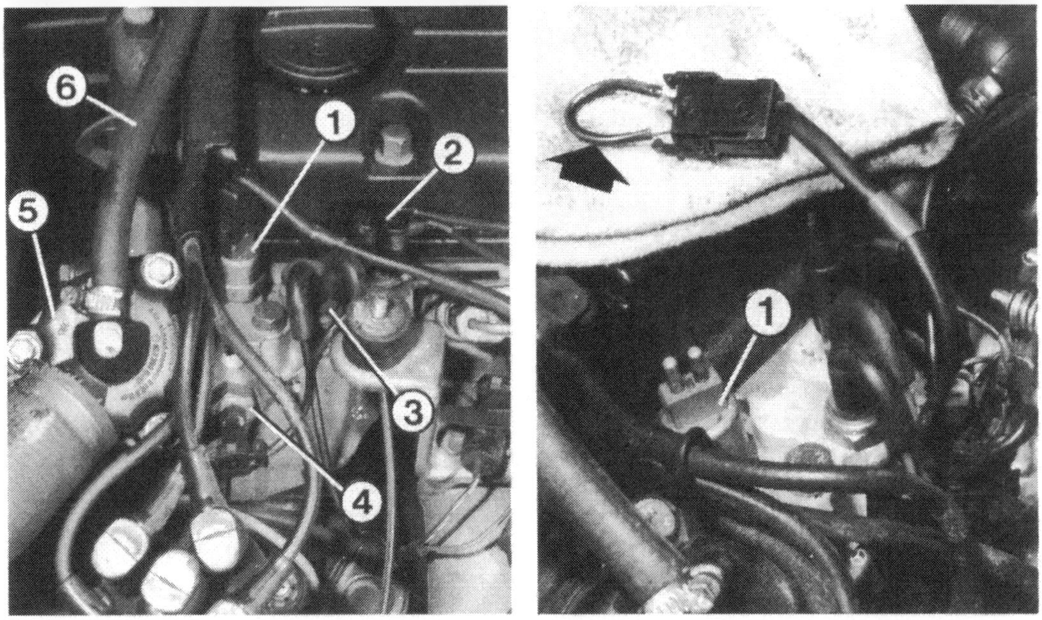

Fühler und Geber beim Vierzylinder: **Links:** 1 – Temperaturschalter 100°C für Lüfterkupplung; 2 – Doppeltemperaturfühler für EZL-Zündanlage und Einspritzung (bei Stromberg-Vergaser: Temperaturschalter 50°C für Saugrohrbeheizung); 3 – Thermoventil 36a (Seite 98); 4 – Temperaturfühler für Anzeige; 5 – Thermostatgehäuse; 6 – Entlüftungsleitung. **Rechts:** Wird der Temperaturschalter (1) überbrückt (Pfeil), schaltet die elektromagnetische Lüfterkupplung.

am Motor (Abbildung rechts oben) seinen Kontakt geschlossen hat. Der Schalter schließt seinen Kontakt bei Kühlmitteltemperaturen um 100° C. Der feststehende Magnetkörper erzeugt nun ein kräftiges Magnetfeld, und ein ringförmiger Anker auf der Innenseite des Lüfters wird fest gegen die Riemenscheibe gezogen. Der Lüfter dreht starr mit. Der zweite Spulenanschluß führt direkt zur Masse.

Elektromagnetische Lüfterkupplung prüfen

- Abgekühlten Motor (nicht über 100° C) im Leerlauf drehen lassen.
- Den Stecker am Temperaturschalter abziehen.
- Den jetzt langsam, kraftlos mitdrehenden Lüfter anhalten. Dazu eine zusammengerollte Zeitung o. ä. an die Lüfterflügel heranführen. Beim Anhalten die Zeitung möglichst knapp an einen Lüfterflügel ansetzen.
- Wenn Sie nun die beiden Steckeranschlüsse überbrücken, muß es »klicken« und der Lüfter kraftvoll mitdrehen (Vorsicht!)

Störungsursachen

Steigt die Kühlmitteltemperatur unaufhaltsam an und hat der Lüfter bei der obigen Prüfung nicht zu drehen begonnen, kann dies folgende Ursachen haben:

□ Der Kontakt im Temperaturschalter schließt nicht, weil der Schalter ganz defekt ist oder bei einer anderen Temperatur schaltet (evtl. wegen Ablagerungen). Dreht der Lüfter kraftvoll, wenn der Temperaturschalter überbrückt wird (oben beschrieben), ist der Temperaturschalter defekt und muß ersetzt werden. Unterwegs lassen Sie die Kabelbrücke stecken, damit der Lüfter ständig mitläuft.

□ Es könnte aber auch die Spule im Magnetkörper unterbrochen sein. Zum Prüfen den Stekker am Temperaturfühler abziehen, Zündung einschalten und mit einer Prüflampe oder mit ei-

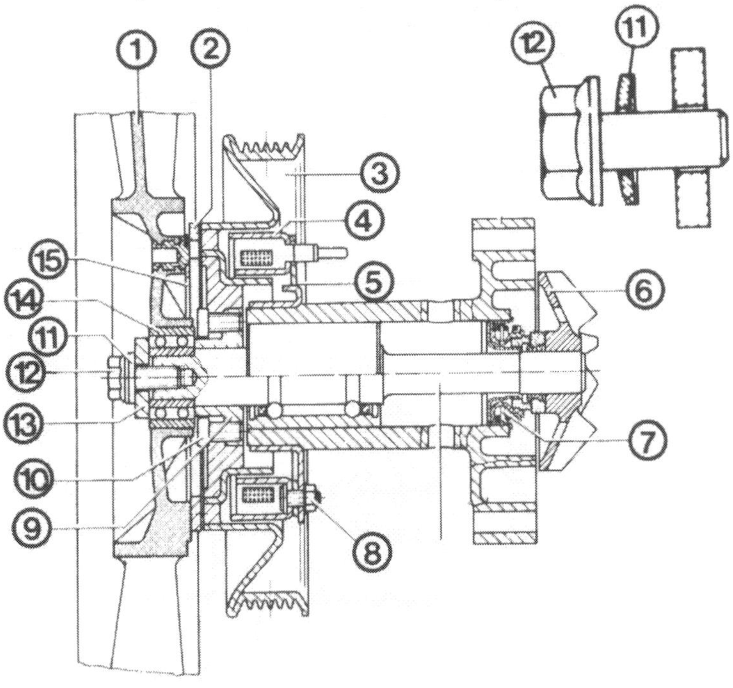

Die elektromagnetische Lüfterkupplung beim Vierzylinder: 1 – Lüfter; 2 – Anker; 3 – Riemenscheibe; 4 – Magnetkörper; 5 – Magnetträger; 6 – Flügelrad; 7 – Kassettendichtring; 8 – Mutter; 9 – Flansch; 10 – Schraube; 11 – Gewölbte Spannscheibe (Einbau siehe vergrößerte Darstellung rechts oben); 12 – Schraube; 13 – Scheibe; 14 – Kugellager; 15 – Blattfeder.

nem Strommeßgerät (10 A) die Steckerbuchsen überbrücken. Es muß jetzt Strom fließen bzw. die Lampe muß aufleuchten. Ist dies nicht der Fall, obwohl die Sicherung Nr. 7 intakt ist, hat die Spule Unterbrechung oder keinen Massekontakt. Der Magnetkörper muß ausgetauscht werden (siehe unter »Wasserpumpe ausbauen«).
Tritt dieser Defekt unterwegs ein, können Sie nach dem Abkühlen des Kühlsystems mit schonender, aber flotter Fahrweise noch die nächste Werkstatt erreichen. Im Stau den Motor abstellen; bei Talfahrten auskuppeln (keinesfalls den Motor abstellen – Bremskraftverstärker und Pumpe der Servolenkung arbeiten nicht). Auf der Weiterfahrt verstärkt die Temperaturanzeige beobachten.
In extremen Notfällen könnten Sie den Lüfter fest mit seiner Welle verbinden. Hier sind verschiedene Möglichkeiten denkbar, z. B. könnte man einen Blechstreifen vorn quer durch die Lüfternabe einbauen, der mit einer Mittelbohrung unter die Lüfterschraube geklemmt wird. Außen wird er fest mit dem Lüfter verbunden. Man könnte auch den Lüfter ausbauen und sein Kugellager in der Mitte mit einem Schweißpunkt o. ä. blockieren.
□ Funktionsstörungen der Lüfterkupplung können weiterhin durch die Ankerteile hinten am Lüfter verursacht werden.

Visko-Lüfterkupplung

Vierzylinder ab 10/92, Sechszylinder

Diese Kupplung sitzt in der Mitte des Lüfterflügels. Die Kupplung wird temperaturabhängig von einem Bimetallstreifen gesteuert. Je nach Motor- bzw. Kühlmitteltemperatur sorgt eine Silikonölfüllung dafür, daß sich der Lüfterflügel bedarfsgerecht mitdreht. Bei kaltem Motor ist praktisch ausgekuppelt, und es wird keine Motorleistung durch den Lüfter verbraucht. Die Lüfterdrehzahl bleibt unter 1000/min. Das Silikonöl befindet sich im Vorratsraum (Zeichnung unten links).
Ab einer Umgebungstemperatur von ca. 85° C am Bimetallstreifen gibt ein Schaltstift den Weg des Öls in den Arbeitsraum frei, es wird eingekuppelt. Die Lüfterdrehzahl ändert sich im unteren Drehzahlbereich wie die Motordrehzahl. Bei höheren Drehzahlen überschreitet der Lüfter 3300/min nicht.

Visko-Lüfterkupplung prüfen

■ Betriebswarmen Motor bei geschlossener Motorhaube mit ca. 3000/min drehen lassen.
■ Bei einer Kühlmitteltemperatur von 90–95° C schaltet die Lüfterkupplung zu.
■ Man kann das Losbrausen des Lüfters deutlich am Kühlergrill hören.

Die Temperaturanzeige

Das Anzeigeinstrument im Armaturenbrett erhält über Sicherung Nr. 5 bei eingeschalteter Zündung Plusstrom. Der andere Anschluß des Anzeigeinstruments führt über eine grüne Leitung zum Temperaturfühler seitlich links am Motor. Je nach Temperatur ändert der Tempera-

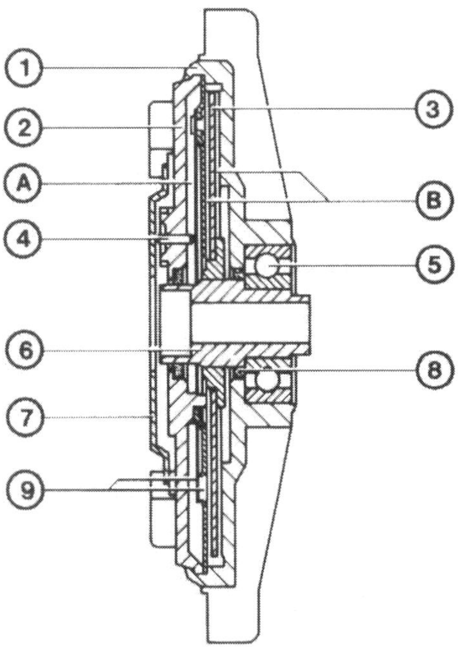

Links: Hier ist die Viskoselüfterkupplung beim Sechszylinder dargestellt: 1 – Kupplungskörper; 2 – Deckel; 3 – Antriebsscheibe; 4 – Schaltstift; 5 – Kugellager; 6 – Lagerbuchse; 7 – Bimetallstreifen; 8 – Dichtring; 9 – Ventil; A – Vorratsraum; B – Arbeitsraum.
Unten: Der Kühlmittelstand im Ausgleichsbehälter wird mit einem Geber überwacht. Es bedeuten: 1 – Sicherungsring; 2 – Dichtung; 3 – Geber; 4 – Schwimmer. Die entsprechende Warnlampe im Armaturenbrett leuchtet zur Funktionskontrolle beim Einschalten der Zündung schwach auf. Sie muß verlöschen, sobald der Motor läuft. Leuchtet die Kontrolle hingegen hell auf, fehlt Kühlmittel.

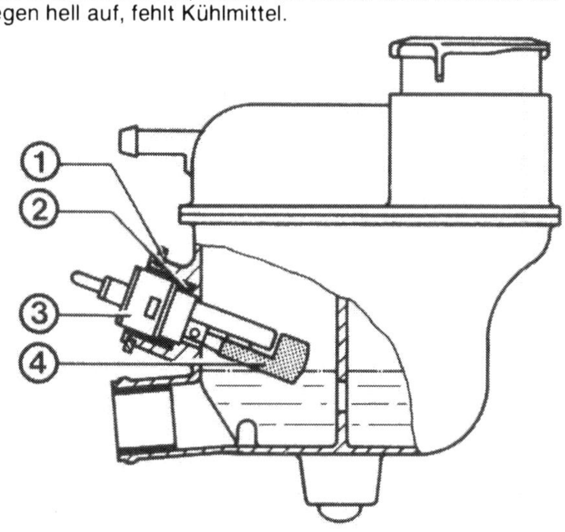

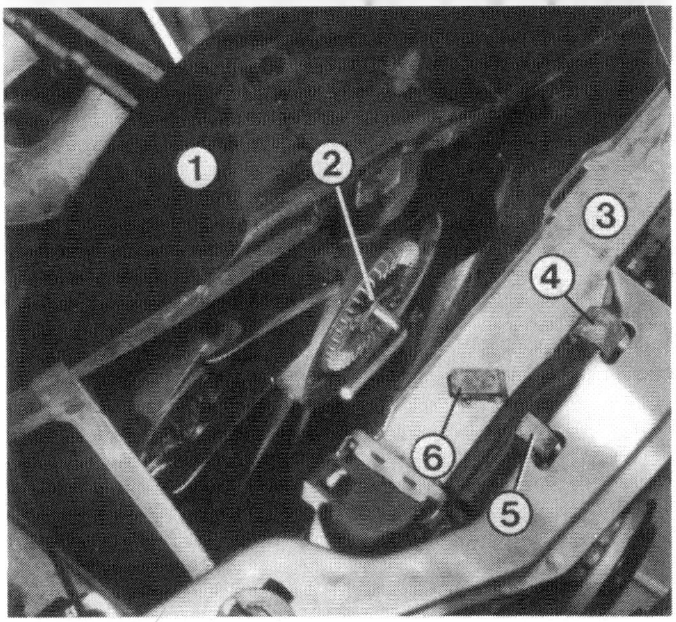

Hier gezeigt: 1 – Lüfterhaube; 2 – Visko-Lüfterkupplung beim Sechszylinder; 3 – Kühler; 4 – Federklemme für Kühlerbefestigung; 5 – Federklemme für Kondensatorbefestigung bei Klimaanlage; 6 – Federklemme für Lüfterhaube. Zum Ausbau der entsprechenden Teile die Federklemmen mit einem Schraubenzieher abhebeln. Zum Losschrauben der Lüfterkupplung mit besonderem Haken (Fingerzeig Seite 54) auf der Rückseite der Wasserpumpen-Riemenscheibe gegenhalten.

turfühler seinen Widerstand. So wird der unterschiedliche Zeigerausschlag gesteuert. Ursachen für Störungen wie folgt suchen:

■ Sicherung prüfen, wenn nichts angezeigt wird.

■ Bei intakter Sicherung das Kabel am Fühler ausstecken und kurz gegen Masse drükken (Zündung eingeschaltet). Die Anzeige müßte jetzt voll ausschlagen. Tut sie dies, ist der Temperaturfühler defekt.

■ Erfolgt immer noch keine Anzeige, könnte das Anzeigeinstrument defekt sein. Kombiinstrument ausbauen (Seite 229). Direkt an die Anschlüsse der Temperaturanzeige kurz 12 Volt anlegen (antippen). Schlägt der Zeiger nicht aus, das Instrument austauschen.

■ Hat die Temperaturanzeige voll ausgeschlagen, obwohl das Kabel am Temperaturfühler ausgesteckt ist, hat das grüne Kabel irgendwo Masseschluß.

Die Kühlmittelstandskontrolle

Diese Einrichtung befreit Sie nicht von der Kontrolle laut Wartungsplan (Seite 52), ist aber eine wertvolle Hilfe bei plötzlichem Kühlmittelverlust.

Bei eingeschalteter Zündung und Motorstillstand leuchtet die Kontrollampe im Armaturenbrett schwach auf (zur Selbstkontrolle). Stimmt der Kühlmittelstand, verlöscht die Lampe bei laufendem Motor. Leuchtet sie dagegen hell auf, fehlt Kühlmittel.

Die Kontrolleinrichtung wird vom Geber im Ausgleichsbehälter gesteuert. Sein Kontakt wird von einem Schwimmer betätigt. Fehlt Kühlmittel, wird der Kontakt geschlossen.

Störungen können eine durchgebrannte Glühlampe, ein defekter Geber oder eine Leitungsunterbrechung verursachen.

□ Leuchtet bei eingeschalteter Zündung die Kontrolleuchte nicht schwach auf, ist sie wahrscheinlich durchgebrannt.

□ Verlöscht die Lampe bei laufendem Motor und richtigem Kühlmittelstand nicht, so ist eher der Geber defekt. Dieser Verdacht wird bestätigt, wenn durch Abziehen des Leitungssteckers am Geber die Lampe verlöscht. Dann Geber ausbauen, Schwimmer auf Leichtgängigkeit prüfen und das Schalten des Kontaktes prüfen. Ggf. Geber ersetzen.

Störungsbeistand
Motor ist zu heiß

Steigt die Anzeigenadel über die rote Marke (122° C), anhalten, Motor abstellen und folgendes prüfen:

□ Steigt die Anzeige nur kurzfristig bis zur roten Marke, gilt dies für die folgenden Betriebszustände als normal: Vollgas-, Berg- oder Kolonnenfahrt bei großer Hitze; nach dem Abstellen eines recht heißen Motors; im Stau mit Automatik-Getriebe (wegen Ölkühler; Abhilfe: öfters nach »N« schalten).

□ Stillstand der Wasserpumpe, weil der Flachriemen zu locker oder gerissen ist?

□ Kühlmittelstand in Ordnung (Seite 52)?

□ Klemmt der Thermostat (Seite 50)? Dann fühlt sich der Kühler kalt an, während z. B. das Thermostatgehäuse schon sehr heiß ist.

□ Schaltet die magnetische Lüfterkupplung (Seite 55) bzw. die Visko-Kupplung (Seite 56)?

□ Sind alle vorherigen Punkte in Ordnung, ist der Kühler verstopft und muß erneuert werden. (Fingerzeig Seite 51 beachten!)

Vom Tank zur Kraftstoffpumpe

Kraft auf Vorrat

Der energiereiche Saft für die Fortbewegung muß in ausreichender Menge an Bord, nämlich im Tank sein. Er ist mit einem Entlüftungssystem ausgestattet, welches bei Fahrzeugen ab ca. 5/85 mit der Kraftstoffverdunstungsanlage (Seite 86 und 98) verbunden ist. Die Tankanzeige informiert den Fahrer, wieviel Kraftstoff noch im Tank ist. Das Aufleuchten einer Warnleuchte zeigt an, daß bereits auf Reserve gefahren wird. Beim Modell 200 wird der Kraftstoff mit einer mechanisch betätigten Membranpumpe (Seite 78) zum Vergaser gepumpt. Alle Einspritzmotoren besitzen elektrische Kraftstoffpumpen (Seite 98).

Der Tank

Beim Mercedes ist der Tank über der Hinterachse, ganz vorn im Kofferraum untergebracht. Dort kann der Tank hohen Sicherheitsansprüchen genügen. Der Blechtank faßt 70 Liter (davon sind 9 Liter Reserve).

Die Anschlüsse der Kraftstoffleitungen erfolgen nach unten durch den Kofferraumboden (Abb. Seite 60). Ein Kraftstoffsieb sorgt schon an dieser Stelle für erste Reinigung. Neben den Leitungsanschlüssen befindet sich das Lüftungsventil.

Blechtanks haben den Nachteil, daß bei längeren Standzeiten das entstehende Kondenswasser Rostansatz in seinem Inneren bewirken kann. Die Rostkrümel können anschließend Kraftstoffleitungen und Filter zusetzen. Daher gilt es zur Vermeidung von Kondenswasser, den Tank vor langen Standzeiten kragenvoll zu füllen.

Fingerzeige: *Nach dem Tanken genau auf das richtige Ansetzen des Tankdeckels achten. Wird er leicht schräg aufgedreht, schwappen in Linkskurven erhebliche Mengen Kraftstoff aus dem vollen Tank. Dies liegt am geringen Höhenunterschied zwischen Einfüllöffnung und Kraftstoffstand bei ganz gefülltem Tank.*

Bei Fahrzeugen mit Zentralverriegelung: Zum Öffnen der Tankklappe im vorderen Drittel drücken. Läßt sich die Klappe nicht öffnen, kann dies an einem verklemmten Sperrbolzen oder an Störungen der Zentralverriegelung liegen. Dann hinter die rechte seitliche Kofferraumverkleidung zum Betätigungselement vorgreifen und den Bolzen zurückziehen.

Tank ausbauen

- Minuspolklemme an der Batterie abnehmen, um gefährliche Funkenbildung zu verhindern.
- Den Tank möglichst leerfahren oder den Kraftstoff abpumpen.
- Matte vom Kofferraumboden abnehmen.
- Die Verkleidungen im Kofferraum ausbauen. Clips mit einem Schraubenzieher heraushebeln.
- Stecker zum Tauchrohrgeber abziehen und Leitungen vom Tank lösen.
- Unter dem Fahrzeug die Kraftstoffleitungen losschrauben und den restlichen Kraftstoff auffangen.
- Im Kofferraum die Befestigungsmuttern abdrehen und den Tank vollends ausbauen.

Die Tankanzeige

Der Kraftstoffstand wird im Kombiinstrument elektrisch angezeigt. Das Anzeigeinstrument ist ein Strommesser, an den bei eingeschalteter Zündung Plusstrom gelangt. Der Zeigerausschlag des Instruments wird über den Minusanschluß geregelt. Dieser ist mit dem Geber im Tank verbunden.

Beim T-Modell ist der Tank nur an der Vorderseite verschraubt (1). Hinten ruht er auf einem Blechwinkel (2). Bei einem Heckaufprall klappt der Tank nach unten weg und wird nicht so leicht undicht. Er hängt dann an einem Fangseil (3).

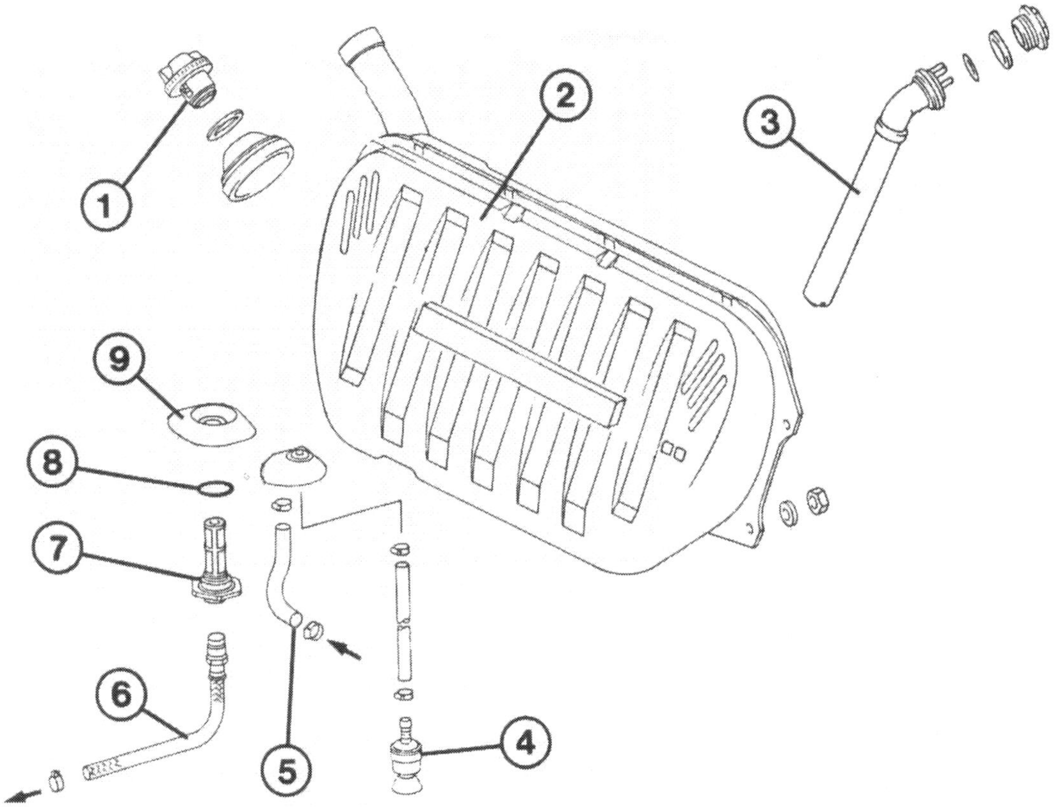

Die Einbauverhältnisse am Tank: 1 – Tankverschlußdeckel mit Dichtring; 2 – Tank; 3 – Tauchrohrgeber; 4 – Lüftungsventil, bei Kraftstoffverdunstungsanlage (Seite 87, 98) führt ein Schlauch zum Aktivkohlebehälter; 5 – Rücklaufleitung; 6 – Vorlaufleitung; 7 – Kraftstoffsieb; 8 – Dichtring; 9 – Dichtung.

Das Aufleuchten der Reserve-Warnlampe wird ebenfalls durch den Geber gesteuert. Durch die Verschaltung der Lampe über die Lichtmaschine (ähnlich wie die Ladekontrolle, Seite 210), leuchtet die Lampe immer bei eingeschalteter Zündung schwach auf (Kontrollfunktion). Erst bei laufendem Motor verlöscht sie, wenn genügend Kraftstoff im Tank ist.

Geber für die Tankanzeige

In Ihrem Mercedes kommt ein sogenannter Tauchrohrgeber zum Einsatz. Er ist auf der rechten Tankseite senkrecht in den Tank geschraubt. In einem Rohr befindet sich ein Schwimmer, der entsprechend dem Kraftstoffstand im Rohr auf- und absteigt. Über einen Schleifkontakt ist er mit einem Widerstand verbunden. Je nach Lage ändert sich der Widerstandswert von 2–80 Ω und damit der Ausschlag des Anzeigeinstruments im Armaturenbrett. Steht der Schwimmer ganz unten im Rohr, schließt er zusätzlich einen Kontakt, und die Reserve-Kontrolleuchte leuchtet auf.

Geber ausbauen

- Tank etwa halb leerfahren.
- Abdeckung vor dem Tank abnehmen.
- Mehrfachstecker abziehen.
- Geber losschrauben und nach oben aus dem Tank ausbauen.

Tankanzeige prüfen

Die Überprüfung erfolgt am besten bei ausgeschalteter Zündung mit einem Ohmmeter und anhand der Schaltpläne:

- Geber ausbauen. Ohmmeter zwischen Buchse 3 und 4 an »G« und »31« (Regelwiderstand) anschließen. In Einbaulage des Gebers müssen Sie jetzt 80 Ω messen. Wird der Geber auf den Kopf gestellt, sinkt der Wert auf 2 Ω.
- Ohmmeter an Buchse 3 und 2 (Reservekontakt) anschließen. Nun müssen Sie in Einbaulage 0 Ω messen.
- Jetzt an der abgezogenen Steckverbindung die Leitungen prüfen. Zwischen Buchse 3 und Masse müssen 0 Ω gemessen werden. Bei ∞ Ω ist die Masseverbindung des Gebers unterbrochen.
- Kombiinstrument ausbauen (Seite 229) und an der runden Vielfachsteckverbindung an den Leitungen zum Geber messen (Schaltplan Seite 216/217). Abhängig vom Tankinhalt müssen zwischen 2 Ω und 80 Ω gemessen werden.
- Liegt der Wert höher oder gar bei ∞ Ω, ist eine fehlerhafte Lötstelle, ein schlechter Steckkontakt oder eine Leitungsunterbrechung die Ursache.
- Wurde immer noch kein Fehler gefunden, ist wahrscheinlich das Anzeigeinstrument defekt. Zu dessen Austausch muß das Kombiinstrument auseinandergebaut werden.

Über der Hinterachse befinden sich die Tankanschlüsse. Hier gezeigt:
1 – Schlauchleitung zum Aktivkohlbehälter der Kraftstoffverdunstungsanlage
2 – Kraftstoffrücklauf
3 – Lüftungsventil

Die Tankentlüftung

Der Kraftstofftank braucht ein Be- und Entlüftungsventil, damit im Tank weder Unter- noch Überdruck entstehen kann. Ständig steigender Unterdruck durch das Abpumpen von Kraftstoff würde bald die weitere Kraftstoffentnahme aus dem Tank behindern. Überdruck, beispielsweise durch Erwärmung verursacht, könnte Kraftstoff aus dem Tank drücken. Im Mercedes besorgen folgende Teile diese Aufgaben:

□ Oben im Tank befindet sich über die gesamte Breite des Tanks ein dickes Rohr. Spezialgefäße an den Rohrenden verhindern, daß Kraftstoff ins Rohr gelangen kann. Im Tankinnern führt dann eine dünne Leitung von diesem Rohr zum Tankboden; sie ist dort an das Lüftungsventil angeschlossen (Abbildung oben). Das Ventil läßt den Überdruck im Betrieb auf 30–50 mbar ansteigen. Dieser Überdruck wird abgebaut, wenn Sie z. B. an der Tankstelle den Tankdeckel abnehmen. Bei einem Unterdruck von höchstens 16 mbar sorgt das Ventil ebenfalls für den Druckausgleich.

Die Kraftstoffleitungen

Die Metalleitungen verlaufen links unten am Fahrzeugboden und sind mit einigen Haltern befestigt. Eine Leitung dient dem Kraftstoffzulauf, durch die andere erfolgt der Rücklauf zum Tank. Im Motorraum kommt eine Vielzahl von Schlauchleitungen zum Einsatz, die mit Schlauchschellen oder mit Schraubverbindungen befestigt sind. Zusammengequetschte oder durchgerostete Metalleitungen am Fahrzeugboden kann man entweder komplett ersetzen oder reparieren. Dazu den beschädigten Abschnitt (ca. 15 cm) heraustrennen und dort ein Leitungsstück mit Schraubverbindungen einsetzen.

Kraftstoffanlage prüfen

Wartung Nr. 22

- Tropfspuren unter dem Fahrzeug?
- Sind die Leitungen am Fahrzeugboden und am Tank feucht? Riecht es ständig nach Benzin, obwohl das Tanken schon Tage zurückliegt?
- Sind Halterungen der Leitungen lose?
- Sind die vielen Leitungen im Motorraum und deren Anschlüsse dicht? Zur Kontrolle auch den Motor laufen lassen und etwas Gas geben, damit die Leitungen unter Druck stehen.
- Ist der Kraftstoffilter pünktlich ausgewechselt worden (Seite 115)?
- Bei Störungen kann es nötig werden, die Förderleistung der Kraftstoffpumpe zu prüfen (Seite 78 und 114).

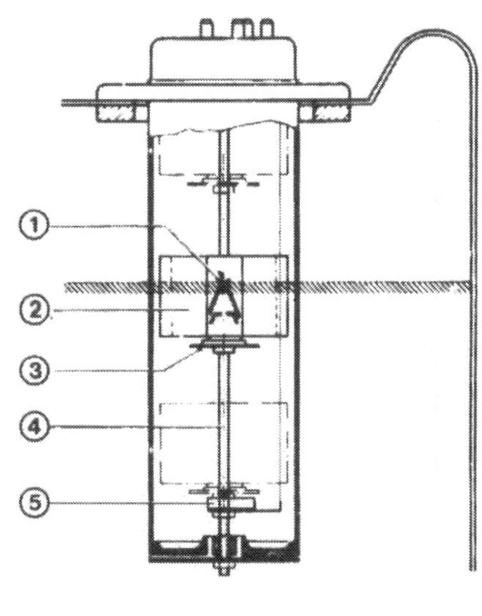

Die Zeichnung zeigt den Tauchrohrgeber der Kraftstoffanzeige: 1 – Schleifkontakt; 2 – Schwimmer; 3 – Kontaktplatte; 4 – Führungs- und Kontaktstange; 5 – Reserve-Warnkontakt.

Vorzimmer

Bevor die Verbrennungsluft in den Motor gelangt, muß sie gewissermaßen durch ein Vorzimmer, nämlich der Luftfilter. Die Ansaugluft des Motors enthält Staub- und Schmutzteilchen, die nicht in die Verbrennungsräume gelangen sollen, da sie an den Zylinderwänden wie Schmirgel wirken. Das würde frühzeitigen Verschleiß von Kolben und Zylinderlaufbahnen verursachen. Außerdem verbrennt ein Teil des Staubs bei den hohen Temperaturen im Motor und schlägt sich als Belag im Brennraum und an den Ventilen nieder. Hängenbleibende Ventile und Kolbenklemmer können die Folgen sein. Der Luftfilter sorgt deshalb für den notwendigen Schutz des Motors. Gleichzeitig dämpft er auch die Ansauggeräusche.

Verschiedene Ausführungen

Einspritzer: Der Luftfilter sitzt auf dem Gemischregler. Die Außenluft gelangt über einen Ansaugschnorchel in das Filtergehäuse. Unten am Filtergehäuse ist der Schlauch der Motorentlüftung eingesteckt. Die Gemisch-Regulierschraube wird durch eine Öffnung im Filtergehäuse erreicht. Bei RÜF/KAT-Ausführung ist am Ansaugschnorchel der Temperaturfühler für die Ansaugluft (Seite 105) eingerastet.
Der Luftfilter ist am Saugrohr, Zylinderkopfhaube und seitlich am Gemischregler befestigt.
200 mit Stromberg-Vergaser (Seite 72): Aufwendiger ist das Luftfiltergehäuse beim Vergasermodell. Das Gehäuse sitzt auf der Zylinderkopfhaube, und die gereinigte Luft strömt über einen Kanal zum Vergaser. Für die Außenluft gibt es zwei Wege, um in das Filtergehäuse zu gelangen: Einmal direkt von vorn oder angewärmt über das Vorwärmeblech am Auspuffkrümmer. Woher die Luft kommt, steuert automatisch eine Klappe im Ansaugweg. Die Schläuche der Motorentlüftung von der Zylinderkopfhaube und vom Wasserabscheider im Filter zum Saugrohr sind an das Filtergehäuse angeschlossen.
200 mit 2-E-E-Vergaser (Seite 80): Der Filter ist oben am Vergaser mit 3 Muttern befestigt. Außerdem ist der Schlauch von der Kurbelgehäuse-Entlüftung innen festgeschraubt. Zum Lösen den Deckel losclipsen und abnehmen. Am Ansaugschnorchel sitzt ein Temperaturfühler für die Ansaugluft.

Ansaugluft Vorwärmung
(nur 200)

Die Ansaugluft muß immer die günstigste Temperatur haben. Dies wird über eine Klappe im Ansaugschnorchel geregelt. Hat sie geschlossen, gelangt nur vorgewärmte Luft vom Vorwärmeblech auf dem Auspuffkrümmer in den Vergaser. Die Klappenstellung wird durch ein temperaturabhängiges Dehnstoffelement gesteuert. Folgende Gründe sprechen für eine Regelung der Ansaugluft:

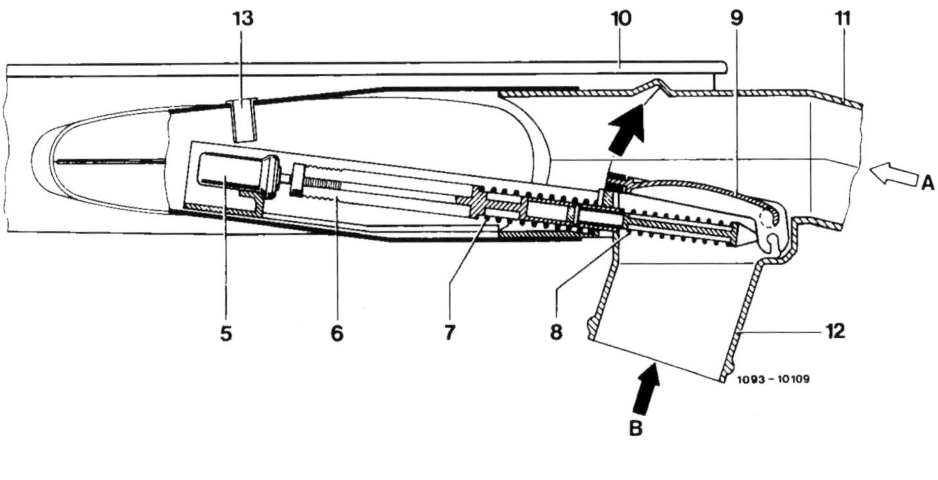

Schnitt durch den Luftfilter beim Typ 200. Er zeigt: 5 – Thermostat; 6 – Regelstange; 7,8 – Druckfeder; 9 – Luftklappe (in Stellung »Kaltluft«); 10 – Luftfilter; 11 – Ansaugrohr; 12 – Anschlußstutzen für Warmluftschlauch; 13 – Kompensationsbohrung mit Luftführungsrohr; A – Kaltluftzufuhr; B – Warmluftzufuhr

Zum Austausch des Luftfiltereinsatzes (2) beim Typ 200 mit Stromberg-Vergaser braucht nur der Deckel (3) vom Luftfiltergehäuse abgenommen zu werden. Dieser wird durch drei Muttern (5) und durch Klammern (6) gehalten. Zum Abnehmen des Deckels noch den Gummibalg (1) zum Vergaser losschrauben. Weiterhin: 4 – Wasserabscheider der Kurbelgehäuse-Entlüftung.

□ Bei kühlem Wetter vergast das Gemisch besser, wenn die Ansaugluft vorgewärmt zugeführt wird. Allerdings soll der Motor bei höheren Außentemperaturen keine vorgewärmte Ansaugluft erhalten: Dieselbe Menge warmer Luft besitzt ein größeres Volumen als kalte Luft. Da der Motor nur eine bestimmte Luftmenge ansaugen kann, erhält er bei eingeschalteter Ansaugluft-Vorwärmung etwas weniger Luft, das Gemisch wird fetter, der Verbrauch steigt. Bei kühlen Temperaturen ist dies für gleichmäßigen Motorlauf notwendig, aber nicht, wenn im Frühjahr das Thermometer steigt.

□ Der Vergaservereisung soll vorgebeugt werden. Diese Vereisung entsteht durch den Druckabfall im Vergaser bei laufendem Motor, wobei ein Teil des Kraftstoffes verdunstet und sich dabei erheblich abkühlt. Davon wird auch das Vergasergehäuse abgekühlt, und bei Temperaturen zwischen +3 und +8° C (in Extremfällen auch darüber) und hoher Luftfeuchtigkeit kann sich im Vergaser eine dünne Eisschicht bilden, welche die einwandfreie Gemischbildung verhindert.

Funktioniert die Ansaugluft-Vorwärmung nicht wunschgemäß, kann das zu Betriebsstörungen führen. Zur Kontrolle prüfen, ob die Klappe bei Temperaturen unter ca. 13° C den Kaltluftweg ganz verschließt. Wenn nicht, den Thermostat erneuern.

Störungen im Winter:

□ Schlechter Leerlauf nach dem Kaltstart in der sogenannten Warmlaufphase.

□ Schlechter Übergang, Motor neigt zum Stottern.

In der warmen Jahreszeit:

□ Mangelhafte Leistung, übliche Höchstgeschwindigkeit wird nicht erreicht.

□ Höherer Kraftstoffverbrauch.

Hier ist der Luftfilter vom Typ 200 RÜF/KAT mit 2-E-E-Vergaser gezeigt. Es bedeuten: 1 – Filtereinsatz; 2 – Luftfilterdeckel; 3 – Luftfiltergehäuse; 4 – Verschraubung der Kurbelgehäuseentlüftung; 5 – Ansaugschnorchel mit Klappengehäuse und Warmluftschlauch.
Zum Austausch des Filtereinsatzes nur den Deckel losclipsen. Zum Ausbau des Luftfiltergehäuses noch die Kurbelgehäuseentlüftung, die 3 Schrauben am Vergaser und 2 Schrauben am Ansaugschnorchel abschrauben.

Luftfilter beim 230 E: 1 – Filtereinsatz; 2 – Luftfilterdeckel; 3 – Filtergehäuse; 4 – Ansaugluft-Temperaturfühler (nur RÜF/KAT); 5 – Luftschlauch. Zum Austausch des Filtereinsatzes alle Verschlußbügel um den Deckel lösen und die 4 Schrauben abschrauben. Zum Ausbau des Filtergehäuses den Luftschlauch abziehen, den Temperaturfühler ausstecken und 3 Schrauben (Pfeile) herausdrehen. Unten am Gehäuse den Schlauch der Kurbelgehäuseentlüftung abziehen.

Luftfiltereinsatz reinigen

Wartung Nr. 6

Diese Arbeit wird alle 20 000 km fällig. Falls Sie oft über staubige Straßen fahren, sollen die Abstände kleiner sein.

- Luftfiltereinsatz ausbauen. Dazu die Spannbügel am Filtergehäuse lösen und den Deckel abnehmen. Ggf. noch die Muttern am Deckel abschrauben.
- Papierfilter gegen eine harte Unterlage ausklopfen.
- Den feinen Staub mit Preßluft ausblasen.
- Dazu Luftstrahl seitlich an den Lamellen vorbeistreichen lassen. Nicht durch die Lamellen blasen, sonst wird der Staub hineingedrückt.
- Filter niemals mit Flüssigkeiten reinigen.
- Filtergehäuse auswischen, dabei nichts in den Gemischregler oder Vergaser streifen.
- Bei Stromberg-Vergaser (200): Den runden Deckel im Filtergehäuse ausclipsen und den sogenannten Wasserabscheider auswischen.

Luftfiltereinsatz tauschen

Wartung Nr. 32

Durch einen verstopften Filter enthält der Motor nicht mehr genügend Ansaugluft. Das Gemisch wird fetter, der Verbrauch steigt, die Leistung fällt und die Schadstoffemission nimmt zu. Alle 60 000 km den Einsatz daher austauschen, ggf. sogar öfters. Es passen z. B. folgende Filtereinsätze:

- **200** bis 9/86: Bosch 1 457 429 926; Knecht AG 146/1; Mann C 4190/1
- **200** RÜF/KAT: Mann 3383
- **230 E:** Bosch 1 457 429 992; Knecht AG 212; Mann C 37107
- **260 E, 300 E:** Knecht AG 288; Mann C 41 173

Luftfilter beim 260 E/300 E: 1 – Filtereinsatz; 2 – Deckel; 3 – Bohrung zum Erreichen der Gemischregulierschraube (Abb. Seite 117); 4 – Anschluß für den Schlauch der Kurbelgehäuseentlüftung (5); 6 – Luftfiltergehäuse; 7 – Luftschlauch von der Hutze neben dem Kühler; 8 – Temperaturfühler-Ansaugluft.
Zum Erreichen des Filtereinsatzes den Deckel losclipsen, den Schlauch der Kurbelgehäuseentlüftung abziehen und die 4 Schrauben vom Deckel abschrauben. Zum weiteren Ausbau des Filtergehäuses den Temperaturfühler und den Luftschlauch ausstecken. Die 3 Schrauben (Pfeile) herausdrehen.

Saubermann

Die Rufe nach Verringerung der Luftverschmutzung sind seit den verstärkt auftretenden Waldschäden immer lauter geworden. Gleichzeitig begann die Suche nach den Verursachern. Der »Saure Regen« gilt neben anderen Faktoren als Hauptgrund für die Waldschäden. Er besteht hauptsächlich aus 30% Stickoxid (NO_x) und 60% Schwefeldioxid (SO_2). Hier ist das Auto allerdings nur mit rund 16% an der NO_x- und nur mit 3% an der SO_2-Entstehung beteiligt. Weitere Belastungen ergeben sich durch Kohlenmonoxid (CO), unverbrannte Kohlenwasserstoffe (HC) und Blei.
Alle Mercedes sind ab 9/86 mit einem geregelten Dreiwege-Katalysator ausgestattet, was eine Reduzierung der Schadstoffe Kohlenmonoxid, Kohlenwasserstoffe und Stickoxid um ca. 90% bedeutet. Die Bleibelastung entfällt außerdem, da mit Katalysator nur noch bleifreies Benzin getankt werden darf. Kraftstoffverdunstungsanlagen (Seite 86 und 98) verhindern zusätzlich das Freiwerden von Benzindämpfen (Kohlenwasserstoffe) aus dem Tank und aus der Schwimmerkammer des Vergasers (beim 200).

Das Luft/ Kraftstoff-Verhältnis

Kraftstoff und Luft verbrennen im Motor nur in einem bestimmten Massenverhältnis vollständig. Bei unvollständiger Verbrennung entstehen Schadstoffe. Um 1 kg Benzin vollständig verbrennen zu können, sind 14,6 kg Luft erforderlich. Dies entspricht 1 Liter Benzin zu ca. 10 000 Liter Luft.
Entspricht die vom Motor angesaugte Luft genau diesem theoretisch notwendigen Wert (sogenanntes stöchiometrisches Verhältnis), wird dies von den Abgastechnikern als Luftzahl $\lambda = 1$ (Lambda = griechischer Buchstabe) definiert.
Benzinmotoren haben ihr höchstes Drehmoment bei 5–15% Luftmangel ($\lambda = 0{,}85$–$0{,}95$) also etwas fettem Gemisch. Der geringste Benzinverbrauch ergibt sich bei rund 10% Luftüberschuß ($\lambda = 1{,}1$). Der Katalysator wiederum reinigt das Abgas am besten, wenn das Luft/Kraftstoff-Verhältnis möglichst eng um $\lambda = 1$ pendelt. Hieraus ergeben sich verschiedene Zielkonflike. So müssen beim KAT-Motor konstruktive Maßnahmen Drehmomentreduzierung und höheren Kraftstoff-Verbrauch ausgleichen. Eine Lambda-Regelung (S. 86, 109) muß Vergaser oder Einspritzung so beeinflussen, daß $\lambda = 1$ möglichst genau erreicht wird.

Die Schadstoffe

Bei optimaler Verbrennung (λ = möglichst genau 1) verlassen den Motor hauptsächlich die ungiftigen Stoffe Kohlendioxid (CO_2 ca. 18%), Wasserdampf (H_2O ca. 9%) und Stickstoff (N_2 ca. 71%, aus der zugeführten Verbrennungsluft). Rund 1% im Abgas sind Schadstoffe, wie Kohlenmonoxid (CO ca. 0,85%), unverbrannte Kohlenwasserstoffe (HC ca. 0,05%) und Oxidationsprodukte des Stickstoffs (NO_x ca. 0,08%). Obwohl diese Zahlen klein sind, bedeutet dies doch, daß beim Verbrennen von 1 Liter Benzin entsprechend 10 000 Liter Abgas und somit z. B. rund 8 Liter Stickoxide (NO_x) anfallen.

Kohlenmonoxid (CO)

Kohlenmonoxid ist wohl der bekannteste Schadstoff, denn der CO-Gehalt im Abgas wird beim TÜV und der ASU gemessen. Das farblose und geruchlose Gas entsteht bei Luftmangel ($\lambda < 1$), wenn bei unvollständiger Verbrennung der Kohlenstoff aus dem Benzin nicht ganz zu Kohlendioxid (CO_2) oxidiert wird.
Eingeatmetes Kohlenmonoxid besetzt im Blut sehr schnell die Plätze, welche eigentlich zum Sauerstofftransport gebraucht werden. Es führt so zur Vergiftung des Körpers durch Sauerstoffmangel. In der Luft verbindet sich Kohlenmonoxid relativ schnell mit Sauerstoff zum ungiftigen Kohlendioxid.

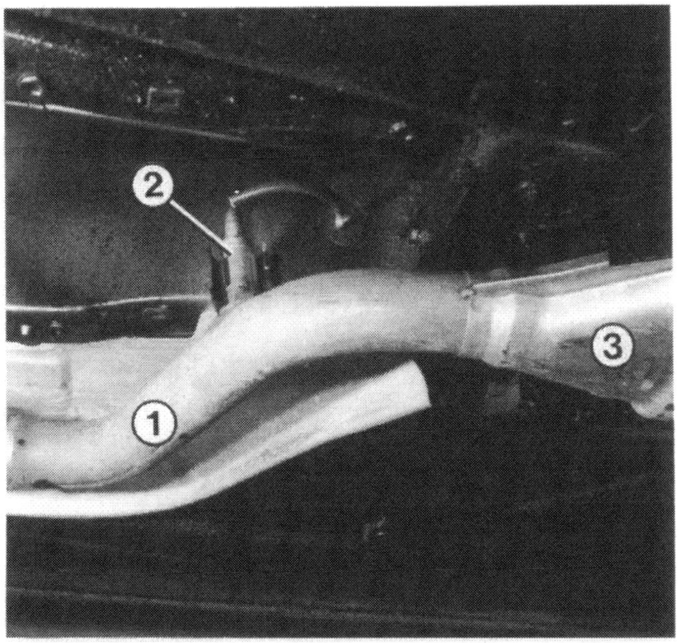

Alle Fahrzeuge mit Dreiweg-Katalysator (3) haben im vorderen (1) Auspuffrohr die Lambdasonde (2) eingebaut. Die Sonde meldet dem Steuergerät der Einspritzung den Restsauerstoffanteil im Abgas.

Fingerzeig: *Weltweit sorgen immer mehr Feuerstellen dafür, daß zunehmend Kohlendioxid freigesetzt wird. Der eher abnehmende Baum- und Pflanzenbestand schafft es nicht mehr, alles Kohlendioxid in Sauerstoff umzuwandeln. Der Rest verteilt sich in der Atmosphäre. Er verstärkt dort zusammen mit anderen Stoffen eine für reflektiertes Sonnenlicht undurchlässige Schicht. Fachleute erkennen eine Klimaveränderung (Treibhaus-Effekt).*

Kohlenwasserstoffe (HC)

Wie beim Kohlenmonoxid verursacht Luftmangel ($\lambda < 1$) durch unvollständige Verbrennung das Entstehen von unverbrannten Kohlenwasserstoffen. Außerdem ist die Brennraumform und der Zündzeitpunkt von großem Einfluß: Wenn an den kalten Zylinderwänden sowie in den Quetschzonen im Brennraum die Verbrennung erlischt, steigt der HC-Anteil. Gleiches gilt mit zunehmender Frühzündung.
Im Abgas finden sich ganz verschiedene Kohlenwasserstoffe mit den unterschiedlichsten Eigenschaften. Die Stoffe reichen vom harmlosen Methan, über schleimhautreizende Stoffe (z. B. Formaldehyd) bis hin zu krebserzeugenden HC-Verbindungen (z. B. Benzpyren).

Fingerzeig: *Chlor-Fluor-Kohlenwasserstoffe (CFK) sind hauptsächlich dafür verantwortlich, daß die dünne Ozonschicht in der Atmosphäre immer größere Löcher bekommt. Dadurch gelangt verstärkt schädliche UV-Strahlung zur Erdoberfläche.*
CFK wird als Treibmittel in den meisten Spraydosen verwendet. Kaufen Sie deshalb keine Spraydosen, denn es gibt die meisten Mittel auch in Pumpflaschen. Oder achten Sie darauf, daß ein umweltfreundliches Treibmittel verwendet ist (blauer Umweltengel).
Im Auto ist auch das Kältemittel in der Klimaanlage ein CFK. Lassen Sie es bei entsprechenden Arbeiten am Kühlkreislauf nicht einfach abzischen. Die Werkstatt oder ein Bosch-Dienst soll die Anlage entleeren.

Stickoxide (NO_x)

Stickoxide entstehen bei hohem Luftgehalt ($\lambda > 1$) und damit hohen Brennraumtemperaturen. Dabei wird ein Teil des Stickstoffs (N_2) aus der Verbrennungsluft zu Stickoxid oxidiert. Hier ergibt sich für den Motorenbauer ein Problem: Wird das Luft/Kraftstoff-Verhältnis auf Luftüberschuß ($\lambda > 1$) ausgelegt, um die CO- und HC-Emission zu verhindern, steigt der NO_x-Anteil auf seinen Maximalwert. Die Brennraumtemperatur und damit der NO_x-Anteil steigen außerdem bei höherer Motorverdichtung (für besseren Wirkungsgrad und weniger Verbrauch nötig) und mit zunehmender Frühzündung (besseres Drehmoment).
Stickoxid (NO) ist ein farbloses Gas und ein schweres Blutgift, das schnell zu zentralen Lähmungserscheinungen führt. Stickoxid (NO) oxidiert an der Luft zu NO_2. Dieses rotbraune Gas riecht stechend scharf und verätzt das Lungengewebe bei Einatmung. Stickoxide verbinden sich bei Sonnenlicht mit ungesättigten Kohlenwasserstoffen und bilden den Smog (schwer auflösende Abgasnebelwolken).

Hier wird die Lambdasonde überprüft. Es bedeuten: 1 – Leitungssatz von der Lambdasonde vor dem Beifahrersitz; 2 – Koaxialleitung, von der Sonde kommend; 3 – Leitung für das Sondensignal zum Steuergerät; 4 – Steckverbindung für die Sondenbeheizung.
Die Spannung von der Sonde wird zwischen der Leitung (2) und Masse gemessen. Gleichzeitig wird die Leitung (3) zum Steuergerät mit Masse verbunden, damit das Gemisch stark angefettet wird.

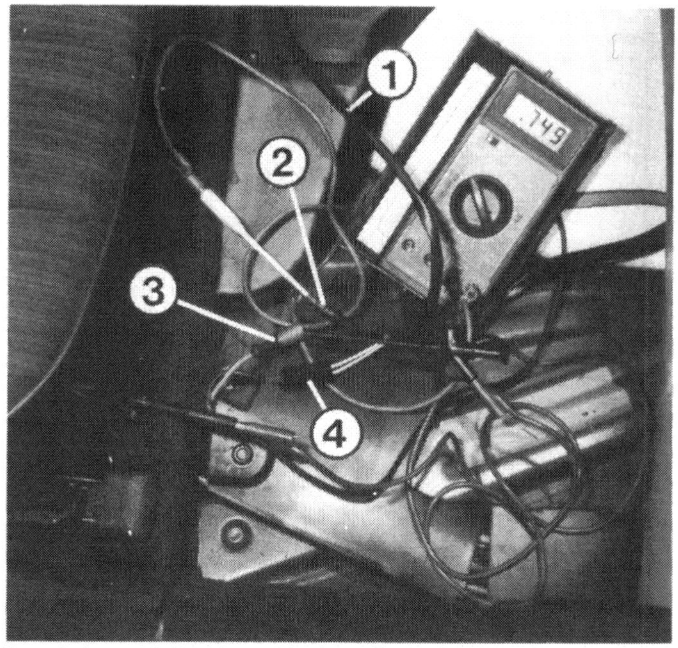

Blei

Bleiverbindungen sind dem herkömmlichen, bleihaltigen Kraftstoff als Antiklopfmittel zugesetzt. Rund 75% davon werden zum Auspuff hinausgeblasen und verursachen so 2/3 der Bleibelastung (Stand 1980), obwohl der Bleigehalt seit 1976 auf den niedrigsten Wert in Europa (0,15 g/Liter) begrenzt ist.
Bleiverbindungen behindern die Sauerstoffaufnahme der Zellen und wirken hauptsächlich für Blut, Knochenmark und Nervensystem als starkes Zellgift.

Lambdasonde

Die Lambdasonde (auch Sauerstoffsonde bzw O_2-Sonde genannt) ist vor dem Katalysator in das vordere Auspuffrohr eingeschraubt. Die Sondenkeramik ist außen dem Abgas ausgesetzt und steht innen mit der Außenluft in Verbindung. Durch den unterschiedlichen Sauerstoffgehalt in Abgas und Außenluft erzeugt die Sonde eine Spannung, die bei einem bestimmten Restsauerstoffgehalt im Abgas einen Spannungssprung macht. Dieser Spannungssprung findet genau beim stöchiometrischen Luft/Kraftstoff-Verhältnis ($\lambda = 1$) statt. Bei Sauerstoffmangel ($\lambda < 1$), also fettem Gemisch, beträgt die Spannung 800–1000 mV. Bei magerem Gemisch ($\lambda > 1$) werden um 100 mV erreicht.
Die Lambdasondensignale werden in die Steuergeräte der Gemischaufbereitung eingegeben, und die dort eingebaute Lambda-Regelung (Seite 86 und 109) versucht, das Luft/Kraftstoff-Verhältnis möglichst eng an $\lambda = 1$ zu halten.
Die Lambdasonde reagiert auf Sauerstoffschwankungen in Abhängigkeit ihrer Betriebstemperatur unterschiedlich schnell. Bei 300° C ist es um 1 Sekunde, bei 600° C sind es unter 50 ms. Durch eine eingebaute Heizung wird schneller die günstige Betriebstemperatur von ca. 600° C erreicht. Außerdem kann die Lambdasonde weiter vom Motor entfernt eingebaut werden, so daß selbst bei Dauervollast keine Schäden durch Überhitzung entstehen.

Lambdasonde prüfen

- Motor warmfahren.
- Vor Beifahrersitz Bodenteppich zurückschlagen und Dämmatte herausnehmen, um an die Steckverbindung zu gelangen.
- Koaxialstecker mit dem Lambdasondensignal ausstecken. Spannungsmeßgerät zwischen der Leitung von der Sonde und Masse anschließen.
- Motor mit ca. 1500/min laufen lassen.
- An den anderen Stecker (Leitung zum Steuergerät) Masse anschließen. Dadurch bekommt das Steuergerät mageres Gemisch simuliert ($\lambda > 1$) und fettet als Reaktion das Gemisch an ($\lambda < 1$).
- Jetzt muß die gemessene Spannung größer als 450 mV sein. Andernfalls Lambdasonde erneuern.
- Nun die Sondenbeheizung prüfen. Dazu die 2polige Steckverbindung auftrennen.
- Bei eingeschalteter Zündung muß Batteriespannung anliegen. Wenn nicht, Leitungen prüfen.
- Anschließend den Strom messen. Der Strom durch das Heizelement muß 0,5–1,3 A betragen, sonst Sonde erneuern.

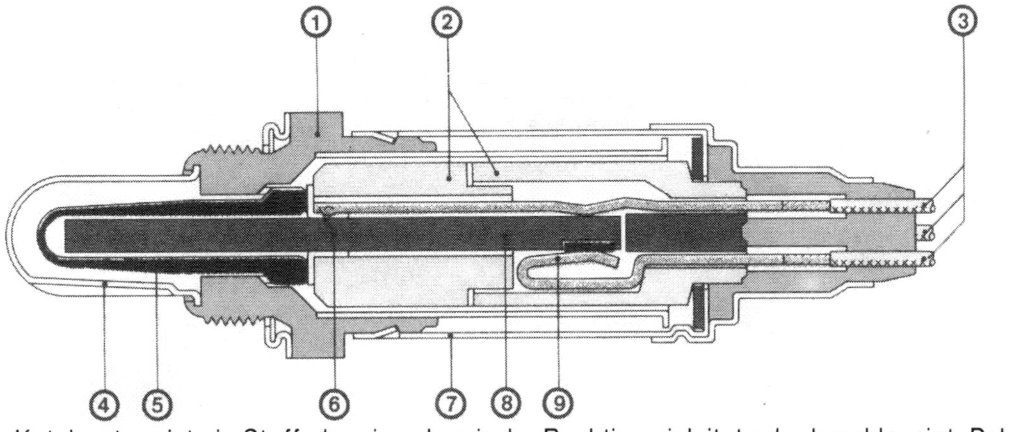

Schnitt durch die Lambdasonde: 1 – Gehäuse; 2 – keramisches Stützrohr; 3 – Anschlüsse; 4 – Schutzrohr mit Schlitzen; 5 – aktive Sondenkeramik (im Abgasstrom) 6 – Kontaktteil; 7 – Schutzhülse (mit Außenluft in Verbindung); 8 – Heizelement; 9 – Klemmkontakt zum Heizelement.

Der Katalysator

»Katalysator« ist ein Stoff, der eine chemische Reaktion einleitet oder beschleunigt. Dabei bleibt der Katalysator chemisch unverändert. Beim Auto verstehen wir unter dem Katalysator ein mit den Edelmetallen Platin und Rhodium beschichtetes Keramik-Bauteil mit seiner Umhüllung, das wie ein Auspufftopf aussieht. Im Mercedes sind außer dem Hauptkatalysator im Unterboden noch kleine Vorkatalysatoren im vorderen Auspuffrohr eingebaut.

Das auf Drahtgeflecht gelagerte Keramik-Bauteil ist von mehreren tausend parallelen Kanälen durchzogen. Auf die Wandungen der Kanäle ist eine Zwischenschicht zur Oberflächenvergrößerung (sogenanntes wash-coat) aufgetragen. Dadurch wird die Fläche, auf der die Reaktionen stattfinden, etwa so groß wie ein Fußballfeld.

Die katalytisch wirkenden Substanzen sind Platin (5 Teile) und Rhodium (1 Teil). Von diesen Edelmetallen enthält der Katalysator 2–3 Gramm. Wobei das Platin die Oxidation und das Rhodium die Stickoxidreduzierung unterstützt.

Mit dem Dreiweg-Katalysator rückt man den drei Schadstoffen Kohlenmonoxid, Kohlenwasserstoffe und Stickoxide zu Leibe. Es werden Kohlenmonoxid und Kohlenwasserstoffe durch Oxidation mit Sauerstoff zu ungefährlichem Kohlendioxid (CO_2) und Wasserdampf umgewandelt. Zum Abbau der Stickoxide wird ein Mittel gebraucht, welches den Sauerstoff entzieht. Wie aus der Reaktionsgleichung (nächste Seite unten) zu sehen ist, kann der Schadstoff Kohlenmonoxid dieses Mittel sein. Dabei entsteht Stickstoff (N_2) und wieder CO_2.

Der Katalysator arbeitet nur in einem schmalen Bereich bei stöchiometrischem Luft/Kraftstoff-Verhältnis ($\lambda = 1$) mit hohem Wirkungsgrad. Die größte Schwierigkeit bei der Katalysatortechnik ist es, dieses Verhältnis ($\lambda = 1$) in jedem Betriebszustand des Motors durch die Lambda-Regelung einzuhalten. Schon eine Abweichung von 1 % beeinflußt den Wirkungsgrad des Katalysators erheblich.

Ehe der Katalysator arbeiten kann, muß er eine »Anspringtemperatur« von etwa 300 °C haben. Die sind bereits nach 25–80 Sekunden erreicht; im Stadtverkehr können aber auch drei Minuten vergehen, ehe die notwendige Temperatur erreicht ist. Der Katalysator ist auch überhitzungsempfindlich. Steigen die Temperaturen im Katalysator über 900 °C, setzt eine verstärkte Alterung ein, ab 1200 °C wird seine Wirksamkeit auf Dauer zerstört.

Für den Katalysatorbetrieb ist unverbleiter Kraftstoff unbedingt erforderlich. Blei würde die große Oberfläche im Katalysator schnell verstopfen und die Abgase könnten die katalytisch wirkenden Substanzen nicht mehr erreichen. Versuche haben gezeigt, daß bereits nach einer

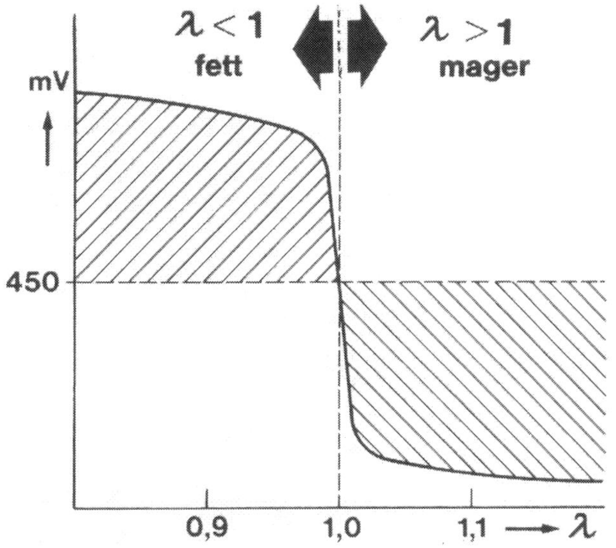

Hier ist der Spannungssprung gezeigt, den die Lambdasonde genau im stöchiometrischen Luft/Kraftstoff-Verhältnis bei $\lambda=1$ erzeugt. Dieser Spannungssprung beeinflußt die Lambda-Regelung (Seite 86, 109). Ist das Gemisch im Augenblick beispielsweise zu fett (Sauerstoffmangel), meldet die Lambdasonde dies dem Steuergerät der Gemischaufbereitung und es wird sofort weniger Kraftstoff zugemessen.

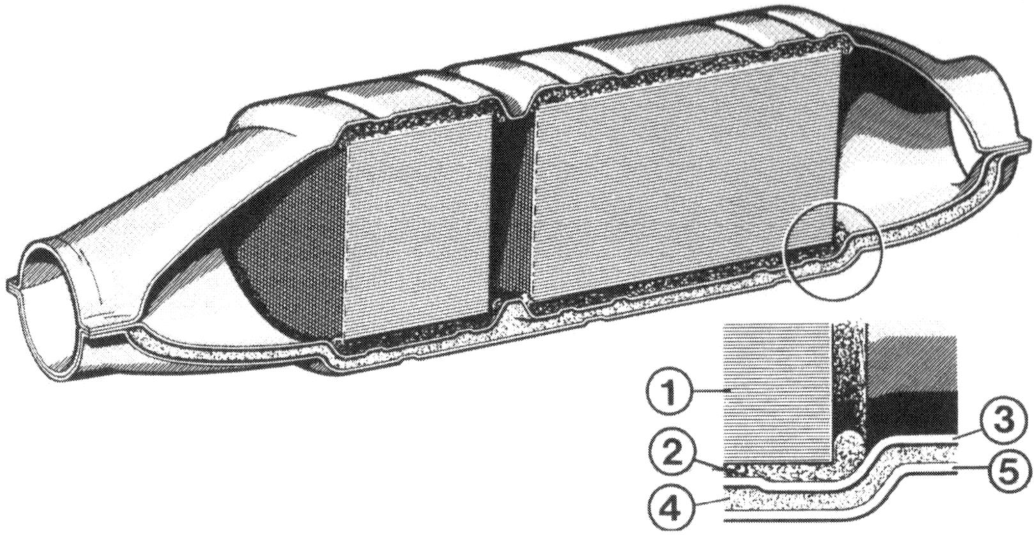

Schnitt durch den Katalysator. Der Ausschnitt rechts zeigt:
1 – Keramikkörper
2 – Stahlwolle (aus Edelstahl) zur Vibrationsdämpfung
3 – Katalysatorgehäuse aus Edelstahlblech
4 – Hitzeisolierung
5 – rostgeschütztes Außenblech

Tankfüllung Kohlenmonoxid kaum noch abgebaut wird. Nach 2–3 Tankfüllungen werden auch die restlichen Schadstoffe nicht mehr abgebaut. Man sagt, der Katalysator ist »vergiftet«.

Fingerzeig: *Ungeregelte Katalysatoren (ohne Lambda-Regelung) können in die älteren Typen 200 mit Stromberg-Vergaser, in den Typ 230 E mit Transistorzündung (Seite 141) und in den 300 E mit Motor 103.980 (140 kW/190 PS) nachgerüstet werden. Diese Einbett-Oxidations-Katalysatoren reduzieren Kohlenmonoxid und Kohlenwasserstoffe um ca. 60%. Wegen der Auslegung auf Luftüberschuß ($\lambda > 1$) werden Stickoxide nicht abgebaut, wenn man das Gemisch nicht anfettet. Es muß ein CO-Anteil von 2% vor dem Katalysator eingestellt werden.*

Vorsichtsmaßnahmen bei Katalysator-Fahrzeugen

Besonders gefährlich ist unverbranntes Gemisch, das sich im heißen Katalysator entzündet und so die Temperaturen in gefährliche Höhen ansteigen läßt. Außerdem kann sich Kraftstoff im Katalysator ansammeln und dort nach dem Motorstart den Keramikkörper durch explosionsartiges Verbrennen beschädigen. Beachten Sie folgende Punkte:

□ Bei leerer Batterie den Motor durch Starthilfe starten. Bei defektem Anlasser nur über kurze Strecken anrollen lassen, anschieben oder anschleppen. Schon nach wenigen Metern startet ein intakter Motor. Wenn nicht, die Ursache klären und nicht kilometerweit schleppen.

□ Lassen Zündaussetzer oder Fehlzündungen auf einen Defekt an der Zündanlage schließen, diese sofort überprüfen (lassen).

□ Bei einem Lagerschaden nicht mit einem totgestellten Zylinder fahren, was ohne Katalysator problemlos möglich ist.

Außerdem:

□ Im Hochsommer nach wochenlanger Trockenheit beim Parken den Wagen nicht über trokkenem Laub, Heu o. ä. abstellen. Unter besonders ungünstigen Umständen könnte es zu einer Entzündung kommen.

□ Beim Auftragen von Unterbodenschutz darf nichts davon an den Katalysator geraten.

□ Kontrollieren Sie gelegentlich bei aufgebocktem Fahrzeug, ob die Hitzeschutzbleche nicht beschädigt oder verlorengegangen sind.

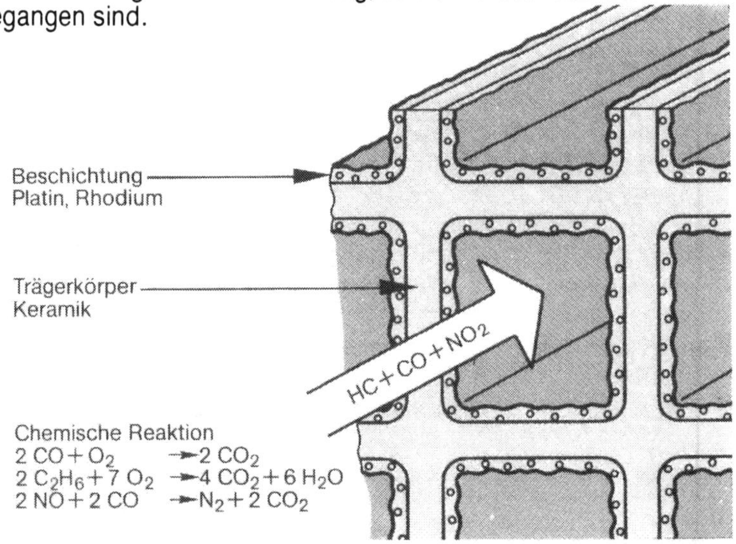

Hier wird die Wirkungsweise des Dreiweg-Katalysators gezeigt: Das Abgas mit seinen Schadstoffen (Pfeil) strömt durch die vielen Kanäle im Keramikteil und kommt dort mit den katalytisch wirksamen Edelmetallen Platin und Rhodium in Berührung.
Die Reaktionsgleichung beschreibt, wie durch Oxidation CO und HC unschädlich gemacht werden. Das Stickoxid (NO) wird durch Abspalten von Sauerstoff (Reduktion) in harmlose Verbindungen umgewandelt.

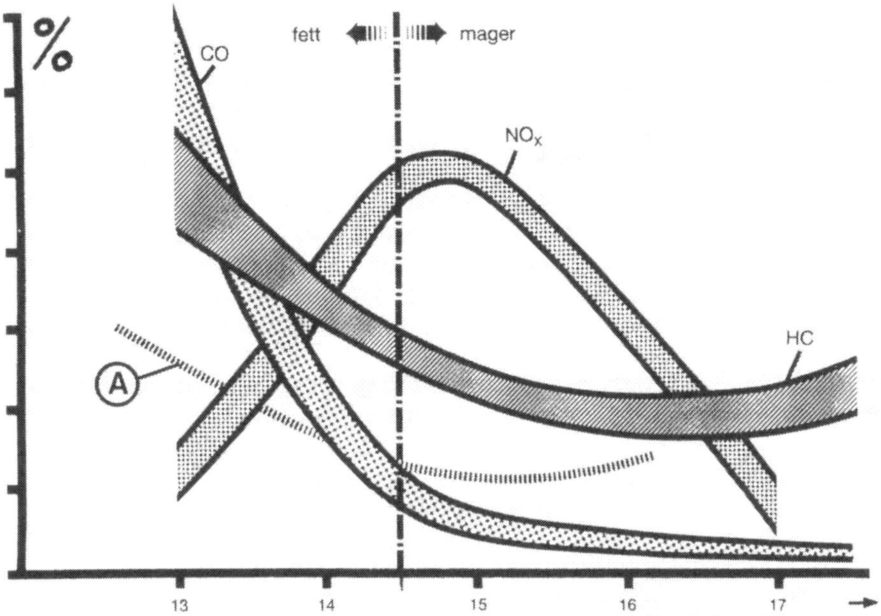

In Abhängigkeit vom Luft/Kraftstoff-Verhältnis verändert sich der Anteil der verschiedenen Schadstoffe im Abgas. Betreibt man einen Motor im Magerbereich nehmen zwar die Schadstoffe CO und HC sowie der Verbrauch (A) ab, doch klettert die NO_x-Bildung auf den Höchstwert. Der Katalysator arbeitet bei stöchiometrischen Luft/Kraftstoff-Verhältnis mit der Luftzahl 14,6 (senkrechte Linie; entspricht $\lambda = 1$).

Die Kraftstoffqualität

Die Klopffestigkeit eines Kraftstoffes – und damit seine Qualität – hängt zum einen von der Güte und der Verarbeitung des verwendeten Rohöls ab. Zum anderen wird die Klopffestigkeit durch sogenannte Klopfbremsen gesteigert, bei dem herkömmlichen bleihaltigen Benzin dient hierzu das hochgiftige Blei-Tetraäthyl.
Zur Kennzeichnung der Klopffestigkeit dient die Oktanzahl. Das ist eine Vergleichsgröße, die in einem speziellen Prüfmotor mit bestimmten Meßkraftstoffen ermittelt wird. Häufig genannt ist die »Research-Oktanzahl«, kurz ROZ. Seltener findet man dagegen die eigentlich aussagekräftigere »Motor-Oktanzahl« oder MOZ. Die hierzulande geforderten Mindest-Oktanwerte für Kraftstoff sind vom **D**eutschen **I**nstitut für **N**ormung in DIN-Normen festgehalten:

Verbleiter Kraftstoff		Unverbleiter Kraftstoff (DIN 51 607)					
Super		Normal		Super		Super Plus	
ROZ 98	MOZ 88	ROZ 91	MOZ 82,5	ROZ 95	MOZ 85	ROZ 98	MOZ 88

Normal oder Superbenzin?

Die Bezeichnungen »Normal« und »Super« stimmen eigentlich nicht, denn beide Kraftstoffarten sind z. B. im Reinheitsgrad und im Verdampfungsverhalten gleich. Das wesentliche Unterscheidungsmerkmal ist die Klopffestigkeit. Sie wird durch die Oktanzahl gekennzeichnet und liegt bei Super höher als bei Normalbenzin. Superkraftstoff kann höhere Kompressionsdrücke aushalten, ohne sich selbst zu entzünden, was sonst zu Motorklopfen führt, siehe nächste Seite. Beim Verdichten erwärmt sich jedes Gas, auch das Kraftstoff/Luft-Gemisch. Sie kennen das vielleicht von der Fahrrad-Luftpumpe beim Aufpumpen eines Reifens. Mit höherem Kompressionsverhältnis kann es also um so leichter zu Selbstzündungen im Verbrennungsraum kommen, wenn der Kraftstoff nicht klopffest genug ist. Wenn erforderlich, den Zündzeitpunkt der Kraftstoffqualität anpassen (Seite 130, unter »Abgleichstecker«). Dies ist allerdings erst seit 9/86 bei allen Fahrzeugen möglich. Fahrzeuge mit herkömmlicher Transistorzündung TSZ können nicht so leicht umgestellt werden (Seite 144).

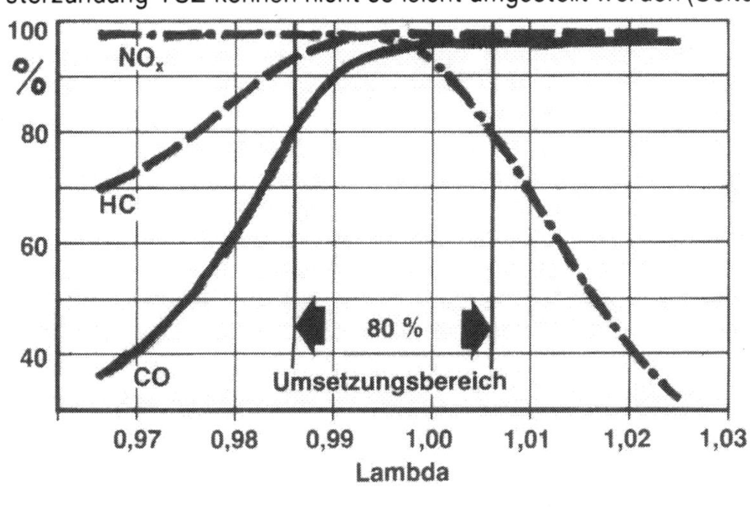

Der Dreiweg-Katalysator kann nur bei einem sehr genau geregelten Luft/Kraftstoff-Verhältnis um $\lambda = 1$ die Schadstoffe gut umwandeln. Außerhalb des Umsetzungsbereiches werden die Schadstoffe kaum abgebaut. Ist das Gemisch zu fett ($\lambda > 1$) werden HC und CO nur noch teilweise umgesetzt. Bei zu magerem Gemisch ($\lambda < 1$) fällt die NO_x-Reduktionsrate steil ab, bei allerdings sehr geringer CO- und HC-Emission.

Bleifreies Benzin

Das »Blei« im Kraftstoff dient nicht nur als Klopfbremse, wie im nächsten Abschnitt beschrieben. An den Ventilsitzen der Auslaßventile wirkt es außerdem wie ein Puffer – es federt den Aufschlag des Ventils beim Schließen ab. Mit bleifreiem Benzin ist dieser Dämpfeffekt nicht gegeben. Unsere Mercedes-Modelle haben jedoch schon seit Produktionsbeginn entsprechende Ventilsitze, die bei Verwendung von unverbleitem Benzin keinen Schaden nehmen.

□ **Bleifrei Normal** kann in allen Motoren in RÜF/KAT-Ausführung mit EZL-Zündanlage (alle seit 9/86) notfalls gefahren werden, wenn der Zündzeitpunkt umgestellt wurde (Seite 130).

□ **Bleifrei Super** ist das richtige Benzin für alle Motoren (Ausnahmen siehe Fingerzeig unten). Die Motoren sind für ROZ 95 ausgelegt und haben hier beste Leistung sowie günstigen Verbrauch.

□ **Bleifreies Benzin** ist für einen Mercedes **mit serienmäßigem oder nachgerüstetem Katalysator zwingend vorgeschrieben,** da sonst der Katalysator »vergiftet« wird, siehe Seite 67.

Fingerzeige: *Der 300-E-Motor (103.980) mit 140 kW/190 PS benötigt verbleites Super oder Super Plus ROZ 98, kann aber für bleifreies Super ROZ 95 umgestellt werden (Seite 131). Gleiches gilt für den 200 mit Stromberg-Vergaser und den 230 E Std. mit TSZ (Seite 144).*
Das Auspuffendrohr bleibt bei bleifreiem Benzin innen immer schwarz. Eine gräuliche Färbung kann nur mit bleihaltigem Benzin auftreten.
Bevor ein Katalysator eingebaut wird, müssen Sie einige Tankfüllungen bleifreies Benzin verfahren. So wird sichergestellt, daß sich kein Blei mehr im Kraftstoffsystem befindet.

Klingeln und Klopfen

Bei hierzulande verkauften Kraftstoffen ohne DIN-Kennzeichnung oder im Ausland kann sich Motorklingeln oder -klopfen bemerkbar machen. Normalerweise entflammt das Kraftstoff/Luft-Gemisch im Zylinder auf »Befehl« des Zündkerzenfunkens wellenförmig – wie wenn man einen Stein in ruhiges Wasser wirft: Die Wellen breiten sich kreisförmig aus. Durch die zunehmende Entzündung des Gemisches dehnen sich die Gase im Zylinder aus. Ist diese Ausdehnung zu stark, kann ein noch unverbrannter Gasrest an die Wand gedrückt werden. Diese Drucksteigerung bewirkt eine Wärmezunahme des Gasrestes, so daß er sich von selbst entzünden kann. Dabei knallt er der von der Zündkerze auf ihn zueilenden Flammenfront entgegen. Das gibt einen gewaltigen Druckanstieg im Zylinder. Der Kolben erhält einen Schlag auf den Boden und leitet ihn über sein Pleuel an die Lager der Kurbelwelle weiter.
Tritt dieser Effekt bei hohen Motordrehzahlen auf, werden die harten Verbrennungsgeräusche von den Fahrgeräuschen übertönt. Das ist für den Motor ausgesprochen gefährlich. Dieses Hochdrehzahlklopfen bewirkt eine erhebliche Motorüberhitzung. Bis aber die Kühlmittelanzeige anspricht, ist es meist zu spät, und ein oder mehrere Kolbenböden sind bereits geschmolzen. Bekannter, weil besser zu hören, ist das Beschleunigungsklingeln. Es macht sich bemerkbar, wenn Sie mit nicht genügend klopffestem Kraftstoff aus niedrigen Drehzahlen heraus voll beschleunigen. Diese Klingelerscheinungen schaden dem Motor kaum.

Benzinqualität im Ausland

Da sich die Kraftstoffqualitäten laufend ändern, sollten Sie vor einem Auslandsaufenthalt bei einer Autoclub-Geschäftsstelle die aktuellen Werte, den Preis für bleifreies Benzin und die Standorte der Bleifreizapfsäulen erfragen. Sind Oktanzahlprobleme zu erwarten, müssen Sie Ihre Fahrweise darauf einstellen und bei EZL-Zündung eine Kraftstoffanpassung am Abgleichstecker vornehmen (Seite 130). Fahren Sie zurückhaltend und beschleunigen Sie nur mäßig. Die Motordrehzahlen sollten zwischen 2000/min und 4000/min bleiben.

So fahren Sie sparsam

Zum Thema Kraftstoffsparen hört man bisweilen Widersprüchliches. Was den Fahrstil angeht, haben neuere Erkenntnisse frühere Auffassungen widerlegt. Heute gilt: »Je niedriger die Motordrehzahl, desto niedriger der Verbrauch.«

□ Wirklich günstig ist der Verbrauch bei niedriger Drehzahl und hoher Motorbelastung. Eine derartige Fahrweise war lange als »Motorquälerei« verpönt. Doch alle namhaften Automobilhersteller vertreten heutzutage die Ansicht, daß ihre Motoren selbst dann noch optimal geschmiert werden, wenn unsinnigerweise aus Leerlaufdrehzahl im höchsten Gang herausbeschleunigt wird. Sie können sich also beruhigt folgende Fahrweise aneignen: Zügig beschleunigen, jedoch möglichst früh in den nächsthöheren Gang schalten. Unsere Motoren mit ihren langen Ansaugrohren leisten von 1500/min bis 5000/min über 90 % des maximalen Drehmoments.
Wenn die gewünschte Geschwindigkeit erreicht ist, wählen Sie den höchstmöglichen Gang

und lassen den Wagen mit wenig Gas rollen. Hochdrehen soll der Motor eigentlich nur, wenn es die Verkehrssituation erfordert, als so beim Überholen oder beim Einspuren in den fließenden Verkehr.

□ Die Mercedes-Motoren sind bei rund 1500/min hinreichend durchzugskräftig. Lassen Sie deshalb den Motor möglichst nur so weit drehen, daß Sie im nächsthöheren Gang aus ca. 1500/min weiterbeschleunigen können.

□ Bleifußfahren kostet unnötig Kraftstoff, denn die Vollastanreicherung wirkt hierbei. Außerdem ist die Abgasreinigung eingeschränkt wirksam (Seite 86 und 109). Selbst bei zügiger Autobahnfahrt braucht das Gaspedal nicht bis zum Bodenblech durchgetreten zu werden. Leichtes Anheben des Gasfußes bewirkt keine oder nur eine geringe Geschwindigkeitsverminderung, aber der Verbrauch sinkt um einiges. Probieren Sie selbst aus, ab welcher Gaspedalstellung das Tempo nachläßt. Auch an Steigungen ist nicht immer Vollgas nötig.

□ Warmlaufenlassen frißt den Kraftstoff ohne Nutzen. Der unbelastete Motor wird nur sehr langsam warm, das bedeutet zusätzlichen Verschleiß.

Der Kraftstoff-Verbrauch

Wie bei allen Fahrzeugen beeinflussen auch beim Mercedes die Fahrweise und der technische Zustand des Fahrzeugs den Kraftstoffverbrauch beträchtlich. Nachfolgende Liste stellt die ermittelten Verbräuche der DIN-Norm einem durchschnittlichen Praxisverbrauch gegenüber. Die Angaben in Liter beziehen sich auf ein Fahrzeug mit 5-Gang-Getriebe. Die Klammerwerte gelten bei automatischem Getriebe, T-Modelle brauchen ca. 0,2–0,9 Liter mehr.

Modell		DIN-Verbrauch			Praxisverbrauch
		Stadt	90 km/h	120 km/h	
200	Std.	11,2 (11,0)	6,1 (7,2)	7,7 (9,0)	8–13
200	RÜF	11,0 (10,8)	6,0 (7,2)	7,7 (9,0)	
200	KAT	11,4 (11,2)	6,4 (7,6)	8,1 (9,3)	
230	Std./RÜF	11,1 (10,9)	6,2 (7,1)	7,7 (8,7)	7,5–12
230	KAT	11,4 (11,4)	6,5 (7,8)	8,2 (9,3)	
260	RÜF	12,4 (12,1)	6,9 (8,2)	8,8 (9,9)	9–15
260	KAT	12,9 (12,6)	7,2 (8,5)	9,2 (10,3)	
300	Std./RÜF	13,2 (13,0)	7,1 (8,6)	9,1 (10,4)	10–17
300	KAT	12,1 (11,9)	6,5 (8,0)	8,3 (9,6)	

Abfall-beseitigung

Wer tiefer ins Do-it-yourself am Auto einsteigt, muß sich als umweltbewußter Mensch Gedanken zur Beseitigung von Sondermüll, wie Altöl, Bremsflüssigkeit oder Farbresten machen. Umweltbelastende Stoffe dürfen nicht einfach in ein Loch im Garten oder in die Kanalisation geschüttet werden. Das Gesetz sieht hierfür saftige Strafen vor.

Generell sollten Sie Flüssigkeiten unterschiedlicher Beschaffenheit in **getrennten, beschrifteten Behältern** bis zum Entsorgen aufbewahren. Dies wären:

□ Altöl aus Motor und Getriebe
□ Behälter mit Ölresten, alte Öl- und Kraftstoffilter, ölhaltige Lappen
□ Bremsflüssigkeit
□ Kühlflüssigkeit mit Frostschutz
□ Verdünnung
□ Farbreste
□ Kraftstoff

Wo Sie den genannten Sondermüll in Kleinmengen abgeben können, klärt ein kurzer Anruf bei der **Gemeinde- oder Kreisverwaltung.** Altöl kann man kostenlos dort abgeben, wo man Motoröl gekauft hat. Der Handel ist zur Rücknahme verpflichtet, als Kaufbeweis müssen Sie nur die entsprechende Quittung vorlegen. Bei den übrigen Afallstoffen hilft Ihnen evtl. auch Ihre Stammtankstelle oder die Werkstatt weiter.

Auch die Motorwäsche stellt eine Umweltbelastung dar. Der ölhaltige Schmutz aus dem Motorraum darf nur über einem Ölabscheider abgespritzt werden. Das ist z.B. bei allen Waschparks der Fall.

Der Stromberg-Vergaser

Endspiel

Das folgende Kapitel ist nur für die Besitzer eines Mercedes 200 vor Baujahr 9/86 von Interesse. Danach wurde der Stromberg-Vergaser vom elektronischen 2-E-E-Vergaser (ab Seite 80) abgelöst. Fahrzeuge mit dem Stromberg-Vergaser können nur mit einem ungeregelten Katalysator nachgerüstet werden, denn eine Lambda-Regelung ist nicht möglich. Außerdem ist die einfachere Transistorzündung (ab Seite 141) eingebaut.

Der Stromberg-Vergaser

In Ihrem Mercedes 200 kommt ein Stromberg-Gleichdruckvergaser vom Typ 175 CDT zum Einsatz. Obwohl dieser Vergaser für den 200 leicht modifiziert wurde, ist er nicht neu im Mercedes: Seit 1968 befindet er sich in vielen Vierzylinder-Benzinmodellen. Während bei den meisten Fahrzeugvergasern die Kraftstoffmenge durch den wechselnden Unterdruck im Vergaser gesteuert wird, arbeitet unser Vergaser nach dem Prinzip des konstanten Unterdruckes (CD = constant depression). Daher auch der Name Gleichdruck-Vergaser. Dieser konstante Unterdruck wird durch einen Kolben im Lufttrichter des Vergasers erreicht, der sich entsprechend auf- und abbewegt. Der Kolben ist hierzu an einer Gummimembran aufgehängt. Abhängig von der Drosselklappenstellung (sie wird über das Gaspedal vom Fahrer bewegt), der Motordrehzahl und von der Motorbelastung entsteht in der Membrankammer im Vergaserdeckel ein wechselnder Unterdruck, der die Membran und den daran befestigten Kolben so bewegt, daß der Unterdruck im Lufttrichter gleich bleibt.
Unten am Kolben ist die konische Düsennadel befestigt, die abhängig von der Kolbenstellung verschieden tief in die gegenüberliegende Nadeldüse hineinragt. Der Kraftstoffbedarf des Motors wird vom Leerlauf bis zur Vollast durch dieses Düsensystem geregelt. Nur beim Kaltstart gelangt über das Startanreicherungsventil zusätzlicher Kraftstoff in den Motor.

Vergaserteile

Schwimmerkammer

Die Schwimmerkammer sitzt unten am Vergasergehäuse. Sie enthält den Schwimmer, der über das Nadelventil den Kraftstoffzufluß zur Schwimmerkammer steuert. Unten in der Schwimmerkammer steckt das Kraftstoff-Abschaltventil.

Vergasergehäuse

An diesem Teil ist der Vergaser festgeschraubt. Den Abschluß nach unten bildet die

Hier sind die Teile rund um den Vergaser bezeichnet: 1 – Anschlußstutzen für den Unterdruckschlauch zum Bremskraftverstärker; 2 – Anschlußstutzen der dünnen Schlauchleitung zum Luftfilter (Kurbelgehäuse-Entlüftung); 3 – Unterdruckleitung zum Pulldown-Ventil; 4 – Vergaserdeckel; 5 – Pulldown-Ventil; 6 – Drosselklappenwelle; 7 – Gaszug; 8 – Masseleitung (fehlt diese, arbeiten die Abschaltventile nicht); 9 – Schwimmerkammer; 10 – Sicherungsmanschette; 11 – Manschettenbefestigung; 12 – Kraftstoff-Abschaltventil.

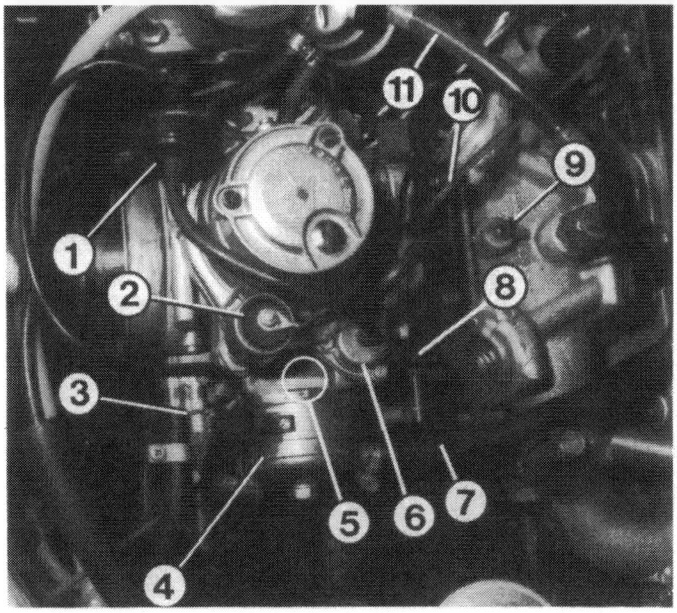

Es bedeuten: 1 – Pulldown-Ventil; 2 – Oberes Abschaltventil; 3 – Anschlußstutzen der Benzinleitungen; 4 – Startergehäuse; 5 – Markierungen (die Kerben müssen sich gegenüber stehen); 6 – Pulldown-Membran; 7 – Kühlmittelleitung zum Startergehäuse; 8 – Leerlauf-Einstellschraube; 9 – wie Nr. 2 in der linken Abb.; 10 – Unterdruckleitung zum Thermoventil der Zündverstellung; 11 – Unterdruckschlauch zum Bremskraftverstärker.

Schwimmerkammer, oben sitzt der Vergaserdeckel. Im Luftrichter bewegt sich der Kolben mit der Düsennadel auf und ab. Näher zum Motor hin ist die Drosselklappe auf einer Welle gelagert. Das Startergehäuse ist seitlich angeschraubt.

Der Vergaserdeckel

Der große Kolben im Vergaser wird durch eine Buchse im Vergaserdeckel geführt. Außerdem befindet sich ein Kolbendämpfer im Vergaserdeckel. Die Dämpfung erfolgt mittels einer Flüssigkeitsfüllung (ATF), deren Stand überprüft werden muß (siehe Abbildung Seite 77).

Startergehäuse

Dieses runde Gehäuse ist mit drei Schrauben am Vergaser befestigt (Abb. Seite 75). Die eingesteckten Leitungen liefern über Klemme 15 T ab dem Starten Strom zum Heizelement im Gehäuse. Am Gehäusedeckel sind Kühlmittelschläuche befestigt. Elektro- und Warmwasserheizung erwärmen eine aufgewickelte Bimetallfeder, welche sich dann verdreht. Ist die Feder kalt, drückt sie den Hebel zum Startanreicherungsventil nach unten (Ventil öffnet – Gemisch wird »fetter«). Die wärmer werdende Feder entlastet den Hebel wieder (Ventil schließt – Gemisch wird »magerer«).

Pulldown-Membran

Die Membran befindet sich in einem kleinen dreieckigen Gehäuse seitlich am Vergaser (Abb. oben). Die Membranstellung wird über eine Verbindungsstange auf das Startanreicherungsventil übertragen. Durch eine Feder wird die Membran nach unten gedrückt (Startanreicherungsventil öffnet). Sobald aber Unterdruck von der Ansaugseite des Motors in der Membrankammer wirkt (abhängig vom Pulldown-Ventil), wölbt sich die Membran nach oben. Das Startanreicherungsventil wird entlastet und schließt. Lediglich der Hebel vom Startergehäuse könnte dies nach einem Kaltstart noch verhindern.

Pulldown-Ventil

Seitlich am Vergaserdeckel ist dieses Bauteil zu finden. Hat das Ventil bei Temperaturen unter ca. 20° C geöffnet, wird der Raum über der Pulldown-Membran über das Ventil belüftet. Dadurch wirkt die Startanreicherung. Gleichzeitig mit dem Starten gelangt über Klemme 15T Strom zum Heizelement im Pulldown-Ventil. Nach einer bestimmten Aufheizzeit schließt das Ventil, die Belüftung des Pulldown-Membranraumes wird aufgehoben, die Membran wird vom Motorunterdruck nach oben gezogen, und das Startanreicherungsventil schließt.

Pulldown-Membran und -Ventil prüfen

Ist die Pulldown-Membran gerissen, ist damit keine Startanreicherung mehr möglich (dann nur noch über Startergehäuse), und der Motor wird schlechter starten. Öffnet das Pulldown-Ventil nicht nach einer bestimmten Zeit (Diagramm nächste Seite), wird die Startanreicherung nicht abgeschaltet, und der Kraftstoffverbrauch steigt.

- Dichtheit der Pulldown-Membran prüfen: Den Schlauch zwischen Membranraum und Pulldown-Ventil abklemmen.
- Den anderen Schlauch am Saugrohr ausstecken.
- Bei dichter Membran kann nicht durch den Schlauch geblasen werden.
- Prüfen, ob die Schläuche porös sind.
- Schaltzeit-Pulldown-Ventil prüfen: Schlauch zwischen Pulldown-Membran und Saugrohr am Saugrohr ausstecken.

■ Zündung ausschalten, damit das Heizelement im Ventil kalt bleibt.

■ Jetzt durch den Schlauch blasen und prüfen, wie lange es dauert, bis nach dem Motorstart kein Durchblasen mehr möglich ist.

■ Bei +15° C am Ventil müssen es 4–8 Sekunden sein. Bei −15° C dauert es 8–16 Sekunden, bis der Unterdruckweg zu ist.

■ Schaltet das Ventil nicht richtig, bei laufendem Motor prüfen, ob Spannung am Stecker anliegt und die Sicherung Nr. 11 in Ordnung ist. Andernfalls das Ventil erneuern.

Das Kraftstoff-Abschaltventil

Dieses elektromagnetische Ventil (Y9) unter der Schwimmerkammer erhält über das elektronische Relais (N17) für ca. 6–15 Sekunden nach Abstellen des Motors Spannung. Es unterbricht dadurch den Kraftstoffzufluß in den Vergaser, und der Motor kann nicht »nachdieseln«. Das Relais N17 wird über Klemme 15T angesteuert. Diese Klemme führt erst dann bei eingeschalteter Zündung Strom, nachdem der Anlasser gelaufen ist. Der Masseanschluß des Ventils erfolgt über das Vergasergehäuse. Dieses ist wiederum mit einer kurzen Masseleitung mit der Motormasse verbunden.
Mit dem Abschaltventil wird durch Verdrehen auch der CO-Gehalt im Abgas eingestellt. Deshalb ist das Ventil mit einer Verdreh-Sicherungsmanschette ausgestattet – so verlangt es der Gesetzgeber.

Abschaltventil prüfen

■ Stecker am Ventil abziehen und Motor starten.

■ Nun das Ventil mit einem Kabel öfters mit +12 V ansteuern. Dabei muß der Motor sofort ausgehen und das Ventil klicken.

■ Wenn nicht, Massekontakt des Vergasers prüfen. Evtl. wurde bei vorhergegangenen Arbeiten das Massekabel zum Vergaser nicht wieder angeschraubt.

■ Schaltet das Ventil trotz Masse nicht, muß es erneuert werden. Dazu Verdrehsicherung abnehmen und Kontermutter lösen.

■ Anschließend Abgas einstellen lassen.

■ Klickt das Ventil, obwohl der heiße Motor beim Abstellen nachläuft, das Relais prüfen.

■ Dazu Prüflampe zwischen Masse und Ventilanschluß (Stecker aufgesteckt) anschließen.

■ Beim Abstellen des Motors muß die Lampe für 6–15 Sekunden leuchten.

■ Ist die Sicherung Nr. 11 in der Leitung Klemme 15T in Ordnung, das Relais erneuern.

Oberes Abschaltventil

Oben am Vergasergehäuse ist ein weiteres elektromagnetisches Ventil eingebaut. Dieses öffnet oder schließt den Kanal der Schwimmerkammer-Außenbelüftung. Angesteuert über Klemme 15T schaltet das Ventil bei laufendem Motor und verschließt die Schwimmerkammer-Außenbelüftung. Die Kraftstoffdämpfe gelangen jetzt im Vergaserinneren zur angesaugten Luft und werden verbrannt. Bei ausgeschalteter Zündung wird auf Außenbelüftung umgeschaltet, damit der Motor leichter anspringt.

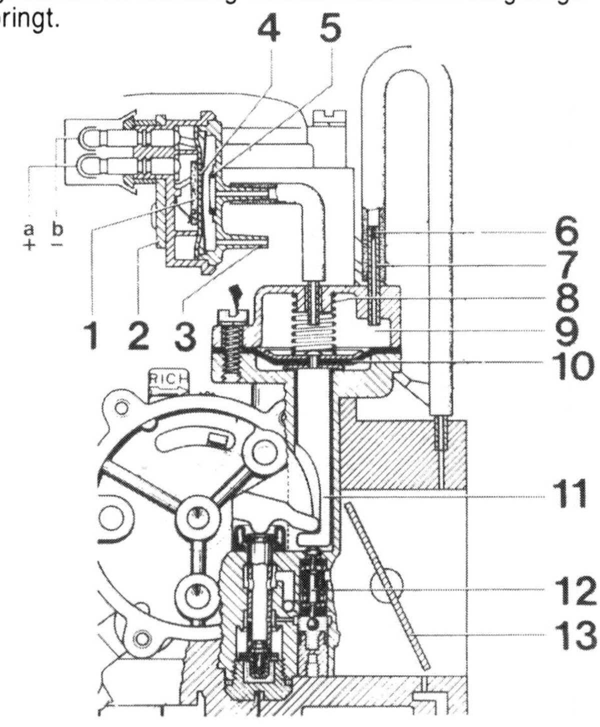

Rechts: Funktionsschema der Starthilfen beim Stromberg-Vergaser. 1 – Heizelement; 2 – Pulldown-Ventil; 3 – Belüftungsrohr; 4 – Bimetallventilplatte; 5 – Dichtung; 6 – Drossel; 7 – Anschlußstutzen; 8 – Druckfeder; 9 – Membranraum; 10 – Pulldown-Membran; 11 – Membranstange; 12 – Startanreicherungsventil; 13 – Drosselklappe.

Unten: Das Diagramm zeigt die Schaltzeiten des Pulldown-Ventils in Abhängigkeit von der Temperatur.

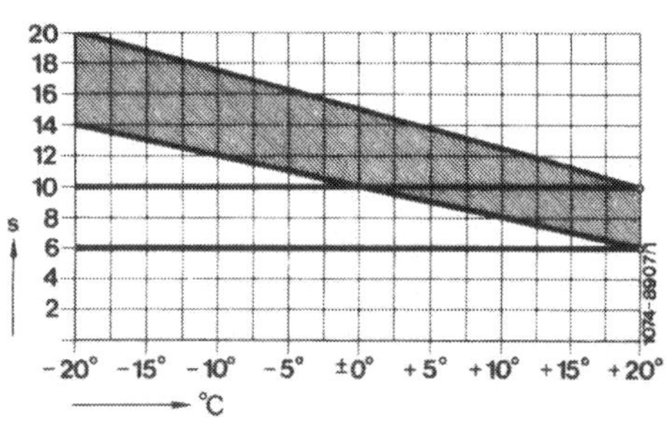

Hier wurde das Startergehäuse losgeschraubt. Es bedeuten:
1 – Pulldown-Membran; 2 – Oberes Abschaltventil; 3 – Bimetallfeder 4 – Kühlmittelleitung zur Aufheizung der Bimetallfeder; 5 – Mitnehmerhebel, die Bimetallfeder wird dort eingehängt; 6 – Leitungsanschlüsse zum elektrischen Heizelement im Startergehäuse.

Saugrohrbeheizung

Das Saugrohr wird bei Ihrem Mercedes durch das Kühlmittel und zusätzlich elektrisch beheizt. Dadurch wird verhindert, daß sich das Kraftstoff/Luft-Gemisch an den kalten Wänden niederschlägt und so der Motor in der Warmlaufphase schlechter läuft.
Zur elektrischen Beheizung bis ca. 40° C Kühlmitteltemperatur ist nach dem Vergaser ein Heizelement (R8) im Saugrohr eingebaut. Ab dem Start des kalten Motors zieht das Relais für die Saugrohrbeheizung (K3, siehe auch Seite 204) über Klemme 15T an und schaltet Strom zum Heizelement. Bei einer Kühlmitteltemperatur von ca. 40° C unterbricht der Temperaturschalter (S25/2) die Masse, und das Relais schaltet wieder ab. Der Schalter ist am Zylinderkopf angeordnet (Abb. Seite 55).

Saugrohrbeheizung prüfen

- Bei kaltem Motor den Stecker am Heizelement abziehen und Amperemeter zwischenschalten.
- Motor starten.
- Es müssen ca. 4–13 Ampere gemessen werden (ständig abnehmend). Bei Erreichen von ca. 40° C Kühlmitteltemperatur wird der Stromfluß unterbrochen.
- Fließt ein zu geringer Strom, das Heizelement erneuern.
- Fließt kein Strom, prüfen ob Spannung am Stecker ankommt. Wenn nicht, können Sicherung Nr. 11, das Relais oder der Temperaturschalter defekt sein.
- Temperaturschalter prüfen: Bei kaltem Motor (unter ca. 40° C) die Spannung am Heizelement messen. Liegt erst dann Spannung an, wenn Sie den Stecker vom Temperaturschalter mit Masse verbinden, ist der Temperaturschalter defekt.

Unterdruckregler

Fahrzeuge mit Zusatzausstattungen haben vorn am Vergaser diese Hilfseinrichtung eingebaut, welche dafür sorgt, daß der Motor beim Einschalten sämtlicher Zusatzaggregate (Klimaanlage, eingelegte Fahrstufe bei automatischem Getriebe, Servolenkung) nicht ausgeht bzw. die Leerlaufdrehzahl nicht unter 600/min abfällt.

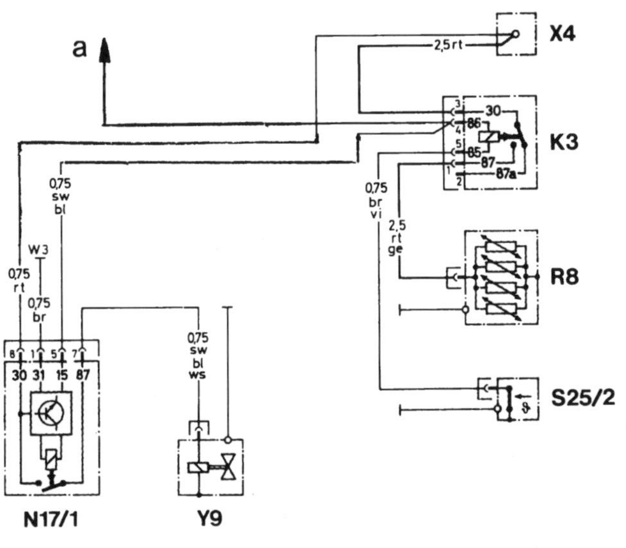

Schaltplan Vergaserelektrik
K3 Relais Saugrohrbeheizung
N 17/1 Relais Kraftstoffabschaltventil
R8 Saugrohrbeheizung
S25/2 Temperaturschalter 40°C
X4 Leitungsverbbindung Klemme 30 (am Sicherungskasten)
Y9 Kraftstoffabschaltventil
a über Sicherung Nr. 11 von Klemme 15T (führt erst Strom, wenn der Anlasser betätigt wurde).

Im Leerlauf wird die Membran im Unterdruckregler so weit zurückgezogen, daß die Einstellschraube am Regler den Drosselklappenhebel nicht erreicht bzw. es wird ein Abstand von 0,5 mm eingestellt. Sinkt der Unterdruck mit fallender Drehzahl, drückt eine Feder die Einstellschraube nach vorn gegen den Drosselklappenhebel und erhöht so die Drehzahl wieder. Zieht man bei Leerlaufdrehzahl den Unterdruckschlauch ab, muß die Drehzahl auf ca. 1350/min ansteigen.

Betriebszustände des Vergasers

Normalbetrieb

Die sich nach unten bewegenden Kolben im Motor erzeugen im Ansaugrohr einen Unterdruck. Je nach Stellung der Drosselklappe wirkt dieser ganz oder teilweise im Vergaser. Dadurch wird der Kolben mit der Düsennadel angehoben und der Kraftstoffaustritt an der Nadeldüse entsprechend dem Kraftstoffbedarf des Motors freigegeben.

Kaltstart

Das Pulldown-Ventil hat geöffnet und die Bimetallfeder im Startergehäuse ist kalt. Dadurch wird das Startanreicherungsventil nach unten gedrückt und gibt somit den Weg für zusätzlichen Kraftstoff (Gemisch »fetter«) zum Motor frei.
Außerdem wurde durch das einmalige Betätigen des Gaspedals vor dem Start die Drosselklappe um einen kleinen Spalt geöffnet, dies bewirkt während des Warmlaufens eine erhöhte Leerlaufdrehzahl von 1700/min (sogenannte Warmlaufdrehzahl). Ab dem Starten wird das Heizelement im Startergehäuse (R6) und im Pulldown-Ventil (R5) über Klemme 15T mit Strom versorgt. Gleichzeitig beheizt das schnell warm werdende Kühlmittel die Bimetallfeder im Startergehäuse. Nach einiger Zeit entlasten die Pullkdown-Membran und die Bimetallfeder das Startanreicherungsventil, dieses schließt, und das Gemisch magert ab. Der Anschlag der Drosselklappe für die Warmlaufdrehzahl wandert zurück, so daß der Motor wieder im Leerlauf drehen kann.

Warmstart

Das Pulldown-Ventil hat geschlossen, und die Pulldown-Membran wird gleich nach dem Anspringen des Motors nach oben gezogen. Das Startanreicherungsventil schließt, und das Gemisch magert gleich ab.

Beschleunigen

Beim plötzlichen Öffnen der Drosselklappe (Gaspedal schnell durchgetreten) benötigt der Motor ein fetteres Kraftstoff/Luft-Gemisch. Dazu wird der Unterdruck am Kraftstoffaustritt vergrößert. Man schafft dies, indem man die Kolbenbewegung nach oben mit einer Feder und dem Kolbendämpfer etwas verzögert. Der stärkere Unterdruck zieht mehr Kraftstoff aus der Nadeldüse.

Vollastbetrieb

Kolben und Düsennadel heben sich um so mehr, je mehr Luft durch den Vergaser strömt. Bei Vollast erreichen sie ihre oberste Stellung. In dieser Stellung hat sich der Durchmesser der Düsennadel soweit verringert, daß die Kraftstoffmenge optimal zur großen Luftmenge paßt. Die Konusform der Düsennadel ist also mit ausschlaggebend für guten Motorlauf.

Motor anlassen

□ **Kalter Motor:** Gaspedal einmal ganz durchtreten und wieder loslassen. Zündschlüssel herumdrehen und bei den ersten Zündungen etwas Gas geben. Zündschlüssel loslassen. In großen Höhen den Motor ein paarmal kurz hochdrehen.

□ **Warmer Motor:** Zündschlüssel herumdrehen, bis der Anlasser dreht, dabei langsam Gas geben. Bei sehr heißem Motor zum Anlassen Vollgas geben.

ATF-Stand prüfen

Wartung Nr. 23

Alle 20 000 km muß diese Arbeit bei betriebswarmem Motor durchgeführt werden. Dazu die Schraube oben am Vergaser herausdrehen (Abb. oben links). Der ATF-Stand sollte bis an den unteren Rand der Deckelbohrung reichen (etwa 2 mm vor dem Überlaufen).

Leerlauf und Abgas prüfen (AU)

Wartung Nr. 4

Für diese Werkstattarbeit wird ein genauer Drehzahlmesser (eingebauter Drehzahlmesser bei Leerlaufdrehzahl zu ungenau) und ein brauchbares CO-Meßgerät benötigt. Vor der Arbeit muß die Zündanlage überprüft worden sein.

- Motor warmlaufen.
- Leerlauf einlegen.
- Klimaanlage ausschalten.
- Prüfen, ob bei laufendem Motor die Leerlauf-Einstellschraube unten anliegt.
- Bei laufendem Motor muß die Einstellschraube am Unterdruckregler einen Abstand von 0,5 mm zum Drosselklappenhebel haben.
- Leerlaufdrehzahl **800/min ± 50**.

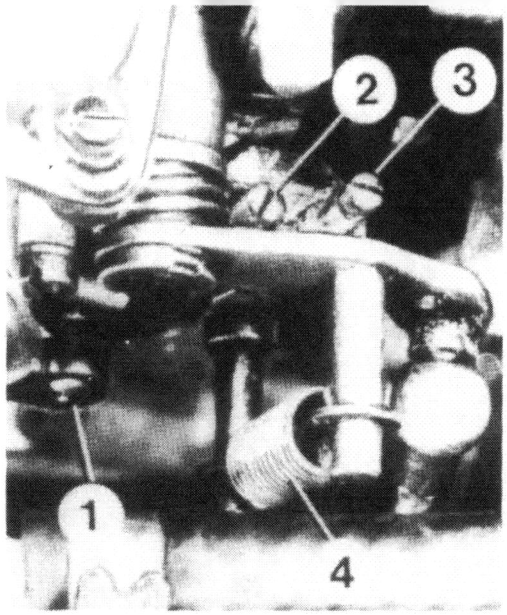

Links: So wird der ATF-Stand im Vergaserdeckel geprüft: Schraube (1) herausdrehen und ggf. in die Bohrung (Pfeil) ATF nachgießen.

Rechts: Einstellschrauben für Leerlauf- und Warmlaufdrehzahl: 1 – Starterverbindungsstange; 2 – Warmlaufdrehzahl-Einstellschraube; 3 – Leerlaufdrehzahl-Einstellschraube; 4 – Rückzugfeder für Drosselklappenhebel.

- Leerlauf-Einstellschraube ggf. entsprechend verdrehen. Die Einstellschraube befindet sich am Drosselklappenhebel. Sie ist die längere der beiden Einstellschrauben (Abb. oben rechts).
- Bei richtiger Drehzahl den Abgaswert prüfen und ggf. einstellen.
- Der CO-Anteil im Abgas muß im Leerlauf bei **1 %** ± **0,5** liegen.
- Zum Verstellen die Manschette am Abschaltventil unter der Schwimmerkammer entfernen.
- Kontermutter lösen.
- Das Ventil verdrehen. Beim Herausdrehen wird das Gemisch »fetter«, der CO-Anteil steigt. Hineindrehen bewirkt »mageres« Gemisch und damit weniger CO-Anteil.
- Manschette nach dem Einstellen wieder montieren.

Startanreicherungsventil prüfen

- Mit einem kurzen Schraubenzieher die 3 Schrauben am Klemmring des Startergehäuses herausdrehen.
- Startergehäuse abnehmen.
- Das Anreicherungsventil (Zeichnung Seite 74) auf Gängigkeit prüfen.
- Bimetallfeder im Startergehäuse beim Einbau wieder in den Mitnehmerhebel einhängen.
- Startergehäuse festschrauben und die Markierungen oben zueinander ausrichten.

Kolbenmembran ersetzen

Wenn der Motor im Leerlauf läuft, aber beim Gasgeben kräftig zu schütteln beginnt und ausgeht, ist die Koibenmembran gerissen.

- Ggf. Kabel am Abschaltventil der Schwimmerkammer-Außenbelüftung abschrauben und das Ventil herausdrehen.
- 3 Schrauben rund um den Vergaserdeckel herausdrehen.
- Vergaserdeckel samt Pulldown-Ventil zur Seite legen.
- Lange Feder herausnehmen.
- Kolben mit Membran nach oben ausbauen.
- Risse in der Membran suchen und ggf. ersetzen.
- Membran durch Abschrauben des Klemmringes vom Kolben lösen.
- Neue Membran lagegleich am Kolben befestigen, dazu auf entsprechende Ausformungen an Kolben und Membran achten.
- Kolben und Membran wieder lagegleich in das Vergasergehäuse einführen. Auch hier helfen eine Aussparung am Vergasergehäuserand und ein entsprechendes Gegenstück an der Membran.
- Feder einsetzen und Vergaserdeckel montieren.

Vergasergestänge einstellen

- Gaszug vom Kulissenhebel aushängen.
- Gestänge auf Leichtgängigkeit und Verschleiß prüfen.
- Kugelpfannen am Ende der Gestänge und Züge sowie die Rolle im Kulissenhebel mit Molykote Longterm 2 (Werksempfehlung) oder vergleichbarem Schmiermittel schmieren.
- Motor auf Betriebstemperatur bringen, damit die Starteinrichtungen nicht mehr wirken.
- Klimaanlage ausschalten.
- Bei Tempomat das Gestänge zum Stellmotor aushängen.
- Bei automatischem Getriebe den Steuerdruckzug aushängen.

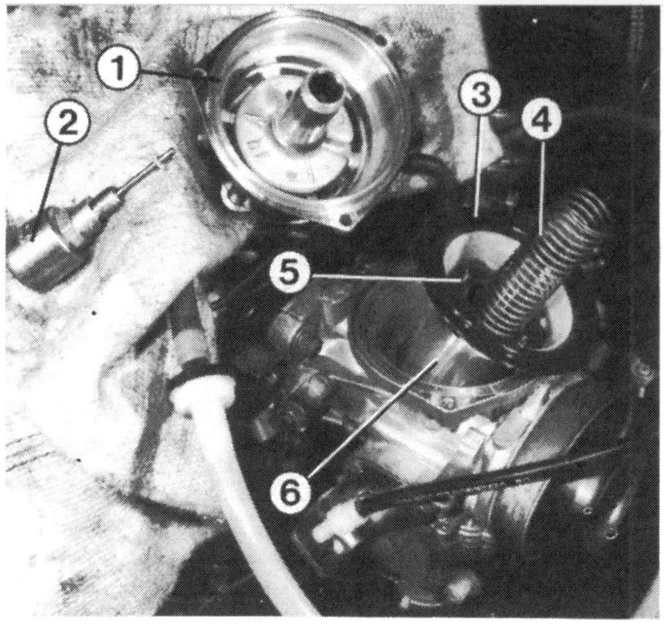

Links: Zum Prüfen der Kraftstoffpumpe (1) die Leitung (3) zum Vergaser abziehen und in ein Gefäß halten. 2 – Saugleitung vom Tank. **Rechts:** Ersetzen der Kolbenmembran des Vergasers: 1 – Vergaserdeckel; 2 – Oberes Abschaltventil; 3 – Membran; 4 – Kolbenfeder; 5 – Klemmring; 6 – Kolben.

- Motor im Leerlauf drehen lassen.
- Prüfen, ob die Einstellschraube am Unterdruckregler einen Abstand zum Drosselklappenhebel von 0,5 mm hat. Andernfalls einstellen.
- Jetzt muß die Rolle im Kulissenhebel gerade am Leerlauf-Endanschlag anliegen. Wenn nicht, die Klemmschraube am Verbindungsgestänge zwischen Kulissenhebel und Drosselklappenhebel lösen und die Länge so verändern, daß die Rolle wie oben beschrieben anliegt.
- Danach Gaszug wieder montieren und dessen Einstellung prüfen.

Gaszug ersetzen

- Im Motorraum das Drahtseil vom beweglichen Kulissenhebel lösen und durch den Schlitz seitlich herausführen.
- An der Abstützung der Zughülle das schwarze Kunststoffteil ausclipsen und Bowdenzug durchführen.
- Fußraumverkleidung ausbauen.
- Zug über dem Gaspedal vom Hebel lösen.
- Bowdenzug zum Motorraum durchziehen.
- Ein neuer Gaszug braucht nicht geschmiert zu werden. Nach dem Einbau ist der Gaszug einzustellen.

Gaszug einstellen

- Bei abgestelltem Motor von einem Helfer das Gaspedal bis zum Vollgasanschlag treten lassen (bei Automatik-Getriebe nur bis zum Anschlag des Kick-down-Schalters).
- Der Drosselklappenhebel muß jetzt gerade am Vollgasanschlag anliegen (darf nicht weiter bewegt werden können).
- Ggf. Einstellschraube im Motorraum an der Abstützung der Zughülle entsprechend verstellen.
- Dann Gaspedal langsam bis zur Leerlaufstellung entlasten und dabei die Rolle im Kulissenhebel beobachten. Diese muß bei Leerlauf spannungsfrei am Ende der Kulissenbahn anliegen.
- Wenn nötig, mit der Einstellmutter im Innenraum über dem Gaspedal einstellen. Nach dem Einstellen hat der Gaszug keinen Leerweg.

Die Kraftstoffpumpe

Der 200er besitzt eine mechanische Kraftstoffpumpe, die beim Zündverteiler an den Zylinderblock angeschraubt ist. Angetrieben wird die Pumpe durch einen Exzenter von der Zwischenwelle (Seite 33). Die Kraftstoffpumpe muß bei einem Defekt ersetzt werden, denn ein Zerle-

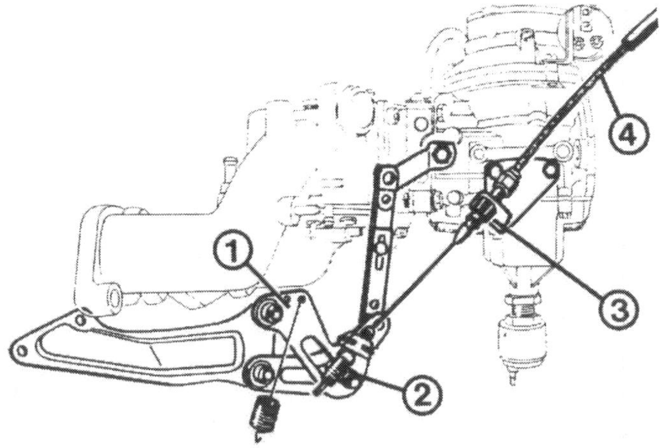

Zum Einstellen des Gaszuges muß man die Teile in der Zeichnung kennen. Es sind dargestellt: 1 – Kulissenhebel; 2 – Rolle in der Kulissenbahn; 3 – Abstützung der Gaszugumhüllung; 4 – Gaszug.

gen ist nicht möglich. Bevor Sie allerdings das Werkzeug bemühen, prüfen, ob wirklich kein Benzin gefördert wird. Dazu den Benzinschlauch von der Pumpe zum Vergaser abziehen und das Schlauchende ist ein Gefäß halten. Wenn jetzt ein Helfer den Anlasser betätigt bzw. der Motor läuft, muß stoßweise Benzin kommen.

Störungsbeistand
Vergaser

Zuvor die Zündanlage (Seite 144), den Kompressionsdruck (Seite 38) und die Steuerzeiten (Seite 32) überprüfen.

Die Störung	– ihre Ursache	– ihre Abhilfe
A Kalter Motor springt nicht oder nur schlecht an	1 Pulldown-Membran defekt	Durchblasprobe, ggf. ersetzen
	2 Pulldown-Ventil öffnet nicht	Durchblasen versuchen und ggf. ersetzen
	3 Leerlauf-Abschaltventil öffnet nicht	Ventil hängt – kräftig dagegen klopfen. Spannung darf nicht anliegen
	4 Startanreicherungsventil verklemmt	Gängig machen oder ersetzen
	5 Es wird kein Kraftstoff gefördert	Prüfen, Seite 78
	6 Bimetallfeder im Startergehäuse gebrochen oder ausgehängt	Startergehäuse abschrauben, Feder und Hebel prüfen
	7 Schwimmernadelventil gestört	
	a) Ventil schließt nicht	Schwimmer und Ventil prüfen
	b) Ventil öffnet nicht	Ventil klemmt, ggf. ersetzen
	8 Saugrohr-Beheizung defekt	Prüfen, Seite 75
	9 Warmlaufdrehzahl zu niedrig	
	a) Einstellung falsch	1700/min einstellen
	b) Anschlag klemmt	Gängigkeit prüfen
B Warmer Motor hat keinen oder schlechten Leerlauf	1 Pulldown-Ventil schließt nicht	Durchblasprobe
	a) kein Strom von Klemme 15T	Spannung messen, Sicherung Nr. 11 prüfen, Schaltzeit prüfen, Seite 73
	b) Heizelement durchgebrannt	Fließt kein Strom, Ventil erneuern
	2 Störung im Startergehäuse	
	a) Einstellung falsch	Markierungen ausrichten
	b) Heizelement erhält keinen Strom oder ist durchgebrannt	Spannung und Widerstand prüfen
	c) Siehe A 6	
	3 Leerlaufdrehzahl und CO-Wert falsch	Prüfen und einstellen lassen
	4 Unterdruckregler falsch eingestellt oder undicht	Prüfen, Seite 75
	5 Düsennadel und Düse ausgeschlagen	Ersetzen
	6 Nebenluft	
	a) Vergaser lose	Festziehen
	b) Schläuche porös	Erneuern
	c) Drosselklappenwelle ausgeschlagen	Lager neu ausbuchsen
	7 Motorkompression schlecht	Motorüberholung oder vorübergehend Vergasereinstellung anpassen
	8 Siehe D 1, A 4	
C Schlechte Übergänge beim Gasgeben	1 Kolbenmembran minimal eingerissen	Membran ersetzen
	2 ATF-Stand zu niedrig	ATF auffüllen
D Motor schüttelt beim Gasgeben und geht ganz aus	Kolbenmembran gerissen	Membran ersetzen
E Hoher Kraftstoffverbrauch	Siehe A 4, B 1, B 2, B 3 oder B 5	

Der elektronische 2 E-E-Vergaser

Elektronik mischt mit

Der im folgenden Kapitel beschriebene elektronische Vergaser ist seit 9/86 im Typ 200 mit geregeltem Katalysator oder mit Katalysatorvorbereitung (sogenanntes Rückrüst-Fahrzeug = RÜF) eingebaut. Im Zusammenhang mit dem 2 E-E-Vergaser ist immer auch die Kennfeldzündung EZL (ab Seite 126) eingebaut.
Mit dieser Entwicklung von Bosch und Pierburg bekommen die Einspritzer eine Konkurrenz: Mit geringerem Aufwand ist ebenfalls Leerlaufdrehzahl-Regelung, Lambda-Regelung und Schubabschaltung möglich. Bei Ausfall der Elektronik (Schaltplan Seite 94) besitzt die Vergaseranlage beruhigende Notlaufeigenschaften. Beim Fahren mit warmem Motor kommt es nur zu Beschleunigungsruckeln, und der Verbrauch steigt etwas. Zum Starten des kalten Motors den Deckel vom Luftfilter abnehmen, die Vordrosselklappe von Hand schließen und den Motor im Stand warmlaufen lassen.

Vergaseraufbau und -bauteile

Der 2 E-E-Vergaser ist ein Fallstrom-Registervergaser mit zwei Stufen. Der Durchmesser der 1. Stufe ist 29 mm, der 2. Stufe 34 mm. Im Grundaufbau ist der Vergaser sehr einfach aufgebaut – so fehlen Start-, Warmlauf- und Beschleunigungseinrichtungen, wie sie bei ausschließlich mechanisch aufgebauten Vergasern typisch sind. Zwei elektrische Stellglieder, der Vordrosselsteller (Y22/1) und der Drosselklappenansteller (Y22/2) haben diese Aufgaben übernommen. Die elektrischen Stellglieder werden von einem elektronischen Steuergerät unter Berücksichtigung einer Vielzahl von Einflußgrößen so angesteuert, daß immer ein optimaler Motorlauf gewährleistet ist. Dabei ist die Düsenabstimmung des Vergasers für einen betriebswarmen, im Magerbereich (Lambda $>$ 1) arbeitenden Motor abgestimmt. Die weitere Gemischanpassung durch die Elektronik erfolgt durch Anreicherung (anfetten) des Kraftstoff/Luft-Gemisches. Bei entsprechender Motorbelastung wird die 2. Vergaserstufe über eine Membrandose mit Unterdruck zugeschaltet. Diese Stufe besitzt auch eine Vollastanreicherung über ein Rohr.
Der Vergaserdeckel kann abgeschraubt werden und enthält folgende Teile: Vorzerstäuber für beide Stufen, Hauptdüsensysteme beider Stufen, Leerlaufsystem mit nadelgesteuerter Leerlaufluftdüse, Hohlraumschwimmer mit zwangsgesteuertem Schwimmerkammerventil (Ventilnadel kann nicht hängenbleiben), Schwimmerkammer-Belüftungsventil, die Vordrossel, Kraftstoffanschlüsse mit einem Filtersieb im Zulaufstutzen, Vollastanreicherung und Übergangssystem für 2. Stufe und Kraftstoffabschaltung zur Motordrehzahlbegrenzung.

Der Vordrosselsteller

Er bewegt die Vordrossel über eine Stange. Mit der Vordrossel wird die Gemischzusammensetzung den jeweiligen Betriebsbedingungen angepaßt (nicht bei Leerlaufdrehzahl). Durch Schließen der Vordrossel werden alle Formen der Gemischanreicherung (Beschleunigung, Start, Warmlauf usw.) erreicht. Steht die Vordrossel in ihrer Grundstellung, arbeitet der Vergaser im konstruktiv festgelegten Magerbereich.
Bei Leerlauf und leicht erhöhtem Leerlauf wird das Gemisch über die nadelgesteuerte Leerlaufluftdüse gesteuert. Sie wird über ein Gestänge ebenfalls vom Vordrosselsteller betätigt. Außerdem dient der Vordrosselsteller zur Betätigung der Kraftstoffabschaltung zur Motordrehzahlbegrenzung.
Bei Katalysatorbetrieb mit Lambda-Regelung pendelt die Vordrossel so, daß sich stets ein Kraftstoff/Luft-Gemisch um Lambda = 1 ergibt.
Der Vordrosselsteller ist ein Drehmomentmotor mit sehr hoher Verstellgeschwindigkeit (90° in 30 ms). Er wird mit einer getakteten Gleichspannung mit einer Grundfrequenz von 100 Hz

angesteuert. Dabei ist die Einschaltzeit und die Ausschaltzeit dieser rechteckförmigen Spannung gleich, man sagt das »Tastverhältnis« (siehe auch Seite 200) beträgt 50%. Durch Verändern des Tastverhältnisses bzw. der Einschaltzeit ändert sich die Stromstärke im Vordrosselsteller, und die Vordrossel wird mehr oder weniger ausgelenkt.

Drosselklappenansteller (DKA)

Der Drosselklappenansteller besteht aus einer Membran, zwei elektromagnetischen Ventilen an den beiden Anschlüssen zum Membranraum, einem Flachbahnpotentiometer und einem Stößel, welcher auf den Drosselklappenhebel der 1. Vergaserstufe einwirkt.
Der Drosselklappenansteller regelt die Motordrehzahl im Leerlauf, bei Kaltstart und den Warmlauf. Außerdem erfolgt die Kraftstoffabschaltung bei Schubbetrieb und beim Motorstop durch ihn.
Über das eingebaute Potentiometer wird die Stößelstellung erfaßt und dem Steuergerät gemeldet. Durch Be- oder Entlüften des Membranraumes ändert der Stößel seine Lage, und es wird die gewünschte Motordrehzahl erreicht. Der Membranraum wird durch den Umgebungsdruck (atmosphärischer Druck) belüftet und durch Unterdruck von der Motorsaugseite entlüftet. Das Be- und Entlüften ist möglich, wenn die elektromagnetischen Ventile geöffnet bzw. geschlossen haben. Die Ansteuerung erfolgt vom Steuergerät.
Im Belüftungsanschluß ist ein Filter, im Entlüftungsanschluß ein Rückschlagventil eingebaut.

Leerlaufluftdüse

Die nadelgesteuerte Leerlaufluftdüse (30) beeinflußt das Leerlaufgemisch durch Querschnittveränderung im Leerlauf oder leerlaufnahen Bereich. Je mehr Luft einströmt, um so mehr Kraftstoff gelangt über den Leerlaufgemischkanal (70) zum Motor. Vom Steuergerät wird die Vordrossel entsprechend dem gespeicherten Leerlauf-Kennfeld in eine bestimmte Position gedreht. Da die Nadel (31) in der Leerlaufluftdüse fest mit der Vordrossel verbunden ist, nimmt diese ebenfalls die richtige Position ein.

Drosselklappen-Potentiometer

Das Drehpoti mit Rückdrehfeder ist mit der Drosselklappenwelle der 1. Stufe über eine lose aufgesteckte Hülsenkupplung verbunden. Es erfaßt für das Steuergerät folgende Informationen:

- □ Stellung der Drosselklappe in Abhängigkeit von Winkel. Da die Drosselklappe mit dem Gaspedal verbunden ist, wird so der Belastungszustand des Motors erkannt.
- □ Geschwindigkeit, mit der sich der Drosselklappenwinkel ändert (Gasgebegeschwindigkeit). Ändert sich der Winkel schnell, d. h. wird schnell Gas gegeben, erfolgt eine stark Beschleunigungsanreicherung und umgekehrt.
- □ Die Drehrichtung der Drosselklappe wird erfaßt. Man erkennt daraus Beschleunigung oder Verzögerung (bzw. Schubbetrieb).
- □ Leerlauferkennung bei ganz geschlossener Drosselklappe. Dies wird zur Aktivierung der Leerlaufdrehzahl-Regelung und für die EZL-Kennfeldzündung (Seite 130) benötigt.

Elektronisches Steuergerät

Das Steuergerät ist hinter der Batterie eingebaut. Es wird, wie alle elektronischen Geräte, über den Überspannungsschutz (Seite 204) mit Betriebsspannung versorgt. Ein 8-Bit-Mik-

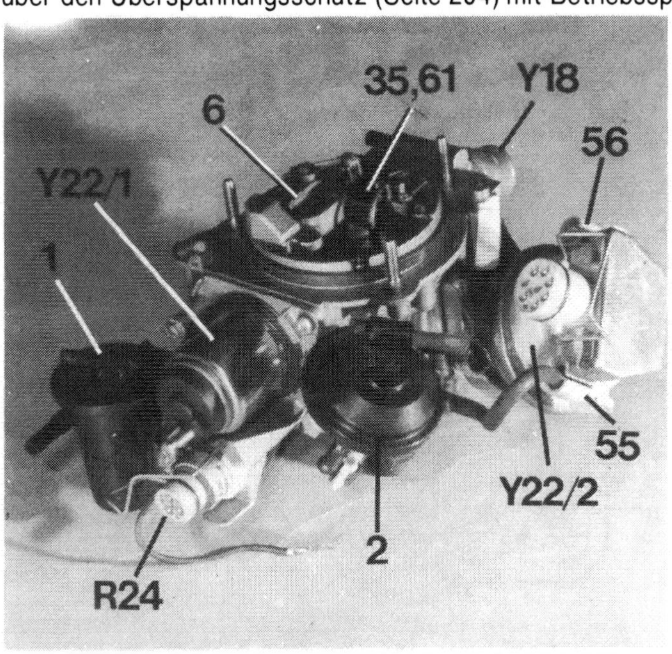

Die Ansicht des elektronischen 2 E-E-Vergasers zeigt:
1 – Kraftstoffilter
2 – Membrandose zum Einschalten der 2. Vergaserstufe
6 – Vordrossel
55 – Entlüftungsventil
56 – Belüftungsventil
35,61 – Hebel und Betätigungsstange für die Verschlußplatte unten im Vergaser
R24 – Drosselklappen-Potentiometer
Y18 – Schwimmerkammer-Belüftungsventil
Y22/1 – Vordrosselsteller
Y22/2 – Drosselklappenansteller

roprozessor verarbeitet die unterschiedlichen Einflußgrößen. Im Steuergerät sind zwei Betriebsarten (mit bzw. ohne Lambda-Regelung) gespeichert, welche durch unterschiedliche Abgleichstecker gewählt werden. Die Tabelle nennt die vielfältigen Aufgaben des Steuergerätes:

Aufgabe bzw. Funktion	Einflußgrößen (Eingangssignale)	Ausgangssignale
☐ Start- und Warmlaufgemischsteuerung ☐ Leerlaufdrehzahl-Regelung ☐ Beschleunigungsanreicherung ☐ Schubabschaltung ☐ Kraftstoffabschaltung bei Motorstop ☐ Lambda-Regelung ☐ Saugrohr- und Bypaßbeheizung ☐ Motordrehzahlbegrenzung	☐ Kühlmitteltemperatur ☐ Motordrehzahl über TD-Signal von Zündung ☐ Drosselklappenstellung, Bewegungsrichtung und -geschwindigkeit erkannt vom Drosselklappen-Poti ☐ Stößelposition des Drosselklappenanstellers ☐ Gangerkennung über Startsperrschalter bei automatischem Getriebe zur Leerlaufanhebung ☐ Einschaltsignal vom Steuergerät Klimaanlage zur Leerlaufanhebung bei laufendem Kompressor ☐ Lambdasignal von O_2-Sonde (Seite 66), bei Fahrzeugen mit Katalysator ☐ Abgleichstecker-Erkennung zum Einschalten des erforderlichen Kennfeldes (mit/ohne Lambda-Regelung)	☐ Getaktete Gleichspannung zur Ansteuerung des Vordrosselstellers. Tastverhältnis wird ständig verändert ☐ Die elektromagnetischen Ventile im Drosselklappenansteller werden angesteuert ☐ Bei Leerlauf erhält die EZL-Zündung (Seite 130) ein Signal ☐ Ausgabe eines Lambda-Meßsignales zur Buchse 3 der Diagnosedose ☐ Spannung für die Saugrohr- und Bypaßbeheizung

Kühlmittel-Temperaturfühler

Der Doppeltemperaturfühler (zwei gleiche NTC-Elemente) erfaßt am Zylinderkopf die Kühlmitteltemperatur. Ein Fühler ermittelt die Temperatur für das Steuergerät der Gemischaufbereitung (2 E-E oder KE), der andere für das Schaltgerät der EZL-Zündanlage (Seite 130). Für verschiedene Messungen ist es erforderlich, eine Kühlmitteltemperatur von 20° C zu simulieren. Hierzu einen Prüfwiderstand mit 2,5 kΩ anfertigen und diesen zwischen Masse und abgezogenem Anschlußstecker anschließen. Den Temperaturfühler nach dem Diagramm, Seite 120 prüfen.

Abgleichstecker

Der Abgleichstecker für das 2 E-E-Steuergerät ist an der Trennwand hinter der Batterie (Abb. Seite 105) zu finden. Es gibt zwei verschiedene Ausführungen für den Betrieb mit/ohne Lambda-Regelung. Bei KAT-Fahrzeugen mit Lambda-Regelung (seit 9/86 Serie) ist der Abgleichstecker mit der Aufschrift »KAT« eingebaut. Bei Rückrüst-Fahrzeugen, die für den Katalysatoreinbau nur vorbereitet sind und demzufolge die Lambda-Regelung noch nicht aktiviert werden darf, trägt der Abgleichstecker die weiße Aufschrift »ECE«.

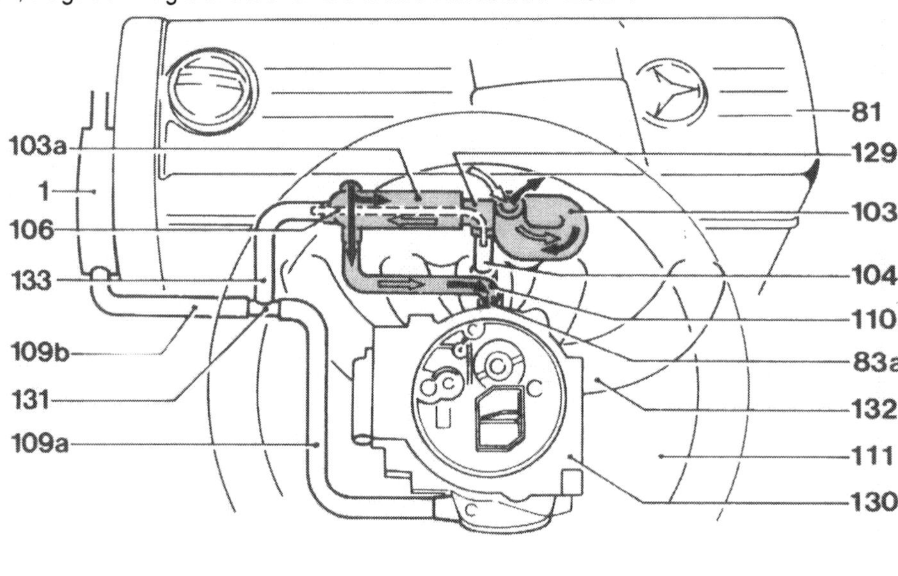

Hier ist die kühlmittelbeheizte Kurbelgehäuse-Entlüftung gezeigt. Bei hohem Saugrohrunterdruck (Leerlauf/Schiebebetrieb) strömen die Gase durch die Leitung (110a) direkt zum Saugrohr (132). Gleichzeitig wird über 103a, b Luft angesaugt. Bei geringem Saugrohrunterdruck dagegen, gelangen auch Gase über die Leitung 103 a, b zum Luftfilter. Damit die dünne Entlüftungsleitung (103) nicht zufriert, ist sie mit Kühlmittel beheizt (104, 106, 133, 109b). 110a – Unterdruckleitung mit Bypaßbohrung (83a).

Die Abgleichstecker sind in der Grundstellung verplombt. Mit den restlichen Steckerstellungen kann eine Gemischfeldanpassung bei Beanstandungen vorgenommen werden (Werkstattsache). Folgende Beanstandungen sind beeinflußbar:

Stellung	Funktion	bei Beanstandung
1	Grundeinstellung	
2	**KAT-Fahrzeug:** Grundeinstellung für die Verwendung von bleifreiem Normalbenzin, wenn unabsehbar lang kein bleifreies Super zur Verfügung steht	
	RÜF-Fahrzeuge: Abmagern bei allen Betriebszuständen des Motors	Hoher Verbrauch
3	Anfetten bei Drehzahlen unter 2000/min und Kühlmitteltemperatur unter 18 °C	Motorruckeln in diesen Bereichen
4	Anfetten bei allen Drehzahlen und Kühlmitteltemperatur unter 18 °C	Motorruckeln in diesen Bereichen
5	Anfetten bei Drehzahlen unter 2000/min, aber bei allen Temperaturen	Motorruckeln in diesen Bereichen
6	Anfetten im gesamten Kennfeld	Ruckeln in allen Bereichen
7	Leerlaufdrehzahl erhöht sich um 100/min	

Funktionen

Motordrehzahlbegrenzung

Die früher übliche Art der Drehzahlbegrenzung durch die Zündanlage mußte bei KAT-Fahrzeugen aufgegeben werden. Die Drehzahlbegrenzung erfolgt jetzt durch Kraftstoffabschaltung, um so dessen Ansammeln im Katalysator zu verhindern. Bei Wiedereinsetzen der Verbrennung könnte sonst der Katalysator beschädigt werden.
Das Steuergerät erhält das Motordrehzahlsignal (TD-Signal) über Buchse 25 von der EZL-Zündanlage (Schaltplan Seite 94). Über 6150/min wird die Stromflußrichtung im Vordrosselsteller durch das Steuergerät umgepolt, die Vordrossel öffnet und stellt sich ganz senkrecht. Über den Hebel (35) und die Betätigungsstange (61) wird die Verschlußplatte (45) gegen die Kraft einer Druckfeder gegen den Düsenstock gezogen und dadurch die weitere Kraftstoffzufuhr gesperrt. Bei 6100/min wird der Kraftstoffweg wieder freigegeben.

Starten

Bei ausgeschalteter Zündung wird die Vordrossel (6) von einer Druckfeder (32) ganz geöffnet. Mit Einschalten der Zündung erhält der Vordrosselsteller die getaktete Spannung und geht in Schließstellung. Gleichzeitig ist der Stößel am Drosselklappenansteller ganz herausgefahren und drückt so die Drosselklappe in Startstellung. Beim Starten erhält das Steuergerät über Buchse 25 Drehzahlsignale. Es erkennt daran, wann der Motor nur mit Anlasserdrehzahl dreht und wann er angesprungen ist (Drehzahl größer ca. 300/min). Die Stellung der Vordrossel beim Starten ist auch von der Kühlmitteltemperatur abhängig, die an Buchse 21 dem Steuergerät übermittelt wird. Über + 20° C geht die Vordrossel auf eine im Start-Kennfeld abgespeicherte Zwischenstellung. Unter + 18° C erhält die Vordrossel einen eher hohen Strom und schließt ganz.
Nach dem Motorstart verringert sich der Strom im Vordrosselsteller auf einen temperaturabhängigen Wert. Dieser wird bis ca. 80° C Motortemperatur vom Warmlauf-Kennfeld bestimmt.
Vor dem Starten das Gaspedal einmal durchtreten. Während des Startens wieder loslassen. Ist beim Starten trotz Elektronik einmal zuviel Kraftstoff in den Motor gelangt, kann die Vordrossel durch Vollgasgeben geöffnet werden. Das Kraftstoff/Luft-Gemisch magert ab und wird wieder zündfähig.

Warmlauf

Den Bereich vom Motorstart bis zum Erreichen der Motorbetriebstemperatur nennt man Warmlauf. Das entsprechende »fettere« Warmlaufgemisch wird temperaturabhängig vom Warmlauf-Kennfeld bestimmt. Entsprechend erhält die Vordrossel nach dem Start weniger Strom und öffnet etwas – das Gemisch magert verglichen mit dem Startgemisch zwar ab, bleibt aber bis zur Motorbetriebstemperatur bei allen Drehzahlen noch angereichert.
Im Warmlauf ist die Leerlaufdrehzahl-Regelung bereits eingeschaltet. Ist die Motorbetriebs-

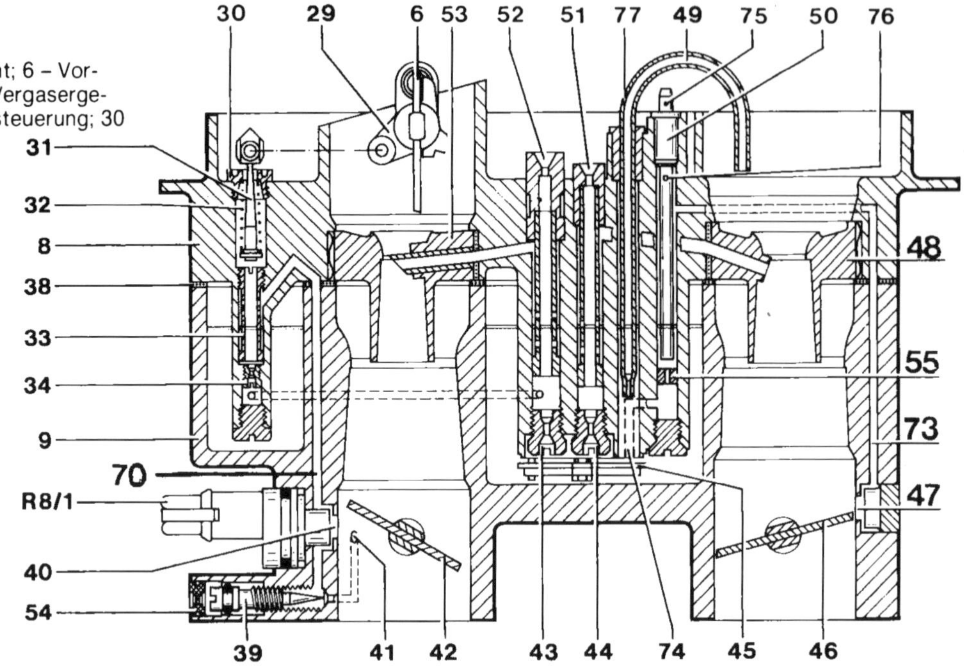

2 E-E-Vergaser: R 8/1 – Bypaßbeheizungs-Element; 6 – Vordrossel; 8 – Vergaserdeckel; 9 – Vergasergehäuse; 29 – Betätigung für Nadelsteuerung; 30 – Leerlaufluftdüse; 31 – Korrekturnadel Leerlaufluft; 32 – Druckfeder; 33 – Mischrohr für Leerlaufgemisch; 34 – Leerlaufkraftstoffdüse; 38 – Vergaserdeckeldichtung; 39 – Leerlaufgemisch-Einstellschraube; 40 – Bypaßschlitz 1. Stufe; 41 – Leerlaufgemischaustritt; 42 – Drosselklappe 1. Stufe; 43 – Hauptdüse 1. Stufe; 44 – Hauptdüse 2. Stufe; 45 – Verschlußplatte für Kraftstoffabschaltung; 46 – Drosselklappe 2. Stufe; 47 – Bypaßschlitz 2. Stufe; 48 – Vorzerstäuber 2. Stufe; 49 – Vollastanreicherungsrohr 2. Stufe; 50 – Mischrohr Übergangssystem 2. Stufe; 51 – Luftkorrekturdüse mit Mischrohr 2. Stufe; 52 – Luftkorrekturdüse mit Mischrohr 1. Stufe; 53 – Vorzerstäuber 1. Stufe; 54 – Eingriffsicherung; 55 – Übergangskraftstoffdüse 2. Stufe; 70 – Leerlaufgemischkanal; 73 – Übergangsgemischkanal 2. Stufe; 74 – Kraftstoffzulaufkanal Übergangssystem 2. Stufe; 75 – Luftbohrung Übergangssystem 2. Stufe; 76,77 – Entlastungsbohrung

temperatur erreicht, steht die Vordrossel nicht ganz senkrecht, sie bleibt leicht in Schließrichtung angestellt.

Beschleunigen

Beim Beschleunigen wird das Gemisch durch Schließen der Vordrossel in einem bestimmten Bereich angereichert. Dabei wird die augenblickliche Motordrehzahl und -temperatur sowie die Stärke der geforderten Beschleunigung berücksichtigt. Drosselklappenwinkel und Drosselklappenöffnungsgeschwindigkeit werden dem Steuergerät vom Drosselklappenpoti gemeldet. Bei starker Beschleunigung erhält der Vordrosselsteller einen großen Strom, und die Vordrossel schließt mehr.
Durch Schließen der Vordrossel erhöht sich der Unterdruck im Vergaser, und über den Leerlaufgemischaustritt (41), den Bypaßschlitz (40) und die Hauptdüse wird mehr Kraftstoff abgesaugt.

Teillast

Aus den Angaben Kühlmitteltemperatur, Motordrehzahl, Drosselklappenwinkel und Stillstand der Drosselklappe erkennt das Steuergerät Teillastbetrieb. Entsprechend dem gespeicherten Teillast-Kennfeld wird ein bestimmter Strom an den Vordrosselsteller ausgegeben, und die Vordrossel nimmt die erforderliche Stellung ein.

Übergang auf 2. Stufe

Die Drosselklappe der 2. Vergaserstufe wird geöffnet, sobald die 1. Drosselklappe um 2/3 geöffnet hat und der Unterdruck an der Membrandose groß genug ist. Geschlossen wird die 2. Drosselklappe zwangsweise über Hebel. Um einen ruckfreien Motorlauf beim Übergang in die 2. Vergaserstufe zu sichern, ist die 2. Stufe mit einem Übergangssystem ausgestattet. Es besteht aus: Bypaßschlitz (47), Gemischkanal (73), Luftbohrung (75), Mischrohr (50) und einer Kraftstoffdüse (55).

Vollast

Bei Vollast wird die Vordrossel fast ganz senkrecht gestellt. Ab mittlerer Drehzahl sind beide Vergaserstufen in Funktion. Beim Fordern der Maximalleistung wird durch den hohen Luftdurchsatz zusätzlich über das Vollastanreicherungsrohr (77) Kraftstoff abgesaugt.

Leerlaufdrehzahl-Regelung

Die Leerlaufdrehzahl wird abhängig von der Kühlmitteltemperatur, der Wählhebelstellung bei automatischem Getriebe und dem Einschalten der Klimaanlage auf einem gespeicherten Sollwert gehalten. Bei Drehzahlabweichungen wird die Drehzahl mit dem Drosselklappenansteller korrigiert. Leerlauf erkennt das Steuergerät durch die Stellung des Potentiometers im Drosselklappenansteller und am Drosselklappenpoti.
Ist die Drehzahl zu hoch, erhält das Entlüftungsventil (55) im Drosselklappenansteller vom Steuergerät Spannung und öffnet. Dadurch wirkt Unterdruck im Membranraum, der Stößel (90) wird zurückgezogen, und die Drehzahl sinkt.
Ist die Drehzahl zu nieder, erhält das Belüftungsventil (56) Strom und öffnet. Der Membran-

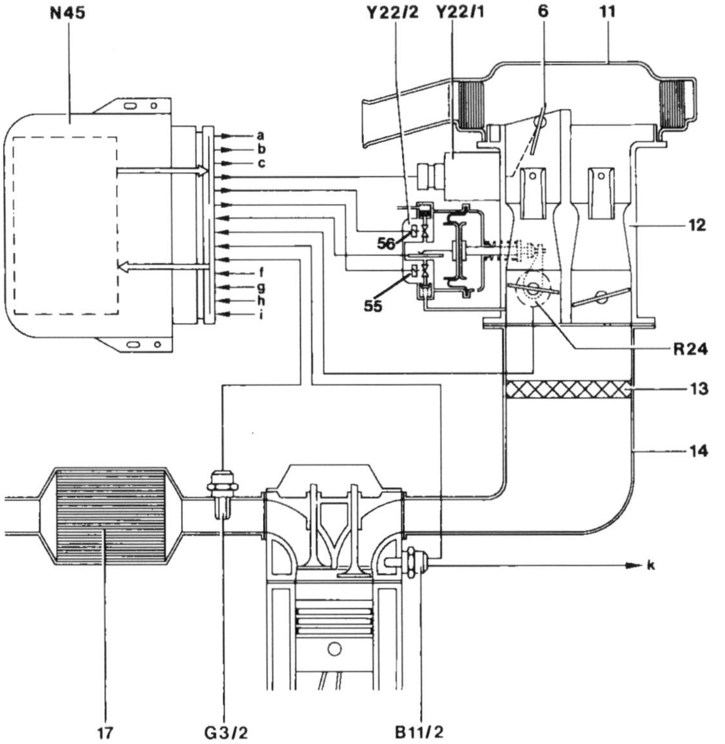

Funktionsschema der 2 E-E Vergaseranlage mit geregeltem Dreiweg-Katalysator.

B 11/2	Temperaturfühler Kühlmittel
G 3/2	O_2-Sonde
N 45	Steuergerät 2 E-E Vergaser
R 24	Drosselklappen-Potentiometer
Y 22/1	Vordrosselsteller
Y 22/2	Drosselklappenansteller
6	Vordrossel
11	Luftfilter
12	Vergaser
13	Heizgitter für Saugrohrbeheizung
14	Saugrohr
17	Katalysator
55	Entlüftungsventil
56	Belüftungsventil
a	Saugrohr/Bypassbeheizung
b	Leerlaufsignal für Zündanlage (EZL)
c	Lambda-Meßsignal (Diagnose-Steckdose)
f	Motordrehzahlsignal (TD)
g	Klimaanlage-Signal
h	Gangerkennungs-Signal (autom. Getriebe)
i	Abgleichstecker-Signal
k	Zum Zündschaltgerät (ELZ)

raum wird belüftet, der Stößel fährt von der Kraft einer Druckfeder aus und erhöht die Drehzahl durch Öffnen der Drosselklappe.
Vom Startsperrschalter Klemme 50 erhält das Steuergerät ein Signal, wenn eine Fahrstufe des automatischen Getriebes eingelegt ist und senkt die Leerlaufdrehzahl um ca. 100/min.
Vom Steuergerät-Klimaanlage kommt ein Signal, sobald der Kompressor eingeschaltet ist. Die Drehzahl steigt um ca. 80/min.
Bei Leerlauf bekommt das Schaltgerät der EZL-Zündanlage vom 2 E-E-Steuergerät ein Signal, damit der Zündzeitpunkt entsprechend verstellt wird (Seite 130).

Schubabschaltung

Aus den Potentiometerstellungen am Drosselklappenansteller und an der Drosselklappe erkennt das Steuergerät, daß das Gaspedal nicht betätigt ist, also Schubbetrieb vorliegt. Ist die Motordrehzahl bei Betriebstemperatur größer als 1400/min (Automatik 1100/min), wird die Kraftstofförderung unterbrochen. Dazu wird das Entlüftungsventil (55) am Drosselklappenansteller vom Steuergerät geöffnet. Der Membranraum wird nun mit Unterdruck beaufschlagt. Der Stößel wird so weit zurückgezogen, bis sich die Drosselklappe (42) unter den Bypaßschlitz (40) und Leergemischaustritt (41) gedreht hat. Dadurch wirkt kein Unterdruck mehr an diesen Bohrungen, und es kann kein Kraftstoff mehr abgesaugt werden.
Sinkt die Motordrehzahl unter 1400/min bzw. 1100/min (Automatik), wird die Schubabschaltung aufgehoben, und die Leerlaufdrehzahl-Regelung nimmt ihre Arbeit auf.

Motorstop

Das Ausschalten der Zündung erkennt das Steuergerät als Motorstop. Wie bei der Schubab-

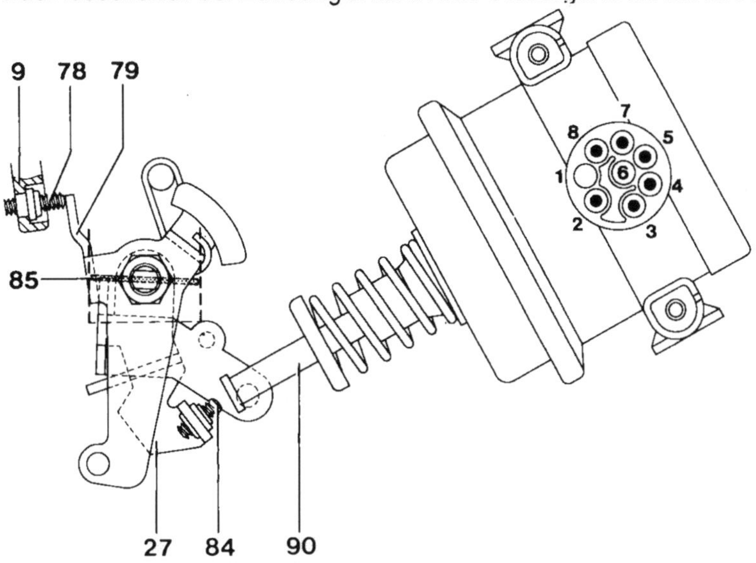

Hier ist der Drosselklappenansteller dargestellt.

1/6	Führungsbohrungen
2	Masse Motor W 11
3	Entlüftungsventil (+)
4	Masse-Poti
5	Plus-Poti
7	Poti-Schleifer
8	Belüftungsventil (+)
9	Vergasergehäuse
27	Drosselklappenhebel 1. Stufe
78	Anschlagschraube
79	Anschlaghebel
84	Leerlaufanschlagschraube
85	Drosselklappe 1. Stufe
90	Stößel

schaltung wird das Unterdruckventil am Drosselklappenansteller geöffnet, der Stößel (90) wird ganz eingezogen und die Drosselklappe verdreht. Dadurch ist beim Abstellen des Motors die Kraftstoffzufuhr unterbrochen und das gefährliche Nachlaufen (Nachdieseln) verhindert. Die Einzugsdauer für den Stößel (90) ist auf einige Sekunden begrenzt. Anschließend wird das Belüftungsventil kurze Zeit geöffnet, damit der Stößel für den nächsten Motorstart wieder ganz ausfahren kann (Startstellung).

Lambda-Regelung

Bei KAT-Fahrzeugen (seit 9/86 Serie) werden die Lambdasondensignale über Buchse 8 zum Steuergerät geleitet. Die Spannungssignale sind bei zu fettem Gemisch ($\lambda < 1$) größer als 450 mV (Millivolt), bei zu magerem Gemisch ($\lambda > 1$) kleiner 450 mV (siehe Seite 66). Die Signale werden im Steuergerät aufgearbeitet und der Vordrosselsteller mit mehr oder weniger Strom angesteuert. Dabei öffnet oder schließt die Vordrossel so, daß das Mischungsverhältnis immer um Lambda = 1 pendelt. Dieses Pendeln um Lambda = 1 ergibt sich durch die Reaktionszeit des Regelkreises und ist sogar sehr erwünscht, denn nur so können die Schadstoffe CO, HC und NO_x optimal im Katalysator umgewandelt werden (Seite 67).
Die Lambda-Regelung ist bei verschiedenen Formen der Gemischanreicherung nicht in Funktion, was die Katalysatorwirkung einschränkt. Wegen Luftmangel können bei zu fettem Gemisch CO und HC kaum umgewandelt werden. Die Lambda-Regelung arbeitet nicht bei:

- ☐ Start bei Kühlmitteltemperaturen unter + 17° C. Die Regelung setzt erst bei + 70° C ein.
- ☐ Start bei Temperaturen zwischen + 17 und 30° C. Etwa nach einer Minute beginnt die Regelung.
- ☐ Beim Beschleunigen bei Beschleunigungsanreicherung.
- ☐ Im Schubbetrieb und bei Vollast.

Saugrohr- und Bypaßbeheizung

Zur Verbesserung der Gemischaufbereitung bis ca. 60° C ist unter dem Vergaser ein Heizgitter eingebaut. Bei Motorstart erhält das Relais für die Saugrohrheizung (Seite 204) über das Steuergerät Buchse 14 Masse und schaltet den Strom zum Heizgitter ein. Das Heizgitter ist ein PTC-Element, welches mit steigender Temperatur den Strom selbsttätig verringert. Bei einer Kühlmitteltemperatur ab ca. 60° C unterbricht das Steuergerät die Masse, und das Relais schaltet ab.
Die Bypaßbeheizung für den Bypaßschlitz im Vergaser ist elektrisch der Saugrohrbeheizung parallel geschaltet und tritt somit wie diese in Funktion. Der Bypaß wird von einem PTC-Element beheizt, um Vereisung bei tiefen Temperaturen und gleichzeitig hoher Luftfeuchtigkeit zu verhindern.

Kraftstoff-verdunstungs-anlage

Um die Umwelt vor den leichtflüchtigen Kohlenwasserstoffen aus dem Kraftstoff zu verschonen, werden die Kraftstoffdämpfe aus dem Tank (Seite 60) und die Dämpfe aus der Schwimmerkammer in Aktivkohlebehältern zwischengespeichert und später dem Motor wieder zur Verbrennung dosiert zugeführt. Dies geschieht bei offenem Thermoventil (36a) ab ca. 50° C und einer Motordrehzahl ab ca. 3000/min. Dabei wird das Regenerierventil (53) geöffnet. Über den Anschluß (A) gelangen die Dämpfe zum Motor.
Am Vergaser ist ein Schwimmerkammer-Belüftungsventil (Y18) eingebaut. Es erhält bei eingeschalteter Zündung Strom. Dadurch schaltet das Ventil und lenkt die Dämpfe über den Innenbelüftungskanal (67) gleich wieder zum Luftfilter, wo sie abgesaugt werden. Bei ausgeschalteter Zündung jedoch schaltet das Ventil auf »Außenbelüftung«, und die Dämpfe gelangen über den Anschluß (37) zum Aktivkohlebehälter.
Bei der Messung des CO-Gehaltes im Abgas kann das Gemisch aus den Aktivkohlebehältern vorübergehend minimal angefettet werden und so die Werte verschlechtern. Um dies zu verhindern, den betriebswarmen Motor vor der CO-Messung ca. 1 Minute mit 3000/min drehen lassen, damit die Aktivkohlebehälter »leergesaugt« werden.

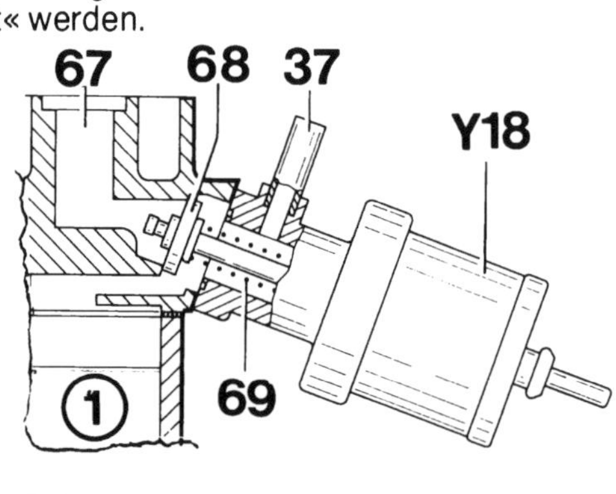

Dieser Schnitt am Vergaser zeigt die Schwimmerkammer-Belüftung.
1 Schwimmerkammer
Y18 Schwimmerkammer-Belüftungsventil
37 Außenbelüftungsanschluß
67 Innenbelüftungskanal (zur Luftfilterreinluftseite)
68 Ventilplatte
69 Druckfeder

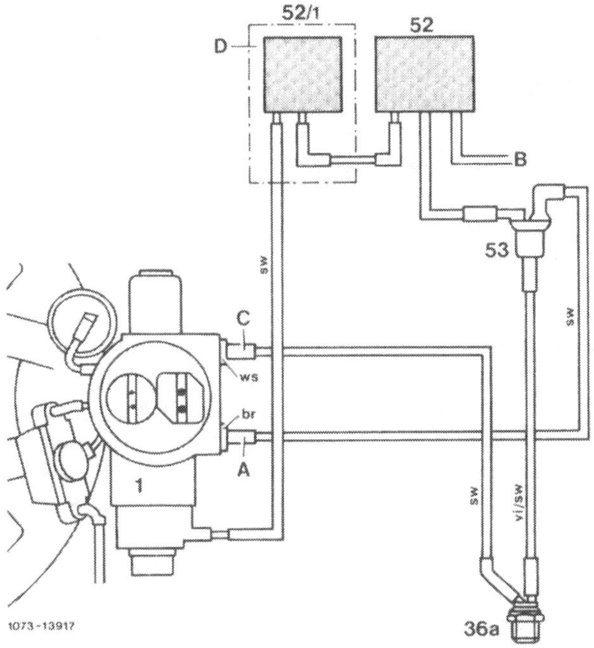

Das Schema zeigt die Kraftstoffverdunstungsanlage.
1 – Vergaser
36 a – Thermoventil 50°C, rot
52 – Aktivkohlebehälter für Kraftstoffbehälter
52/1 – Aktivkohlebehälter (Schwimmerkammer)
53 – Regenerierventil
A – Absauganschluß
B – Zum Kraftstoffbehälter
C – Unterdruckanschluß
D – Im Motorraum eingebaut

Prüfungen und Arbeiten am Vergaser

Für diese Arbeiten sind ein CO-Meßgerät, ein genauer Drehzahlmesser, Spannungs- und Strommeßgerät, Lambda-Tester zur Bestimmung des Tastverhältnisses der getakteten Gleichspannung (auch mit Schließwinkelmeßgerät Messung möglich), Motorölthermometer, Stroboskoplampe, ein 2,5-kΩ-Testwiderstand sowie genau passende Anschlußstücke und diverse Meßleitungen erforderlich. Außerdem muß der Schaltplan gelesen und sicher verstanden werden können.

Wie sich daraus ersehen läßt, ist hier wohl die Werkstatt die empfehlenswerte Adresse. Damit Sie einen Überblick bekommen, was am Vergaser so alles geprüft werden kann, haben wir die Arbeiten beschrieben.

Wichtig! Zu Messungen darf der 25polige Steuergerätestecker nur bei ausgeschalteter Zündung abgezogen werden, um Schäden am Steuergerät zu vermeiden. Desgleichen darf der rechtwinklige Stecker am Vordrosselsteller nicht bei eingeschalteter Zündung oder laufendem Motor ausgesteckt sein. Bei Messungen sorgfältig darauf achten, daß alle Meßkabel sicheren Kontakt haben und nicht leicht abrutschen.

Funktionsprüfung

- Motor warmfahren, bis eine Kühlmitteltemperatur von 60–80° C erreicht ist.
- Deckel vom Luftfilter abnehmen.
- Bei ausgeschalteter Zündung Vordrossel von Hand ganz schließen und langsam wieder zurücklassen. Die leichtgängige Vordrossel stellt sich selbständig wieder senkrecht.
- Zündung einschalten. Jetzt muß die Vordrossel vibrieren. Dies ist hörbar und mit dem Finger spürbar.
- Motor starten. Im Leerlauf soll die Vordrossel bis auf einen Spalt von 5,5–8 mm geschlossen sein.
- Stecker am Schwimmerkammer-Belüftungsventil abziehen. Das Ventil muß hörbar schalten. Schaltet das Ventil trotz anliegenden 12 V nicht, ist es zu erneuern.

Hier wurde der Vergaser ausgebaut. Es bedeuten: 1 – Heizgitter für Saugrohrbeheizung; 2 – Anschluß der Unterdruckleitung zum Bremskraftverstärker; 3 – Anschluß zum Heizgitter; 4 – Kühlmittelleitung für Saugrohrbeheizung; 5 – Saugrohr; 6 – Unterdruckleitung der Kurbelgehäuseentlüftung (Abb. Seite 82, 110a)

Spannungen prüfen

■ Zündung ausschalten.
■ Steuergerätestecker abziehen und an den Steckerbuchsen messen.
■ Zündung einschalten.
■ An den Buchsen 2 und 13 müssen + 12 V anliegen. Wenn nicht, Sicherung Nr. 11 und die Sicherung auf dem Überspannungsschutz (Seite 204) prüfen. Ggf. das Schalten des Überspannungsschutzes prüfen.
■ An den Buchsen 2 und 20 muß Masse anliegen. Evtl. sind bei Arbeiten die wichtigen braunen Masseleitungen nicht wieder montiert worden.

Temperaturfühler prüfen

Da fast alle Vergaserfunktionen temperaturabhängig gesteuert werden, ist dieses Bauteil von zentraler Bedeutung für die ganze Anlage.
■ Steuergerätestecker bei ausgeschalteter Zündung abziehen.
■ Ohmmeter zwischen die Buchsen 21 und 2 (Masse) anschließen. Werte mit dem Diagramm (Seite 120) vergleichen.
■ Bei Fehlern direkt am Fühler messen. Stimmen die Werte jetzt, den Leitungsverlauf nach Schaltplan prüfen. Sind die Werte weiterhin falsch, den Fühler erneuern.

Vordrosselsteller prüfen

In Abhängigkeit vom Stromfluß durch den Vordrosselsteller ergibt sich zwischen der Vordrossel zum Vergasergehäuse ein bestimmtes Spaltmaß. Zur Messung des getakteten Stromes immer den gleichen Meßbereich verwenden, z. B. den Bereich 0–10 A. Beachten, daß der Vordrosselsteller ständig angeschlossen sein muß (siehe oben).
■ Motor warmfahren und Luftfilterdeckel abnehmen.
■ Bei KAT-Fahrzeugen die Lambda-Regelung stillegen, damit das Spaltmaß konstant bleibt. Dazu Leitung mit Lambdasondensignal vor Beifahrersitz auftrennen (Koaxialstecker).
■ Bei eingeschalteter Zündung und Motorstillstand muß die Vordrossel senkrecht stehen (Strom 0,1–0,3 A).
■ Bei laufendem Motor und + 20° C Kühlmitteltemperatur (Simulation mit 2,5-kΩ-Prüfwiderstand) beträgt der Strom 0,5–0,7 A und das Spaltmaß 3,5–6 mm.
■ Bei laufendem Motor und 80° C sind es 0,3–0,7 A und 5,5–8 mm Spaltmaß.
■ Bei Motordrehzahlbegrenzung bei 6150/min kehrt sich die Stromrichtung um und beträgt ca. 3 A. Die Vordrossel stellt sich senkrecht.
■ Bei Abweichungen den Wicklungswiderstand des Vordrosselstellers messen (1,2–1,8 Ω). Die Vordrossel auf Leichtgängigkeit, den Temperaturfühler, die Betriebsspannungen, den Leitungsverlauf zum Vordrosselsteller nach Schaltplan prüfen.

Drosselklappenpoti prüfen

■ Zündung ausschalten.
■ Luftfilter ausbauen.
■ Stecker am Poti abziehen und Ohmmeter zwischen Stift 3 und 1 am Poti anschließen.
■ Bei Motorstillstand (Stößel am Drosselklappenansteller ganz ausgefahren) sind es ca. 500 Ω.
■ Beim langsamen Vollgasgeben am Drosselklappenhebel muß der Widerstand stetig auf 1,4–2,6 kΩ ansteigen.
■ Ggf. Poti erneuern. Dazu Halteplatte abschrauben. Beim Einbau auf das Einrasten des Kupplungsstückes achten und Poti so drehen, daß sich der Schlitz im Poti und der Schlitz neben der Halteschraube gegenüberstehen.

Die Abbbildung zeigt das Prüfen des Vordrosselstellers (1). In Abhängigkeit vom Stromfluß muß die Vordrossel (2) um ein bestimmtes Maß (Pfeile) öffnen.

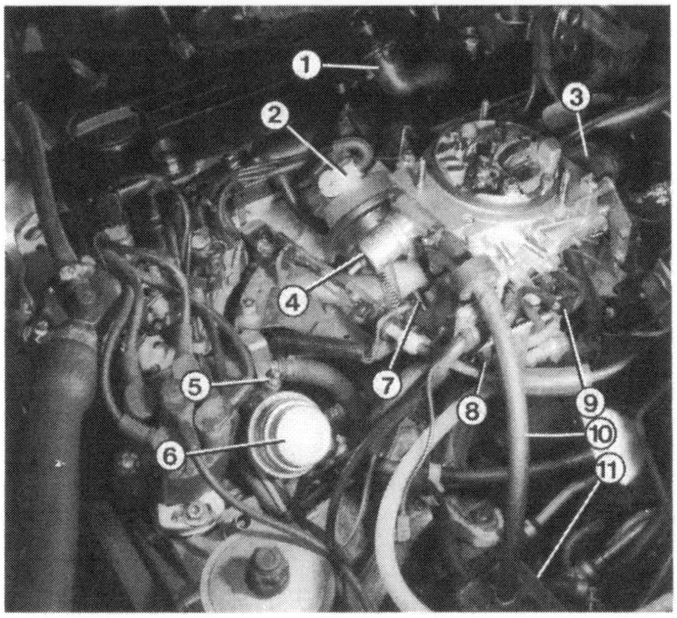

Einbauverhältnisse am 2 E-E Vergaser: 1 – Schlauch der Kurbelgehäuse-Entlüftung zum Luftfilter; 2 – Belüftungsventil am Drosselklappenansteller; 3 – Vordrosselsteller; 4 – Schwimmerkammer-Belüftungsventil; 5 – Kugelkopf zum Einhängen des Steuerzuges bei automatischem Getriebe; 6 – Kraftstoffpumpe; 7 – Stößel am Drosselklappenansteller; 8 – Anschlußstecker Saugrohrbeheizung; 9 – Anschlußstecker Bypaßheizung; 10 – Schlauchleitung für die Verdunstungsgase aus der Schwimmerkammer; 11 – Aktivkohlebehälter.

Leerlaufdrehzahl-Regelung prüfen

Vor dieser umfangreichen Prüfung muß der Temperaturfühler geprüft werden. Die Kühlmitteltemperatur muß 60–80° C betragen. Einen exakten Drehzahlmesser (nicht Bordinstrument) nach jeweiliger Herstellervorschrift anschließen und Drehzahl messen:

Die Drehzahl muß zwischen 700–800/min liegen. Bei automatischem Getriebe mit eingelegter Fahrstufe sind es 600–700/min. Beim Einschalten des Kältekompressors bei Klimaanlage muß die Drehzahl um 80/min ansteigen. Werden die Werte nicht erreicht, nacheinander folgendes prüfen:

- Zündung ausschalten. Steuergerätestekker abziehen. Motor starten und zwischen den Buchsen 25 und 2 (Masse) prüfen, ob das TD-Signal (Drehzahlsignal) von der Zündung zum Steuergerät gelangt. Es müssen 12–2 V (fallend mit steigender Drehzahl) gemessen werden. Wenn nicht, könnten die Leitungen unterbrochen oder das Zündschaltgerät defekt (Seite 126) sein. Außerdem könnte eines der anderen Steuergeräte mit TD-Anschluß (Klimaanlage, Reiserechner, Drehzahlmesser usw.) einen Kurzschluß auf der TD-Leitung verursachen und so das TD-Signal zur Masse ableiten (Seite 128).
- Zündzeitpunkt im Leerlauf (mit Unterdruck) prüfen (11–15° vor OT). Liegt der Wert bei ca. 20° vor OT, fehlt dem Zündschaltgerät das Leerlaufsignal (Leerlauferkennung). Buchse 6 am Steuergerätestecker mit Masse verbinden, stimmt jetzt der Zündzeitpunkt, ist das Zündschaltgerät in Ordnung. Nun Drosselklappenpoti und Leitungsverläufe prüfen.
- Einschaltsignal Kältekompressor prüfen: Dazu den Steuergerätestecker abziehen. Zwischen Buchse 19 und 2 (Masse) müssen 12 V anliegen, sobald der Kompressor der Klimaanlage einschaltet.
- Schaltsignal für Einlegen einer Fahrstufe bei automatischem Getriebe prüfen: Bei ausgeschalteter Zündung zwischen Buchse 16 und 2 (Masse) am Steuergerätestecker den Widerstand messen. In Wählhebelstellung P und N müssen unter 100 Ω gemessen werden, sonst über 10 kΩ.
- Drosselklappenansteller prüfen.

Drosselklappenansteller (DKA) prüfen

- Luftfilter ausbauen.
- Schaltgeräusch prüfen: Vom DKA den 8poligen Rundstecker abziehen. Am DKA Stift 2 mit einem Prüfkabel fest mit Masse verbinden.
- Mit einem weiteren Prüfkabel an Stift 3 und 8 kurzzeitig mehrmals + 12 V anlegen.
- Hört man die Ventile nicht schalten, den DKA erneuern. Der Wicklungswiderstand der Ventile beträgt 25–35 Ω.
- Dichtheit der Schaltventile und der Membran prüfen: Zwischen Stift 4 und 7 Ohmmeter anschließen.
- Stift 2 mit Masse und Stift 3 mit + 12 V verbinden, – das Entlüftungsventil öffnet.
- Ohmmeter und Stößel des DKA beobachten, während ein Helfer den Motor startet.
- Ist der Stößel des DKA nach wenigen Sekunden ganz eingefahren (Widerstand unter 400 Ω), das Entlüftungsventil durch Abziehen der Leitungen wieder schließen. Motor abstellen.
- Belüftungsventil im DKA durch Anlegen von Masse an Stift 2 und + 12 V an Stift 8 kurz öffnen, bis sich ein Widerstandswert von 500–800 Ω einstellt.
- Die Dichtheit reicht aus, wenn in einer Minute der Widerstand um weniger als 200 Ω ansteigt. Sonst DKA erneuern.

■ Poti im DKA prüfen: Ohmmeter an Stift 4 und 7 am DKA anschließen.
■ Bei Motorstillstand (Stößel ganz ausgefahren) müssen 1–2,6 kΩ gemessen werden.
■ Motor starten. Entlüftungsventil an Stift 2 (Masse) und 3 (+ 12 V) ansteuern.
■ Bei max. eingefahrenem Stößel muß der Widerstand kleiner als 400 Ω sein. Ggf. DKA erneuern.
■ Stößelleichtgang prüfen: Entlüftungsventil wie oben bei laufendem Motor öffnen, bis der Stößel ganz eingezogen ist.
■ Entlüftungsventil schließen und Motor abstellen.
■ Belüftungsventil öffnen (Masse an Stift 2; + 12 V an Stift 8), dabei muß der Stößel in 1–2 Sekunden wieder ganz ausfahren.
■ Ggf. Belüftungsschlauch und Filter im Belüftungsanschluß auf Durchgang prüfen.

Stößel am DKA beobachten

■ Luftfilter ausbauen. Der Stößel ist jetzt bereits ganz ausgefahren.
■ Motor von einem Helfer starten lassen. Der Stößel wird bis auf ca. 1 cm eingezogen und regelt nun den Leerlauf.
■ Am Drosselklappenhebel stoßweise Gas geben. Der Stößel muß dabei etwas ausfahren und den schnell losgelassenen Drosselklappenhebel gedämpft in die Leerlaufstellung zurücklassen (Schließdämpfung).
■ Von Helfer Motor abstellen lassen. Der Stößel wird dabei für ca. 3 Sekunden ganz eingezogen (Motorstop-Funktion, Seite 85) und wandert dann für den nächsten Motorstart ganz heraus.

DKA erneuern

Bei dieser Arbeit muß die DKA-Grundeinstellung vorgenommen werden. Hierzu braucht man eine Vakuumpumpe und eine Einstellehre. Die Lehre aus einem genau 2 mm dicken und 10 mm breiten Blechstreifen anfertigen. Dabei 2 cm an einem Ende um etwa 45° abbiegen.
■ Luftfilter und Vergaser ausbauen.
■ Zum Ausbau 3 Muttern am DKA unter dem Membranraum abschrauben. Neuen DKA umgekehrt einbauen.
■ Leerlaufanschlagschraube (gegenüber dem Stößel im Drosselklappenhebel) mit Zange herausdrehen und durch neue Abreißschraube (noch mit Kopf) ersetzen. Schraube hineindrehen, bis sie ca. 2 mm übersteht.
■ Vergaser einbauen und anschließen.
■ Motor für einige Sekunden laufen lassen.
■ Motor abstellen.
■ Zündung einschalten.
■ Schlauch vom Entlüftungsanschluß am DKA abziehen und mit Vakkumpumpe am DKA saugen.
■ Der Stößel wird jetzt bis zur Grundstellung eingezogen. In dieser Stellung muß der Abstand zwischen Drosselklappenanschlagschraube und Anschlaghebel genau 2 mm betragen. Mit Einstellehre prüfen.
■ Ggf. Abstand mit Leerlaufanschlagschraube einstellen.
■ Entlüftungsschlauch wieder einstecken und Motor nochmals kurz starten. Stößel mit Pumpe wieder bei eingeschalteter Zündung einziehen und Einstellung nochmals überprüfen.

Saugrohr- und Bypaßheizung prüfen

■ Stecker am Temperaturfühler abziehen und 2,5-kΩ-Prüfwiderstand zwischen den Stecker und Masse schalten.
■ Luftfilter ausbauen.
■ Stecker von Saugrohrheizung abziehen und Amperemeter zwischenschalten.
■ Motor starten.
■ Stromwert 5–13 A? Wenn nein, Heizelement erneuern. Liegt keine Spannung an, Leitungsverläufe über Relais nach Schaltplan prüfen.
■ Zündung ausschalten und Amperemeter in Leitung zur Bypaßheizung zwischenschalten.
■ Motor starten.
■ Es müssen 1–6 A gemessen werden. Ggf. Heizelement erneuern bzw. erst Spannung prüfen.

Funktion Lambdasonde prüfen

■ Bei Fahrzeugen mit Katalysator den Motor auf Betriebstemperatur bringen.
■ Luftfilterdeckel abnehmen.
■ Zur Tastverhältnismessung herkömmliches Schließwinkelmeßgerät zwischen die Buchse 3 der Diagnosedose und Masse anschließen.
■ Motor starten und abwarten, bis die Anzeige pendelt (max. 2 Minuten).
■ Motordrehzahl etwas erhöhen (ca. 1000–2000 U/min) und konstant halten. Am besten das Gasgestänge geeignet verklemmen. Bei der höheren Drehzahl pendelt die Anzeige schneller.
■ Wert ablesen, um den die Anzeige pendelt (z. B. 45° bzw. 50 % – genauer Wert unwichtig).

Hier gezeigt: 1 – Schlauch für die Verdunstungsgase aus der Schwimmerkammer zum Aktivkohlebehälter; 2 – Kraftstoffzulauf; 3 – Anschlußstecker Bypaßheizung; 4 – Absaugleitung für die Verdunstungsgase aus den Aktivkohlebehältern (Seite 87); 5 – Unterdruckschlauch zum Bremskraftverstärker; 6 – Unterdruckanschluß für Thermoventil (S. 87); 7 – Leerlaufgemisch-Einstellschraube; 8 – Drosselklappenanschlagschraube; 9 – Anschlaghebel (siehe »DKA erneuern«, linke Seite); 10 – Vordrosselsteller.

■ Vordrossel von Hand fast ganz schließen, um das Gemisch anzufetten.
■ Die O_2-Sonde meldet jetzt den Sauerstoffmangel im Abgas zum Steuergerät, und die Lambda-Regelung versucht das Gemisch wieder abzumagern. Dabei muß der angezeigte Wert immer kleiner werden (z. B. 35° bzw. 39 %). Während der Zeiger in Richtung Mageranschlag wandert, pendelt die Anzeige kaum noch.
■ Läßt man die Vordrossel wieder los, steigt der Wert wieder an.
■ Ggf. Lambdasonde überprüfen (Seite 66).

Leerlauf und Abgas prüfen (AU)

Wartung Nr. 4

Bei dieser Werkstattarbeit wird die Leerlaufdrehzahl nur überprüft, denn ihre Regelung erfolgt ja elektronisch, und eine Einstellschraube ist nicht vorhanden. Bei der Kontrolle werden auch sämtliche Zusatzverbraucher (Klimaanlage, Fahrstufe einlegen bei Automatik, Lenkbewegungen) in Betrieb genommen, um den Motordurchlauf und damit die Regelung zu testen.
Nachdem der Zündzeitpunkt geprüft ist, folgt die Abgasmessung am Auspuffende. Die Motoröltemperatur muß dabei 60–80° C betragen, was der normalen Betriebstemperatur außer nach einer scharfen Fahrt entspricht. Vor der Messung den Motor ca. 1 Minute bei 3000/min drehen lassen.
Bei Fahrzeugen ohne Katalysator (RÜF) muß der Leerlaufabgaswert 0,5–1,5 % CO-Anteil betragen. Verstellt wird an der verplombten Gemischregulierschraube unten am Vergaser. Hineindrehen ergibt weniger CO-Anteil.
Bei KAT-Fahrzeugen mit Lambda-Regelung wird an die Diagnosedose Buchse 3 und Masse ein sogenannter Lambda-Regelungstester angeschlossen. Dieser mißt das Tastverhältnis des Lambdameßsignales. Mit einem herkömmlichen Schließwinkeltester kann aber ebenfalls gemessen werden (auf 4-Zylinder stellen). Der Leerlauf-Abgaswert muß kleiner als 0,5 % CO-Anteil sein, wobei dieser Wert eher aussagt, daß der Katalysator nicht zerstört ist. Wichtiger ist, daß die Lambda-Regelung richtig eingestellt ist.
Die Lambda-Regelung wird erst bei 2500/min geprüft und der Mittelwert, um den die Anzeige pendelt, notiert. Dabei soll dieser 50 % ± 10 % betragen. Anschließend mißt man den Mittelwert im Leerlauf. Hier etwas warten, bis sich die Anzeige stabilisiert hat.
Der Leerlaufwert darf gegenüber dem Wert bei 2500/min um max. ± 10 % abweichen. Bei größeren Abweichungen an der Gemischregulierschraube im Leerlauf drehen und den Mittelwert entsprechend einstellen. Herausdrehen der Schraube ergibt ein fetteres Gemisch, und als Reaktion wird der Mittelwert kleiner (Vordrossel öffnet mehr). Hineindrehen magert das Gemisch ab, der Mittelwert steigt, und die Vordrossel schließt weiter.
Zum Erreichen der Gemischregulierschraube muß der Kunststoffstopfen entfernt werden. Dazu eine Holzschraube hineindrehen und ziehen. Die Regulierschraube wird mit einem kleinen Schraubenzieher gedreht.

Vergaser ausbauen

■ Luftfilter ausbauen. Dazu Deckel abnehmen, 3 Muttern am Vergaser, 2 Muttern am Ansaugschnorchel und die große Kunststoffmutter innen abschrauben.
■ Elektrische Leitungen zum Vordrosselsteller, Drosselklappenansteller, Drosselklappenpoti, Bypaßheizung und Schwimmerkammer-Belüftungsventil lösen.

Zum Einstellen vom Gasgestänge bzw. Zug, müssen Sie folgende Teile kennen: 1– Verbindungsstange zum Drosselklappenhebel; 2 – Drosselklappenhebel; 3 – Vollgasanschlag; 4 – Einstellschraube an der Abstützung des Gaszuges; 5 – Kugelkopf zum Einhängen des Steuerzuges bei automatischem Getriebe; Pfeil – Anschlag für den Regulierhebel.

■ Vom Drosselklappenhebel das Gasgestänge aushängen.
■ Masseband am Saugrohr abschrauben. Später unbedingt wieder sorgfältig montieren.
■ Kraftstoffleitungen abschrauben.
■ Unterdruckleitung vor dem Abziehen kennzeichnen.
■ 3 Vergaserbefestigungsschrauben SW 10 oben lösen und Vergaser abnehmen.

Vergaserdeckel aus- und einbauen

■ Drosselklappenpoti ausbauen. Dazu Schraube an Halteplatte lösen. Beim Herausziehen auf das lose Kupplungsstück achten.
■ Beim Einbauen vorsichtig in Bohrung einfahren und so verdrehen, daß das Kupplungsstück einrastet.
■ Vor dem Festschrauben Poti so verdrehen, bis sich die Schlitze im Poti und bei der Halteschraube gegenüberstehen.
■ Vordrosselsteller ausbauen. Dazu 4 Schrauben an der Halteplatte herausdrehen.
■ Beim Einbau Vordrosselsteller vorsichtig einschieben und gleichzeitig die Betätigungsstange zur Vordrossel ohne Gewalt in den Mitnehmerhebel einhängen.
■ Vordrossel so drehen, daß der Stift in der Aussparung am Gehäuse sitzt.
■ Haltering mit der gewölbten Seite zum Vergaser aufstecken und festschrauben.
■ Bei ausgebautem Vergaserdeckel werden sämtliche Düsen erreicht. Dazu erst die weiße Kunststoffverschlußplatte davor abschrauben (2 Schrauben).
■ Schwimmerstand prüfen: Dazu Vergaserdeckel umdrehen und so schräg halten, daß der Ventilstift vom Schwimmernadelventil nicht durch das Schwimmergewicht eingefedert wird.
■ In dieser Lage muß der höchste Punkt am Schwimmer einen Abstand von 26,5–28,5 mm zur Dichtfläche am Vergaserdeckel haben.

Gasgestänge bzw. Zug einstellen

■ Verbindungsstange zum Drosselklappenhebel aushängen. Der Regulierhebel muß nun an seinem Anschlag anliegen. Wenn nicht, an der Gaszug-Einstellmutter über dem Gaspedal einstellen.
■ Verbindungsstange einhängen und deren Leerweg einstellen. Dazu den Stößel am Drosselklappenansteller ganz einfahren lassen, siehe »DKA prüfen« Seite 89.
■ Wenn der Stößel den Drosselklappenhebel nicht berührt, den Leerweg der Verbindungsstange auf ca. 0,2 mm einstellen.
■ Steuerdruckzug einstellen (nur Automatik): Feststellbremse betätigen. Wählhebel auf »N« stellen. Motor im Leerlauf drehen lassen.
■ Zug von Kugel lösen. Kugelpfanne am Zug ganz in Richtung Getriebe drücken, dann wieder vorziehen, bis geringer Widerstand spürbar wird.
■ Jetzt muß die Kugelpfanne genau gegenüber der Kugel stehen, damit sie aufgedrückt werden kann.
■ Wenn erforderlich, an der Abstützung des Steuerdruckzuges Einstellschraube verdrehen.
■ Vollgasanschlag einstellen: Gaspedal ganz durchtreten. Bei Automatik bis zum Erreichen des Kickdown-Schalters (Schalter nicht betätigen).
■ Der Drosselklappenhebel muß jetzt am Vollgasanschlag anliegen.
■ Andernfalls die Einstellschraube an der Abstützung des Gaszuges verstellen.

Störungsbeistand
2 E-E-Vergaser

Bevor der Vergaser fälschlicherweise für Störungen verantwortlich gemacht wird, die Zündanlage prüfen. Weiterhin muß der Motor mechanisch in Ordnung sein. Es müssen sämtliche Leitungsstecker fest sitzen, und die Masseleitungen dürfen nicht fehlen. Die Sicherung Nr. 11 und die Sicherung auf dem Überspannungsschutz müssen in Ordnung sein. Außerdem prüfen, ob die richtigen Abgleichstecker für das Steuergerät und die Zündung montiert sind (Seite 82 und 130).

Die Störung	– ihre Ursache	– ihre Abhilfe
A Kalter Motor springt nicht oder nur schlecht an	1 Vordrossel schwergängig, klemmt	Vordrossel gängig machen bzw. Vergaserdeckel erneuern
	2 Kühlmittel-Temperaturfühler defekt	Widerstandswert prüfen, Fühler erneuern
	3 Drosselklappenpoti defekt	Potentiometer prüfen
	4 Drosselklappenansteller arbeitet nicht	Ansteller prüfen
	5 Vordrosselsteller defekt	Vordrosselsteller prüfen (Spaltmaß und Strom)
	6 Kein Motordrehzahlsignal am Steuergerät	Drehzahlsignal prüfen, siehe unter Leerlaufdrehzahl-Regelung prüfen
	7 Vergaser läuft über	Schwimmerstand prüfen
B Bis zum Erreichen der Betriebstemperatur (Warmlaufphase) schlechte Gasannahme und Motorlauf	1 Siehe A 1, 2, 3, 5 und 6	
	2 Elektrische Saugrohr- oder Bypaßheizung defekt	Heizelemente und Spannungsversorgung prüfen
	3 Ansaugluft-Vorwärmung gestört	Stellung der Klappe im Luftfilter prüfen, ggf. Thermostat erneuern
C Leerlaufabgaswert läßt sich nicht einstellen (nur Fahrzeuge ohne KAT)	1 Siehe A 1, 2 und 7	
	2 Ansaugsystem undicht	Schlauchverbindung, Vergaser- und Saugrohrbefestigung prüfen
	3 Leerlaufkraftstoffdüse verstopft	Düse reinigen
D Leerlaufdrehzahl-Regelung nicht in Ordnung	1 Siehe C2	
	2 Drosselklappenansteller-Grundeinstellung falsch	Einstellung prüfen, siehe Drosselklappenansteller (DKA) erneuern
	3 Eingangssignale falsch	Siehe Leerlaufdrehzahl-Regelung prüfen
E Lambda-Regelung läßt sich nicht verstellen (nur KAT-Fahrzeuge)	1 Siehe A 1, 2, 3, 5, 6, 7, C 2 und 3	
	2 Auspuffanlage vor der O_2-Sonde undicht	Auspuffanlage prüfen
	3 O_2-Sonde defekt	Prüfen, Seite 66
F Beschleunigungsverhalten schlecht	1 Siehe A 1, 2, 3, 5 und 6	
G Schlechte Leistung	1 Schwimmerkammer-Belüftung schaltet nicht bzw. versperrt Luftweg in die Kammer	Schwimmerkammer-Belüftungsventil schalten prüfen, Freigang der Öffnungen prüfen
	2 Kraftstoffpumpe fördert zu wenig	Pumpe prüfen, Seite 78
	3 Drosselklappe 1. Stufe öffnet nicht ganz	Gasgestänge bzw. Zug einstellen
	4 2. Vergaserstufe schaltet nicht zu	Membrandose prüfen
H Kraftstoffverbrauch zu hoch	1 Siehe A 2, G 1, E 2	
	2 CO-Gehalt in allen Bereichen zu hoch (nur Fahrzeuge ohne Katalysator = RÜF)	Abgleichstecker für Gemisch-Kennfeld einstellen

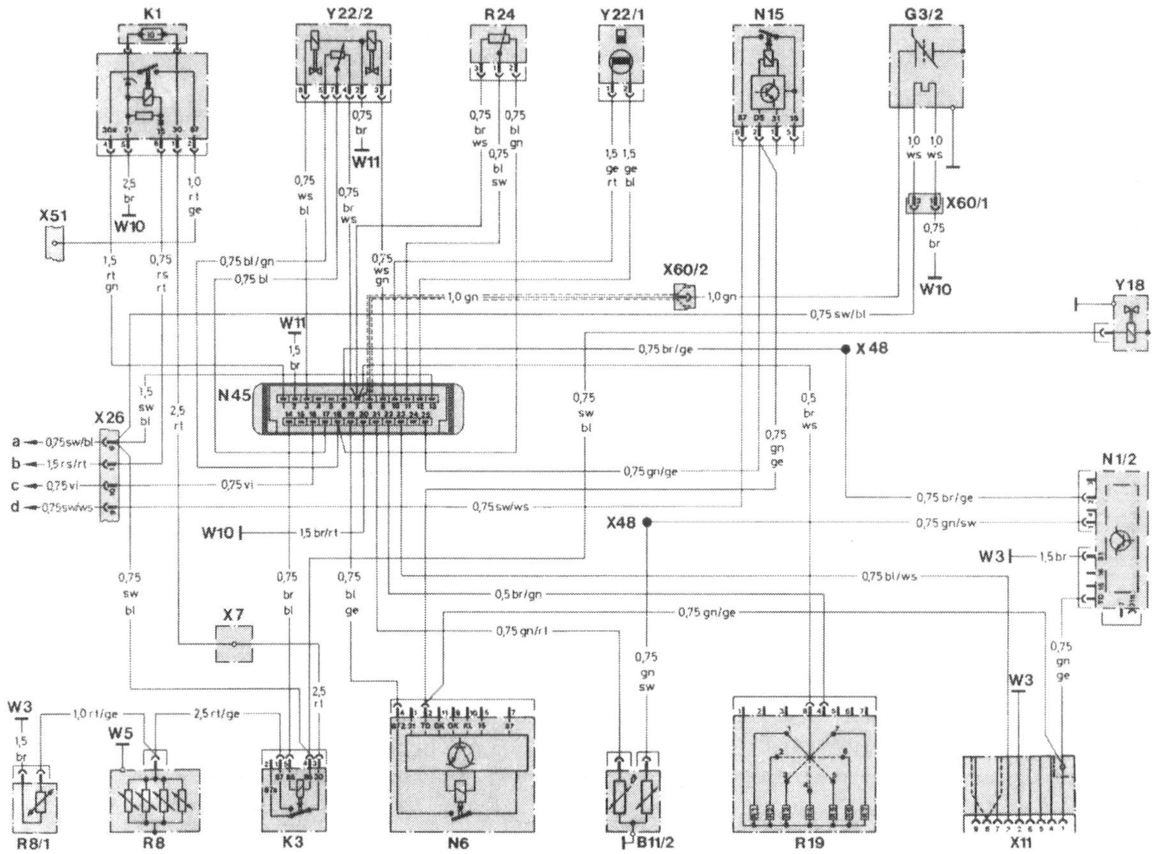

Schaltplan 2 E-E Vergaser

B 11/2 Temperaturfühler Kühlmittel (Vergaseranlage/Zündanlage)
G 3/2 O_2-Sonde beheizt
K 1 Relais Überspannungsschutz
K 3 Relais Saugrohrbeheizung
N 1/2 Schaltgerät Transistorzündung (ELZ)
N 6 Steuergerät Kompressorabschaltung
N 15 Relais Kick-down-Abschaltung (bei Automatik)
N 45 Steuergerät elektronischer Vergaser
R 8 Saugrohrbeheizung
R 8/1 Vergaserbeheizung (Bypaß)
R 19 Ableichstecker (Steuergerät 2 E-E)
R 24 Drosselklappen-Potentiometer
W 3 Masse, Radlauf vorn links (Zündspule)
W 5 Masse, Motor (Teil eingeschraubt)
W 10 Masse, Batterie
W 11 Masse, Motor (elektrische Leitung angeschraubt)
X 7 Leitungsverbinder Motor
X 26 Steckverbindung Motorleitungssatz
X 11 Diagnosedose/Leitungsverbinder Klemme TD
X 48 Endhülse (Lötverbinder im Leitungssatz)
X 51 Leitungsverbinder Klemme 87
X 60/1 Steckverbindung Heizspirale O_2-Sonde
X 60/2 Steckverbindung Signal O_2-Sonde
Y 18 Schwimmerkammerbelüftung
Y 22/1 Vordrosselsteller
Y 22/2 Drosselklappenansteller
a Sicherung Nr. 11
b Sicherung Nr. 7, Klemme 15 ungesichert
c Zündstartschalter Klemme 50 (bei Automatik über Startsperrschalter)
d Kick-down-Schalter (bei Automatik)

Düsenwirkung

Mit der Einspritzanlage kann der Kraftstoff sehr schnell und genau der jeweils angesaugten Luftmenge zugemessen werden. Dabei wird der augenblickliche Betriebszustand des Motors berücksichtigt. So ist stets das optimale Kraftstoff/Luft-Verhältnis gewährleistet, unsere Motoren arbeiten wirtschaftlich, leistungsfähig, und der Schadstoffanteil im Abgas ist minimal. Mit dem seit 9/86 serienmäßig eingebauten 3-Wege-Katalysator wird eine Schadstoffverringerung um rund 90% erreicht.
Auch bei der Einspritzanlage ist Selbsthilfe möglich. Oft haben Störungen eher einfache Ursachen, wie undichte Schläuche oder lose Steckverbindungen. Selbst manche Wartungsarbeiten, Funktionstests und Messungen sind einfach durchzuführen. Wer sich aber genau mit der Einspritzanlage auseinandersetzen will, benötigt elektrische Kenntnisse und muß alle Funktionen kennen. Außerdem braucht man ein digitales Vielfachmeßgerät, einen Schließwinkel-Tester und am besten noch ein Manometer für 6–10 bar mit den passenden Anschlußteilen.

Welche Einspritzung ist eingebaut?

Während der Produktionszeit unserer Einspritzermodelle bestand innerhalb der EG lang Unklarheit über neue Abgasgesetze. Dadurch wurden verschiedene Ausführungen der Einspritzanlage eingebaut. Suchen Sie in der Tabelle Ihr Fahrzeug heraus und berücksichtigen Sie die jeweiligen Besonderheiten. Am Motortypenschild neben dem Kühler (seit ca. Mitte 86 eingeklebt), an der eingebauten Zündanlage oder an der Motorleistung erkennen Sie das Fahrzeug am einfachsten.
Die Einspritzanlage in KAT-(Katalysator) und RÜF-(Rückrüst)-Fahrzeugen ist im Prinzip gleich. Beim 230 E und 300 E in Standardausführung (Std.) gibt es einige Unterschiede.
Seit 9/86 werden alle Fahrzeuge serienmäßig mit KAT ausgestattet. Fahrzeuge in RÜF-Ausführung gibt es nur noch auf Sonderwunsch.

Modell	Baujahr	Motor-nummer	Leistung kW/PS	Verdich-tung	Kraft-stoff[1]) Seite 69	Abgleich-stecker für Ein-spritzung	Zündanlage		
							TSZ Seite 141	EZL Seite 126	Abgleich-stecker für Zündung
230 E Std[2])	12/84–9/86	102.982	100/136	9,0	ROZ 98	–	×		–
230 E RÜF	4/85–	102.982	100/136	9,0	ROZ 95	»ECE«		×	»EZL-ECE«
230 E KAT	4/85–	102.982	97/132	9,0	Bleifrei ROZ 95	»KAT«		×	»EZL-KAT«
260 E RÜF	9/85–	103.940	122/166	9,2	ROZ 95	»ECE«		×	»EZL-ECE«
260 E KAT	9/85–	103.940	118/160	9,2	Bleifrei ROZ 95	»KAT«		×	»EZL-KAT«
300 E Std[2])	12/84–9/85	103.980	140/190	10,0	ROZ 98	»KE-E6«		×	»EZL«
300 E RÜF	9/85–	103.983	138/188	9,2	ROZ 95	»ECE«		×	»EZL-ECE«
300 E KAT	9/85–	103.983	132/180	9,2	Bleifrei ROZ 95	»KAT«		×	»EZL-KAT«

[1]) Mindestqualität für optimale Verbrauchs- und Leistungswerte bei max. Frühzündung, Seite 135, 144
[2]) KE-Steuergerät enthält keine Lambda-Regelung und entsprechend kann kein geregelter KAT nachgerüstet werden

Schema Benzin-Einspritzung:
1 – Gemischregler
2 – Luftmengenmesser
9 – Geber Luftmengenmesser
15 – Kraftstoffmengenteiler
30 – Elektrohydraulisches Stellglied
40 – Membrandruckregler
55 – Kraftstoffilter
57 – Kraftstoffspeicher
65 – Kraftstoffpumpe
75 – Kraftstoffbehälter
87 – Leerlaufsteller
92 – Einspritzventil
98 – Kaltstartventil
100 – Temperaturfühler Kühlmittel
106 – Elektronisches Steuergerät
110 – Kraftstoffpumpenrelais
115 – Schaltgerät, Zündanlage (ELZ)
120 – Mikroschalter
122 – Drosselklappenschalter
a – Entlüftung
b – Anschluß Leckleitung

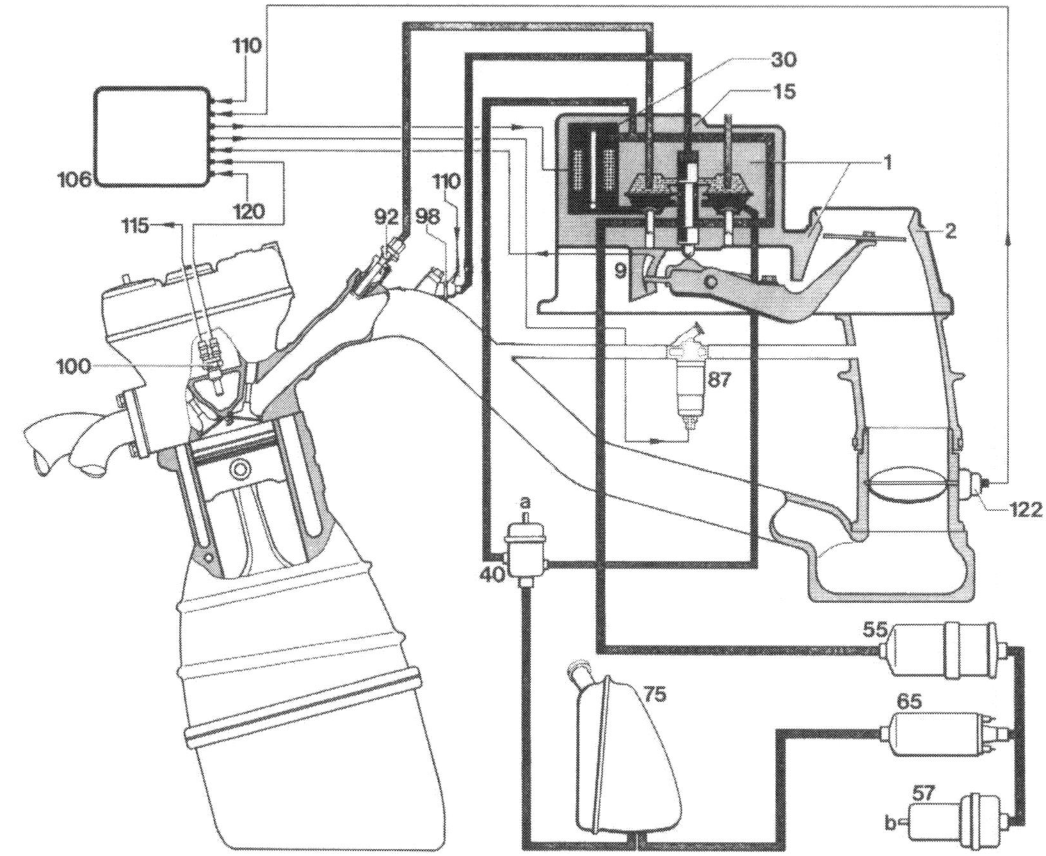

Das Grundprinzip

Bei unserer KE-Einspritzanlage wird die eingespritzte Kraftstoffmenge mechanisch und elektronisch geregelt. Das **K** steht für kontinuierlich, d. h. der Kraftstoff wird durch einen ständigen Strahl an den Einspritzventile abgespritzt. Das **E** deutet auf die elektronisch gesteuerten Eingriffsmöglichkeiten zur Gemischanpassung hin. Diese elektronische Gemischanpassung erfolgt in bestimmten Betriebszuständen des Motors (z. B. im Warmlauf) mit einem vom KE-Steuergerät angesteuerten elektrohydraulischen Stellglied am Kraftstoffmengenteiler. Mit dem Stellglied wird die Druckdifferenz an den Steuerschlitzen verändert. Bei großer Druckdifferenz fließt mehr Kraftstoff hindurch, und es wird mehr eingespritzt.
Neben dieser schnellen und genauen elektronischen Gemischanpassung wird die eingespritzte Kraftstoffmenge aber grob vom mechanischen System vorgegeben: Abhängig von der Stellung der Drosselklappe, sie ist mit dem Gaspedal über Zug und Gestänge verbunden, gelangt der Unterdruck vom Motor zur Stauscheibe des Luftmengenmessers. Die Stellung der Stauscheibe wird über einen Hebel zum Steuerkolben übertragen, welcher wiederum den Öffnungsquerschnitt an den Steuerschlitzen unterschiedlich weit freigibt. Diese mechanische Bestimmung der Kraftstoffmenge bleibt auch bei Ausfall der elektronischen Gemischan-

Schnittmodell durch Teile der Einspritzanlage: 1 – Differenzdruckventil eines Zylinders; 2 – Steuerkolben mit Schlitzträger in der Mitte des Kraftstoffmengenteilers; 3 – Stellglied; 4 – Stauscheibe mit Verstellhebel des Luftmengenmessers; 5 – Drosselklappe.

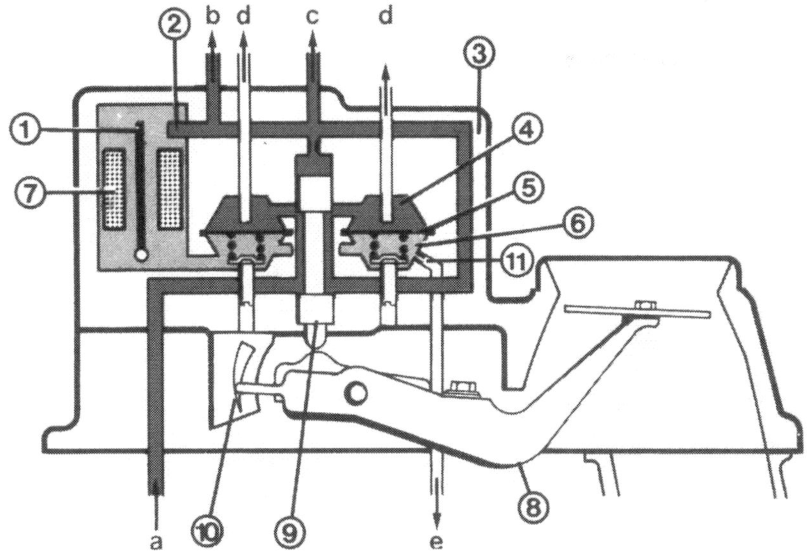

Es sind bezeichnet: 1 – Ventilplatte; 2 – Zulaufdüse; 3 – Mengenteiler; 4 – Oberkammer; 5 – Membran; 6 – Unterkammer; 7 – Spule; 8 – Hebel; 9 – Steuerkolben; 10 – Geber; 11 – Festdrossel im Rücklauf von den Unterkammern; a – Zulauf (Systemdruck); b – Rücklauf über Membrandruckregler; c – zum Kaltstartventil; d – zum Einspritzventil; e – Steuer- und Leckmenge zum Membrandruckregler. Abhängig von der Druckdifferenz zwischen Systemdruck (dunkelrot) und Unterkammerdruck (hellrot) fließt unterschiedlich viel Kraftstoff durch die Steuerschlitze im Schlitzträger (Seite 101) zu den einzelnen Differenzdruckventilen. In der Darstellung ist die Ventilplatte in ihrer Grundstellung (Spule stromlos) gezeigt, dabei stellt sich der durch die Festdrossel bestimmte Differenzdruck von ca. 0,4 bar ein.

passung in Funktion, so daß die KE-Einspritzanlage gute Notlauffähigkeiten besitzt.
Bevor wir uns nachfolgend genau mit den Bauteilen und Funktionen befassen, hier eine Einteilung der KE-Einspritzanlage in ihre Hauptteile:

- □ Kraftstoffversorgung
- □ Gemischaufbereitung
- □ Elektrische Bauteile und Funktionen
- □ Starteinrichtungen
- □ Leerlaufdrehzahl-Regelung
- □ Lambda-Regelung

Kraftstoffversorgung

Der Kraftstoff wird von der elektrischen Kraftstoffpumpe durch den Kraftstoffilter zum Kraftstoffmengenteiler gepumpt. Parallel zur Kraftstoffpumpe ist der Kraftstoffspeicher eingebaut. Pumpe, Filter und Speicher sind zum sogenannten Kraftstoffpumpenpaket zusammengefaßt. Es ist vor der Hinterachse mit Gummiringen am Fahrzeugboden aufgehängt und wird mit einer Kunststoffabdeckung geschützt.
Vom Kraftstoffmengenteiler gelangt Kraftstoff zum Kaltstartventil und dosiert zu den Einspritzventilen. Im Rücklauf ist der Membrandruckregler eingebaut.
□ **Tank:** Bei den Fahrzeugen mit Einspritzanlage ist am Tankboden ein besonderer Topf eingebaut. In den Topf strömt der Kraftstoff aus der Rücklaufleitung mit hoher Geschwindigkeit. Im Sog zieht es Kraftstoff in den Topf. Dadurch wird die Kraftstoffversorgung bei Kurvenfahrt und niederem Kraftstoffstand sichergestellt. Das Entlüftungsventil des Tankes ist so ausgelegt, daß sich im Tank ein Druck von 30–50 mbar aufbaut. Wenn Sie beim Tanken den Tankdeckel abnehmen, hören Sie den Druck entweichen.

Hier sind Teile der Einspritzanlage am Sechszylinder bezeichnet:
1 – Schlauch der Kurbelgehäuse-Entlüftung
2 – Kaltstartventil
3 – Temperaturschalter S25/5 (Seite 244) bei Klimaanlage
4 – Temperaturfühler B13 für Anzeige im Armaturenbrett
5 – Doppeltemperaturfühler B11 für Einspritzung und Zündung
6 – Stellglied am Kraftstoffmengenteiler
7 – Kraftstoffzulauf
8 – Gemischregulierschraube
9 – Geber am Luftmengenmesser
10 – Prüfanschluß für den Unterkammerdruck
11 – Leerlaufsteller
12 – Steckverbindung X56 für Drosselklappenschalter
13 – Membrandruckregler
14 – Kraftstoffrücklauf

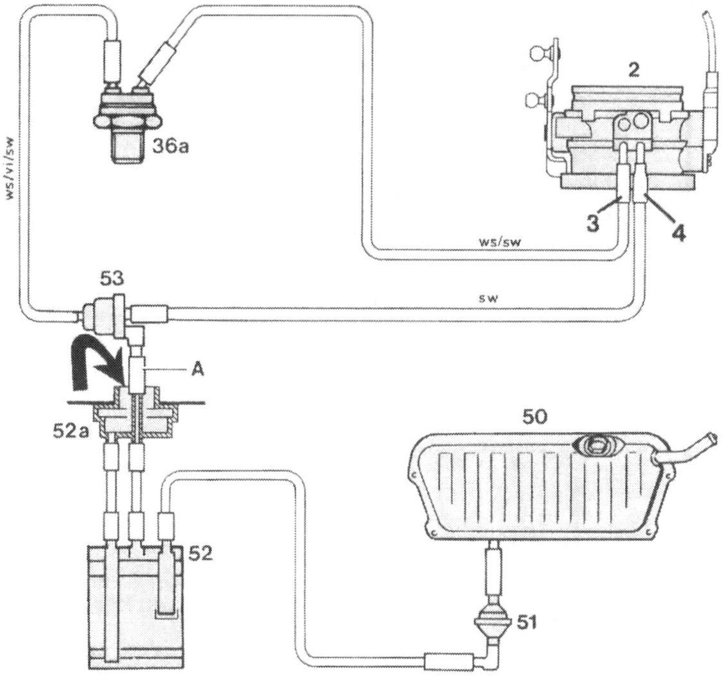

Schema der Kraftstoffverdunstungsanlage:
2 – Drosselklappenstutzen
3 – Unterdruckanschluß
4 – Absauganschluß mit Absaugleitung
36a – Thermoventil 50°C oder 70°C (ab 9/88)
2 – Tank
50 – Lüftungsventil
51 – Aktivkohlebehälter (hinter Schottwand im linken vorderen Radlauf)
52 – Verbindungsstück am linken Radalauf
Pfeil – Lufteintritt für Tankbelüftung
53 – Regenerierventil

□ **Kraftstoffverdunstungsanlage:** Seit ca. 5/85 ist zum Schutz der Umwelt vor Kohlenwasserstoffen aus der Tankentlüftung diese Anlage eingebaut. Dazu ist das Entlüftungsventil unten am Tank über einen Schlauch mit einem Aktivkohlebehälter verbunden, welcher die Gase zwischenspeichert. Der Behälter ist hinter dem linken Vorderrad hinter der Kunststoffschottwand zu finden. Über ein Verbindungsstück hinter dem linken Scheinwerfer führt ein Absaugschlauch über das Regenerierventil zum Drosselklappenstutzen. Ist das Ventil bei Kühlmitteltemperaturen über 50° C geöffnet und liegt die Motordrehzahl um die 3000/min (starker Unterdruck), wird der Aktivkohlebehälter leergesaugt. Die Gase verbrennen. Das Verbindungsstück am linken Radlauf sorgt auch noch für die Belüftung des Tanks, damit sich darin kein Unterdruck aufbauen kann.

□ **Kraftstoffpumpe:** Die elektrische Pumpe ist eine sogenannte Rollenzellenpumpe. Es wird mehr Kraftstoff gefördert, als der Motor zur Verbrennung braucht. Damit wird sichergestellt, daß immer genügend Kraftstoff zum Aufbau des Systemdrucks vorhanden ist. Zuviel geförderter Kraftstoff fließt über den Membråndruckregler drucklos zum Tank zurück. Beim 300 TE sind zur sicheren Versorgung zwei Pumpen hintereinander eingebaut.

Auf der Saugseite der Pumpe ist ein Dämpfer eingebaut, um Strömungsgeräusche des Kraftstoffes zu unterdrücken. Auf der Druckseite sitzt ein Rückschlagventil, welches den Kraftstoffrücklauf bei stehender Pumpe bzw. abgestelltem Motor verhindert. Außerdem enthält die Pumpe ein Überdruckventil, das ab ca. 8 bar öffnet und so die Kraftstoffförderung unterbricht.

Die Pumpe läuft, sobald an ihren Klemmen Masse und + 12 Volt anliegen. Die Masseverbin-

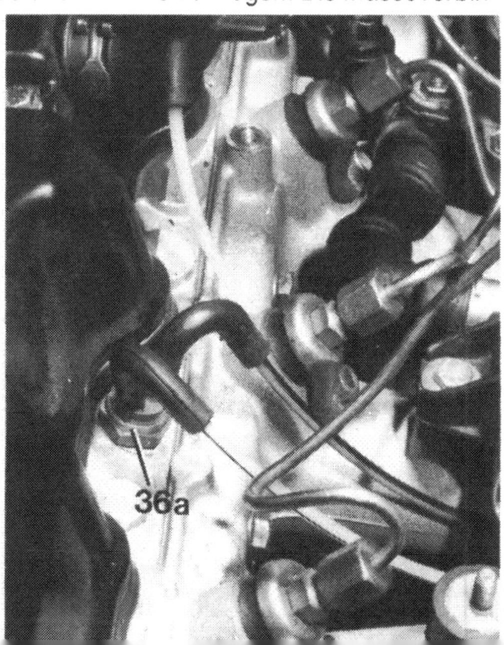

Links: Im linken Radlauf ist das Verbindungsstück (Pfeil) und das Regenerierventil (53) zu finden.

Rechts: Das Thermoventil im Zylinderkopf des Sechszylinder (Vierzylinder siehe Seite 55).

Hier wurde die Abdeckung vor der Hinterachse ausgebaut.
1 – Saugschlauch vom Tank
2 – Kraftstoffspeicher
3 – Kraftstoffpumpe
4 – Kraftstofffilter
5 – Kraftstoffleitung zum Motor
6 – Ventilsteuereinheit bei 4MATIC (siehe hintere Buchklappe)

dung ist verschraubt. Das Zuschalten von + 12 V erfolgt über das Kraftstoffpumpenrelais (Seite 102) von dessen Klemme 87. Es ist keine Sicherung eingebaut. Die Pumpe wird bei folgenden Funktionen angesteuert:

1. Beim Einschalten der Zündung erhält das Pumpenrelais über Klemme 15 Spannung und zieht für ca. 1 Sekunde an. Sie hören die Pumpe kurz laufen.

2. Während der Anlasser dreht, läuft auch die Pumpe. Das Pumpenrelais wird über Klemme 50 angesteuert.

3. Läuft der Motor, dreht auch die Pumpe. Das Pumpenrelais wird durch die TD-Signale vom Zündschaltgerät (Seite 128) angesteuert.

4. Geht der Motor aus, sind keine TD-Signale mehr vorhanden. Das Pumpenrelais unterbricht die Spannungsversorgung zur Pumpe.

5. Die Begrenzung der Motordrehzahl wird durch Abschalten der Kraftstoffpumpe erreicht (nicht bei Std.). Erkennt das Pumpenrelais an den TD-Signalen die Höchstdrehzahl, schaltet es die Pumpe ab und unterbricht so die Kraftstoffversorgung. Dies ist wichtig, denn der Katalysator darf nicht mit Kraftstoff vollgepumpt werden, solange die Drehzahl begrenzt wird. Bei der Begrenzung durch Abschalten der Zündung (230 E/300 E Std.) würde dies geschehen. Zusätzlich enthält noch das KE-Steuergerät eine Drehzahlbegrenzung (Seite 109).

□ **Kraftstoffspeicher:** Er ist im Leitungssystem parallel zur Pumpe eingebaut. Der Speicher hält nach dem Abstellen des Motors einen vom Membrandruckregler vorgegebenen Haltedruck möglichst lange im Kraftstoffsystem aufrecht. So wird Dampfblasenbildung verhindert und für gutes Heißstartverhalten gesorgt.

Der Speicher ist mit einer federbelasteten Membran in zwei Kammern geteilt. Das Speichervolumen beträgt bei max. Membranhub etwa 20 cm^3. Der Kraftstoffdruck über der Membran und die Druckfeder wirken gegeneinander. Damit bei gerissener Membran kein Kraftstoff nach außen gelangt, führt eine Leckleitung zum Tank.

□ **Kraftstoffilter:** Dieser Feinfilter aus Papier muß nach Wartungsplan alle 60 000 km erneuert werden. Im Filter ist ein Dämpfer zur Unterdrückung von Strömungsgeräuschen eingebaut.

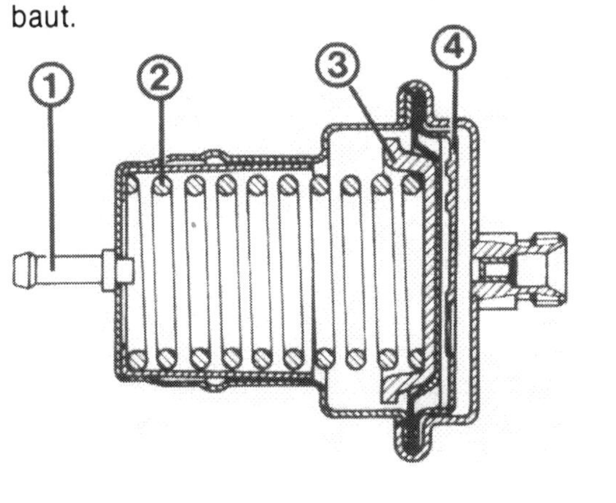

Links: Schnitt durch den Kraftstoffspeicher. 1 – Entlüftungsanschluß; 2 – Druckfeder; 3 – Federteller mit Membran; 4 – Prallplatte.

Unten: Schnitt durch Kraftstoffpumpe 1 – Rückschlagventil; 2 – Überdruckventil; 3 – Dämpfer.

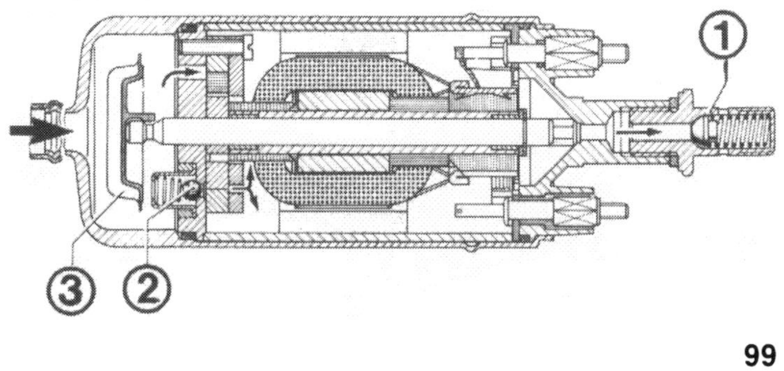

□ **Membrandruckregler:** Dieses Bauteil ist seitlich am Kraftstoffmengenteiler angeschraubt. Es regelt bei laufendem Motor den Systemdruck auf 5,3–5,5 bar ein. Beim Abstellen des Motors wird ein Haltedruck von ca. 2,8 bar eingeregelt. Dieser Druck liegt unter dem Öffnungsdruck der Einspritzventile. Er sinkt nach Abstellen des Motors langsam immer weiter ab, nach 30 Minuten soll er noch 2,5 bar betragen. Der Membrandruckregler funktioniert so:

1. Bei laufendem Motor gelangt über den Anschluß vom Mengenteiler Kraftstoff in den Druckraum. Er bewegt die Membran gegen die Systemdruck-Regelfeder nach oben. Außerdem wird über den Ventilkörper die Druckplatte unten abgehoben und öffnet so den Kraftstoffrücklauf aus der Steuerleitung. Über das Systemdruck-Regelventil und die Mittelbohrung im Ventilkörper gelangt zuviel geförderter Kraftstoff ebenfalls zum Rücklauf.

2. Bei Abstellen des Motors fördert die Kraftstoffpumpe nicht mehr, und die Druckverhältnisse im Membrandruckregler ändern sich. Der Systemdruck fällt über das zunächst noch offene Systemdruck-Regelventil auf ca. 2,8 bar ab. Dann drückt die Systemdruck-Regelfeder die Dichtplatte auf ihren Sitz und verschließt so den Rücklauf.

Gemischaufbereitung

Aufgabe der Gemischaufbereitung ist es, in Abhängigkeit vom Betriebszustand des Motors der angesaugten Luftmenge stets die optimale Kraftstoffmenge zuzumessen.

□ **Luftmengenmesser:** Er ist vor der Drosselklappe eingebaut. Wird die Drosselklappe über das Gaspedal geöffnet, zieht der Unterdruck vom Motor die Stauscheibe nach unten. Dabei ist die Stauscheibenauslenkung von der angesaugten Luftmenge abhängig. Die Stauscheibenbewegung wird über einen Hebel auf den Steuerkolben im Schlitzträger übertragen, der den Öffnungsquerschnitt an den Steuerschlitzen und damit die Kraftstoffmenge reguliert. Die Lufttrichtergröße ist für das Kraftstoff/Luft-Verhältnis Lambda = 1 ausgelegt (Seite 64). Stauscheibenauslenkung und Steuerkolbenhub werden durch die Gemisch-Regulierschraube aufeinander abgestimmt. Die Nullage der Stauscheibe wird von einem eingepreßten Anschlagstift bestimmt. Die Stauscheibe wird beim Vierzylinder durch eine Feder und beim Sechszylinder durch Gegengewichte in ihre Ausgangslage zurückbewegt. Seitlich am Luftmengenmesser ist ein Geber (Poti) eingebaut, der die Stauscheibenbewegung zum Steuergerät meldet (Seite 105). Der Anschlagbügel über der Stauscheibe verhindert, daß z. B. bei Fehlzündungen die Stauscheibe nach oben schlägt.

□ **Kraftstoffmengenteiler:** Dieses Teil ist neben der Stauscheibe zu sehen. Oben sind die Einspritzleitungen zu den einzelnen Zylindern und zum Kaltstartventil eingeschraubt. Seitlich am Mengenteiler ist das elektrohydraulische Stellglied befestigt.

Der Kraftstoffmengenteiler teilt den Kraftstoff entsprechend der Stauscheibenstellung im Luftmengenmesser den einzelnen Zylindern zu. Dazu ist in der Mitte der Schlitzträger mit den Steuerschlitzen und der Steuerkolben eingebaut. Die Anzahl der Steuerschlitze entspricht dabei der Zylinderanzahl. Jedem Steuerschlitz folgt ein Differenzdruckventil, welches durch eine Membran in Ober- und Unterkammer aufgeteilt ist. Von der Oberkammer mündet jeweils eine Einspritzleitung zum jeweiligen Zylinder. Alle Unterkammern sind miteinander verbunden. Die Unterkammern sind weiterhin über eine Steuerleitung und den Membrandruckregler mit dem Kraftstoffrücklauf zum Tank verbunden. In dieser Steuerleitung ist eine Festdrossel mit 0,3 mm Durchmesser eingebaut. Dadurch stellt sich der konstruktiv festgelegte Differenzdruck von ca. 0,4 bar zwischen Oberkammer- und Unterkammerdruck ein. Die Druckdifferenz ist erforderlich, damit überhaupt Kraftstoff durch die Steuerschlitze fließt. Der Oberkammerdruck ist gleich dem Systemdruck.

Hier ist der Luftmengenmesser gezeigt: 1 – Luftmengenmesser; 2 – Lufttrichter; 3 – Stauscheibe; 4 – Verstellhebel; 5 – Rückzugfeder bzw. Gegengewichte (Sechszylinder); 6 – Geber am Luftmengenmesser; 7 – Gemischregulierschraube.

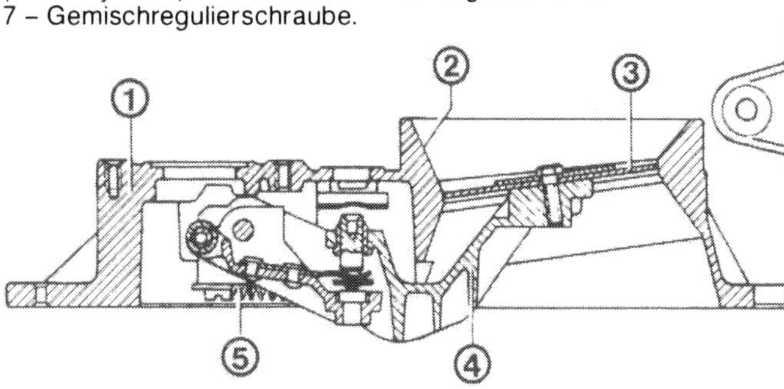

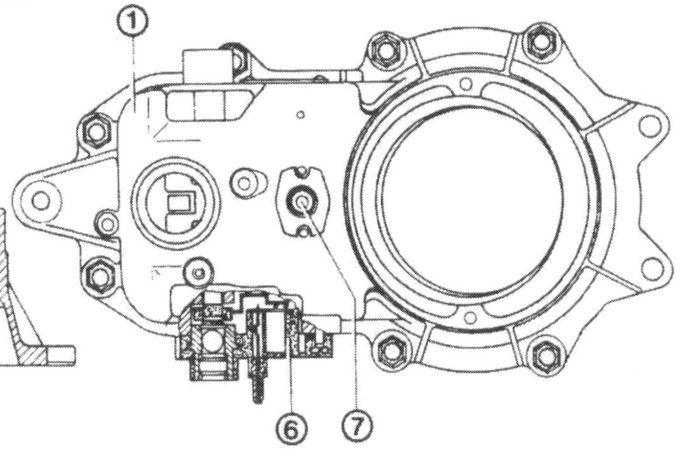

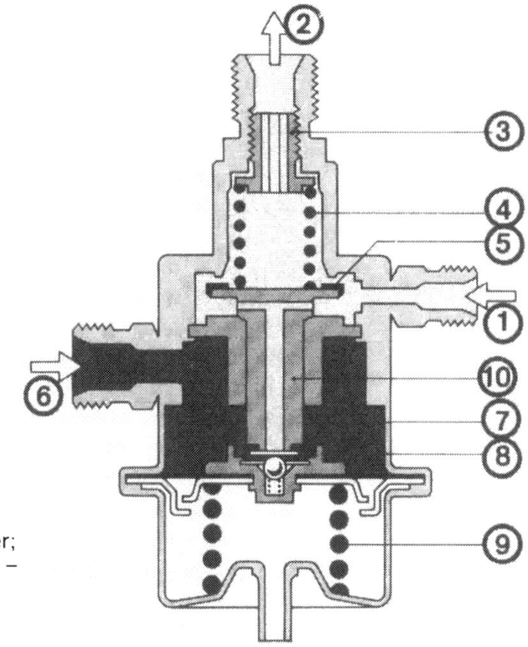

Oben: 1 – Kraftstoffmengenteiler; 2 – Lufttrichter; 3 – Membrandruckregler; 4 – Geber-Luftmengenmesser; 5 – Meßanschluß für Unterkammerdruck; 6 – Kaltstartventil.

Rechts: 1 – Rücklauf vom Mengenteiler; 2 – zum Tank; 3 – Einstellschraube; 4 – Gegenfeder; 5 – Dichtung; 6 – Zulauf von Kraftstoffmengenteiler; 7 – Ventilteller; 8 – Membran; 9 – Regelfeder; 10 – Ventilkörper.

Die rein mechanische Bestimmung der Kraftstoffmenge ist von der Stellung des Steuerkolbens im Schlitzträger abhängig, der unterschiedliche Öffnungsquerschnitt an den Steuerschlitzen freigibt. Das so entstehende Kraftstoff/Luft-Verhältnis entspricht Lambda = 1 (Seite 64).

Mit dem elektrohydraulischen Stellglied kann der Unterkammerdruck und damit die Druckdifferenz an den Steuerschlitzen vergrößert und verkleinert werden. Das Stellglied ist hierzu im Kraftstoffzulauf zu den Unterkammern eingebaut. Bei größerer Druckdifferenz an den Steuerschlitzen strömt mehr Kraftstoff durch und umgekehrt.

Elektrohydraulisches Stellglied

Das Stellglied wirkt als variable Drossel im Kraftstoffzulauf zu den Unterkammern. Es verändert zur elektronischen Gemischanpassung den Differenzdruck in Abhängigkeit vom Stromfluß in seiner Spule. Durch unterschiedliche Ströme im Stellglied werden die vielfältigen Formen der Gemischanpassung möglich. Dabei sind Stromstärke und Stromrichtung entscheidend. Beide Größen werden vom KE-Steuergerät unter Berücksichtigung der vielen Einflußgrößen festgelegt.

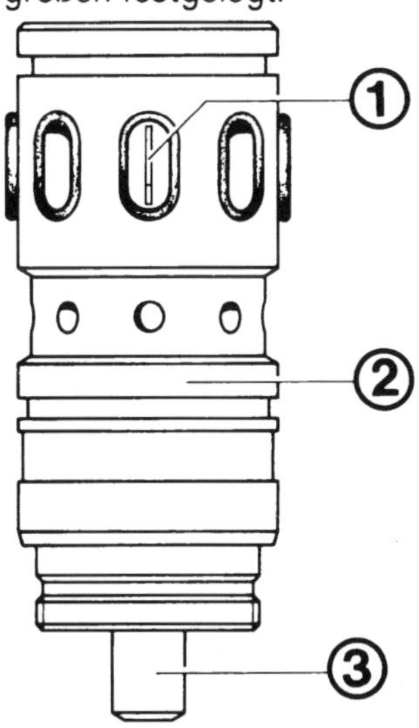

So wird die Kraftstoffmenge mechanisch bestimmt: 1 – Steuerschlitz (pro Zylinder 1 Schlitz); 2 – Schlitzträger; 3 – Steuerkolben.

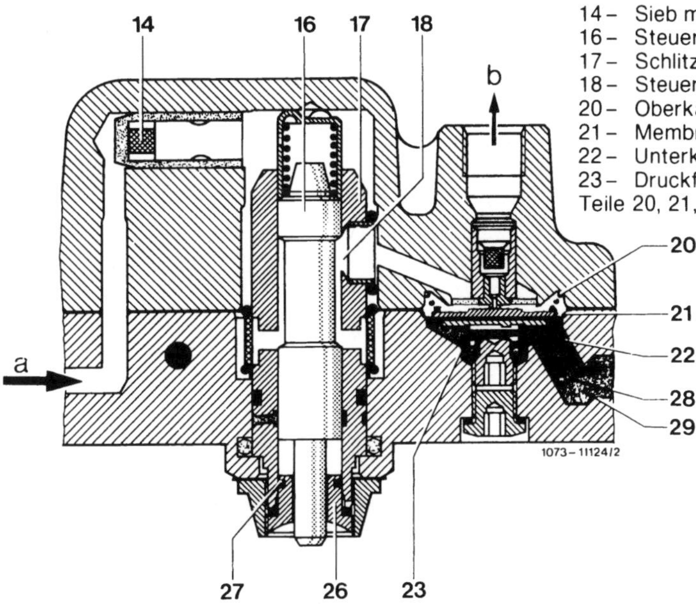

Schnitt am Kraftstoffmengenteiler:
14 – Sieb mit Dauermagnet
16 – Steuerkolben
17 – Schlitzträger
18 – Steuerschlitz
20 – Oberkammer
21 – Membrane
22 – Unterkammer
23 – Druckfeder
Teile 20, 21, 22, 23 bilden zusammen ein Differenzdruckventil für einen Zylinder
26 – Verschlußschraubbe (Steuerkolben)
27 – Formring
28 – Drossel
29 – Anschluß Steuerleitung zum Membrandruckregler
a – Systemdruck
b – zum Einspritzventil.

Im Stellglied ist bei laufendem Motor an der Zulaufdüse der Systemdruck von 5,3–5,5 bar wirksam. Die Ventilplatte am Zulauf ändert ihre Lage in Abhängigkeit von der Stromrichtung und Stromstärke in der Spule und bestimmt so die Durchflußmenge. Im Zusammenwirken mit der Steuerleitung und der Festdrossel im Ausgang der Unterkammern erfolgt eine Druckänderung. Dabei ergeben sich folgende Möglichkeiten:

□ **Positive Ströme:** Die Ventilplatte drückt auf die Zulaufbohrung und läßt weniger Kraftstoff durch. Der Unterkammerdruck sinkt ab, und entsprechend steigt der Differenzdruck. Das Gemisch wird angereichert (»fetter«), d. h. $\lambda < 1$ (siehe Seite 64). Dies ist beispielsweise beim Motorstart, im Warmlauf, beim Beschleunigen und bei Vollast der Fall.

□ **Negative Ströme:** Bei umgekehrter Stromrichtung im Stellglied bewegt sich die Ventilplatte von der Zulaufdüse weg und gibt einen größeren Durchfluß frei. Abhängig von der Stromstärke sinkt der Differenzdruck, und das Gemisch wird abgemagert ($\lambda > 1$), z. B. bei Lambda-Regelung (KAT-Fahrzeuge) oder bei Teillastgemischanpassung (RÜF-Fahrzeuge). Bei Schubabschaltung und zur Drehzahlbegrenzung fließt ein starker Strom (ca. –60 mA) im Stellglied. Die Ventilplatte gibt den Durchfluß maximal frei. Dadurch wird der Differenzdruck ganz aufgehoben. Es fließt kein Kraftstoff mehr durch die Steuerschlitze. Außerdem werden die Membranen in den Differenzdruckventilen von Federn so weit nach oben gedrückt, daß sie den Kraftstoffzufluß zu den Einspritzleitungen abdichten.

□ **Kein Strom im Stellglied:** Keine Gemischanpassung durch die Elektronik. Es stellt sich der konstruktiv festgelegte Differenzdruck von 0,4 bar im Kraftstoffmengenteiler ein. Die Ventilplatte im Stellglied ist in Grundstellung.

□ **Lambda-Regelung:** Ständige Gemischanpassung gesteuert von der Lambda-Regelung im Steuergerät (Seite 109). Die Stromstärke in der Spule wechselt ständig um bis ca. ± 10 mA. Dabei pendelt die Ventilplatte um ihre Grundstellung.

Einspritzventile

Jeder Zylinder hat in seinem Saugrohr ein Einspritzventil eingebaut. Sie sind durch einen Gummisitz abgedichtet und mit einem Halter befestigt. Die Einspritzventile spritzen den vom Kraftstoffmengenteiler zugeteilten Kraftstoff mit einem ständigen Strahl ins Saugrohr. Die eingespritzte Kraftstoffmenge können sie nicht beeinflussen.

Ab einem bestimmten Öffnungsdruck (neu: 3,5–4,1 bar; Austauschgrenze 3,0 bar) hebt die Ventilnadel ab und beginnt zu schwingen (Schnarrgeräusche). Dadurch wird der Kraftstoff gut zerstäubt. Fällt beim Abstellen des Motors der Systemdruck auf den Haltedruck ab (ca. 2,8 bar), schließen die Ventilnadeln wieder. So kann kein Kraftstoff nachtropfen, und die Einspritzleitungen bleiben gefüllt. Dadurch wird ein gutes Startverhalten erreicht.

Beim Sechszylindermotor sind die Einspritzventile zur noch besseren Gemischbildung im Leerlauf mit Luftkanälen umfaßt. Die Luftkanäle sind in das Saugrohr eingearbeitet.

Kaltstartventil

Das Kaltstartventil ist ein elektromagnetisches Ventil, welches oben am Saugrohr eingeschraubt ist. Am Kaltstartventil wirkt der volle Systemdruck. Fließt Strom in der Magnetspule, öffnet das Ventil, und es wird kräftig Kraftstoff eingespritzt. Dadurch wird ein guter Kaltstart des Motors erreicht.

Das Kaltstartventil wird ab dem Anlasserstart vom Kraftstoffpumpenrelais angesteuert. Die Einschaltdauer ist dann von der Kühlmitteltemperatur abhängig. Bei – 20° C beträgt die Einschaltzeit etwa 10 Sekunden. Über + 15° C beim 260 E und 300 E RÜF/KAT bzw. + 60° C bei den anderen Motoren wird das Ventil nicht mehr angesteuert.

Kraftstoffpumpenrelais

Das Relais ist neben dem Steuergerät hinter der Batterie eingebaut. Er erfüllt in der Einspritzanlage so viele Funktionen, daß man fast schon von einem »Neben«-Steuergerät sprechen kann. Die Relais sind abhängig von Motor und Zusatzausstattung unterschiedlich, so daß bei Ersatz genau auf die Teilenummer geachtet werden muß. Folgende Anschlüsse führen zum Relais:

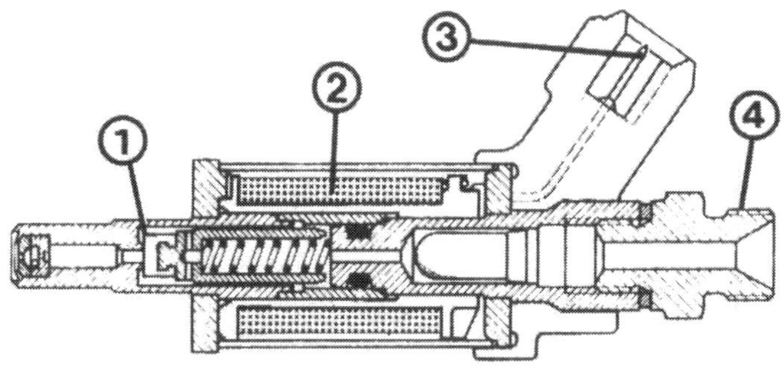

Im Schnitt ist das Kaltstartventil dargestellt: 1 – Ventil (hier geöffnet); 2 – Magnetspule; 3 – Leitungsanschluß; 4 – Kraftstoffzufluß.

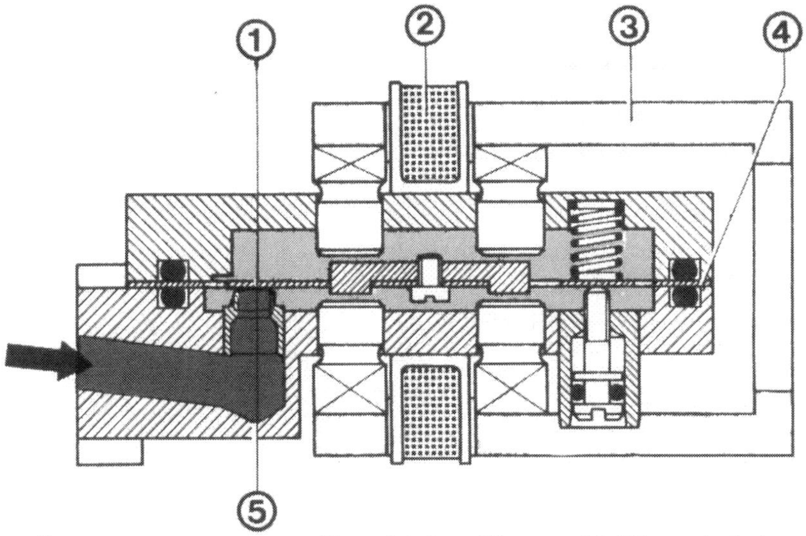

Hier ist das elektrische Stellglied gezeigt: 1 – Ventilplatte; 2 – Spule; 3 – Magnet; 4 – Wipplagerung der Ventilplatte; 5 – Zulaufdüse. Das elektrische Stellglied beeinflußt die eingespritzte Kraftstoffmenge. Hierfür ist die Druckdifferenz zwischen Oberkammer (mit Systemdruck) und Unterkammer das entscheidende Maß. Bei hohem Stromfluß durch die Spule drückt die Ventilplatte stärker auf die Zulaufdüse. Dadurch wird der Differenzdruck zwischen Systemdruck (dunkelrot) und Unterkammerdruck (hellrot) größer und somit mehr Kraftstoff eingespritzt. Fließt kein Strom durch die Spule, wird die Ventilplatte kraftlos und es stellt sich der eingestellte Differenzdruck von 0,4 bar ein.

□ **Spannungsversorgung:** Sie erfolgt an Klemme 15 (Strom bei eingeschalteter Zündung), Klemme 30 (ständig Batteriestrom, ungesichert) und an Klemme 31 (Masse).
□ **Starterkennung:** Über Klemme 50 (Strom bei Anlasserdrehen).
□ **Motordrehzahl:** Über die TD-Signale vom Zündschaltgerät wird an Klemme TD die Drehzahlinformation zugeführt.
□ **Kühlmitteltemperatur:** An Klemme TF erhält das Relais diese Information von Buchse 9 des KE-Steuergerätes.
Aus diesen Eingangssignalen schaltet die Elektronik im Kraftstoffpumpenrelais Spannung zu den folgenden Klemmen:
□ **Klemme 87:** Von hier erfolgt die Spannungsversorgung der Kraftstoffpumpe unter bestimmten Bedingungen (siehe Seite 99). Bei KAT-Fahrzeugen wird noch die Lambda-Sondenheizung von Klemme 87 mit Spannung versorgt.
□ **Klemme 87 V:** Von hier wird das Kaltstartventil temperaturabhängig angesteuert. Beim 260 E und 300 E RÜF/KAT bis + 15° C, sonst bis + 60° C.
□ **Klemme 87 K:** Bei Fahrzeugen mit automatischem Getriebe erfolgt die Kickdown-Abschaltung ca. 200/min vor Einsetzen der Drehzahlbegrenzung.

Das KE-Steuergerät

Das Steuergerät ist bei den anderen elektronischen Geräten hinter der Batterie eingebaut. Es enthält Widerstände, Dioden, Transistoren und verschiedene Großschaltkreise (ICs).
Das Steuergerät erkennt aus einer Vielzahl von Eingangssignalen den genauen Betriebszustand des Motors. Es bestimmt damit die Stromstärke und -richtung für das elektrohydraulische Stellglied und sorgt so für die verschiedenen Formen der Gemischanpassung.
Im Steuergerät ist auch die Leerlaufdrehzahl-Regelung eingebaut, die den Leerlaufsteller ansteuert. Diese Funktion ist von der Steuerung der Einspritzung abgekoppelt.
RÜF/KAT-Fahrzeuge: Das Steuergerät enthält einen Mikrocomputer und arbeitet digital. Außerdem enthält es zwei Einspritzprogramme (mit/ohne Lambda-Regelung). Der jeweilige Programmabruf erfolgt durch unterschiedliche KE-Abgleichstecker. Wird z. B. ein RÜF-Fahrzeug zu KAT umgebaut, muß man den Abgleichstecker »ECE« gegen einen Stecker »KAT« austauschen, um die Lambda-Regelung zu aktivieren.
Beim **230 E Std.** arbeitet das Steuergerät noch in analoger Arbeitsweise. Es enthält nur ein Einspritzprogramm. Es ist kein KE-Abgleichstecker eingebaut. Beim **300 E Std.** enthält das Steuergerät nur ein Einspritzprogramm ohne Lambda-Regelung.
Alle Steuergeräte der RÜF/KAT-Fahrzeuge enthalten sogenannte Plausibilitätsschaltungen. Dabei werden die Eingangssignale ständig überprüft. Ändert sich ein Eingangssignal plötzlich (z. B. wegen Unterbrechung oder Kurzschluß der Leitung), wird diese unlogische Änderung vom Steuergerät erkannt und ein Ersatzwert gebildet. Wird beispielsweise bei warmem

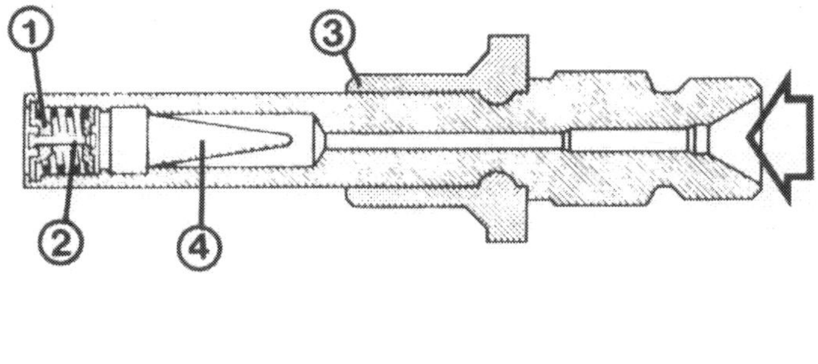

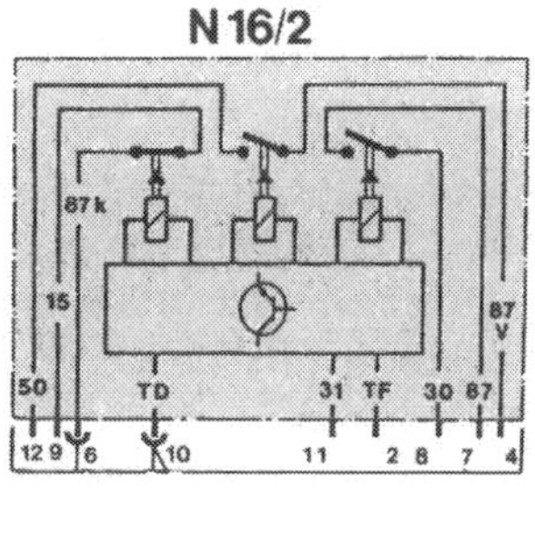

Links: Schnittzeichnung durch das Einspritzventil: 1 – Ventilsitz; 2 – Ventilnadel; 3 – Ventilgehäuse; 4 – Filter.

Rechts: Hier sind die Anschlüsse am Kraftstoffpumpenrelais gezeigt.

Ein- und Ausgangssignale am Steuergerät

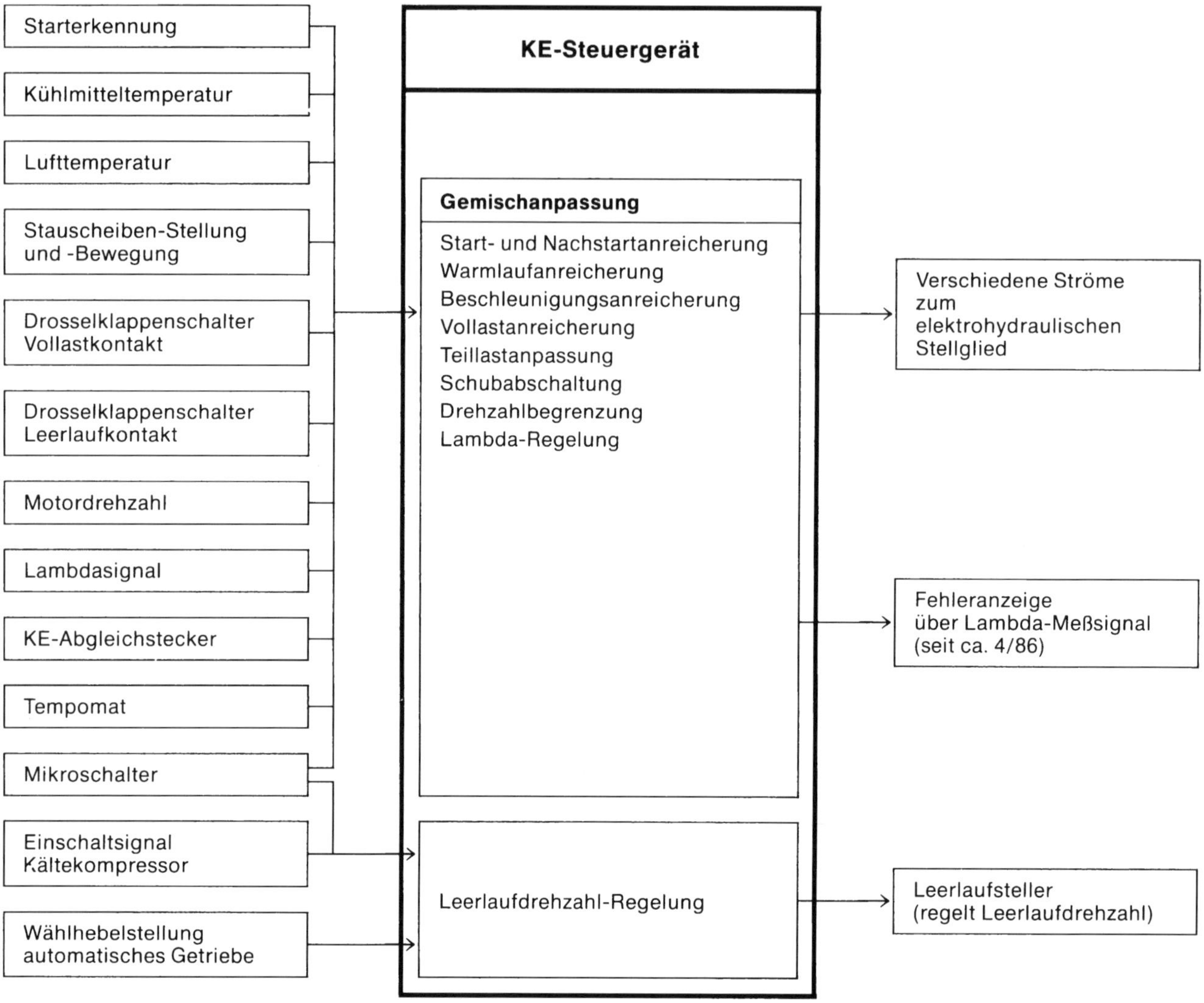

Motor der Temperaturfühler ausgesteckt, vergleicht das Steuergerät den gespeicherten und den augenblicklichen Wert. Es stellt dabei fest, daß etwas nicht stimmen kann, und bildet selbst einen Ersatzwert. Langsame Veränderungen an den Eingangssignalen werden aber vom Steuergerät nicht als Fehler erkannt.
Seit etwa 4/86 ist mit den Steuergeräten eine Fehlerdiagnose durch Tastverhältnismessung möglich. Das Steuergerät erkennt dabei fehlerhafte Eingangssignale von manchen Bauteilen. Die Fehleranzeige erfolgt über die Rechteckspannung am Lambda-Meßausgang (Buchse 3 an Diagnosedose). Das jeweilige Tastverhältnis der Rechtecksignale kann mit einem Schließwinkel-Tester gemessen werden. Dabei ist jedem Schließwinkel (bzw. Tastverhältnis) ein bestimmter Fehler zugeordnet (siehe Seite 117). Die Ausgabe einer Fehlermeldung hat Vorrang vor dem Lambda-Meßsignal. Treten mehrere Fehler auf, wird immer der mit dem kleinsten Schließwinkel (Tastverhältnis) angezeigt.

Spannungsversorgung

Die Spannungsversorgung zum Steuergerät und zum Leerlaufsteller erfolgt über den Überspannungsschutz (siehe Seite 204) von dessen Klemme 87. Im Steuergerät wird die Batteriespannung weiter stabilisiert, damit Spannungsschwankungen im Bordnetz die Gemischzusammensetzung nicht beeinflussen. Mit dieser Arbeitsspannung (ca. 5 V) werden die Geber und Schalter der Einspritzanlage angesteuert.

Fingerzeige: *Alle Anschlüsse sind über den 25poligen Stecker mit dem Steuergerät verbunden. Den Stecker nur bei ausgeschalteter Zündung aus- und einstecken, sonst sind Schäden am Steuergerät durch Spannungsspitzen möglich. Beim Einstecken den Stecker kräftig aufdrücken und mit dem Haltebügel sichern. Bei Messungen im Stecker die dünnen Kontaktzungen nicht mit den Meßspitzen beschädigen.*

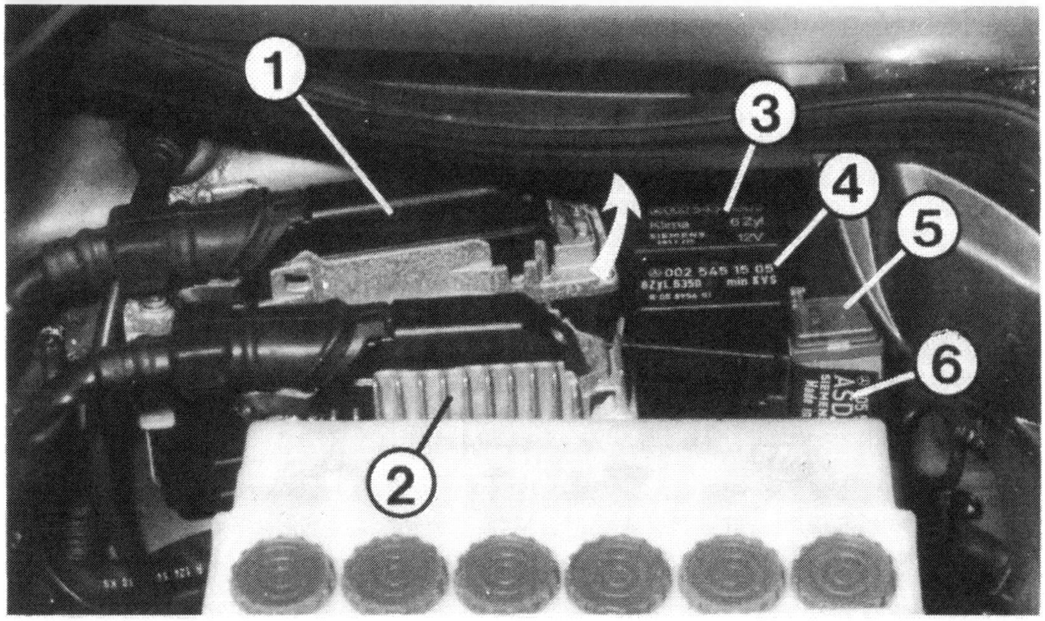

Hinter der Batterie sind eingebaut: 1 – Steuergerät ABS; 2 – Steuergerät Gemischaufbereitung (Einspritzung bzw. 2 E-E Vergaser); 3 – Steuergerät Kompressorabschaltung (Klimaanlage); 4 – Kraftstoffpumpenrelais; 5 – Überspannungsschutz; 6 – Steuergerät ASD (Seite 161); Pfeil – Abgleichstecker für Gemischaufbereitung.

Eingangssignale

Das Schema links zeigt die Vielzahl der Eingangssignale zum KE-Steuergerät. Nachfolgend ist ihr Zustandekommen beschrieben und erklärt, wie die Gemischanpassung beeinflußt wird.

Starterkennung

Erkennt das Steuergerät den Start, werden Start- und Nachstartanreicherung ausgelöst.
230 E Std.: Die Klemme 50 ist zum Steuergerät geführt. Sie hat Spannung, sobald der Anlasser dreht.
Bei allen anderen Motoren erkennt der Mikrocomputer im Steuergerät aus den TD-Signalen (Motordrehzahl) den Startvorgang. Drehzahlen über 30/min sind als Startbeginn definiert.

Kühlmitteltemperatur

Die Kühlmitteltemperatur hat großen Einfluß auf folgende Formen der Gemischanpassung: Warmlauf, Beschleunigungsanreicherung, Schubabschaltung, Lambda-Regelung, Leerlaufdrehzahl-Regelung und auf die Ansteuerung des Kaltstartventils.
Der Doppeltemperaturfühler mit einpoligen Anschlüssen für die Einspritzanlage und die EZL-Zündanlage ist beim Vierzylinder vorn am Zylinderkopf und beim Sechszylinder hinten am Zylinderkopf eingeschraubt. Beim 230 E Std. mit TSZ-Zündanlage ist nur ein Einfachtemperaturfühler eingebaut.
Alle Temperaturfühler haben die gleiche Kennlinie und sind NTC-Widerstände. Das heißt, mit steigender Temperatur wird der Widerstandwert kleiner (siehe Kennlinie Seite 120).

Lufttemperatur

Alle RÜF- und KAT-Fahrzeuge haben am Ansaugschnorchel des Luftfilters einen Temperaturfühler eingesteckt. Dieser Fühler hat die gleiche Kennlinie wie der Kühlmittel-Temperaturfühler. Unterhalb 0° C erfolgt eine zusätzliche Gemischanreicherung. Je kälter die Luft ist, um so mehr wird angereichert (bis 8/89). Ab 9/89 für EZL-Zündung zuständig.

Stauscheiben-Stellung und -Bewegung

Vom Geber am Luftmengenmesser werden beide Werte erkannt und damit die Beschleunigungsanreicherung beeinflußt. Außerdem hängt die Leerlaufdrehzahl-Regelung vom Gebersignal ab (nicht beim 230 E Std.).
Der Geber besteht aus einem Potentiometer, dessen Schleifkontakt mit dem Verstellhebel der Stauscheibe mechanisch gekoppelt ist. Der Geber ist seitlich am Luftmengenmesser angeschraubt. Er kann in seiner Lage geringfügig verändert werden. Der Geber soll samt Luftmengenmesser erneuert werden (Ausnahme: 230 E Std.).
Der Geber erhält vom Steuergerät eine stabilisierte Spannung zwischen den Klemmen 3 und 1 (Masse). Abhängig von der Stellung der Stauscheibe wird ein entsprechendes Ausgangssignal zwischen den Klemmen 2 und 1 (Masse) für die Steuerung der Beschleunigungsanreicherung gebildet. Dabei wird der Öffnungsweg der Stauscheibe und ihre Öffnungsgeschwindigkeit (Gasgebegeschwindigkeit) berücksichtigt.

Drosselklappenschalter

Der Schalter ist seitlich am Klappenstutzen angeschraubt. Der kann in seiner Lage etwas verändert werden. Der Schalter enthält einen Leerlauf- und ein Vollastkontakt (beim 230 E Std. nur Vollastkontakt). Die Leitungen zum Drosselklappenschalter führen über die Steckverbindung X 56, die am Saugrohr festgeschraubt ist.

□ **Vollastkontakt:** Bei durchgetretenem Gaspedal und damit maximal angestellter Drosselklappe schließt dieser Kontakt. Dadurch wird die Vollastanreicherung wirksam.
□ **Leerlaufkontakt:** Bei ganz entlastetem Gaspedal muß dieser Kontakt schließen. Über das Signal wird die Beschleunigungsanreicherung im Leerlauf unterdrückt. Außerdem wird der Zündzeitpunkt bei geschlossenem Kontakt von der Leerlauf-Zündkennlinie (Seite 130) bestimmt.

Mikroschalter

Neben dem Gemischregler ist der Mikroschalter am Gasgestänge eingebaut. Er steuert die Schubabschaltung und schaltet die Leerlaufdrehzahl-Regelung ein. Bei ganz entlastetem Gaspedal schließt der Kontakt. Wird während der Schubabschaltung wieder Gas gegeben, öffnet der Kontakt bereits vor dem Anstellen der Drosselklappe. Dadurch wird ein Einschaltstoß verhindert.

Motordrehzahl

Am TD-Signal (Seite 128) vom Zündschaltgerät erkennt das Steuergerät die Motordrehzahl. Von der Drehzahl sind Schubabschaltung, Beschleunigungsanreicherung, Startanreicherung und Teillastanpassung abhängig.

Lambdasignal

Bei KAT-Fahrzeugen ist im vorderen Auspuffteil die Lambda-Sonde (Seite 65) eingebaut. Ab Erreichen der Betriebstemperatur liefert sie ihr Spannungssignal für die Lambda-Regelung.

KE-Abgleichstecker

Der Stecker ist hinter dem KE-Steuergerät eingebaut. Beim 230 E Std. ist ein solcher Stecker nicht vorhanden. Mit dem Abgleichstecker kann bei RÜF-/KAT-Fahrzeugen die Betriebsart des Steuergerätes (ohne/mit Lambda-Regelung) gewählt werden. Dazu muß man den Abgleichstecker austauschen.
Bei KAT-Fahrzeugen wird über den Stecker mit der grünen Aufschrift »KAT« die Lambda-Regelung eingeschaltet. Bei RÜF-Fahrzeugen ist der Stecker mit der weißen Aufschrift »ECE« eingebaut. Die Lambda-Regelung ist ausgeschaltet. Statt ihr wird eine Teillastgemischanpassung aktiv.
Die KE-Abgleichstecker sind im Prinzip gleich aufgebaut wie die EZL-Abgleichstecker (Seite 130). Es gelten aber andere Widerstandswerte. In Position 1 sind es beim Stecker »KAT« = 950 Ω.
300 E Std.: Im Steuergerät ist keine Lambda-Regelung programmiert. Der besondere Abgleichstecker »KE-E6« ist nicht austauschbar.
Mit dem Abgleichstecker kann auch das Kennfeld der Einspritzung durch Verdrehen beeinflußt werden. Im Originalzustand ist der Stecker in Stellung 1 montiert und verplombt. In der Praxis hat sich gezeigt, daß ein Verdrehen des Steckers folgende Probleme mit sich bringt:

□ Das Verdrehen ist als allerletzte Maßnahme vorzunehmen, d. h. die mechanische Seite des Motors, die EZL-Zündanlage und sämtliche Bauteile der KE-Einspritzanlage müssen erst sehr genau geprüft werden. Dazu sind Prüf- und Meßgeräte erforderlich, die nur an Prüfständen zu finden sind.
Lassen Sie also lieber die Finger vom KE-Abgleichstecker, denn Erfolge wären nur recht zufällig und könnten zudem andere Schäden in der Anlage überdecken.
Die folgende Tabelle zeigt, wie beispielsweise bei 300 E Std. und bei RÜF durch eine geänderte Steckerposition manche Beanstandungen behoben werden:

Stellung 1	Originalzustand
Stellung 2	Teillastverbrauch bei betriebswarmem Motor zu hoch
Stellung 3	Übergangsfehler bei betriebswarmem Motor
Stellung 4	Leichte Übergangsfehler im Warmlauf
Stellung 5	Gasannahme kalt schlecht
Stellung 6	Gasannahme und Übergang im Warmlauf schlecht
Stellung 7	Gasannahme kalt sehr schlecht und Fahrfehler im Warmlauf

Tempomat

Ist diese Sonderausstattung in Funktion, erhält das KE-Steuergerät eine Information. Bei Tempomatbetrieb ist keine Schubabschaltung mehr möglich.

Links: 1 – Luftmengenmesser; 2 – Drosselklappenschalter; 3 – Klappenstutzen; 4 – Drosselklappenhebel; 5 – Saugrohr.

Rechts: 1 – Leerlaufsteller am Vierzylinder.

Leerlaufdrehzahl-Regelung

Durch die elektronische Regelung werden stabile Leerlaufdrehzahlen erreicht. Drehzahleinbrüche infolge von Zusatzbelastungen am Motor, wie Servolenkung, das Einlegen einer Fahrstufe beim automatischen Getriebe oder durch den Kältekompressor der Klimaanlage werden verhindert.
Die Drehzahlregelung erfolgt mit dem Leerlaufsteller. Abhängig vom Stromfluß in seiner Spule ändert eine Blende den Öffnungsquerschnitt. Der Leerlaufsteller ist in einem Luftkanal zur Umgehung der Drosselklappe eingebaut. Die von der Blendenstellung abhängige Leerlaufluftmenge wird aber von der Stauscheibe mitgemessen und die entsprechende Kraftstoffmenge eingespritzt.
Die Ansteuerung des Leerlaufstellers erfolgt mit einer Rechteckspannung von einem seperaten Schaltkreis im Steuergerät. Durch Verändern des Schließwinkels bzw. des Tastverhältnisses (Seite 200) der Rechtecksignale ergeben sich die unterschiedlichen Spulenströme und damit Öffnungsquerschnitte. Die Spannung kann mit einem Schließwinkel-Tester gemessen werden. Fällt die Spannungsversorgung des Leerlaufstellers aus, wird die Blende durch Federkraft teilweise geöffnet, dadurch steigt die Leerlaufdrehzahl etwas an (Notlaufeigenschaft bei ausgefallener Elektronik).
Beim 230 E Std. hat der Leerlaufsteller zwei Wicklungen und eine Bypaßschraube, mit welcher die Drehzahl eingestellt werden kann.
Folgende Eingangssignale werden von der Regelung verarbeitet:
□ **Kühlmitteltemperatur:** Die Drehzahl wird temperaturabhängig geregelt. Bei – 30° C ist sie um ca. 200/min höher als bei Betriebstemperatur (über + 70° C).
□ **Leerlauferkennung:** Über den Mikroschalter am Gasgestänge wird die Regelung eingeschaltet.
□ **Geber am Luftmengenmesser:** Über das Spannungssignal erkennt die Regelung den momentanen Luftdurchsatz an der Stauscheibe. Bei falscher Drehzahl muß dieses Signal genau gemessen werden. Beim 230 E Std. wird das Signal nicht benützt.

Schnitt durch den Leerlaufsteller aller KAT-Fahrzeuge (Schaltplan Seite 124, sogenannter Einwicklungsdrehsteller): 84 – Spiralfeder; 85 – Achse; 86 – Magnetspule; 87 – Polrohr; 89 – Blende; 90 – Rückschlußscheibe; 91 – Hohlwelle.

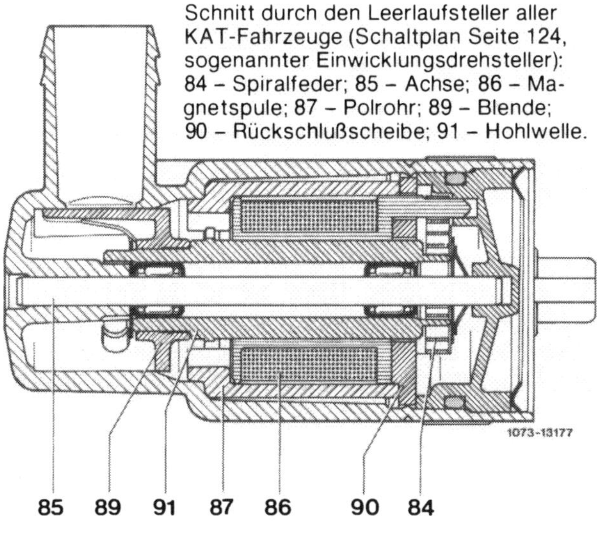

Der unten gezeigte Leerlaufsteller mit zwei Wicklungen (Schaltplan Seite 123) und Einstellschraube ist nur beim 230 E Std. eingebaut: 85 – Achse; 86 – Magnetspule; 88 – Einstellschraube; 89 – Blende; 90 – Permanentmagnet; a – Lufteintritt; b – Luftaustritt.

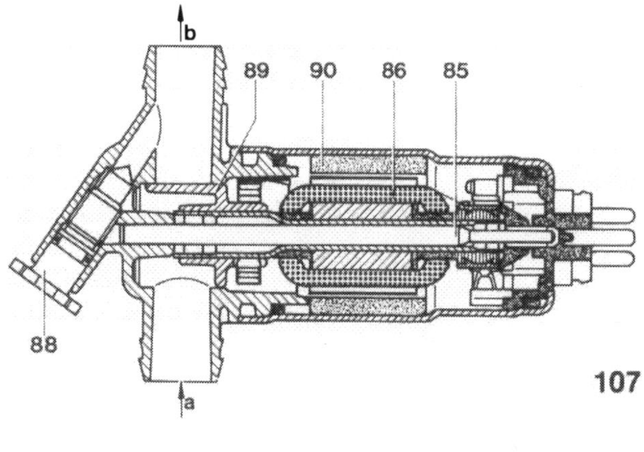

□ **Einschaltsignal Kältekompressor:** Das KE-Steuergerät bekommt vom Steuergerät des Kompressors (N6) verzögert ein Spannungssignal, sobald der Kompressor läuft. Der Leerlaufsteller ändert seinen Querschnitt ca. 350 Millisekunden, bevor der Kompressor zuschaltet, dadurch bleibt die Drehzahl beim Zuschalten konstant.
□ **Wählhebelstellung:** Bei automatischem Getriebe beeinflußt ein Signal vom Startsperr-Schalter am Getriebe die Regelung. In Stellung P und N am Wählhebel liegt eine Spannung am Steuergerät an. Beim Einlegen einer Fahrstufe fällt die Spannung ab, der Leerlaufsteller wird entsprechend angesteuert, und die Drehzahl sinkt nur um ca. 70–100/min.

Formen der Gemischanpassung

Alle Möglichkeiten der Gemischanpassung werden durch verschiedene Ströme im elektrohydraulischen Stellglied erreicht. Das Stellglied (Seite 101) beeinflußt dadurch den Differenzdruck und so die Kraftstoffzumessung zu den Einspritzventilen. Man kann den Strom im Stellglied und teilweise die Differenzdruckänderung messen. Ausgehend vom stöchiometrischen Kraftstoff/Luft-Verhältnis $\lambda = 1$ (Seite 64) wird das Gemisch angereichert (»fetter«) oder abgemagert.

Startanreicherung

Erkennt das Steuergerät den Motorstart, wird diese starke Anreicherung für ca. 1,5 Sekunden ausgelöst. Die Höhe der Anreicherung ist von der Kühlmitteltemperatur abhängig. Hat die Startanreicherung abgeschaltet, wirkt noch die Nachstartanreicherung zusätzlich zur temperaturabhängigen Warmlaufanreicherung. Der Strom im Stellglied bei Startanreicherung ist wegen der kurzen Dauer nicht meßbar.

Nachstartanreicherung

Damit wird der Motorlauf nach dem Start stabilisiert. Eine Motordrehzahl über ca. 450/min wird vom Steuergerät als Startende gewertet. Etwa 4 Sekunden nach Startende wird die Nachstartanreicherung ausgeschaltet. Dauer und Höhe der Anreicherung sind von der Kühlmitteltemperatur abhängig. Danach wirkt noch die temperaturabhängige Warmlaufanreicherung.
Der Strom im Stellglied wird bei einer simulierten Temperatur von 20° C gemessen. Der Wert ist vom Motor abhängig (siehe Prüfwerte).

Warmlaufanreicherung

Nach dem Motorstart wird bis zum Erreichen der Betriebstemperatur das Gemisch angereichert. Die Höhe bestimmt der Kühlmittel-Temperaturfühler. Je kälter der Motor ist, um so mehr wird angereichert. Man prüft den Strom im Stellglied bei einer simulierten Temperatur von 20 °C (Warmlaufgrundwert).

Beschleunigungsanreicherung

Die Höhe ist abhängig von: Motordrehzahl, Kühlmitteltemperatur und von der Stauscheiben-Stellung und -Bewegung. Mit steigender Kühlmitteltemperatur wird immer weniger angereichert und ab 80° C ganz abgeschaltet. Beim 230 E Std. wird die Anreicherung durch den Mikroschalter im Leerlauf ausgeschaltet. Durch den Geber am Luftmengenmesser wird der Belastungszustand des Motors erkannt. Ist z, B. die Stauscheibe weit ausgelenkt und erfolgt dabei nur eine langsame Drehzahländerung, ist der Motor stark belastet. Jetzt wird viel angereichert. Zusätzlich wird über die Stauscheiben-Bewegung die Änderung des Motorbelastungszustandes (Gasgebegeschwindigkeit) erkannt. Bei schneller Laständerung wird viel angereichert und umgekehrt.
Bei einer Kühlmitteltemperatur von + 20° C und wenn man schnell Gas gibt (Gasstoß), steigt der Strom im Stellglied um mindestens weitere 15 mA an. Dadurch sinkt der Unterkammerdruck im Kraftstoffmengenteiler bis auf ca. 3,8 bar ab.

Vollastanreicherung

Bei betriebswarmem Motor wird angereichert, wenn der Vollastkontakt im Drosselklappenschalter geschlossen ist (Vollgas). Die Höhe ist von der Motordrehzahl abhängig. Je niedriger die Drehzahl beim Schließen des Vollastkontaktes ist, um so mehr wird angereichert.

Schubabschaltung

Hat der Kontakt im Mikroschalter am Gasgestänge geschlossen (Gaspedal ganz entlastet), wird/um Kraftstoff zu sparen/die Einspritzung unterbrochen. Dabei beträgt die Stromstärke im elektrohydraulischen Stellglied etwa –60 mA (Stromrichtung umgekehrt). Der Unterkammerdruck wird dadurch gleich dem Systemdruck. Es fließt kein Kraftstoff mehr durch die Steuerschlitze, und die Membranen in den Druckdifferenzventilen verschließen die Zulaufbohrungen zu den Einspritzleitungen.

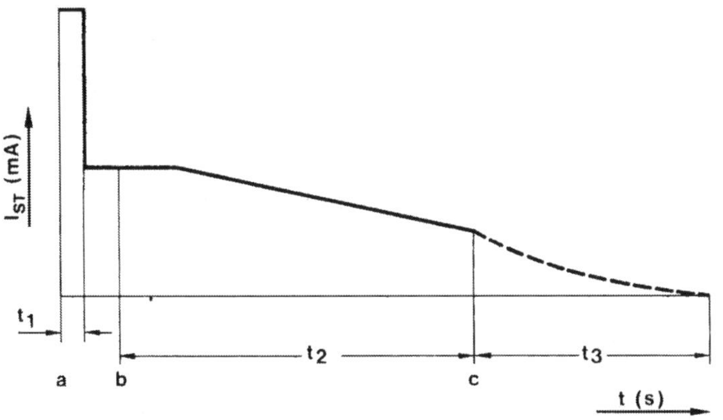

Hier ist dargestellt, wie das Gemisch für den kalten Motor nach dem Start bis zum Erreichen der Betriebstemperatur durch unterschiedlich starke Ströme im Stellglied angereichert wird. Die Kühlmitteltemperatur ist hierbei eine wichtige Steuergröße.
t_1 – Abregelzeit Startanhebung
t_2 – Abregelzeit Nachstartanhebung
t_3 – Abregelzeit Warmlaufanreicherung
a – Start
b – Startende, Abregelbeginn, Nachstartanhebung
c – Abregelende Nachstartanhebung

Damit die Schubabschaltung aktiv werden kann, muß nach dem Motorstart einmalig die Drehzahl von 1700/min überschritten werden. Nach der Schubabschaltung setzt die Einspritzung bei verschiedenen Drehzahlen wieder ein. Diese Wiedereinsetzdrehzahl ist von der Kühlmitteltemperatur abhängig. Außerdem hängt sie bei allen RÜF- oder KAT-Fahrzeugen vom Absinken der Drehzahl während der Schubabschaltung ab. Bei einem schnellen Drehzahlabfall setzt die Einspritzung bei höheren Drehzahlen wieder ein als bei einem langsamen Drehzahlabfall.
Bei Klimaanlage ist die Wiedereinsetzdrehzahl noch vom Betriebszustand des Kältekompressors abhängig. Bei Tempomatbetrieb ist keine Schubabschaltung möglich.

Drehzahlbegrenzung

Aus der Anzahl der TD-Signale (Seite 128) erkennt das Steuergerät die Motordrehzahl. Bei Erreichen der Höchstdrehzahl wird das Stellglied mit einem hohen Strom in umgekehrter Richtung angesteuert (ca. –60 mA).
Die Kraftstoffeinspritzung wird wie bei Schubabschaltung unterbrochen.

Teillastanpassung

Beim 300 E Std. und bei allen Motoren in RÜF-Ausführung erfolgt bei Kühlmitteltemperaturen über 65° C die Teillastanpassung. Hierbei wird das Gemisch in engeren Grenzen optimiert. Es ist leichtes Abmagern oder Anreichern möglich.
Über den Geber am Luftmengenmesser wird der augenblickliche Belastungszustand des Motors erkannt. Außerdem wird die Motordrehzahl berücksichtigt. Bei KAT-Fahrzeugen ersetzt die Lambda-Regelung die Teillastanpassung.

Lambda-Regelung

Die Lambda-Regelung ist in den Steuergeräten aller RÜF- bzw. KAT-Fahrzeuge programmiert. Abgerufen wird das Programm über den KE-Abgleichstecker mit der grünen Aufschrift »KAT«. Dieser ist bei Fahrzeugen mit geregeltem 3-Wege-Katalysator (Seite 67) eingebaut. Die Lambda-Regelung hat die Aufgabe, das Kraftstoff/Luft-Verhältnis (Seite 64) in möglichst engen Grenzen an $\lambda = 1$ zu halten, damit der Katalysator die Schadstoffe im Abgas am besten umsetzt. Meßfühler für die Lambda-Regelung ist die Lambdasonde (Seite 66) im Auspuff. Sie erkennt über den Restsauerstoff im Abgas, ob das Gemisch abgemagert oder angereichert werden muß, um $\lambda = 1$ zu halten.
Aus dem Sondensignal bestimmt das Steuergerät einen Strom für das elektrohydraulische Stellglied. Da die Gemischzusammensetzung ständig korrigiert wird, pendelt der Strom mit ca. ± 10 mA (möglichst gleich weit) um die 0-Ampere-Marke. Bei 0-Ampere wird $\lambda = 1$ bereits von der mechanischen Gemischaufbereitung grob vorgegeben.
Die mechanische Voreinstellung von $\lambda = 1$ erfolgt mit der Gemisch-Regulierschraube. Ist ihre Einstellung grob falsch (oder z. B. bei Nebenluft) und das Gemisch dadurch maximal mager oder fett, kann auch die Lambda-Regelung kein optimales Gemisch mehr erreichen. Man er-

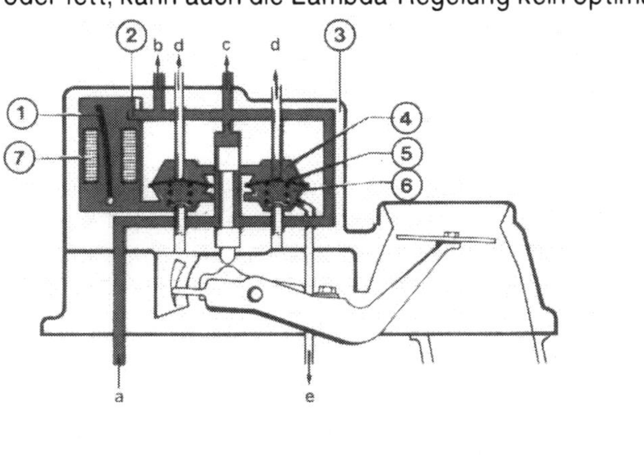

Schnitt durch den Kraftstoffmengenteiler bei Schubabschaltung. Es bedeuten: 1 – Ventilplatte; 2 – Zulaufdüse; 3 – Mengenteiler; 4 – Oberkammer; 5 – Membran; 6 – Unterkammer; 7 – Spule. Bei Schubabschaltung und Drehzahlbegrenzung fließt ein starker Strom in umgekehrter Richtung durch das Stellgleid. Dadurch gibt die Ventilplatte die Zulaufdüse ganz frei und der Systemdruck wird gleich dem Unterkammerdruck. Die Druckfedern in den Unterkammern drücken jetzt die Membranen dicht gegen den Zulauf zu den Einspritzventilen (d).

kennt es daran, daß der Strom stark einseitig um die 0-Ampere-Marke pendelt oder ständig auf ca. −10 mA (Mager-Anschlag) bzw. +10 mA (Fett-Anschlag) steht.
Um das Messen der Lambda-Regelung zu vereinfachen (Ströme im Stellglied werden nur bei Fehlern gemessen), erzeugt das Steuergerät ein Lambda-Meßsignal. Dieses kann zwischen Buchse 3 der Diagnosedose und Masse mit einem Schließwinkel-Tester gemessen werden. Es handelt sich dabei um eine Rechteckspannung. Der Schließwinkel der einzelnen Spannungssignale ändert sich im Takt der Lambda-Regelung ständig.
Die Lambda-Regelung ist nicht immer in Betrieb, so daß die Abgasreinigung dann etwas eingeschränkt ist. Bei angereichertem Gemisch, also Luftmangel ($\lambda < 1$), werden vom Katalysator die Stickoxide aber noch gut umgewandelt, jedoch Kohlenmonoxid und Kohlenwasserstoffe nur noch teilweise. Bei folgenden Bedingungen ist die Lambda-Regelung kurz ausgeschaltet:

- □ Bis zum Erreichen der Betriebstemperatur der Lambdasonde (Seite 66) bzw. bei defekter Sonde.
- □ Bei Schubabschaltung, wenn ohnehin kein Kraftstoff eingespritzt wird und so auch keine Verbrennung stattfindet.
- □ Bei Vollast (Gaspedal ganz durchgetreten). Die Lambda-Regelung würde die Vollastanreicherung wieder aufheben und es käme zu Motorruckeln. Aber umweltbewußte Fahrer rasen ohnehin nicht mit Dauervollgas durch die Gegend.
- □ Bei Beschleunigungsanreicherung
- □ Wenn unter + 15° C gestartet wird, bis eine Kühlmitteltemperatur von 40° C erreicht ist.

Umbau von RÜF nach KAT

Ist Ihnen die Versorgung mit bleifreiem Kraftstoff inzwischen ausreichend, wollen Sie Steuern sparen, oder plagt Sie Ihr Umweltgewissen, kann ein RÜF-Fahrzeug zum KAT-Fahrzeug umgebaut werden. Dabei wird in der Werkstatt folgendes durchgeführt:

- □ Die bleiempfindlichen Teile Katalysator und Lambdasonde werden eingebaut.
- □ Am Einfüllstutzen des Tanks wird ein enger Führungstrichter eingebaut, damit nur noch bleifreier Kraftstoff getankt werden kann.
- □ Es wird der KE-Abgleichstecker mit der grünen Aufschrift »KAT« eingebaut. Dadurch wird die Lambda-Regelung im Steuergerät eingeschaltet. Der Stecker wird in Stellung »1« plombiert.
- □ Die Lambda-Regelung wird eingestellt.
- □ Der Abgleichstecker der EZL-Zündanlage mit der Aufschrift »EZL-KAT« wird eingebaut (Seite 130).
- □ Das Motordatenschild wird ausgetauscht.
- □ Ein Formular wird ausgefüllt, damit die Fahrzeugpapiere bei der Zulassungsstelle geändert werden und damit die Steuerbefreiung in Kraft tritt.

Fehlersuche in der KE-Einspritzanlage

Die Sache ist nicht einfach. Zuerst einmal sicherstellen, daß die Zündanlage fehlerfrei arbeitet. Viele Selbstpfleger werden sich bei der Fehlersuche wohl auf einige Sichtprüfungen und einfachere Kontrollarbeiten beschränken müssen. Wer Schaltpläne (Seite 123 und 124) lesen kann, die Gesamtfunktion der Anlage verstanden hat und einige Meßgeräte besitzt, kann Teile der Elektrik prüfen. Hierzu wird am besten ein digitales Vielfachmeßgerät verwendet, denn auch kleine Ströme (ca. 10 mA) und Widerstände (z. B. 20 Ω) sind gut ablesbar. Außerdem ist die Änderung der Stromrichtung leicht zu erkennen und zu messen. Will man an der Buchse 3 der Diagnosedose das Lambda-Meßsignal prüfen bzw. an der Buchse eine Fehlerausgabe erkennen oder die Leerlaufdrehzahl-Regelung prüfen, braucht man einen Schließwinkel-Tester, mit dem die Rechteckspannung und die Drehzahl gemessen werden kann. Ein Zeigermeßgerät ist hier besser, denn das Pendeln bei Lambda-Regelung ist gut zu erkennen. Das Gerät soll einen Meßbereich bis 90° haben (entspricht 100% bei Meßgeräten mit %-Anzeige). Für das Messen der Kraftstoffdrücke braucht man ein Manometer bis ca. 6–10 bar Meßbereich. Die erforderlichen Anschlußschläuche fertigt man sich selbst.

Allgemeine Fehlersuche

Nebenluft

Luftseitige Undichtigkeiten nach der Stauscheibe bringen die Gemischaufbereitung durcheinander. Gelangt Luft in den Motor, ohne daß sie von der Stauscheibe erfaßt wird, magert das Gemisch ab. Am deutlichsten erkennt man die Störung im Leerlauf an schwankender Drehzahl, es kann aber auch zu Klingelerscheinungen bei voll belastetem Motor kommen. Nebenluft und die verursachende undichte Stelle läßt sich recht einfach erkennen.

■ Motor warmfahren und anschließend im Leerlauf drehen lassen, Haube öffnen.
■ Mit einer Startkraftstoff-Spraydose (z. B. »Startpilot«) Schläuche, Saugrohr und Leitungen zu den unterdruckgesteuerten Aggregaten (z. B. Bremskraftverstärker, Zündschaltgerät) ansprühen.
■ Dreht der Motor beim Besprühen einer bestimmten Stelle höher, liegt dort die Undichtigkeit vor.
■ Prüfen Sie auch die Dichtungen an den Einspritzventilen.
■ Beim Ansprühen die Schläuche etwas bewegen bzw. drücken, dann werden Risse besser entdeckt.

Elektrik

■ Luftfilter ausbauen.
■ Alle Steckverbindungen zu den einzelnen Gebern auf festen Sitz prüfen.
■ Zündung ausschalten.
■ Prüfen, ob der 25polige Stecker fest auf dem Steuergerät sitzt.
■ Stecker abziehen und Meßgerät an seine Buchsen 1 und 2 anschließen. Beim Einschalten der Zündung müssen 12 V anliegen. Wenn nicht, die Sicherung auf dem Überspannungsschutz (Seite 204) prüfen. Stecker nur bei ausgeschalteter Zündung wieder einstecken.
■ Fördert die Kraftstoffpumpe (Seite 99 und 114). Laufgeräusch hörbar?

Kraftstoffleitungen

Luftfilter abnehmen. Hängen Kraftstofftropfen an den Schraubverbindungen? Besser läßt sich dies feststellen, wenn das System unter vollem Betriebsdruck steht. Dazu den Motor ca. 10 Sekunden laufen lassen.
■ Immer noch alles dicht?
■ Prüfen Sie, ob der Steuerkolben im Mengenteiler nach unten hin dicht ist: Dazu die Stauscheibe ganz nach unten drücken und nachschauen, ob im Luftführungsgehäuse viel abgetropftes Bezin sichtbar wird. Wenn ja, Dichtring unten am Steuerkolben erneuern lassen. Geringe Undichtheit ist zulässig.

Stauscheibe

Wurde das System nach der oben beschriebenen Methode unter Druck gesetzt, prüft man auch gleich die Stauscheibe.
■ Die Stauscheibe von Hand nach unten drücken – es muß ein gleichmäßiger Widerstand spürbar sein.
■ Bei schneller Aufwärtsbewegung darf kein Widerstand zu spüren sein, weil der Hebel vom träg folgenden Steuerkolben abhebt.
■ Bei langsamer Aufwärtsbewegung hingegen folgt der Steuerkolben.
■ Die Stauscheibe darf nicht am Gehäuserand des Luftmengenmessers streifen.
■ Ihre Nullage muß stimmen (Zeichnung unten rechts).

Fingerzeige: *Drückt man die Stauscheibe nach unten, während im System Kraftstoffdruck besteht, wird Kraftstoff eingespritzt. Dies sind bei abgestelltem Motor aber nur höchstens 20 cm³ aus dem Kraftstoffspeicher. Danach ist der Druck abgebaut. Drückt man bei laufendem Motor die Stauscheibe hinunter, geht der Motor sofort aus, denn es wird bei geschlossener Drosselklappe zuviel Kraftstoff eingespritzt.*
Läuft die Kraftstoffpumpe durch Überbrücken am Kraftstoffpumpenrelais (Seite 114) bei stehendem Motor, dürfen Sie die Stauscheibe nur kurz nach unten drücken, damit nicht zuviel Kraftstoff in die Zylinder eingespritzt wird.

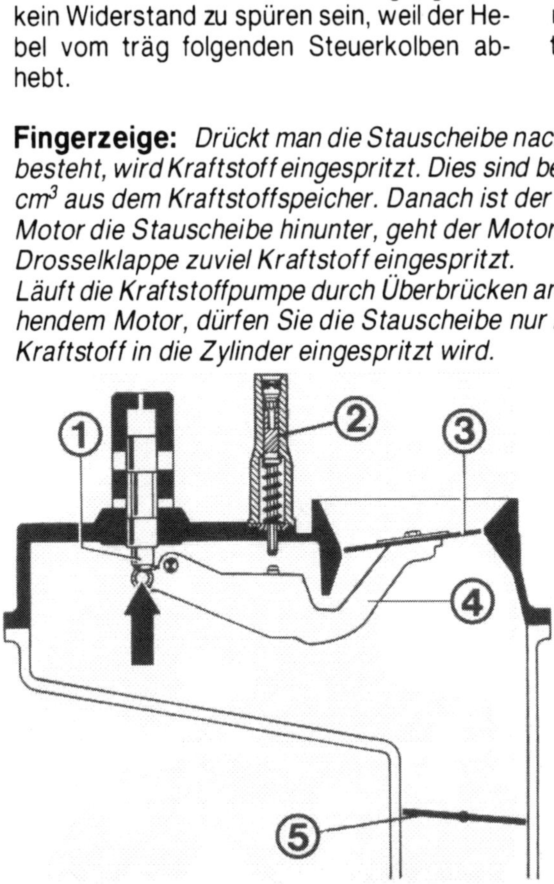

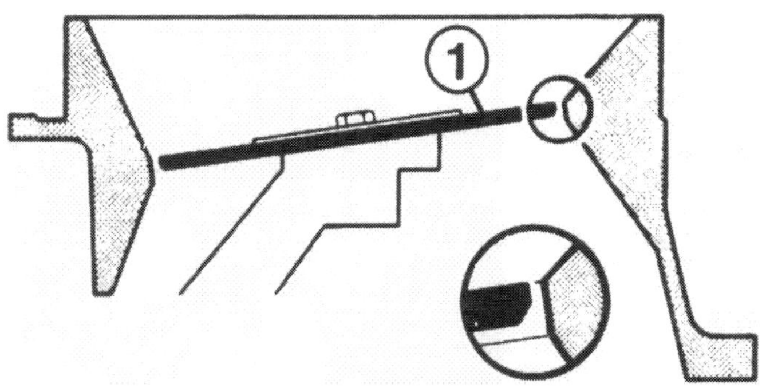

Links: 1 – Steuerkolben; 2 – Gemischregulierschraube; 3 – Stauscheibe; 4 – Verstellhebel; 5 – Drosselklappe.
Rechts: Die Nullage (Ruhelage) der Stauscheibe wird direkt unter dem Anschlagbügel geprüft. Damit Systemdruck aufgebaut ist, die Buchsen 7 und 8 am Kraftstoffpumpenrelais kurz überbrücken. Die Oberkante (1) der Stauscheibe und der Anfang des zylindrischen Teils im Lufttrichter müssen sich gegenüber stehen. Eine höhere Lage der Scheibe von 0,2 mm ist zulässig. In dieser Stellung ist ein Spiel vom 1–2 mm bei Drücken der Stauscheibe vorhanden, bis der Verstellhebel am Steuerkolben anliegt.

Kraftstoffdrücke prüfen

Stimmen die Druckwerte nicht, kann auch die Einspritzanlage nicht richtig arbeiten. Die Druckprüfungen sind deshalb vor einer elektrischen Fehlersuche nacheinander durchzuführen.

Für die Prüfungen braucht man ein Manometer mit 6–10 bar Meßbereich. Es wird über selbst angefertigte Schläuche wie folgt angeschlossen:

□ **Systemdruck messen:** Kraftstoffleitung am Kaltstartventil abschrauben und daran die Schlauchleitung zum Manometer mittels Schlauchschelle anschließen.

□ **Unterkammerdruck messen:** Seitlich am Kraftstoffmengenteiler ist der Prüfanschluß mit einer Verschlußschraube verschlossen. Die Schraube herausdrehen und dort das Manometer über den Stutzen Teilnummer 102 589 06 63 00 mit Gewinde M 8 × 1 anschließen (Selbstanfertigung, evtl. bei Bosch-Dienst oder Werkstatt erhältlich).

Systemdruck

■ Luftfilter ausbauen.

■ Manometer an Leitung zum Kaltstartventil anschließen.

■ Zündung ausschalten.

■ Kraftstoffpumpenrelais hinter der Batterie ausstecken und die Buchsen 7 und 8 (entspricht Klemmen 30 und 87) am Stecksockel überbrücken, damit die Kraftstoffpumpe läuft.

■ Systemdruck ablesen und notieren. Er muß 5,3–5,5 bar betragen.

■ Wert zu niedrig: Förderleistung der Kraftstoffpumpe prüfen (Seite●). Ist die Förderleistung in Ordnung, den Membrandruckregler erneuern.

■ Wert zu hoch: Rücklaufleitung zum Tank am Membrandruckregler abschrauben. Stimmt jetzt der Wert, ist die Leitung verstopft. Bleibt der Wert falsch, den Membrandruckregler erneuern.

■ Versuchsweise noch die dünne Entlüftungsleitung hinten am Membrandruckregler abziehen. Tritt Kraftstoff aus, ist die Membran im Regler defekt. Ist die Entlüftungsleitung abgeknickt oder verstopft, kann sich die Membran nicht richtig bewegen.

Haltedruck

Stimmt der Haltedruck nicht, kann dies zu Heißstartproblemen führen. Das Manometer gleich anschließen wie beim Messen des Systemdrucks. Kraftstoffpumpe laufen lassen, bis Systemdruck erreicht ist. Dann Kraftstoffpumpe durch Entfernen der Brücke am Kraftstoffpumpenrelais abschalten. Das Manometer beobachten:

■ Der richtige Haltedruck beträgt ca. 2,8 bar. Nach 30 Minuten sollen es noch ca. 2,5 bar sein.

■ Fällt der Druck schnell ab, ist das Rückschlagventil in der Kraftstoffpumpe defekt.

■ Fällt der Druck langsam ab, nacheinander folgendes prüfen:

■ Nullage der Stauscheibe.

■ Rücklaufleitung zum Tank am Membrandruckregler abschrauben. Es darf kein Kraftstoff herausfließen (langsames Tropfen ist in Ordnung). Sonst den Membrandruckregler erneuern.

■ Leckleitung am Kraftstoffspeicher abklemmen und abziehen. Fließt aus dem Kraftstoffspeicher viel Kraftstoff, ist seine Membran undicht. Der Speicher muß ersetzt werden.

■ Zuletzt die Dichtheit des Kaltstartventils und der Einspritzventile prüfen.

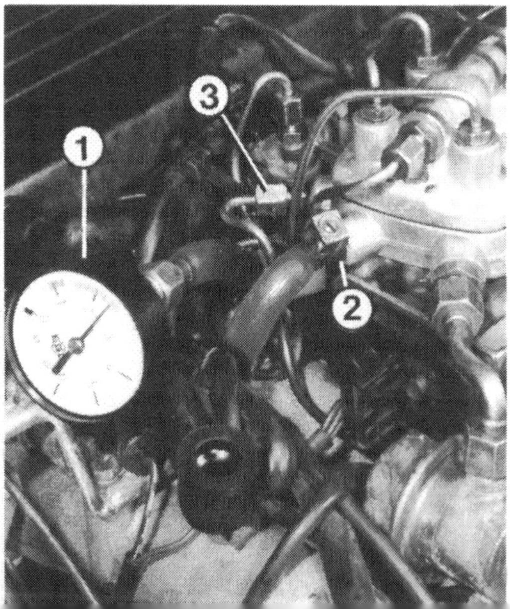

Druckmessungen können schnell einen Fehler aufdecken. Hier wird mit einem alten 6 bar-Manometer einer Heizölpumpe und selbstgefertigten Meßleitungen geprüft. Wegen der mangelnden Güteklasse des Manometers kann zwar nicht genau gemessen werden, doch die Größenordnung wird erkannt. **Links:** Der Systemdruck wird am Anschluß der Leitung zum Kaltstartventil (2) gemessen. **Rechts:** An einem besonderen Meßanschluß (2) mit Gewinde M8×1 wird der Unterkammerdruck geprüft. 3 – Anschluß der Steuerleitung.

Fingerzeig: *Bei der KE-Einspritzanlage gilt es als normal, daß der Anlasser bis zu 4 Sekunden drehen muß, bevor der Motor anspringt. Verwechseln Sie dies nicht mit Heißstartproblemen.*

Unterkammerdruck

- Motor warmfahren.
- Luftfilter ausbauen.
- Manometer am Kraftstoffmengenteiler anschließen.
- Zündung ausschalten.
- Kraftstoffpumpenrelais hinter der Batterie ausstecken und die Buchsen 7 und 8 überbrücken, damit die Pumpe läuft.
- Unterkammerdruck ablesen. Er muß 0,3–0,45 bar (sogenannter Differenzdruck) unter dem Systemdruck liegen. Stimmt der Wert nicht, die Drossel in der Steuerleitung prüfen (nächster Abschnitt).
- Unterkammerdruck bei Schubabschaltung: Betriebswarmen Motor starten und kurzfristig Drehzahl auf 3000/min erhöhen. Beim Loslassen des Gasgestänges bzw. beim Absinken der Drehzahl muß der Unterkammerdruck gleich dem vorher gemessenen Systemdruck sein. Andernfalls die Schubabschaltung elektrisch prüfen.
- Unterkammerdruck bei Beschleunigungsanreicherung: Prüfwiderstand mit 2,5 kΩ zwischen der Leitung am Temperaturfühler und Masse anschließen (Simulation 20° C Kühlmitteltemperatur). Motor starten und Drehzahl stoßartig auf ca. 3000/min erhöhen. Dabei fällt der Unterkammerdruck bis zu ca. 3,8 bar.

Drossel in der Steuerleitung prüfen

Im Kraftstoffmengenteiler ist am Ausgang der Unterkammern eine Drossel eingebaut, welche für den konstruktiv vorgegebenen Differenzdruck von ca. 0,4 bar sorgt. Der Kraftstoff aus den Unterkammern fließt durch die Drossel und die dünne Steuerleitung zum Membrandruckregler.

- Motor warmfahren.
- Luftfilter ausbauen.
- Steuerleitung am Mengenteiler abschrauben und über eine Schlauchleitung in einen Meßbecher hängen.
- Leitung vom Druckregler verschließen.
- Die Batteriespannung muß über 11,5 V liegen.
- Kraftstoffpumpenrelais ausstecken und durch Überbrücken der Buchsen 7 und 8 die Kraftstoffpumpe genau eine Minute laufend fördern lassen.
- In dieser Zeit müssen aus der Steuerleitung 130–150 cm³ Kraftstoff fließen.
- Kommt zu wenig, den Kraftstoffmengenteiler erneuern.
- Kommt zu viel, zuerst das Stellglied erneuern. Kommt dann immer noch zu viel, muß der Kraftstoffmengenteiler getauscht werden.

Mengenvergleich

Diese Prüfung wird dann durchgeführt, wenn mit allen anderen Prüfungen die Ursache für einen unrunden Motorlauf nicht gefunden wurde.

- Luftfilter ausbauen.
- Einspritzleitung von jedem Einspritzventil abschrauben und jeweils in geeignete Meßgefäße (ca. 100 cm³) hängen.
- Kraftstoffpumpenrelais abziehen und die Buchsen 7 und 8 miteinander verbinden, damit Kraftstoff gefördert wird.
- Die Stauscheibe für einige Sekunden weit nach unten auslenken, bis aus allen Leitungen Kraftstoff kommt (Entlüften der Leitungen).
- Meßgefäße leeren.
- Stauscheibe für eine Minute so weit auslenken, bis etwa 50 cm³ Kraftstoff in die Meßgefäße geströmt ist.
- Stauscheibe loslassen. Meßgefäße wegnehmen und die Brücke am Kraftstoffpumpenrelais abziehen.
- Die Inhalte der Meßgefäße mit einem Meßglas prüfen: Die kleinste Menge und die größte Menge dürfen sich nur um max. 10 % unterscheiden. Ansonsten den Kraftstoffmengenteiler erneuern.

Einspritzventile prüfen

Die Einspritzventile sind für die Kraftstoffzerstäubung zuständig. Wenn die Ventilnadel bereits unter 3 bar öffnet, die Strahlbildung schlecht ist oder man das Ventil nicht schnarren

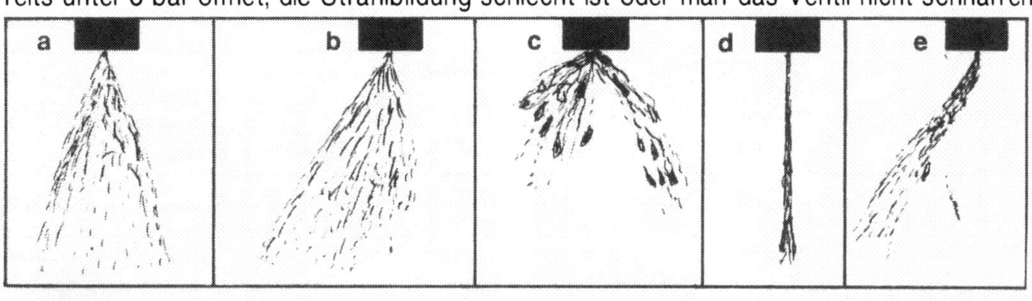

Die Einspritzventile müssen schnarren und gute Strahlbildung (a) zeigen. Ein leicht einseitiger Strahl (b) ist zulässig. Ventile mit Tropfenbildung (c), Schnurstrahl (d) oder strähnigem Strahl (e) erneuern.

hört, ist Ersatz fällig. Die Ventile sind mit einem Halter gesichert. Die Einspritzleitungen werden mit ca. 12 Nm festgeschraubt.

- Luftfilter ausbauen.
- Einspritzleitung an einem Ventil abschrauben.
- Halter abschrauben und Ventil aus Gummisitz ziehen.
- Ventil anschließen, in ein Glasgefäß halten und Motor starten.
- Strahl beurteilen. Evtl. etwas Gas geben.
- Schnarren hörbar?
- Motor abstellen. Dabei sinkt der Systemdruck auf den Haltedruck von ca. 2,8 bar. Bei diesem Druck muß das Ventil geschlossen haben.
- Nacheinander alle Einspritzventile prüfen.
- Zum Einbau den Gummisitz mit Kraftstoff anfeuchten, damit das Ventil leichter reinrutscht.

Kaltstartventil prüfen

- Das Ventil oben am Saugrohr ausbauen.
- Stecker abziehen.
- Kraftstoffleitung zum Ventil ist angeschlossen.
- Motor laufen lassen. Dabei darf am Ventil kein Kraftstoff austropfen. Ein undichtes Ventil kann die Ursache für unrunden Motorlauf und hohen Kraftstoffverbrauch sein.
- Legt man an die Anschlüsse 12 V an, muß das Ventil öffnen.
- Wie die Ansteuerung des Ventils überprüft wird, siehe unter »Kraftstoffpumpenrelais prüfen«.
- Ventil mit Dichtung einbauen.

Kraftstoffpumpe prüfen

Die Kraftstoffpumpe hat in allen Betriebszuständen des Motors für einen ausreichenden Systemdruck zu sorgen. Bei der Prüfung muß der Tank mindestens halb gefüllt sein.

- Kraftstoffpumpenrelais hinter der Batterie ausstecken und den Strom zwischen den Buchsen 7 und 8 messen. Liegt die Stromaufnahme der laufenden Pumpe über 10 A, muß die Pumpe erneuert werden.
- Kraftstoffrücklaufleitung des Membrandruckreglers von ihrer Rohrleitung abschrauben und in einen Meßbecher halten.
- Kraftstoffpumpe laufen lassen durch Überbrücken der Buchsen 7 und 8 am Stecksockel des Pumpenrelais.
- In spätestens 40 Sekunden muß 1 Liter Kraftstoff gefördert werden. Sonst folgendes prüfen:
- Bei drehender Pumpe müssen mindestens 11,5 V an den Pumpenanschlüssen anliegen. Evtl. Leitungen und Masseanschluß auf Übergangswiderstände absuchen.
- Kraftstoffsieb im Zulauf des Kraftstoffmengenteilers verstopft oder Kraftstoffleitungen gequetscht?
- Tankentlüftung (über Kraftstoffverdunstungsanlage) in Ordnung? Zur Kontrolle Förderleistung bei abgenommenem Tankdeckel prüfen.
- Leckleitung am Kraftstoffspeicher abklemmen. Bei defekter Membran fließt ein Teil Kraftstoff gleich über diese Leitung in den Tank zurück. Wird jetzt genügend gefördert, den Kraftstoffspeicher erneuern.
- Kraftstoffilter erneuern.
- Kraftstoffpumpe erneuern, wenn Förderleistung immer noch zu gering.

Fingerzeige: *Beim 230 E Std. wurde bis ca. 7/85 eine Pumpe mit kleinerer Förderleistung (Bosch-Nummer 0 580 254 951) eingebaut. Sie pumpt einen Liter in 50 Sekunden.*

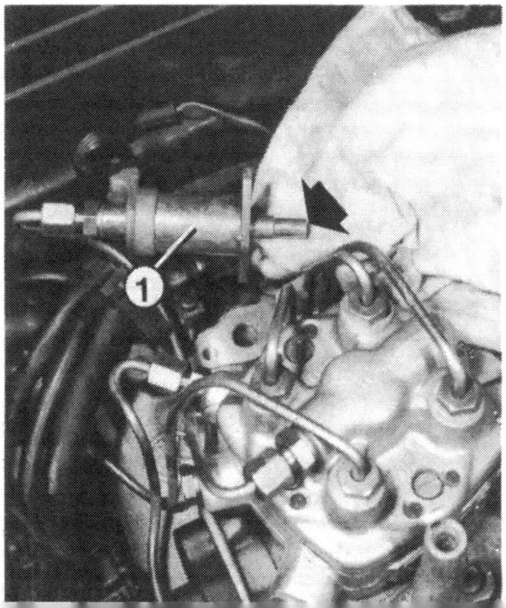

Links: Das Kaltstartventil (1) darf nicht tropfen (Pfeil).

Rechts: Zum Prüfen der Kraftstoffpumpe Rücklauf (1) lösen und Prüfschlauch (2) mit Gefäß am Membrandruckregler anschließen.

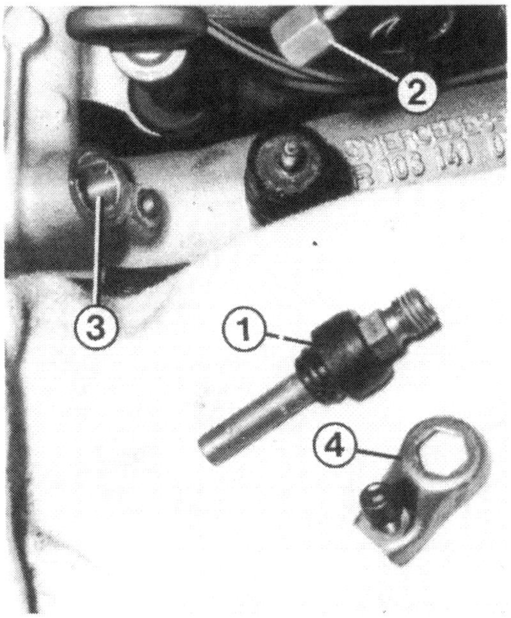

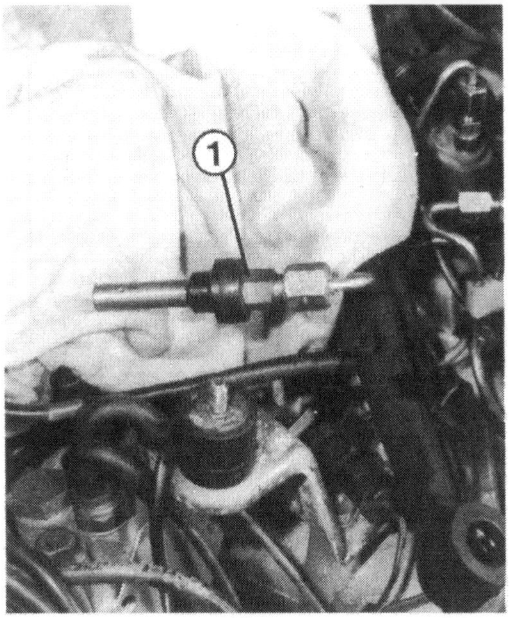

Achtung! Immer, wenn Kraftstoff austritt, auf die hohe Entzündungsgefahr achten!

Links: 1 – Einspritzventil; 2 – Einspritzleitung; 3 – luftumfaßter Ventilsitz beim Sechszylinder; 4 – Halter.

Rechts: Zum Prüfen das Einspritzventil (1) ausbauen und Leitung wieder anschließen.

Beim 300 TE sind zwei Pumpen in Reihe eingebaut. Um herauszufinden, welche Pumpe defekt ist, wird der Druck in der Verbindungsleitung zwischen den beiden Pumpen gemessen. Liegt der Wert unter 2 bar, ist die erste Pumpe defekt. Liegt er über 4 bar, ist es die zweite Pumpe.
Läuft die Pumpe nicht und ist so kein Systemdruck vorhanden, startet der Motor auch beim Anschieben oder Anschleppen nicht.

Kraftstoffilter erneuern

Wartung Nr. 31

Alle 60 000 km muß dieses Bauteil erneuert werden. Ist es zu sehr verstopft, kann der Systemdruck z. B. bei Vollast etwas absinken, und die volle Motorleistung wird nicht mehr erreicht. Der Filter ist zusammen mit Speicher und Pumpe vor der Hinterachse eingebaut.

- Wagen hinten hochbocken und sichern.
- Tankdeckel kurz abnehmen, damit sich der Druck im Tank abbaut.
- Minuspolklemme an Batterie lösen.
- Abdeckung vor Hinterachse ausbauen.
- Kraftstoffzulaufschlauch vom Tank zur Pumpe und den Druckschlauch zur Kraftstoffleitung abklemmen (z. B. mit kleinen Schraubzwingen).
- Rohrleitung am Filter abschrauben. Neue Dichtringe bei der Montage verwenden.
- Filter vom Halter abschrauben.
- Kunststoffteile wieder einbauen, sonst kommt es schnell zu Korrosionsschäden.
- Nach Einbau den Motor starten und Dichtheit prüfen.

Gasgestänge bzw. Zug einstellen

Bei falscher Einstellung schalten Drosselklappenschalter und Mikroschalter nicht richtig. Die davon abhängigen Funktionen zeigen dann Fehler.

- Luftfilter ausbauen.
- Gestänge zum Stellmotor bei Tempomat aushängen.
- Gaszug vom Umlenkhebel (Sechszylinder) bzw. Kulissenhebel (Vierzylinder) aushängen.

Links: Gasgestänge beim Sechszylinder. 1 – Umlenkhebel; 2 – Verbindungsstange; 3 – Mikroschalter; 4 – Einstellschraube an der Gaszugabstützung; 5 – Verbindungsstange zur Drosselklappe; 6 – Rolle in Kulissenbahn; 7 – Zwischenhebel; 8 – Kulissenhebel; Pfeil – Bohrung für Steuerzug (Automatik). **Rechts:** Gasgestänge beim Vierzylinder. 1 – Mikroschalter; 2 – Kulissenhebel; 3 – Gaszug; 4 – Rolle (in der Endstellung der Kulissenbahn); 5 – Steuerzug (Automatik); 6 – Kugelkopf.

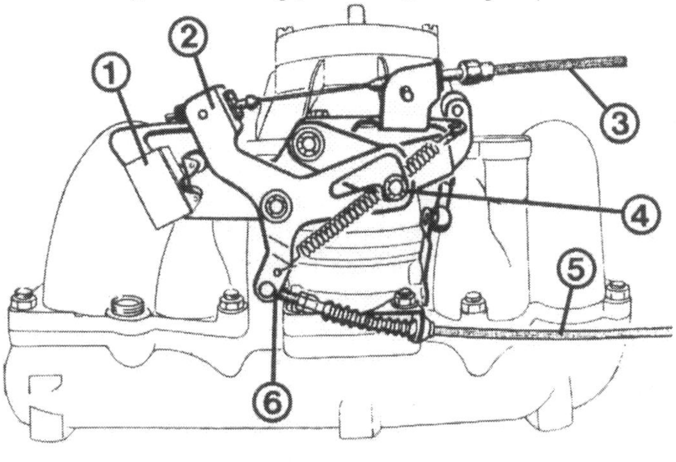

■ Die Rolle in der Kulissenbahn muß jetzt gerade spielfrei am Ende der Bahn anliegen. Wenn nicht die Länge der Verbindungsstange zur Drosselklappe verstellen.

■ Gaszug einhängen und seine Länge mit der Einstellschraube über dem Gaspedal so einstellen, daß der Zug den Kulissen- bzw. Umlenkhebel gerade noch nicht bewegt.

■ Bei stehendem Motor Vollgas geben (bei Automatik kein Kickdown geben): Jetzt muß der Drosselklappenhebel seinen Vollgasanschlag erreichen. Wenn nicht, die Einstellschraube an der Abstützung des Zuges verdrehen.

■ Der Mikroschalter muß bei entlastetem Gaspedal geschlossen haben. Gibt man langsam Gas, muß der Kontakt sofort öffnen – noch bevor sich die Drosselklappe bewegt.

Leerlauf und Abgas prüfen (AU)

Wartung Nr. 4

Bei dieser Arbeit wird die Leerlaufdrehzahl-Regelung getestet. Dazu den Motor starten und nacheinander sämtliche Zusatzbelastungen, wie Servolenkung, Klimaanlage und eingelegte Fahrstufe bei automatischem Getriebe, zuschalten. Dabei die jeweils gültigen Drehzahlwerte überprüfen. Der Motor darf nicht ausgehen. Stimmen die Drehzahlen nicht, die Drehzahl-Regelung überprüfen (Seite 118). Nur beim 230 E Std. gibt es noch eine Einstellmöglichkeit für die Leerlaufdrehzahl am Leerlaufsteller.

Die Einstellung des Abgases (Werkstattarbeit) erfolgt bei KAT-Fahrzeugen über die Lambda-Regelung – hierzu wird kein CO-Meßgerät benötigt. Bei den anderen Fahrzeugen wird der CO-Gehalt am Auspuffende gemessen.

■ Motor durch 10 Minuten gemäßigte Fahrt warmfahren.

■ Klimaanlage ausschalten.

■ Wählhebel bei Automatik auf »P«.

■ Zündzeitpunkt prüfen (Seite 135 bzw. 144).

■ **Bei KAT:** Schließwinkel-Tester an Buchse 3 der Diagnosedose und Masse anschließen. Gerät immer auf »4-Zylinder« stellen.

■ Die Anzeige muß jetzt pendeln. Wenn nicht, Lambda-Regelung prüfen (Seite 122) und Hinweise auf Seite 109 lesen. Evtl. ist das Gemisch grob falsch, und die Lambda-Regelung hängt am Mager- oder Fett-Anschlag.

■ Die Absaugleitung vom Aktivkohlebehälter der Kraftstoffverdunstungsanlage (Seite 98) am Drosselklappenstutzen abziehen. Den Anschluß am Stutzen verschließen. So wird eine Gemischanreicherung aus dem Aktivkohlebehälter verhindert.

■ Motor mit ca. 2500/min drehen lassen und ablesen, um welchen Mittelwert die Anzeige pendelt. Konstruktiv bedingt ergibt sich bei mittlerer Drehzahl ein sehr guter Abgaswert.

■ Jetzt den Mittelwert bei Leerlaufdrehzahl ablesen. Er soll beim 230 E KAT bei 45 ± 9° liegen. Die Mittelwerte bei 2500/min und bei Leerlauf dürfen höchstens um ± 10 % auseinanderliegen.

■ Ist die Abweichung größer, die Gemischregulierschraube am Luftmengenmesser mit einem Schraubenzieher verdrehen. Sie wird durch die Bohrung im Luftfilter erreicht. Den Sicherungsstopfen kann man an einer eingedrehten Holzschraube herausziehen. Dreht man die Gemischregulierschraube rechts herum weiter hinein, senkt sich die Stauscheibe, und das Gemisch wird »fetter«. Dadurch sinkt der Mittelwert, denn die Lambda-Regelung reagiert mit dem Befehl »abmagern«.

■ Bei KAT-Fahrzeugen ergibt sich bei Lambda-Regelung und unbeschädigtem Katalysator (Seite 67) automatisch ein CO-Anteil am Auspuffende von weniger als 0,5 %.

■ **Bei RÜF-Fahrzeugen** und beim 230 E/300 E Std. wird mit einem CO-Meßgerät am Auspuffende der CO-Anteil im Leerlauf geprüft: Soll-Wert **1 ± 0,5 %.** Ggf. wird an der Gemischregulierschraube, wie oben beschrieben, gedreht.

Abgas-Untersuchung (AU)

Für Fahrzeuge mit geregeltem Katalysator ist drei Jahre nach Erstzulassungsdatum und darauf alle zwei Jahre eine Abgas-Untersuchung vorgeschrieben, bei der auch die Zündeinstellung und die Wirksamkeit des Katalysators geprüft wird. Fahrzeuge ohne bzw. mit ungeregeltem Kat müssen jährlich zur AU. Wenn für den Mercedes eine »Fahrzeug-Hauptuntersuchung« beim DEKRA oder TÜV ansteht, muß zuerst die Abgas-Untersuchung erfolgen. Das geht nach unseren Erfahrungen am schnellsten in der Marken-Werkstatt.

Bei der AU muß die Auspuffanlage intakt sein, und am Ansaugrohr darf keine »Falschluft« eintreten können. Stellen Sie außerdem sicher, daß der Luftfilter sauber ist sowie der Zündkerzen-Elektrodenabstand stimmt. Vorsichtshalber können Sie auch noch die Zündeinstellung kontrollieren. Nach monatelangem Kurzstreckenbetrieb ist außerdem ein Ölwechsel ratsam. Für die Prüfung wird der Wagen an einen aufwendigen Werkstattester angeschlossen, dessen

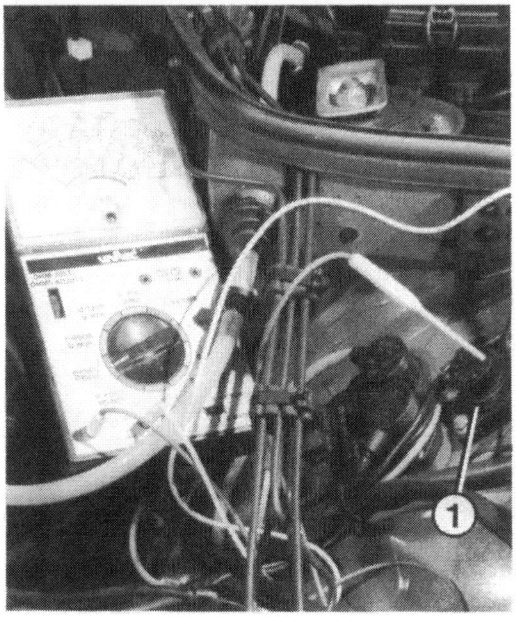

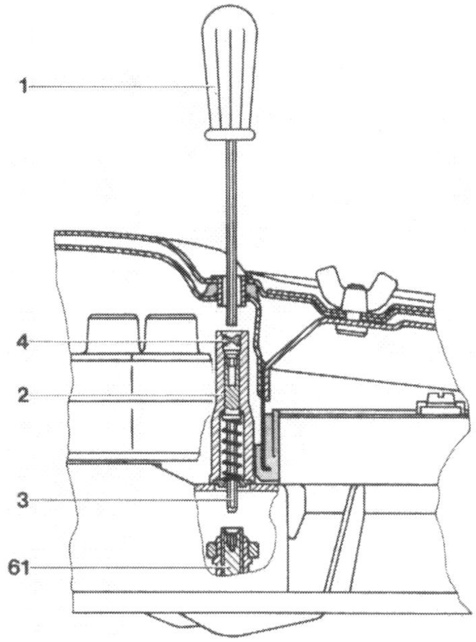

Links: Mit einem Schließwinkel-Tester wird zwischen Buchse 3 der Diagnosedose (1) und Masse die Lambda-Regelung geprüft.

Rechts: Zum Einstellen des Abgaswertes (RÜF) bzw. der Lambda-Regelung (KAT) erreicht man durch den Luftfilter die Gemischregulierschraube. Werkzeug hinunterdrükken bis der Sechskant faßt. Es bedeuten: 1 – Schraubendreher; 2 – Einstellvorrichtung; 3 – Sechskant; 4 – Sicherungsstopfen; 61 – Gemischregulierschraube.

Drucker die erzielten Meßwerte zu einer Prüfbestätigung zusammenfaßt. Bevor Sie bei nicht bestandener Abgas-Untersuchung ein teures Bauteil auswechseln (lassen), sollten Sie die Prüfung bei einer anderen Werkstatt wiederholen. Trotz aufwendiger Meßtechnik kommt es bei den Ergebnissen zu Streuungen. Manchmal genügt auch eine ausgedehnte Probefahrt, wobei Motor und Katalysator auf volle Betriebstemperatur kommen.

Fehlerdiagnose

Seit 4/86 enthalten die Steuergeräte zunehmend diese Einrichtung. Sie hilft bei der Fehlersuche an den elektrischen Bauteilen, so daß bei Störungen das jeweilige Bauteil schnell gezielt überprüft werden kann.
Die Ausgabe einer Fehleranzeige erfolgt über das Lambda-Meßsignal. Es wird zwischen Buchse 3 der Diagnosedose und Masse mit einem Schließwinkel-Tester (Anzeige meist in Grad) oder mit einem Tastverhältnismeßgerät (Anzeige meist in Prozent) gemessen. Der Schließwinkel-Tester ist auf »4-Zylinder« zu stellen (siehe auch Seite 200).

- Vor dem Messen den Motor warmfahren.
- Meßgerät anschließen.
- Motor im Leerlauf drehen lassen.
- Prüfen, ob eine Fehlerdiagnose im Steuergerät enthalten ist: Dazu den Stecker vom Temperaturfühler für die Einspritzung (grün/rote Leitung) abziehen. Bei Fehlerdiagnose werden jetzt 30 % bzw. 27° angezeigt. Ohne Fehlerdiagnose ändert sich die Anzeige nicht.
- Die Tabelle zeigt, welche Fehler bei den entsprechenden Anzeigen möglich sind:

Anzeige	Prüfung bzw. mögliche Fehlerursache
0% (0°)	Spannungsversorgung zum KE-Steuergerät defekt (Spannungsversorgung über Überspannungsschutz prüfen, Seite 105, 111, 120 und 204 Leitung zur Diagnosedose unterbrochen, Meßgerät oder Steuergerät defekt Bei KAT: Lambdasonde prüfen (Seite 66). Evtl. Gemisch viel zu »fett« eingestellt, dadurch hängt die Lambda-Regelung am Mageranschlag
10% (9°)	Geber am Luftmengenmesser prüfen, wenn die Anzeige bei ca. 2000/min kommt. Bei ständiger Fehleranzeige den Drosselklappenschaltger prüfen
20% (1)	Drosselklappenschalter prüfen
30% (27°)	Kühlmittel-Temperaturfühler prüfen (Leerlaufdrehzahl erhöht bei Leitungsunterbrechung)
40% (36°)	Geber am Luftmengenmesser prüfen
50% (45°)	Bei RÜF-Fahrzeugen: Alles in Ordnung. Bei KAT: Lambda-Regelung prüfen (Seite 122)
70% (63°)	TD-Signal vom Zündschaltgerät prüfen (Seite 128)
80% (72°)	Ansaugluft-Temperaturfühler prüfen
100% (90°)	Bei RÜF: Überspannungsschutz prüfen (Seite 204) Bei KAT: Lambdasonde prüfen. Gemisch viel zu mager eingestellt, dadurch hängt die Lambda-Regelung am »Fett«-Anschlag
Anzeige pendelt	Bei KAT: Alles in Ordnung. Die Lambda-Regelung arbeitet, das Lambda-Meßsignal wird ausgegeben, und die Regelung könnte überprüft bzw. eingestellt werden

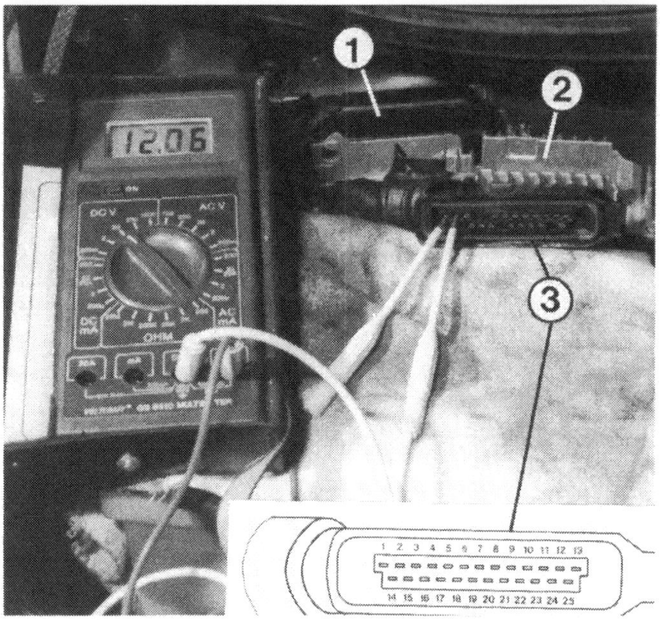

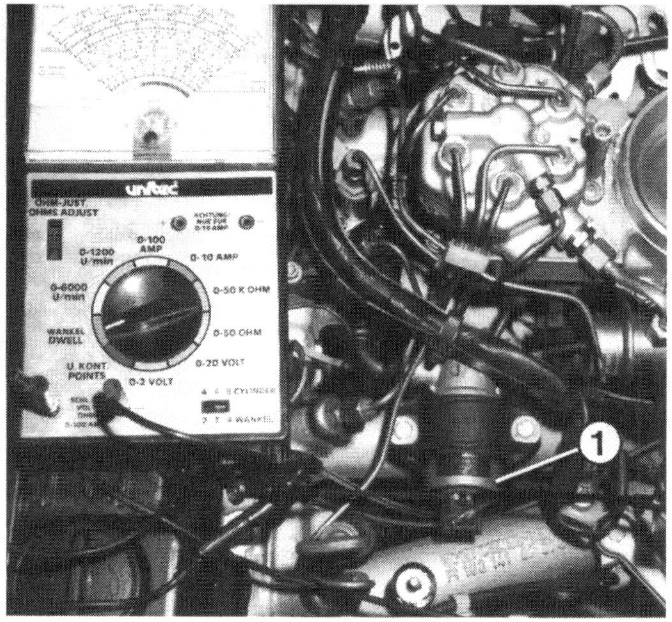

Leerlaufdrehzahl-Regelung prüfen

Links: An den Steckern der Steuergeräte können Spannungen und Gebersignale einfach geprüft werden. Stecker nur bei ausgeschalteter Zündung abziehen. Darauf achten, daß die Buchsenkontakte nicht beschädigt werden. Mit dem billigen Multimeter GS 6520 (Bezug: Conrad-Elektronik, 8452 Hirschau) haben wir gut gemessen.

Rechts: Die getaktete Gleichspannung am Leerlaufsteller (1) wird mit dem Schließwinkel-Tester gemessen.

Für diese Arbeit wird ein genauer Drehzahlmesser (Borddrehzahlmesser besonders bei niederen Drehzahlen völlig unbrauchbar) und ein digitaler (mit Ziffernanzeige) Schließwinkel-Tester gebraucht. Bei analogen Schließwinkel-Testern (d. h. mit Zeiger) kann bei manchen Geräten eine falsche Anzeige erfolgen.

- Motor warmfahren.
- Der Mikroschalter am Gasgestänge muß bei Leerlauf geschlossen haben, denn er schaltet die Regelung ein. Schaltet er nicht, ist die Drehzahl höher, und sie wird nicht geregelt.
- Bei falscher Drehzahl den Geber am Luftmengenmesser prüfen (nicht beim 230 E Std.).
- Drehzahl im Leerlauf bei ausgeschalteter Klimaanlage und in Leerlaufstellung des Getriebes messen. Werte mit der Tabelle vergleichen.
- **Nur 230 E Std.:** Wert mit Bypass-Schraube am Leerlaufsteller einstellen. Sägt der Motor, das TD-Signal am KE-Steuergerät prüfen. Beträgt der Spulenwiderstand zwischen Stecker 2 und 3 bzw. 1 jeweils 12 Ω? Wenn nicht, Leerlaufsteller erneuern. Ansteuerung bei Automatik oder Klimaanlage, wie unten beschrieben, prüfen.
- Mit dem Schließwinkel-Tester die Spannung an den Anschlüssen des Leerlaufstellers messen. Tester auf »4-Zylinder« stellen. Wird bei Leerlauf der richtige Schließwinkel gemessen?
- Wenn nicht, Stecker am Leerlaufstecker abziehen und kurz 12 V an den Steller anlegen. Schaltet er nicht hörbar, muß er erneuert werden.
- Stimmt die Drehzahl trotz richtiger Spannung nicht, Formschläuche auf Undichtigkeit und Verengung absuchen. Evtl. Steller innen verschmutzt.
- Leitungen zum Steller nach Schaltplan prüfen.
- Drehzahlen ggf. bei Klimaanlage und bei eingelegter Fahrstufe (Automatik) prüfen. Stimmen die Werte nicht, die Einschaltsignale wie folgt prüfen:
- **Automatik:** Zündung ausschalten, Stecker vom Steuergerät abziehen. Spannung zwischen Buchse 16 und dem Pluspol der Batterie messen. In Stellung P oder N müssen es 12 V sein. In den anderen Stellungen darf keine Spannung anliegen. Sonst Leitungen und den Startsperrschalter seitlich am Getriebe prüfen.
- **Klimaanlage:** 25poligen Stecker vom Steuergerät bei ausgeschalteter Zündung abziehen. Spannung zwischen Buchse 19 und Masse prüfen. Motor starten und Klimaanlage einschalten (auf »Kalt« stellen). Wenn der Kompressor läuft, müssen 12 V gemessen werden. Andernfalls Leitungen prüfen.

Typ	Leerlaufdrehzahl		Automatik: Fahrstufe eingelegt	Kältekompressor läuft
	1/min	dabei Spannung am Steller	1/min	1/min
230 E Std.	750±50	–	570–670	670–770
230 E	750±50	38±7° (43±7%)	630–730	700–800
260 E	700±50	24±3° (40±5%)	550–650	650–750
300 E	650±50	24±3° (40±5%)	500–600	600–700

Hier wird die grün/rote Leitung vom Doppeltemperaturfühler (1) über einen Prüfwiderstand (Pfeil) mit Masse verbunden. Links: Vorn am Zylinderkopf beim Vierzylinder. Rechts: Hinten am Zylinderkopf beim Sechszylinder.

Elektrische Bauteile und Funktionen prüfen

Die nachfolgenden Prüfung müssen in der angegebenen Folge durchgeführt werden. Haben Sie durch die Fehlerdiagnose ein Bauteil in Verdacht, kann es direkt geprüft werden. Für die Strommessungen im Stellglied ist ein digitales Meßgerät sehr vorteilhaft. Es muß in eine Leitung zum Stellglied zwischengeschaltet werden (Seite 199). Manche Werte werden bei + 20° C Kühlmitteltemperatur geprüft. Hier muß man sich einen Prüfwiderstand mit 2,5 kΩ anfertigen, mit dem diese Temperatur simuliert wird. Zur Prüfung des Kraftstoffpumpenrelais wird ein 10-kΩ-Prüfwiderstand gebraucht.
Die folgende Tabelle nennt die Prüfwerte:

Typ	Strom im Stellglied in mA			
	bei eingeschalteter Zündung	im Leerlauf bei betriebswarmem Motor	im Leerlauf und bei +20° C simuliert	bei Nachstartanhebung bei +20 C
230 E Std.	–	0	11–15[1])	20–28
230 E RÜF	10	0	11–17	23–29
230 E KAT	20	0±3 (pendelt)	3–9	13–19
260 E RÜF	10	1–2	16–22	25–31
260 E KAT	20	0±3 (pendelt)	2–6	3–9
300 E Std.	–	1–2	15–22	21–27
300 E RÜF	10	1–2	15–22	21–27
300 E KAT	20	0±3 (pendelt)	2–6	8–12

[1]) Stecker am Mikroschalter abgezogen

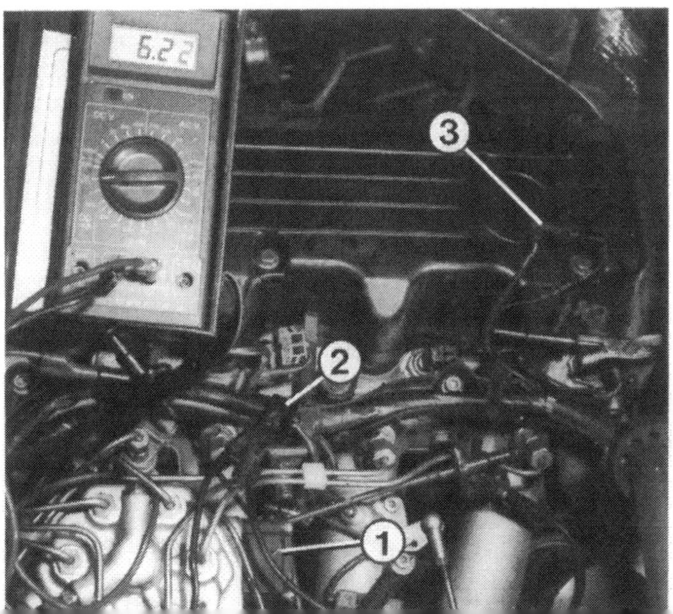

Für Strommessungen im Stellglied (1) den Anschlußstecker (2) abziehen und das Amperemeter zwischenschalten. Weiterhin: 3 – Prüfwiderstand.

Spannungsversorgung prüfen

■ Bei ausgeschalteter Zündung den 25poligen Stecker am Steuergerät ausstecken.
■ Zwischen den Buchsen 1 und 2 Spannung messen.
■ Werden keine 12 V gemessen, die Sicherung am Überspannungsschutz (Seite 204) prüfen.
■ Überspannungsschutz ausstecken und an seine Anschlüsse 5 und 6 Batteriespannung anlegen. Schaltet der Überspannungsschutz nicht, ist er zu erneuern.
■ Masseverbindung des Steuergerätes von Buchse 2 prüfen.

Strom im Stellglied messen

■ Strommeßgerät in eine Leitung zum Stellglied zwischenschalten.
■ Zündung einschalten.
■ Stromwert ablesen und mit den Tabellenwerten vergleichen.
■ Stimmt der Strom nicht, ist vielleicht das Steuergerät ausgesteckt, defekt oder ein falsches Gerät eingebaut.
■ Motor durch ca. 10 Minuten gemäßigte Fahrt auf Betriebstemperatur bringen.
■ Stromwert im Leerlauf messen.
■ Stimmen die Werte nicht, Temperaturfühler prüfen, Aufdruck des Abgleichsteckers kontrollieren, die Leitungen zwischen Steuergerät und Stellglied prüfen.
■ Prüfen, ob die Spule im Stellglied 18–21 Ω Widerstand hat.
■ Pendelt bei KAT die Anzeige nicht, Lambda-Regelung prüfen (Seite 122).
■ Jetzt den Stecker mit grün/roter Leitung vom Temperaturfühler abziehen und über den Prüfwiderstand von 2,5 kΩ nach Masse verbinden.
■ Bei KAT die Lambdasonde ausstecken (Seite 66), damit der Wert nicht pendelt.
■ Motor starten.
■ Stimmen die Werte nicht, grün/rote Leitung zum Steuergerät überprüfen.
■ Geber am Luftmengenmesser prüfen. Ggf. Steuergerät erneuern.
■ Zuletzt die Nachstartanreicherung prüfen. Dazu Motor abstellen und anschließend ohne Gasgeben wieder starten (beim 230 E Std. den Anlasser ca. 3 Sekunden drehen lassen). Der Strom ist jetzt höher, fällt aber in ca. 20 Sekunden nach Startende wieder auf den vorherigen Wert. Wenn nicht, das Steuergerät erneuern.
■ Temperaturfühler wieder anstecken und Meßgerät abschließen. Bei KAT Lambdasonde einstecken.

Temperaturfühler prüfen

Seine Widerstandswerte mit dem Ohmmeter bei zwei Temperaturen prüfen. Die Widerstandskennlinie ist bei allen Temperaturfühlern gleich.
Beim 230 E Std. ist nur ein Einzeltemperaturfühler für das Kühlmittel eingebaut. Bei allen anderen Fahrzeugen ist ein Doppeltemperaturfühler mit zwei Steckern eingebaut. Über das grün/rote Kabel bekommt das KE-Steuergerät das Temperatursignal. Die andere Leitung führt zum EZL-Zündschaltgerät (Seite 124). Außerdem ist noch ein weiterer Fühler am Ansaugschnorchel des Luftfilters eingebaut.
■ Widerstand bei folgenden Temperaturen prüfen: Bei + 20° C müssen es 2,2–2,8 kΩ und bei + 80° C 290–370 Ω sein.
■ Am Kühlmittel-Temperaturfühler den jeweiligen Stecker abziehen. Zwischen Steckanschluß und Masse messen.
■ Am Temperaturfühler für die Ansaugluft den Stecker abziehen und zwischen den Anschlüssen messen.

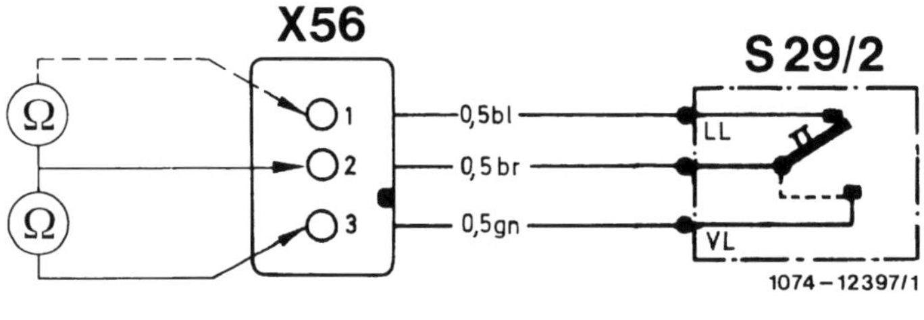

Oben: Der Drosselklappenschalter S29/2 hat bei allen RÜF/KAT-Fahrzeugen einen Vollast- und Leerlaufkontakt. An der Steckverbindung X56 (am Saugrohr angeschraubt) wird das Schalten geprüft.

Rechts: Das Diagramm zeigt den Widerstandswert des Temperaturfühlers in Abhängigkeit zur Temperatur.

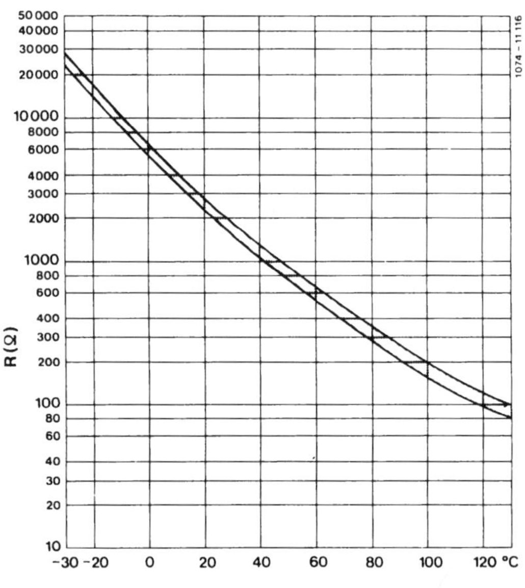

Schubabschaltung und Mikroschalter prüfen

- Gasgestänge und Zug einstellen bzw. Einstellung prüfen.
- Drosselklappenschalter prüfen.
- Kupplung am Drosselklappenschalter abziehen und den Leerlaufkontakt (Buchsen 1 und 2) überbrücken (nicht bei 230 E Std.).
- Motordrehzahl auf über 2500/min erhöhen.
- Mikroschalter von Hand betätigen.
- Motor muß sägen. Dabei beträgt der Strom im Stellglied ca. –60 mA (Stromrichtung umgekehrt).
- Wenn nicht, das Schalten des Mikroschalters mit dem Ohmmeter prüfen. Schalter ggf. erneuern.
- Schalter so einstellen, daß er vom Kulissenhebel in Leerlaufstellung betätigt wird: Er muß schalten, bevor sich beim Gasgeben die Drosselklappe bewegt.
- TD-Signal am Stecker des Steuergerätes nachweisbar?
- Leitungen zum Stellglied nicht unterbrochen?
- Steuergerät erneuern.

Drosselklappenschalter prüfen

Der Schalter ist seitlich am Drosselklappenstutzen angeschraubt und recht schwer zu erreichen. Er kann in seiner Befestigung etwas verdreht werden. Seine Leitungen sind über eine besondere Steckverbindung geführt (Zeichnung unten links). Der Schalter enthält einen Volllast- und einen Leerlaufkontakt. Beim 230 E Std. ist nur der Vollastkontakt vorhanden.

- Gasgestänge und Zug richtig eingestellt?
- Steckverbindung auftrennen und mit dem Ohmmeter das Schalten prüfen.
- Der Leerlaufkontakt zwischen den Buchsen 1 und 2 (blaue und braune Leitung) darf nur bei ganz entlastetem Gaspedal geschlossen sein. Schließt er nicht, sägt der Motor etwas, und der Zündzeitpunkt ist im Leerlauf um ca. 10° zu früh (Seite 137).
- Der Vollastkontakt zwischen den Buchsen 2 und 3 (grüne und braune Leitung) darf nur bei Vollgas geschlossen haben.
- Sind die Kontakte defekt, den Drosselklappenstutzen ausbauen und den Schalter auswechseln.

Geber am Luftmengenmesser prüfen

Über den Geber wird die Beschleunigungsanreicherung gesteuert und die Leerlaufdrehzahl-Regelung beeinflußt. Beim 230 E Std. hängt die Leerlaufdrehzahl nicht vom Gebersignal ab, und es muß anders geprüft werden (siehe unten). Stimmt bei + 20° C im Leerlauf der Stellgliedstrom nicht oder ist die Leerlaufdrehzahl falsch, den Geber prüfen.

- Stecker am Geber so weit abziehen, bis man die Anschlüsse für Spannungsmessungen erreicht.
- Bei laufendem Motor muß die Spannung zwischen Anschluß 1 und 3 genau 4,6–5,1 V betragen. Wenn nicht, die Leitungen bis zum Steuergerät prüfen.
- Anschließend die Spannung zwischen den Anschlüssen 1 und 2 messen. Bei richtiger Leerlaufdrehzahl (siehe Tabelle Seite 118) muß die Spannung 0,57–0,81 V betragen. Ist keine Spannung meßbar, die Unterbrechung beseitigen. Stimmt die Spannung nicht, den Luftmengenmesser erneuern.

Hinweis: Bei falscher Drehzahl den Stecker vom Leerlaufsteller abziehen und den Schlauch zum Leerlaufsteller so weit abklemmen, bis die richtige Leerlaufdrehzahl gemessen wird.

- Stimmt der Strom im Stellglied immer noch nicht, das TD-Signal (Seite 128) am Steuergerät prüfen. Ist das Signal vorhanden, das Steuergerät erneuern.
- **Beim 230 E Std.:** Stimmt der Stromwert nicht, Zündung ausschalten und den 25poligen Stecker vom Steuergerät abziehen. Zwischen Steckerbuchse 14 und 18 müssen 3,2–4,8 kΩ gemessern werden. Dann zwischen Buchse 17 und 14 messen: Stauscheibe in Nullage 700 ± 140 Ω. Stauscheibe ganz ausgelenkt 4,7 ± 1 kΩ. Beim Auslenken muß der Widerstand ständig ansteigen. Bei falschen Werten den Geber einstellen oder ggf. erneuern.

Teillastanpassung prüfen

Diese Arbeit ist nur bei RÜF-Fahrzeugen möglich. KAT-Fahrzeuge haben statt einer Teillastanpassung ja die Lambda-Regelung.

- Strommeßgerät am Stellglied anschließen.
- Betriebswarmen Motor im Leerlauf drehen lassen.
- Beim 230 E werden 0 mA gemessen. Beim Sechszylinder sind es 1–2 mA.
- Drehzahl auf 2500/min erhöhen.
- Beim Sechszylinder müssen jetzt – 7 bis + 4 mA gemessen werden. Beim 230 E sind es – 3 bis 0 mA.
- Ist der Drosselschalter in Ordnung und erhält das Steuergerät TD-Signale, muß die Teillastanpassung funktionieren. Andernfalls Aufschrift am Abgleichstecker kontrollieren bzw. Steuergerät erneuern.

Hier wird die Spannung am Geber des Luftmengenmessers überprüft, welche sehr genau stimmen muß. Dazu den Stecker etwas abziehen bis man die Anschlußstifte erreicht. Im Bild wird die Spannung zwischen dem oberen und mittleren Stift gemessen.

Lambda-Regelung prüfen

■ KAT-Motor warmfahren.
■ Schließwinkel-Tester zwischen Buchse 3 der Diagnosedose und Masse anschließen.
■ Wenn der Motor läuft, muß die Anzeige um einen Wert pendeln (siehe auch Seite 116).
■ Wenn nicht, prüfen, ob KE-Abgleichstekker »KAT« eingebaut.
■ Strom im Stellglied messen (Seite 120). Er muß mit ± 10 mA um 0 Ampere pendeln.
■ Lambdasonde prüfen (Seite 66).
■ Weitere Fehlermöglichkeiten siehe in der Tabelle unter »Fehlerdiagnose« (Seite 117).
■ Pendelt die Anzeige, eine Funktionsprüfung der Lambdasonde durchführen: Dazu Luftfilter ausbauen, Motor starten und Stauscheibe zur Gemischanreicherung ein kleines Stück niederdrücken. Dabei muß sich das Pendeln in Richtung Mager-Anschlag verändern (Grad- bzw. Prozentanzeige wird kleiner).
■ Wenn nicht, Lambdasonde und die Leitung zum Steuergerät prüfen. Ggf. Steuergerät erneuern.

Kraftstoffpumpenrelais prüfen

Die Funktionen des Relais sind auf Seite 102 beschrieben. Zum Prüfen das Relais hinter der Batterie zunächst ausstecken und am Stecksockel messen.
■ Bei eingeschalteter Zündung die Spannung an Buchse 9 (Klemme 15) und Buchse 8 (Klemme 30) jeweils nach Buchse 11 (Masse) prüfen. Es müssen immer 12 V sein.
■ Während der Anlasser dreht, müssen an Buchse 12 (Klemme 50) 12 V anliegen.
■ Während der Anlasser dreht, das TD-Signal (Seite 128) zwischen Buchse 12 und 11 kontrollieren.
■ Stecker vom Temperaturfühler Kühlmittel (grün/rote Leitung) abziehen und zwischen den Stecker und Masse einen 10-kΩ-Prüfwiderstand anklemmen.
■ Temperaturfühler prüfen (Seite 120).
■ Zwischen der Buchse 2 und 11 müssen jetzt 10 kΩ gemessen werden.
■ Sind alle Eingangssignale zum Relais vorhanden, nacheinander die Funktionen mit eingestecktem Relais prüfen:
■ Relais einstecken. Zündung einschalten. Dabei muß die Kraftstoffpumpe kurz anlaufen. Bei drehendem Anlasser müssen 12 V zur Pumpe geschaltet werden. Sonst Relais erneuern.
■ Die Kaltstartventilansteuerung prüfen (10-kΩ-Prüfwiderstand ist eingebaut): Nachdem der Anlasser betätigt wurde, müssen am Anschlußstecker des Kaltstartventils für ca. 5 Sekunden 12 V anliegen. Sonst Relais erneuern.
■ Kickdown-Abschaltung bei Automatik prüfen: Wahlhebel auf »D« stellen und einen Start mit voll durchgetretenem Gaspedal durchführen. Das Hochschalten muß erfolgen, bevor die Drehzahl begrenzt wird (ca. 200/min früher).
■ **Kickdown-Schalter prüfen:** Kraftstoffpumpenrelais abziehen und Widerstand zwischen Buchse 6 und Masse prüfen. Nur bei voll durchgetretenem Gaspedal dürfen es 0 Ω sein. Sonst den Schalter unter dem Gaspedal kontrollieren.

Die Zeichnung zeigt die Anordnung der Buchsen im Stecksockel des Kraftstoffpumpenrelais. Siehe auch Schaltskizze Seite 103 unten.

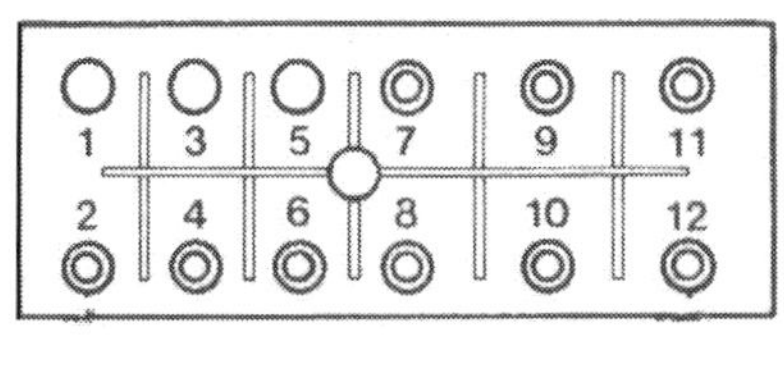

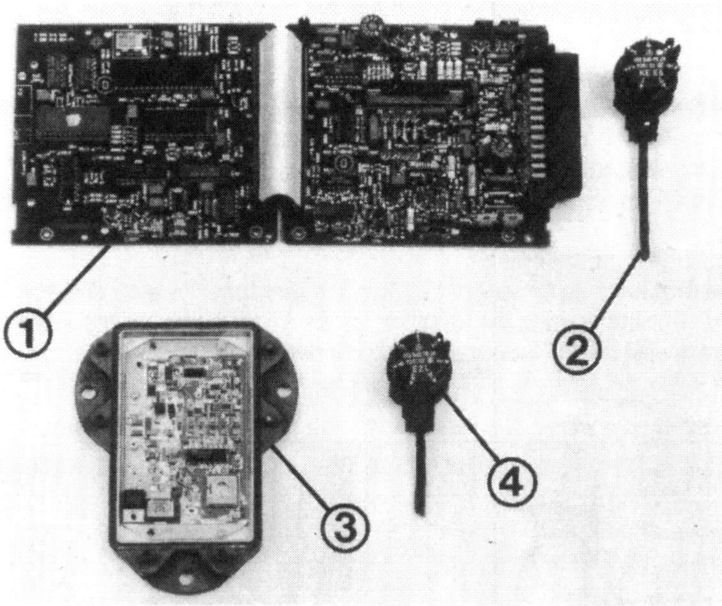

Hier sind die Teile des sogenannten »Multifunktionalem Gemischaufbereitungs- und Zündsystem« aller RÜF/KAT-Fahrzeuge gezeigt: 1 – Steuergerät Gemischaufbereitung; 2 – Abgleichstecker für Steuergerät (beim Steuergerät hinter der Batterie eingebaut); 3 – EZL-Zündschaltgerät; 4 – Abgleichstecker für Zündanlage zur Anpassung des Zündzeitpunktes an die getankte Kraftstoffqualität (beim Bremskraftverstärker eingebaut).

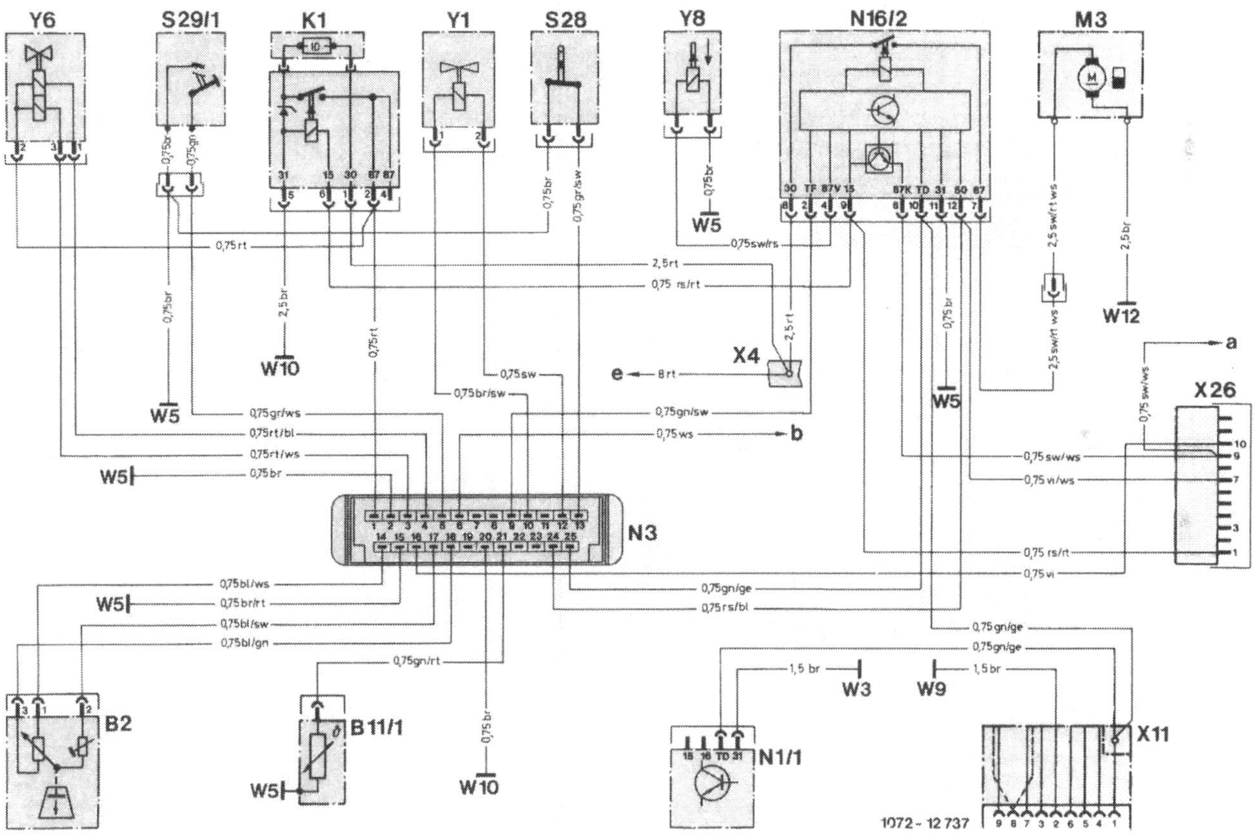

Schaltplan Einspritzanlage 230 E Std.

Y 1	Elektrohydraulisches Stellglied
Y 6	Leerlaufsteller
B 11/1	Temperaturfühler Kühlmittel 1polig
Y 8	Kaltstartventil
B 2	Geber Luftmengenmesser
K 1	Relais Überspannungsschutz
M 3	Kraftstoffpumpe
N 1/1	Schaltgerät Transistorzündung
N 3	Elektronisches Steuergerät 25polige Kupplung
N 16/2	Relais Kraftstoffpumpe mit Kaltstartventilansteuerung und Kick-down-Abschaltung (bei Automatik)
S 28	Mikroschalter
S 29/1	Drosselklappenschalter Vollasterkennung
X 4	Steckverbindung 1fach Klemme 30
X 11	Diagnosesteckdose/Leitungsverbinder Klemme TD
X 26	Steckverbindung Motorleitungssatz 12polig
a	Kick-down-Schalter Buchse 1 (bei Automatik)
b	Steckverbindung Tempomat
e	Batterie +
W 3	Masse Radlauf vorne links Zündspule
W 5	Masse Motor
W 9	Masse vorne links Leuchteinheit
W 10	Masse Batterie
W 12	Masse Mittelkonsole

Störungs-beistand Einspritzanlage

Bevor man sich auf die Fehlersuche in der KE-Einspritzanlage macht, folgendes beachten:

□ Der Motor muß mechanisch in Ordnung sein. Der Kompressionsdruck (Seite 38) und die Steuerzeiten (Seite 33) müssen stimmen.

□ Zündanlage überprüfen (Funkenprobe Seite 134). Schließwinkel und Zündzeitpunkt müssen stimmen.

□ Im Tank muß sich Kraftstoff befinden.

Im Störungsbeistand rechts ist zusammengestellt, wo die Ursache für eine Störung liegen könnte. Die Zahlen in den Punkten geben die Reihenfolge an, in der geprüft werden sollte. Die Tabelle der Fehlerdiagnose (Seite 117) kann ebenfalls Hinweise geben.

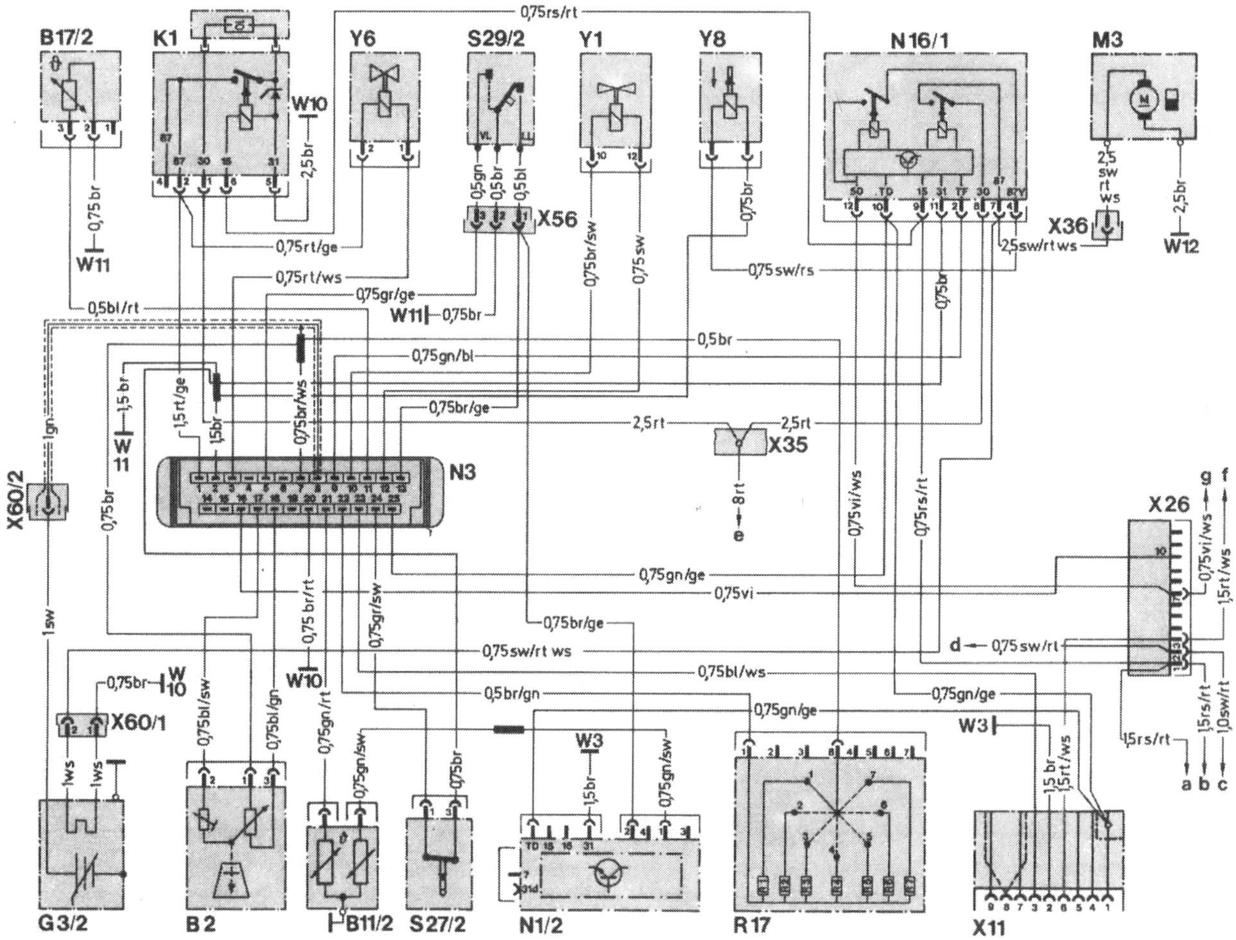

Schaltplan Einspritzanlage RÜF/KAT-Fahrzeuge

- B 2 Geber Luftmengenmesser
- B 11/2 Temperaturfühler Kühlmittel (Einspritzanlage/Zündanlage)
- B 17/2 Temperaturfühler Ansaugluft
- G 3/2 O_2-Sonde beheizt (nur bei KAT)
- K 1 Überspannungsschutz
- M3 Kraftstoffpumpe
- N 1/2 Schaltgerät EZL-Zündanlage
- N 3 Steuergerät Einspritzanlage (Buchse 2 und 7 innen verbunden)
- N 16/1 Relais Kraftstoffpumpe mit Kaltstartventilansteuerung
- R 17 Abgleichstecker Einspritzanlage
- S 27/2 Mikroschalter
- S 29/2 Drosselklappenschalter Vollast-/Leerlauferkennung
- W 3 Masse, Radlauf vorne links (Zündspule)
- W 10 Masse Batterie
- W 11 Masse Motor (elektrische Leitung angeschraubt
- W 12 Masse Mittelkonsole
- X 35 Leitungsverbinder Klemme 30/Klemme 61 (vor Batterie)
- X 11 Diagnosesteckdose/Leitungsverbinder Klemme TD
- X 26 Steckverbindung Motorleitungssatz
- X 36 Steckverbindung Kraftstoffpumpenleitungssatz
- X 56 Steckverbindung Drosselklappenschalter
- X 60/1 Steckverbindung Heizspirale O_2-Sonde
- X 60/2 Steckverbindung Signal O_2-Sonde
- Y 1 Elektrohydraulisches Stellglied
- Y 6 Leerlaufsteller
- Y 8 Startventil
- a Zündspule, Klemme 15
- b Sicherung 7
- c Sicherung 7, Klemme 15
- d Temperaturschalter 100°C (bei Vierzylinder)
- e Leitungsverbinder Klemme 30 (Sicherungs- und Relaiskasten)
- f Sicherung 9, Klemme 30
- g Steckverbindung Rückfahrlichtschalter Buchse 4, Klemme 50; bei Automatik über Startsperrschalter
- X 26 Buchse 9 – von Kickdown-Schalter Buchse 1 (bei Automatik)
- X 26 Buchse 10 – von Startsperrschalter Buchse 3 (bei Automatik)
- X 26 Buchse 11 – von Schalter 2. Fahrprogramm (bei Automatik, vgl. Schaltplan Seite 156)

Kalter Motor startet nicht oder schlecht	Warmer Motor startet nicht oder schlecht	Motor schüttelt im Warmlauf bzw. geht aus	Warmer Motor schüttelt im Leerlauf	Motor nimmt schlecht Gas an	Motor startet und geht gleich wieder aus	Aussetzer bei hoher Belastung, schlechte Leistung	Beim Abstellen »nachdieseln«	Kraftstoffverbrauch zu hoch	Leerlaufdrehzahl falsch oder unstabil	Leicht sägender Motorlauf bei ca. 1500–3000/min	Automatik: Kickdown-Abschaltung defekt	Mögliche Prüfung bzw. Störungsursache	Seite
6	2	1	1	1				2	1			Nebenluft durch gerissene oder lose Schlauchleitungen	110
5	3				1		1					Stauscheibe klemmt bzw. Nullage stimmt nicht	111
5	3	1	1	1	1		1					Steuerkolben bewegt sich nicht oder nur verzögert	111
7	4				3	4						Systemdruck stimmt nicht	112
7		6	5		3	5		6				Unterkammerdruck messen und Differenzdruck berechnen. Drossel prüfen	113
	4											Haltedruck prüfen	112
		7	7									Mengenvergleich durchführen	113
		2	4				1	1				Kaltstartventil auf Dichtheit prüfen	114
3												Kaltstartventil öffnet nicht bzw. wird nicht angesteuert	102, 114, 122
	5	3	4				1	2				Einspritzventile prüfen	102, 113
1	1					1						Kraftstoffpumpe prüfen	98, 114
			2			2			3			Gasgestänge bzw. Zug einstellen	115
4	6	4	1		2				2			Leerlaufdrehzahl-Regelung prüfen	107, 118
1	1	1										Spannungsversorgung prüfen	105, 111, 120
8	7	6	6		4			6				Strom im Stellglied prüfen	101, 120
2	2	2	2	2				4				Temperaturfühler prüfen	105, 120
								5	3			Schubabschaltung bzw. Mikroschalter prüfen	106, 121
			3			3		4		1		Drosselklappenschalter prüfen	105, 121
		5	3	3				6	3			Geber am Luftmengenmesser prüfen	105, 121
				4				3				Teillastanpassung prüfen	109, 121
		6	5	5				3				Leerlauf und Abgas einstellen bzw. Lambda-Regelung prüfen	109, 116, 122
											1	Kraftstoffpumpenrelais prüfen	102, 122

Die Kennfeldzündung EZL bis 10/92

Elektronisches Gehirn

Die Kennfeldzündung (kurz: **EZL**) ist beim 260 E und 300 E eingebaut. Beim 200 und 230 E finden wir sie bei Motoren in der RÜF- oder KAT-Ausführung (Tabelle Seite 95).
Der Zündzeitpunkt wird vom Mikroprozessor im EZL-Zündschaltgerät in Abhängigkeit vom momentanen Betriebszustand des Motors so genau bestimmt, daß sich Kraftstoffverbrauch, Abgaswerte, Start- und Leerlaufverhalten weiter verbessern. Das Schaltgerät erkennt über mehrere Eingangssignale den Motorbetriebszustand. Außerdem kann mit einem Abgleichstecker im Motorraum der Zündzeitpunkt schnell verstellt werden, wenn mangelnde Kraftstoffqualität dies erfordert.

Zündschaltgerät

Dieses Hauptteil der Zündanlage enthält einen Mikroprozessor, den Drucksensor und die Leistungsendstufe. Am Schaltgerät sind eingesteckt:
□ Grüne Steuerleitung vom Positionsgeber an der Kurbelwelle (Koaxialstecker).
□ 4poliger Rundstecker mit den verschiedenen Spannungen. Dies sind Klemme 15 (Spannung bei eingeschalteter Zündung), Klemme 31 (Masse), Klemme 16 (von Klemme 1 der Zündspule) und Klemme TD (Ausgabe des TD-Signales).
□ 4poliger Rundstecker mit den Gebersignalen vom Temperaturfühler, vom Abgleichstecker und zur Leerlauferkennung (Steckerbelegung siehe Schaltplan Seite 94 und 139).
□ Schlauchleitung zur Erfassung des Saugrohrunterdrucks.
Die Ansteuerung der Leistungsendstufe erfolgt durch den Mikroprozessor unter Berücksichtigung sämtlicher Eingangssignale. Die Leistungsendstufe schaltet den Primärstrom durch die Zündspule ein und aus. Im Zündzeitpunkt wird der Strom unterbrochen, und es funkt (siehe auch unter »Zündspule«). Die Funktion der Leistungsendstufe ist hierbei mit der eines Schalters vergleichbar. Außerdem übernimmt die Leistungsendstufe bei niedrigen Drehzahlen die Primärstrombegrenzung. Hier wirkt sie wie ein regelbarer Widerstand.
Das Zündschaltgerät enthält noch die Funktionen Ruhestromabschaltung, Schließwinkelregelung, und es gibt das drehzahlabhängige TD-Signal aus.
Im Mikroprozessor des Zündschaltgerätes sind eine große Anzahl von Zündkennlinien für ty-

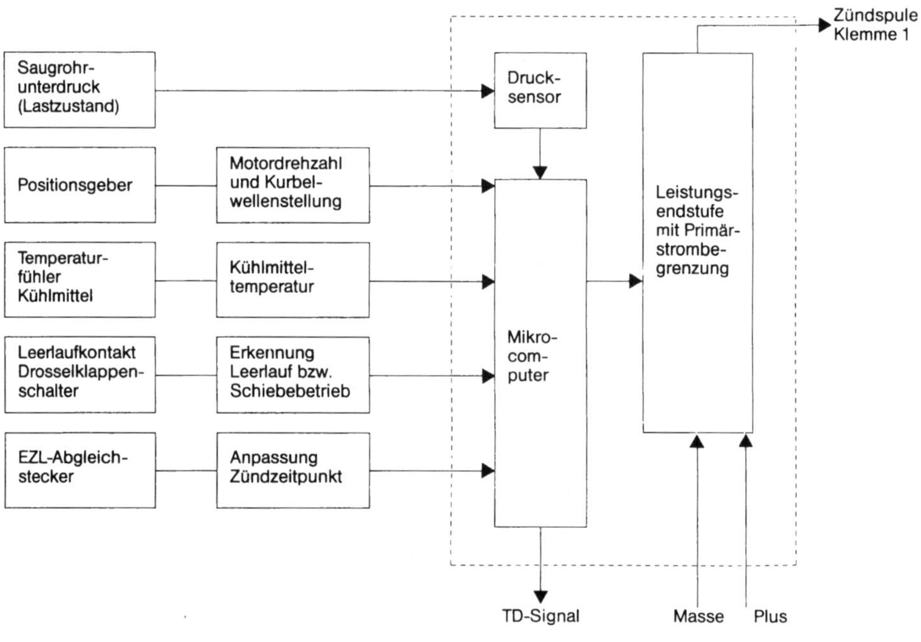

Das Blockschema zeigt die Geber und Funktionen der EZL-Zündanlage.

pische Last- und Drehzahlbereiche, eine Leerlauf-Zündkennlinie und eine Vollast-Zündkennlinie gespeichert. Die Kennlinien wurden individuell für jeden Motortyp festgelegt. Entsprechend den Größen der Gebersignale wird der Zündzeitpunkt durch eine der Kennlinien bestimmt. Fliehkraft- und Unterdruck-Zündverstellung im Zündverteiler sind nicht mehr erforderlich.

Die Ansteuerung des EZL-Zündschaltgerätes erfolgt durch einen Positionsgeber hinten an der Kurbelwelle. Er erkennt durch versetzte Segmente an der Schwungscheibe genau die Stellung der Kurbelwelle und die Motordrehzahl.

Der Zündzeitpunkt wird vom Mikroprozessor folgendermaßen bestimmt:

□ **Start:** Beim Motorstart wird der Zündzeitpunkt bis ca. 450/min nur über die Segmente am Schwungrad ausgelöst. Über 450/min beeinflußt ihn der Mikroprozessor entsprechend den Gebersignalen.

□ **Warmlauf:** Abhängig von der Kühlmitteltemperatur werden verschiedene Kennlinien gesperrt, damit der Motor möglichst schnell auf seine Betriebstemperatur kommt.

□ **Leerlauf:** Im Leerlauf wird eine feste Leerlauf- (bzw. Schub-) Zündkennlinie vorgegeben. Diese wird nicht vom Saugrohrunterdruck, der Temperatur oder vom Abgleichstecker beeinflußt. Fällt die Leerlaufdrehzahl unter ihren Sollwert, wird der Zündzeitpunkt in Richtung »früh« verstellt. Dadurch steigt das Motordrehmoment, und die Drehzahl stabilisiert sich. Bei den Einspritzern erkennt das Zündschaltgerät am Leerlaufkontakt im Drosselklappenschalter (Seite 105), daß kein Gas gegeben wird und somit Leerlauf bzw. Schub vorliegt. Beim Vergasermodell kommt die Information von Buchse 6 des 2-E-E-Steuergerätes (Seite 94).

□ **Vollast:** Bei Vollast wird der Zündzeitpunkt unter Berücksichtigung der Klopfgrenze möglichst weit in Richtung »früh« verstellt, um ein höheres Motordrehmoment zu bekommen. Vollast wird vom Mikroprozessor indirekt aus Motordehzahl und Saugrohrunterdruck erkannt.

□ **Überhitzungsschutz:** Ab einer Kühlmitteltemperatur von ca. 95° C werden die Zündzeitpunkte aller Kennlinien um bis 4° in Richtung »spät« zurückgenommen, um einem weiteren Ansteigen der Temperatur entgegenzuwirken.

□ **Sicherheit:** Sind einer oder mehrere Geber ausgefallen, wird zum Schutz des Motors auf die späteste Zündkennlinie geschaltet.

□ **Abgleichstecker:** Mit dem EZL-Abgleichstecker beim Bremskraftverstärker werden sämtliche Zündkennlinien verstellt. Wird ein Fahrzeug von RÜF zu KAT (oder umgekehrt) umgebaut, die Abgleichstecker austauschen.

Primärstrombegrenzung

Die Energie der Zündfunken soll bei allen Drehzahlen möglichst groß sein. Voraussetzung dafür ist ein stets ausreichend starkes Magnetfeld in der Zündspule über den gesamten Drehzahlbereich.

Bei hohen Drehzahlen bleibt zum Aufbau des Magnetfeldes wenig Zeit. Für den schnellen

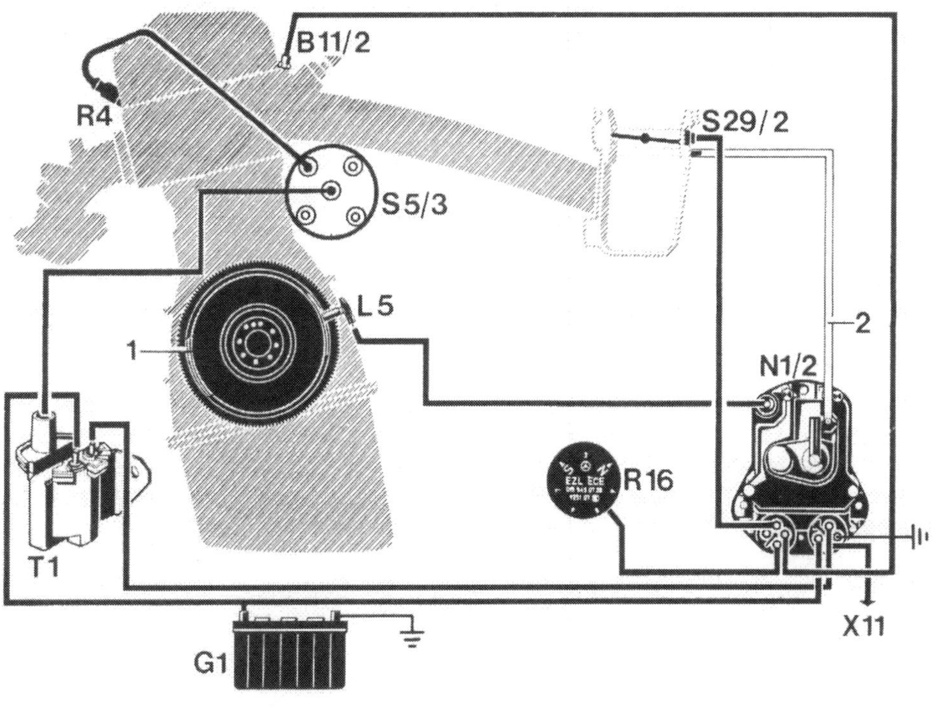

Schema der EZL-Zündanlage

B 11/2 Temperaturfühler Kühlmittel (EZL/KE/2 E-E)
L 5 Positionsgeber Kurbelwelle
N 1/2 Schaltgerät Transistorzündung (EZL)
R 4 Zündkerzen
R 16 Abgleichstecker (EZL)
S 5/3 Hochspannungsverteiler
S 29/2 Drosselklappenschalter, Vollast-/Leerlauferkennung
T 1 Zündspule
X 11 Diagnosedose/Leitungsverbinder Klemme TD
1 Segmente am Schwungrad/Mitnehmerscheibe (2 Segmente um 180° versetzt beim Vierzylinder; 3 Segmente um 120° versetzt beim Sechszylinder)
2 Unterdruckleitung

Aufbau des Magnetfeldes ist es deshalb erforderlich, den Primärstrom zu erhöhen. Dazu wird der Widerstand der Primärwicklung sehr niederohmig ausgelegt und der früher übliche Vorwiderstand entfällt.
Bei niedrigen Drehzahlen, wenn zum Aufbau des Magnetfeldes mehr Zeit bleibt, ist dann jedoch der maximale Primärstrom zu groß. Um Schäden an der Zündspule zu vermeiden, erfolgt die Primärstrombegrenzung durch die Leistungsendstufe im Zündschaltgerät bis ca. 2000/min. Die Strombegrenzung ist nur mit einem Oszilloskop erkennbar.

Fingerzeig: *Werden Drehzahl- und Schließwinkelprüfgeräte an Klemme 1 der Zündspule angeschlossen, kann es wegen der Primärstrombegrenzung zu Fehlanzeigen kommen. Deshalb Geräte an Klemme TD anschließen. Manche Drehzahlmesser können auch am Zündkabel zu einem Zylinder über einen Auslöser angeschlossen werden (Betriebsanleitung genau beachten!).*

Schließwinkelregelung

Eine stets optimale Leistung der Zündanlage wird durch die Schließwinkelregelung im Schaltgerät erreicht. Die Regelung bestimmt die Einschaltdauer des Primärstromes zwischen zwei Zündungen. Im Bereich der Regelmöglichkeit wird die Einschaltdauer des Primärstromes so beeinflußt, daß bei unterschiedlichen Batteriespannungen und Motordrehzahlen immer annähernd die gleiche Zündleistung erreicht wird.

Ruhestromabschaltung

Um Schäden an der Zündspule bei stehendem Motor und eingeschalteter Zündung zu vermeiden, wird der Primärstrom vom Schaltgerät abgeschaltet. Das Stromgerät erkennt über den Positionsgeber den Motorstillstand. Beim Starten erhält das Schaltgerät wieder Impulse vom Positionsgeber und schaltet den Primärstrom ein.
Die Ruhestromabschaltung wird an den Klemmen 1 und 15 der Zündspule geprüft (entspricht Buchse 4 und 5 an der Diagnosedose). Bei abgeschaltetem Primärstrom ist kein Spannungsabfall meßbar (Anzeige: 0 Volt).

TD-Signal

Das TD-Signal wird im Schaltgerät der Zündanlage erzeugt. Es handelt sich um ein drehzahlabhängiges Rechtecksignal. Es wird im Fahrzeug zur Steuerung aller drehzahlabhängiger Funktionen benützt. Die Anzahl der Signale pro Minute ist die Motordrehzahl. Die Ausschaltzeit der Spannung im Verhältnis zur Gesamtdauer eines Rechtecksignales wird als Schließwinkel gemessen (siehe auch Seite 200). Man kann das TD-Signal wie folgt nachweisen:
□ Mit dem Voltmeter. Dabei müssen zwischen Buchse 1 der Diagnosedose und Masse im Leerlauf oder bei Anlasserdrehzahl ca. 6–12 V Gleichspannung gemessen werden können.
□ Mit dem Schließwinkel-Tester. Wenn der Motor dreht, muß eine Grad-Anzeige erfolgen.
Das TD-Signal gelangt vom Zündschaltgerät zur Schraubverbindung an der Diagnosedose. Von dort führt ein Kabel zur Buchse 1 der Diagnosedose. Über das zweite, angeschraubte Kabel gelangt das TD-Signal weiter zu den elektronischen Bauteilen im Fahrzeug. Dies können sein: Steuergerät für den 2-E-E-Vergaser (Seite 94), Steuergerät und Kraftstoffpumpenrelais der KE-Einspritzanlage (Seite 124), Drehzahlmesser, Relais für die Kickdown-Abschaltung bei automatischem Getriebe, Steuergerät der Kompressorabschaltung bei Klimaanlage.
Kann kein TD-Signal nachgewiesen werden, die Schraubverbindung neben der Diagnosedose aufschrauben und das TD-Signal jetzt nochmals direkt an der Leitung vom Zündschaltgerät messen (Motor mit Anlasser drehen lassen). Ist weiterhin kein TD-Signal vorhanden, ist entweder der Positionsgeber zur Ansteuerung des Zündschaltgerätes oder das Schaltgerät selbst defekt.
Ist jetzt das TD-Signal vorhanden, verursacht eines der angeschlossenen Geräte (z. B. der Drehzahlmesser) einen Masseschluß auf den TD-Leitungen. Nacheinander sämtliche Geräte abschließen und so herausfinden, wo der Masseschluß vorliegt.

Spannungsversorgung der Zündanlage

Am Zündschloß liegt an Klemme 30 ständig Batteriespannung an. Wird die Zündung eingeschaltet, gelangt Spannung zu Klemme 15 am Zündschloß und weiter zu den Klemmen 15 an Zündspule und Zündschaltgerät. Die Spannungsversorgung der Zündung erfolgt ungesichert. Die Klemme 15 der Zündspule ist mit Buchse 5 der Diagnosedose für Spannungsprüfungen verbunden. Masse erhält die Zündanlage über Klemme 31 am Schaltgerät.

Die Zündspule

In der Zündspule sind zwei Wicklungen untergebracht. Die Primärwicklung zwischen den

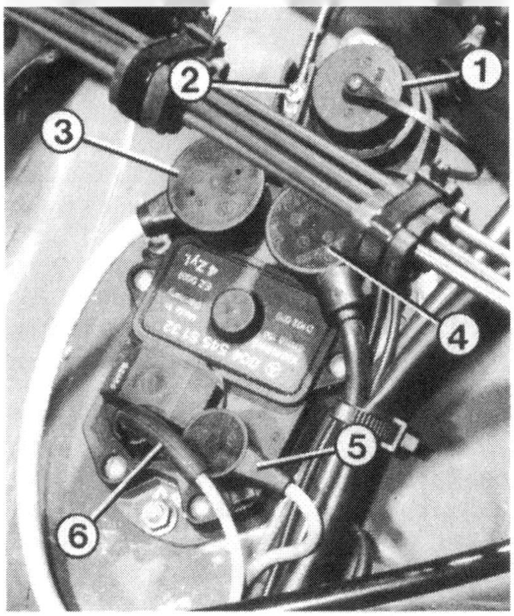

Links: 1 – Diagnosedose; 2 – Schraubverbindung der Klemme TD; 3 – 4poliger Rundstecker mit den Versorgungsspannungen und Klemme TD; 4 – 4poliger Stecker mit den Gebersignalen; 5 – Koaxialstecker der grünen Steuerleitung vom Positionsgeber (bei gezogenem Stekker ist die Zündung stillgelegt); 6 – Unterdruckleitung.

Rechts: 1 – Klemme 15; 2 – Klemme 1; 3 – Hochspannungsanschluß (Buchse 4); 4 – EZL-Zündspule.

Klemmen 1 und 15 besteht aus wenigen Windungen mit dickem Kupferdraht. Der Wicklungswiderstand ist klein (ca. 0,4 Ω). Die Sekundärwicklung zwischen den Klemmen 1 und 4 ist aus vielen Windungen mit dünnem Kupferdraht gefertigt. Der Wicklungswiderstand ist groß (ca. 10 kΩ). Der Eisenkern der Zündspule ist vormagnetisiert. Dadurch wird das Magnetfeld stärker, und die Energie des Zündfunkens steigt.

Ist der Primärstromkreis über das Schaltgerät zur Masse geschlossen, fließt ein großer Strom in der Primärwicklung. Im Eisenkern der Zündspule entsteht ein kräftiges Magnetfeld. Wird im Zündmoment der Primärstrom durch das Schaltgerät abgeschaltet, bricht das Magnetfeld schlagartig zusammen. Dabei entsteht durch Induktion in der Sekundärwicklung die hohe Zündspannung.

Je größer der Primärstrom ist, desto kräftiger ist das Magnetfeld und damit die durch Induktion erzeugte Zündspannung. Nur mit einer hohen Zündspannung können energiereiche Zündfunken erzeugt werden. Um die hohen Primärströme zu ermöglichen, ist die Zündspule an das Zündschaltgerät angepaßt. Ersatzteil-Nummer beim Einkauf genau beachten! Wegen der Ruhestromabschaltung und Primärstrombegrenzung im Schaltgerät kann der Vorwiderstand im Primärstromkreis entfallen und der Primärwicklungswiderstand sehr klein gewählt werden.

Fließt in der Zündspule längere Zeit der maximale Primärstrom (z. B. wenn Ruhestromabschaltung im Schaltgerät defekt), wird die Zündspule durch starke Wärmeentwicklung beschädigt. Um eine Falschpolung der Zündspule an Klemme 1 und Klemme 15 auszuschließen, hat der Kabelanschluß an Klemme 1 ein Gewinde M 5 und der Anschluß an Klemme 15 ein Gewinde M 6.

Die Zündspule muß auf der Hochspannungsseite stets mit mindestens 2 kΩ belastet sein. Ansonsten kann die Hochspannung so weit ansteigen, daß es zu Schäden an den Zündspulenwicklungen bzw. am Schaltgerät kommt. Im Fahrzeug bilden diese Belastung der Verteilerläufer (1 kΩ), die Verteilerkappe (1 kΩ pro Anschluß) und der Zündkerzenstecker (1 kΩ).

Die Masseverbindung der Zündspule dient der Entstörung. Die Sicherheitsvorschriften (Seite 134) unbedingt beachten.

Positionsgeber

Der Positionsgeber (Abb. Seite 43) erfaßt direkt an der Kurbelwelle die Kurbelwellenstellung **und** die Motordrehzahl. Beide Größen werden vom Mikroprozessor verarbeitet. Über die Kurbelwellenstellung erkennt er, wann sich die Kolben im oberen Totpunkt befinden.

Der Positionsgeber ist hinten am Motor über dem Befestigungsflansch des Anlassers eingebaut. Sein Spulenkörper ragt bis kurz vor die Segmente am Schwungrad. Berührungslos wird die Stellung der Segmente und damit der Kurbelwelle erkannt. Der Widerstand der Geberspule beträgt ca. 700–1200 Ω. Kommt kein Signal zum Zündschaltgerät, weil z. B. die Spule unterbrochen ist oder bei ausgestecktem Koaxialstecker am Zündschaltgerät, ist die Zündanlage außer Funktion.

In der Spule entsteht bei drehendem Motor durch Induktion folgendes Wechselspannungssignal: Die Segment-Vorderkante erzeugt einen steilen negativen Spannungssprung und die Segment-Hinterkante einen steilen positiven Spannungssprung. Beim Vierzylinder-Motor

sind zwei um 180° versetzte Segmente eingebaut. Beim Sechszylinder-Motor sind 3 Segmente je um 120° versetzt. Daraus ergibt sich, daß die Anzahl der Spannungssignale gleich der Anzahl der benötigten Zündfunken ist. Beim Vierzylinder werden also 2 Signale und beim Sechszylinder 3 Signale pro Kurbelwellenumdrehung erzeugt. Aus der Zeit, wie lange dies dauert, wird die Motordrehzahl errechnet.
Die Wechselspannung vom Positionsgeber gelangt über die grüne Steuerleitung (Koaxialleitung) zum Zündschaltgerät. Die Leitung hat innen nur einen Draht. Die Abschirmung wird als zweite Leitung benützt. Die Leitung ist an den Klemmen 7 und 31 d (Masse) mit einem Koaxialstecker am Zündschaltgerät eingesteckt.

Temperaturfühler

Der Aufbau des Temperaturfühlers ist auf Seite 105 beschrieben. Beim Vierzylinder ist er vorn und beim Sechszylinder hinten links am Zylinderkopf zu finden. Das Temperatursignal kommt über eine schwarz/grüne Leitung über den 4poligen Rundstecker zum Schaltgerät. Abhängig von der Temperatur wird der Zündzeitpunkt beim Start, bei Teil- und Vollast beeinflußt. Ist die Temperatur höher als 95° C, werden alle Zündkennlinien um bis zu 4° in Richtung »spät« verstellt, um einem weiteren Temperaturanstieg entgegenzuwirken.

Leerlauferkennung

Beim Einspritzer dient der Drosselklappenschalter zur Leerlauferkennung für die Einspritzanlage (Seite 105) und parallel auch für die Zündanlage. Von der 3poligen Steckverbindung X 56 am Schalter führt eine Leitung zum 4poligen Rundstecker am Schaltgerät. Der Drosselklappenschalter ist so eingestellt, daß der Leerlaufkontakt bei entlastetem Gaspedal schließt.
Beim Vergasermodell kommt bei entlastetem Gaspedal ein Signal von Buchse 6 am 2-E-E-Steuergerät zum Zündschaltgerät (Schaltplan Seite 94). Das Drosselklappenpoti am Vergaser gibt dem Steuergerät die entsprechende Information.
Wird dem Zündschaltgerät Leerlauf gemeldet, werden die Zündzeitpunkte nur noch von der festen Leerlauf/Schub-Zündkennlinie bestimmt.

Abgleichstecker

Mit dem Abgleichstecker kann der Zündzeitpunkt an die Kraftstoffqualität angepaßt werden. Je nach Abgleichstecker verstellt sich der Zündzeitpunkt pro Steckerraste um 2° oder 3° mit steigender Ziffer in Richtung »spät«. Dabei ist zu berücksichtigen, daß die Motoren nur bei richtiger Kraftstoffqualität und der entsprechenden Zündeinstellung optimale Verbrauchs- und Leistungswerte zeigen. Nicht beeinflußt werden von der Abgleichsteckerstellung die Zündzeitpunkte der festen Leerlauf/Schub-Zündkennlinie. Folgende Abgleichstecker sind eingebaut:

☐ **Grüne Aufschrift »EZL KAT«:** Dieser Stecker ist beim Bremskraftverstärker bei allen Motoren mit Katalysator eingebaut. Die Motoren sind für bleifreies Super (ROZ 95) ausgelegt, können aber auch mit bleifreiem Normal (ROZ 91) betrieben werden. Die Stellung »S« ist für bleifreies Super, die Stellung »N« für bleifreies Normal. Pro Steckerraste wird der Zündzeitpunkt um 3° verstellt.

☐ **Weiße Aufschrift »EZL ECE«:** Der Stecker ist beim Bremskraftverstärker bei RÜF-Ausführung eingebaut. Die Motoren sind für bleifrei Super ausgelegt, können jedoch auch mit ver-

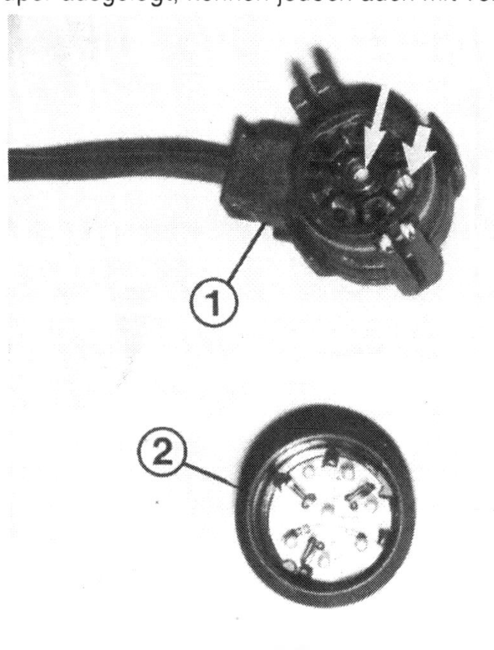

Links: Der Abgleichstecker (1) für die Zündanlage ist beim Bremskraftverstärker angeschraubt.

Rechts: 1 – Steckerunterteil mit kontaktierter Mittelbuchse und einer Außenbuchse (Pfeile); 2 – Abgleichstecker mit eingelöteten Widerständen.

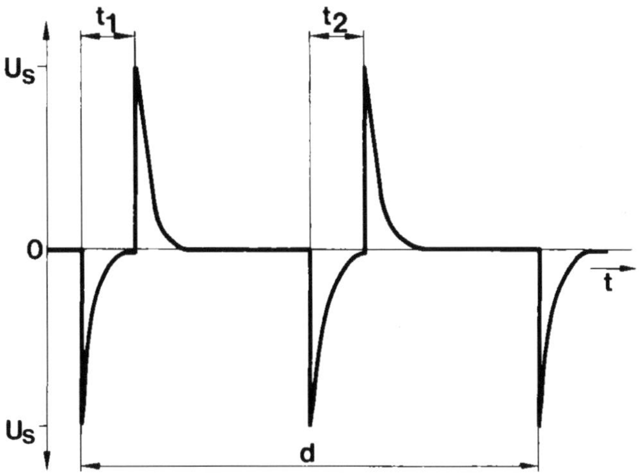

Das Diagramm zeigt den Verlauf der Spannung vom Positionsgeber. Beim Vierzylinder (hier dargestellt) mit zwei Segmenten werden pro Kurbelwellenumdrehung 2 Spannungssignale erzeugt (beim Sechszylinder 3 Spannungssignale).

bleitem Super (ROZ 98) oder Normal (verbleibt/bleifrei) gefahren werden. Pro Steckerraste ändert sich der Zündzeitpunkt um 3°.
Stellung »S« ist für bleifreien oder verbleiten Superkraftstoff. Die Stellung »N« gilt für bleifreies oder verbleites Normalbenzin.
□ **Weiße Aufschrift »EZL«:** Dieser Stecker ist nur beim 300 E mit dem Motor 103.980 hinter der Batterie eingebaut. Der 190-PS-Motor ist für verbleites Super (ROZ 98) ausgelegt, kann notfalls aber auch mit bleifreiem Super (ROZ 95) betrieben werden. Dazu ist der Stecker in Stellung »3« zu verstellen. Pro Steckerstellung wandert der Zündzeitpunkt um 2° in Richtung »spät«. Stellung »1« ist für den Betrieb mit verbleitem Super oder Super Plus.
Zum Verstellen den Abgleichstecker herausziehen, auf die gewünschte Raste drehen und wieder aufdrücken. Ist die Kraftstoffqualität schlechter als die gewählte Steckerstellung, wird zu früh gezündet. Es kommt zu der sehr schädlichen klopfenden Verbrennung bzw. zu Motorklingeln (Seite 70).
Im Abgleichstecker sind verschiedene Widerstände zwischen dem mittleren Stift und den äußeren Stiften eingebaut. In jeder Stellung wird ein anderer Widerstand geschaltet. Dieser wird im Steckerunterteil zwischen der Mittelbuchse und der kontaktierten Außenbuchse abgegriffen und zum Zündschaltgerät über den 4poligen Rundstecker gemeldet.
Die eingebauten Widerstände sind bei jedem Abgleichstecker gleich, jedoch wird über den Steckeraufdruck in der jeweiligen Steckerstellung immer ein anderer Widerstand geschaltet. Die Tabelle nennt die Widerstandswerte, welche Sie zwischen Buchse 3 am 4poligen Rundstecker und Masse messen können:

Widerstand	Steckerstellungen		
	Stecker »EZL«	Stecker »EZL KAT«	Stecker »EZL ECE«
∞ Ω	1	1	S
2,4 kΩ	2	2	2
1,3 kΩ	3	3	N
750 Ω	4	S	4
470 Ω	5	5	5
220 Ω	6	N	6
0 Ω	7	7	7

Fingerzeig: *Es gibt noch einen baugleichen Stecker für die Steuergeräte von Einspritzung bzw. Vergaser. Der Stecker ist hinter der Batterie eingebaut. Die Steckerstellungen haben ganz andere Bedeutungen. Bei diesen Abgleichsteckern fehlt im Aufdruck der Zusatz »EZL«.*

Saugrohrunterdruck

Der Saugrohrunterdruck ist ein Maß für den Belastungszustand des Motors. Dies beeinflußt den Zündzeitpunkt ganz wesentlich. Mit zunehmender Belastung wird der Zündzeitpunkt immer weiter in Richtung »früh« verstellt, um das Motordrehmoment zu vergrößern.
Der Saugrohrunterdruck wird über eine Schlauchleitung zum Drucksensor im Zündschaltgerät geleitet. Im Drucksensor wirkt er auf eine Membran, an der ein Magnet befestigt ist. Der Magnet wiederum ist Teil eines Hall-Systems. Abhängig von der Stärke des Unterdruckes ändert sich so der Magnetismus im System, und es entstehen unterschiedliche Spannungen. Diese Unterdruckinformation gelangt zum Mikroprozessor und wird bei der Bestimmung des Zündzeitpunktes berücksichtigt.

Hochspannungsverteiler

Dieses Bauteil ersetzt den früher üblichen Zündverteiler. Der Hochspannungsverteiler hat nur noch die Aufgabe, die Zündspannung von der Zündspule nacheinander an die Zündkerzen zu verteilen. Da der Zündzeitpunkt vom Positionsgeber und Zündschaltgerät bestimmt wird, ist ein Verstellen des Zündzeitpunktes durch Verdrehen des Verteilers nicht mehr möglich. Ohnehin kann beim Sechszylinder der Hochspannungsverteiler nicht verstellt werden. Nur beim Vierzylinder ist beim Einbau eine grobe Zuordnung zur Stellung der Kurbelwelle erforderlich (siehe Einbau).
Die Verteilerkappe ist zusammen mit einer Abschirmkappe zur Entstörung am Verteilergehäuse festgeschraubt. In jedem Zündkabelanschluß der Verteilerkappe ist ein 1-kΩ-Entstörwiderstand eingegossen; desgleichen im Verteilerläufer. Der Verteiler ist mit einer Kappe gegen Schmutz und Feuchtigkeit geschützt.
Beim Vierzylinder ist der Hochspannungsverteiler seitlich links am Motor eingebaut. Sein Antrieb erfolgt von der Zwischenwelle (Seite 33) über eine Verzahnung (Einbauhinweise Seite 138). Beim Sechszylinder ist der Verteiler am vorderen Deckel des Zylinderkopfes angeschraubt. Der Verteilerläufer wird über einen Mitnehmer direkt von der Nockenwelle angetrieben. Er ist dort angeschraubt.

Zündkabel und Zündkerzenstecker

Die Zündkabel verlaufen von der Zündspule zum Verteiler und weiter zu den Zündkerzen. Das Zündkabel von Klemme 4 der Zündspule (sogenanntes Hauptzündkabel) ist in der Mitte der Verteilerkappe eingesteckt. Die Zylinderzündkabel sind entsprechend der Zündfolge nacheinander außen am Verteiler eingesteckt. Am Verteiler sind die Zündkabel entsprechend ihrer Zylinderzugehörigkeit numeriert, um das Einstecken zu erleichtern.
Die Zündkabel verlaufen an der Zylinderkopfhaube unter einer Abdeckung. Die Abdeckung möglichst nicht ausbauen. Beim Ausbau der Zylinderkopfhaube aller Kerzenstecker abziehen und die Zündkabel am Verteiler ausstecken.
Die Kabel müssen ersetzt werden, wenn ihre Isolation brüchig oder angescheuert ist. Bisweilen werden Zündkabel von Mardern durchgebissen. Die Tiere kommen gern in den warmen, abgeschlossenen Motorraum und »spielen« dort mit Gummi- und Schaumstoffteilen. Bei schadhaften Zündkabeln wird der Zündfunke schwächer bzw. es funkt nicht mehr. Die Stekker an der Verteilerkappe müssen fest sitzten.
Im Zündkerzenstecker ist ein Entstörwiderstand von 1 kΩ eingebaut. Die Stecker sind an die Zündkabel angeschraubt. Vor dem Abziehen die Zündkerzenstecker hin- und herdrehen, dann geht's leichter. Keinesfalls an den Zündkabeln zerren. Wackeln die Kerzenstecker auf den Zündkerzen herum oder stimmt der Widerstandswert nicht, sind sie defekt.

Zündkerzen

Je nach Verdichtung und Leistungsausbeute entwickeln Benzinmotoren recht unterschiedliche Temperaturen in ihren Verbrennungsräumen. Darauf müssen die Zündkerzen abgestimmt sein. Diese Eigenschaft wird durch den sogenannten Wärmewert angegeben. Dessen Kennzahl besagt, wieviel Hitze die Zündkerze ertragen, d. h. ableiten kann, ohne selbst zu heiß zu werden. Leitet die Kerze zu viel Wärme ab, erreicht sie nicht ihre Selbstreinigungs-Temperatur.
Das Einschraubgewinde muß 19 mm lang sein, das ist die größte handelsübliche Gewindelänge. Der Gewindedurchmesser beträgt 14 mm. Folgende Mehrbereichs-Zündkerzen werden vom Werk empfohlen:

- □ Beru 14 K-7 DU
- □ Bosch H 7 DC
- □ Champion S 9 YC

Elektrodenabstand

Das Kraftstoff/Luft-Gemisch bzw. das Abgas wirken korrosiv auf die metallischen Zündkerzenelektroden. Und die hohe Spannung beim Funkenüberschlag sprengt kleine Metallparti-

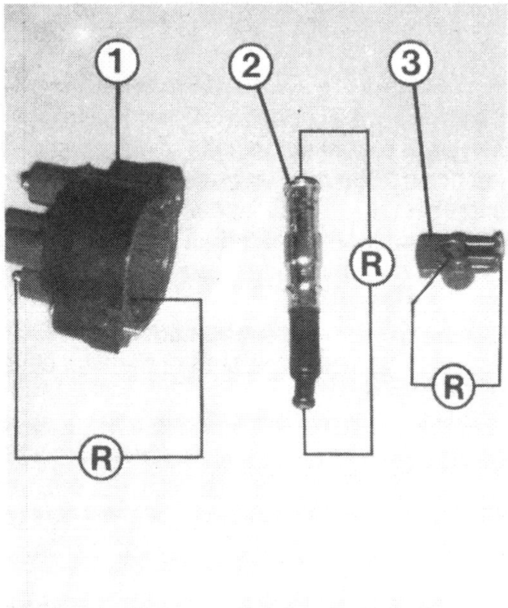

Links: Eine Funkenprobe darf nur an einem Zylinderzündkabel mit einer Zündkerze durchgeführt werden. Festen Massekontakt der Zündkerze sicherstellen! Die Zündkerze des 1. Zylinders (1) kann dazu in die vordere Aufhängeöse (2) eingehängt werden. Wird der Zündschlüssel jetzt in die Startstellung gedreht, muß es funken (Pfeil).

Rechts: So sind die Entstörwiderstände in Verteilerkappe (1), Zündkerzenstecker (2) und Verteilerläufer (3) eingebaut.

kel ab, wodurch der Funkenspalt mit zunehmender Laufzeit der Zündkerzen vergrößert wird. Der Elektrodenabstand muß **0,8 mm** betragen.
Bei größerem Abstand wird eine höhere Zündspannung benötigt, und es kann zu Zündaussetzern kommen. Evtl. springt der Motor überhaupt nicht an. Deshalb die Elektrode rechtzeitig nachbiegen.

Das »Zündkerzengesicht«

Die Zündkerzen sind gewissermaßen Augenzeugen der Verbrennung im Motorraum. Das Aussehen der Kerzenspitze läßt erkennen, ob der Motor optimal arbeitet.

- □ **Isolatorspitze hellgrau bis bräunlich gefärbt:** Gute Einstellung von Vergaser bzw. Einspritzanlage, der Motor läuft wirtschaftlich.
- □ **Starke Ablagerungen:** Ursache können Zusätze im Motoröl oder Kraftstoff sein oder erhöhter Ölverbrauch durch schadhafte Ventilschaftabdichtungen. Evtl. Öl- bzw. Kraftstoffmarke wechseln.
- □ **Schwarze rußartige Ablagerungen:** Zündkerze erreicht durch häufigen Kurzstreckenverkehr ihre Selbstreinigungs-Temperatur nicht, falscher Wärmewert, CO-Gehalt zu hoch.
- □ **Isolatorspitze weißlich gefärbt:** Zündzeitpunkt zu stark in Richtung »früh« eingestellt oder CO-Gehalt zu niedrig.
- □ **Schmelzerscheinungen an Mittel- und Seitenelektrode:** Glühzündungen durch Ablagerungen im Verbrennungsraum, überhitzte Ventile, falschen Zündzeitpunkt oder Hitzestau durch mangelhafte Kühlung.
- □ **Bruch der Isolatorspitze,** im Anfangsstadium als Haarrisse erkennbar: Klopfende Verbrennung durch minderwertigen Kraftstoff, falsche Zündeinstellung, ungenügende Motorkühlung oder Gemischabmagerung durch Nebenluft.
- □ **Gelblich glänzende Schicht auf der Isolatorspitze:** Benzin- und Motorölzusätze haben Ablagerungen gebildet, die bei abrupter voller Belastung des Motors sich verflüssigt haben und elektrisch leitfähig wurden – als Folge Zündaussetzer. Motor nach langem Kurzstreckenbetrieb nicht sofort voll belasten.
- □ **Ölschicht über Elektroden und Innenraum der Kerze:** Kolbenringe, Ventilführungen oder Ventilschaftabdichtungen schadhaft.

Arbeiten an der Zündanlage

Manche der beschriebenen Arbeiten an der Zündanlage ist nicht jedermanns Sache, denn Prüfgeräte werden gebraucht und elektrische Grundkenntnisse sind Voraussetzung. Doch selbst dann kann eine Fehlersuche erfolglos oder zeitraubend sein. Hier ein Tip an alle, die nicht selbst Hand anlegen wollen und nicht durch eine Störung fern der Werkstatt dazu gezwungen werden, sich selbst zu helfen: Recht günstig wird in den Werkstätten oder bei Bosch-Diensten eine Prüfung durchgeführt. Ein Motortestgerät wird an die Diagnosedose seitlich links im Motorraum angeschlossen. Der geübte Fachmann erkennt in wenigen Minuten, auch durch die Oszilloskop-Bilder, wo ein Fehler steckt. Für umfangreiche Arbeiten werden ein Spannungs-, Widerstands-, Schließwinkel- und Drehzahlmeßgerät sowie eine Stroboskoplampe gebraucht. Wenn möglich, wird an den Anschlüssen der Diagnosedose gemessen. Die folgenden Sicherheitsvorschriften müssen berücksichtigt werden.

Sicherheitsvorschriften

Elektronische Zündanlagen sind zuverlässig, leistungsstark und wartungsarm. Deshalb lösen sie in zunehmendem Maße die althergebrachten Unterbrecher-Anlagen ab. Doch wegen der hohen Spannungen an der Zündspule, an den Zündkerzen und am Geber müssen neue Sicherheitsvorschriften unbedingt beachtet werden. Eine Berührung spannungsführender Teile **kann lebensgefährlich sein!**

□ Läuft der Motor oder wird er mit dem Anlasser durchgedreht, Finger weg von den Teilen der Zündanlage.

□ Ein- oder Ausstecken von Zündkabeln, Abziehen von Kerzensteckern und das An- und Abschließen von Prüf- und Meßgeräten nur bei stehendem Motor und ausgeschalteter Zündung durchführen.

□ Vor Arbeiten mit Anlasserdrehzahl, z. B. Kompressionsdruck prüfen oder beim Weiterdrehen des Motors mit dem Anlasser (Seite 213), muß die Zündanlage stillgelegt werden. Dazu den Koaxialstecker der grünen Steuerleitung am Zündschaltgerät ausstecken. Der Positionsgeber kann nun keine »Zündbefehle« mehr zum Schaltgerät übermitteln.

□ Besser nicht an der Zündanlage arbeiten, wenn Sie einen Herzschrittmacher tragen.

Zündanlage vor Schäden schützen

Um das empfindliche Schaltgerät und die leistungsstarke Zündspule nicht zu gefährden, müssen nachstehende Punkte berücksichtigt werden:

□ An Klemme 1 der Zündspule darf weder ein Entstörkondensator noch eine Prüflampe angeschlossen werden.

□ Klemme 1 und 15 der Zündspule nicht gegen Masse kurzschließen (z. B. zum Prüfen der Zündspule oder zur Diebstahlsicherung).

□ Den Anlasser nicht bei abgezogenen Kerzensteckern oder bei ausgestecktem Hauptzündkabel drehen lassen, wenn die Zündanlage nicht stillgelegt ist. Die Spannung in der Zündspule kann bis zur Selbstzerstörung ansteigen, wenn die Hochspannungsseite der Zündspule nicht mit mindestens 2 kΩ belastet ist. Zur Radioentstörung keinesfalls einen 5-kΩ-Verteilerläufer einbauen.

□ Das Zündschaltgerät muß bei Betrieb zur Wärmeabfuhr mit Wärmeleitpaste am Radlauf montiert sein.

□ Bei der schnellen Funkenprobe mit einer Zündkerze darf nur an einem Zylinderzündkabel getestet werden, ob es funkt. Dabei guten Massekontakt der Zündkerze sicherstellen (Abb. Vorseite oben links). Elektrisierungsgefahr beachten!

□ Ersatzteile nur von Bosch oder Mercedes beziehen. Genau auf die Teilenummern achten.

□ Bei Elektro-Schweißarbeiten beide Batteriekabel lösen und mit einem Starthilfekabel miteinander verbinden.

□ Zur Motorwäsche die Zündung ausschalten.

Zündkerzen erneuern

Wartung Nr. 8

Die Zündkerzen in Ihrem Mercedes sind recht schlank und haben einen Konusdichtsitz, der nur mit 20 Nm festgedreht werden darf. Sonst besteht die Gefahr, daß die Zündkerzen beim Herausschrauben abreißen oder das Gewinde im Zylinderkopf ausreißt. Die Zündkerzen stecken in recht tiefen Nischen im Zylinderkopf. Deshalb zum Drehen der Zündkerzen nur den Schlüssel aus dem Bordwerkzeug verwenden, denn dieser hat den erforderlichen Führungsbund. Andernfalls sind Isolatorbrüche möglich.

Die Zündkerzen sollen laut Wartungsplan alle 20 000 km erneuert werden. Meist erreichen sie auch eine Lebensdauer von 30 000 km, wenn der Elektrodenabstand regelmäßig kontrolliert und nachgestellt wird. Bei ausgebauten Zündkerzen das Aussehen von Isolator und Elektrode beurteilen. Dabei auch die Zündkerzen untereinander vergleichen, um festzustellen, ob vielleicht nur an einem Zylinder etwas nicht stimmt.

■ Zündkerzenstecker fassen, hin- und herdrehen, dann abziehen. Keinesfalls an den Zündkabeln zerren.

■ Zündkerzen herausdrehen und zunächst in der Zylinderreihenfolge ablegen.

■ Die Zündkerzengesichter vergleichen. Vielleicht ist die Kompression, das Zündkabel, der Kerzenstecker, das Einspritzventil usw. an einem Zylinder schadhaft.

■ Zum Einbau dürfen die Zündkerzengewinde keinesfalls eingeölt werden.

■ Alle Zündkerzen mit Vorsicht ansetzen und so weit von Hand eindrehen, bis der Konus fest am Zylinderkopf aufsitzt.

■ Mit einem Drehmomentschlüssel mit 20 Nm festdrehen.

■ Ohne Drehmomentschlüssel die Zündkerze um 15° weiter festdrehen, das entspricht etwa dem vorgeschriebenen Drehmoment.

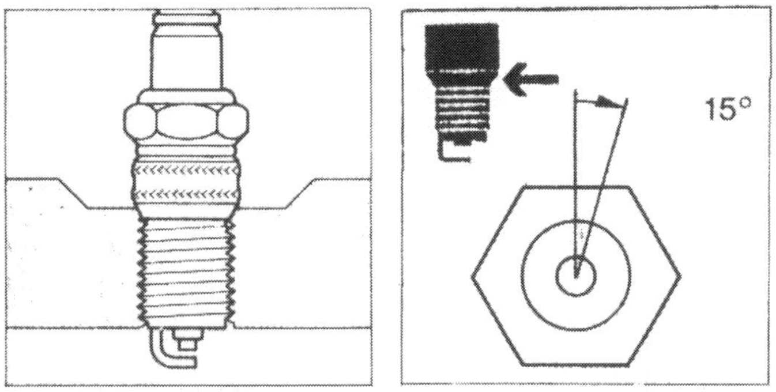

Zum fachgerechten Anziehen der Zündkerzen diese von Hand so weit hineindrehen, bis der Konusdichtsitz am Zylinderkopf anliegt. Dann um 15° weiterdrehen, dies entspricht einem Drehmoment von 20 Nm.

Fingerzeig: *Wurde versehentlich ein Zündkerzengewinde beschädigt oder ausgerissen, kann die Werkstatt mit einem Gewindeeinsatz (Helicoil-Einsatz) weiterhelfen.*

Zündzeitpunkt prüfen

Wartung Nr. 5

Der Zündzeitpunkt ist als erstes zu überprüfen, wenn sich Störungen am Motorlauf einstellen. Läuft der Motor nicht oder wenn der Zündzeitpunkt nicht stimmt, muß zur weiteren Fehlersuche nach dem Prüfungsschema auf Seite 140 vorgegangen werden. Da der Zündzeitpunkt bei der EZL-Zündanlage nicht verstellt werden kann, können nur schadhafte Bauteile der Zündanlage einen falschen Wert verursachen.

- Als erstes den Motor warmfahren (ca. 80–90° C Kühlmitteltemperatur). Die Temperatur muß zwischen 75 und 90° C liegen, denn sonst werden andere Zündkennlinien geschaltet.
- Stroboskoplampe anschließen. Den Auslöser am Zylinderzündkabel des 1. Zylinders anschließen (ganz vorn).
- Drehzahlmesser an einem Zylinderzündkabel oder an Klemme TD (Diagnosedose Buchse 1) entsprechend der Bedienungsanleitung anschließen.
- Abgleichsteckerstellung beachten (siehe Seite 130).
- Zündzeitpunkt bei laufendem Motor mit und ohne Unterdruck bei den angegebenen Drehzahlen prüfen. Dazu den Lichtblitz der Stroboskoplampe auf die Grad-Einteilung vorn an der Kurbelwelle richten und den Wert am Zeiger (Abb. S. 139 oben) ablesen.

Modell und Motor	Zündschaltgerät Teilnummer	Abgleich-stecker-stellung	Zündzeitpunkt in Grad vor OT bei 3200/min ohne Unterdruck	mit Unterdruck	im Leerlauf [1])
200 (RÜF/KAT)	006 545 52 32, 006 545 53 32	S	19–23	38–42	11–15
	006 545 40 32, 006 545 41 32 004 545 79 32, 004 545 81 32	S	22–26	38–42	11–15
200 E (KAT)	007 545 45 32, 007 545 46 32 008 545 91 32[2]), 008 545 92 32[2])	S	23–27	36–40	8–12
230 E (RÜF/KAT)	alle bis 08/89	S	25–29	39–43	8–12
	007 545 47 32, 007 545 48 32 008 545 93 32[2]), 008 545 94 32[2])	S	22–26	39–43	8–12
260 E (RÜF/KAT)	alle	S	25-29	39–43	7–11
300 E (RÜF/KAT)	alle mit Motor 103.983	S	27–31	40–44	6–11
300 E	nur Motor 103.980 mit 140 kW (nur bis 9/85 eingebaut)	S	27–31	40–44	6–11
300 E-24	007 545 70 32, 007 545 71 32	KAT-Stecker[3])	21–35	34–38	6–10

[1]) Im Leerlauf sind Abgleichsteckerstellung und Unterdruck ohne Einfluß.
[2]) Ab 9/89: zum Prüfen Stecker am Temperaturfühler Ansaugluft (Seite 63, 105) abziehen.
[3]) Am Zündschaltgerät bei KAT-Ausführung eingesteckt (Nr. 015 545 67 28).

Lauft der Motor nicht an, weil z. B. kein Benzin kommt, kann man auch den Zundzeitpunkt bei Anlasserdrehzahl prüfen. **Sollwert: OT ± 2°**

Schließwinkel prüfen

Diese Messung zeigt Ihnen schnell, ob die Zündanlage arbeitet. Dabei wird das TD-Signal überprüft (weitere Hinweise Seite 128 und 200).

- Schließwinkel-Tester zwischen Buchse 1 der Diagnosedose und Masse anklemmen.
- Tester auf 4- bzw. 6-Zylinder einstellen. Beachten, ob die Anzeige in Grad oder Prozent erfolgt.
- Läuft der Motor nicht, den Schließwinkel bei Anlasserdrehzahl prüfen. Wird kein Wert gemessen, ist entweder der Positionsgeber oder das Zündschaltgerät defekt. Wird ein falscher Wert gemessen, ist nur das Schaltgerät defekt.
- Läuft der Motor, den Schließwinkel bei 3200/min messen. Dabei müssen die Unterdruckleitung sowie alle Geber am Zündschaltgerät angeschlossen sein. Wird ein falscher Wert angezeigt, ist das Schaltgerät zu erneuern.

Schließwinkel	Vierzylinder	Sechszylinder
bei Anlasserdrehzahl	9–49° (10–54%)	1–30° (1–50%)
bei 3200/min	27–54° (30–60%)	24–53° (36–88%)

Spannungen prüfen

Läuft der Motor nicht, weil es nicht zündet (Funkenprobe Abb. Seite 133 oben links), sämtliche Spannungen nacheinander mit dem Voltmeter überprüfen. Die Zündung ist dabei eingeschaltet (Motor steht).

- An Buchse 5 der Diagnosedose und an Klemme 15 der Zündspule müssen + 12 V anliegen. Wenn nicht, den Stromweg über das Zündschloß (Seite 216/217) prüfen.
- 4poligen Rundstecker am Zündschaltgerät mit den Buchsen 15, 31, 16 und TD (siehe Beschriftung) abziehen. Zwischen den Steckerbuchsen 15 und 31 muß Batteriespannung gemessen werden. Wenn nicht, Masseverbindung zu Klemme 31 und Spannungsversorgung zu Klemme 15 prüfen.
- Auch an Buchse 4 der Diagnosedose müssen + 12 V anliegen. Ansonsten ist die Primärwicklung der Zündspule unterbrochen (siehe Widerstandsmessungen).
- **Ruhestromabschaltung prüfen:** Zwischen den Buchsen 4 und 5 an der Diagnosedose müssen 0 V gemessen werden. Wenn nicht, ist die Ruhestromabschaltung im Zündschaltgerät defekt. Liegt die Spannung über 0,1 V, müssen Zündschaltgerät und Zündspule erneuert werden.

Widerstände messen

Über Widerstandsmessungen können Sie sehr gut Fehler in der Zündanlage erkennen. Vor den Messungen die Zündung ausschalten und die Leitungen am »Prüfling« lösen.

- Zwischen den Klemmen 1 und 15 der Zündspule (Primärwicklung) müssen Sie 0,3–0,6 Ω messen. Bei den meisten Meßgeräten ist dieser Wert jedoch kaum ablesbar. Entscheidend ist, daß die Wicklung keine Unterbrechung hat.
- Zwischen der Klemme 4 (Hochspannungsanschluß) und Klemme 1 der Zündspule müssen 7–13 kΩ gemessen werden (Sekundärwicklung).
- Der Verteilerläufer, die Zündkerzenstecker und jeder Anschluß an der Verteilerkappe hat einen Entstörwiderstand von 1 kΩ eingebaut.
- Beide Polklemmen der Batterie losschrauben. Zwischen der Minuspolklemme und der Buchse 31 am 4poligen Rundstecker des Schaltgerätes messen. Anschließend zwischen der Pluspolklemme und Buchse 15 messen. Es dürfen keine Widerstände größer als 0,2 Ω vorhanden sein, sonst die Leitungsverläufe und -verbindungen auf Übergangswiderstände absuchen (Wackelkontakte, Korrosion).

Positionsgeber prüfen

Läuft der Motor nicht und ist bei Anlasserdrehzahl kein Schließwinkel zu messen, liefert der Positionsgeber keine Spannungssignale zum Zündschaltgerät.

- Zündung ausschalten.
- Koaxialstecker (kleiner runder Stecker) der grünen Leitung am Zündschaltgerät ausstecken.
- Am Stecker den Widerstand der Geberspule messen. Es müssen 680–1200 Ω sein. Wenn nicht, wird der Geber samt Leitung und Stecker erneuert.
- Jetzt zwischen der Mittelbuchse im Stecker und Fahrzeugmasse messen. Ist der Widerstand nicht ∞ Ω, hat der Geber oder die Leitung Masseschluß – erneuern.
- Der ausgebaute Geber darf an seiner Vorderseite nicht beschädigt sein. Evtl. sind die Segmente am Schwungrad verbogen und berühren den Geber.
- Mit einem Oszilloskop kann man die Wechselspannungssignale des Gebers

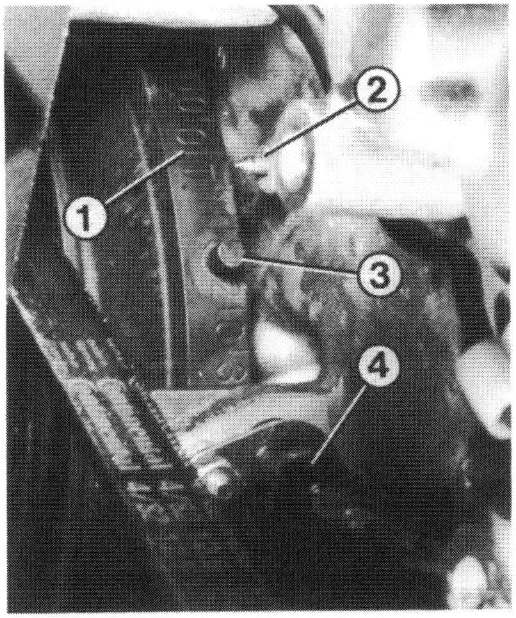

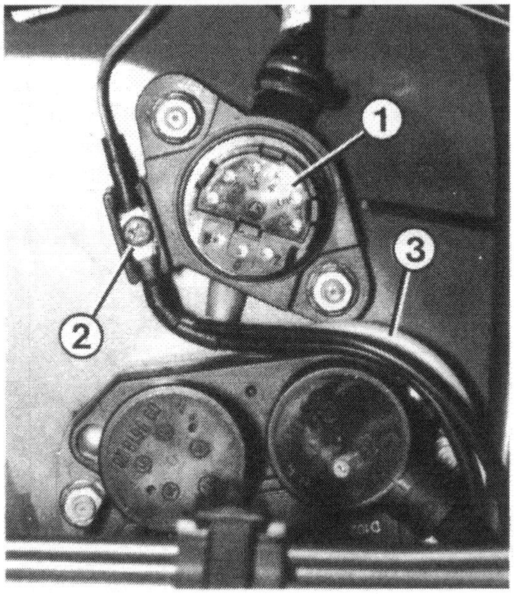

Links: Zum Prüfen des Zündzeitpunktes hat die Schwungmasse vorn an der Kurbelwelle eine Skala (1). Die entsprechenden Werte müssen am Stift (2) »stehen«, wenn sie mit einer Stroboskoplampe angeblitzt werden. Weiterhin: 3 – Auslöser für OT-Geber (4).

Rechts: An der Diagnosedose (1) befinden sich noch die Schraubverbindungen der Klemme TD (2) und die Leitung (3) vom OT-Geber (hinten eingesteckt).

sichtbar machen. Bei Anlasserdrehzahl müssen die einzelnen Spannungsspitzen bereits größer als 1 V sein. Mit unserem digitalen Voltmeter konnten wir eine Wechselspannung zwischen 0,1–0,3 V bei Anlasserdrehzahl messen (Spannungsspitzen können mit dem Voltmeter eigentlich nicht gemessen werden).

- Nach dem Austausch des Positionsgebers muß der Schließwinkel meßbar sein. Wenn nicht, ist das Schaltgerät defekt.

Abgleichstecker prüfen

- Zündung ausschalten.
- 4poligen Rundstecker (mit Buchsen 1, 2, 3 und 4) abziehen.
- Widerstand zwischen Buchse 3 und Masse messen und mit der Tabelle Seite 131 vergleichen. Stimmen die Werte nicht, sämtliche Leitungen, das Stecker-Unterteil und den Massekontakt prüfen bzw. neuen Abgleichstecker einbauen.
- Stimmen die Werte, die Funktion des Abgleichsteckers prüfen. Dazu die Unterdruckleitung am Zündschaltgerät abziehen und den Motor mit ca. 1200–2500/min laufen lassen.
- Zündzeitpunkt mit Stroboskoplampe ablesen und gleichzeitig den Abgleichstecker verschieden aufstecken. Ändert sich dabei der Zündzeitpunkt nicht, muß das Schaltgerät erneuert werden.

Leerlauferkennung prüfen

- Zündzeitpunkt im Leerlauf prüfen.
- Stimmt der Wert nicht, Zündung ausschalten und den 4poligen Rundstecker (Buchsen 1, 2, 3 und 4) ausstecken.
- Zwischen Steckerbuchse 2 und Masse das Voltmeter anschließen.
- Motor im Leerlauf drehen lassen.
- Voltmeter beobachten. Sobald etwas Gas gegeben wird, muß sich die Spannungsanzeige ändern, d. h. es erfolgt ein Spannungssprung von 0 V auf ca. 6–12 V oder umgekehrt.
- Erfolgt kein Spannungssprung, muß beim Vergasermodell (Typ 200) das Drosselklap-

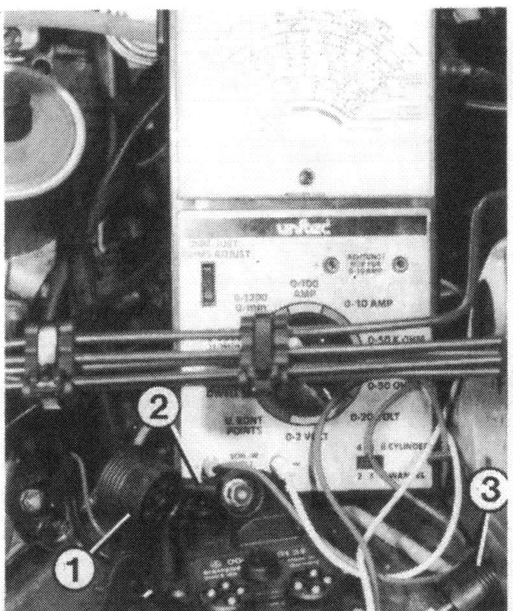

Links: Die Zündanlage wird an den abgezogenen Steckern (1,2,3) durchgemessen.

Rechts: Hier wird der Widerstand des Positionsgebers am Koaxialstecker (1) geprüft.

penpoti bzw. das 2-E-E-Steuergerät geprüft werden (Seite 88). Beim Einspritzer den Drosselklappenschalter (Seite 121) prüfen.

■ Erfolgt ein Spannungssprung, aber der Zündzeitpunkt im Leerlauf bleibt falsch, muß das Zündschaltgerät erneuert werden.

Drucksensor prüfen

■ Unterdruckleitung am Zündschaltgerät abziehen.
■ Stroboskoplampe anschließen.
■ Motor starten und mit ca. 1200–2500/min drehen lassen.
■ Beim Aufstecken der Unterdruckleitung muß sich der Zündzeitpunkt in Richtung »früh« verstellen.
■ Wenn nicht, Unterdruckleitung auf Dichtheit und Verlegung zum Saugrohr prüfen. Ist alles in Ordnung, das Schaltgerät erneuern.

Temperaturfühler prüfen

■ Zündung ausschalten.
■ Den 4poligen Rundstecker mit den Buchsenbezeichnungen 1, 2, 3 und 4 am Zündschaltgerät abziehen.
■ Widerstand zwischen der Steckerbuchse 1 und Masse bei zwei Temperaturen messen (Widerstandskennlinie siehe Seite 120).
■ Bei größeren Abweichungen als ± 10 % den Temperaturfühler erneuern.
■ Stimmen die Widerstandswerte, den Zündzeitpunkt bei 3200/min ohne Unterdruck messen. Stimmt der Wert trotz gutem Temperaturfühler nicht, das Zündschaltgerät erneuern.

Verteilerkappe und -läufer ausbauen

1 – Verteilerläufer; 2 – Verteilerkappe 3 – Kontaktkohle; 4 – Abdeckung;

■ Zündung ausschalten.
■ Abdeckung vom Verteiler abnehmen.
■ **200/230 E:** Zündkabel von der Zündspule am Verteiler ausstecken. Die beiden seitlichen Befestigungsschrauben losschrauben. Zum Abnehmen der Verteilerkappe können die Zylinderzündkabel eingesteckt bleiben. Verteilerläufer nach oben abziehen.
■ Beim Einbau auf die Verrastungen an Verteilerläufer und -kappe achten.
■ **260 E/300 E:** Sämtliche Zündkabel an der Verteilerkappe ausstecken. Lüfterhaube vom Kühler lösen und die 3 Inbusschrauben um die Verteilerkappe herausschrauben. Der Verteilerläufer ist ebenfalls dreifach festgeschraubt.

Verteilerkappe und -läufer prüfen

Pfeile, rechtes Bild – Prüfstellen; Pfeil, linkes Bild – Zünd OT-Marke für 1. Zylinder.

■ Verteilerkappe abnehmen, sie muß innen und außen sauber sein. Schmutz oder Feuchtigkeit könnten die Zündspannung ganz oder teilweise ableiten.
■ Die Kontaktkohle in der Mitte innen muß sich federnd bewegen lassen. Die Kontaktflächen müssen glatt glänzend sein.
■ Die Kontakte in der Verteilerkappe und der Kontakt am Verteilerläufer dürfen nicht übermäßig verschmort und abgebrannt sein.
■ Bleistiftartige Striche an der Verteilerkappe sind Brandspuren von Kriechströmen. Im Notfall kann man diese Striche tief mit einem Messer auskratzen und z. B. Nagellack darüberstreichen.

Hochspannungsverteiler einbauen (nur 200/230 E)

Bei den Vierzylindern muß der Hochspannungsverteiler so eingebaut werden, daß sich im Zündmoment die Kontaktlippe am Verteilerläufer und der jeweilige Kontakt außen an der Verteilerkappe gerade berühren. Dies ist aber nur ein grobe Zuordnung von Motor- zu Verteilerstellung. Der genaue Zündzeitpunkt wird vom Positionsgeber bzw. dem Zündschaltgerät festgelegt. Beim Einbau so vorgehen:

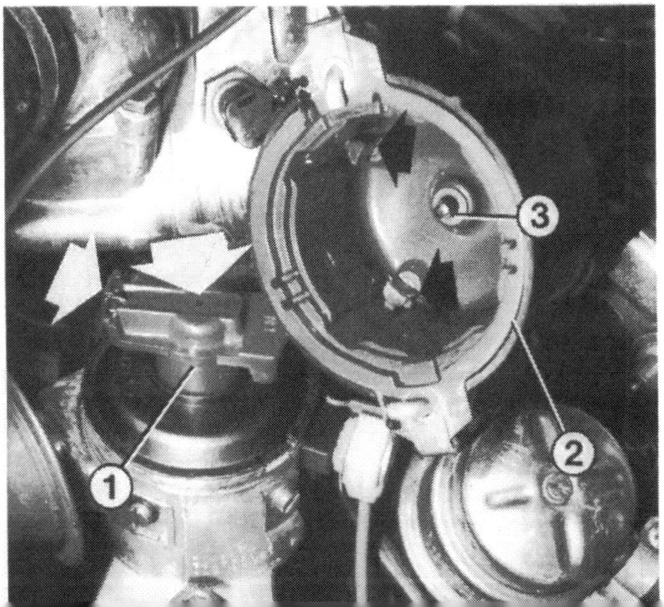

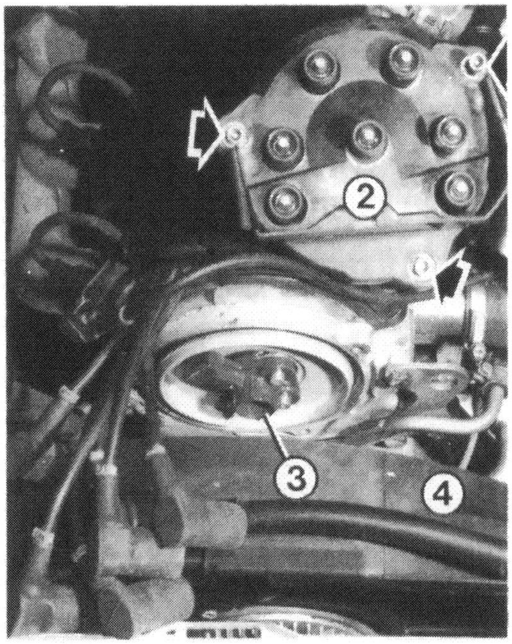

Um beim Sechszylinder an den Hochspannungsverteiler (2) zu gelangen, die Abdeckung (1) ausrasten. Zum Lösen der 3 Schrauben (Pfeile) um die Verteilerkappe die Lüfterhaube (4) aushängen. Der Verteilerläufer (3) ist angeschraubt (Zeichnung Seite 27).

■ Motor auf Zünd-OT des 1. Zylinders stellen. Dies ist der Fall, wenn die Kerbe vorn an der Nockenwelle an der Bezugsfläche steht (Abb. Seite 33).

■ Hochspannungsverteiler so ausrichten, daß der Verteilerläufer zur Kerbe am Gehäuserand zeigt (Abb. Seite 147).

■ In dieser Stellung den Verteiler einschieben und mit der Inbusschraube im Langloch befestigen. Ein späteres Verdrehen des Verteilers zur Einstellung des Zündzeitpunktes ist bei der EZL-Zündanlage nicht möglich.

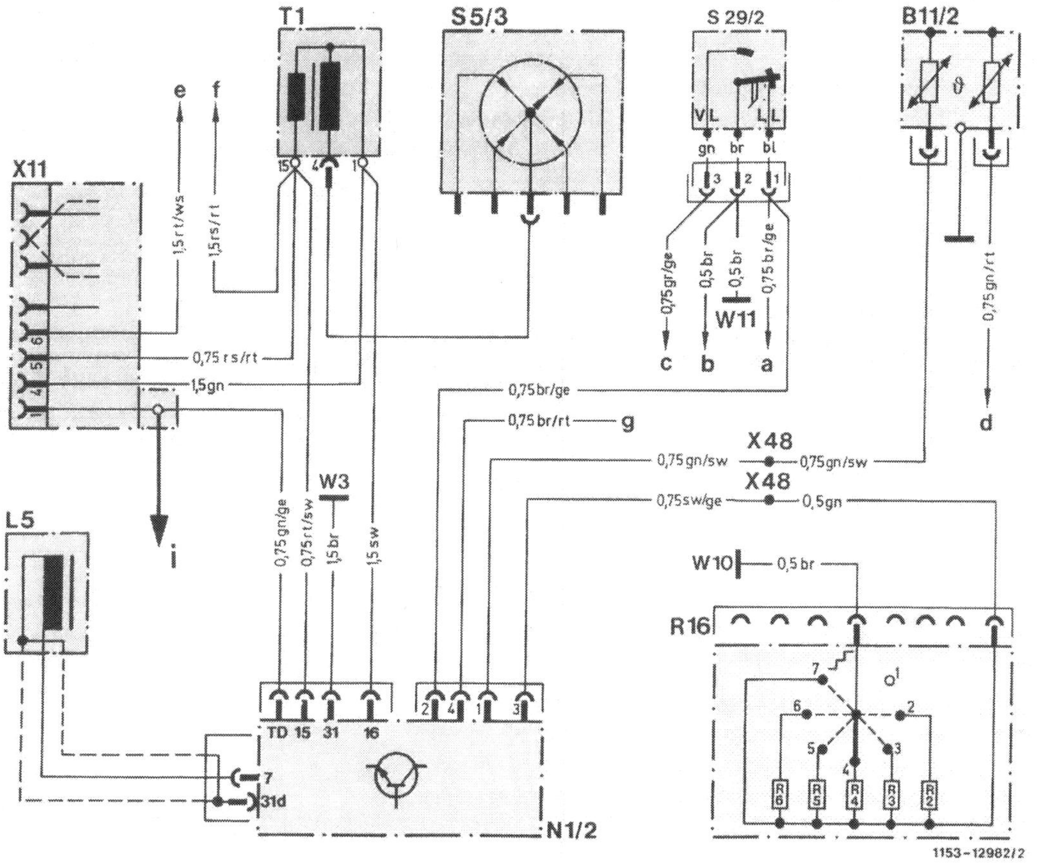

Schaltplan EZL-Zündanlage
B 11/2 – Temperaturfühler Kühlmittel
L 5 – Positionsgeber
N 1/2 – Schaltgerät
R 16 – Abgleichstecker
S 5/3 – Hochspannungszündverteiler
S 29/2 – Drosselklappenschalter
T 1 – Zündspule
W 3,10,11 – Masse
X 11 – Diagnosedose
X 48 – Lötverbindung
a,b,c,d – zur Gemischaufbereitung (Schaltpläne Seite 94, 124)
e – Klemme 30 von Sicherung Nr. 9
f – Klemme 15, ungesichert
g – frei
i – weitere Geräte mit Klemme TD

Störungsbeistand EZL-Zündanlage

Nachfolgend haben wir ein Schema zusammengestellt, wie bei der Fehlersuche nacheinander vorgegangen werden muß. Dabei ist zu unterscheiden, ob der Motor überhaupt läuft (Funken vorhanden?) oder ob Störungen am Motorlauf vorliegen. Noch folgendes beachten:

- □ Als erstes Zündkerzen, Zündkabel, Verteilerkappe, Verteilerläufer, Leitungsverläufe und Steckverbindungen z. B. durch Sichtprüfungen oder Widerstandsmessungen prüfen.
- □ Wurden die Zündanlage komplett überprüft und kein Fehler gefunden, zur weiteren Fehlersuche die Einspritzanlage (Seite 125) bzw. den 2-E-E-Vergaser (Seite 93) prüfen.
- □ Sicherheitsvorschriften Seite 134 beachten.

1. Motor läuft nicht

A) Schließwinkel bei Anlasserdrehzahl messen
oder
Funkenprobe mit Zündkerze (Seite 133)
oder
TD-Signal mit Voltmeter nachweisen (Seite 128)

↓ (links)

Sollwerte werden gemessen
200/230 E: 9–49°
260 E/300 E: 1–30°

↓ (rechts)

Wenn keine Anzeige bzw. kein Funken erfolgt, nacheinander folgendes prüfen:

Spannungen prüfen
Ruhestromabschaltung prüfen
Positionsgeber prüfen

Danach Prüfung A) wiederholen. Erfolgt weiter keine Anzeige, das Zündschaltgerät erneuern

↓

B) Zündzeitpunkt bei Anlasserdrehzahl messen
Sollwert: OT ± 2°

↓ (links)

Stimmt der Zündzeitpunkt, ist die Zündung soweit in Ordnung, daß der Motor laufen müßte

↓ (rechts)

Ist kein Zündzeitpunkt meßbar (Stroboskoplampe blitzt nicht):

Zündspule (Widerstände) prüfen

Einbau des Hochspannungsverteilers beim 200/230 E prüfen

2. Motor läuft

Zündzeitpunkt mit und ohne Unterdruck im Leerlauf und bei 3200/min prüfen

↓ (links)

Werte in Ordnung

↓ (rechts)

Stimmen die Werte nicht, nacheinander prüfen:

Abgleichstecker
Leerlauferkennung
Drucksensor
Temperaturfühler

↓

Sind bis hierher alle Bauteile und Funktionen in Ordnung, weiter so vorgehen:

Schließwinkel bei 3200/min prüfen
Einbau des Hochspannungsverteilers beim 200/230 E prüfen
Spannungsversorgung auf zu hohe Übergangswiderstände prüfen
Zündspule prüfen (Hochspannungs-Messung mit Oszilloskop)

Die Transistorzündung

Hier funkt's

Die nachfolgend beschriebene Transistorzündung TSZ ist nur beim Typ 200 mit Stromberg-Vergaser und beim 230 E ohne RÜF/KAT eingebaut (bis ca. 9/86). Die TSZ hat zwar keinen Unterbrecher mehr, doch gibt es noch die Fliehkraft und die Unterdruck-Zündverstellung am Zündverteiler. Außerdem wird der Zündzeitpunkt durch Verdrehen des Zündverteilers eingestellt. Man erkennt die TSZ am kleineren Zündschaltgerät (vgl. Abb. Seite 129 und unten).
Ergänzend zur TSZ-Beschreibung folgende Punkte im vorangegangenen Kapitel ab Seite 126 beachten: Sicherheitsvorschriften, Schutzmaßnahmen, Schließwinkelregelung, Ruhestromabschaltung, Primärstrombegrenzung, Zündspule, TD-Signal, Zündkerzen, Zündkabel und Zündkerzenstecker.

Achtung Lebensgefahr!

Wegen der hohen Spannungen an der Zündspule, an den Zündkerzen und am Geber müssen die Sicherheitsvorschriften (Seite 134) unbedingt beachtet werden. Eine Berührung spannungsführender Teile **kann lebensgefährlich sein!**

Zündanlage stillegen

Bei manchen Arbeiten muß der Motor mit dem Anlasser durchgedreht werden. Dabei darf die Zündanlage nicht arbeiten, denn es besteht Elektrisierungsgefahr und die Möglichkeit, daß die Zündanlage Schaden nimmt (siehe Seite 134).
□ Zum **Stillegen** den kleineren runden Stecker am Schaltgerät abziehen (Abbildung unten rechts). Das grüne Kabel führt zum Geber im Zündverteiler. Der Geber kann nun keine »Zündbefehle« mehr ans Schaltgerät übermitteln, und die Zündung bleibt ausgeschaltet.

Arbeitsweise der Zündanlage

Anhand des Schaltplans Seite 146 wollen wir die Arbeitsweise erklären. Die Stromversorgung der Anlage erfolgt bei eingeschalteter Zündung an Klemme 15 der Zündspule und von dort zu Klemme 15 am Schaltgerät.
□ Angenommen, es wird gerade nicht gezündet (Motor läuft): Dann hat das Schaltgerät zwischen seinen Anschlüssen 16 und 31 durchgeschaltet. Der Strom fließt von Klemme 15 der Zündspule durch die sogenannte Primärwicklung (sie besteht aus wenigen Windungen dikkem Draht) zur Klemme 1 und von dort über das Schaltgerät an Masse. Im Eisenkern der Zündspule entsteht ein kräftiges Magnetfeld.

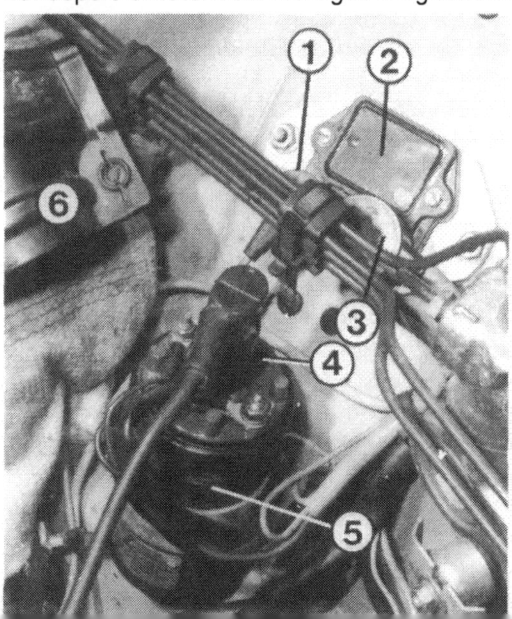

1 – kleiner Rundstecker mit Geberleitung (wenn ausgesteckt, ist die Zündung stillgelegt; rechtes Bild); 2 – Schaltgerät; 3 – Stecker Versorgungsspannungen und Klemme TD; 4 – Kontrollstopfen; 5 – Zündspule.

□ Im Zündmoment: Durch den Geber im Verteiler erhält das Schaltgerät den Befehl, den Stromfluß zur Masse zu unterbrechen. Als Folge bricht das Magnetfeld in der Zündspule zusammen, und dabei entsteht in der sogenannten Sekundärwicklung (viele Windungen mit dünnem Draht) der Zündspule die Zündspannung von etwa 30 000 Volt. Diese gelangt von der Klemme 4 über das Hauptzündkabel zum Zündverteiler. Diesen kann man sich als rotierenden Schalter vorstellen, welcher die Zündspannung zu der Zündkerze weiterleitet, die gemäß der Zündfolge des Motors gerade zünden muß. Nach erfolgter Zündung schaltet das Schaltgerät wieder durch, und das nächste Magnetfeld entsteht in der Zündspule

Das Schaltgerät

Das Schaltgerät ist in Hybridtechnik gebaut und deshalb besonders klein und leicht. Herkömmliche elektronische Bauteile, wie Transistoren, Widerstände usw., sind entfallen. Die Grundplatte des Schaltgerätes dient der Wärmeabfuhr. Oben am Schaltgerät sind eingesteckt:

□ Grüne Steuerleitung vom Induktivgeber.

□ 4poliger Rundstecker mit den Klemmen 15, 31, 16 und TD.

Die Wechselspannung vom Induktionsgeber gelangt über das grüne Kabel zum Schaltgerät. Sie wird dort von einem Impulsumformer in Rechtecksignale umgewandelt. Diese wiederum steuern das Schalten des Leistungstransistors zwischen den Klemmen 16 und 31. Dieser sperrt den Stromdurchgang genau im Zündzeitpunkt – es zündet. Danach bleibt der Stromfluß allerdings noch kurz gesperrt, obwohl die Zündung erfolgt ist und der Motor schon etwas weitergedreht hat. Das Schaltgerät kann diese Dauer (Schließwinkel) etwas verändern, so daß trotz unterschiedlicher Drehzahl und Batteriespannung das Magnetfeld in der Zündspule immer gleich stark ist (Schließwinkelregelung).

Noch etwas kann das Schaltgerät: Bei stehendem Motor wird der Stromfluß durch die Zündspule ausgeschaltet. Er wird erst eingeschaltet, wenn der Anlasser den Motor und damit den Induktionsgeber dreht (Ruhestromabschaltung).

Drehzahlabhängige Impulse (TD-Signal) führen von der Klemme TD zu allen elektronischen Geräten im Fahrzeug, welche die Motordrehzahl »wissen« müssen (Seite 128).

Der Geber

Das entscheidende Bauteil der Zündanlage ist der Induktionsgeber unten im Zündverteiler. Ein Dauermagnet und eine Spule bilden das feststehende Teil, den Stator. Darüber dreht sich das vierflügelige Impulsgeberrad, der Rotor. Dieser ist mit der Verteilerwelle verbunden. Beim Drehen (ab ca. 80/min) wird Wechselspannung erzeugt. Aber immer wenn die Zacken des Rotors an den feststehenden Zacken des Stator vorbeidrehen, ändert sich der Magnetismus des Systems. Dabei entsteht in der Spule eine höhere Wechselspannungsschwingung. Diese benützt man zum Auslösen. Ihre Frequenz ist von der Motordrehzahl abhängig.

Der Zündverteiler

Dieses Teil der Zündanlage erfüllt mehr Funktionen, als man zunächst annimmt:

□ Im Oberteil verteilt der sich drehende Verteilerfinger die Zündspannung zu den Zündkerzen. Dies geschieht entsprechend der Zündfolge nacheinander.

□ Die Verteilerwelle ist zweiteilig. Die beiden Wellenteile sind etwas gegeneinander verdrehbar. Das Verdrehen besorgt die mechanische Fliehkraft-Zündverstellung.

□ Durch Verdrehen des gesamten Verteilers wird der Zündzeitpunkt eingestellt.

□ Seitlich am Verteiler sitzt eine Unterdruckdose. Sie steuert die Unterdruck-Zündverstellung (Seite 144).

□ Im Verteiler ist ein Entstörwiderstand von 1 kΩ eingebaut (Kennzahl Läufer: R 1).

□ In der Verteilerkappe befindet sich an jedem der 4 Zündkabelanschlüsse ein weiterer Entstörwiderstand von je 1 kΩ.

Wann wird gezündet?

Oberer Totpunkt und Frühzündung

Der Funke muß im richtigen Augenblick überspringen – davon hängt die volle Leistung des Motors ab. Am wirkungsvollsten ist die Verbrennung, wenn das Kraftstoff/Luft-Gemisch in dem Moment entzündet wird, wenn es auf engstem Raum zusammengepreßt ist. Diese höchste Verdichtung herrscht in jenem Augenblick, in dem der Kolben bei Beendigung des Kompressionshubs von der Aufwärtsbewegung in eine Abwärtsbewegung übergeht. Bevor sich die Bewegungsrichtung des Kolbens umkehrt, steht er einen winzigen Sekundenbruchteil lang am höchsten Punkt in seiner Bewegung still. Diesen Punkt nennt man »Oberen Totpunkt« (OT). Das entsprechende Gegenstück dazu – der untere Umkehrpunkt – ist der »Untere Totpunkt« (UT), der uns jedoch hier nicht interessiert.

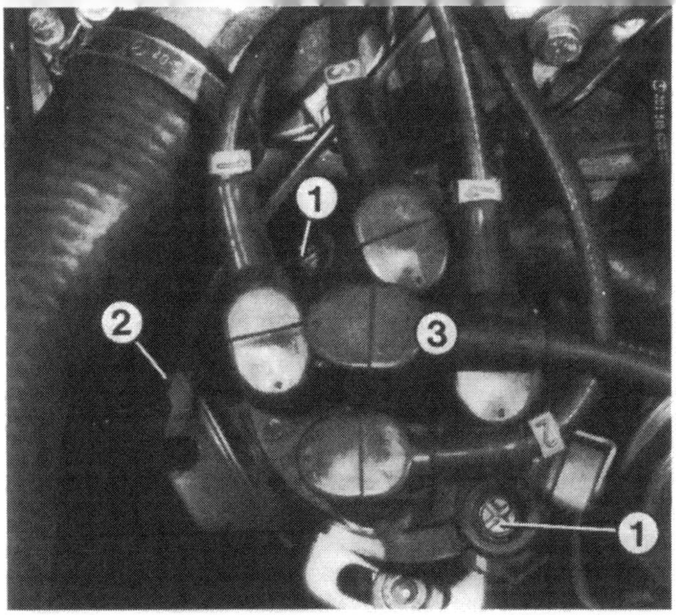

Der Zündverteiler von oben gesehen: 1 – Befestigungshaken der Verteilerkappe; 2 – Unterdruckschlauch zur Unterdruckdose; 3 – Hauptzündkabel. Weiterhin erkennen Sie an den Nummern der Zündkabel zu welchem Zylinder sie gehören.

Wieder zurück zum richtigen Zeitpunkt für den Zündfunken: Idealer Zündzeitpunkt wäre also der Moment, in dem der Kolben gerade seine Abwärtsbewegung beginnt. Doch jetzt muß man noch einen weiteren Sachverhalt berücksichtigen: Das Kraftstoff/Luft-Gemisch braucht eine gewisse Zeit (rund 1/3000 Sekunde), bis es sich voll entzündet hat und sich der maximale Explosionsdruck entwickelt. Deshalb wird in der Praxis der Zündzeitpunkt vorverlegt. Man spricht von »Frühzündung«. Die Zündkerzen funken also schon während der Aufwärtsbewegung des Kolbens, jedoch entsteht der größte Druck im abgeschlossenen Brennraum erst kurz nach OT. Das Verstellen in Richtung Frühzündung übernimmt die automatische Zündzeitpunktverstellung.

Automatische Zündzeitpunktverstellung

Ihr Mercedes hat hierfür zwei verschiedene Systeme, die abhängig vom Betriebszustand gemeinsam wirken.

□ Zum Entflammen braucht das Kraftstoff/Luft-Gemisch stets die gleiche Zeit (1/3000 Sekunde). Dies macht erforderlich, daß der Zündzeitpunkt mit steigender Motordrehzahl immer früher gelegt werden muß. Dies übernimmt die Fliehkraft-Zündverstellung.

□ Der Verbrennungsablauf des Kraftstoff/Luft-Gemisches hängt auch vom Belastungszustand des Motors ab. Dieser ist am Unterdruck auf der Ansaugseite des Motors erkennbar. Besonders schlecht entflammbar ist das Kraftstoff/Luft-Gemisch bei kaltem Motor. Deshalb sorgt die temperaturabhängige Unterdruck-Zündverstellung (Seite 145) bis ca. 60° C Kühlmitteltemperatur für entsprechendes Vorlegen des Zündzeitpunktes. Dies unterstützt die Arbeit der Kaltstarteinrichtung im Vergaser bzw. in der Einspritzung.

Fliehkraft-Zündverstellung

Die Fliehkraft-Zündverstellung wirkt »innerlich« auf die zweigeteilte Verteilerwelle. Die Trägerplatte des Fliehkraftverstellers sitzt im Verteiler unter dem Induktionsgeber fest an der unteren Verteilerwelle. Je schneller sich diese dreht, um so stärker drücken Fliehgewichte ge-

Hier wurden Verteilerkappe, Verteilerfinger und der Schutzdeckel abgenommen. Es bedeuten: 1 – Schmierfilz in der hohlen Verteilerwelle; diesen gelegentlich mit einem Tropfen Motoröl schmieren, dann ist die Fliehkraft-Zündverstellung betriebssicherer; 2 – Rotor; 3 – Zacken des Stators; 4 – Steckverbindung der grünen Leitung zum Schaltgerät; 5 – Klemmschraube des Verteilers.

gen einen Mitnehmer, der seinerseits die obere Verteilerwelle mit dem Rotor in Drehrichtung verstellt. Dadurch wird früher gezündet. Bei einer Motordrehzahl von 3000/min beträgt die zusätzliche Frühzündung etwa 26°.
Bei abnehmender Drehzahl werden die Fliehgewichte durch kleine Federn wieder zurückgedrückt und die Frühzündung nach und nach aufgehoben.

Unterdruck-Zündverstellung

Der Unterdruck gelangt durch eine dünne Schlauchleitung und über ein Rückschlagventil, beim 230 E noch über eine Drossel, zur Unterdruckdose am Verteiler. In dieser Dose wird eine Membran angezogen, die mit einer kleinen Zugstange mit der Grundplatte des Induktionsgebers verbunden ist. Durch das Anziehen der Membran erfolgt eine Verdrehung des Stators entgegen der Drehrichtung des Verteilers. Bis etwa 60° C Kühlmitteltemperatur wird der Zündzeitunkt zusätzlich zur Fliehkraft-Verstellung um weitere 8–12° vorverlegt. Ein Thermoventil übernimmt die Steuerung dieser Einrichtung. Er schaltet bei 60° C auf Durchgang.

Die Zündspule

Wie die Zündspule funktioniert, können Sie bei der EZL-Zündanlage Seite 128 nachlesen.
- □ Über Klemme 15 erfolgt die Spannungsversorgung über das Zündschloß.
- □ Nach der Primärwicklung gelangt der Strom von Klemme 1 zum Schaltgerät.
- □ Die Zündspannung von etwa 30 000 Volt kommt aus der mittleren Buchse 4. Das Hauptzündkabel führt von dort zum Zündverteiler.
- □ Ist die Zündspule defekt (Prüfung Seite 147), muß die Ersatzzündspule unbedingt vom gleichen speziellen Typ sein (Bosch Nr. 0 221 118 307; DB-Nr. 000 158 40 03).
- □ Die Zündspule wird ohne Vorwiderstand betrieben, weil das Schaltgerät die Primärstrombegrenzung und die Ruhestromabschaltung übernimmt.
- □ Die Schutzmanschette um die Anschlüsse muß montiert bleiben, weil damit die Anschlußseite vor Schmutz und Wasser geschützt wird.

Zündanlage selbst überprüfen

Hierzu werden ein Spannungs-, Widerstands-, Schließwinkel- und Drehzahlmeßgerät sowie eine Stroboskoplampe gebraucht. Wenn möglich, wird an den Anschlüssen der Diagnose-Steckdose gemessen. Die Sicherheitsvorschriften (Seite 134) müssen berücksichtigt werden!

Zündzeitpunkt prüfen

Wartung Nr. 5

Der Zündzeitpunkt ist für den Motorlauf von ganz entscheidender Bedeutung. Er muß deshalb alle 20 000 km überprüft und ggf. eingestellt werden, um z. B. die Längung der Steuerkette auszugleichen.
Bei Störungen im Motorlauf ist der Zündzeitpunkt (Prüfwerte) als erstes zu kontrollieren, bevor man die Gemischaufbereitung (Vergaser oder Einspritzung) überprüft. Voraussetzung ist aber, daß Zündkerzen, Zündkabel und Stecker, Verteilerkappe und -läufer sowie die Zündspule in Ordnung ist.
Der Zündverteiler wird auf den Einstellwert eingestellt. Die Prüfwerte werden anschließend kontrolliert, um Fliehkraft- und Unterdruckzündverstellung zu prüfen.
Läuft der Motor nicht, kann der Zündzeitpunkt nur bei Anlasserdrehzahl geprüft werden. Erfolgt keine Anzeige, noch den Schließwinkel messen. Wird wieder nichts angezeigt, arbeitet die Zündanlage nicht, und es müssen alle Spannungen und Widerstände geprüft werden.

Einstellwert Unterdruckschlauch am Verteiler ausgesteckt, Motordrehzahl 4500/min	**Prüfwerte für Zündverstellung**			
	Fliehkraft-Zündverstellung (ohne Unterdruck)			Unterdruck-Zündverstellung bei 4500/min
	Leerlauf und Anlasserdrehzahl[1])	1500/min	3000/min	
32° vor OT (ROZ 98)	13°±3°	14–18°	24–28°	um zusätzlich: 8–12°

Der Einstellwert ist von der Oktanzahl des Kraftstoffes (Seite 69) abhängig. Für verbleites Super (ROZ 98) gelten 32° vor OT.
Wird beim 200 mit Stromberg-Vergaser bleifreies Super (ROZ 95) getankt, sind 31° vor OT einzustellen. Wird beim 230 E Std. (Seite 95) bleifreies Super (ROZ 95) getankt, so beträgt der Einstellwert 28° vor OT.

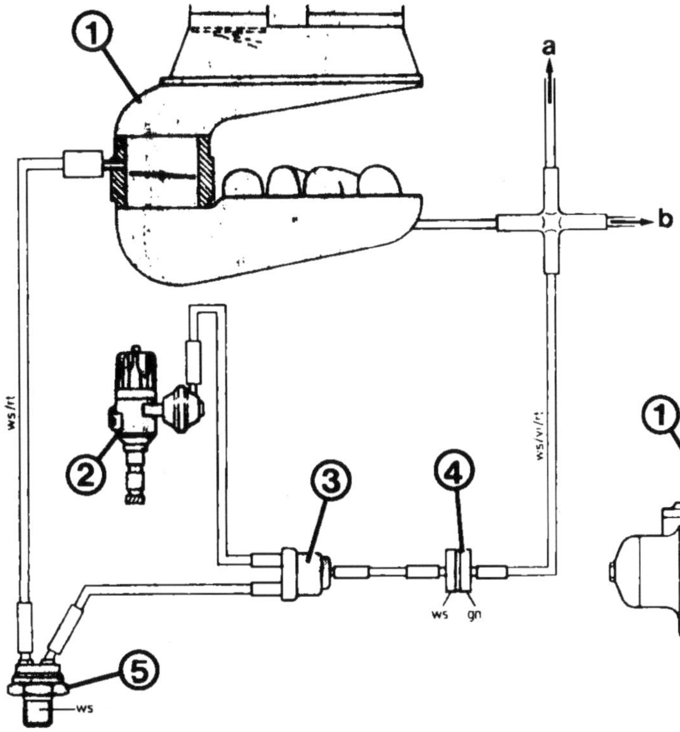

Links: Beim 230 E Std. wird der Zündzeitpunkt während des Warmlaufens mit Unterdruck vorverlegt. Es bedeuten: 1 – Einspritzanlage; 2 – Zündverteiler; 3 – Rückschlagventil; 4 – Drossel; 5 – Thermoventil; a,b – Unterdruckanschluß für weitere Verbraucher.
Rechts: Damit der kalte Motor beim Typ 200 mit Stromberg-Vergaser besser läuft, wird der Zündzeitpunkt bis 60°C mit Unterdruck um weitere 8–12° Richtung früh verstellt. Die Zeichnung zeigt die Wirkungsweise: 1 – Vergaser, 2 – Thermoventil1 3 – Rückschlagventil; 4 – Zündverteiler.

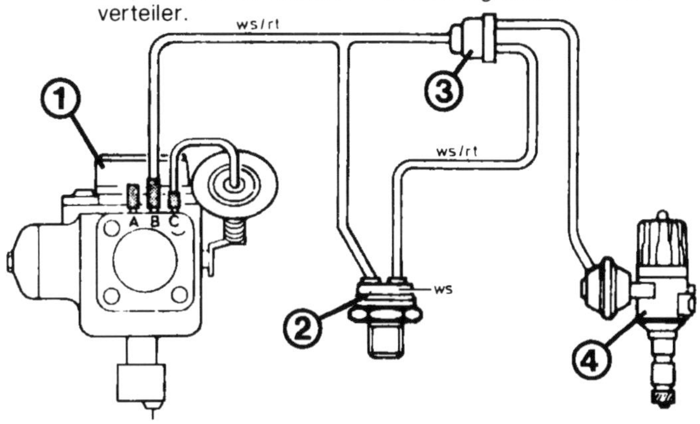

Wurde der Zündzeitpunkt zur Kraftstoffanpassung in Richtung »spät« verstellt, können Leistungsverlust, Kraftstoffmehrverbrauch und höhere Motortemperaturen die Folge sein. Es darf nicht mehr mit Dauervollgas gefahren werden. Sobald wieder die konstruktiv erforderliche Kraftstoffqualität (ROZ 98) getankt werden kann, wieder auf 32° vor OT einstellen.

- Zur Überprüfung bzw. Einstellung des Zündzeitpunktes den Motor warmfahren (ca. 80° C Kühlmitteltemperatur).
- Stroboskoplampe anschließen, den Auslöser um das Zündkabel des 1. Zylinders.
- Drehzahlmesser anschließen.
- Unterdruckleitung am Verteiler abziehen.
- Motor starten.
- Den Lichtblitz der Stroboskoplampe auf die Kurbelwellenriemenscheibe und den Zeiger richten (Abb. S. 137 oben links). Die entsprechenden Grad-Markierungen bleiben gegenüber dem Zeiger »stehen« und können abgelesen werden.
- Einstellwert für den Zündverteiler bei 4500/min prüfen.
- Prüfwerte für die Fliehkraft-Zündverstellung im Leerlauf, bei 1500/min und bei 3000/min kontrollieren.
- Unterdruckleitung am Verteiler aufstekken und Unterdruck-Zündverstellung bei 4500/min prüfen. Beim Abklemmen der Unterdruckleitung am Thermoventil muß sich der Zündzeitpunkt um 8–12° weiter in Richtung »früh« verstellen.
- Stimmt der Einstellwert nicht, die Klemmschraube am Verteiler leicht lösen und den Verteiler verdrehen. Werden die Werte nicht erreicht, den Zündverteiler erneuern bzw. die Unterdruck-Zündverstellung prüfen.

Unterdruck-Zündverstellung prüfen

- Den warmen Motor (ca. 80° C) im Leerlauf drehen lassen.
- Mit einer Stroboskoplampe den Zündzeitpunkt feststellen.
- Die weiß/rote Leitung am Thermoventil abziehen – der Zündzeitpunkt darf sich nicht verschieben.
- Anschließend den Schlauchanschluß am Ventil mit dem Finger zuhalten oder Leitung aufstecken und abklemmen – der Zündzeitpunkt muß um 8–12° (bei 4500/min) in Richtung früh wandern.
- Ggf. Rückschlagventil und Leitungen auf undichte Stellen absuchen. Die Drossel (230 E) muß Durchgang haben (Blasprobe).

Schließwinkel prüfen

Das TD-Signal vom Anschluß des Zündschaltgerätes wird hierbei überprüft. Läuft der Motor nicht und kommt kein TD-Signal, ist das Zündschaltgerät defekt oder es fehlt die Ansteuerung vom Induktivgeber im Zündverteiler (Spule oder Leitung unterbrochen).
Das TD-Signal ist eine Rechteckspannung mit unterschiedlicher Ausschaltzeit. Die Zeit wird durch die Schließwinkelregelung im Zündschaltgerät bestimmt. Man mißt die Ausschaltzeit im Verhältnis zur Gesamtdauer eines Spannungssignales in Grad, bisweilen auch in Prozent (siehe auch Seite 128 und 200).

Die Messung erfolgt mit einem üblichen Schließwinkel-Tester. Ob überhaupt eine Spannung vorhanden ist, kann man notfalls auch mit einem Voltmeter prüfen. Im Leerlauf werden damit etwa 6–10 V Gleichspannung gemessen – mit zunehmender Drehzahl wird weniger angezeigt.

■ Schließwinkel-Tester an Buchse 1 der Diagnosedose und an Masse anschließen.
■ Tester auf 4-Zylinder stellen.
■ Motor im Leerlauf oder mit Anlasserdrehzahl drehen lassen.
■ Der Schließwinkel muß zwischen 7 und 34° liegen.
■ Erfolgt keine Anzeige, den Induktionsgeber prüfen.
■ Liegt der Wert höher, das Schaltgerät ersetzen.

Spannungen prüfen

Zündet es nicht (Funkenprobe Seite 133), erst die Spannungen mit dem Voltmeter messen (Zündung eingeschaltet, Motor steht):

□ An Buchse 5 der Diagnosedose 12 Volt? Wenn nicht, den Stromweg über das Zündschloß (Seite 216/217 und 231) prüfen.

□ Auch an Klemme 15 der Zündspule und an Buchse 15 am abgezogenen vierpoligen Rundstecker zum Schaltgerät 12 V vorhanden? Evtl. liegt eine Leitungsunterbrechung vor, oder eine Steckverbindung sitzt locker.

□ Auch an Buchse 4 der Diagnosedose 12 V nachweisbar? Wenn nicht, ist die Primärwicklung der Zündspule unterbrochen (siehe Widerstandsmessungen).

□ **Ruhestromabschaltung prüfen:** Zwischen Buchse 4 und 5 der Diagnosedose müssen 0 V gemessen werden. Liegt die Spannung über 0,1 V, ist die Ruhestromabschaltung im Steuergerät defekt. Dann kann als Folge die Zündspule bereits Schaden genommen haben.

Widerstände messen

Die folgenden Messungen unterstützen die Fehlersuche ganz wesentlich. Vor dem Messen die Zündung ausschalten und die Leitungen am »Prüfling« losschrauben oder ausstecken.

□ Zündspule zwischen Klemme 1 und 15 (Primärwicklung): 0,5–0,9 Ω. Bei den meisten Meßgeräten ist dieser Wert kaum abzulesen. Entscheidend ist, daß die Wicklung nicht unterbrochen ist.

□ Zündspule zwischen Klemme 1 und 4 (Sekundärwicklung): 6–16 kΩ.

□ Verteilerfinger, Zündkerzenstecker und die Steckanschlüsse in der Verteilerkappe haben einen Widerstand von 1 kΩ eingebaut.

□ Der Widerstand der Spule des Induktionsgebers beträgt 500–700 Ω. Werden am Stecker beim Schaltgerät andere Werte gemessen wie direkt an den Steckkontakten am Verteiler, dürfte das grüne Kabel gestört sein.

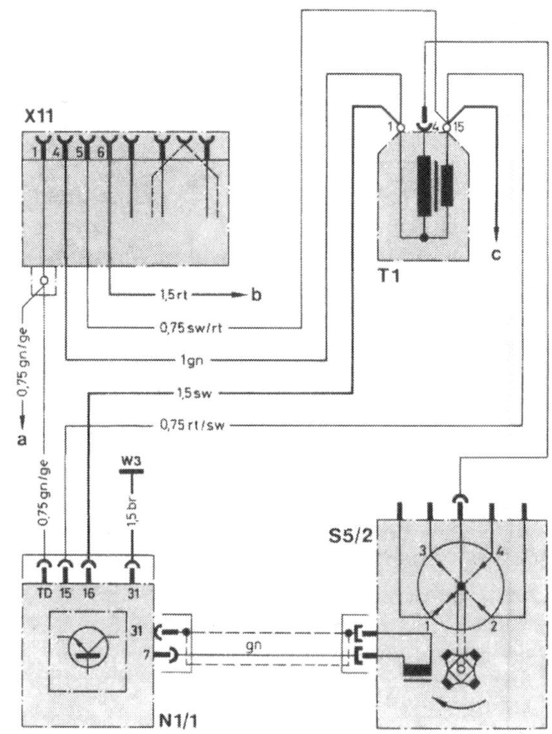

Schaltplan Transistorzündung (TSZ)
N 1/1 Schaltgerät
S 5/2 Zündverteiler
T 1 Zündspule
W 3 Masse, Radlauf vorne links (Zündspule)
X 11 Diagnosedose/Leitungsverbinder Klemme TD
a Elektronische Bauteile mit Klemme TD (z. B. Drehzahlmesser, Kraftstoffpumpenrelais, Steuergerät Einspritzanlage, Steuergerät Kompressorabschaltung)
b Klemme 30, gesichert von Sicherung Nr. 9
c Klemme 15, ungesichert

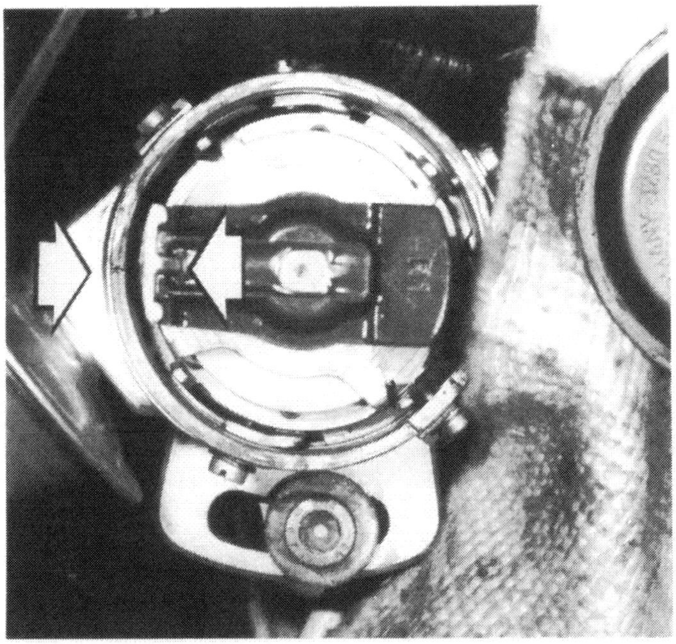

Hier zeigt die Kontaktlippe am Verteilerfinger auf die Zünd-OT-Marke des 1. Zylinders.

□ Spule des Induktionsgebers auf Massekurzschluß prüfen: Meßgerät zwischen einen Spulenanschluß am Verteiler und Masse anschließen. Es darf kein Durchgang nachgewiesen werden. Ansonsten ist der Geber defekt, und der Zündverteiler muß ausgetauscht werden.

Zündspule prüfen

Neben den Anschlüssen befindet sich oben an der Zündspule eine 5,5-mm-Bohrung mit dem Überhitzungs-Kontrollstopfen (Abb. Seite 141). Fließt in der Zündspule eine zu großer Strom bei defekter Ruhestromabschaltung (Schaltgerät defekt), überhitzt die Zündspule und die Wicklungen nehmen Schaden. Dabei entsteht in der Zündspule ein Überdruck, welcher den Kontrollstopfen herausdrückt. Zündspule mit herausgedrücktem Stopfen erneuern und Ruhestromabschaltung prüfen.

Verteilerkappe, -finger und Schutzdeckel abnehmen

- Hauptzündkabel in der Mitte des Verteilerdeckels abziehen.
- Zum Lösen der Kappe die beiden seitlichen Befestigungshaken mit einem Schraubenzieher um 90° verdrehen (Abb. 143).
- Verteilerkappe abnehmen, die Zündkabel bleiben eingesteckt.
- Verteilerfinger nach oben abziehen.
- Schutzdeckel abnehmen.
- Beim Einbau den Schutzdeckel, den Verteilerfinger und die Verteilerkappe so gedreht aufsetzen, daß die jeweilige Verdrehsicherung rastet.

Verteilerkappe und -finger prüfen

- Verteilerkappe abnehmen, sie muß innen und außen sauber sein. Schmutz oder Feuchtigkeit könnten die Zündspannung ganz oder teilweise ableiten.
- Die Kontaktkohle in der Mitte innen muß sich federnd bewegen lassen. Die Kontaktflächen müssen glatt glänzend sein.
- Die Kontakte in der Verteilerkappe und der Kontakt am Verteilerfinger dürfen nicht übermäßig verschmort und abgebrannt sein.
- Bleistiftartige Striche an der Verteilerkappe sind Brandspuren von Kriechströmen. Im Notfall kann man diese Striche tief mit einem Messer auskratzen und z. B. Nagellack darüberstreichen.

Zündverteiler ausbauen

- Verteilerkappe abnehmen.
- Unterdruckleitung ausstecken.
- Motor auf OT des 1. Zylinders drehen (Seite 32).
- Befestigungsschraube lösen und den Verteiler herausziehen.
- Zum Einbau muß der Motor auf OT des 1. Zylinders stehen.
- Den Verteilerfinger zur Markierung am Gehäuse ausrichten (Abb. oben).
- Den Zündverteiler einschieben und Zündzeitpunkt einstellen (Seite 144).

Die Kupplung

Reibeisen

Bei Fahrzeugen ohne automatisches Getriebe ist die Kupplung die Trennstelle zwischen dem Motor als Kraftquelle und den weiteren Teilen des Fahrzeugantriebes. Beim Anfahren verbindet die Kupplung sanft den drehenden Motor mit den noch stehenden Teilen der Kraftübertragung. So werden die Zahnräder und Gelenke vor übermäßigem Verschleiß verschont. Die Mitnehmerscheibe ist mit einem asbestfreien Belag versehen. Der Kupplungsdurchmesser und die Anpreßkraft der Mitnehmerscheibe sind von der Motorleistung abhängig. Beim 200 beträgt der Durchmesser 215 mm und die Anpreßkraft ca. 5000 N, beim 230 E und 260 E sind es 228 mm und ca. 6000 N, beim 300 E 240 mm und 6300 N.

Funktionsweise der Kupplung

Zunächst wollen wir die Einzelteile aufzählen, wie sie vom Fahrerfuß aus folgen. Zur Kupplungsbetätigung zählen: Kupplungspedal, Geberzylinder, Rohrleitung, Nehmerzylinder, Ausrückhebel und Ausrücklager. Es folgt in der Getriebeglocke die eigentliche Kupplung. Sie besteht aus der Druckplatte, der Mitnehmerscheibe und einer Anlagefläche an der Schwungscheibe.
Durch den Tritt auf das Kupplungspedal wird in der Hydraulik ein Druck aufgebaut. Dieser gelangt zum Geberzylinder an der Getriebeglocke und bewegt dort den Ausrückhebel. Daran ist das Ausrücklager befestigt, welches mit großer Kraft in Richtung Druckplatte bewegt wird. Dort drückt es gegen die Spitzen der Tellerfeder und übernimmt deren Anpreßkraft. Die ringförmigen Reibflächen der Druckplatte werden so entlastet. Die Mitnehmerscheibe kann im Raum zwischen den Reibflächen von Druckplatte und Schwungscheibe frei drehen – es ist ausgekuppelt. Wird das Kupplungspedal Ihres Mercedes wieder entlastet, schließt die Tellerfeder den Zwischenraum wieder und klemmt die Mitnehmerscheibe kräftig ein.

Kupplungsbetätigung prüfen
Wartung Nr. 21

Für richtiges Arbeiten der Kupplung muß der Bremsflüssigkeitsbehälter ausreichend gefüllt sein (Seite 182). Sinkt der Stand der Bremsflüssigkeit immer wieder bis zu dem Niveau ab, wo der Schlauch zur Kupplungsbetätigung mündet, das System auf Dichtheit nachsehen. Alle Schlauchleitungen vom Vorratsbehälter bis zum Nehmerzylinder am Getriebe müssen dicht sein. Feuchtdunkle Stellen deuten auf Verluste hin. Trennt die Kupplung nicht und läßt sich das Pedal widerstandslos bewegen, ist Luft im Kupplungssystem.

Kupplungsbetätigung entlüften

In der Werkstatt benützt man hierzu ein Entlüftungs-Gerät, mit dem bei geöffnetem Entlüftungsventil am Nehmerzylinder (am Getriebe) so lange Bremsflüssigkeit eingepumpt wird, bis alle Luftblasen nach oben in den Vorratsbehälter gedrückt worden sind.
Da meist ein solches Gerät nicht vorhanden ist, müssen wir einen Griff in die Selbstpfleger-Trickkiste tun. Wir entlüften das Kupplungssystem mit Hilfe des Bremssystems. Ähnlich wie beim Entlüften der Bremsen (Seite 188) wird hierzu ein Schlauch auf ein Entlüftungsventil ei-

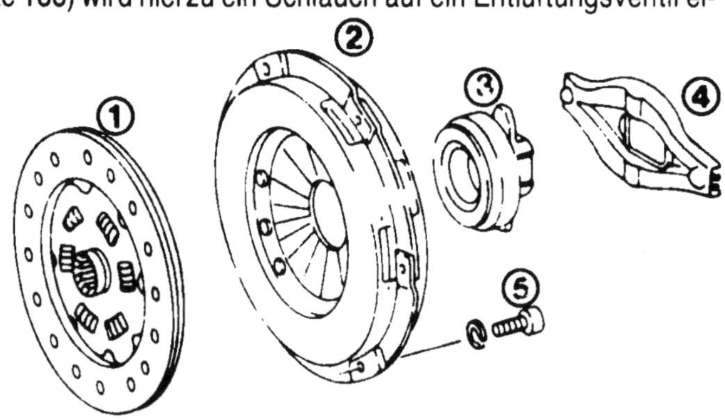

Teile der Kupplung: 1 – Mitnehmerscheibe; 2 – Druckplatte; 3 – Ausrücklager; 4 – Ausrückhebel; 5 – Befestigungsschraube der Druckplatte.

ner Vorderradbremse gesteckt. Der durchsichtige Schlauch muß so lang sein, daß er vom Entlüftungsventil der Bremse zum Ventil am Nehmerzylinder reicht.

- Wagen vorn aufbocken.
- Beide unteren Teile der Motorraumkapselung ausbauen.
- Bremsflüssigkeitsbehälter bis »MAX« füllen.
- Schlauch auf das Entlüftungsventil einer vorderen Bremse stecken.
- Entlüftungsventil öffnen und so lange Bremsflüssigkeit durch Betätigen des Bremspedals (Helfer) herauspumpen, bis der ganze Schlauch gefüllt ist. Beim Pumpen das Ventil schließen, bevor man das Bremspedal entlastet.
- Schlauchende auf das Entlüftungsventil am Nehmerzylinder stecken und das Ventil öffnen.
- Nun den Helfer wie vorher weiterpumpen lassen. Das Entlüftungsventil am Nehmerzylinder bleibt stets geöffnet.
- Den Pumpvorgang so oft wiederholen, bis die Bremsflüssigkeit alle Luftblasen nach oben aus dem Kupplungssystem gedrückt hat.
- Entlüftungsventile wieder zudrehen, Schlauch entfernen und Staubkappen aufstecken.

Rutschende Kupplung

Eine durchrutschende Kupplung bemerkt man erst beim Fahren im höchsten Gang (wobei die vom Motor geforderte Leistung am größten ist), wenn bei Belastung der Motor »durchdreht«, also auffallend schneller dreht, als es der Fahrgeschwindigkeit entspricht. Beim Anfahren fällt das Nachlassen der Kupplung weniger auf. Folgeschäden können sein, daß neben der Mitnehmerscheibe auch die Reibfläche von Druckplatte und Schwungrad stark verschlissen werden. Meist muß dann beim Austausch der Mitnehmerscheibe noch eine neue Druckplatte montiert werden. Vorbeugend sollten Sie deshalb Ihre Kupplung prüfen lassen (nächste Seite).
Eine tadellose Kupplung übersteht folgende Gewaltprüfung: Feststellbremse anziehen, 3. Gang einlegen, langsam einkuppeln und Gas geben. Jetzt müßte (bei einwandfreier Feststellbremse) der Motor abgewürgt werden.

Trennt die Kupplung?

Wird der Schaltvorgang durch kratzende oder krachende Geräusche »untermalt«, so trennt die Kupplung nicht mehr richtig. Verkürzen eingelegte Fußmatten den Kupplungspedalweg?

Fingerzeig: *Wenn Sie sich beim Herunterschalten verschalten, z. B. vom 5.Gang in den 2. Gang schalten, erhöht sich die Drehzahl der Kupplungsscheibe weit über die Motordrehzahl. Dabei braucht z. B. der 2. Gang noch gar nicht ganz eingelegt zu sein. Schon über die Synchronringe kann die Drehzahlerhöhung erfolgen. Infolge der extremen Drehzahlen ist es möglich, daß der Kupplungsbelag reißt und sich Teile übereinanderschieben. Dadurch wird die Kupplungsscheibe unzulässig dick. Sie können dann das Kupplungspedal ganz durchtreten, ohne daß die Kupplung ausreichend trennt.*

Rupfende Kupplung

Bei rupfender Kupplung setzt sich der Wagen gewissermaßen stotternd in Bewegung. Die Übertragung der Motordrehzahl auf die Antriebsräder erfolgt nicht gleichmäßig weich. Für diesen Effekt können unterschiedliche Ursachen verantwortlich sein:
□ Motor- oder Getriebelagerung ist defekt oder hat sich gelockert. Der Antriebsblock (Motor und Getriebe) gerät beim Einkuppeln ins Schwingen.
□ Der Kupplungsbelag auf der Mitnehmerscheibe ist verbrannt und verhärtet. Meist die Folge übermäßiger Belastung.
□ Die Druckplatte hat sich verzogen oder weist an ihrer Reibfläche wellige Verwerfungen in geringer Höhe auf.
□ Die Schwungscheibe hat auf ihrer Reibfläche wellige Aufwerfungen – ebenfalls meist in geringer Höhe.

Fahren ohne Kupplung

Sollte dies unterwegs plötzlich eintreten, muß es nicht das Ende der Reise bedeuten.
Gang herausnehmen: Gas wegnehmen und Schalthebel in Richtung Leerlauf drücken. Bei schiebendem Wagen evtl. ein klein wenig Gas geben, falls der Gang »klemmt«.
Anfahren: Motor ausschalten, 1. Gang einlegen und Anlasser betätigen. Der Mercedes ruckelt los und setzt sich in Bewegung. Den kalten Motor sollten Sie hierzu erst etwas warmlaufen lassen. Wer während der Fahrt nicht schalten will, fährt auf diese Weise in der Ebene im 2. Gang an.

Hochschalten: Im 1. Gang mit dem Anlasser anfahren. 1. Gang nur knapp über 1000/min hinausdrehen. Gas etwas zurücknehmen, Schalthebel in Leerlaufstellung ziehen. Gaspedal loslassen und den Schalthebel mit leichter Kraft in Richtung des 2. Gangs drücken. Bei richtiger Motor- und Getriebedrehzahl rutscht der Gang fast von selbst hinein. Wenn Sie zu lange gewartet haben, müssen Sie ein ganz klein wenig Gas geben, damit sich der Gang ohne Zähneknirschen einlegen läßt. Hat es nicht geklappt, halten Sie noch einmal an und versuchen das Ganze von neuem. In die weiteren Gänge wird auf die gleiche Weise hochgeschaltet. Am leichtesten geht es in sehr niedrigen Geschwindigkeiten: In den 2. Gang bei höchstens 20 km/h, in den 3. bei 25 km/h, in den 4. bei 35 km/h und in den 5. bei 45 km/h.
Herunterschalten: Hierbei muß die Motordrehzahl angehoben werden, damit sich der nächstniedrige Gang einlegen läßt. Fuß etwas vom Gas, Gang herausnehmen, behutsam Gas zugeben und gleichzeitig den Schalthebel in Richtung des neuen Gangs drücken. Bei richtiger Motordrehzahl rutscht der Gang fast ohne Nachdruck hinein. Auch das Herunterschalten geschieht am besten wieder bei niedrigen Geschwindigkeiten und Drehzahlen.

Kupplungsverschleiß prüfen

Wartung Nr. 33

Die Abbildung unten zeigt das Prüfen mit einer Lehre, die in eine Nut im Kunststoffteil am Fuß des Nehmerzylinders eingeschoben wird. Die Druckstange vom Zylinderkolben zum Ausrückhebel hat verschiedene Durchmesser. Je nachdem, wie weit die Stange infolge des Belagverschleißes schon herausgewandert ist, läßt sich die Lehre verschieden weit einschieben. Verschwinden die Kerben am Rand der Lehre nicht mehr, hat der Belagverschleiß ein bedenkliches Maß erreicht. Von den ursprünglich rund 3,8 mm Dicke pro Belag sind dann nur noch 2 mm übrig. Bald wird die Kupplung zu schleifen beginnen. Die Prüflehre kann bei Daimler-Benz bezogen werden (Nr. 115 589 07 2300), oder sie wird selbst angefertigt.

Mitnehmerscheibe ersetzen

- Getriebe ausbauen. Diese umfangreiche Arbeit ist auf Seite 152 beschrieben.
- Bezugsmarkierung an Druckplatte und Schwungscheibe anbringen, damit die Druckplatte später wieder in der gleichen Position montiert wird.
- Befestigungsschrauben der Druckplatte nacheinander um etwa 1 1/2 Umdrehungen lösen, um die Druckplatte zu entspannen.
- Schrauben vollends herausdrehen. Druckplatte und Kupplungsscheibe abnehmen.
- Belagabrieb mit einem spiritusgetränkten Lappen von Schwungscheibe und Druckplatte abwischen.
- Neue Kupplungsscheibe in die Schwungscheibe einsetzen.
- Druckplatte ansetzen und die Schrauben soweit festdrehen, bis die Kupplungsscheibe leicht geklemmt wird.
- Nun muß die Kupplungsscheibe zu den Spitzen der Tellerfeder zentriert werden, damit die Hauptwelle des Getriebes später in die Verzahnung rutscht. In der Werkstatt verwendet man hierzu einen Zentrierdorn, doch mit etwas Geduld und gutem Augenmaß gelingt es auch ohne.
- Befestigungsschrauben der Druckplatte mit 25 Nm anziehen.
- Getriebe einbauen.

Druckplatte prüfen

- Die Reibfläche darf keine übermäßigen Riefen oder Brandspuren aufweisen.
- Die Tellerfeder auf Risse absuchen und den festen Sitz der Nietverbindungen kontrollieren.
- Die Spitzen der Tellerfeder dürfen nicht mehr als ca. 0,3 mm abgeschliffen sein und müssen gleich hoch stehen.

Hier wird der Kupplungsverschleiß überprüft. Es bedeuten: 1 – Nehmerzylinder; 2 – Flansch; 3 – Druckstange zum Ausrückhebel; 4 – Prüflehre. In der linken Darstellung verschwinden die Kerben in der Prüflehre (Pfeil) – die Mitnehmerscheibe ist in Ordnung.
Die Lehre (unten) aus einem 0,6–0,8 mm dicken und 15 mm breiten Blechstreifen anfertigen.

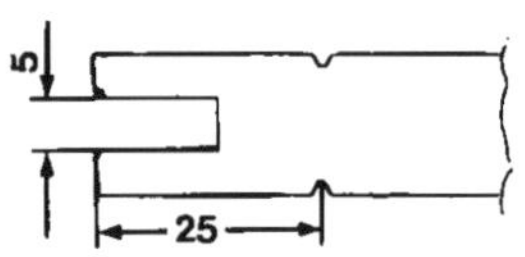

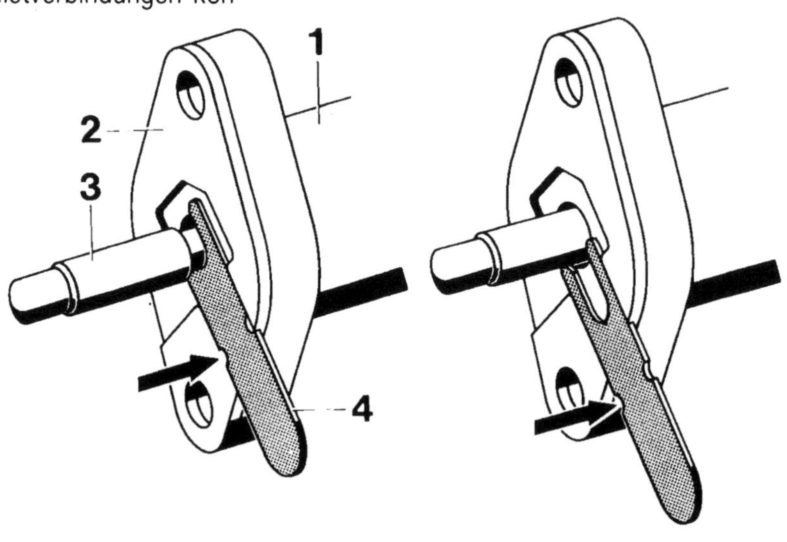

Das Ausrücklager

Das Ausrücklager wird beim Durchtreten des Kupplungspedals vom Ausrückhebel gegen die Spitzen der Tellerfeder gedrückt. Die Reibfläche der Druckplatte wird dadurch entlastet, und die Kupplungsscheibe kann frei umlaufen.
Das Lager ist wartungsfrei. Ist es defekt, hört man dies bei getretenem Kupplungspedal – Mahlgeräusche treten auf. Doch wegen leiserer Mahlgeräusche braucht das Lager nicht gleich ersetzt zu werden. Ein ausgebautes Lager wird so geprüft: Beim Durchdrehen des Anpreßringes mit dem Finger darf kein rauher oder hakender Lauf festgestellt werden. Das Lager muß sich geschmeidig drehen lassen.

Ausrücklager ersetzen

- Getriebe ausbauen (Seite 152)
- Ausrücklager von Getriebehauptwelle abziehen.
- Vor dem Einbau das neue Lager innen und an den Berührungspunkten zum Ausrückhebel fetten.
- Stützlager des Ausrückhebels auf Verschleiß prüfen.
- Lager über die Hauptwelle schieben und so lange am Ausrückhebel verdrehen, bis die seitlichen Anfräsungen in den Hebel schnappen.

Störungsbeistand Kupplung

Die Störung	– ihre Ursache	– ihre Abhilfe
A Kupplung rutscht	1 Kupplungsbeläge abgenutzt	Kupplungsscheibe ersetzen
	2 Anpreßdruck der Kupplung zu gering	Druckplatte ersetzen
	3 Belag verölt	Kupplungsscheibe und defekte Getriebe- oder Kurbelwellendichtung ersetzen
	4 Kupplung wurde überhitzt	Kupplungsscheibe und ggf. Druckplatte ersetzen
	5 Kolbenmanschette im Nehmerzylinder undicht	Nehmerzylinder überholen oder ersetzen
B Kupplung trennt nicht	1 Luft in der Kupplungshydraulik	Entlüften
	2 Kolbenmanschette im Nehmer- oder Geberzylinder undicht	Nehmer- oder Geberzylinder ersetzen
	3 Kupplungsscheibe hat Schlag	Kupplungsscheibe ersetzen
	4 Kupplungsscheibe verzogen oder Belag gebrochen	Kupplungsscheibe ersetzen
	5 Kupplungsscheibe klemmt auf Getriebewelle	Gangbar machen und leicht fetten
	6 Nach langer Standzeit: Belag an Schwungscheibe festgerostet	1. Gang einlegen und Kupplungspedal treten. Fahrzeug kurz schleppen (Zündung aus!) lassen
C Kupplung rupft	1 Siehe A 3	
	2 Falsche Beläge	Kupplungsscheibe ersetzen
	3 Ausrücklager drückt einseitig	Ausrückhebel überprüfen
	4 Druckplatte drückt schief	Druckplatte ersetzen
	5 Motor- oder Getriebeaufhängung defekt	Motor- oder Getriebelager ersetzen
D Kupplung trennt nicht und rutscht gleichzeitig durch	Kupplungsdruckplatte defekt	Druckplatte auswechseln
E Kupplungsgeräusche	1 Unwucht der Druckplatte bzw. Kupplungsscheibe	Druckplatte bzw. Kupplungsscheibe ersetzen
	2 Torsions-Dämpferfedern defekt	Kupplungsscheibe ersetzen
	3 Ausrücklager defekt	Ausrücklager ersetzen
	4 Nietverbindungen in der Kupplung locker	Defekte Teile ersetzen

Getriebe und Achsantrieb

Zähne zeigen

In Ihren Mercedes ist entweder ein Viergang-, ein Fünfgang- oder ein automatisches Getriebe eingebaut. Alle Getriebe werden von einer Mittelschaltung aus geschaltet. Das Getriebegehäuse besteht aus Leichtmetall-Druckguß. Große Hohlräume im Getriebegehäuse und recht stark verzahnte Zahnräder reduzieren die Geräuschentwicklung.

Welches Getriebe ist eingebaut?

Modell	Viergang-Getriebe	Fünfgang-Getriebe	Automatik-Getriebe
200	716.216 (GL 68/20 D)	717.411 (GL 68/20-5)	722.411
230 E	716.217	717.412	722.408
260 E/300 E	–	717.430 (GL 76/27-5)	722.409/320

Die Schaltgetriebe

Die Motorleistung gelangt über die Kupplung zur Hauptwelle im Getriebe. Auf dieser Welle sitzen die Zahnräder für die Vorwärtsgänge und ein Zahnrad für den Rückwärtsgang. Die Zahnräder stehen mit Zahnrädern auf einer Nebenwelle im Eingriff. Das Rückwärtsgang-Zahnrad greift in ein Zwischenrad, das die Drehrichtung umkehrt. Ist kein Gang eingelegt, können die Zahnräder frei umlaufen. Wird geschaltet, verbindet sich jeweils ein Zahnradpaar mit der Welle, und die Motorkraft gelangt entsprechend übersetzt an den Getriebeausgang. Das Verhältnis der Zähnezahlen des jeweiligen Zahnradpaares ergibt die betreffende Übersetzungsstufe. Alle Gänge (auch der Rückwärtsgang) sind synchronisiert. Die unterschiedlich schnell drehenden Getriebeteile werden durch die Synchronisation beim Gangwechsel auf Gleichlauf gebracht. Die Gänge lassen sich so leichter einlegen, und es kracht beim Schalten nicht. Reibelemente zwischen den drehenden Teilen besorgen die Anpassung. Sie bremsen die schnelleren Teile ab. Diese Anpassung dauert einen Sekundenbruchteil, deshalb den Schalthebel möglichst nicht schnell durchreißen, sondern eher gemütlich schalten.
Zwischengas ist beim vollsynchronisierten Getriebe normalerweise nicht notwendig. Nur bei kaltem, sehr steifem Getriebeöl kann Zwischengas beim Herunterschalten nützen.

Getriebe ausbauen

Diese umfangreiche Arbeit erfordert neben einigem Geschick noch einen geeigneten Arbeitsplatz, am besten mit Montagegrube, da das Getriebe von unten ausgebaut wird.

- Massekabel an der Batterie abnehmen.
- Im Motorraum zwischen Motor und hinterer Wand eine Blechtafel oder Brett stellen (Abb. Seite 40 unten). Im weiteren Verlauf der Arbeit wird der Motor sich gegen die Blechwand abstützen, dabei soll er die Dämmatte nicht beschädigen.
- Motorabdeckung unten ausbauen.
- Auspuffhalter am Getriebe und den Klemmbügel am Auspuffrohr abschrauben.
- Wärme-Abschirmblech über dem Schalldämpfer vom Fahrzeugboden entfernen.
- Große Klemmutter (SW 41) beim Zwischenlager der Gelenkwelle lösen, damit die Gelenkwelle später etwas zusammengeschoben werden kann.
- Befestigungsschrauben des Gelenkwellen-Zwischenlagers etwas lösen.
- Gelenkwelle am Getriebe abschrauben. Die Gummi-Gelenkscheibe muß an der Gelenkwelle verbleiben.
- Gelenkwelle so weit wie möglich nach hinten verschieben.
- Hintere Aufhängungen der Auspuffanlage aushängen und die Auspuffanlage vorsichtig ablassen. Den Auspuff nicht einfach herunterhängen lassen, sondern mit einem Draht aufhängen.
- Tachowelle am Getriebe losschrauben und herausziehen.
- Halteclips der Tachowelle lösen. Halter am Kupplungsgehäuse abschrauben.

■ Nehmerzylinder der Kupplungsbetätigung am Getriebe losschrauben und herausziehen.
■ Unter dem Schalthebel die Federclips der 3 Schaltstangen lösen und die Schaltstangen von den Hebeln ziehen.
■ Schrauben am Anlasserflansch herausdrehen.
■ Das Getriebe mit einem Wagenheber abstützen.
■ Lagerung des Getriebes von dem Querträger lösen (Abb. Seite 40 oben).
■ Querträger vom Fahrzeugboden losschrauben und abnehmen.
■ Den Wagenheber unter dem Getriebe vorsichtig ablassen, damit Motor und Getriebe nach hinten kippen.
■ Alle Schrauben zwischen Kupplungsgehäuse und Motor herausdrehen. Eine der oberen Schrauben als letztes lösen.
■ Getriebe waagrecht nach hinten ziehen und abnehmen.

Getriebe einbauen

Einbau des Getriebes in sinngemäß umgekehrter Reihenfolge. Dabei beachten:
■ Beim Einbau zuerst den Nehmerzylinder mit Zuleitung oben über das Getriebe legen.
■ Zur Montage einen Gang einlegen. Beim Vordrücken des Getriebes in Richtung Motor das Getriebe am Gelenkwellenflansch drehen, damit die Hauptwelle einfacher in die Kupplungsscheibe rutscht.
■ Zum Montieren und Einstellen der Schaltstangen siehe Abb. Seite 155 und 157.
■ Gelenkwelle wieder auseinanderziehen und am Getriebe anschrauben.
■ Gelenkwellen-Zwischenlager festschrauben (25 Nm) und die Klemmutter auf der Welle mit 30–40 Nm anziehen.
■ Auspuffanlage hinten wieder einhängen und dann am Getriebe montieren. Auf das richtige Beilegen der Scheiben zwischen Getriebe und Halter achten.

Schaltschwierigkeiten

□ Es liegen Schäden im Getriebe vor. Das Getriebe könnte schlecht ausdistanziert worden sein, oder der Schaltmechanismus ist schadhaft. Beraten Sie sich am besten mit einem erfahrenen Werkstattmann. Zur Fehlerbeseitigung muß das Getriebe ausgebaut, zerlegt, ggf. getauscht oder repariert werden. Läßt sich das Getriebe schon am Neuwagen schlecht schalten, könnte ein Montagefehler die Ursache sein. Noch während der Garantiezeit reklamieren!
□ Schaltschwierigkeiten können ihre Ursachen noch außerhalb des Getriebes haben. Vielleicht ist eine Schaltstange nicht richtig auf Länge eingestellt oder ihre Befestigung vorn am Getriebe oder hinten am Schaltmechanismus verschlissen? Der Schaltmechanismus am Fuß des Schalthebels soll auch gut geschmiert sein. Läßt sich der Schalthebel in einer Ebene auffallend leicht bewegen, ist wahrscheinlich eine Schaltstange lose. Die Abbildungen Seite 155 zeigen, wie die Schaltstangen zwischen Getriebe und Schalthebelende verlaufen. Bei der Montage von Schaltstangen muß dies beachtet werden.

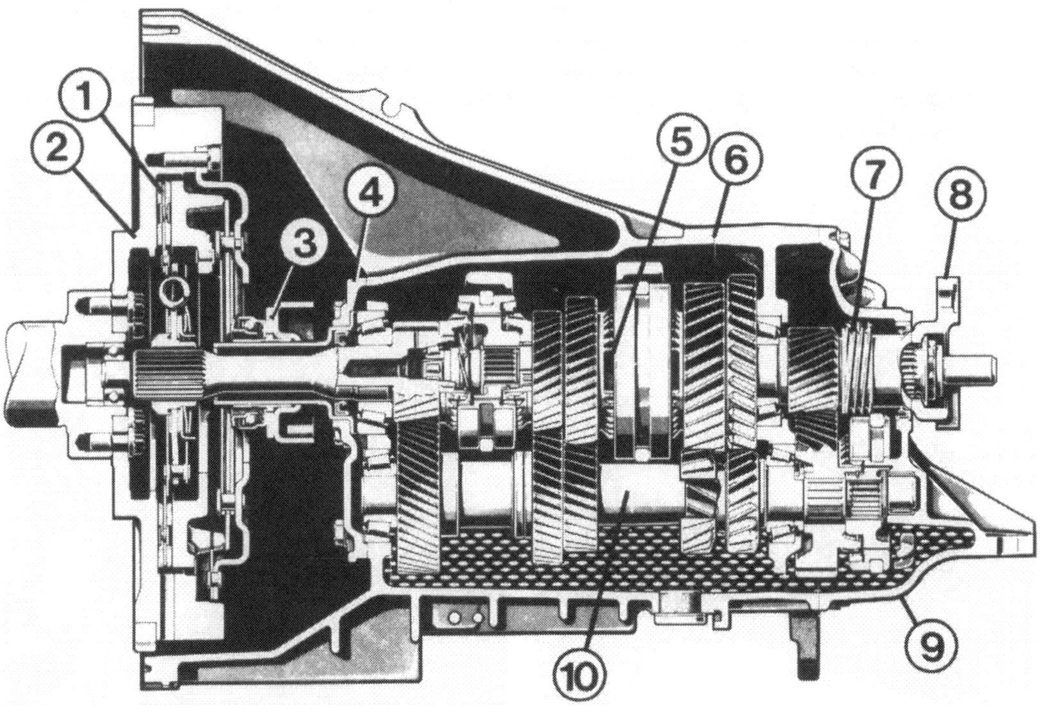

Schnitt durch das Schaltgetriebe: 1 – Schwungscheibe; 2 – Mitnehmerscheibe; 3 – Ausrücklager; 4 – vorderer Getriebedeckel; 5 – Hauptwelle; 6 – Getriebegehäuse; 7 – Tachoantrieb; 8 – Gelenkwellenflansch; 9 – hinterer Getriebedeckel; 10 – Nebenwelle.

Schaltung einstellen

■ Schaltstangen nach dem Lösen der Federklemmen von den Hebeln am Schaltmechanismus abnehmen.
■ Hebel ausrichten. Dazu einen Bohrer (5,9 mm) durch die Löcher im Schaltmechanismus und in den Hebeln stecken.
■ Die Betätigungshebel am Getriebe in ihre Mittelstellung rücken.
■ Die Länge der jeweiligen Schaltstange stimmt, wenn sie ohne Verschieben auf die Hebel am Schaltmechanismus paßt.
■ Ggf. die Kontermutter am Gelenkstück lösen und das Gelenk entsprechend verstellen.
■ Kontermutter wieder festdrehen und Federklemme montieren.
■ Bohrer wieder herausziehen und die Schaltbarkeit des Getriebes bei laufendem Motor prüfen.

Das Automatik-Getriebe

Auf Wunsch ist der Mercedes mit einem Viergang-Automatik-Getriebe ausgestattet. Bei dem klein und leicht gestalteten Getriebe wurde durch Änderungen am Wandler ein verbesserter Wirkungsgrad erreicht. Um die Kriechneigung des Fahrzeugs im Leerlauf zu verringern, schaltet die Automatik bei Leerlauf in den 2. Gang. Bei leichtem Gasgeben wird auch im 2. Gang angefahren. Erst bei starkem Gasgeben wird in den 1. Gang zurückgeschaltet. Im weiteren funktioniert das Getriebe wie folgt:
Zwischen Motor und Viergang-Getriebe ist ein hydraulischer Drehmomentwandler geschaltet, in dem das Drehmoment des Motors auf Schaufelräder übertragen wird. Bei laufendem Motor versetzt das mit ihm gekuppelte Pumpenrad die Wandlerflüssigkeit (ATF) in eine Drehbewegung und schleudert sie nach außen gegen das Wandlergehäuse. Dabei trifft die Flüssigkeit auf das sogenannte Leitrad, das den ATF-Strom in die vorgesehene Richtung lenkt und das mit dem Getriebe verbundene Turbinenrad in Drehung versetzt. Weil die Zahnräder des Planetengetriebes dauernd im Eingriff stehen und die Wandlerflüssigkeit bei laufendem Motor immer versucht – durch den Motor in Drehung versetzt – das Getriebe und damit auch die Antriebsräder zu bewegen, »kriecht« der Wagen im Leerlauf, muß also mit der Fuß- oder Feststellbremse gehalten werden.
Die Übersetzungsänderung erfolgt beim automatischen Getriebe durch Zusammenschalten verschiedener Zahnräder unter Betätigung von Kupplungen und Bremsbändern durch das hydraulische Steuersystem. Das geschieht je nach Gaspedalstellung und Motordrehzahl.

Funktion der Getriebe-Automatik

□ In der Wählhebelstellung »D« wird bei Teilgas so früh wie möglich hochgeschaltet. Das Fahrzeug beschleunigt langsam, was Kraftstoff spart und gemütliches Fahren fördert. In Stellung »D« stehen alle Gänge zur Verfügung – diese Stellung werden Sie zumeist eingelegt haben.
□ In den Stellungen »2« und »3« wird nur bis in den 2. bzw. 3. Gang hochgeschaltet. Bei Steigungen diese Bereiche wählen, wenn der Motor durchzugsstark drehen soll. Die Automatik schaltet herunter, wenn Sie beispielsweise im Gefälle diese Stellungen wählen, um die Bremswirkung des Motors auszunutzen. Damit der Motor aber nicht überdreht wird, auf die Drehzahlen des Motors achten.

Links: Bevor die Gelenkwelle nach Lösen der Klemmmutter (1) zerlegt wird, Teile kennzeichnen (Pfeile). Weiter: 2 – Zwischenlager; 3 – Bremsseil.

Rechts: Verdrehen der Klemmutter mit Gabelschlüsel SW 41. Anziehmoment 30–40 Nm, sonst kommt es zu Dröhngeräuschen.

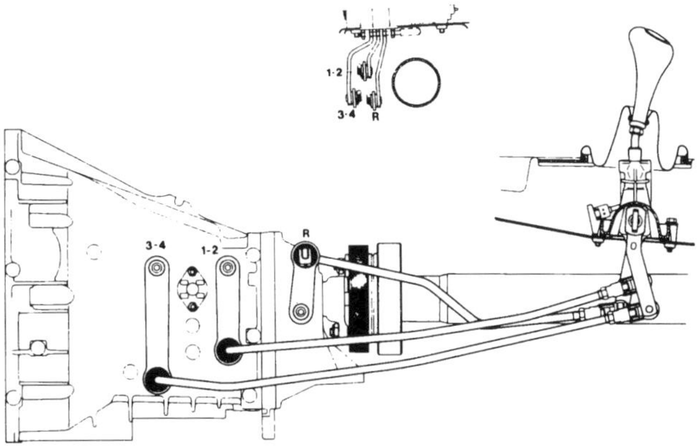

Anordnung der Schaltstangen beim 4-Gang-Getriebe.

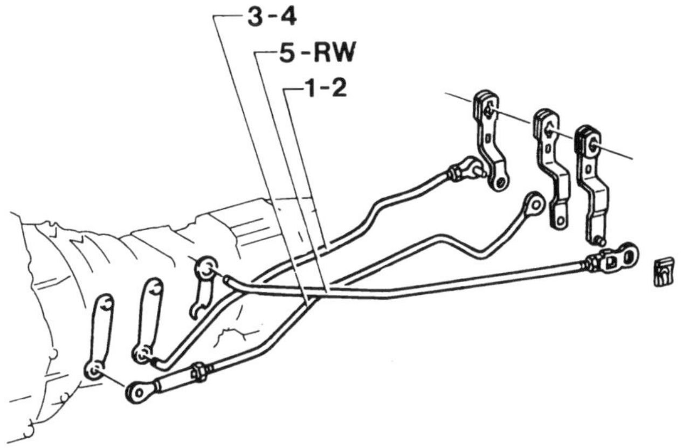

Anordnung der Schaltstangen beim 5-Gang-Getriebe.

□ In die Stellungen »P« (Parksperre) und »R« (Rückwärtsgang) nur bei stehendem Fahrzeug schalten. Hartes, verschleißförderndes Rucken wird so vermieden.
□ Wählhebelstellung »N« bedeutet Leerlauf. Der Wagen kann frei herumgeschoben oder abgeschleppt werden (Hinweise nächste Seite beachten).
□ Bei »Kickdown« (Gaspedal voll durchtreten) werden die Gänge bis kurz vor die Höchstdrehzahl ausgedreht. Auch wird ggf. zurückgeschaltet, um so die größtmögliche Beschleunigung zu erreichen. Über das elektromagnetische Kickdown-Ventil am Getriebe wird das hydraulische Steuersystem so beeinflußt, daß hochgeschaltet wird.
□ Über einen Programmwahlschalter links neben dem Wählhebel kann das Schalten beeinflußt werden. In Stellung »E« fährt das Fahrzeug in Wählhebelstellung »D« und »3« nur im 2. Gang an und schaltet früher als in Stellung »S«. Bei Kickdown wird das »E«-Programm abgeschaltet. In Stellung »E« schaltet ein weiteres Magnetventil und beeinflußt die Steuerhydraulik.

Fingerzeig: *Beim Herunterschalten von Hand (Bremsschaltung) die Marken im Tachometer beachten. Wird durch zu frühes Schalten der Motor überdreht, können im Extremfall die Kolben an die Ventile anstoßen und sie so verbiegen. Achten Sie darauf, daß Sie oder z. B. Kinder den Wählhebel nicht versehentlich bewegen.*

Anschleppen mit Automatik-Getriebe

- Zündschlüssel kurz ganz nach rechts (Startstellung) drehen und wieder loslassen (Zündung bleibt eingeschaltet).
- Stellung »N« einlegen und den Wagen in Bewegung bringen.
- Nach »2« schalten und erst wenn der Motor mitdreht, Gas geben.
- Nach dem Anspringen gleich wieder nach »N« schalten.
- Springt der Motor nicht nach einigen Sekunden an, nicht weiter in Stellung »2« bleiben, sondern wieder »N« einlegen, bevor erneut versucht wird, den Motor zu starten. Unterläßt man das Zurückschalten nach »N«, kann das Getriebe Schaden nehmen. Hinweise Seite 68 bei KAT beachten.

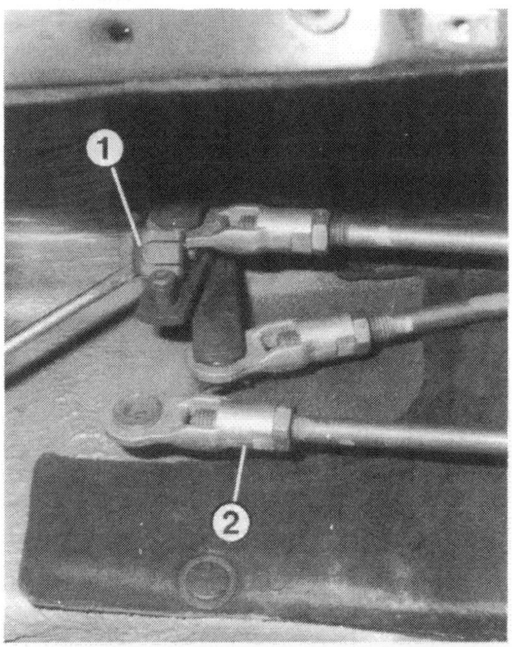

Die Gelenkstücke (2) der Schaltstangen sind mit Federklemmen an den Schalthebeln befestigt. Zum Ein- und Ausbau Schraubenzieher verwenden. Die Schalthebel am Schaltmechanismus werden mit einem Bohrer (3) ausgerichtet.

Schaltplan Kickdown-Abschaltung und 2. Fahrprogramm bei automatischem Getriebe

N 16/2 Kraftstoffpumpenrelais mit Kaltstartventil-Steuerung und Kickdown-Abschaltung
S 15 Schalter 2. Fahrprogramm
S 30/2 Kickdown-Schalter (bei Kickdown wird in S-Fahrprogramm geschaltet)
W 3 Masse Radlauf vorn links (Zündspule)
W 5 Masse Motor
X 26 Steckverbindung 12polig im Sicherungs- und Relaiskasten
Y 3 Magnetventil automatisches Getriebe (Kickdown-Abschaltung)
Y 4 Umschaltventil 2. Fahrprogramm
a beim Typ 200 mit Stromberg-Vergaser zum Relais Kraftstoffabschaltventil mit Kickdown-Abschaltung (N 17/2) Buchse 6 Klemme 87 K

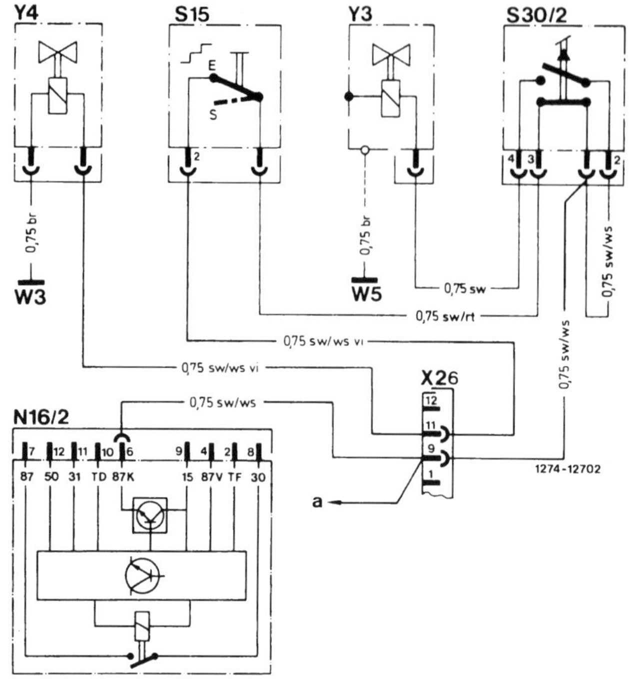

Abschleppen mit Automatik-Getriebe

Das Automatik-Fahrzeug darf nicht unbedacht abgeschleppt werden, weil sonst das Getriebe Schaden nimmt. Es ist hierbei nur eine Geschwindigkeit von 50 km/h erlaubt, und nicht weiter als 120 km darf geschleppt werden, sonst den Wagen verladen.

Automatik-Getriebe prüfen

Bei der Prüfung der Funktion und besonders bei notwendigen Reparaturen am Getriebe sind dem Selbstpfleger enge Grenzen gesetzt. Schnell wird hierzu Spezialgerät und gezielte Erfahrung nötig. Nachfolgend eine Aufzählung von eher einfacheren Prüfungen, mit denen Sie Fehler besser einkreisen oder gar beheben können:

- ☐ Der ATF-Stand im Getriebe ist bei Störungen als erstes zu prüfen (nächste Seite).
- ☐ Auf einer Probefahrt können die Schaltpunkte überprüft werden.
- ☐ Die Einstellung des Steuerzuges zwischen Getriebe und dem Gasgestänge ist eine wichtige Voraussetzung für fehlerfreie Arbeitsweise.
- ☐ Druckmessungen von Arbeits-, Regler- und Modulierdruck (Werkstattsache; manche Druckwerte können verstellt werden).
- ☐ Beurteilen der Schaltvorgänge. Die Leerlaufdrehzahl muß exakt stimmen, sonst ist keine Beurteilung möglich.

Schaltpunkte prüfen

Auf einer Probefahrt die Werte vergleichen. Den Wählhebel in Stellung »D« bringen. Die Schaltpunkte sind in km/h angegeben. T-Modelle schalten bei Vollgas ca. 5 km/h früher.

Modell (Limousine)	Gaspedal-stellung	»S«-Programm						»E«-Programm					
		Hochschalten			Zurückschalten			Hochschalten			Zurückschalten		
		1.→2.	2.→3.	3.→4.	4.→3.	3.→2.	2.→1.	1.→2.	2.→3.	3.→4.	4.→3.	3.→2.	2.→1.
200	Wenig Gas	–	25	34	27	14	–	–	25	34	27	14	–
	Vollgas	22	76	129	84	40	19	–	40	79	43	18	–
	Kickdown	44	83	135	125	74	30	44	83	135	125	74	30
230 E	Wenig Gas	–	26	35	28	15	–	–	26	35	28	15	–
	Vollgas	29	79	135	88	42	20	–	42	83	45	19	–
	Kickdown	46	87	141	131	77	31	46	87	141	131	77	31
260 E	Wenig Gas	–	25	38	26	16	–	–	25	38	26	16	–
	Vollgas	34	86	144	89	41	21	–	43	98	40	22	–
	Kickdown	53	90	146	133	70	33	53	90	146	133	70	33
300 E	Wenig Gas	–	31	47	29	22	–	–	31	47	29	22	–
	Vollgas	40	93	159	100	45	23	–	55	108	43	28	–
	Kickdown	63	97	161	148	75	40	63	97	161	148	75	40

Schaltung bei automatischen Getriebe
1 – Schalthebel am Getriebe, er betätigt auch den darunter erkennbaren Startsperrschalter; 2 – Schaltstange mit einstellbarem Gelenkstück; 3 – Schaltkulisse; 4 – Wählhebel für die jeweilige Fahrstufe Schaltung einstellen: In Stellung »N« muß der Wählhebel 1 mm Abstand zum vorderen »N« Anschlag (Pfeil) haben. Sonst die Länge der Schaltstange entsprechend verstellen.

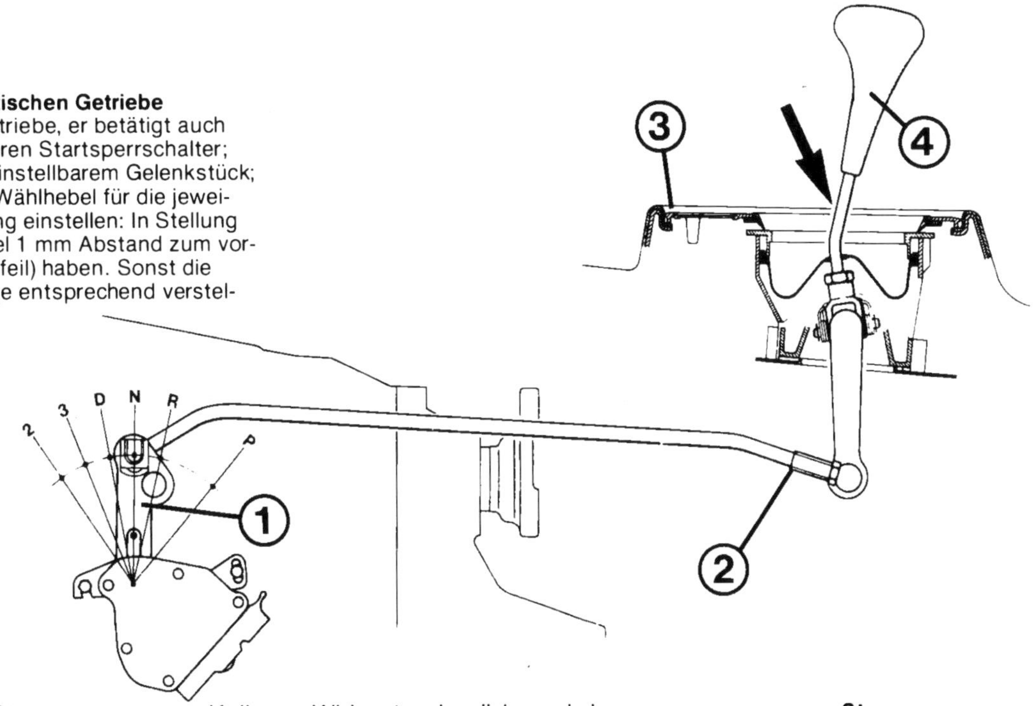

Steuerzug einstellen

■ Kugelkopf des Steuerzuges vom Kulissenhebel des Gasgestänges abdrücken (Abb. S. 92 und 115 unten).
■ Kugelpfanne des Steuerzuges etwas in Richtung Getriebe drücken und dann wieder so lange vorsichtig vorziehen, bis leichter Widerstand spürbar wird.
■ Jetzt muß sich die Kugelpfanne genau gegenüber ihrem Kugelkopf befinden und spannungsfrei aufgedrückt werden können.
■ Ggf. an der Einstellschraube am Zug verstellen.

Beurteilen der Schaltvorgänge

□ Hochschalten: Bei Teilgas ist der Gangwechsel kaum wahrnehmbar; bei Vollgas oder Kickdown werden die Übergänge zwar etwas deutlicher, doch stets muß der höhere Gang geschmeidig fassen. Kurzes Hochdrehen beim Gangwechsel deutet auf Fehler hin, die genauer untersucht werden müssen.
□ Herunterschalten: Ohne Gas (beim Ausrollenlassen) kaum spürbar bei sehr niederen Geschwindigkeiten. Ein Stoß ist beim Rückschalten mit Teil- oder Vollgas normal. Das Zurückschalten ohne Gas mit dem Schalthebel dauert 1 bis 2 Sekunden. Wird beim zwangsweisen Zurückschalten mit dem Schalthebel gleichzeitig Gas gegeben, erfolgt der Gangwechsel ohne Verzögerung. Beim Zurückschalten mit Gas entsteht viel Wärme im Getriebe, deshalb solches Schalten nur einmal in 15 Sekunden durchführen.

Startsperrschalter

Damit beim Motorstart ein Fahrzeug mit Automatik-Getriebe nicht sofort losfährt, können diese Fahrzeuge nur gestartet werden, wenn keine Fahrstufe eingelegt ist. Dazu muß sich der Wählhebel in der Stellung »P« oder »N« befinden. Der sogenannte Startsperrschalter seitlich links am Automatikgetriebe unterbricht beim Einlegen einer Fahrstufe die violett/weiße Leitung (Klemme 50) zwischen Zündschloß und Anlasser.

Startsperrschalter defekt

Läßt sich ein Fahrzeug mit Automatik-Getriebe nicht mehr starten, kann dies am Startsperrschalter, den entsprechenden Zuleitungen oder an seiner mechanischen Betätigung liegen. Notfalls wie folgt vorgehen:
■ Feststellbremse kräftig betätigen.
■ Zündschlüssel in Startstellung drehen und gleichzeitig den Wählhebel hin und her bewegen.
■ Läuft der Anlasser immer noch nicht los, im Motorraum mit einem Hilfskabel direkt den Pluspol der Batterie zur Steckverbindung Klemme 50 vor dem Anlasser überbrücken. Der Anlasser dreht sofort los, siehe auch »Anlasser drehen lassen« auf Seite 213. Dabei unbedingt Wählhebel auf »N« oder »P« stellen und Feststellbremse betätigen, damit Ihr Fahrzeug nicht sofort losfährt (Verletzungsgefahr!).

ATF-Stand prüfen
Ständige Kontrolle

Bei jeder Motorölstandskontrolle empfiehlt es sich, auch nach dem ATF-Stand im Automatik-Getriebe zu sehen. Zum Abwischen des Peilstabs nur einen sauberen, fusselfreien Lappen benutzen, denn schon kleinste Verschmutzungen schaden dem Getriebe. Ist die Flüssigkeit schwarz oder riecht sie verbrannt, läßt dies auf einen Getriebeschaden schließen. Wenn etwas Flüssigkeit fehlt, wird durch die Peilstaböffnung nachgegossen. Verwenden Sie nur Automatik-Getriebeöl, das die Bezeichnung Dexron B trägt (Auskunft über freigegebene Marken erteilt Ihre Mercedes-Werkstatt).

Es darf keinesfalls zuviel ATF ins Getriebe gefüllt werden. Die Differenzmenge zwischen den Markierungen beträgt 0,3 Liter. Zuviel eingefüllte ATF wieder absaugen oder ablassen (Abb. Seite 19 oben).

- Feststellbremse abziehen und in Wählhebelstellung »P« schalten.
- Den Motor starten und 1 bis 2 Minuten im Leerlauf drehen lassen.
- Verschluß am Peilstab lösen (Abbildung Seite 32 rechts). Peilstab herausziehen und abwischen.
- Zur Messung Peilstab so einsetzen, daß die Markierungen zum Fahrzeugheck stehen. Dies verhindert ein Verwischen beim Herausziehen.
- Bei betriebswarmem Getriebe (ca. 80° C) muß sich der ATF-Stand zwischen der »MIN« und »MAX«-Marke befinden.
- Bei einer Getriebetemperatur von ca. 25° C darf der Ölstand nur bis etwa 12 mm unter die »MIN«-Marke reichen.

Störungsbeistand Automatikgetriebe

	Beanstandung	Ursache
1	Ruckartige Schaltübergänge beim Einlegen der Fahrstufen »D« oder »R« aus der Leerlaufstellung »N« heraus	Leerlaufdrehzahl zu hoch
2	Starkes Kriechen im Leerlauf bei eingelegtem Fahrbereich	Wie unter 1
3	Fahrzeug setzt sich bei eingelegtem Fahrbereich nicht in Bewegung, kein Antrieb in allen Gängen	ATF-Stand zu niedrig
4	Langgezogene, schleifende Schaltübergänge	Wie unter 3
5	Hochschalten bei Teilgas sehr spät	Kickdown-Schalter prüfen, Seite 122, 157

Die Gelenkwelle

Nach dem Getriebe folgt die Gelenkwelle, welche die Motorkraft zum Hinterachsantrieb (Differential) weiterleitet. Die Welle verläuft in der Fahrzeugmitte in einen Tunnel. Sie ist zweiteilig und besitzt dort, wo die beiden Teile verbunden sind, ein Zwischenlager. Damit die Welle keine lästigen Brummgeräusche erzeugt, ist sie ausgewuchtet. An den Enden ist die Welle über elastische Gelenkscheiben am Getriebe bzw. am Hinterachsantrieb angeflanscht.

Gelenkwelle aus- und einbauen

- Motorabdeckung unten ausbauen.
- Damit die Gelenkwelle nach dem Einbau nicht unrund läuft, die Einbaulage wie folgt kennzeichnen:
  1. Am Hinterachsgetriebe den Flansch zur Gelenkscheibe markieren.
  2. Am Getriebe Gelenkwelle, Schwingungstilger (runde Metallscheibe) und die Gelenkscheibe zueinander kennzeichnen.
- Schrauben am Mittellager etwas lösen.
- Geschraubte Querbrücke vom Mitteltunnel abschrauben.
- Gelenkwelle vom Getriebeflansch so abschrauben, daß die Gelenkscheibe auf der Welle verbleibt (Schraubenkopf SW 15; Mutter SW 17).
- Gelenkwelle vom Flansch am Hinterachsantrieb lösen (3 Schrauben SW 15; Muttern SW 17). Die Gelenkscheibe bleibt an der Welle montiert.
- Welle durch leichteres Klopfen vom Flansch lösen, falls diese etwas anklebt.
- Welle etwas zusammenschieben und von den Flanschen abnehmen. Ist dies nicht möglich, die große Klemmutter SW 41 leicht lösen.
- Hinteren Wellenteil nach unten hängen lassen.
- Mittellager losschrauben.
- Gelenkwelle nach hinten aus dem Mitteltunnel herausnehmen.
- Beim Einbau in umgekehrter Folge die Welle zuerst am Getriebeflansch lose vormontieren (Markierungen beachten). Neue Muttern verwenden.
- Mittellager lose vormontieren.
- Unter Beachtung der Markierungen Welle am hinteren Flansch festschrauben. Die neuen selbstsichernden Muttern werden mit 45 Nm angezogen.
- Welle vorn festschrauben (45 Nm).
- Zwischenlager mit 25 Nm anziehen. Klemmmutter SW 41 mit 30–40 Nm festschrauben.

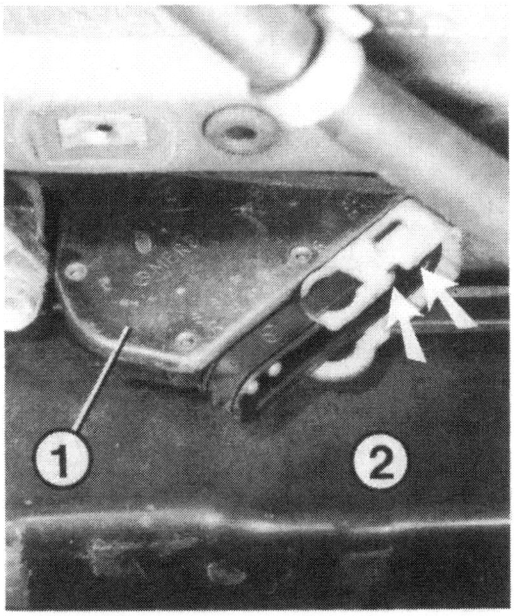

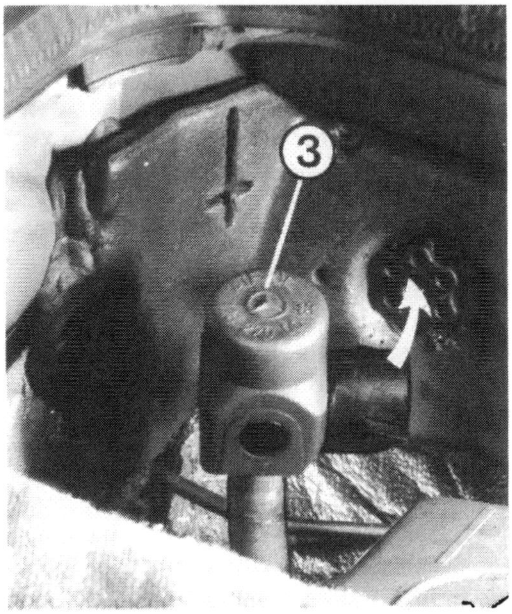

Links: 1 – Startsperrschalter am automatischen Getriebe (2); Pfeile – Anschlüse Klemme 50, nur in Fahrstufe »P« und »N« ist der Kontakt geschlossen und der Anlasser kann drehen. Der Kontakt »R« im Startsperrschalter ist für das Rückfahrlicht.

Rechts: 3 – Peilstab für den ATF-Stand im Automatikgetriebe hinten rechts neben Zylinderkopf. Zum Lösen Verschlußbügel hochklappen (Pfeil).

Fingerzeig: *Bevor die Welle in der Mitte auseinandergebaut wird, z. B. zum Austausch des Zwischenlagers, den vorderen und hinteren Wellenteil zueinander kennzeichnen. Zum Auseinanderbau die große Klemmutter (SW 41) in der Wellenmitte lösen (Anziehdrehmoment max. 40 Nm).*

Gelenkwelle prüfen
Wartung Nr. 34

□ Die beiden Gelenkscheiben dürfen keine Risse haben oder spröde sein. Die Hülsen dürfen nicht lose in den Scheiben sitzen oder unrund ausgeweitet sein. Auch die Bohrungen im Getriebe- und Hinterachsflansch dürfen nicht ausgeweitet sein.
□ Das Zwischenlager muß sich geschmeidig drehen lassen.
□ Muß die vordere Gelenkscheibe ersetzt werden, die Lage des Flansches zum Schwingungstilger kennzeichnen.

Das Hinterachsdifferential

Es lenkt die Antriebskraft über Kegel- und Tellerrad gewissermaßen rechtwinklig um die Ecke und über zwei Achswellen zu den Hinterrädern. Es paßt durch seine Übersetzung die Drehzahl der Getriebe-Abtriebswelle der erforderlichen Raddrehzahl an und gleicht bei Kurvenfahrt die unterschiedlichen Radwege des inneren und äußeren Rads durch sein Kegelradgetriebe (Differential) aus. Zum Hinterachsantrieb gehören auch die Hinterachswellen. Sie übertragen die Antriebskraft auf die Räder. Entsprechend den Federbewegungen der Radaufhängung müssen die Hinterachswellen Längen-Unterschiede ausgleichen und die Federbewegung des Rades mitmachen. Auf Sonderwunsch ist ein Hinterachsdifferential mit begrenztem Schlupf (Sperrwirkung ca. 35%) lieferbar. Besondere Schmierölsorte beachten.

Hinterachswelle ausbauen

- Radkappe bzw. Leichtmetallrad abnehmen.
- Zwölfkantmutter (SW 30) in der Radmitte losschrauben. Dazu Feststellbremse stark betätigen und ggf. noch Fußbremse betätigen lassen.

Bevor die Gelenkwelle (1) losgeschraubt wird, sämtliche Teile kennzeichnen (Pfeile). 2 – Drehzahlfühler am Hinterachsdifferential.

■ Am Hinterachsantrieb (Differential) die Innenvielzahnschrauben herausdrehen. Vor dem Einstecken des Werkzeuges (Hazet Nr. XZN 990 lg.-10) den Schraubenkopf mit einem kleinen Schraubenzieher von Verschmutzungen reinigen, damit das Werkzeug möglichst weit eingesteckt werden kann.

■ Losgeschraubte Hinterachswelle zusammenschieben und nach oben vom Flansch wegschwenken.

■ Außen die Achswelle aus dem Hinterachsflansch ziehen ggf. mit leichtem Schlagen nachhelfen. Sitzt die Achswelle sehr fest, muß sie mit einem Ausdrücker demontiert werden.

■ Die Anlagefläche der Welle am inneren Verbindungsflansch muß beim Einbau sauber sein.

■ Die Innenvielzahnschrauben nur einmal verwenden. Einölen und dann mit 70 Nm festziehen.

■ Die Zwölfkantmutter darf ebenfalls nur einmal verwendet werden. Wenn sie mit 280–320 Nm (!) festgezogen worden ist, muß die Mutter gesichert werden. Dazu den Bund der Mutter in die Aussparungen auf der Achswelle quetschen.

Hinterachswellen schadhaft?

Die Gleichlauf-Gelenke an den Antriebswellen sind zwar sehr robust, doch kann eingedrungener Schmutz zum vorzeitigen Verschleiß eines Gelenkes führen. Defekte Gelenke knacken beim Anfahren oder beim Rückwärtsfahren. Selbst beim Hin- und Herschieben des Wagens können die Knackgeräusche hörbar werden. Bei fortgeschrittenem Verschleiß steigert sich das Knacken zu einem regelrechten Schlagen.
Zeigen sich solche Zeichen, ist es gar nicht einfach herauszufinden, von welchem der vier Gelenke die Geräusche stammen. Deshalb beide Wellen ausbauen und von Hand prüfen, ob sich die Gelenke geschmeidig und ruckfrei bewegen lassen.
Nach dem Ausbau einer Hinterachswelle können die Gummimanschetten und das innere Gleichlauf-Gelenk ersetzt werden. Der Austausch des äußeren Gelenks ist nicht möglich – der Austausch der Hinterachswelle wird dann erforderlich.

Manschetten prüfen

Gelegentlich sollten Sie die Gummimanschetten an den Gelenken der Hinterachswellen prüfen, denn eindringender Schmutz oder Feuchtigkeit zerstört die Gelenke schnell.

■ Zur Prüfung die Hinterräder nacheinander anheben und am Rad drehen, während man unter dem Fahrzeug prüft.

■ Ringsherum dürfen keine Risse oder spröde Stellen vorhanden sein.

■ Die Spannbänder müssen fest sitzen.

■ Dunkle Fettspuren sind ein Alarmsignal: Eine beschädigte Manschette schnellstens ersetzen. Dazu die Hinterachswelle ausbauen und zerlegen.

Hinterachswelle zerlegen

Zum Austausch der Gummimanschette oder des inneren Gleichlauf-Gelenkes muß die Achswelle zerlegt werden.

■ Hinterachswelle ausbauen.

■ Großes Schlauchband der inneren Manschette lösen.

■ Blechdeckel mit einem Durchschlag vom Gelenk losschlagen und abnehmen. Auf die gleiche Weise die Kappe der Manschette von der anderen Seite des Gelenkes entfernen.

■ Manschette zurückschieben und das Fett vom Gelenk abwischen.

■ Sprengring abnehmen.

■ Welle in einen Schraubstock spannen und das Gelenk mit einem Durchschlag von der Welle lösen. Dazu gleichmäßig verteilt auf den Gelenkinnenring schlagen.

■ Wenn erforderlich, können nun die Man-

Teile der Gelenkwelle
1 – Zentrierhülse
2 – Gelenkscheibe vorn
3 – Schraube 45 Nm
4 – Wellenteil vorn
5 – Klemmutter
6 – Gummimanschette
7 – Lager
8 – Schraube 25 Nm
9 – Wellenteil hinten
10 – Gelenkscheibe hinten

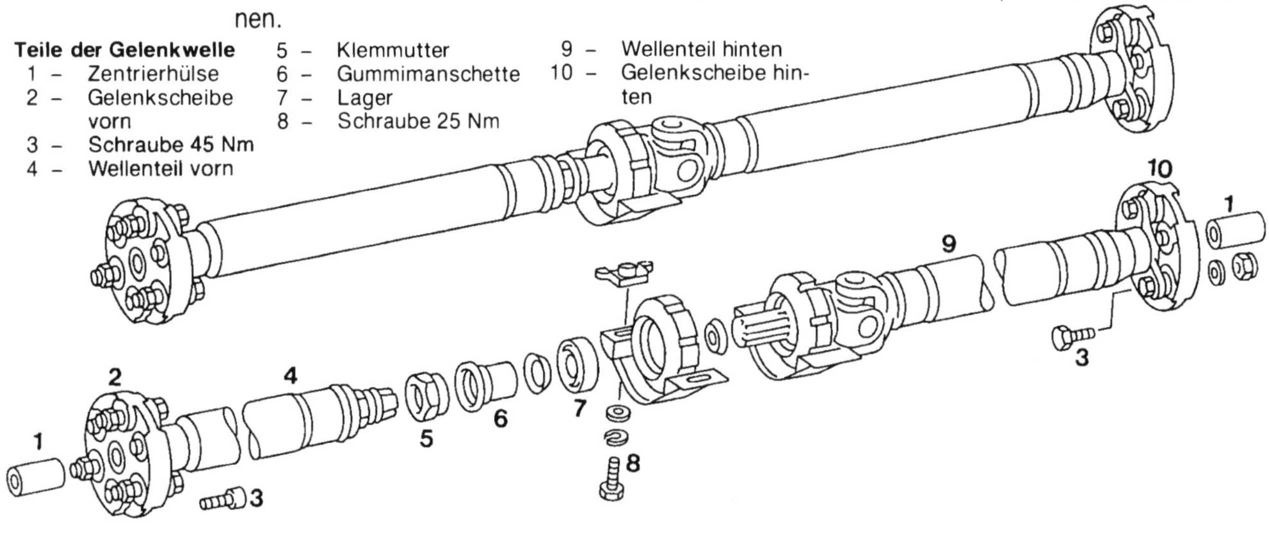

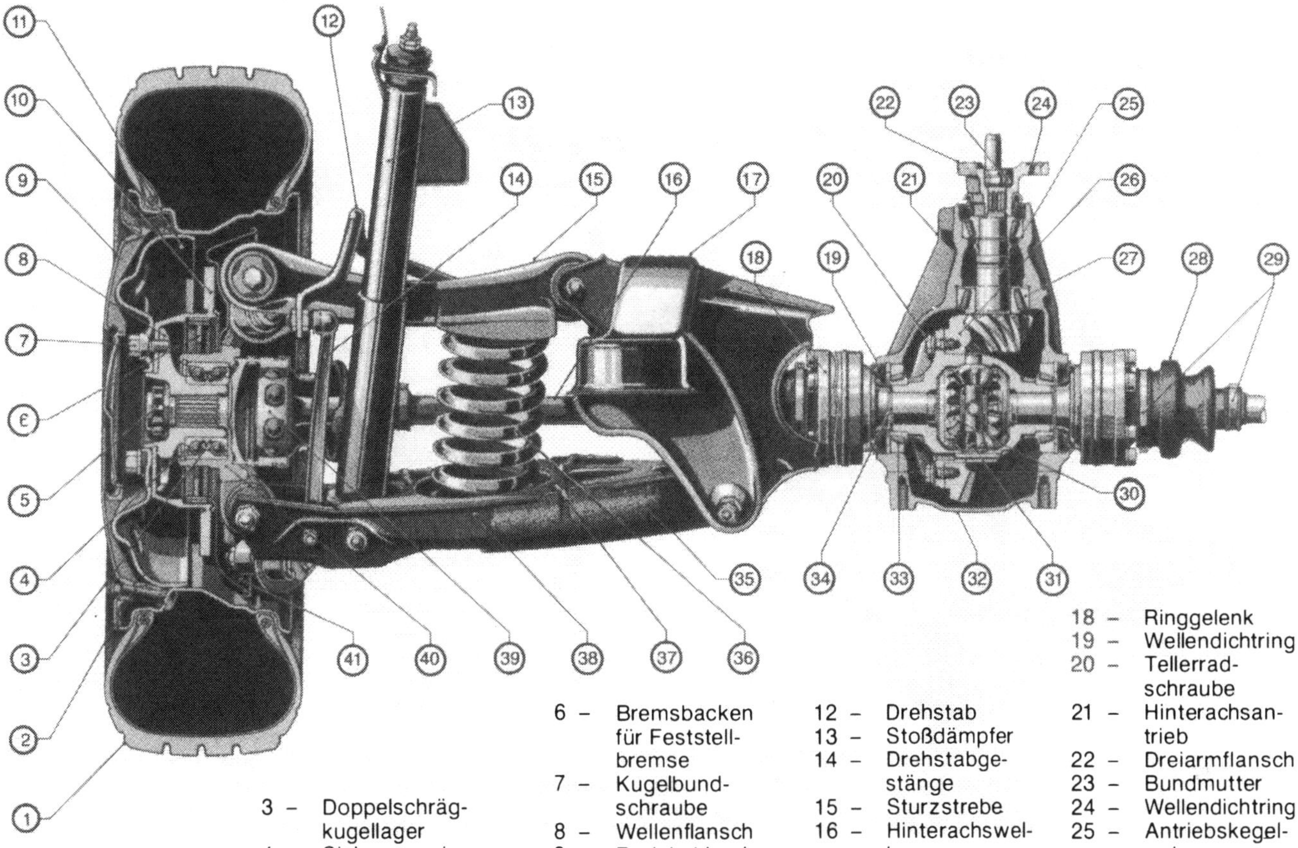

1 – Reifen
2 – Reifenventil
3 – Doppelschrägkugellager
4 – Sicherungsring
5 – Zwölfkantbundmutter
6 – Bremsbacken für Feststellbremse
7 – Kugelbundschraube
8 – Wellenflansch
9 – Radzierblende
10 – Bremsscheibe
11 – Scheibenrad
12 – Drehstab
13 – Stoßdämpfer
14 – Drehstabgestänge
15 – Sturzstrebe
16 – Hinterachswelle
17 – Hinterachsträger
18 – Ringgelenk
19 – Wellendichtring
20 – Tellerradschraube
21 – Hinterachsantrieb
22 – Dreiarmflansch
23 – Bundmutter
24 – Wellendichtring
25 – Antriebskegelrad
26 – Tellerrad
27 – Antriebskegelradlagerung
28 – Manschette
29 – Spannbänder
30 – Hinterachswellenrad
31 – Ausgleichskegelrad
32 – Abschlußdeckel

ASD

33 – Tellerradlager
34 – Flansch innen
35 – Verkleidung
36 – Schraubenfeder
37 – Klammern
38 – Federlenker
39 – Ringgelenk
40 – Radlager
41 – Abdeckblech

schetten und das Gelenk getauscht werden. Die entsprechenden Reparatursätze enthalten neue Schlauchbänder, einen neuen Sprengring und die erforderliche Menge des speziellen Fließfettes, mit dem das Gelenk beim Zusammenbau großzügig eingeschmiert wird (100 g pro Gelenk).

■ Bevor die Blechringe wieder über den Außenring des Gelenks montiert werden, deren Innenrand mit einem dauerelastischen Dichtmittel bestreichen.

Bei Fahrzeugen mit eingebautem ASD (**A**utomatisches-**S**perr-**D**ifferential) kann es bei einseitiger Glätte nicht mehr vorkommen, daß ein Hinterrad einzeln durchdreht und deshalb nicht mehr angefahren werden kann. Erkennt eine Elektronik, daß die mittlere Hinterraddrehzahl 2–4 km/h größer ist als die mittlere Vorderraddrehzahl wird automatisch ein Magnetventil angesteuert. Dadurch gelangt Hydrauliköldruck mit ca. 30 bar zum ASD und sperrt dieses. Nicht mehr gesperrt wird das ASD aus Fahrstabilitätsgründen über 38 km/h (gemessen an den Vorderrädern), im Schubbetrieb und beim Bremsen. Die Hauptbauteile des ASD haben folgende Aufgaben:

Schnitt durch Hinterachswelle

37a – Hinterachswelle
37b – Gelenkring außen
37c – Gelenkring innen
37d – Gelenknabe
37e – Kugel
37f – Kugelkäfig
37g – Sicherungsring
37h – Abschlußdeckel
37i – Manschettenkappe
37k – Schlauchschelle
37l – Gummimanschette

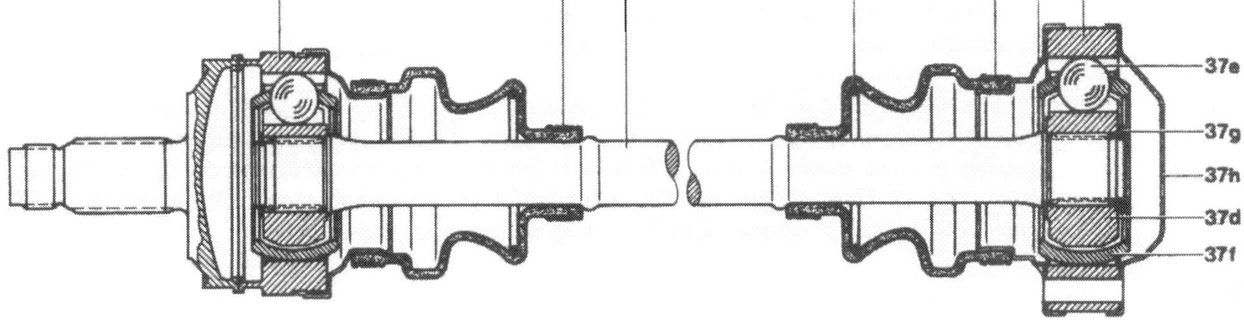

Unten: Ausgleichsgetriebe (ASD)
20 – Ausgleichsgetriebegehäuse; 22a – Reibscheibe mit einseitigem Belag; 22b – Reibscheibe ohne Belag; 22c – Reibscheibe mit beidseitigem Belag; 23 – Hinterachswellenrad; 24 – Kugelscheibe; 25 – Ausgleichkegelrad; 26 – Ausgleichbolzen; 27 – Spannhülse; 30 – Sicherungsring.

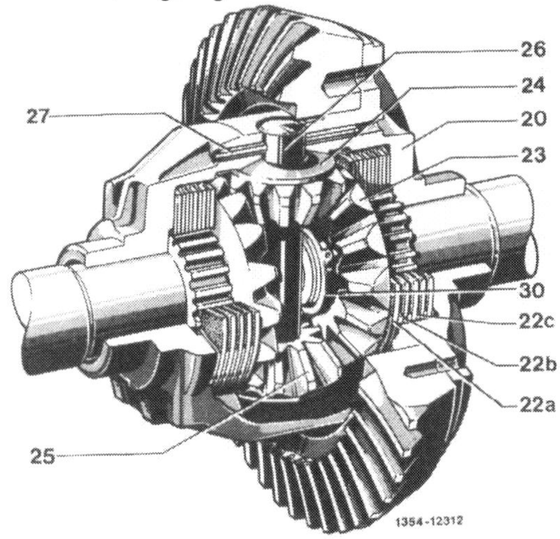

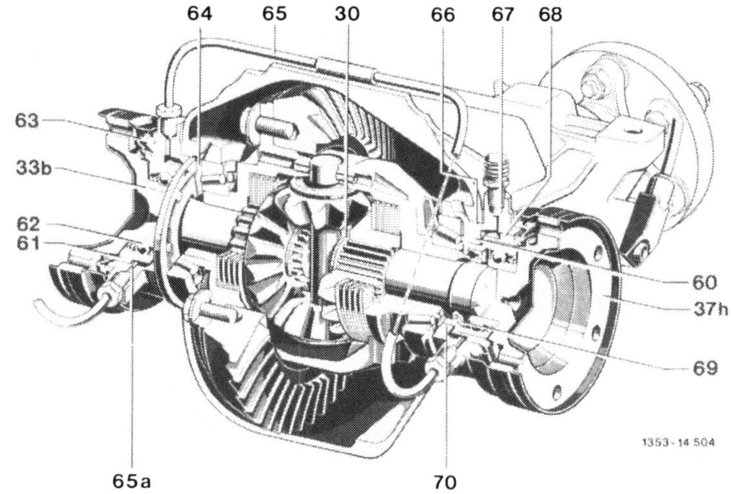

Oben: Hinterachsdifferential (ASD)

30	Sicherungsring	64	Ölleitblech
33b	Verbindungsflansch	65	Hydraulikleitung
37h	Abschlußdeckel	65a	Spannhülse
60	Ringzylinder	66,68	O-Ringe
61	Ringkolben	67	Entlüfter
62	Kugellager	69	Radialdichtring
63	Manschette		

□ **Hinterachsdifferential:** Es hat ohne Hydrauliköldruck bereits 35 % Sperrwirkung. Gelangt Öldruck zu den Ringkolben am ASD, bewegen sich beide Verbindungsflansche etwas nach außen und pressen so die Lamellenkupplungen zusammen. Der Sperrgrad beträgt dann ca. 100 %.

□ **Hydraulikeinheit:** Rechts vor der Hinterachse unter einer Abdeckung ist dieses Teil eingebaut. Es regelt den Öldruck von der Pumpe vorn am Zylinderkopf (gleiche Pumpe wie bei Niveauregulierung) von ca. 200 bar auf etwa 30 bar ein. In einem Druckspeicher werden diese 30 bar bevorratet. Ist der Speicher voll, schaltet ein Ventil in der Hydraulikeinheit um und läßt zuviel gefördertes Öl zum Ölbehälter im Motorraum zurückfließen. Bei Fahrzeugen mit Niveauregulierung ist in dieser Leitung der Niveauregler eingebaut. Schaltet das Magnetventil an der Hydraulikeinheit, gelangt der Öldruck von ca. 30 bar zum ASD.

□ **Steuergerät:** Es ist hinter der Fahrzeugbatterie eingebaut und trägt die Aufschrift »ASD«. Das Steuergerät verarbeitet die Informationen von den Drehzahlfühlern und schaltet ggf. Masse zum Magnetventil. Dadurch gelangt der Öldruck zum ASD.

Das Steuergerät wird, wie alle anderen elektronischen Geräte im Fahrzeug, über den Überspannungsschutz mit Spannung versorgt (Seite 204).

Im Steuergerät ist eine Fehlerspeicherung eingebaut. Fehler an elektrischen Bauteilen des ASD werden gespeichert und können über Blinkcode abgefragt werden.

□ **Drehzahlfühler:** An jedem Vorderrad und am Hinterachsdifferential sind die gleichen Drehzahlfühler wie beim ABS (Seite 192) eingebaut. Bei Fahrzeugen mit ASD und ABS werden die Drehzahlsignale erst zum ABS-Steuergerät und dann bereits umgeformt zum ASD-Steuergerät weitergeleitet. ASD-Steuergeräte sind mit/ohne ABS unterschiedlich.

□ **Funktionsanzeige:** Die Anzeige im Tachometer leuchtet grundsätzlich immer auf, wenn die Raddrehzahldifferenz zwischen Vorder- und Hinterrädern größer als 2–4 km/h ist. Die Kontrolleuchte kann also auch über 38 km/h aufleuchten, obwohl das ASD hier nicht mehr gesperrt wird. Dem Fahrer zeigt das Aufleuchten an, daß Radschlupf auftritt und er seine Fahrweise besser anpassen muß.

Die Helligkeit der Funktionsanzeige ist bei eingeschaltetem Licht geringer.

□ **Kontrolleuchte:** Leuchtet die gelbe »ASD«-Leuchte unten rechts im Kombiinstrument bei laufendem Motor, ist das ASD wegen einer elektrischen Störung außer Funktion. Jetzt Fehler über Blinkcode abfragen.

□ **Bremslichtschalter:** Der Bremslichtschalter hat zwei Kontakte. Beim Bremsen schließt ein Kontakt, dadurch leuchtet das Bremslicht und das ASD-Steuergerät wird informiert (ASD abgeschaltet). Der zweite Kontakt öffnet beim Bremsen und unterbricht so die Spannungsversorgung zum Magnetventil aus Sicherheitsgründen zusätzlich, denn mit gesperrtem ASD darf nicht gebremst werden. Das Fahrzeug würde leicht ausbrechen.

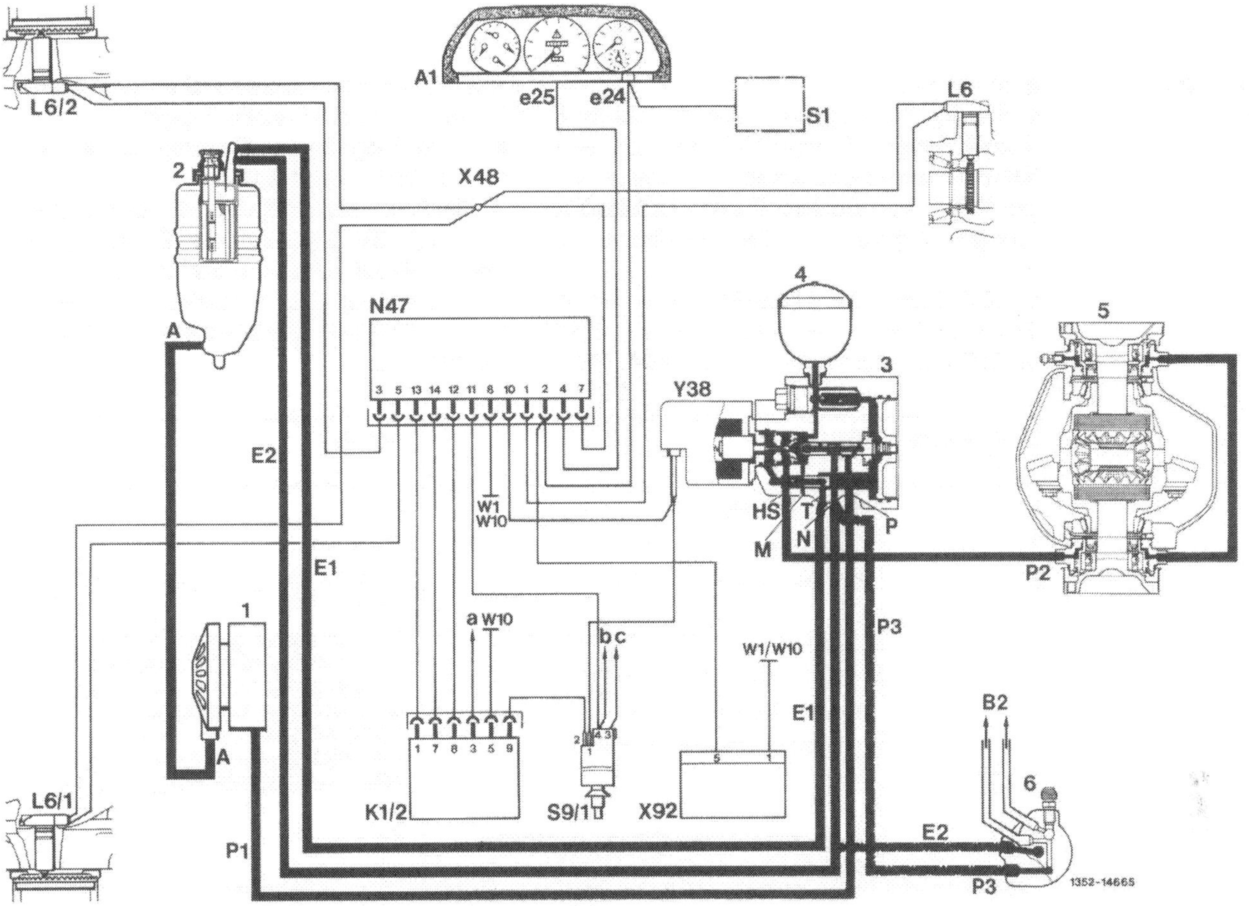

Funktionsschema ASD

1 Druckölpumpe
2 Ölbehälter
3 Speicherladeventil
4 Druckspeicher
5 Hinterachsmittelstück
6 Niveauregler
A 1 Kombi-Instrument
e24 Kontrolleuchte ASD
e25 Funktionsanzeige ASD
K 1/2 Überspannungsschutz
L 6 Drehzahlgeber Hinterachse
L 6/1 Drehzahlgeber links vorn
L 6/2 Drehzahlgeber rechts vorn
N 47 Steuergerät ASD
S 1 Lichtdrehschalter
S 9/1 Bremslichtschalter ASD

W 1,10 Masse
X 48 Lötverbindung
X 92 Prüfkupplung für Blinkcode
Y 38 Magnetventil ASD
a Steckverbindung Motorleitungssatz, Klemme 15
b Bremslicht
c Sicherungsdose (Sicherung 5, Klemme 15)
A Saugleitung Ölbehälter – Druckölpumpe
B 2 Druckleitung Niveauregler – Federspeicher
E 1 Rücklaufleitung Speicherladeventil (Anschluß T) – Ölbehälter

E 2 Ohne Niveauregulierung: Rücklaufleitung Speicherladenventil (Anschluß N) – Ölbehälter. Mit Niveauregulierung: Rücklaufleitung Niveauregler - Ölbehälter
M Meßanschluß
P 1 Druckleitung Druckölpumpe – Speicherladeventil (Anschluß P)
P 2 Druckleitung Speicherladeventil (Anschluß HS) zu den Ringzylindern
P 3 Mit Niveauregulierung: Druckleitung Speicherladeventil (Anschluß N) – Niveauregler

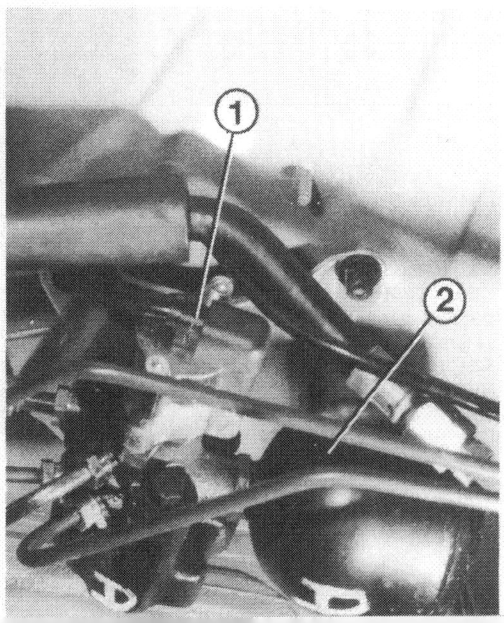

Links: An der Prüfkupplung X92 (1) können die Fehlerspeicher von ASD und 4MATIC abgerufen werden. Dazu Buchsen 5 und 1 überbrücken. Weiterhin: 2 – Steckverbindung Drehzahlfühlerleitung. **Rechts:** Hier ist die Hydraulikeinheit des ASD rechts vor der Hinterachse gezeigt. Es bedeuten: 1 – Magnetventil; 2 – Druckspeicher.

Blinkcode abfragen

■ Motor starten.
■ An der Prüfkupplung vor der Batterie Buchse 5 nach Buchse 1 (Masse) ca. eine Sekunde lang überbrücken oder besser langes Kabel von Buchse 5 zum Fahrerplatz verlegen und dort irgendwo an Masse halten.
■ Nach Lösen der Massebrücke verlöscht die gelbe »ASD«-Kontrolleuchte für ca. 2 Sekunden und beginnt dann zu blinken. Jeder Anzahl von Blinkimpulsen ist ein bestimmter Fehler zugeordnet (siehe Tabelle).
■ Nach Ausgabe der Blinkimpulse leuchtet die Kontrolle wieder ständig.
■ Nachdem eine Störung behoben worden ist, muß der gespeicherte Blinkcode gelöscht werden. Dazu die Buchse 5 und 1 an der Prüfkupplung für mindestens 10 Sekunden überbrücken. Danach bleibt die Kontrollleuchte aus.

Blinkimpulse Anzahl	Störung	Abhilfe
1	keine Störung	–
2	ASD-Steuergerät defekt	Erneuern
3	Bremslichtschalter defekt	Schalter und Leitungen mit Ohmmeter prüfen
4	Vorderraddrehzahl vorn links fehlt	Drehzahlfühler gestört: Widerstände prüfen (Seite 194), Wechselspannungssignale prüfen. Einbaulage und auf mechanische Beschädigung kontrollieren. Leitungen prüfen. Evtl. ABS-Steuergerät defekt, wenn ASD- und ABS-Kontrolleuchten leuchten
5	Vorderraddrehzahl vorn rechts fehlt	
6	Hinterraddrehzahl fehlt	
7	Alle Drehzahlimpulse fehlen	
8	Magnetventil oder Bremslichtschalter defekt	Erneuern

ASD-Zuschaltung prüfen

■ Ein Hinterrad anheben, nachdem das gegenüberliegende Rad sicher unterkeilt wurde.
■ ASD-Steuergerät ausstecken.
■ In die Buchse 10 am Stecksockel für das Steuergerät ein Hilfskabel einstecken.
■ Damit der erforderliche Hydrauliköldruck im Druckspeicher sicher aufgebaut ist, den Motor für ca. 30 Sekunden mit erhöhter Drehzahl laufen lassen. Motor wieder abstellen.
■ Feststellbremse lösen.
■ Zündung einschalten.
■ Angehobenes Hinterrad durchdrehen. Dies ist bei richtig lösenden Bremsen leicht möglich.
■ Jetzt das Hilfskabel mit Masse verbinden, damit das ASD sperrt. Ein Durchdrehen des Hinterrades von Hand ist jetzt kaum mehr möglich, denn die Lamellenkupplungen im ASD dürfen frühestens bei einem Drehmoment von ca. 100 Nm am Hinterrad zu schleifen beginnen. Man kann das Drehmoment an der 12kant-Mutter in der Radmitte testen. Aber nur in Anziehrichtung drehen und Testdrehmoment höchstens 150 Nm!

Das Steuergerät (1) für das ASD ist hinter der Batterie eingebaut. Wie alle anderen elektronischen Geräte wird es vom Überspannungsschutz (2) mit Betriebsspannung versorgt. Will man das Zuschalten des ASD simulieren, muß man die Buchse 10 an der Steckfassung mit Masse verbinden. Das Magnetventil an der Hydraulikeinheit öffnet dadurch (siehe Schaltplan).

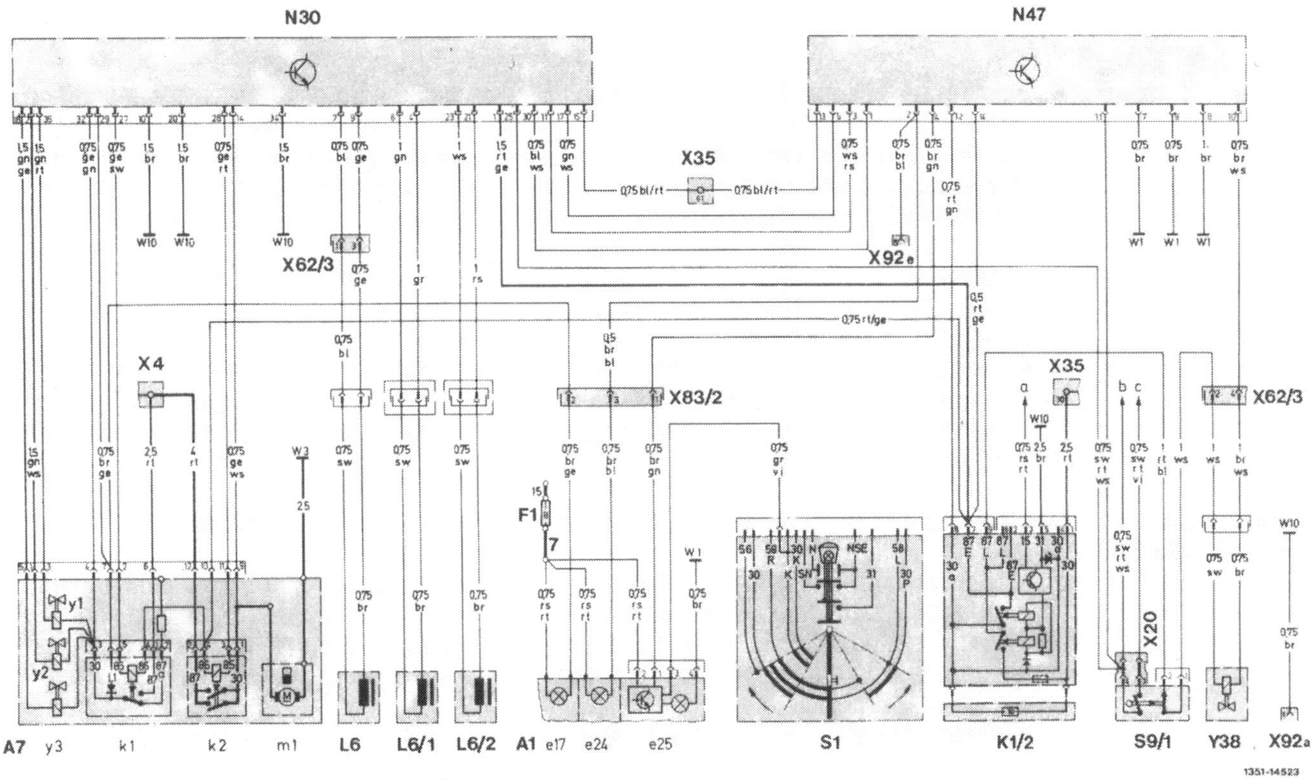

ASD mit ABS

A 1 Kombi-Instrument
e17 Kontrolle ABS
e24 Kontrolleuchte ASD
e25 Funktionsanzeige ASD
A 7 Hydraulikeinheit ABS
k1 Relais Magnetventil
k2 Relais Rückförderpumpe
m1 Rückförderpumpe
y1 Magnetventil Vorderachse, links
y2 Magnetventil Vorderachse, rechts
y3 Magnetventil Hinterachse
F 1 Sicherungs- und Relaiskasten Sicherung 7. Klemme 15
K 1/2 Relais Überspannungsschutz 87E, 87L, 9polig

L 6 Drehzahlgeber Hinterachse
L 6/1 Drehzahlgeber Vorderachse, links
L 6/2 Drehzahlgeber Vorderachse, rechts
N 30 Steuergerät ABS
N 47 Steuergerät ASD
S 1 Lichtdrehschalter
S 9/1 Bremslichtschalter (4MATIC/ASD)
W 1 Hauptmasse (hinter Kombi-Instrument)
W 10 Masse, Batterie
W 3 Masse, Radlauf vorn links (Zündspule)
X 4 Leitungsverbinder Klemme 30, Rel./Sicherungskasten
X 20 Steckverbindung, Bremslichtschalter
X 35 Leitungsverbinder Klemme 30/ Klemme 61 (Batterie) Dieses Bauteil ist mehrmals dargestellt

X 62/3 Steckverbindung Drehzahlgeber, Ventil, Hinterachse 4polig ASD Dieses Bauteil ist mehrmals dargestellt
X 83/2 Steckverbindung Kombi-Instrument/ Kontrolleuchte ABS/ASD 3polig
X 92a Masse (Buchse 1, der Prüfkuppl. für Diagnose 8polig/Blinkcode)
X 92e Blinkcode ASD/4MATIC (Buchse 5, 1polig)
Y 38 Ventil ASD
a Steckverbindung Motorleitungssatz
b Bremslicht
c Sicherungsdose (Sicherung 5, Klemme 13)

Fingerzeige: *Beim Lösen von Hydraulikleitungen Verletzungsgefahr durch Hydraulikdrucköl beachten! Bei Druckwerten bis **150** bar (Niveauregulierung) oder **30** bar (ASD) sind Augenverletzungen durch fein abspritzendes Öl möglich. Auch das Magnetventil an der Hydraulikeinheit darf nur gelöst werden, wenn der Öldruck von ca. **30** bar abgebaut ist.*
Muß häufig Hydrauliköl in den Behälter im Motorraum nachgegossen werden, ASD, Hydraulikeinheit sowie Leitungen auf Ölspuren absuchen. Sind die O-Ringe an den Ringzylindern im ASD undicht, gelangt Hydrauliköl zum ASD-Schmieröl. Zur Kontrolle die Ölstandskontrollschraube am ASD herausdrehen.
*Fahrzeuge mit ASD haben in bestimmten Fahrsituationen ein ungewohntes Fahrverhalten, wenn bei gesperrtem ASD beide Hinterräder durchdrehen und so hinten keine Seitenführung mehr vorhanden ist. Wird z. B. bei **30** km/h (ASD schaltet noch zu) auf glatter Fahrbahn in der Kurve zu viel Gas gegeben, neigt das Fahrzeug mit gesperrtem ASD leichter zum Ausbrechen. In dieser Situation sofort Fuß vom Gaspedal, damit keine Drehzahldifferenzen mehr auftreten und das ASD ausschaltet. Noch besser könnte z. B. eine ABS-Bremsung das Fahrzeug wieder abfangen.*

4MATIC Funktion

Fahrzeuge mit automatisch schaltendem Vierradantrieb (= 4MATIC) bieten bessere Steigfähigkeit, Beschleunigung und bessere Spurtreue während der Kurvenfahrt. Dies gilt besonders bei glatten Straßenverhältnissen. Die 4MATIC entscheidet und schaltet vom gewohnten Hinterradantrieb ausgehend, innerhalb von Sekundenbruchteilen in den Vierradantrieb und ggf. die Sperren zu. Beim Bremsen ist die 4MATIC immer ausgeschaltet, damit das serienmäßig eingebaute ABS wirken kann. Mitbestandteil der 4MATIC ist auch das ab Seite 161 beschriebene ASD.

Eine Elektronik bekommt Informationen von Drehzahlfühlern an den Vorderrädern und am Hinterachsdifferential (wie bei ASD und ABS), vom Bremslichtschalter sowie von einem Lenkwinkelgeber unter dem Lenkrad. Aus diesen Eingangssignalen werden bestimmte Beziehungen gebildet und wenn erforderlich nacheinander in folgende Schaltstufen geschaltet:

□ **Schaltstufe 0:** Hier ist der herkömmliche Hinterradantrieb geschaltet. Dadurch gewohntes Fahrverhalten bei normalen Straßenverhältnissen.

□ **Schaltstufe 1:** Jetzt sind die Vorderräder zugeschaltet, jedoch ist der Vierradantrieb ausgeglichen. Das Zentraldifferential im Verteilergetriebe ist offen. Die Kraftverteilung des Motors erfolgt zu 35% an die Vorderräder und zu 65% an die Hinterräder.

□ **Schaltstufe 2:** In dieser Stufe wird zusätzlich das Zentraldifferential gesperrt. Die Kraftverteilung ist jetzt 50% an Vorder- bzw. Hinterrädern (Vierradantrieb längsgesperrt).

□ **Schaltstufe 3:** Zusätzlich zum längsgesperrten Vierradantrieb wird noch das Hinterachsdifferential (ASD) gesperrt.

Wann wird zugeschaltet?

Das Zuschalten des Vierradantriebes erfolgt dabei im wesentlichen nach folgenden Bedingungen:

□ **Antriebsschlupf:** Tritt zwischen der mittleren Vorderraddrehzahl und der mittleren Hinterraddrehzahl eine Differenz größer als 2–4 km/h auf, wird dies als Schlupf erkannt und die Schaltstufe 1, 2 oder 3 geschaltet. Wird der Schlupfzustand durch die jeweils geschaltete Schaltstufe beseitigt, wird unter Berücksichtigung weiterer Bedingungen wieder in den Heckantrieb zurückgeschaltet.

□ **Geschwindigkeit:** Unter einer bestimmten Geschwindigkeit ist immer in Schaltstufe 1 geschaltet – also wird immer mit ausgeglichenem Vierradantrieb angefahren. Über 38 km/h ist Schaltstufe 3 nicht mehr möglich, siehe unter »ASD«.

□ **Lenkwinkel:** Bei Kurvenfahrt legen die Räder unterschiedlich lange Wege zurück, d. h. an den Vorderrädern, wo jede Raddrehzahl einzeln gemessen wird, ergeben sich normale Drehzahlunterschiede. In der Elektronik sind Kurven gespeichert, welche für jeden Lenkwinkel in einer Links- oder Rechtskurve diese normalen Drehzahlunterschiede für die Vorderräder zulassen. Tritt bei Kurvenfahrt aber Querschlupf an den Vorderrädern auf, erkennt die Elektronik diese Abweichung, und es wird in Schaltstufe 1 geschaltet, um das Fahrzeug zu stabilisieren.

□ **Beschleunigung:** Aus den Raddrehzahlen und der Zeit wird die Beschleunigung berechnet. Ist sie größer als 0,5 m/sec^2, wird nicht von Schaltstufe 1 nach Schaltstufe 0 zurückgeschaltet. Bei stärkerem Beschleunigen bleibt also der Vierradantrieb geschaltet.

□ **Zeit:** Tritt die Bedingung für eine Zuschaltung öfters hintereinander auf, wird die Haltezeit für die jeweils geschaltete Schaltstufe verlängert.

Bauteile

□ **Bremslichtschalter (1):** Es ist der gleiche Schalter wie beim ASD (Seite 162 und 226) mit zwei Kontakten eingebaut.

□ **Drehzahlfühler (2):** Gleiche Drehzahlfühler wie bei ASD (Seite 162) und ABS. Ihre Prüfung ist auf Seite 194 beschrieben.

□ **Funktionsanzeige (3):** Außer beim Anfahren leuchtet die Anzeige im Tachometer immer auf, wenn der Vierradantrieb geschaltet ist. Das Aufleuchten zeigt dem Fahrer, daß Radschlupf auftritt und er seine Fahrweise den Straßenverhältnissen besser anpassen muß.

□ **Störungsanzeige (4):** Leuchtet die »4MATIC«-Anzeige unten rechts im Kombiinstrument bei laufendem Motor, ist das System wegen einer elektrischen Störung außer Funktion. Die Störung wird im Steuergerät gespeichert und kann über Blinkcode abgefragt werden.

□ **Störungsanzeige ABS (5):** Beide Systeme (ABS/4MATIC) sind miteinander verknüpft. Bei Ausfall eines Drehzahlfühlers leuchtet auch die ABS-Störungsanzeige. Desgleichen, wenn das 4MATIC-Steuergerät nicht eingesteckt ist.

□ **Lenkwinkelgeber (6):** Auf der Lenkradrückseite sind 72 Magnete angebracht, welche zwei gegenüberliegende Hall-Geber beeinflussen.
Die Geber sind versetzt auf ihrer Grundplatte eingebaut. Dadurch kann zwischen Links- und Rechtseinschlag unterschieden werden.

□ **Steuergerät 4MATIC (7):** Es ist hinter der Fahrzeugbatterie eingebaut und trägt die Aufschrift »4MATIC«. Das Steuergerät verarbeitet die Informationen und schaltet den Vierradantrieb in der jeweils erforderlichen Schaltstufe zu. Das Zuschalten erfolgt durch entsprechendes Ansteuern der 3 Magnetventile an der Ventilsteuereinheit.

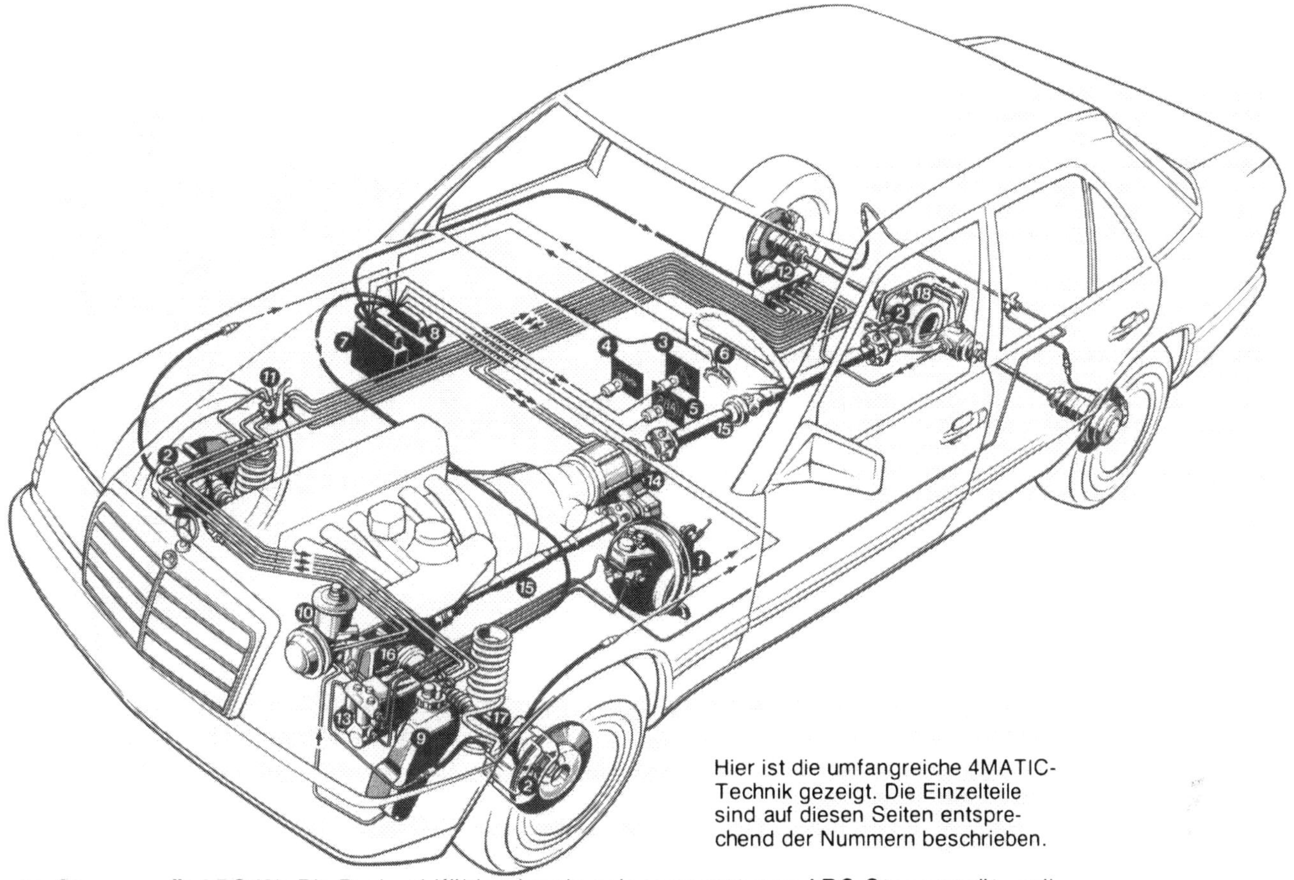

Hier ist die umfangreiche 4MATIC-Technik gezeigt. Die Einzelteile sind auf diesen Seiten entsprechend der Nummern beschrieben.

□ **Steuergerät ABS (8):** Die Drehzahlfühlersignale gelangen erst zum ABS-Steuergerät, weil sie zur geregelten ABS-Bremsung gleichfalls benötigt werden. Bereits umgeformt werden sie zum 4MATIC-Steuergerät weitergeleitet.

□ **Ölbehälter (9) und Pumpe (10):** Die Hydraulik der 4MATIC und ggf. die Niveauregulierung werden mit Hydrauliköldruck bis ca. 200 bar versorgt.

□ **Serviceventil (11):** Zur Vermeidung von Verletzungen durch Drucköl muß vor dem Lösen von Leitungen das Ventil auf »TEST« gestellt werden. Beim Fahren auf einem Bremsen- oder Leistungsprüfstand muß das Ventil ebenfalls auf »TEST« gestellt werden, damit das Fahrzeug nicht über die Vorderräder wegfährt.

□ **Ventilsteuereinheit (12):** Dieses Teil ist unter einer Abdeckung rechts vor der Hinterachse eingebaut. Es stellt die Verbindung zwischen elektrischem und hydraulischem System dar. Der ungeregelte Öldruck von der Pumpe am Motor wird auf ca. 30 bar geregelt und in einem Druckspeicher bevorratet. Ist der Speicher voll, fließt das Öl (ggf. über den Niveauregler) zum Ölbehälter zurück.

An der Ventilsteuereinheit befinden sich 3 Magnetventile, die vom Steuergerät geschaltet werden können. Die Ventile sind in den Ölwegen zu den insgesamt 3 Lamellenkupplungen (2 Lamellenkupplungen im Verteilergetriebe; eine im ASD, Seite 162) eingebaut. Öffnen die Ventile durch Massezuschaltung, gelangt der Öldruck mit 30 bar zur entsprechenden Lamellenkupplung.

□ **Hydraulikeinheit ABS (13):** Ist für das serienmäßige ABS erforderlich.

□ **Verteilergetriebe (14):** Das Verteilergetriebe ist an das Schalt- oder Automatikgetriebe angeflanscht. Im Verteilergetriebe wird die Kraft über ein Planetendifferential an die Vorder- bzw. Hinterräder verteilt. Innen sind zwei Lamellenkupplungen eingebaut. Über die eine Lamellenkupplung wird der Vorderradantrieb zugeschaltet, wenn Öldruck zur Kupplung gelangt. Die andere Lamellenkupplung öffnet bei Öldruck in Schaltstufe 1 das Planetendifferential gegen die Kraft einer Tellerfeder, dadurch ist der Vierradantrieb ausgeglichen. Ohne Öldruck ist das Differential gesperrt.

□ **Antriebswelle (15):** Die Welle verläuft seitlich links vom Verteilergetriebe zum Vorderachsdifferential in der Motorölwanne.

□ **Vorderachsdifferential (16):** Es ist in einem abgeschlossenen Gehäuse innerhalb der Motorölwanne eingebaut. Es wird mit Getriebe-Hypoidöl SAE 90 geschmiert.

□ **Vorderachswellen (17):** Die Wellen sind wie die hinteren Wellen befestigt. Die Vorderrad-

Hauptbestandteil der 4MATIC ist das Verteilergetriebe. Es ist an das Schalt- oder Automatikgetriebe angeflanscht. Es bedeuten: 1 – Abtriebswelle vom Getriebe; 2 – Lamellenkupplung der Zentraldifferentialsperre. Die Lamellenkupplung wird durch eine Tellerfeder geschlossen. In Schaltstufe 1 wird die Lamellenkupplung durch Öldruck geöffnet. 3 – Flansch für die Gelenkwelle zur Hinterachse; 4 – Lamellenkupplung für den Antrieb der Vorderräder. Die Kupplung ist in den Schaltstufen 1, 2 und 3 durch Öldruck geschlossen. In Schaltstufe 0 besteht in der Kupplung ein geringer Anlegedruck von ca. 1,3 bar. Dadurch kann das Öl in der Kupplung nicht herauslaufen und es bleibt gewährleistet, daß das Zuschalten der Vorderräder stets nur Sekundenbruchteile dauert. 5 – Flansch für die Gelenkwelle zur Vorderachse; 6 – Planetengetriebe.

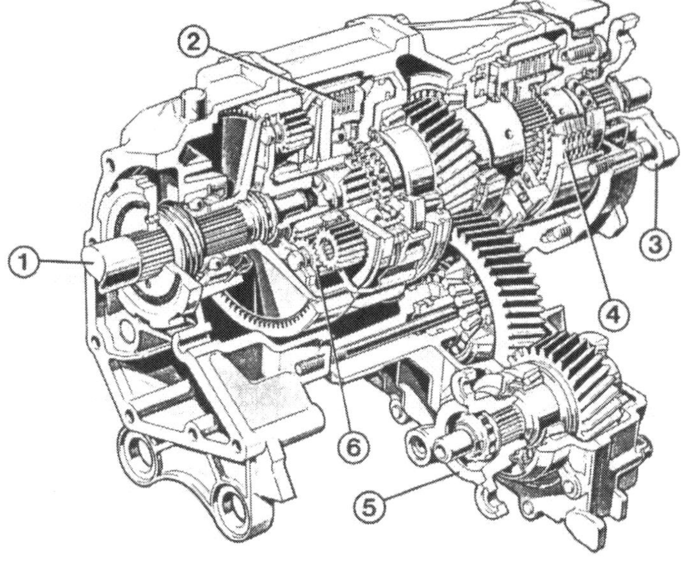

lagerung ist gleich wie an den Hinterrädern. Damit die vorteilhafte Dämpferbein-Vorderachse beim Vierradantrieb beihalten werden kann, ist eine sogenannte »Feder mit Stich« eingebaut. Hierbei verlaufen die Vorderachswellen durch zwei weit auseinandergezogene Federwindungen zu den Vorderrädern.

□ **Hinterachsdifferential (18):** Gleiches Teil wie bei ASD (Seite 162).

Blinkcode abfragen

Bei der 4MATIC wird gleich vorgegangen wie beim ASD (Seite 164). Auch sind den Blinkimpulsen 1 bis 7 die gleichen Störungen zugeordnet. Danach gilt abweichend folgendes:

Blinkimpulse Anzahl	Störung	Abhilfe
8	Magnetventil zum Zuschalten des Vorderantriebes defekt oder Zuleitung unterbrochen	Erneuern lassen
9	Magnetventil zum Lösen des Zentraldifferentials defekt oder Zuleitung unterbrochen	Erneuern lassen
10	Magnetventil zum Zuschalten der Hinterachsdifferentialsperre (ASD) defekt oder Zuleitung unterbrochen	Erneuern lassen
11	Lenkwinkelgeber defekt	Erneuern lassen

Rollendes Fundament

Seine guten Fahreigenschaften verdankt Ihr Mercedes den neu entwickelten Einzelradaufhängungen an Vorder- und Hinterachse. Vorn ist eine sogenannte Dämpferbein-Vorderachse eingebaut. Unter dem Heck des Fahrzeugs sorgt die in ihrer Art einzigartige Raumlenker-Hinterachse für sicheres Fahrverhalten.

Die Hinterachse

Jedes Hinterrad wird durch fünf unabhängige, aber wohlüberlegt im Raum angeordnete Lenker geführt. Diese Lenker lassen nur solche Radbewegungen zu, welche die Fahreigenschaften nicht verschlechtern. Bei der Anordnung der fünf Lenker hat der Konstrukteur vielfältige Eingriffsmöglichkeiten, um den besten Kompromiß zwischen guten Fahreigenschaften und angenehmen Fahrkomfort zu bestimmen. Dies ist gar nicht so einfach, denn wird die Federung zu weich gewählt, verschlechtert sich das Fahrverhalten durch Mitlenkeffekte der Räder. Umgekehrt beklagen sich die Insassen, wenn die Federung zu hart ist.
Die Hinterachsteile sind alle an einem breiten Achsträger befestigt, welcher über vier großvolumige Gummilager mit dem Fahrzeugboden verbunden ist. In der Mitte ist der Hinterachsantrieb angeschraubt. Alle fünf Lenker (Federlenker, Zugstrebe, Schubstrebe, Sturzstrebe und Spurstange) sind außen und innen elastisch mit dem Achsträger bzw. der Radaufhängung verbunden. Nachfolgend kurz die Vorteile der Raumlenker-Hinterachse.

□ Zusammen mit der Dämpferbein-Vorderachse entsteht ein Fahrverhalten, das weitestgehend von Seitenführungs-, Brems- oder Antriebskräften unabhängig ist.

□ Obwohl der Federweg mit 23 cm recht groß ist, entstehen über den halben Federweg fast keine Lenkfehler durch Spurweiten- oder Vorspuränderungen. Die Folge ist ausgezeichneter Geradeauslauf.

□ Der negative Sturz sorgt für eine gute Seitenführung. Er wird über den gesamten Federweg niemals positiv.

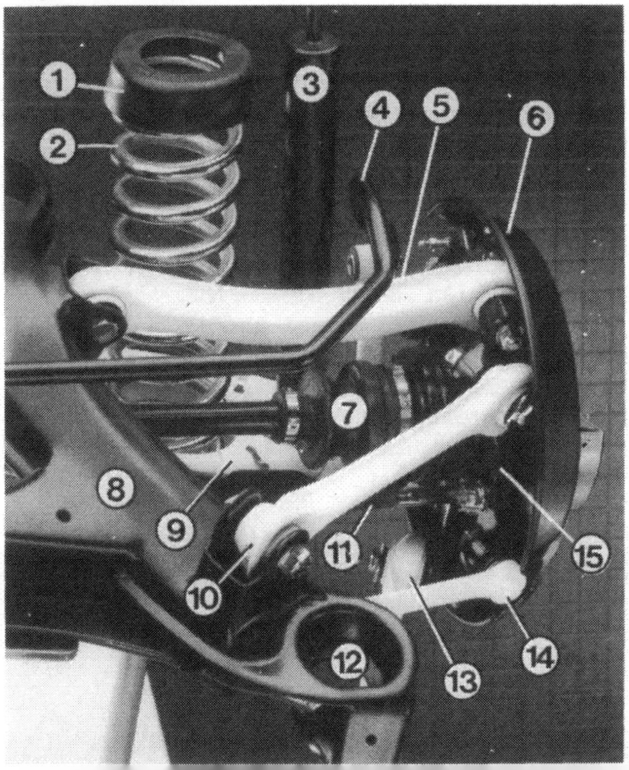

Hier ist die in Fahrtrichtung linke Seite der Raumlenker-Hinterachse abgebildet. Es bedeuten:
1 – Federlager oben
2 – Feder
3 – Stoßdämpfer
4 – Drehstab
5 – Sturzstrebe
6 – Bremsenabdeckblech
7 – Hinterachswelle
8 – Hinterachsträger
9 – Federlenker
10 – Zugstrebe
11 – Bremsseile
12 – Einbauraum für Gummilager
13 – Schubstrebe
14 – Spurstrebe
15 – Radträger

□ Die durch Bremsen oder Beschleunigen entstehenden Momente am Fahrzeugheck werden zu 60% abgefangen. Dadurch hebt sich das Heck beim Bremsen kaum an und taucht beim Beschleunigen nicht ein.
□ Durch die dreifache Gummiisolation zwischen Rad und Karosserie sind im Innenraum kaum Abrollgeräusche zu vernehmen.
□ Wenig Reaktionen bei Lastwechsel. Beispielsweise wird durch plötzliches Gaswegnehmen in den Kurven eine Verkleinerung des gefahrenen Kurvenradius verhindert.
□ Die Radstellung kann durch verstellbare Lenker eingestellt werden.
□ Durch Leichtbau ergibt sich – trotz der zehn Lenker – eine Gewichtseinsparung von 30% gegenüber der Schräglenker-Hinterachse vom Modell 123.

Die Vorderachse

Die Vorderräder des Mercedes sind einzeln an der Karosserie aufgehängt. Dies geschieht mit einer sogenannten Dämpferbein-Vorderachse. Sie ist einer McPherson-Federbeinachse ähnlich. Unten übernimmt ein Dreiecksquerlenker die Radführung. Er ist innen über zwei Gummielemente mit der Karosserie verbunden. Außen verbindet ihn ein Kugelgelenk mit dem Achsschenkel. Die Schraubenfedern befinden sich zwischen Querlenker und Karosserie. Das Dämpferbein ist als Zweirohr-Gasdruckstoßdämpfer ausgelegt. Zur Gewichtseinsparung ist die 22 mm dicke Kolbenstange hohl. Ein Drehstab-Querstabilisator zwischen den beiden Vorderradaufhängungen hat folgende Aufgabe: Bei Kurvenfahrt ist das kurveninnere Rad entlastet und federt dadurch voll aus. Die Kraft des ausfedernden Rades überträgt nun der Stabilisator auf das kurvenäußere Rad und verhärtet dort die Federung. Dadurch neigt sich das Fahrzeug in den Kurven weniger. Wenn beide Räder gleichzeitig einfedern, macht der Stabilisator die Bewegung einfach mit. Einige Vorteile der Vorderachse sind:
□ Durch die Bauanordnung der Einzelteile wird gutes Lenkverhalten, geringe Seitenwindempfindlichkeit und guter Geradeauslauf erzielt. Ein negativer Lenkrollradius verringert das Schiefziehen des Fahrzeugs beim Bremsen.
□ Durch geringen Platzbedarf breiter Motorraum, was für die Schrägstellung des Motors und für die umfangreichen Zusatzausstattungen nötig ist.

Vorderradaufhängung komplett ausbauen

Zu dieser Arbeit wird ein Federspanner und ein Konus-Abdrücker gebraucht.

- Verkleidung unter dem Motor ausbauen.
- Wagen aufbocken, Rad abnehmen und Querlenker wieder auf einen Unterbau absetzen (Seite 173 oben).
- Drehstab vom Querlenker losschrauben.
- Spurstange vom Lenkhebel losschrauben und mit Abdrücker lösen.
- Bremsschlauch an Bremsleitung abschrauben, Bremspedal treten und unten fixieren (Seite 190).
- Leitungen für Belagverschleiß-Anzeige und ggf. zum Drehzahlfühler der ABS im Motorraum ausstecken und zur Radaufhängung durchschieben.
- Feder mit Spanner zusammenziehen (Vorsicht mit der gespannten Feder!).
- Mutter in der Mitte der oberen Dämpferbein-Befestigung abschrauben (Seite 173).
- Gespannte Feder abnehmen.
- Die Exzenterschrauben an den inneren Befestigungspunkten des Querlenkers mit einer Drahtbürste reinigen und mit Farbtupfern die Lage genau kennzeichnen.
- Verschraubungen des Querlenkers lösen und Radaufhängung abnehmen.
- Beim Einbau in umgekehrter Reihenfolge die Exzenterschrauben ausrichten.
- Die Bremsanlage muß entlüftet werden (Seite 188), und die Radeinstellung ist nach dem Zusammenbau zu überprüfen.
- Neue selbstsichernde Schrauben verwenden. Drehmomente: Spurstange 35 Nm, Querlenker-Befestigung 180 Nm, Drehstab 20 Nm, Dämpferbein 60 Nm.

Fingerzeige: *Der Drehstab und die Exzenterschrauben an der inneren Querlenkerlagerung dürfen erst festgezogen werden, wenn das Fahrzeug auf den Vorderrädern steht, sonst kann es zu Geräuschen und zu einer falschen Radeinstellung kommen.*
Im Laufe der Produktionszeit wurden die inneren Gummiquerlenkerlager öfters geändert, um die Spurstabilität bzw. den Komfort zu verbessern.

Radeinstellung vermessen

Das umfangreiche Wissen und die nötigen Meßgeräte sorgen dafür, daß diese Arbeit ausschließlich in einer Werkstatt durchgeführt werden kann. Will man durch Eigenversuche einen Fehler an der Achsgeometrie der Vorder- oder Hinterräder beseitigen, könnte allerhöchstens zufällig eine Verbesserung eintreten.

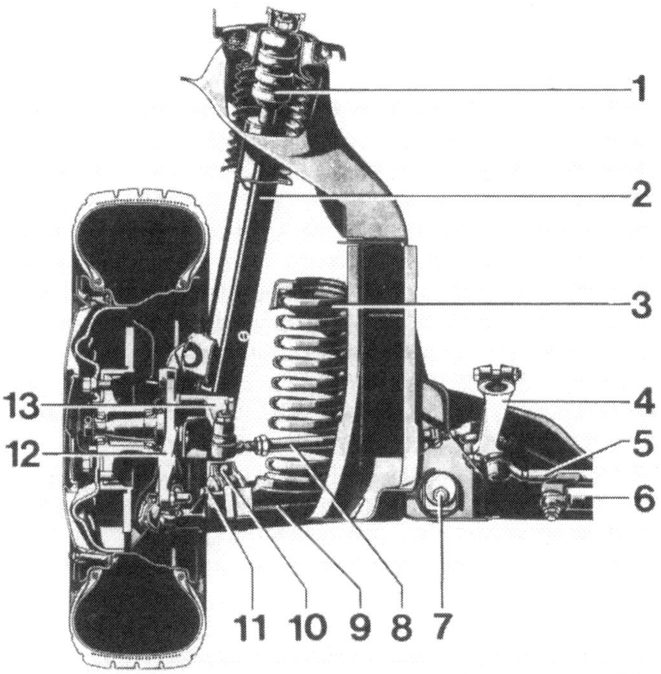

Schnittzeichnung durch eine vordere Radaufhängung
1 – Gummipuffer
2 – Dämpferbein
3 – Feder
4 – Lenkstockhebel
5 – Mittlere Spurstange
6 – Lenkungsdämpfer
7 – Exzenterbolzen (Sturzeinstellung)
8 – Spurstange
9 – Querlenker
10 – Stabilisatorlagerung
11 – Stabilisator
12 – Achsschenkel
13 – Lenkhebel

Fehler in der Radeinstellung erkennt man an ungleichmäßig abgefahrenen Reifen oder schiefziehender Lenkung. Harte Bordsteinberührungen, verschlissene Gelenke oder Gummilager sowie unsachgemäß durchgeführte Unfallreparaturen können die Ursache für Abweichungen sein. Folgende Faktoren müssen richtig eingestellt sein:

□ **Vorspur:** Bei Geradeausfahrt stehen die Räder vorn enger zusammen als hinten. Sie rollen gewissermaßen aufeinander zu. Das ist die Vorspur. Genau parallelstehende Räder haben nämlich das Bestreben, auseinanderzulaufen. Die Reibung zwischen Rad und Straße möchte das linke Rad nach links weg und das rechte nach rechts drücken. Das führt zum Radieren der Reifen und Räderflattern. Durch die Vorspur laufen die Räder sauber parallel und ohne seitliches Auseinanderstreben. Im übrigen geht beim Hineinlenken des Wagens in eine Kurve die Vorspur vorne durch die Anordnung des Lenkgestänges allmählich in eine Nachspur über.

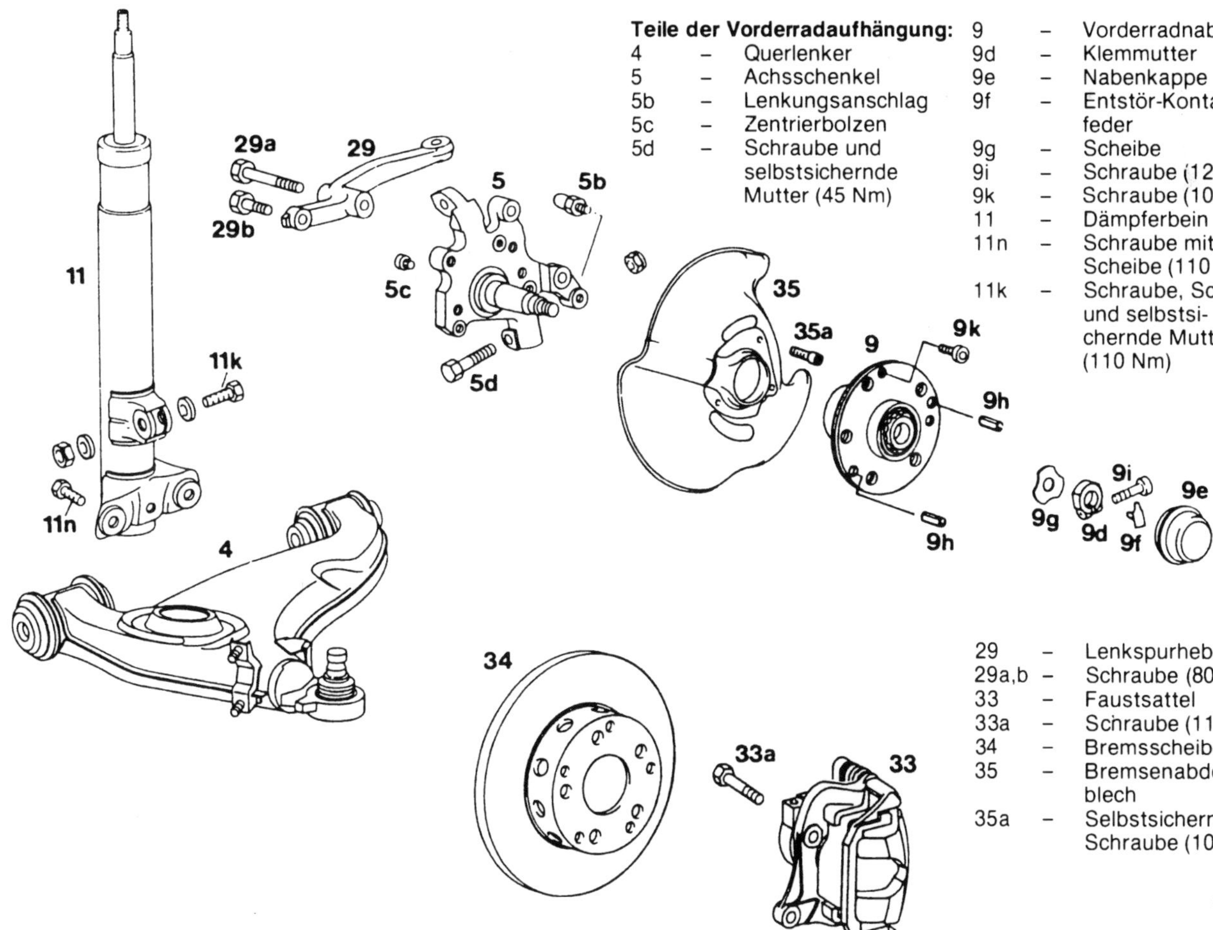

Teile der Vorderradaufhängung:
4 – Querlenker
5 – Achsschenkel
5b – Lenkungsanschlag
5c – Zentrierbolzen
5d – Schraube und selbstsichernde Mutter (45 Nm)
9 – Vorderradnabe
9d – Klemmutter
9e – Nabenkappe
9f – Entstör-Kontaktfeder
9g – Scheibe
9i – Schraube (12 Nm)
9k – Schraube (10 Nm)
11 – Dämpferbein
11n – Schraube mit Scheibe (110 Nm)
11k – Schraube, Scheibe und selbstsichernde Mutter (110 Nm)
29 – Lenkspurhebel
29a,b – Schraube (80 Nm)
33 – Faustsattel
33a – Schraube (115 Nm)
34 – Bremsscheibe
35 – Bremsenabdeckblech
35a – Selbstsichernde Schraube (10 Nm)

Das kurveninnere Rad schwenkt stärker herum als das kurvenäußere. Das ergibt automatisch eine Unterstützung der Lenkbewegung und der Lenkkräfte. Dies ist auch notwendig, weil ja in einer Kurve die inneren Räder einen engeren Kreis fahren müssen als die äußeren.

□ **Sturz:** So wird die leichte Schrägstellung der Räder gegenüber der Senkrechten bezeichnet. Vorn stehen die Räder oben etwas weiter auseinander als unten – man spricht von einem positiven Sturz. Hinten stehen die Räder unten weiter auseinander – der Sturz ist negativ.

□ **Spreizung:** Das ist die Neigung der Schwenkachse. Um diese gedachte Achse drehen sich beim Lenken die Vorderräder. Die beiden Schwenkachsen haben oben einen kleineren Abstand voneinander als unten. Sturz und Spreizung zusammen verhindern zusätzlich das Flattern der Räder. Ferner erleichtern sie das Einschlagen der Räder zur Kurvenfahrt. Und schließlich bewirken sie das »Rückstellmoment«, worunter man das Bestreben der Vorderräder versteht, bei oder nach Kurven selbsttätig wieder in Geradeausstellung zu gehen.

□ **Nachlauf:** Was Wort deutet die Merkmale schon an: Das Rad wird von der Radaufhängung gewissermaßen gezogen. So wird der Radlauf stabilisiert und ein Flattern der Räder verhindert. Beim Rückwärtsfahren kehrt sich dieser Effekt um – es wird geschoben. Deshalb müssen Sie beim Rückwärtsfahren das Lenkrad besonders fest halten, sonst schlagen die Vorderräder plötzlich ein.

Die Dämpferbeine

Die Dämpferbeine haben die Aufgabe, die Radbewegungen zu dämpfen und die Räder zu führen. Der Dämpfer arbeitet als Zweirohr-Gasdruck-Stoßdämpfer. Er besteht aus einem Arbeitszylinder, in welchem ein Kolben auf- und abgleitet. Dieser ist mit der Kolbenstange verbunden. Der Arbeitszylinder ist noch von einem zweiten Zylinder umgeben. Dieser dient als Vorratsbehälter für das unter Gasdruck stehende Hydrauliköl. Bei Federbewegungen verschiebt sich der Kolben im Arbeitszylinder, und das Hydrauliköl wird durch Ventile gepreßt. Dadurch sind nur langsame Kolbenbewegungen möglich. Das zwischen Karosserie und Rad eingebaute Dämpferbein dämpft so die Radschwingungen.

Die Dämpferbeine sind unten an drei Stellen mit dem Achsschenkel verschraubt. Oben sind sie über ein Gummilager an den Vorbau geschraubt. Die blanke Kolbenstange wird durch eine Manschette geschützt. Ein Puffer begrenzt den Einfederweg.

Ähnlich wie die Stoßdämpfer an der Hinterachse unterliegen auch die Dämpferbeine ständigem Verschleiß. Ergibt ein Dämpfertest auf dem Prüfstand oder gar die althergebrachte Schaukelmethode Hinweise auf eine unzureichende Dämpfung, müssen die Dämpferbeine ersetzt werden. Wenn das Dämpfergehäuse außen ölfeucht ist, deutet dies gleichfalls auf den bald fälligen Ersatzbedarf hin.

Dämpferbein aus- und einbauen

Achtung: Das Dämpferbein begrenzt den Ausfederweg der Radaufhängung. Schraubt man das Dämpferbein oben bei voll entlasteter Radaufhängung los (Vorderrad angehoben), schlägt die gespannte Feder den Querlenker nach unten (Verletzungsgefahr). Es werden Federspanner nötig, die es im Zubehörhandel gibt. Oder man setzt den Querlenker nach dem Radausbau wieder auf eine Unterlage ab. Die Dämpferbeine dürfen einzeln ersetzt werden. Voraussetzung: die Farbkennzeichnung stimmt. Dies gilt auch bei unterschiedlichen Fabrikaten. Dämpferbein Ersatz gibt es auch im Zubehörhandel.

■ Wagen vorn aufbocken und das Vorderrad abnehmen.

■ Querlenker stabil unterbauen (z. B. mit Unterstellbock, Balkenstücken oder Hohlblock) und das Fahrzeug wieder so weit ablassen, bis die Radaufhängung gerade einzufedern beginnt.

■ Oben in der Mitte der Dämpferbein-Befestigung die Mutter von der Kolbenstange herunterdrehen. Hierzu die Kolbenstange unbedingt mit einem Innensechskant-Schlüssel gegenhalten. Wenn sich die Kolbenstange mitdreht, kann sich der Kolben im Dämpferbein lösen.

■ Die 3 Verschraubungen am unteren Ende des Dämpferbeins zum Achsschenkel lösen. Das Dämpferbein nach vorn unten herausnehmen.

■ Den Achsschenkel mit einem Draht befestigen, damit er nicht zur Seite hängt und den Bremsschlauch sowie die Leitungen zur Belagverschleiß-Anzeige und ggf. zum Drehzahlfühler der ABS auf Zug beansprucht.

■ Die Schutzmanschette und das obere Gummilager auf Verschleiß untersuchen. Das obere Gummilager ist mit 3 Schrauben befestigt (Anzugsmoment der selbstsichernden Muttern: 20 Nm).

■ Zum Wiedereinbau überall neue selbstsichernde Schrauben und Muttern verwenden. Die Montagereihenfolge einhalten, damit der Radsturz wieder stimmt.

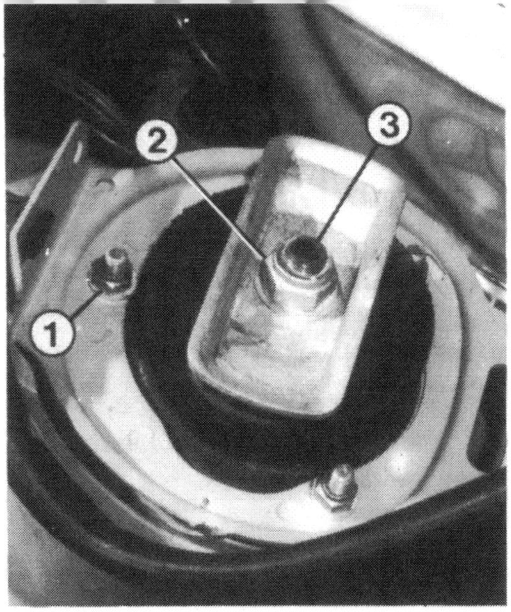

Links: Vor dem Lösen des Dämpferbeins (1) die Radaufhängung auf eine Unterlage (2) absetzen.

Rechts: Befestigung der oberen Dämpferbein-Gummilagerung; 2 – Selbstsichernde Mutter; 3 – Kolbenstange.

- Dämpferbein in obere Befestigung stekken. Neue Mutter und Scheibe von Hand aufdrehen.
- Unten zuerst die beiden Sechskantschrauben eindrehen und leicht festziehen (neue Schrauben verwenden).
- Schraubverbindung oben am Achsschenkel montieren und leicht festdrehen. Dabei den Achsschenkel gegen das Dämpferbein drücken. Es darf kein Abstand zwischen beiden bestehen. Ansonsten verändert sich der Radsturz.
- Die unteren Schrauben mit 100 Nm festziehen.
- Die Schraubverbindung oben am Achsschenkel mit 75 Nm festziehen.
- An der oberen Befestigung die Mutter auf der Kolbenstange mit 60 Nm anziehen. Die Kolbenstange wieder mit einem Steckschlüssel gegen Verdrehen sichern.

Die Stoßdämpfer

Die Stöße der unebenen Fahrbahn schlucken Reifen und Federn. Die Stoßdämpfer indessen sollen die Schwingungen der Achsen und der Karosserie unterdrücken bzw. zum Abklingen bringen – richtiger wäre daher die Bezeichnung »Schwingungsdämpfer«.

Der Mercedes ist hinten mit Einrohr-Gasdruckstoßdämpfern ausgestattet. Charakteristisch für diese Stoßdämpfer ist der Gasraum, der durch einen Trennkolben mit etwa 25 bar auf den ölgefüllten Arbeitsraum drückt. Das Öl steht also unter hohem Druck und kann auch bei höchster Belastung nicht schäumen, was selbst bei härtestem Einsatz gleichmäßige Dämpfwirkung verspricht. Einrohrdämpfer können die bei der Dämpfarbeit entstehende Wärme besser ableiten und sind dadurch auch langlebiger. Da sie die auftretenden Federungsschwingungen schneller dämpfen, ergibt sich ein Gewinn für den Fahrkomfort und die Straßenlage.

Stoßdämpfer prüfen

Automobile mit defekten Stoßdämpfern stehen unter schlechtem Einfluß. Da schwingen Räder und Karossen ungezügelt auf und ab, verlieren Reifen Bodenkontakt, werden Kurven riskant und Bremswege länger. Stoßdämpfer fallen gewöhnlich nicht schlagartig aus, sondern ihre Wirkung läßt allmählich nach, woran man sich unbemerkt gewöhnt. Bei einer durchschnittlichen Beanspruchung kann man davon ausgehen, daß sich nach 60 000 bis 80 000 km das Dämpfungsvermögen halbiert hat. So langsam muß an einen Austausch gedacht werden. Den besten Aufschluß über die Dämpferwirkung erhält man auf einem Stoßdämpfer-Prüfgerät.

Es gibt einige untrügliche Anzeichen für nachlassende Stoßdämpferwirkung:

- ☐ Flatternde Lenkung, weil die Räder keinen ständigen Fahrbahnkontakt haben.
- ☐ Nach Unebenheiten schwingt die Karosserie nach.
- ☐ »Schwammiges« Verhalten in Kurven, wobei die kurveninneren Räder nicht stark genug auf den Boden gedrückt und die äußeren nicht genügend entlastet werden.
- ☐ Seitenwindempfindlichkeit.
- ☐ Springende Räder; das muß freilich ein neben- oder hinterherfahrender Beobachter feststellen.
- ☐ Vielfach unterbrochene Bremsspur bei Vollbremsung (nur Fahrzeuge ohne ABS).
- ☐ Ungleichmäßige Abnutzung der Reifen und erhöhter Reifenverschleiß.
- ☐ Erhebliche Ölspuren außen am Stoßdämpfer.

Keine genaue Diagnose erhält man durch die bekannte »Schaukelmethode« im Stand, bei der man den Wagen am betreffenden Kotflügel aufschaukelt und plötzlich losläßt: Die Federbewegung müßte gedämpft werden. So läßt sich eigentlich nur ein total ausgefallener Stoßdämpfer feststellen.

Restdruck der Dämpfer prüfen

- Dämpferbein/Stoßdämpfer ausbauen.
- Bei ganz herausgewanderter Kolbenstange eine Filzstiftmarkierung im Abstand von 85 mm vom Dämpfergehäuse an die Kolbenstange anbringen.
- Dämpfer in Einbaulage auf Personenwaage absetzen und die Kolbenstange bis zur Markierung hineindrücken.
- Bei Erreichen der Markierung Anzeige der Waage ablesen.
- Beim Dämpferbein müssen mindestens 17 kg, bei einem Stoßdämpfer mindestens 15 kg angezeigt werden (bei ca. 20° C). Wird weniger angezeigt, den Dämpfer erneuern.

Hintere Stoßdämpfer auswechseln

Die Stoßdämpfer sind zwischen Federlenker und Karosserie angeordnet. Die obere Befestigung ist vom Kofferraum aus zu erreichen. Beim Lösen der Muttern darf sich das Stoßdämpfergehäuse nicht mitdrehen, sonst könnte sich der Dämpferkolben im Inneren des Dämpfers lösen. Wenn nötig, zum Abdrehen der Mutter über dem Hinterrad zum Dämpfergehäuse durchgreifen und es festhalten (Helfer).

Auch an der Hinterachse wird der Ausfederweg der Radaufhängung durch den Dämpfer begrenzt. Deshalb zum Stoßdämpferwechsel die Karosserie nur so weit anheben, daß das Hinterrad nicht vom Boden abhebt. Wird aber das Hinterrad ausgebaut, unbedingt die Radaufhängung so weit auf eine Unterlage absetzen, bis sie leicht einzufedern beginnt. Löst man die Stoßdämpfer einfach bei entlasteter Radaufhängung, schlägt die Schraubenfeder den Federlenker kraftvoll nach unten (Verletzungsgefahr!)

- Kofferraumseitenverkleidung ausbauen.
- Muttern der oberen Befestigung abdrehen. Zum Lösen der oberen Mutter mit einem dünnen Gabelschlüssel die untere Mutter gegenhalten.
- Kunststoffabdeckung am Federlenker ausbauen.
- Stoßdämpfer unten losschrauben, etwas zusammendrücken und nach hinten herausnehmen.
- Zum Einbau zuerst einen Gummiring über den Gewindebolzen oben am Stoßdämpfer schieben und den Dämpfer einsetzen.
- Unten mit neuer Mutter befestigen. Die Mutter mit 65 Nm festdrehen.
- Abdeckung wieder am Federlenker montieren.
- Im Kofferraum einen weiteren Gummiring und die Scheibe über den Bolzen stecken.
- Die erste Mutter so weit wie möglich aufdrehen (bis das Gewinde endet). Mit der anderen Mutter kontern.
- Kofferraum-Seitenverkleidung einbauen.

Niveau-regelung

Die Anlage hält das Fahrzeugheck unabhängig von der Belastung stets auf gleicher Höhe. Bei Urlaubsfahrten mit vollem Kofferraum und mit Wohnwagen oder bei vergleichbaren Belastungen ergibt sich zusätzliche Fahrsicherheit, und der Fahrkomfort bleibt erhalten.

Die Druckölpumpe (1) für die Niveauregelung und das ASD ist beim Vierzylinder am Zylinderkopf angeflanscht (Pfeile). Zum Motorausbau die Saugleitung (2) und die Druckölleitung an der Schraubverbindung (4) lösen. Zuvor den Regler der Nivauregelung auf »Leeren« stellen. Die Druckölleitung langsam losschrauben und die Schraubverbindung dick mit einem Lappen umwickeln, damit beim evtl. Druckabbau kein Hydrauliköl gefährlich herumspritzt. Weiterhin: 3 – Ölpeilstab für Hydraulikölbehälter.

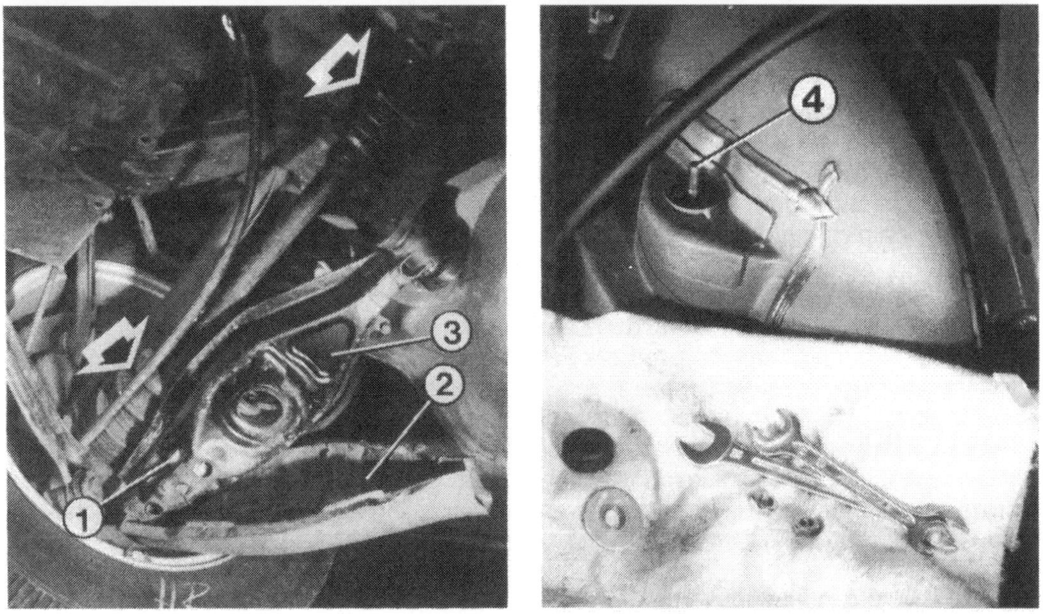

Stoßdämpfer hinten ausbauen: 1 – Befestigung unten; 2 – Abdekkung; 3 – Federlenker; 4 – Befestigung oben; Pfeile – die Manschetten der Hinterachswellen dürfen keine Risse haben.

Bei Fahrzeugen mit Niveauregelung ist die Oldruckpumpe vorn am Zylinderkopf angeflanscht. Ihr Antrieb erfolgt über eine Mitnehmerhülse von der Nockenwelle aus. Die Pumpe saugt Hydrauliköl vom Ölbehälter an und kann bei entsprechendem Widerstand einen Öldruck bis zu ca. 200 bar erzeugen. Das Hydraulikdrucköl fließt von der Pumpe zum Niveauregler an der Hinterachse. Dieser ist mit dem Drehstab der Hinterachse verbunden und erkennt so den Belastungszustand des Fahrzeuges. Entsprechend öffnet oder verschließt er dem Ölstrom verschiedene Wege. Der Niveauregler kann folgende Stellung einnehmen:

□ **Füllen:** Wird das Fahrzeug stark beladen, wandert der Hebel am Regler nach oben und leitet das Öl in die Federspeicher. Das Heck hebt sich, bis der Hebel wieder in Mittelstellung ist. Ist das Fahrzeug so stark beladen, daß diese Stellung nicht mehr erreicht wird, begrenzt ein Sicherheitsventil den Druck in den Federspeichern auf ca. 150 bar.

□ **Leeren:** Hier steht der Hebel am Regler ganz nach unten. Wird das Heck entlastet, kann Öldruck aus den Federspeichern zum Ölbehälter entweichen – das Heck senkt sich. In den Federspeichern bleiben aber ein Restdruck von ca. 30 bar bestehen, damit die Dämpferwirkung erhalten bleibt.

□ **Mittelstellung:** Das Hydrauliköl strömt jetzt praktisch drucklos von der Pumpe über den Niveauregler zum Ölbehälter.

Niveauregelung prüfen
Wartung Nr. 27

□ **Ölstand:** Rechts im Motorraum sitzt der Ölvorratsbehäler. Bei normal belastetem Fahrzeug muß der Ölstand zwischen MIN und MAX stehen. Zum Nachfüllen Hydrauliköl von der Mercedes-Werkstatt nehmen. Dabei auf die am Ölbehälter angegebene Ölsorte achten. Bei Fahrzeugen mit blauem Hinweisschild und gelbem Punkt am Federspeicher (geänderte Membran) das neuere Hydrauliköl für verbesserten Komfort verwenden (Teil-Nr. 000 989 91 03 für 1-Liter-Dose). Bei Fahrzeugen ohne Hinweisschild Hydrauliköl 000 989 85 03 (1 Liter) verwenden.

□ **Dichtheit:** Bei ständigem Ölverlust folgende Teile nachsehen: Vorratsbehälter, Pumpe, Niveauregler, Federspeicher und Anschlüsse an den Dämpfern. Bei laufendem Motor läßt sich eine Leckstelle bisweilen besser finden.

Fingerzeige: *Verletzungsgefahr durch Drucköl beachten. Vor dem Lösen von Leitungen die Verbindungsstänge zum Niveauregler abschrauben und den Hebel zum Druckabbau auf »Leeren« stellen.*
Die Druckölpumpe versorgt auch das ASD (Seite 161) und die 4MATIC (Seite 165).

Radaufhängungen prüfen
Wartung Nr. 13

□ **Vorn:** Nacheinander beide Seiten prüfen. Dazu das jeweilige Vorderrad ausbauen. Die Dämpferbeine dürfen außen nicht ölfeucht sein. Ist die Schutzmanschette oben in Ordnung? Die Feder darf nicht gebrochen sein. Bisweilen bricht bei älteren Fahrzeugen bevorzugt die oberste oder unterste Windung ab. Der Querlenker darf nicht durch Geländeaufsetzer verformt sein. Ist der Stabilisator lose oder sind die Staubkappen an den Kugelgelenken der Spurstangen bzw. unten am Achsschenkel spröde oder gerissen? Schmutz und Nässe führen zu schnellem Gelenkverschleiß. Eine gerissene Staubkappe darf nur an einem Spurstangenkopf getauscht werden. Ein verschmutztes Traggelenk unbedingt erneuern lassen. Es ist in den Querlenker eingepresst.

□ **Hinten:** Sinngemäß gleich wird auch bei der Kontrolle der hinteren Radaufhängungen vorgegangen. Die Stoßdämpfer müssen außen trocken sein. Sämtliche Gummilagerungen der Lenker sollten nicht spröde sein.

Radlagerspiel kontrollieren

□ **Vorn:** Jede Vorderradnabe dreht auf zwei Schrägrollenlagern. Damit der saubere Lauf der Räder gewährleistet bleibt, darf an den Lagern kein übermäßiges Spiel vorhanden sein. Zur Prüfung das Vorderrad anheben und das Rad oben und unten fassen. Läßt sich das Rad hin- und herkippen, ist das Radlagerspiel zu groß. Werden beim Drehen des Rades rauhe Mahlgeräusche hörbar, ist das Radlager verschlissen und muß ersetzt werden.

□ **Hinten:** Hier besitzt der Mercedes zweireihige Schrägkugellager. Diese sind wartungsfrei und demzufolge ist eine Radlagereinstellung nicht möglich. Sollte einmal der Hinterachswellenflansch aus dem Radträger gepreßt werden, wird das Lager unvermeidlich beschädigt. Zum Wiedereinbau ein neues Lager verwenden.

Spiel der Vorderradlager einstellen

- Fahrzeug aufbocken und entsprechendes Vorderrad abnehmen.
- Die Nabenkappe in der Radmitte mit einem Meißel ringsherum gleichmäßig lösen und abnehmen.
- Die Innensechskant-Schraube an der Klemmutter lösen.
- Klemmutter so weit festdrehen, bis sich die Scheibe unter ihr gerade noch mit dem Finger verdrehen läßt.
- Die Innensechskantschraube der Klemmmutter wieder mit 12 Nm festziehen.
- Bevor man die Nabenkappe wieder einbaut, prüfen ob sie genug Hochtemperatur-Wälzlagerfett enthält – sie sollte etwa bis zum Bördelrand gefüllt sein (ca. 15 g).
- Beim Einbau der Nabenkappe auf die Kontaktfedern der Radioentstörung achten.
- Vorderrad wieder montieren, Fahrzeug ablassen und Radschrauben festziehen (110 Nm).

Vorderes Radlager ersetzen

Zu dieser umfangreichen und nicht einfachen Arbeit muß die Vorderradnabe ausgebaut werden. Bei Schäden an den Kegelrollenlagern sollte man stets das innere und äußere Lager sowie den Dichtring ersetzen. Beim Zusammenbau werden pro Vorderradnabe 50 g Hochtemperatur-Wälzlagerfett gebraucht, das es in der Werkstatt in 150-g-Dosen gibt (Teile-Nr. 000 989 49 51).

- Fahrzeug aufbocken und Vorderrad abnehmen.
- Nabenkappe entfernen.
- Bremssattel und Bremsscheibe (Seite 187) ausbauen.
- Innensechskantschraube der Klemmutter lösen und Klemmutter vom Achsschenkelzapfen drehen.
- Vorderradnabe abnehmen, ggf. durch leichtes Klopfen mit einem Kunststoffhammer nachhelfen.
- Fett aus der Vorderradnabe und vom Achsschenkelzapfen wischen.
- Dichtring mit einem Schraubenzieher hinten aus der Nabe hebeln.
- Nabe auflegen und die beiden Lagerringe mit einem langen Durchschlag gleichmäßig aus dem Sitz in der Vorderradnabe klopfen.
- Lagerinnenring des inneren Lagers durch vorsichtiges und gleichmäßiges Klopfen mittels Durchschlag vom Achsschenkelzapfen entfernen.
- Neuen Lagerring über Achsschenkelzapfen schieben und behutsam bis zum Anschlag vorklopfen.
- Äußere Lagerringe an ihren Sitz in der Vorderradnabe ansetzen und mit einem dicken Bolzen, der etwa den Außendurchmesser der Lagerringe hat, bis zum Anschlag hineinklopfen.
- Die Nabeninnenseite und das innere Lager kräftig einfetten.
- Inneres Lager einsetzen.
- Dichtring in die Vorderradnabe montieren.
- Vorderradnabe auf Achsschenkelzapfen schieben und das gefettete äußere Lager, die Scheibe und die Klemmutter montieren.
- Radlagerspiel einstellen und Klemmutter durch Anziehen der Innensechskantschraube sichern.
- Ggf. die Kontaktfeder zur Nabenkappe erneuern und die Nabenkappe aufstecken (mit 15 g Fettfüllung).
- Bremsscheibe, Bremssattel und Vorderrad einbauen.
- Nach dem Ablassen des Fahrzeuges Radschrauben festziehen.

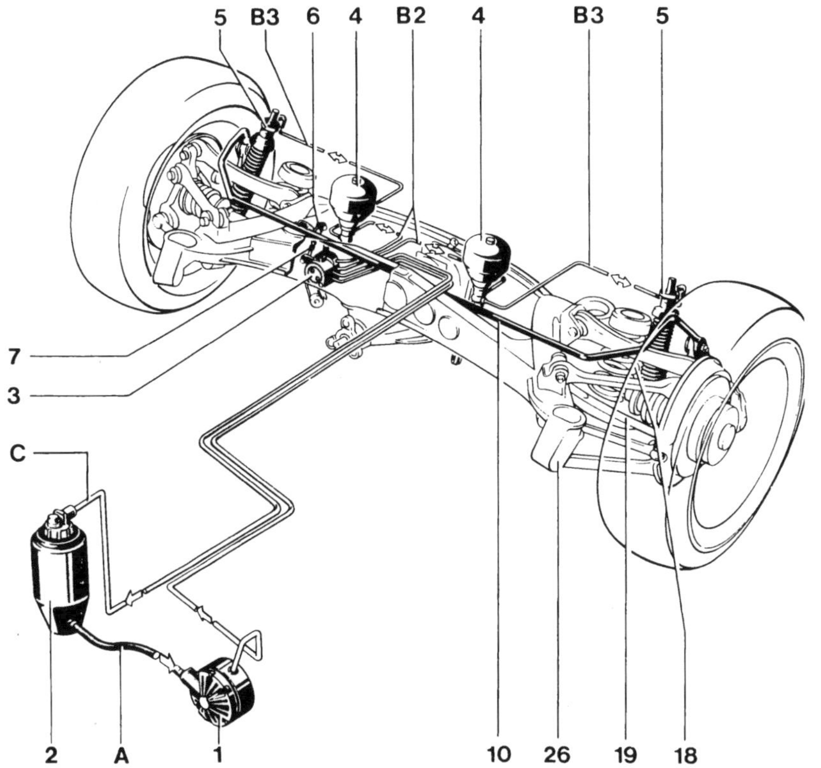

Teile der Niveauregelung
1 Druckölpumpe
2 Ölvorratsbehälter
3 Niveauregler
4 Federspeicher
5 Federbein
6 Hebel am Drehstab
7 Verbindungsstange
10 Drehstab
18 Hinterfeder
19 Federlenker
26 Hinterachsträger
A Saugleitung Ölvorratsbehälter - Druckölpumpe
B1 Druckleitung Druckölpumpe - Niveauregler
B2 Druckleitung Niveauregler - Federspeicher
B3 Druckleitung Federspeicher - Federbein
C Rückströmleitung Niveauregler - Ölvorratsbehälter

Die Lenkung

Der Mercedes ist mit einer Servolenkung ausgestattet. Die Servopumpe seitlich links am Motor sorgt für den notwendigen Öldruck von 95 bar (Vierzylinder) bzw. 110 bar (Sechszylinder). Angetrieben wird die Pumpe über den Flachriemen von der Kurbelwelle. Im Lenkgetriebe wird ein Arbeitskolben abhängig von Ihren Drehbewegungen am Lenkrad entsprechend verschoben. Ein Steuerventil lenkt dabei den Ölstrom so zum Arbeitskolben, daß die jeweilige Bewegungsrichtung des Arbeitskolbens durch den Öldruck unterstützt wird.
Die Kolbenbewegungen werden über eine Verzahnung in Drehbewegungen der Lenkwelle übertragen. Außen am Lenkgetriebe ist an der Lenkwelle der sogenannte Lenkstockhebel angeschraubt. Von dort führt eine Spurstange direkt zum linken Vorderrad. Nach rechts führt die mittlere Spurstange zum Lenkzwischenhebel, dann folgt die rechte Spurstange zum Vorderrad. Parallel zur mittleren Spurstange ist der Lenkungsdämpfer angeordnet. Er verhindert, daß Fahrbahnstöße bis zum Lenkrad durchdringen und dämpft außerdem Schwingungen der Lenkung.
Die Unterstützung durch die Servolenkung ist unterschiedlich. In Geradeausstellung ist sie gering, wird aber mit zunehmendem Lenkradeinschlag größer.
Arbeitet bei stehendem Motor die Öldruckpumpe nicht, muß sehr kräftig am Lenkrad gedreht werden. Dies muß man z. B. zum Abschleppen unbedingt wissen.

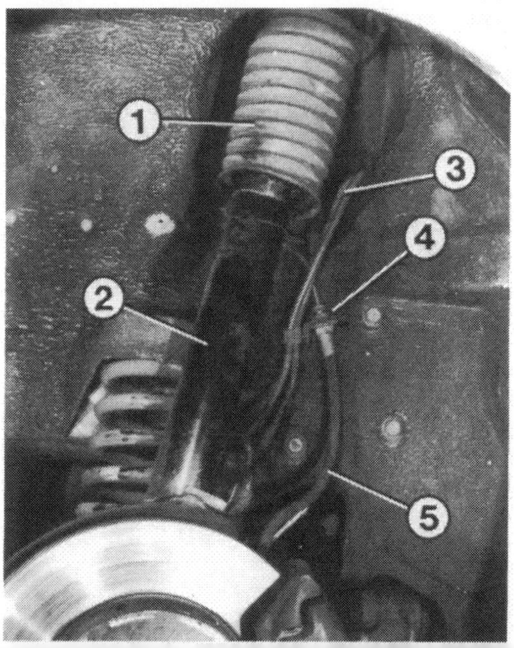

Links: 1 – Staubschutzmanschette; 2 – Dämpferbein; 3 – Elektrische Leitungen (Drehzahlfühler, Bremsbelag- Verschleißanzeige); 4 – Bremsschlauchabstützung; 5 – Bremsschlauch.

Rechts: Einstellen der Vorderradlager: 1 – Scheibe; 2 - Klemmutter; 3 – Kontaktfeder; 4 – Werkzeug in Klemmutter; 5 – Nabenkappe.

Lenkung überprüfen

Wartung Nr. 14

□ **Lenkungsspiel:** Die Lenkung muß von Anschlag zu Anschlag spielfrei arbeiten. Zur Kontrolle auf etwaiges Lenkungsspiel kurbelt man das linke Seitenfenster herunter, startet den Motor und stellt sich neben den Wagen. Jetzt durchs Fenster greifen, das Lenkrad kurz hin- und herdrehen und beobachten, ob sich das linke Vorderrad aus der Geradeausstellung mitbewegt (25 mm Spiel am Lenkrad sind zulässig). Achten Sie besonders auf den Felgenrand, denn die Reifen sind elastisch und können zunächst einen Teil des Einschlags »schlucken«, ehe sie sich bewegen.

□ **Spurstangenköpfe:** Wenn die Spurstangenköpfe an den Enden der Spurstangen verschlissen sind, führt dies zu Lenkungsspiel. Ob die Spurstangenköpfe »Luft« haben, fühlt man, während ein Helfer das Lenkrad zügig hin- und herdreht. Sind die Gummischutzkappen der Spurstangengelenke defekt, wird meist bald ein neues Gelenk fällig.

Man kann die Staubkappen austauschen, doch ist dies nur dann sinnvoll, wenn das Gelenk noch keinen Schaden genommen hat. Ansonsten lieber gleich den Spurstangenkopf ersetzen.

□ **Lenkungsdämpfer:** Flattern im Lenkrad, besonders beim Durchfahren von Kurven mit unebener Fahrbahn, können auf einen verschlissenen Dämpfer hinweisen. Ölspuren außen am Dämpfergehäuse lassen auf einen schlechten Dämpfer schließen. Man kann auch ein Dämpferende losschrauben und dann den Dämpfer prüfen. Bei schnellem Hin- und Herrucken darf über den gesamten Dämpferweg kein Leerweg spürbar werden.

□ **Befestigung des Lenkgetriebes:** Die selbstsichernden Schrauben am linken Rahmenlängsträger müssen mit einem Drehmoment von 70–80 Nm festgedreht sein.

□ **Ölstand:** Vorne links am Motor sitzt die Pumpe mit dem Vorratsbehälter. Bei warmem Motor muß der ATF-Stand bis zur Markierung im Behälter reichen. Die Gummischraube in der Deckelmitte lösen und den Deckel abnehmen. Muß bei der Kontrolle alle 20 000 km immer ATF nachgegossen werden, sollte man nach der Ursache forschen.

□ **Dichtheit:** Wenn die Lenkung beim Einschlagen »grunzt« und bei schnellem Einschlagen schwergängig ist, dürfte sie undicht sein. Schlauchanschlüsse prüfen. Deckel am Ölbehälter abnehmen und von einem Helfer das Lenkrad von Anschlag zu Anschlag drehen lassen. Es dürfen keine Blasen von dem Behälter aufsteigen.

Spurstangenkopf austauschen

Die Spurstangenköpfe der äußeren Spurstangen können ersetzt werden. Hat ein Spurstangenkopf der mittleren Spurstange Spiel, ist diese komplett zu ersetzen. Zum Austausch wird ein Konus-Abdrücker gebraucht. Beim Ersatzteilkauf muß angegeben werden, wo der notwendige Spurstangenkopf sitzt, denn je nach Lage ist am Schaft ein Links- oder Rechtsgewinde eingeschnitten. Die selbstsichernden Muttern müssen ebenfalls erneuert werden.

- Fahrzeug vorn anheben und sichern. Vorderrad abnehmen.
- Defekten Spurstangenkopf vom jeweiligen Lenkhebel losschrauben und Konus auspressen.
- Muß ein innerer Spurstangenkopf erneuert werden, die Klemmschelle lösen. Außen die Sechskantmutter am Klemmring lösen.
- Mit einem Meterstab die Länge der Spurstange herausdrehen.
- Neuen Spurstangenkopf wieder gleich weit hineindrehen und festklemmen. Die

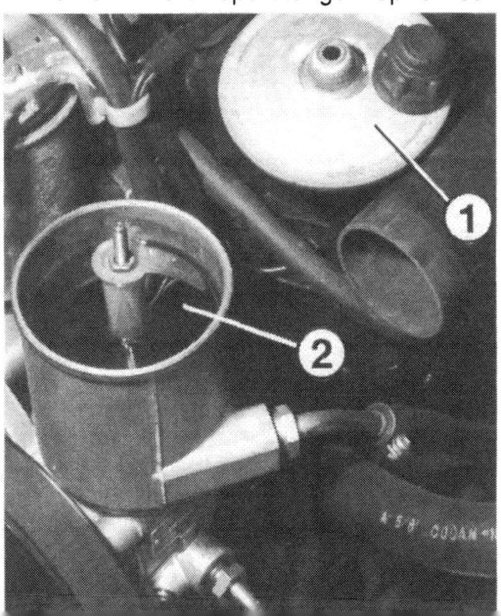

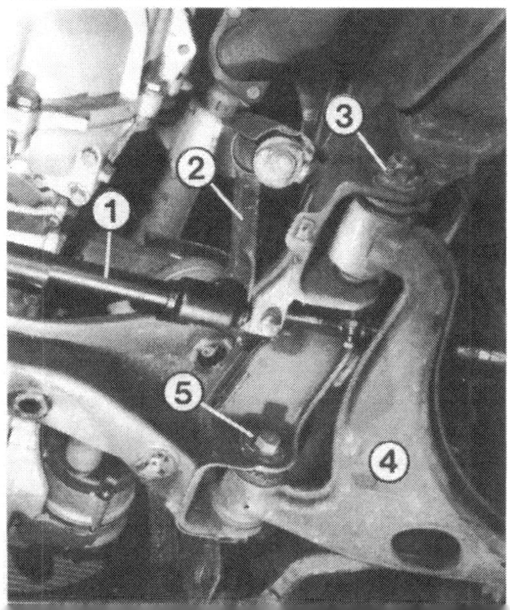

Links: Deckel (1) vom Vorratsbehäter (2) der Servolenkung abnehmen. Der Ölstand muß ca. 15 mm unter dem Behälterrand stehen. Fehlt viel Öl (ATF), gibt die Lenkung laute »Grunzgeräusche« von sich.

Rechts: Vorderradaufhängung von unten: 1 – Lenkungsdämpfer; 2 – Zwischenlenkhebel; 3 – Exenterschraube hinten am Querlenker (4) für Nachlaufeinstellung; 5 – Exenterschraube vorn für Sturzeinstellung.

Links: Der Airbag wird von hinten losgeschraubt (Pfeil).

Rechts:
1 – Selbstsichernde Senkkopfschraube zur Lenkradbefestigung;
2 – Leitung zu den Hupenkontakten (3).

Klemmschelle innen wird mit 10 Nm, die äußere Sechskantmutter mit 30 Nm festgedreht.

■ Spurstangenkopf in den Lenkhebel drükken und die neue selbstsichernde Mutter am Kugelbolzen mit 35 Nm anziehen.

■ Nach der Reparatur sofort zum Einstellen der Vorspur fahren. Die ungefähre Längenermittlung der Spurstange ist für längeren Fahrbetrieb nicht ausreichend. Geben Sie bei der Achseinstellung an, wo ein Spurstangenkopf gewechselt wurde.

Die Lenksäule

Bei einem Frontalaufprall kann sich die Sicherheitslenksäule runde 20 cm zusammenschieben, ohne daß sich die Lenkradposition wesentlich ändert. Hierzu ist das untere Teil der Lenksäule rohrförmig. Das obere Teil kann sich teleskopartig hineinschieben. Weiterhin löst sich die Befestigung des Mantelrohres im oberen Bereich der Lenksäule. Die große Polsterplatte im Lenkrad sorgt für weitere Sicherheit, besonders dann, wenn sie mit einem Airbag (Seite 235) ausgestattet ist.

Lenkrad ausbauen

Das Lenkrad ist mit einer Senkkopfschraube mit Innensechskant auf die Lenksäule geschraubt. Daimler-Benz empfiehlt, die Schraube jedesmal zu erneuern. Ihr Anzugsmoment

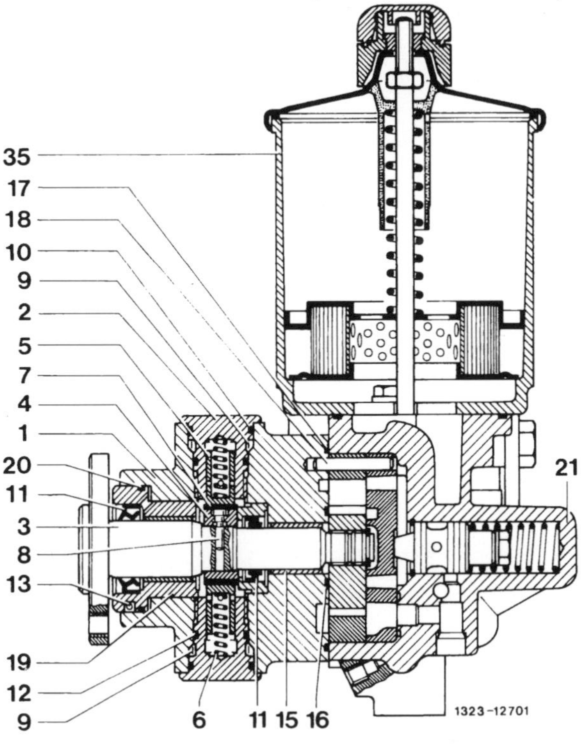

Die gezeigte Tandempumpe hat zwei Pumpenelemente. Eine Flügelzellenpumpe versorgt die Servolenkung (Druck ca. 80–110 bar) und eine davor angeordnete Radialkolbenpumpe die Niveau-Regelung, das ASD und die 4MATIC (Drücke bis über 200 bar). Es bedeuten:

1 Gehäuse
2 Kolbeneinsätze
3 Antriebswelle
4 Exzenter
5 Kolben
6 Druckfeder
7 Laufring
8 Abscherstift
9 Rückschlagdichtband
10 O-Ring
11 Radialdichtung
12 O-Ring
13 Fixierstift
15 Lager
16 O-Ring
17 O-Ring
18 Paßbolzen
19 Lagerbüchse mit Gleitlager
20 O-Ring
21 Lenkhelfpumpe
35 Behälter für Servolenkung

Zum Ausbau der Fußstütze im Beifahrerfußraum (1) die Schrauben (Pfeile) lösen. Rote 10polige Steckverbindung (3) zum Auslösegerät (2) auftrennen.

beträgt 80 Nm. Zum Lösen und Festschrauben des Lenkrads das Lenkschloß einrasten lassen. Das Lenkrad so montieren, daß die Speiche oben bei Geradeausfahrt **waagrecht** steht. Wenn die Markierung an der Lenkspindel senkrecht oben steht, das Lenkrad waagrecht montieren. Je nach Ausstattung unterschiedlich vorgehen:

- **Fahrzeuge ohne Airbag:** Mercedes-Stern mit einem kleinen Schraubenzieher aus der Mitte der Hupplatte heraushebeln.
- Lenkschloß einrasten, die Senkkopfschraube herausdrehen und das Lenkrad abnehmen.
- **Fahrzeuge mit Airbag:** Sicherheitsvorschriften beachten, siehe Seite 236.
- Minuspol-Klemme an der Batterie lösen.
- Fußmatte im Beifahrer-Fußraum herausnehmen, Schraube an der Fußstütze lösen und diese aushängen.
- Die rote Steckverbindung (10polig) zum Auslösegerät hinter der Fußstütze herausziehen.
- Mit einem Steckschlüssel die Innenvielzahn-Schrauben (6 mm Torx) von der Rückseite der Polsterplatte herausdrehen.
- Polsterplatte mit Airbag vom Lenkrad abnehmen und den Stecker lösen.
- Polsterplatte mit Polster nach oben vorsichtig ablegen (stoßempfindlich!). Fällt die Platte aus mehr als 50 cm herunter, ist sie schrottreif. Sie muß dann in der Werkstatt abgegeben werden, die die Platte in einem Spezialbehälter ans Werk schickt, wo die Gasladung entschärft wird.
- Senkkopfschraube herausdrehen und Lenkrad abnehmen.
- Der Einbau erfolgt sinngemäß umgekehrt. Zuletzt die Batterie anschließen. Die Innenvielzahn-Schrauben der Polsterbefestigung mit 6 Nm anziehen.
- Nach dem Einbau die Funktion der Kontrolleuchte für Airbag kontrollieren (Seite 236).

Energiewandler

Die Bremsen wandeln die Bewegungsenergie durch Reibung in Wärme um. Hierbei entsteht nicht nur Hitze, sondern auch Verschleiß. Führen Sie deshalb stets und zeitgerecht alle Kontrollen der Bremsanlage durch.
Wartungsarbeiten und insbesondere Reparaturen erfordern in diesem Bereich erhöhtes Verantwortungsbewußtsein. Unter anderem haben wir im nachfolgenden Kapitel auch Arbeiten am Hydraulik-System der Bremsanlage beschrieben. Hier muß jeder für sich entscheiden, welche Arbeiten er sich zutraut. Es gilt: Im Zweifelsfall nie!

Die Bremsanlage

Ihr Fahrzeug ist mit einer hydraulischen Zweikreis-Bremsanlage ausgestattet (zwei voneinander unabhängige Leitungssysteme). Die beiden Bremskreise sind auf Vorder- und Hinterachse aufgeteilt. Fällt ein Bremskreis aus, kann das Fahrzeug durch den anderen Kreis zum Halten gebracht werden. Der Mercedes ist mit vier Scheibenbremsen und mit einem Bremskraftverstärker ausgerüstet. Die Feststellbremse wird über ein Pedal neben dem Kupplungspedal betätigt.
An der Vorderachse sind Faustsattel-Scheibenbremsen, an der Hinterachse Festsattel-Scheibenbremsen eingebaut. Im Gegensatz zu Festsattelbremsen brauchen Faustsattelbremsen nur einen Bremszylinder. Der Bremsklotzwechsel ist etwas einfacher auszuführen, und es wird weniger Einbauraum zum Rad hin gebraucht.
An den Vorderbremsen ist eine Verschleißanzeige eingebaut. Sie läßt im Kombiinstrument eine Warnlampe aufleuchten, wenn der bremskolbenseitige Belag stark abgenutzt ist.
Der Mercedes kann mit einem Anti-Blockier-System (ABS) ausgerüstet sein.

So funktioniert die Bremse

Wenn Sie auf das Bremspedal treten, preßt eine mit dem Pedal verbundene Druckstange zwei hintereinanderliegende Kolben in den Hauptbremszylinder. Die Kolben übertragen die Kraft auf die dort eingeschlossene Bremsflüssigkeit. Dieser so entstehende hydraulische Druck in der Bremsflüssigkeit gelangt über Rohr- und Schlauchleitungen zu den Bremssätteln. In diesen bewegen sich unter dem Druck der Flüssigkeit Kolben nach außen und pressen die Bremsklötze gegen die Bremsscheiben.

Hinter der linken oberen Dämpferbeinbefestigung finden Sie den Bremskraftverstärker (4), den Hauptbremszylinder (2) und den Bremsflüssigkeitsbehälter (1). Der Bremsflüssigkeitsstand muß sich stets zwischen den Markierungen am Behälter befinden. Sonst den Deckel (3) abschrauben und Bremsflüssigkeit (DOT 4) nachfüllen. Zur Überprüfung der Brems-Kontrolleuchten (nächste Seite) auf die Gummikappen oben drükken (Pfeile).

Die Bremsflüssigkeit

Die Flüssigkeit in den Bremsleitungen und Bremszylindern ist eine Mischung aus Glykol, Polyglykoläther und ein paar weiteren Bestandteilen. Diese gelbliche – übrigens giftige und gegen Autolack aggressive – Flüssigkeit greift die Metall- und die Gummiteile des Bremssystems nicht an, sie bleibt selbst bei – 40 °C noch ausreichend dünnflüssig, und sie hat trotz ihrer Dünnflüssigkeit den extrem hohen Siedepunkt von ca. 290 °C.
Aber die Bremsflüssigkeit hat auch eine sehr unangenehme Eigenschaft: Sie nimmt gern Wasser auf, sie ist »hygroskopisch«. Bei nur 2,5 % Wassergehalt liegt der Siedepunkt nur noch bei 150 °C. Das wird bei starker Belastung der Bremsen gefährlich. In der Nähe der erhitzten Bremsen können sich Dampfblasen in der Hydraulikflüssigkeit bilden, die sich zusammenpressen lassen – das Bremspedal läßt sich tief durchtreten, manchmal tritt man sogar ins Leere (in diesem Fall hilft bisweilen noch schnelles Pumpen mit dem Bremspedal).
Der Wartungsplan schreibt einen jährlichen Wechsel der Bremsflüssigkeit vor. Die Bremsflüssigkeit für den Mercedes muß der **Spezifikation DOT 4** genügen.

Stand der Bremsflüssigkeit

Ständige Kontrolle

Der Bremsflüssigkeitsbehälter sitzt im Motorraum links hinten auf dem Hauptbremszylinder (Abb. Vorseite). Im durchscheinenden Behälter muß die Bremsflüssigkeit stets zwischen den Markierungen »MIN« und »MAX« stehen.
Bedingt durch die im Durchmesser verhältnismäßig großen Kolben in den Bremssätteln sinkt der Flüssigkeitsspiegel ein wenig, wenn die Kolben durch die verschleißenden Bremsklötze weiter herauswandern und Bremsflüssigkeit nachfließt. Ein gewisses, minimales Absinken der Bremsflüssigkeit muß also nicht unbedingt alarmierend sein. Fällt der Stand der Bremsflüssigkeit innerhalb kurzer Zeitabstände immer wieder unter die »MIN«-Marke, muß dringend nach den Ursachen geforscht werden.
Der Stand der Bremsflüssigkeit wird durch eine Warnlampe im Armaturenbrett überwacht. Immer wenn Bremsflüssigkeit nachgefüllt wird, deren Funktion prüfen: Bei eingeschalteter Zündung und gelöster Feststellbremse nacheinander auf die beiden Gummikappen oben am Behälter drücken – die Lampe muß jedesmal aufleuchten.

Bremsflüssigkeit austauschen

Wartung Nr. 35

Wie Sie im letzen Abschnitt lesen konnten, spricht einiges dafür, die Bremsflüssigkeit jährlich zu wechseln. Für diese Arbeit sind Sie in der Werkstatt gut aufgehoben. Wer unbedingt den Ehrgeiz zum Selbermachen besitzt, geht ähnlich vor wie beim Entlüften der Bremsanlage (Seite 188):

- Den Bremsflüssigkeitsbehälter mit einer Spritze o. ä. bis auf etwa 1 cm leersaugen.
- Mit neuer Bremsflüssigkeit (DOT 4) auffüllen.
- Nacheinander an jeder Radbremse die Entlüftungsschrauben öffnen und mit dem Bremspedal langsam Bremsflüssigkeit herauspumpen. Das Bremspedal pro Bremse 10mal durchtreten.
- Unbedingt auf den Stand der Bremsflüssigkeit im Vorratsbehälter achten und rechtzeitig Bremsflüssigkeit nachschütten, bevor Luft angesaugt wird.
- An der rechten Hinterradbremse beginnen (am weitesten entfernt).

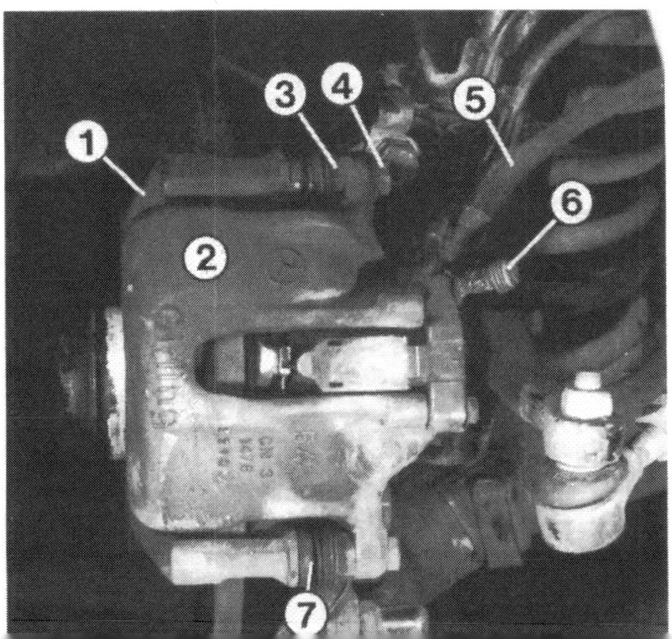

Die Abbildung zeigt eine vordere Faustsattelbremse. Es bedeuten: 1 – Bremsträger; 2 – Faustsattel; 3 – Sechskant am oberen Gleitbolzen, zum Gegenhalten beim Lösen der selbstsichernden Schrauben (4); 5 – Bremsschlauch; 6 – Entlüftungsventil; 7 – Unterer Gleitbolzen.

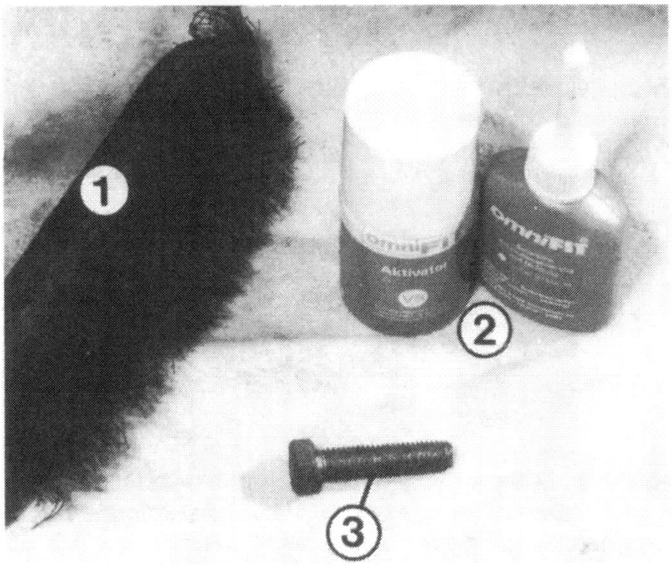

Achtung bei selbstsichernden Schrauben!
Hier wurde im Mercedes eine besondere Technik angewendet – die Schrauben sind mikroverkapselt. Dies bedeutet, daß sich in den Gewindegängen ein Schraubensicherungsmittel befindet. Dieses härtet aber nicht aus, weil auf der Oberfläche ein schützender Film gebildet wurde. Erst wenn die Schraube festgezogen wird, zerreißt dieser Film, und das Sicherungsmittel wirkt. Solche Schrauben dürfen nur einmal verwendet werden. In den Arbeitsbeschreibungen wird darauf hingewiesen. Beispielsweise beim Austausch der vorderen Bremsklötze oder zum Lenkradeinbau braucht man neue Schrauben.
Will man eine durch Mikroverkapselung selbstsichernde Schraube (3) nochmals verwenden, reinigt man ihre Gewindegänge mit der Drahtbürste (1) und trägt vor dem Einschrauben ein Schrauben-Sicherungsmittel (2) aus dem Zubehörhandel auf.

Bremsentest
Wartung Nr. 12

Am besten, Sie suchen sich eine wenig befahrene Straße oder einen leeren Parkplatz. Auf solch einer ebenen und trockenen Teststrecke bremsen Sie mehrmals mehr oder weniger stark ab. Zieht der Wagen einseitig nach rechts, ist die Wirkung der linken Vorder- oder Hinterradbremse zu schwach. Ungleich lange Bremsspuren – sie werden durch kurze Vollbremsungen aus ca. 40 km/h erzeugt – weisen ebenfalls auf ungleiche Bremswirkung hin. Bei einer weiteren Prüfung können Sie noch das Lenkrad leicht loslassen (Hände griffbereit!) und fühlen, ob es während des Bremsens einzuschlagen versucht. Die Feststellbremse prüfen Sie beim Ausrollenlassen des Wagens. Bei kräftigem Treten des Pedals müssen sich gleich lange Bremsspuren ergeben. Genauer ist der preisgünstige Bremsentest auf einem Prüfstand in der Werkstatt. Den Test spätestens vor jeder Hauptuntersuchung durchführen lassen.

Fingerzeige: *Durch Streusalzeinwirkung auf Bremsscheibe und Bremsbeläge kann sich besonders bei überwiegendem Stadtverkehr die Bremswirkung deutlich verschlechtern. Zur Abhilfe das Fahrzeug mehrmals aus ca. 80 km/h kräftig abbremsen. Unfallgefahr beachten.*

Bremsanlage auf Dichtheit und Beschädigungen prüfen
Wartung Nr. 9

- Verfolgen Sie die Bremsleitungen unter dem Wagen: Sie dürfen nicht angerostet, geknickt oder plattgedrückt sein. Schwarzer feuchter Schmutz an den Leitungsanschlüssen deutet auf undichte Stellen hin.
- Die Bremsschläuche dürfen nicht spröde oder angescheuert sein.
- Feuchter dunkler Schmutz an den Bremssätteln, an den Entlüftungsventilen und am Anschluß des Bremsschlauches läßt Undichtheit vermuten.
- Alle Staubschutzkappen auf den Entlüftungsventilen vorhanden?
- Zuletzt eine provisorische Bremsdruckprüfung: Treten Sie mit großer Kraft (rund 300 Nm) auf das Bremspedal. Der harte Widerstand darf auch nach einigen Minuten nicht nachgeben. Sonst ist das System irgendwo undicht, oder der Hauptbremszylinder ist defekt.

Bremsklötze kontrollieren
Wartung Nr. 10

Für denjenigen, der seine Bremsanlage selbst wartet, ist diese Arbeit mit die wichtigste. Pünktlich ist die Kontrolle durchzuführen. Die Bremsklötze der Vorderachse verschleißen relativ schnell – besonders bei Automatik-Fahrzeugen.
Im Armaturenbrett ist eine Bremsbelagverschleißanzeige zu finden. Diese leuchtet beim Bremsen auf, wenn der bremskolbenseitige Bremsbelag einer Vorderradbremse weniger als **3,5 mm** dick ist. Von dem neu ca. 13 mm dicken Belag ist dann so viel abgeschliffen, daß alle vier vorderen Bremsklötze erneuert werden müssen.
Die hinteren Bremsklötze sind immer dann zu prüfen, wenn vorne neue eingebaut werden.

- Zur Kontrolle der Bremsbelagdicke das jeweilige Rad abmontieren.
- Vorn: Minimal **3,5 mm.**
- Hinten sind **2 mm** Restbelag die Austauschgrenze. Neue Bremsbeläge sind hinten 9 mm dick.

Bremsklötze erneuern

Nur wenn Sie Original-Bremsklötze oder entsprechende Marken-Bremsklötze (z. B. von Ate) einbauen, bleibt der Bremsweg erhalten, die Lebensdauer wie gewohnt und es kommt kaum

Bei quietschenden Bremsen oder beim Einbau neuer Bremsklötze die Bremsklotzschächte und die Seiten der Bremsklotz-Trägerplatten (Pfeil) reinigen und dünn Spezialschmiermittel (Bremsklotzpaste DB-Nr. 001 989 10 51) auftragen.
Außerdem muß der Bremskolben (3) so im Bremssattel (1) gedreht sein, daß die Bremsscheibe (4) auf den Absatz im Bremskolben zudreht (Pfeil). Die Einstelllehre (2) gibt's bei ATE- und Girling-Vertretungen.

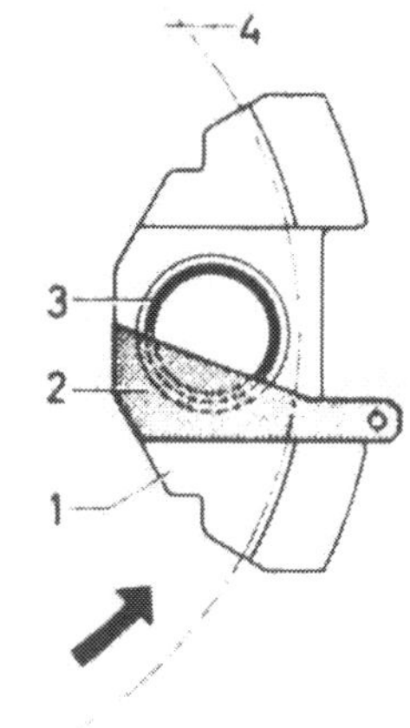

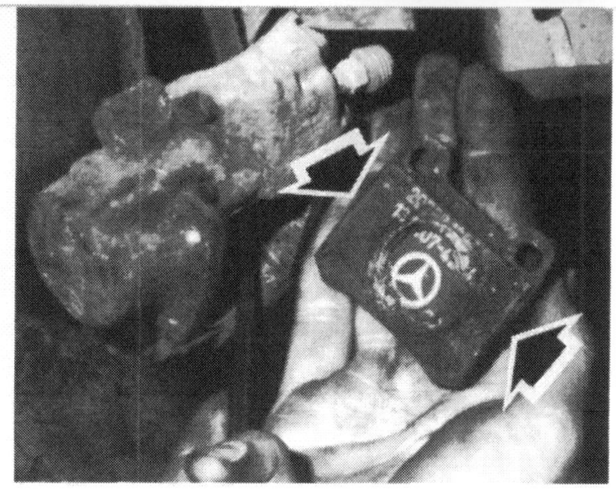

zu nervtötendem Quietschen. Bremsbeläge können unterschiedlich hart hergestellt werden. So sind z. B. Taxibeläge eher hart, weil Lebensdauer mehr gefragt ist als die optimale Verzögerung aus höchsten Geschwindigkeiten bei geringem Pedaldruck. Beläge für den Motorsport sind umgekehrt, eher weicher. Mercedes hat nach vielen Versuchsreihen die Belagbeschaffenheit bezüglich Lebensdauer, Bremskomfort usw. entsprechend für Ihren Wagen festgelegt. Bei jedem Bremsklotzaustausch folgendes beachten:

□ Es müssen stets alle 4 Bremsklötze einer Achse ersetzt werden, damit die Bremswirkung gleichmäßig bleibt.

□ Die Bremsscheiben werden auf Verschleiß und Zustand geprüft. Sie dürfen keine Risse oder tiefen Rillen haben (Seite 187).

□ Die Staubkappen und die Gängigkeit der Bremskolben in den Bremssätteln prüfen.

□ Wenn die Bremsklötze ausgebaut sind, keinesfalls auf das Bremspedal treten, sonst wandern die Bremskolben aus ihren Bohrungen.

Austausch vorn

■ Wagen aufbocken und sichern. Vorderrad abmontieren.

■ Mit einem Schraubenzieher die Verrastungen des Plastikdeckels über der Steckverbindung zum Belagfühler anheben. Den Deckel aufklappen und die Steckverbindung lösen.

■ Am unteren Gleitlager des Bremssattels die Sechskantschraube herausdrehen. Dabei mit einem Gabelschlüssel am Sechskant an der Gummimanschette gegenhalten.

■ Bremssattel um das obere Gleitlager nach außen kippen. Bremssattel mit einem Draht aufhängen, damit der Bremsschlauch nicht gezogen wird.

■ Fühler vom inneren Bremsklotz lösen.

■ Den Sitz der Bremsklötze reinigen.

■ Staubkappe vor dem Bremskolben auf Beschädigungen prüfen. Ggf. ersetzen, denn eindringender Schmutz führt sehr schnell zum Klemmen des Bremskolbens.

■ Den Bremskolben ohne Verkanten zurückdrücken. Dabei auf den Stand der Bremsflüssigkeit im Vorratsbehälter achten.

■ Bremsklötze einsetzen.

■ Die Federn an der Vorderkante parallel zu den Belägen ausrichten.

■ Fühler einsetzen.

■ Bremssattel zurückschwenken und mit neuer selbstsichernder Schraube (Abb. Vorseite) festschrauben (35 Nm).

Links: Faustsattel einer Hinterradbremse. 1 – Haltestift; 2 – Kreuzfeder; 3 – Bremsklotz; große Pfeile – zum Bremsklotzausbau Stifte heraustreiben; kleine Pfeile – ist kein Abstand vorhanden, sofort Bremsklötze erneuern.

Rechts: Zurückdrücken eines Bremsklotzes (1) in den Bremssattel (2).

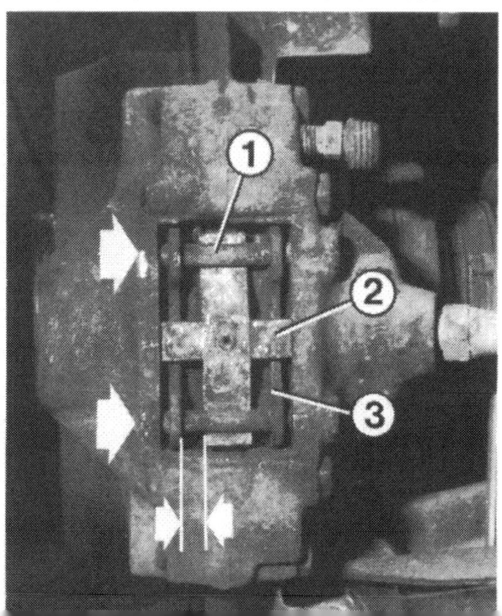

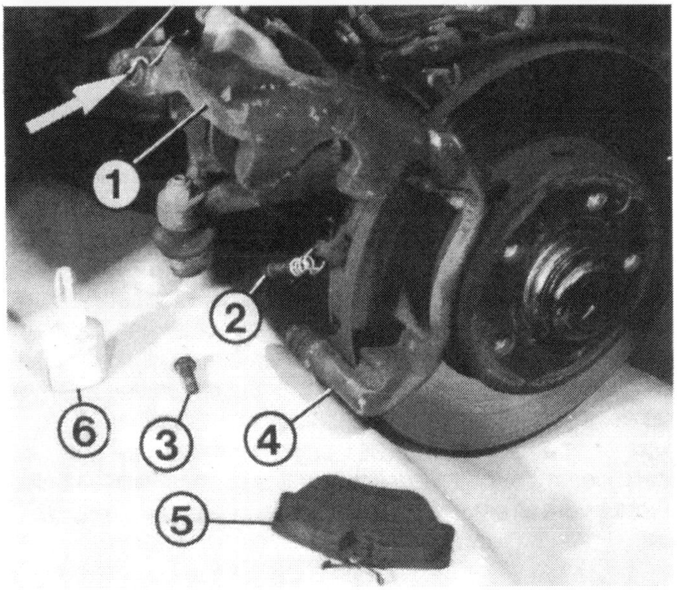

Hier ist der Austausch der vorderen Bremsklötze gezeigt. Das Zylindergehäuse (1) wurde am unteren Gleitlager des Bremsträgers (4) losgeschraubt, nach oben geschwenkt und mit einem Draht fixiert (Pfeil). Der äußere Bremsklotz (5) ist ausgebaut. Der innere Bremsklotz mit dem Belagfühler (2) sitzt noch im Bremsträger. Wird die selbstsichernde Schraube (3) vom unteren Gleitlager nicht erneuert, muß sie mit Schraubensicherungsmittel (6) montiert werden.

- Kabel zum Fühler wieder einstecken. Auf Verlegung des Kabels achten und den Verschlußdeckel schließen.
- Vorderrad vormontieren, Wagen ablassen und Vorderrad anziehen (110 Nm).
- Bremsklötze auf der anderen Wagenseite ersetzen.
- Stand der Bremsflüssigkeit prüfen.

Fingerzeig: *Lenkeinschlag während des Belagwechsels nur am Lenkrad ändern. Keinesfalls am herausgeklappten Bremssattel die Lenkung herumhebeln, denn dadurch verbiegt sich der Gleitbolzen der Bremssattellagerung. Wie wenn Luft im Bremssystem ist, fühlt sich bei verbogenen Gleitbolzen das Bremspedal weich und federnd an.*

Austausch hinten

- Wagen aufbocken und sichern. Das Hinterrad abnehmen.
- Haltestife mit einem Durchschlag aus dem Bremssattel treiben und die Feder abnehmen.
- Eine Rohrzange zwischen der Bremsbelag-Trägerplatte und Bremssattel ansetzen und den Bremsklotz zurückdrücken. Dann ein Montiereisen oder einen kräftigen Schraubenzieher zwischen Bremsbelag und Bremsscheiben stecken und durch vorsichtiges Hebeln den alten Belag vollends zurückdrücken.
- Lassen Sie zum Zurückdrücken des einen Bremsklotzes immer den gegenüberliegenden eingebaut. Beachten Sie, daß dabei der Bremsflüssigkeitsbehälter nicht überläuft.
- Ist der Bremsklotz so weit zurückgedrückt, daß ein neuer, dickerer montiert werden könnte, Bremsklotz ausbauen.
- Den Schacht von altem Belagabrieb reinigen. Darauf achten, daß dabei die Manschette um den Bremskolben nicht beschädigt wird.
- Den neuen Bremsklotz mit den Spezialschmiermitteln leicht einfetten (siehe Abb. oben links) und in seinen Schacht am Bremssattel schieben.
- Den zweiten Bremsklotz auf die gleiche Weise austauschen.
- Feder ansetzen und die Haltestifte wieder montieren. Mit dem Durchschlag die Stifte gefühlvoll bis zum Anschlag in den Bremssattel klopfen.
- Rad montieren. Wagen ablassen und Rad festziehen (110 Nm). Bremsklötze der anderen Hinterradbremse ersetzen.
- Stand der Bremsflüssigkeit kontrollieren.

ACHTUNG: Bremspedal mehrmals durchtreten, bis sich der normale Pedalweg einstellt. Wird das nicht gemacht, bleibt die Bremswirkung bei der ersten Bremsung nach jedem Austausch aus! Neue Bremsbeläge müssen vorsichtig eingebremst werden! Dazu das Fahrzeug aus 80 km/h auf 40 km/h bei geringem Pedaldruck mehrmals abbremsen.

Die Bremssättel

Vorn sind sogenannte Faustsättel eingebaut. Diese Ausführung hat nur einen Bremskolben. Der Bremssattel ist über zwei Gleitbolzen mit dem Bremsträger verbunden. Kleine Bewegungen des Bremssattels bewirken, daß beide Bremsklötze gleich stark gegen die Bremsscheibe gedrückt werden. Der Bremsträger ist mit zwei selbstsichernden Schrauben an den Achsschenkel geschraubt.

Hinten sind Festsättel eingebaut, die direkt mit dem Achsschenkel verschraubt sind. Hier hat jeder Bremsklotz einen eigenen Bremskolben.
Wirken die Bremsen einer Achse ungleich, liegt dies oft an den Bremssätteln:

□ Möglich ist, daß die Bremskolben wegen Rostbildung in ihren Bohrungen klemmen. Dazu kommt es vor allem dann, wenn die Staubschutz-Manschette beim Austausch der Bremsklötze beschädigt wurde. Staub und Salzwasser zerstören schnell die glatten Oberflächen der Bremskolben-Bohrungen. Im äußeren Bereich der Bohrungen ist der Rostansatz stärker, weil dorthin die Bremskolben nur bei fast abgeschliffenen Bremsklötzen gelangen. Dementsprechend häufig wirken die Bremsen bevorzugt bei weit abgenützten Bremsklötzen einseitig. Durch den Einbau neuer, dickerer Bremsklötze kann man deshalb ungleichmäßiges Bremsen kurzfristig beheben. Besser ist es, solche Bremssättel paarweise zu ersetzen.

□ An den vorderen Faustsätteln könnte es auch sein, daß die beiden Gleitbolzen wegen starker Verschmutzung oder Rostansatz klemmen. Eine beschädigte Staubmanschette könnte darauf hindeuten. Ggf. den Faustsattel vom Bremsträger losschrauben und die Gleitbolzen prüfen. Es gibt einen Reparatursatz.

Bremssattel ausbauen

■ Fahrzeug aufbocken, sichern und Rad abmontieren.
■ Vorn Kabel zur Belagverschleiß-Anzeige unter dem Deckel ausstecken.
■ Entlüftungsventil öffnen, Bremspedal einmal niedertreten und in dieser Stellung fixieren (siehe Arbeitstips Seite 190).
■ Verbindung des Bremsschlauches zur Bremsleitung an der Karosserie lösen.
■ Die beiden Sechskantschrauben zum Achsschenkel herausdrehen.
■ Zum Einbau eines Bremssattels müssen stets neue selbstsichernde Schrauben verwendet werden. Vorn werden die Schrauben zwischen Bremsträger und Achsschenkel mit 115 Nm angezogen. Hinten zieht man die Schrauben zum Achsschenkel mit 50 Nm an.
■ Muß man den Bremssattel nur deshalb ausbauen, weil man z. B. eine Bremsscheibe ersetzen will, braucht der Bremsschlauch nicht gelöst zu werden. Dann einfach nur die Schrauben zum Achsschenkel lösen. Den Bremssattel nicht am Bremsschlauch hängen lassen, sondern ihn mit einem Drahtstück festbinden.
■ Wurde ein Bremsschlauch gelöst, das Hydrauliksystem also geöffnet, muß nach dem Zusammenbau die Bremsanlage entlüftet werden (Seite 188).

Der Bremskraftverstärker

Scheibenbremsen wirken nicht selbstverstärkend, so daß Sie eine hohe Fußkraft aufbringen müßten, wenn Ihr Fahrzeug keinen Bremskraftverstärker hätte. Diese Hilfseinrichtung sitzt links im Motorraum hinter dem Hauptbremszylinder. Die zusätzliche Bremskraft erzeugt eine große Membran, die sich beim Bremsen durch den Unterdruck vom Saugrohr kraftvoll in Richtung Hauptbremszylinder bewegt und dort mit auf dessen Kolben drückt.
Bei stehendem Motor fehlt dieser Unterdruck und damit auch die Bremskraftunterstützung. Sie müssen, z. B. beim Abschleppen, wesentlich stärker aufs Bremspedal treten, um die gewohnten Bremswerte zu erzielen.

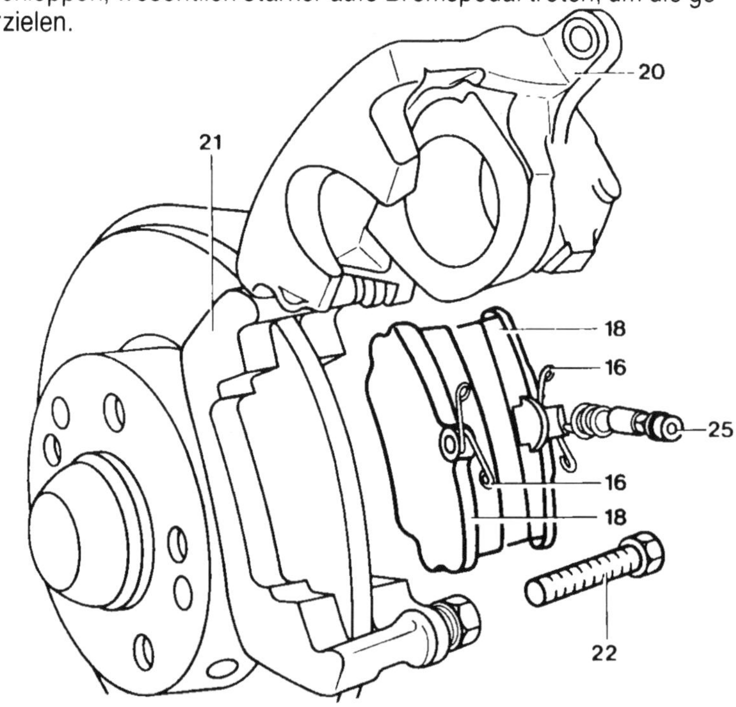

Beim Austausch der vorderen Bremsklötze müssen Sie beachten: 16 – Federbügel, diese parallel zum Bremsklotz ausrichten; 18 – Bremsklötze, sie dürfen nur Satzweise (4 Stück) erneuert werden. Hintere Bremsklötze immer prüfen, wenn vorne ausgetauscht wird; 20 – Zylindergehäuse, es ist oben und unten an Gleitbolzen beweglich gelagert. Am unteren Gleitlager losschrauben. Dazu selbstsichernde Schraube (22) herausdrehen (Anziehmoment 35 Nm); 21 – Bremsträger, er ist fest mit dem Achsschenkel verschraubt; 25 – Belagfühler, berührt er die Bremsscheibe leuchtet die Verschleißanzeige im Kombiinstrument auf.

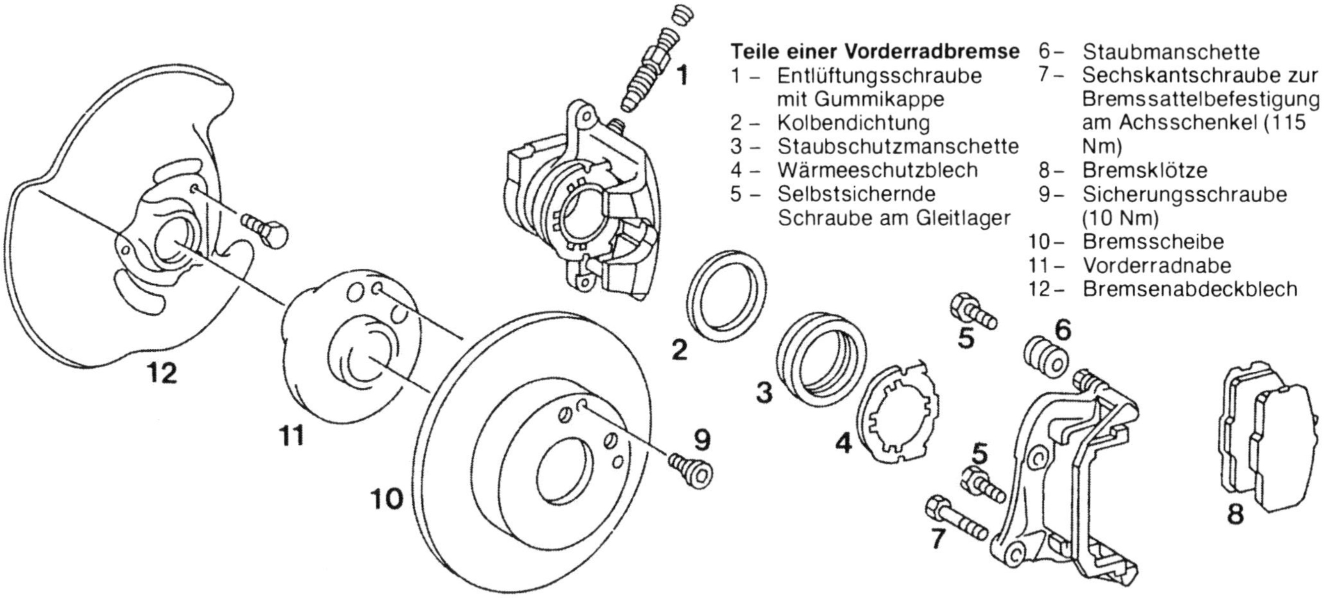

Teile einer Vorderradbremse
1 – Entlüftungsschraube mit Gummikappe
2 – Kolbendichtung
3 – Staubschutzmanschette
4 – Wärmeeschutzblech
5 – Selbstsichernde Schraube am Gleitlager
6 – Staubmanschette
7 – Sechskantschraube zur Bremssattelbefestigung am Achsschenkel (115 Nm)
8 – Bremsklötze
9 – Sicherungsschraube (10 Nm)
10 – Bremsscheibe
11 – Vorderradnabe
12 – Bremsenabdeckblech

Bremskraftverstärker prüfen

■ Bremspedal mehrmals durchtreten und zuletzt unten halten. Wenn Sie jetzt den Motor starten, muß sich das Pedal noch ein Stück weiter absenken. Dann ist alles in Ordnung.
■ Motor laufen lassen und das Bremspedal treten. Nun den Motor abstellen – das Bremspedal darf nicht nach oben zu drücken beginnen.
■ Den Motor laufen lassen und wieder abstellen. Das Pedal jetzt mehrmals durchtreten. Beim ersten Mal muß der Pedalweg am größten sein und nach und nach kleiner werden.
■ Arbeitet der Bremskraftverstärker nicht richtig, kann dies an einem undichten Unterdruckschlauch liegen. Auch könnte das Rückschlagventil im Unterdruckschlauch schadhaft sein.
■ Es arbeitet dann gut, wenn Sie am Schlauchende einen saugenden Unterdruck fühlen können. Dazu den Schlauch am Bremskraftverstärker losschrauben und dort prüfen.
■ Beim Einbau eines neuen Ventils beachten, daß es richtig herum eingebaut wird.
■ Ist der Bremskraftverstärker selbst defekt, muß er komplett ausgetauscht werden.

Bremsscheiben erneuern

Als Reibpartner der Bremsbeläge unterliegen die Bremsscheiben ständigem Verschleiß und müssen deshalb bei Erreichen der Austauschgrenze, bei tiefen Riefen und bei schlechtem Tragbild paarweise erneuert werden. Es gelten folgende Maße:.

	vorn		hinten
	massiv	innenbelüftet	
Durchmesser in mm	284	284	258 (Kombi = 278)
Dicke in mm (neu)	12	22	9
Austauschgrenze in mm	10	19,4	7,3

■ Zum Ausbau einer Bremsscheibe Fahrzeug aufbocken und sichern.
■ Rad abmontieren.
■ Bremssattel abschrauben und mit Draht so befestigen, daß der Bremsschlauch nicht auf Zug belastet wird.
■ Innensechskantschraube zur Befestigung der Bremsscheibe herausdrehen.
■ Feststellbremse lösen, wenn hintere Bremsscheibe abgenommen werden soll.
■ Bremsscheibe abnehmen. Durch Hammerschläge lösen, wenn die Bremsscheibe in der Mitte festgerostet ist.
■ Neue Bremsscheibe ansetzen und mit der Innensechskantschraube festschrauben. Auf den richtigen Sitz der Paßstifte achten.
■ Hinten den Sitz am Hinterachswellenflansch mit hitzebeständigem Kupferfett leicht einreiben.
■ Neue Bremsscheiben nach dem Einbau mit Verdünnung abreiben, um die ölige Schutzschicht zu entfernen.
■ Bremssattel mit neuen selbstsichernden Schrauben einbauen (Anziehdrehmoment vorn: 115 Nm; hinten: 50 Nm).
■ Weiter in umgekehrter Ausbaufolge. Radschrauben mit 110 Nm festziehen.
■ Wurden hinten neue Bremsscheiben eingebaut, Einstellung der Feststellbremse überprüfen.

Der Hauptbremszylinder

Er ist gewissermaßen der Chef im Bremssystem. Seine Kolben bauen den Druck in der Bremsflüssigkeit auf, der dann über Bremsleitungen und -schläuche zu den einzelnen Radbremsen gelangt. Der Hauptbremszylinder kann undicht werden. Dann läßt sich das Bremspedal bei großem Fußdruck immer tiefer treten. Außerdem ist meist das Gehäuse des Bremskraftverstärkers unterhalb des angeflanschten Hauptbremszylinders feucht. Ein neuer Hauptbremszylinder oder seine Überholung (Reparatursatz) wird fällig.

Hauptbremszylinder ausbauen

■ Bremsflüssigkeits-Behälter leersaugen.
■ Steckverbindung zum Behälter und die Schlauchleitung zur Kupplungsbetätigung (nicht bei Automatik-Getriebe) ausstecken. Den Behälter abnehmen.
■ Bremsleitungsanschlüsse losschrauben.
■ Die beiden Muttern am Flansch zum Bremskraftverstärker lösen.
■ Den Dichtring immer erneuern.
■ Neuen Hauptbremszylinder mit 15 Nm festschrauben. Bremsleitungen mit 10 Nm anziehen.
■ Bremsflüssigkeitsbehälter füllen (Bremsflüssigkeit DOT 4).
■ Bremsanlage entlüften.

Die Kontrollleuchten

Zwei Kontrolleuchten überwachen im Armaturenbrett die Bremsen.
□ Das linke gelbe Lämpchen leuchtet beim Bremsen auf, wenn die Bremsklötze der Vorderradbremsen weit abgenutzt sind und ersetzt werden müssen.
□ Das rechte rote Kontrollämpchen leuchtet auf, wenn die Feststellbremse betätigt ist oder wenn Bremsflüssigkeit fehlt.

Bremsanlage entlüften

Können Sie nach einer Reparatur das Bremspedal bis zum Bodenblech durchtreten oder läßt sich das Pedal federnd immer weiter treten! Ist der Pedalweg viel zu lang und wird er durch mehrfaches Pumpen mit dem Bremspedal kürzer? Dann befindet sich Luft im Bremssystem. Entlüftet werden muß immer nach einer Reparatur an der Bremshydraulik. Ist Bremsflüssigkeit ausgelaufen, tritt dadurch immer Luft ins Bremssystem. Das Entlüften macht die Werkstatt mit einem Entlüftungsgerät, doch klappt es auch mit der althergebrachten Methode:

■ Bremsflüssigkeits-Behälter im Motorraum mit frischer Bremsflüssigkeit füllen und während des Entlüftens ständig darauf achten, daß rechtzeitig vor der Entleerung des Behälters nachgegossen wird. Sonst wird erneut Luft angesaugt, und mit der Arbeit muß wieder von vorn begonnen werden.
■ Staubkappe vom Entlüftungsventil der rechten Hinterradbremse abziehen.
■ Durchsichtigen Schlauch über das Entlüftungsventil stecken und das andere Ende in ein halb mit Bremsflüssigkeit gefülltes Glasgefäß halten.
■ Entlüftungsventil etwas aufdrehen.
■ Bremspedal von einem Helfer durchtreten lassen.
■ Entlüftungsventil wieder zudrehen, wenn der Helfer das Pedal wieder zurückkommen läßt. So wird keine Luft über das Gewinde des Entlüftungsventils angesaugt. Das Bremspedal langsam herauskommen lassen, damit Bremsflüssigkeit nachströmen kann.
■ Beim erneuten Niedertreten das Ventil wieder öffnen. Vorgang so lange wiederholen, bis keine Luftblasen mehr durch den Schlauch kommen. Entlüftungsventil schließen und Staubkappe aufstecken.
■ An den anderen Radbremsen gleich vorgehen. In folgender Reihenfolge weiter entlüften: Linke Hinterradbremse, rechte Vorderradbremse und zuletzt linke Vorderradbremse.
■ War das Bremssystem stark entleert, also viel Luft im System, das gesamte Entlüften nochmals wiederholen.
■ Bremsflüssigkeitsbehälter bis zur »MAX«-Markierung auffüllen.

Feststellbremse

Die hintere Bremsscheibe ist so geformt, daß sie auf der Innenseite noch Platz für eine herkömmliche Trommelbremse bietet (siehe Seite 191). Wenn das Pedal im Fahrerfußraum getreten wird, spannt sich das vordere Bremsseil. Dieses führt zum Seilzug-Ausgleich über der Gelenkwelle (Zeichnung rechts). Von dort verläuft je ein Bremsseil zur jeweiligen Hinterradbremse. Die Bremsbacken werden durch einen Spreizhebel auseinanderbewegt.

Feststellbremse nachstellen
Wartung Nr. 11

Kann das Pedal um 4 Rasten hineingetreten werden, ohne daß sich eine ausreichende Bremswirkung zeigt, muß die Einstellung erfolgen. Eingestellt wird an einer Sechskantschraube am Seilzug-Ausgleich und an den Stellrädern der Bremsbacken-Nachstellvorrichtungen, die sich innerhalb der Bremstrommeln befinden (Abb. 190).

Hier wird das Entlüften an einer vorderen Radbremse gezeigt. Kunststoffschlauch auf das Entlüftungsventil (1) stekken. Das andere Schlauchende in ein Glasgefäß mit Bremsflüssigkeit hängen. Dann das Entlüftungsventil öffnen. Jeder Bremssattel ist mit einem Entlüftungsventil ausgestattet.

■ Einstellschraube am Seilzug-Ausgleich ganz lösen.
■ An jedem Hinterrad eine Radschraube herausdrehen.
■ Den Wagen am besten so anheben, daß beide Hinterräder abgehoben haben. Fahrzeug sichern!
■ Radschraubenlöcher so stellen, daß sie 45° nach hinten oben stehen. Jetzt können Sie mit einem Schraubenzieher die Stellräder erreichen.
■ Feststellbremse lösen und Stellräder so verdrehen, daß sich das Hinterrad gerade nicht mehr drehen läßt. Dann wieder um 5–6 Zähne lösen. Zum Lösen müssen Sie links von oben nach unten und rechts von unten nach oben hebeln.
■ Einstellschraube am Seilzug-Ausgleich anziehen, bis sich die Bremsseile zu spannen beginnen.
■ Bremspedal mehrmals kräftig treten und den Weg beachten: Schon in der ersten Raste soll die Feststellbremse leicht wirken.
■ Lösen der Hinterräder kontrollieren.

Bremsbacken ausbauen

■ Bremsscheibe ausbauen (Seite 187).
■ Durch die großen Bohrungen im Hinterachswellenflansch die beiden Niederhaltefedern und die untere Rückzugfeder der Bremsbacken aushängen.
■ Bremsbacken aushängen.
■ Bremsbacken weit auseinanderziehen und abnehmen.
■ Rückzugfeder an der Nachstellvorrichtung aushängen. Bremsbacken auseinandernehmen.
■ Vor dem Einbau in umgekehrter Reihenfolge sämtliche Gleit- und Lagerstellen sowie das Gewinde der Nachstellvorrichtung mit Kupferfett einreiben.
■ Treten beim Zusammenbau Unsicherheiten bezüglich der Einbaulage auf, die Bremstrommel der anderen Wagenseite abnehmen und vergleichen.
■ Zuletzt Feststellbremse einstellen.

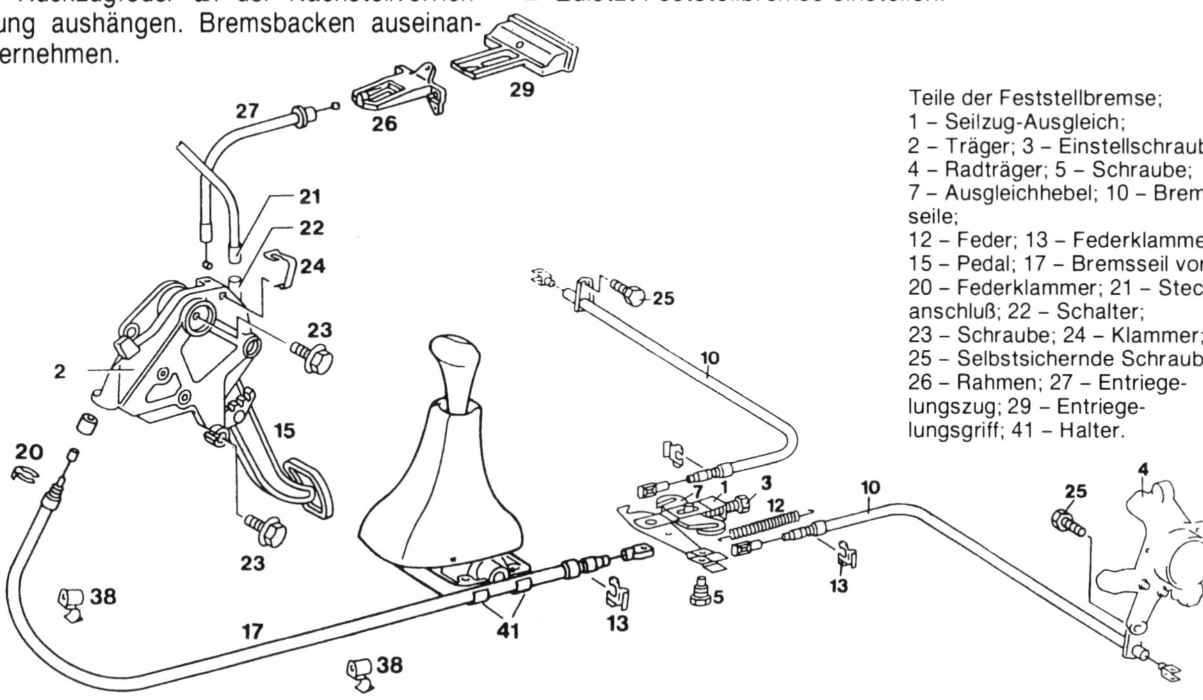

Teile der Feststellbremse;
1 – Seilzug-Ausgleich;
2 – Träger; 3 – Einstellschraube;
4 – Radträger; 5 – Schraube;
7 – Ausgleichhebel; 10 – Bremsseile;
12 – Feder; 13 – Federklammer;
15 – Pedal; 17 – Bremsseil vorn;
20 – Federklammer; 21 – Steckanschluß; 22 – Schalter;
23 – Schraube; 24 – Klammer;
25 – Selbstsichernde Schraube;
26 – Rahmen; 27 – Entriegelungszug; 29 – Entriegelungsgriff; 41 – Halter.

Bremsseil ersetzen

Wenn das Bremsseil in seiner Umhüllung festgerostet oder sehr schwergängig ist, kann dies die Ursache für ungleiches Ziehen der Feststellbremse sein. Bei hohem Fahrzeugalter gleich beide hinteren Bremsseile ersetzen.

- Bremsscheibe und Bremsbacken ausbauen.
- Sechskantschraube an der Innenseite des Radträgers lösen.
- Am Seilzug-Ausgleich die Einstellschraube ganz lösen und den vorderen Bremsseilzug sowie die Rückzugfeder aushängen (Zeichnung auf der Vorseite unten).
- Hebel vom Lager am Fahrzeugboden aushängen.
- Bremsseil am Ausgleichsbügel aushängen.
- Hinten das Bremsseil noch vom Spreizhebel lösen.

Wichtige Arbeitstips

□ Wenn Sie das Hydrauliksystem der Bremsanlage irgendwo öffnen, tropft ständig Bremsflüssigkeit aus. Behindertes Arbeiten und unnötiges Nachfüllen sind die Folge. Dies können Sie wie folgt verhindern: Vor der entsprechenden Arbeit immer zuerst die Entlüftungsschraube der jeweiligen Radbremse öffnen. Nun das Bremspedal durchtreten und in dieser Stellung halten. Verwenden Sie zum Niederhalten eine Holzlatte, deren Länge Sie zuvor bestimmt haben und die Sie zwischen Pedal und Fahrersitz klemmen. Die Kolben im Hauptbremszylinder verschließen nun die Nachlauf-Bohrungen, so daß Bremsflüssigkeit nicht mehr nachfließen kann.

□ Zu Überholungsarbeiten an den Bremssätteln oder den Bremskolben dürfen zum Schmieren keinesfalls Öl oder Fett verwendet werden. Die Bremsflüssigkeit darf damit nicht in Berührung kommen. Außerdem wird Schmierfett bei Erwärmung dünnflüssig, so daß es zwischen die Reibflächen der Bremsen fließen kann. Es werden meist Spezialschmierstoffe erforderlich, die aber den entsprechenden Reparatursätzen beigepackt sind. Zum Einbau eines Bremskolbens wird beispielsweise als Schmiermittel Bremszylinder-Paste (von Ate) verwendet. Dieses Schmiermittel wird auch auf die Innenseiten neuer Staubschutz-Manschetten aufgetragen.

□ Ein Bremssattel, welcher nach der Überholung gänzlich von Bremsflüssigkeit entleert ist, kann beim Entlüften große Schwierigkeiten aufwerfen. Trotz Pedalpumpen strömt einfach keine Bremsflüssigkeit nach. Behelfen Sie sich so: Nach dem Anbau des Bremssattels das obere Ende des Bremsschlauchs noch nicht an die Bremsleitung schrauben. Nun durch die geöffnete Entlüftungsschraube solange Bremsflüssigkeit einpumpen, bis diese oben am Bremsschlauch austritt. Anschließend den Bremsschlauch und das Entlüftungsventil festdrehen. Bremsanlage entlüften (Seite 188)! Zum Einpumpen der Bremsflüssigkeit verwenden Sie ein neues Plastikfläschchen, das mit Bremsflüssigkeit gefüllt wird und welches man über ein durchsichtiges Schlauchstück mit dem Entlüftungsventil verbindet. Dann das Fläschchen umgekehrt hoch halten und die Bremsflüssigkeit ohne Luftblasen in den Bremssattel pumpen.

□ Vorsicht mit Bremsflüssigkeit! Lacke werden angegriffen, und sie ist sehr giftig.

Rechts: Zum Einstellen mit dem Schraubenzieher (1) Schraubenloch 45° nach hinten oben stellen.

Links: So erreichen Sie die Verstellmutter (22).

Das Antiblockiersystem

Auf Wunsch ist Ihr Mercedes mit einem Antiblockiersystem (kurz: ABS) von Bosch ausgerüstet. Das aufwendige System leistet einen bedeutenden Beitrag zur Fahrsicherheit, da beim

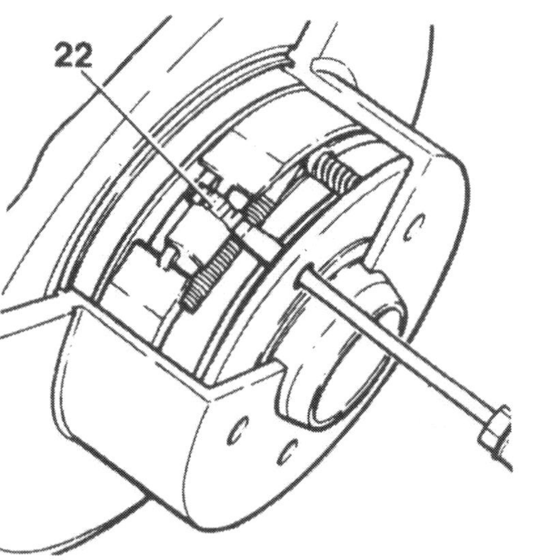

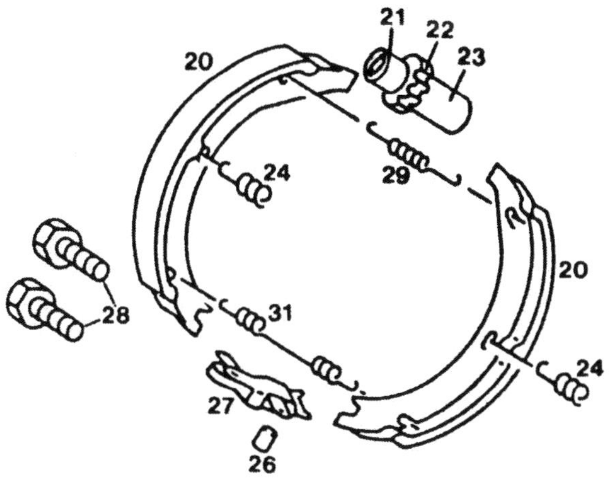

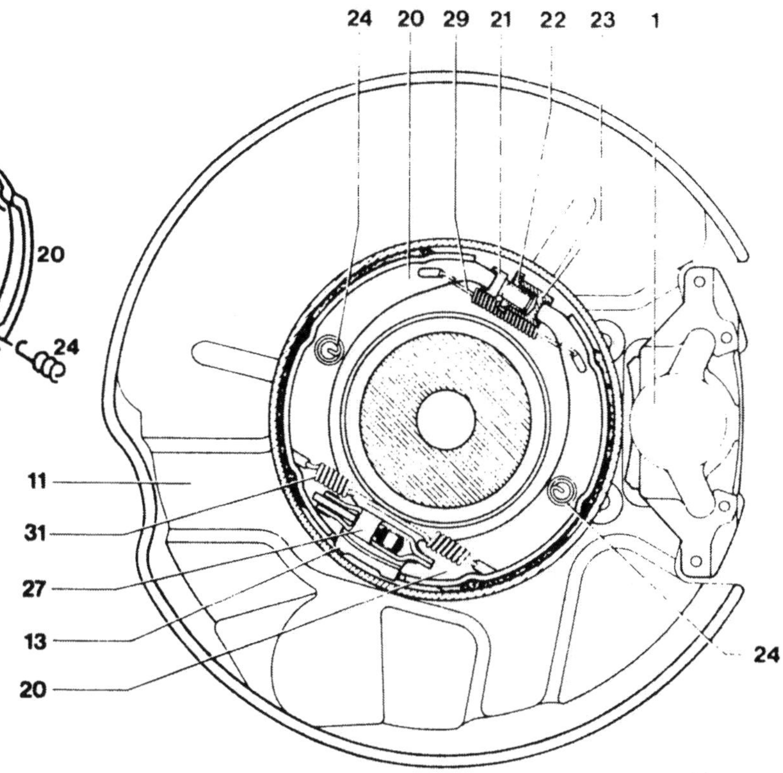

Teile der hinteren Trommelbremse (Feststellbremse): 1 – Bremssattel; 11 – Abdeckblech; 20 – Bremsbacken; 21 – Druckstück; 22 – Verstellmutter; 24 – Niederhaltefedern; 26 – Bolzen; 27 – Spreizschloß; 29 – Rückzugfeder oben; 31 – Rückzugfeder unten, Lage der unterschiedlichen Ösen beachten.

Bremsen die beiden Vorderradbremsen einzeln (rund 70% der Bremsarbeit wird durch die Vorderradbremsen übernommen) und die Hinterradbremsen zusammen geregelt werden und die Räder nicht mehr blockieren können:

□ Der Bremsweg wird kürzer, weil das ABS immer für eine optimale »Stotterbremsung« sorgt und so ein Rutschen der Räder nicht mehr möglich ist.

□ Das Fahrzeug bricht nicht aus der Spur, weil sich die Räder selbst bei Vollbremsung auf Glatteis immer noch etwas drehen und so das Fahrzeug führen.

Teile des ABS

□ **Hydraulikeinheit** vorne links im Motorraum (Abbildung nächste Seite): Die Einheit ist zwischen den Bremsleitungen vom Hauptbremszylinder und den Bremsleitungen zu den Rad-

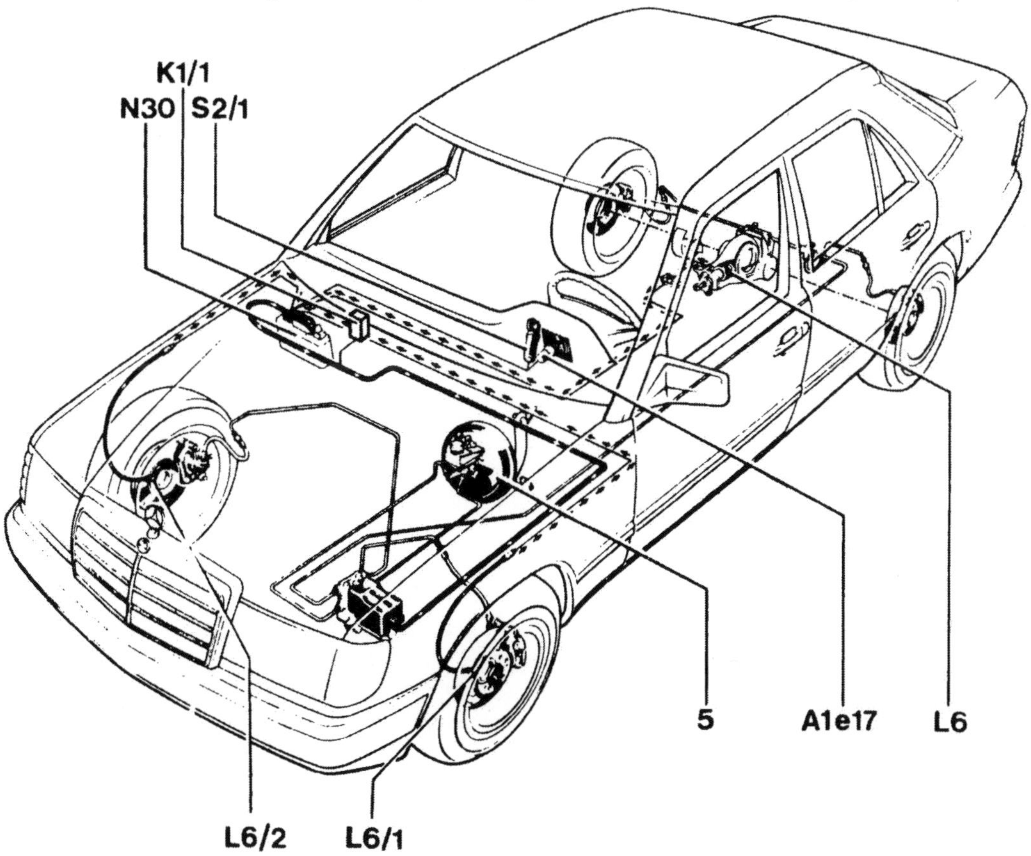

Fahrzeug mit ABS
5 – Hauptbremszylinder und Bremskraftverstärker; L6/1 – Drehzahlfühler linkes Vorderrad; L6/2 – Drehzahlfühler rechtes Vorderrad; L6 – Drehzahlfühler Hinterachse; A7 – Hydraulikeinheit; N30 – Steuergerät; S2/1 – Zündschloß; A1e17 – Kontrolleuchte im Kombiinstrument; K1/1 – Überspannungsschutz.

bremsen eingebaut (Schema Vorseite unten). Entsprechend den Befehlen vom elektronischen Steuergerät wird der Druck zu den Radbremsen entweder konstant gehalten, verringert oder wieder aufgebaut. Höher als der Druck, den Sie über das Bremspedal im Hauptbremszylinder erzeugen, kann der Druck aber nicht erhöht werden. Für die Druckregelung sind drei schnell schaltende Magnetventile zuständig. Zwei davon für je eine Vorderradbremse und eines für den hinteren Bremskreis. Sind die Magnetventile stromlos, wird der Druck erhöht. Fließt der Maximalstrom, erfolgt eine Druckreduzierung, und bei mittlerer Stromstärke wird der Druck gehalten. Besonders interessant ist die Druckabbauphase: Weil man die Bremsflüssigkeit, welche vom Hauptbremszylinder hergedrückt wird, zum Druckabbau nicht einfach irgendwohin entweichen lassen kann (das Bremspedal würde sich als Folge ganz durchtreten lassen), pumpt man die Bremsflüssigkeit mit einer kräftigen Rückförderpumpe zum Hauptbremszylinder zurück. Sie merken dies am Bremspedal, das leicht zu pulsieren beginnt, wenn die Rückförderpumnpe läuft, das ABS also in Aktion tritt. Bei genauem Hinhören vernehmen Sie auch die Pumpgeräusche. Durch Geräuschdämpfer in der Hydraulikeinheit wird das Geräusch etwas unterdrückt.

Oben an der Hydraulikeinheit finden Sie neben der Steckverbindung noch 2 Relais – das größere schaltet den Strom zur Rückförderpumpe; über das kleinere Relais werden die Magnetventile angesteuert.

□ **Drehzahlfühler** erfassen die Drehzahlen eines jeden Vorderrades und der Hinterräder. Vorn sind die Fühler am Achsschenkel montiert (Abb. Seite 194). Hinten sitzt der Fühler am Differential. Die Fühler versorgen die Steuerelektronik mit den nötigen Informationen, damit diese wiederum die Hydraulikeinheit ansteuern kann. Die Drehzahlfühler bestehen aus einem Magnetkern und einer Spule. Sie sind in geringem Abstand zu einer Zahnscheibe montiert. Dreht sich die Zahnscheibe, entsteht in der Spule eine Wechselspannung, die entsprechend der Raddrehzahl ihre Frequenz ändert.

□ **Elektronisches Steuergerät** hinter der Batterie (Abb. Seite 105): Es verarbeitet die Informationen von den Drehzahlfühlern und steuert die Hydraulikeinheit so an, daß die Räder nicht blockieren. Neben der komplizierten Signalaufarbeitung und dem Logikteil enthält das Steuergerät noch eine Sicherheitsschaltung. Damit kann sich das Gerät selbst überprüfen, Fehler außerhalb erkennen und die Betriebsspannung überwachen. Werden Fehler festgestellt, schaltet sich das ABS aus, und die Kontrollampe im Armaturenbrett leuchtet auf.

□ Der **Überspannungsschutz** sorgt für die Betriebsspannung. Das Relais (Abb. Seite 105 und 204) hat den Überspannungsschutz mit eingebaut; oben auf dem Relais befindet sich eine Sicherung.

□ Die elektrischen Anschlüsse des Steuergerätes und der Hydraulikeinheit erfolgen über Mehrfachsteckverbindungen. Zu den Drehzahlfühlern führen Koaxialkabel, die vor den Fühlern noch eine Steckverbindung haben.

Links: Ausbau der hinteren Bremsscheibe: 1 – Bremsbacke; 2 – Bremsbacken-Nachstellvorrichtung; 3 – Bremsschlauch; 4 – Bremssattel; 5 – Bundmutter; 6 – Bremsscheibe mit Innensechskant-Sicherungsschraube.

Rechts: Hydraulikeinheit des ABS ohne Abdeckung: 1 – Relais für Rückförderpumpe; 2 – Bremsleitungen; 3 – Ventilgehäuse; 4 – Rückförderpumpe.

ABS gestört?

Die ABS-Kontrolleuchte im Armaturenbrett leuchtet mit dem Einschalten der Zündung auf. Sie muß verlöschen, wenn der Motor läuft oder spätestens, wenn schneller als 5 km/h gefahren wird. Fällt die Bordspannung unter 10 Volt, leuchtet die Kontrolle ebenfalls. Sie kann wei-

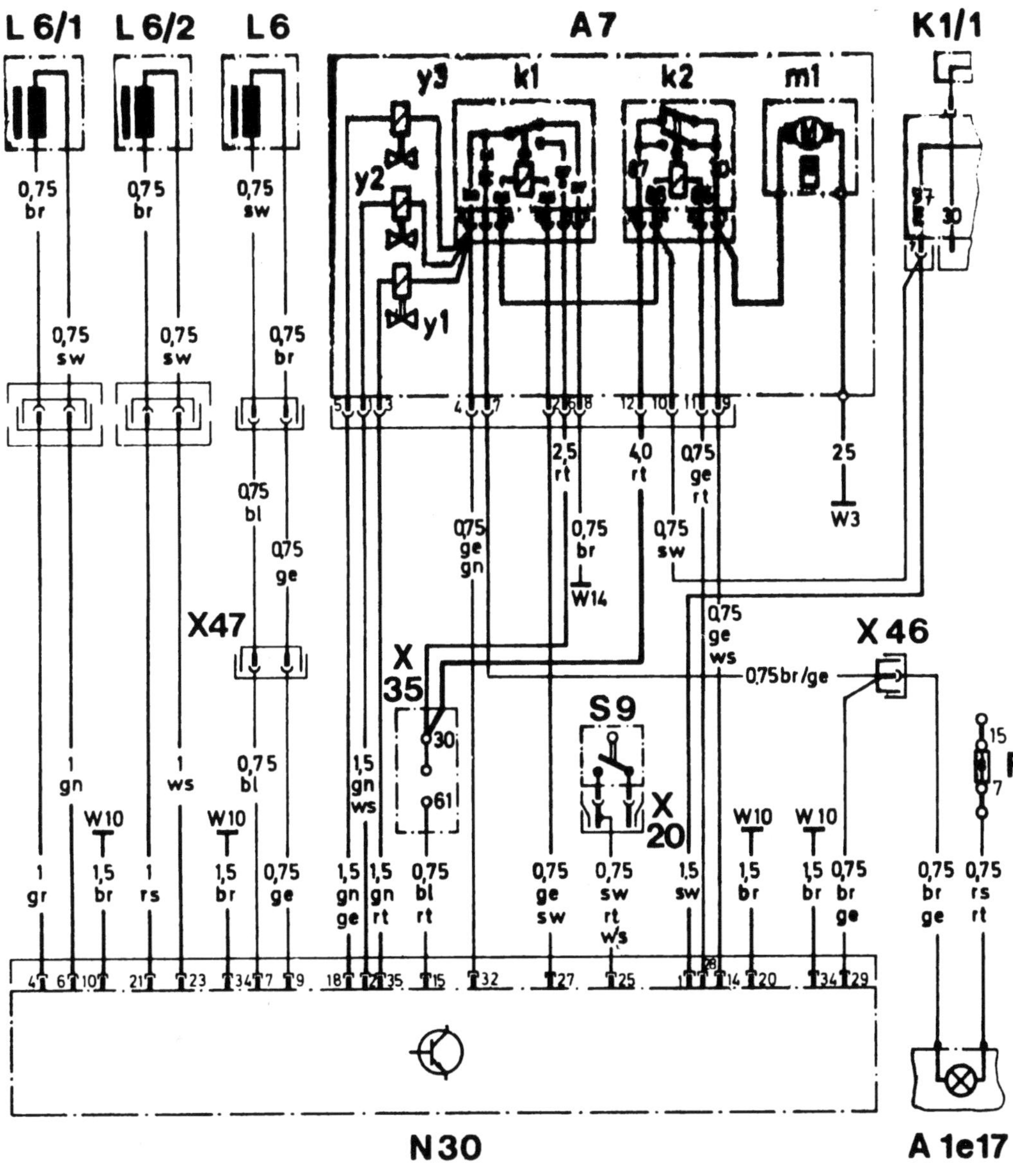

Schaltplan ABS

A 1 Kombi-Instrument
A 1e17 Kontrolle ABS
A 7 Hydraulikeinheit ABS
k1 Relais für Magnetventile
k2 Relais für Rückförderpumpe
y1 Magnetventil Vorderachse, links
y2 Magnetventil Vorderachse, rechts
y3 Magnetventil, Hinterachse
m1 Rückförderpumpe
F 1 Relais- und Sicherungskasten
K 1/1 Überspannungsschutz
L 6 Drehzahlfühler Hinterachse
L 6/1 Drehzahlfühler linkes Vorderrad
L 6/2 Drehzahlfühler rechtes Vorderrad
N 30 Steuergerät ABS
S 9 Bremslichtschalter
W Masse
X Steckverbindungen

terhin aufleuchten, wenn ein Rad länger als 20 Sekunden durchdreht. Dann die Zündung wieder ausschalten und erneut starten.

Leuchtet die Kontrolle ständig, ist das ABS nicht betriebsbereit. Eine Mercedes- oder Bosch-Werkstatt muß mit aufwendigen Geräten nach der Ursache forschen. Als Laie können Sie allenfalls Steckverbindungen oder die Drehzahlfühler kontrollieren. Auch die Sicherung auf dem Überspannungsschutz können Sie prüfen.

Wichtig: Auch wenn die Kontrolle ständig leuchtet, das ABS also ausgeschaltet ist, kann der Mercedes wie ein Fahrzeug ohne ABS abgebremst werden.

Nachfolgend noch einige Hinweise zu unseren bisherigen Erfahrungen mit ABS-Störungen:

□ Bei hoher Geschwindigkeit (ab ca. 160 km/h) kann es vorkommen, daß die ABS-Kontrollleuchte aufleuchtet. Schuld daran sind verschiedene Raddrehzahlen an Vorder- und Hinterachse, hervorgerufen durch ungünstige Reifenkombinationen. Bei serienmäßiger Bereifung tritt dieser Effekt nicht auf.

□ Drehen z. B. auf Eisglätte die Hinterräder mehr als ca. 20 Sekunden durch, leuchtet die ABS-Kontrolleuchte wegen der Raddrehzahlunterschiede auf.

□ Arbeitet das ABS, spürt man dies am pulsierenden Bremsspedal. Pulsiert es schon bei leichtem Abbremsen bei guten Straßenverhältnissen (ABS-Kontrolleuchte brennt nicht), deutet dies auf einen Fehler hin. Nacheinander erst sämtliche Drehzahlfühler prüfen, dann Steuergerät erneuern.

□ Schaltet der Bremslichtschalter nicht, kann auch das ABS nicht funktionieren.

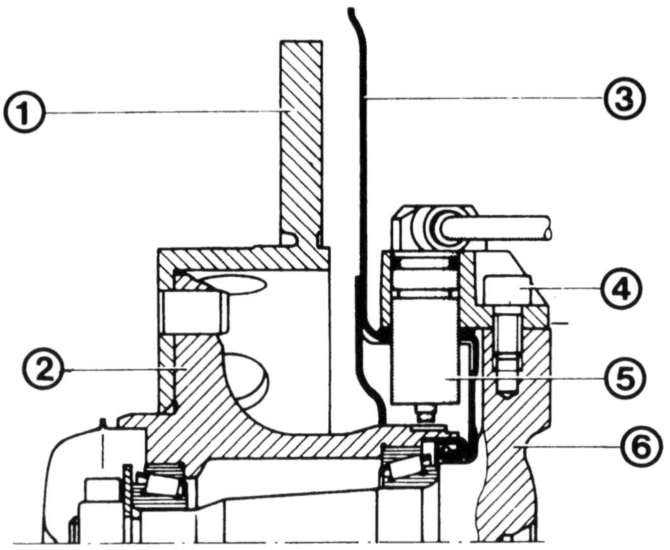

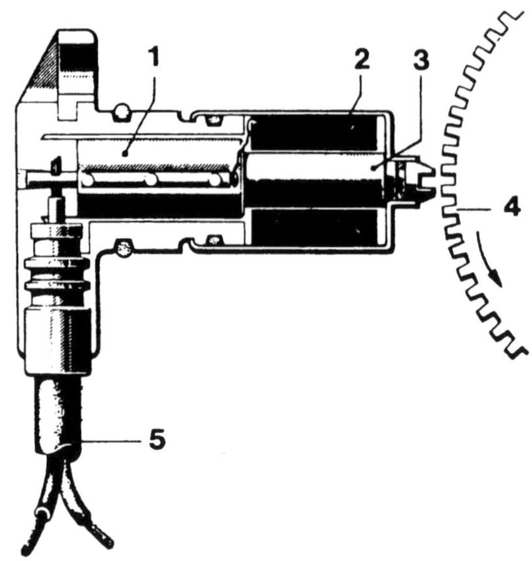

Links: So sind die vorderen Drehzahlfühler eingebaut: 1 – Bremsscheibe; 2 – Vorderradnabe; 3 – Abdeckblech; 4 – Innensechskantschraube (25 Nm); 5 – Drehzahlfühler; 6 – Achsschenkel.
Rechts: Dreht der Rotor (4) am Magnetkern (2) des Drehzahlfühlers (1) vorbei, entsteht in der Spule (2) eine Wechselspannung. Ihre Frequenz ist von der Rotor- bzw. Raddrehzahl abhängig. Über ein Koaxialkabel (5) wird die Spannung zum Steuergerät geführt.

Drehzahlfühler prüfen

■ Zündung ausschalten. Stecker vom Steuergerät abziehen. Die Innenwiderstände der Fühler und die Wechselspannungssignale an den Buchsen im Stecker messen. Die Belegung des Steckers siehe Schaltplan.

■ Zuerst die Innenwiderstände der Fühler messen. Es gelten vorn 1,1–2,3 kΩ und hinten 0,6–1,6 kΩ.

■ Anschließend die Wechselspannung messen, die jeder Drehzahlfühler mindestens erzeugen muß, wenn das entsprechende Rad von Hand schnell durchgedreht wird. Die gemessene Wechselspannung muß größer als 100 mV sein.

■ Werden die Spannungs- bzw. Widerstandswerte nicht erreicht, sind die Drehzahlfühler defekt oder die Leitungen zum Steuergerät unterbrochen. Hier besonders die Koaxialsteckverbindungen kontrollieren. Außerdem die Spitze an jedem Drehzahlfühler auf Beschädigung und Metallspäne untersuchen.

Störungsbeistand Bremsen

Die Störung	– ihre Ursache	– ihre Abhilfe
A Die Bremsen ziehen einseitig. Das Fahrzeug bricht seitlich aus	1 Reifendruck stark ungleichmäßig	Bei kalten Reifen berichtigen (Seite 197)
	2 Reifenprofil einseitig abgefahren	Radeinstellung prüfen lassen. Evtl. Räder austauschen
	3 Bremsklötze verschmiert, verglast oder abgenutzt	Bremsklötze erneuern (Seite 183). Bremssättel überprüfen
	4 Bremsklötze einseitig abgenutzt	Gängigkeit der Bremskolben prüfen
	5 Unterschiedliche Bremsklötze eingebaut	Achsweise gleiche Bremsklötze einbauen
	6 Bremsklötze klemmen in ihrem Sitz	Vorn den Bremsträger, hinten die Schächte im Bremssattel reinigen
	7 Bremsscheiben stark riefig oder zu dünn	Bremsscheiben ersetzen (Seite 187)
	8 Bremsschläuche gequollen	Schläuche ersetzen
B Bremsen quietschen	1 Falsche Bremsbeläge	Original- oder Markenfabrikate einbauen
	2 Bremskolben schwergängig	Bremssättel überprüfen lassen und ggf. ersetzen
	3 Klemmende Bremsklötze	Sitz reinigen und leicht mit Spezialschmiermittel (Abb. S. 184) fetten
	4 Verdrehte Bremskolben (nur hinten)	Stellung prüfen lassen
	5 Gleitbolzen festgerostet (nur vorn)	Gängig machen oder ersetzen (Seite 186)
	6 Bremsscheibe hat Seitenschlag	Erneuern

Die Störung	– ihre Ursache	– ihre Abhilfe
C Bremsen rattern	1 Bremsscheiben verschlissen 2 Bremssattel lose	Austauschen Mit neuen Schrauben befestigen
D Schlechte Bremswirkung bei normalem Bremspedalweg	1 Bremsklötze abgenutzt 2 Siehe C 1 3 Siehe B 2	Austauschen
E Schlechte Bremswirkung trotz hohem Pedaldruck, aber langer Pedalweg	Ein Bremskreis ausgefallen a) Bremssystem undicht b) Bremsflüssigkeit im Behälter abgefallen c) Hauptbremszylinder schadhaft	Bremsentest und eine Dichtheitsprüfung durchführen lassen. Schadhafte Teile ersetzen lassen
F Schlechte Bremswirkung und kurzer Pedalweg	1 Bremskraftverstärker schadhaft 2 Unterdruckschlauch zum Bremskraftverstärker undicht oder lose 3 Rückschlagventil im Unterdruckschlauch defekt 4 Hauptbremszylinder schadhaft	Prüfen (Seite 187) Anschlüsse nachziehen, Schlauch auf Durchscheuerungen untersuchen Prüfen (Seite 187) Austauschen
G Pedalweg zu groß, Pedal läßt sich weich und federnd durchtreten	1 Luft im Bremssystem 2 Bremssystem undicht 3 Siehe F 5 4 Bei starker Bremsbelastung Dampfblasenbildung in zu alter Bremsflüssigkeit 5 Abgenutzte Bremsklötze hinten, Trägerplatten liegen bereits an Kreuzfeder 6 Radlagerspiel zu groß 7 Belüftungslöcher im Deckel des Bremsflüssigkeitsbehälters verstopft	Bremsanlage entlüften (Seite 188) Dichtheitsprüfung durchführen lassen Bremsflüssigkeit austauschen (Seite 182) Bremsklötze ersetzen Einstellen (Seite 176) Reinigen
H Bremspedal läßt sich mit leichtem Pedaldruck bis zum Bodenblech durchtreten	1 Siehe F 4	
I Eine Radbremse wird beim Rollenlassen heiß	1 Ausgleichsbohrung im Hauptbremszylinder verstopft 2 Siehe A 6 3 Siehe D 3	Überholen lassen
J Feststellbremse wirkt einseitig oder nur schwach	1 Bremsbeläge teilweise abgeschliffen, Hebelweg zu lang 2 Bremsbeläge verölt oder abgenutzt 3 Spreizhebel beschädigt 4 Bremsseil festgerostet	Feststellbremse einstellen (Seite 188) Hintere Bremsscheibe ausbauen und Beläge prüfen Bremsscheibe ausbauen und kontrollieren Ersetzen (Seite 190)

Schwarze Krallen

Vier Gebilde aus Gummi, Stahldraht und Gewebe stellen die nur handflächengroße Verbindung zwischen Fahrzeug und Straße her. Was Sie über die Autoreifen wissen sollten, finden Sie im folgenden Kapitel beschrieben.

Welche Reifen sind montiert?

Für Ihren speziellen Wagen gelten diejenigen Reifengrößen, die in Ihrem **Kfz-Schein eingetragen** sind. Reifen mit anderen Bezeichnungen dürfen sich an Ihrem Wagen nicht befinden.

Typ	Reifengröße	zugehörige Felgengröße
200	185/65 R 15 87 H	6 J × 15 H 2
200 E, 230 E	195/65 R 15 91 H	6½ J × 15 H 2
260 E, 280 E, 300 E	195/65 VR 15/195/65 R 15 91 V	6½ J × 15 H 2
320 E/CE	195/65 ZR 15	6½ J × 15 H 2
200 T/TE	195/65 R 15 91 T	6½ J × 15 H 2 verstärkt
230 TE	195/65 R 15 91 H	Felgen von Limousine dürfen nicht
300 TE	195/65 VR 15	verwendet werden (Aufkleber an der
280 TE, 300 TE-24, 320 TE	195/65 ZR 15	Radschüssel)

Felgen von anderen Modellen

Die Felgen unserer Fahrzeuge (Modellreihe 124) haben eine Einpreßtiefe von 48 oder 49 mm. Diese Maßangabe ist in der Felge als »ET 48 oder 49« eingeschlagen. Werden Felgen mit anderer Einpreßtiefe eingebaut, ändert sich die Achsgeometrie. **Achtung:** Räder der Modellreihen 123 und 201 mit 14-Zoll-Bereifung können nicht verwendet werden!

Anbau von Sonderfelgen

□ Ein Teilgutachten beim TÜV und die anschließende Berichtigung der Fahrzeugpapiere ist notwendig, wenn Felgen- und Reifengröße nicht mit den Angaben in den Kfz-Papieren übereinstimmen und/oder für die Felgen lediglich ein TÜV-Bericht vorliegt.
□ Neuen Sonderfelgen muß eine Rad-ABE oder ein TÜV-Bericht beigefügt sein.
□ Vor dem Kauf gebrauchter Felgen ohne entsprechende Papiere sollten Sie aus dem Räderkatalog des TÜV heraussuchen lassen, ob hierfür eine Rad-ABE oder ein TÜV-Bericht vorliegt.
□ Räder ohne ABE oder TÜV-Bericht dürfen in der Bundesrepublik nicht montiert werden.

Radschrauben und Felgen – eine Einheit

Radschrauben und Felgen stellen eine Konstruktionseinheit dar und dürfen deshalb nicht getrennt werden. Der Kegelsitz an den Befestigungslöchern der Felgen ist genau auf den Kegel der Radschrauben abgestimmt. Andere Kegelformen können den sicheren Sitz der Schraube und damit die Befestigung des Rades nicht garantieren. Die Länge muß stimmen.

Radwechsel

- Feststellbremse treten.
- 1. Gang einlegen oder Wählhebel in Stellung »P« bringen.
- Räder der anderen Wagenseite mit Steinen, Keilen oder großen Holzstücken gegen Abrollen unterkeilen.
- Radblende mit beiden Händen abziehen.
- Radschrauben etwas lockern.
- Schutzkappen am jeweiligen Wagenheber-Einsteckrohr unten am Schweller herausziehen und den Wagenheber dort möglichst weit einstecken. Ersatzrad bereitlegen.
- Fahrzeug hochkurbeln und die Radschrauben vollends abdrehen.
- Rad abnehmen und auswechseln.
- Radschrauben ansetzen und festziehen.
- Wagen ablassen.
- Radschrauben über Kreuz fest anziehen und Radkappe montieren.

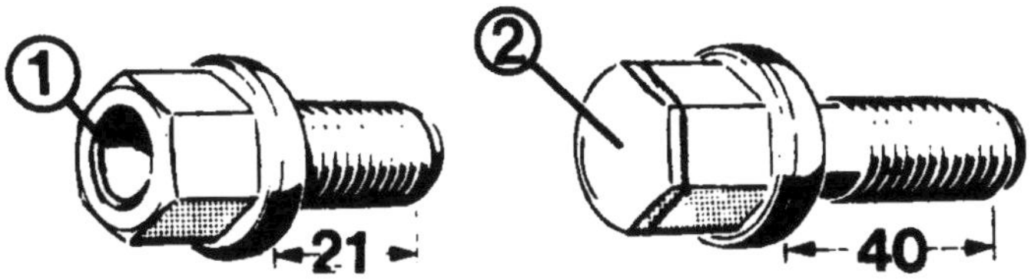

Unbedingt auf die richtige Länge der Radschrauben achten! 1 – Schraube für Stahlfelge; 2 – Schraube für Leichtmetallfelge. Das Anziehmoment ist immer 110 Nm.

Reifendruck prüfen

Ständige Kontrolle

Luftdichte Reifen gibt es nicht. Selbst neuwertige schlauchlose Reifen – wie sie am Mercedes montiert sind – verlieren durch die Porosität des Kautschuks allmählich Luft. Deshalb wird bei der Luftdruckkontrolle meistens ein zu geringer Druck festgestellt.
Am Fahrzeug finden Sie eine Luftdrucktabelle in der Tankklappe. Die Werte dort und die in unserer Tabelle gelten bei einer Reifentemperatur von rund 20° C – also bei kalten Reifen. Bei warmen Reifen den Luftdruck um 0,3 bar erhöhen. Bei Fahrzeugen mit Sportfahrwerk sind 0,2 bar Druckerhöhung nötig. Als Teilbeladung gelten bis zu drei Personen mit ca. 30 kg Gepäck.

Modell	200/230/ 280 TE		200 T		280 E		300 E/CE-24 320 E/CE		300 TE/TE-24 320 TE Cabrios		Andere Modelle	
Beladung	Teil-	Max.-	Teil-	Max.-	Teil-	Max.-	Teil-	Max.-	Teil-	Max.-	Teil-	Max.-
vorn	2,0	2,2	2,0	2,2	2,2	2,4	2,4	2,5	2,3	2,4	2,0	2,0
hinten	2,5	3,1	2,2	2,8	2,3	2,9	2,5	3,2	2,7	3,1	2,0	2,7

Reifenzustand prüfen

Wartung Nr. 15

Am besten sehen Sie nach dem äußeren Zustand der Reifen, wenn der Wagen hochgebockt ist. Sie können sehr zufrieden sein, wenn jeweils die Reifen einer Achse über den gesamten Reifenumfang und über die gesamte Profilbreite gleichmäßig abgenutzt sind. Zeigt sich jedoch einseitige Abnutzung oder hat das Profil wellige Vertiefungen in regelmäßigen Abständen, dann ist am Fahrwerk oder am Rad selbst etwas faul.

Radschrauben auf festen Sitz prüfen

Wartung Nr. 19

Die Radschrauben sollen kräftig (110 Nm bei ungeölten, sauberen Radschrauben), aber nicht mit zu viel Kraft angezogen werden, also nicht mit einem zusätzlich verlängerten Radschlüssel. Zu starkes oder ungleichmäßiges Festschrauben kann im Extremfall an ungleichmäßiger Bremswirkung, Bremsenschütteln und punkt- oder flächenförmigem Reifenverschleiß schuld sein, wenn sich die Radaufnahmen verzogen haben.

Winterbereifung

Bei unbeladenem Heck verliert der Mercedes schnell die Haftung auf schnee- bzw. eisglatter Fahrbahn. Die Anschaffung einer Winterbereifung ist deshalb besonders empfehlenswert. Wer mit seinem Mercedes mit Sommerreifen durch den Winter kommen will, sollte auf jeden Fall einen Satz Schneeketten mit sich führen.

Fingerzeig: *Für herkömmliche Winterreifen beträgt die Höchstgeschwindigkeit 160 km/h. Ein Aufkleber im Armaturenbrett muß darauf hinweisen.*

Links: Die Radschrauben in der gezeigten Reihenfolge mit 110 Nm mit Drehmomentschlüssel festziehen.

Rechts: Reserverad und Wagenheber (2) sind unter dem Kofferraumboden versteckt. Das Reserverad ist mit der Kunststoffschale (1) festgeschraubt. Beim Mercedes-Zubehör gibt es einen 7-Liter-Reservekanister der genau in die Kunststoffschale paßt und dort hohen Sicherheitsanforderungen genügt.

Elektrik und Elektronik

High-Technomobil

Je moderner die Fahrzeuge werden, desto mehr Elektrik und Elektronik ist eingebaut. Die Elektronik wird im Mercedes überall dort eingesetzt, wo sie Aufgaben besser und zuverlässiger als mechanische Lösungen bewältigen kann. Dies sind beispielsweise: Regler der Lichtmaschine, Schaltgerät für Airbag/Gurtstraffer, Steuergerät für das ABS, Zündschaltgerät, Steuergerät der Einspritzung, Zeitrelais für Sitzheizung und Innenleuchte, Heizungsautomatik, Memory für Sitzeinstellung.
So wird der Selbstpfleger wohl oder übel dazu gezwungen, sich mit den Begriffen der Elektrik und Elektronik auseinanderzusetzen.

So einfach ist Elektrik

Elektrizität ist leider unsichtbar. Deshalb ist alles, was mit Strom zusammenhängt, für viele ein Buch mit sieben Siegeln. Verdeutlichen wir uns doch die Zusammenhänge von Strom und Spannung am Beispiel eines Wasserfalls: Seine Höhe stellt die elektrische **Spannung** dar (in Volt gemessen), seine Breite – also die herabfließende Wassermenge – symbolisiert den elektrischen **Strom** (in Ampere gemessen).
Steht am Fuß unseres Wasserfalls ein Mühlrad, so wird dort **Leistung** (in Watt) erzeugt. Und zwar so viel, wie sich aus dem Produkt von Höhe und Breite des Wasserfalls ergibt. Klar also, daß es egal ist, ob der Wasserfall hoch und schmal oder niedrig und dafür breiter ist. Denn erst das Ergebnis der Rechnung »Höhe mal Breite« (oder »Spannung mal Strom«) entscheidet über die abgegebene Leistung. Ein leuchtendes Beispiel: Die 40-Watt-Birne zu Hause brennt genau gleich hell wie die 40-Watt-Birne am Auto, obwohl das Bordnetz statt 220 Volt nur 12 Volt aufzuweisen hat.
Bleibt noch der **Widerstand** zu erklären: Er ist mit einer Verengung in der Wasserleitung vergleichbar, durch den der Wasser(Strom-)fluß reduziert werden kann.

Grundbegriffe der Elektronik

Schon dem Wort nach basiert die Elektronik auf den Elektronen – jenen immens kleinen Bausteinen, aus denen das ohnehin schon kleine Atom zum Teil besteht. Die Elektronen sorgen in allen elektrisch leitenden Werkstoffen (Leiter) dafür, daß Strom überhaupt fließen kann. Die Elektronen wandern dabei im Leiter von Atom zu Atom.
Nichtleitende Werkstoffe besitzen zwar auch Elektronen, doch sind diese sehr stark an den Atomkern gebunden. Sie können also auch nicht weiterwandern, und somit fließt auch kein Strom.
Die dritte Werkstoffgruppe stellen die sogenannten Halbleiter dar. Das sind Kristalle (meist Germanium oder Silizium), die so nachbehandelt wurden, daß in ihrem Atomaufbau Elektronen fehlen oder überschüssige Elektronen vorhanden sind.
Dadurch ergibt sich der durchaus erwünschte Effekt, daß durch die Kristallplättchen nur unter bestimmten Bedingungen Strom fließen kann. Werden diese Bedingungen nicht erfüllt, baut sich eine Sperrschicht auf, und der Stromfluß wird gehemmt.
Halbleiterbauelemente findet man natürlich nicht nur einzeln in der Fahrzeugelektrik verwendet. Meist sind sie in größerer Stückzahl zu kompletten Schaltungen zusammengefaßt, wie zum Beispiel im Regler der Lichtmaschine.

Halbleiter

Transistor: Er läßt nur dann Strom durchfließen, wenn an seinem dritten Anschluß eine Spannung anliegt. Ist diese Spannung hoch, fließt viel Strom durch; bei geringer Spannung entsprechend weniger. Vergleichbar ist das mit einem Wasserhahn. Je weiter das Ventil aufgedreht wird, desto mehr Wasser fließt durch.

Diode: Sie ist nur in einer Richtung für den elektrischer Strom leitend. Kommt der Strom aus der Gegenrichtung, sperrt sie den Durchgang. Das ist wie beim Reifenventil: Luft kann durchgepumpt werden, aber sie kommt nicht mehr heraus.

Weitere Bauelemente

Widerstand: Seine Aufgabe ist es, den Stromfluß zu hemmen.
Kondensator: Er wirkt wie eine kleine Batterie und kann elektrische Energie für eine gewisse Zeit speichern. Er wird zur Glättung von Spannungsschwankungen und zum Dämpfen von Spannungsspitzen verwendet. Wenn eine Zeitverzögerung in einer Schaltung erwünscht ist (z. B. im Blinkrelais), wird ein Kondensator mit einem Widerstand zu einem »Zeitglied« zusammengeschaltet.

Elektronische Schaltungen

Integrierte Schaltkreise (IC): Eine Vielzahl von elektronischen Bauteilen ist im kleinen Gehäuse eines IC untergebracht. Die meist schwarzen »Käfer« mit 14 und mehr Anschlußfüßen gibt es mit allen erdenklichen Funktionen.
Mikroprozessoren: Sie spielen eine wachsende Rolle in der Technik. Es sind weiterentwickelte ICs, aber wesentlich »intelligenter«. Je nach Art des elektrischen Eingangsignals können sie vorher programmierte Schaltungsvorgänge auslösen.

Spannung messen mit der Prüflampe

Spannung kann schon mit einer einfachen Prüflampe »gemessen« werden. Die Lampe gibt dabei in erster Linie Auskunft darüber, ob überhaupt Spannung anliegt oder nicht. Praktisch ist eine Prüflampe mit Nadelkontakt, mit deren Prüfnadel einfach die Isolierung des zu kontrollierenden Kabels durchstochen werden kann. Die Klemme am Kabel der Lampe wird irgendwo an Masse angeklipst.

Spannung messen mit dem Voltmeter

Exakter ist die Spannungsmessung mit dem Voltmeter bzw. dem entsprechenden Meßbereich des Vielfachinstruments. Damit kann z. B. auch genau die Batteriespannung gemessen werden. Zeigt das Instrument beispielsweise nur 10,4 Volt an, hat eine der Batteriezellen Kurzschluß. Interessant kann es auch sein, die Batteriespannung zu messen, während der Anlasser betätigt wird. Sind dann nur noch 6 Volt abzulesen, steht es mit der Batterie sicher nicht zum besten. Zum Messen wird das mit »–« gekennzeichnete Kabel mit dem »–« -Pol der Batterie oder mit einer blanken Schraube an Motor oder Karosserie abgeklemmt. Das »+«-Kabel des Meßgeräts wird an das zu messende Kabel angehängt oder an den »+«-Pol der Batterie.

Strom messen

Ob Strom zu einem Verbraucher hinfließt, wird mit dem Amperemeter bzw. dem entsprechenden Meßbereich des Vielfachinstruments gemessen. Dazu muß der Stromkreis aufgetrennt und das Meßinstrument dazwischengeschaltet werden. Im Auto kann dazu einer der Steckkontakte abgezogen und an das Meßgerät zwischen Stecker und Kontaktzunge geschaltet werden. Die Zeichnung auf der Vorseite zeigt, wie das prinzipiell aussieht.
Strom wird beispielsweise gemessen, wenn der Verdacht besteht, daß ein heimlicher Stromverbraucher irgendwo im Bordnetz sitzt, der über Nacht die Batterie leersaugt. Um diese Leckstelle zu lokalisieren, nehmen Sie eine Sicherung nach der anderen heraus, klemmen stattdessen das Amperemeter an den Kontakten im Sicherungskasten an und können so feststellen, in welchem Stromkreis Verluste entstehen.

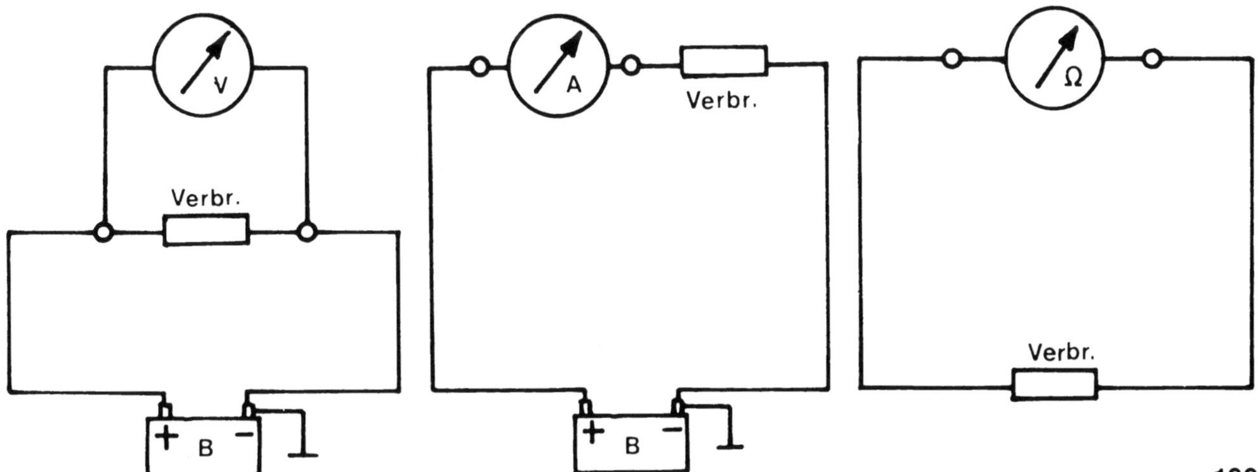

Die Zeichnungen zeigen schematisch, wie das betreffende Meßgerät für die elektrischen Größen Spannung, Strom und Widerstand (von links nach rechts) angeschlossen wird. Der Kreis mit Zeiger stellt das Meßgerät dar, »Verbr.« steht für Verbraucher (z. B. Lampe, Elektromotor usw.). Das Kästchen mit dem »B« markiert die Batterie.

Hier werden zur Fehlereinkreisung die Spannungen am 15poligen Rundstrecker (1) zum Kombiinstrument gemessen. Steckerbelegung siehe Seite 229.

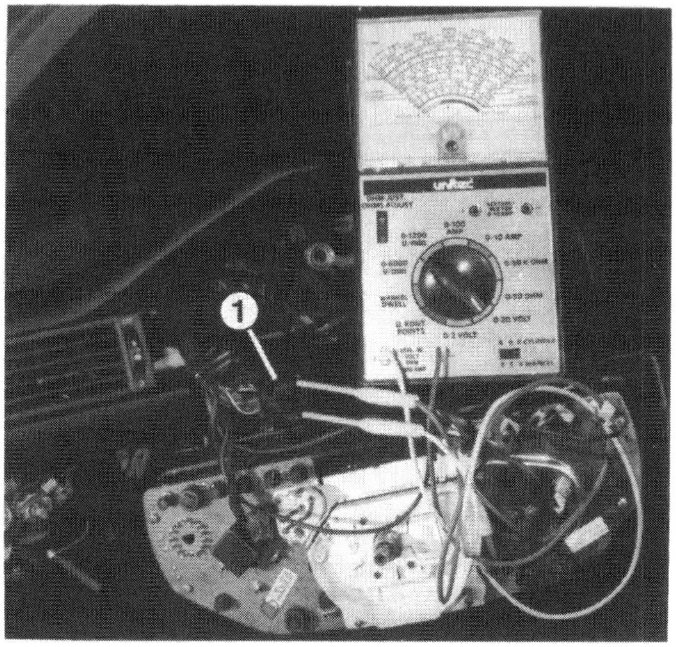

Widerstand messen

Mit dem Widerstandsmeßbereich läßt sich beispielsweise erkennen, welchen Innenwiderstand ein bestimmtes Bauteil hat. Die Angaben finden Sie – wo nötig – hier im Buch.
Ferner läßt sich mit dem Widerstands-Meßbereich eines Meßinstruments prüfen, ob eine Leitung oder ein Schalter »Durchgang« hat (der Meßwert ist dann 0 Ω) oder ob der Stromweg irgendwo unterbrochen ist (dann erhalten Sie den Meßwert unendlich = ∞ Ω).

Schließwinkel bzw. Tastverhältnis messen

Bei diesen Messungen mit dem Schließwinkel-Tester oder einem Tastverhältnis-Meßgerät werden Rechteckspannungen gemessen. Wir haben hierbei festgestellt, daß auch preisgünstige Geräte genau anzeigen.
Rechteckspannungen im Fahrzeug sind das TD-Signal (Seite 128) vom Zündschaltgerät, das Lambda-Meßsignal vom Steuergerät der Gemischaufbereitung und die Spannung am Leerlaufsteller (Seite 118) bei den Einspritzern.
Bei einer Rechteckspannung unterscheidet man zwischen der Periodendauer (d) eines Signales und der Einschaltzeit der Spannung innerhalb dieser Periodendauer. Die Spannungshöhe ist dabei stets gleich. Im Leerlaufsteller werden mit unterschiedlichen Einschaltzeiten verschiedene Spulenströme erreicht. Beim Lambda-Meßsignal oder TD-Signal werden die Rechteckspannungen ausgegeben, um das Regeln bzw. Schalten prüfen zu können.
Bei der Schließwinkelmessung mit dem Schließwinkel-Tester ist eine Periode gleich 90°. Die Einschaltzeit wird als Teil davon angegeben. So sind z. B. 3° sehr kurze Signale, bei 45° ist die Ein- und Ausschaltzeit gleich lang und bei 80° haben wir eine lange Einschaltzeit.
Bei der Tastverhältnismessung ist alles gleich, nur daß eine Periode gleich 100 % ist. Die Einschaltzeit der Signale wird in Teilprozent angegeben, z. B. ist bei 50° die Ein- und Ausschaltzeit gleich lang. Will man eine Prozent-Angabe in eine Grad-Angabe umrechnen, muß man sie mit 0,9 multiplizieren, z. B. 50 % × 0,9 = 45°.

Hier ist der Spannungsverlauf einer Rechteckspannung gezeigt: d – Periodendauer (Gesamtdauer) für ein Spannungssignal; t – Einschaltzeit (hier 70 %). Im Fahrzeug sind das TD-Signal der Zündanlage, die Spannung am Leerlaufsteller und das Lambdameßsignal solche Rechteckspannungen.

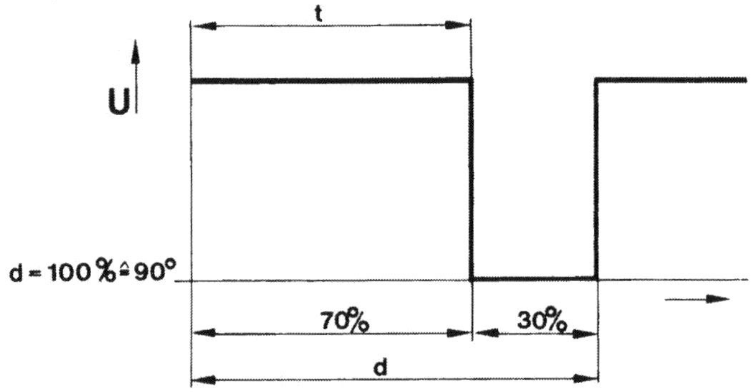

Schaltzentralen

Entsprechend der umfangreichen Fahrzeugelektrik sind in Ihrem Mercedes eine große Anzahl verschieden starker Sicherungen, viele Relais und eine Reihe elektronischer Schaltgeräte untergebracht. Wo die Bauteile im Fahrzeug zu finden sind und welche Aufgabe sie erfüllen, ist der Inhalt des folgenden Kapitels. Schaltpläne finden Sie:

	Seite		Seite
Gesamtschaltplan	216, 217	ABS	193
Einspritzung	123, 124	Tempomat	237
Vergaserelektrik	75	Heizungsautomatik	241
2-E-E-Vergaser	94	Klimaanlage	244
Zündanlage	139, 146	Sitzheizung	249
Kickdown-Abschaltung	156	Anhängekupplung	264
ASD	165		

Hilfe durch Normung

□ Klemme 31 ist die sogenannte »Masse-Klemme«, mit der ein Stromverbraucher zur Fahrzeugmasse verbunden werden muß. Die entsprechenden Kabel sind braun.
□ Klemme 30 erhält dauernd Strom vom Pluspol der Batterie oder der Lichtmaschine – auch bei ausgeschalteter »Zündung«. Diese stets stromführenden Leitungen haben meist eine rote Umhüllung, teilweise auch mit Farbstreifen bei bestimmten Stromverbrauchern.
□ Klemme 15 erhält nur bei eingeschalteter »Zündung« Strom. Nach den Sicherungen haben die Leitungen, die den Strom zu den entsprechenden Verbrauchern leiten, eine schwarze Grundfarbe.
□ Die Klemmen 56 und 58 versorgen die Fahrzeugbeleuchtung mit Strom. Für die Hauptscheinwerfer ist die Grundfarbe der Kabelumhüllung weiß oder gelb, für das Standlicht grau mit zusätzlichen Farbstreifen.

Kennzeichnung

In den elektrischen Schaltplänen sind die Bauteile entsprechend ihrer Funktion mit den folgenden Großbuchstaben gekennzeichnet:

A – Informationseinrichtungen
B – Geber und Fühler
E – Leuchten
F – Sicherungen
G – Stromquellen
K – Relais
L – Geberspulen
M – Motoren
N – Elektronische Schaltgeräte
R – Widerstände
S – Schalter
W – Massepunkte
X – Leitungsverbindungen
Y – Elektromagnetische Geräte

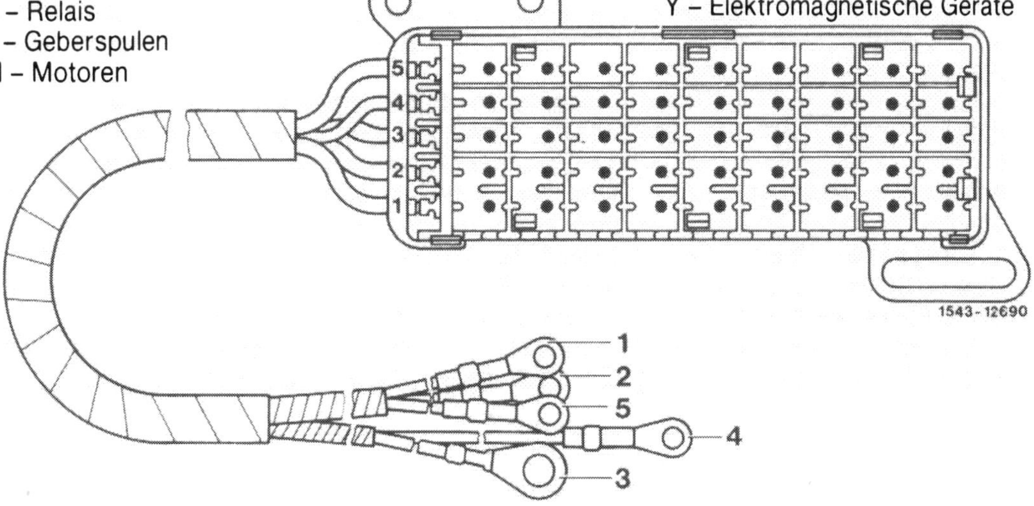

Steckerleiste für Sonderausstattungen: Anschluß 1: Klemme 30 von Sicherung C; Anschluß 2: Klemme 15 von Sicherung B; Anschluß 3: Klemme 31 (Masse); Anschluß 4: Klemme 58 d (Beleuchtung); Anschluß 5: Klemme 15 R von Sicherung A (Radio).

Die Steckverbindungen

In den Schaltplänen sind die Mehrfachstecker durch dünne Linien und mit X gekennzeichnet. Sie zeigen, welche Leitungen in der jeweiligen Steckverbindung zusammengefaßt sind. Schraubverbindungen sind in den Schaltplänen durch einen kleinen Kreis gekennzeichnet. Von den vielen Leitungsverbindungen wollen wir kurz auf einige wichtige eingehen.

□ Leitungsverbindung X 35: Neben der Batterie angeordnet (Abb. Seite 240 oben). Angeschlossen ist ungesichert Klemme 30 (Batterie +) und Klemme 61 (Ladekontrolle).

□ Steckerverbindung X 27: An der Trennwand im Motorraum neben dem Hauptbremszylinder angeordnet (Abb. Seite 213). Dort ist die Klemme 50 zum Anlasser verschaltet.

□ Steckerleiste für Sonderausstattungen: Die Steckerleiste ist vorn links im Fahrerfußraum angeordnet. An der Steckerleiste sind 5 verschiedene Spannungen aufgeschaltet. Wenn noch Steckmöglichkeiten frei sind und wenn Sie sich den passenden Stecker von Ihrer Mercedes-Werkstatt besorgt haben, kann von dieser Steckerleiste in idealer Weise die Spannungsversorgung für selbst eingebautes Zubehör erfolgen.

Stromrückführung über Masse

An die meisten Stromverbraucher sind zwei Kabel angeschlossen. Aber nur eines läßt sich, oft über weitverzweigte Wege, bis zum Pluspol der Batterie zurückverfolgen. Das andere braune Kabel endet schon bald irgendwo am Karosserieblech. Um die Rückleitungen zum Minuspol der Batterie zu sparen, hat man sich hier zunutze gemacht, daß die Metallteile des Fahrzeugs problemlos Strom leiten können – man bezeichnet sie in der Autoelektrik als »Masse«. Die Autohersteller haben sich darauf verständigt, die Stromrückführung über die »Masse« geschehen zu lassen. Deshalb ist der Minuspol der Batterie mit der Karosserie verschraubt. Man sagt: Minus an Masse. In den Schaltplänen sind die Massepunkte mit W und einer Zahl bezeichnet.

Bei Montagearbeiten unbedingt darauf achten, daß die braunen Massekabel wieder fest am jeweiligen Massepunkt verschraubt werden. Ansonsten kann es zu Funktionsstörungen kommen. Ja sogar Kabelbrände sind denkbar, wenn Sie beispielsweise das dicke Motormassekabel nicht montiert haben und der Anlasser sich seine Masse über dünnere Leitungen holt. Wo Sie die Massepunkte finden, steht in der Gerätebezeichnung auf Seite 215.

Bei älteren Fahrzeugen kann es an verdreckten und verrosteten Massepunkten zu Übergangswiderständen kommen. Der direkte Kontakt der am Massepunkt verschraubten Teile ist dann teilweise oder ganz unterbrochen. Zur Abhilfe die Masseverschraubung lösen und die Kontaktstellen mit einer Drahtbürste oder einer Feile blank machen.

Sicherungen

Die Sicherungen sind im Sicherungs- und Relaiskasten hinten links im Motorraum untergebracht. Um an die Sicherungen zu gelangen, denn Verschlußbügel lösen und die Abdeckung über den Sicherungen abnehmen. Auf der Innenseite der Abdeckung finden Sie die Sicherungstabelle. Die Sicherungen sind numeriert. Für Sonderausstattungen können zwei zusätzliche Sicherungshalter mit je 4 Sicherungen eingebaut sein. Diese Sicherungen sind mit Großbuchstaben bezeichnet.

Sicherung ersetzen

□ Eine Sicherung brennt selten wegen Überlastung durch. Entweder wird bei Basteleien ein Kurzschluß verursacht, oder ein Gerät ist schadhaft. Meist ist irgendwo eine Verbindung zur Fahrzeugmasse entstanden. Wird der Fehler nicht gefunden, nützt der Austausch einer durchgebrannten Sicherung nichts.

□ Mit dem Schaltplan klären, wann die Sicherung Strom erhält. Dies kann entweder ständig sein (z. B. Sicherung 10) oder erst bei entsprechender Zündschlüsselstellung (z. B. Sicherung 2 in Stellung 1 oder Sicherung 6 in Stellung 2). Klären Sie, welche Verbraucher an die Sicherung angeschlossen sind.

□ Statt einer neuen Sicherung verwendet man nun ein Drahtstück und überbrückt die beiden Halteklemmen der Sicherung ganz kurz (ca. 1 Sekunde). Funkt es kräftig, besteht im entsprechenden Zweig der Fahrzeugelektrik irgendwo ein Kurzschluß. Nacheinander versuchsweise die Leitungsverbindungen zu den angeschlossenen Verbrauchern auftrennen. Verschwindet das starke Funken, am gerade abgeklemmten Verbraucher den Fehler weiter suchen.

□ Funkt es beim Überbrücken nicht gleich, den Zündschlüssel so weit drehen, bis an die Sicherung Strom gelangt – Nachweis mit einer Prüflampe. Entsteht beim Überbrücken nun der starke Funke, wie beschrieben die Verbraucher durchprüfen.

□ Bisweilen entsteht der Kurzschluß erst dann, wenn der defekte Verbraucher eingeschaltet wird (z. B. Heckscheibenheizung, Scheibenwischer, Blinklichter, Bremslichter usw.). Die

»Funkenprobe« wird dann schwieriger, und es ist mehr Erfahrung nötig. Leichteres Funken ist jetzt normal, weil ja ein Strom zum eingeschalteten Verbraucher fließt. Starkes Funken deutet hingegen weiter auf einen Kurzschluß hin. Verwendet man statt der Drahtbrücke ein Amperemeter im etwa 30-Ampere-Bereich, kann man dies besser klären. Schlagartiger Vollausschlag des Zeigers zeigt den Kurzschluß an (Meßkabel sofort wieder wegziehen).

1 – Deckel auf Sicherungskasten; 2 – Oberteil über Relais (3); Pfeil – Befestigungspunkte; 4 – Steckverbindung X26 unter Sicherungen.

Fingerzeig: *Wenn ein Stromverbraucher ausfällt, liegt es bisweilen auch daran, daß die Haltezungen der betreffenden Sicherung lose oder oxidiert sind, so daß der Strom nicht hindurchfließen kann. Sicherungen herausnehmen, Haltezungen sauber kratzen und neue Sicherung einsetzen.*

Lesen der Schaltpläne

Alle Geräte sind im Schaltplan mit einem Großbuchstaben und einer Ziffer bezeichnet. In der Geräteliste zum Schaltplan auf Seite 215 finden Sie unter dieser Bezeichnung den Namen des Gerätes und zusätzlich eine Koordinatenangabe. Damit können Sie das Gerät schnell im finden. Wenn ein elektrisches Gerät nicht funktioniert, dieses im Schaltplan su-

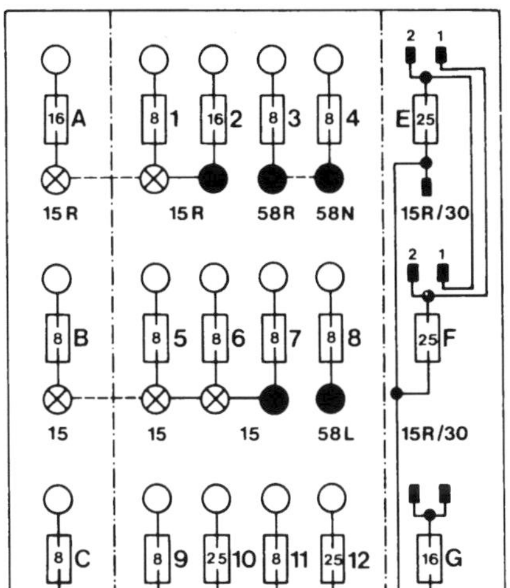

X Fahrtrichtung
○ Abgesicherter Sicherungsanschluß.
⊗ Sicherungseinspeisung ohne Kabelanschluß.
● Sicherungseinspeisung mit Kabelanschluß.
_ _ _ Lose Brücke, untergeklemmt.

Nr.	Abgesicherte Verbraucher
1	Zigarettenanzünder, Schalter heizbare Heckscheibe, Handschuhfachleuchte, Radio
2	Wischer, Wascher, Lichthupe, Relais Scheinwerferreinigungsanlage, Relais, Komfortschaltung, Relais Fensterheber
3	Standlicht rechts, Schlußlicht rechts. Lichtwarnsummer; Beleuchtung: Kennzeichen, Lichtdrehschalter, Kombi-Instrument, Bedienanlage Heizung/Lüftung, Schalterbeleuchtung, Radio; Scheinwerferreinigungsanlage
4	Lichtdrehschalter, Nebellichter, Nebelschlußlicht
5	Bremslicht, Kombi-Instrument, Lampenkontrollgerät, Bremslicht Anhänger, Tempomat (Hallgeber), Drehzahlmesser
6	Blinker, Hupen, Außentemperaturanzeige
7	Rückfahrlicht, Magnetkupplung Lüfter, Waschdüsenheizung, Heizungsautomatik, Klimaanlage, Belüftungsgebläse Innenraumtemperaturfühler, Magnetventil am automatischen Getriebe
8	Standlicht und Schlußlicht, links
9	Warnblinkanlage, Zeituhr, Kofferraumleuchte, Deckenleuchte, Leseleuchten, Motorantenne, Spiegelbeleuchtung, Kontrollgerät Anhängerblinkleuchten
10	Kombirelais (Blinker, heizbare Heckscheibe, Wischer)
11	Vergaserelektrik
12	Gebläsemotor
13	Abblendlicht links
14	Abblendlicht rechts
15	Fernlicht links
16	Fernlicht rechts
A	Zentralverriegelung, Schiebedach, Sitzheizung, Versenkbare Kopfstützen, Radio
B	Außenspiegel, Diebstahlwarnleuchte, Sitzheizung hinten
C	Zentralverriegelung, Ausstiegleuchten, Diebstahlwarnanlage, Radio, Steuergerät, Sitzverstellung Memory
D	Zusatzlüfter bei Klimaanlage
E, F	Sitzverstellung
G, H	Fensterheber

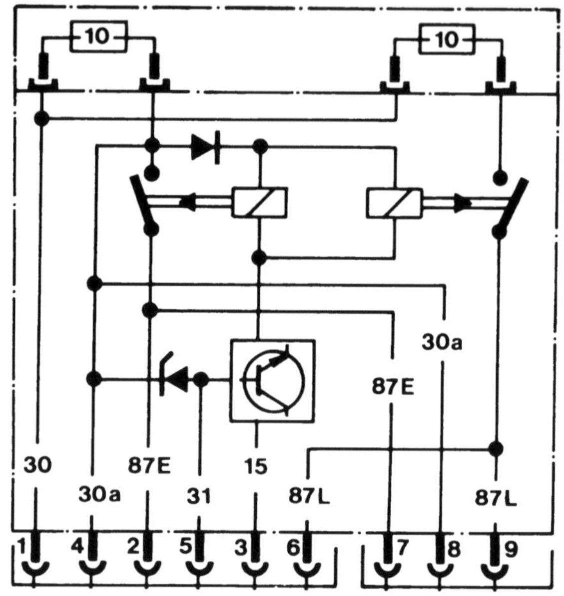

Hier ist die innere Verschaltung des Überspannungsschutzes gezeigt. Der dargestellte Überspannungsschutz mit zwei Sicherungen kann bei Fahrzeugen mit ASD, 4MATIC und ABS eingebaut sein. Über Klemme 30 wird ständig Batteriespannung angelegt. Über die linke Sicherung abgesichert, gelangt die Spannung an Klemme 30a und versorgt von dort die Fehlerspeicher elektronischer Steuergerät ständig mit Spannung. Beim Einschalten der Zündung gelangt über Klemme 15 Spannung zur eingebauten Steuerelektronik und die beiden Relaiskontakte werden geschlossen – die Klemmen 87 E und 87 L führen jetzt abgesichert Spannung. Steigt die Batteriespannung über 22 V (z. B. wenn der Regler der Lichtmaschine defekt ist), öffnen die Relaiskontakte und unterbrechen so die Spannungsversorgung der elektronischen Geräte.

chen und dann seine Verschaltung verfolgen. Hierzu ein Beispiel: Wenn es nicht hupt, die Hupen im Schaltplan suchen. Eine schwarz/rosa/rote Leitung verbindet die beiden Hupen und führt dann über die Steckverbindungen X 24 und X 63 zum Hupenkontakt im Kombischalter. Dorthin liefert ein schwarz/violettes Kabel von Sicherung Nr. 6 Strom bei eingeschalteter Zündung. Die Hupen sind über braune Leitungen am Massepunkt W 9 mit der Fahrzeugmasse verbunden. Zur Fehlereinkreisung könnten Sie beispielsweise die Steckverbindung X 63 abziehen und die Buchsen 4 und 5 verbinden. Hupt es beim Einschalten der Zündung, ist der Hupenkontakt im Kombischalter der Störenfried. Hupt es weiterhin nicht, die Sicherung Nr. 6 und noch den Masseanschluß der beiden Hupen überprüfen.

Relais und Steuergeräte

Will man an die Relais gelangen, muß man die Sicherungsabdeckung abnehmen und die 6 Schrauben oben am Sicherungs- und Relaiskasten herausdrehen. Die Zeichnung unten klärt die Anordnung der Relais.

□ Kombirelais (N 10 in den Schaltplänen): Dies ist ein dreiteiliges Relais für Blinker, Heckscheibenheizung und Wischer. Es erzeugt die Blinkimpulse und die Intervalldauer für die Scheibenwischer. Außerdem schaltet es den Strom zur Heckscheibenheizung nur dann für 20 Minuten ein, wenn die Batteriespannung über ca. 11 Volt liegt.

□ Steuergerät Einspritzung (N3): Beschreibung siehe Seite 103.

□ Steuergerät 2-E-E-Vergaser (N3): Beschreibung auf Seite 81.

□ Zündschaltgerät (N1): Es ist auf Seite 126 bzw. Seite 142 beschrieben.

□ Kraftstoffpumpenrelais (N16): Einspritzmotoren haben es eingebaut (Seite 102).

□ Überspannungsschutz (K 1): Dieses Relais hinter der Batterie schaltet bei einer bestimmten Spannung aus. So werden alle elektronischen Steuergeräte vor Überspannungen aus

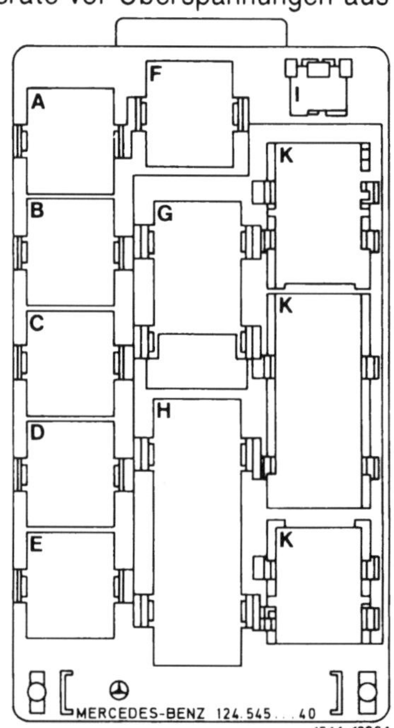

Anordnung der Relais

A Relais für Fensterhebung/Sitzverstellung (Hauptrelais)
B Relais für Zusatzlüfter Vorwiderstand
C Relais für Zusatzlüfter
D Relais für Scheinwerferreinigungsanlage
E Relais für Saugrohrheizung (Vergasermotor)
F Relais für Sicherungsdose 2polig für Zusatzheizung
G Relais für Abschaltventil-Relais (Vergasermotor)
H Relais für Kombirelais (Blinker, heizbare Heckscheibe, Wischer)
I Relais für Diode (Fensterheber, Sitzverstellung)
K Relais für Lampenkontrollgerät

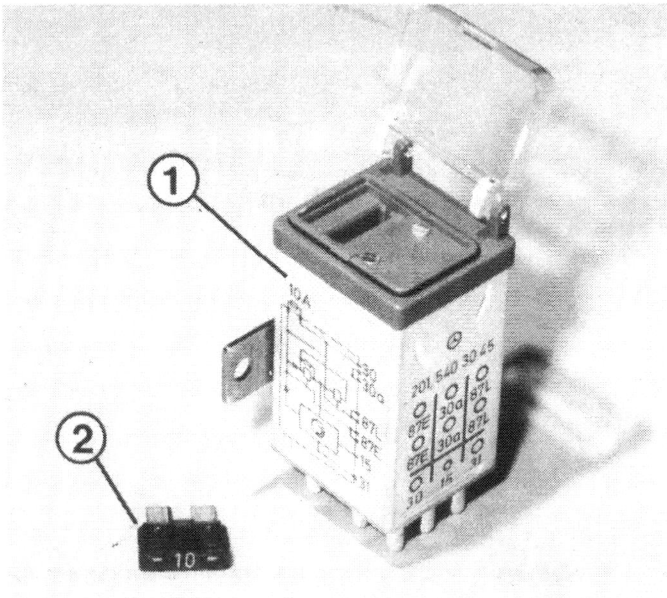

Über den Überspannungsschutz (1) werden alle elektronischen Geräte mit Betriebsspannung versorgt. Je nach Ausführung sind an der Oberseite eine oder zwei 10A-Flachstecksicherungen (2) eingesteckt. Besorgen Sie sich rechtzeitig gleich zwei Sicherungen und befestigen Sie diese mit Klebeband am Überspannungsschutz. Der Überspannungsschutz ist hinter der Batterie eingebaut.

dem Bordnetz geschützt. Diese können bei ausgefallenem Regler der Lichtmaschine oder dem Anschluß eines Batterieladegerätes mit zu hoher Spannung auftreten.

□ Steuergerät für Gurtstraffer (N 2): Bei einer bestimmten Fahrzeugverzögerung werden die Zündpillen in den Gurtstraffern und ggf. im Airbag mit Spannung versorgt (Seite 247 unten).

□ Lampenkontrollgerät (N 7): Bei Ausfall einer Glühlampe leuchtet die Warnlampe im Armaturenbrett.

□ Steuer- und Bediengerät der Heizungsautomatik (N 18): Abhängig von Einstellung und Innenraumtemperatur erfolgt die Spannungsversorgung des Duoventils (Abb. Seite 241).

□ Steuergerät ASD (N 47): Es sitzt hinter der Batterie und verarbeitet Drehzahlimpulse. Im Bedarfsfall wird das ASD (Seite 164) zugeschaltet.

□ Steuergerät 4MATIC (N 48): Siehe Seite 166.

□ Steuergerät Kompressorabschaltung (N 6): Abhängig von der Stellung der Bedienungsschalter und dem Betriebszustand des Motors schaltet dieses Steuergerät den Kompressor der Klimaanlage ein und aus. Eingebaut ist es hinter der Batterie.

□ Steuergerät Kickdown-Abschaltung: Bei Typ 200 (Vergaser) mit automatischem Getriebe wird das Hochschalten bei Kickdown von diesem Steuergerät beeinflußt. Es ist hinter der Batterie eingebaut (N 15 im Schaltplan Seite 94).

□ Steuergerät Tempomat (N 4): Das Steuergerät ist hinter der oberen Verkleidung im Fahrerfußraum eingebaut. Bei Fahrzeugen mit automatischem Getriebe und Tempomat wird in Abhängigkeit vom Bedienungsschalter, der Fahrzeuggeschwindigkeit und der Stellung des Bremspedals der Stellmotor am Gasgestänge entsprechend angesteuert.

□ Steuergerät Sitzheizung: Zeitabhängig werden verschiedene Heizleistungen geschaltet (siehe Schaltplan Seite 249).

□ Steuergerät Zusatzheizung (N 33): Das Steuergerät ist hinter der Batterie eingebaut. Abhängig von der Einstellung der Zeitschaltuhr und weiteren Faktoren steuert es das Heizungsgebläse, eine elektrische Kühlmittel-Umwälzpumpe, das Brenner-Luftgebläse sowie die Brenner-Zündkerze.

Schäden an elektronischen Geräten

Der Laie überschätzt zumeist eher die Empfindlichkeit elektronischer Geräte. Wenn keine Kürzschlüsse oder Fehlschaltungen an den Anschlüssen verursacht werden, sind Ausfälle recht selten. Im Fahrzeug sind die Geräte noch durch Sicherungen oder über den Überspannungschutz abgesichert. Sicherheitshalber noch folgendes beachten:

□ Motor nur mit angeschlossener Batterie laufen lassen.

□ Nur bei stehendem Motor und bei ausgeschalteter Zündung Steckverbindungen lösen.

□ Zum Laden der Batterie beide Polklemmen abnehmen.

□ Bei Elektroschweißarbeiten sicherstellen, daß keine Spannungsspitzen über die Fahrzeugmasse Schäden verursachen. Dazu die Polklemmen an der Batterie lösen und die beiden Polklemmen mit einem Starthilfekabel fest miteinander verbinden.

□ Die Leitungsverbindungen im Verbund Lichtmaschine-Batterie-Masse müssen fest sitzen, damit es nicht zu Spannungsspitzen durch Wackelkontakte kommt.

Die Batterie

Energiepäckchen

Die Energie zum Starten des Motors führt unser Mercedes in der Batterie mit. Dazu wird sie während der Fahrt von der Lichtmaschine aufgeladen. Diese liefert mehr Leistung, als während des Fahrbetriebs verbraucht wird. Was übrig bleibt, wird in der Batterie auf die »hohe Kante« gelegt.

Fingerzeig: *In Ihrem Mercedes werden immer mehr Geräte auch bei abgeschalteter Zündung mit Strom versorgt. Obwohl der Stromverbrauch sehr gering ist (2–10 mA), kann sich dies bei entsprechender Ausstattung auf 50 mA und mehr addieren. Eine nur halb geladene 62-Ah-Batterie ist da in 30 Tagen leer. Geräte, die ständig versorgt werden, sind: Senderspeicher im Radio, Sitzmemory, Fehlerspeicher in Steuergeräten, Uhr, Diebstahlwarnanlage, Reiserechner usw.*

Batterie prüfen

Wartung Nr. 28

☐ **Säurestand:** In der Batterie befindet sich Schwefelsäure, die mit destilliertem Wasser verdünnt ist. Da die Wasseranteile verdunsten können, muß man gelegentlich den Säurestand der Batterie prüfen und ggf. destilliertes Wasser nachgießen.
Die Batteriesäure muß zwischen den Markierungen am Batteriegehäuse stehen. Die Original-Batterie ist mit einem Überfüllschutz ausgestattet: Zum Nachfüllen die Verschlußschraube abnehmen und den Raum darunter auffüllen.
☐ **Ladezustand:** Hierzu braucht man einen Säuremesser (Abb. unten). Seine Ansaugspitze durch den Gummi des Überfüllschutzes stoßen und soviel Säure ansaugen, daß der Schwimmer frei schwimmt.
Je nach Ladezustand besitzt die Säure ein unterschiedliches spezifisches Gewicht, der Schwimmer taucht entsprechend tief in die Säure ein, und Sie können den Ladezustand ablesen. Ist aber eine Zeile deutlich stärker entladen und die Batterie schon 3–5 Jahre alt, muß wohl bald eine neue her.

Batterie-Daten

Typnummer: Eine fünfstellige Zahl dient einheitlich bei allen deutschen Batterie-Herstellern zur Kennzeichnung von Leistung, Abmessungen und Bauart.

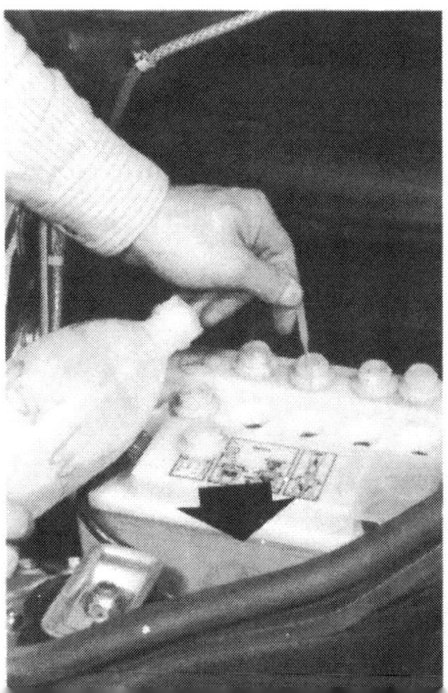

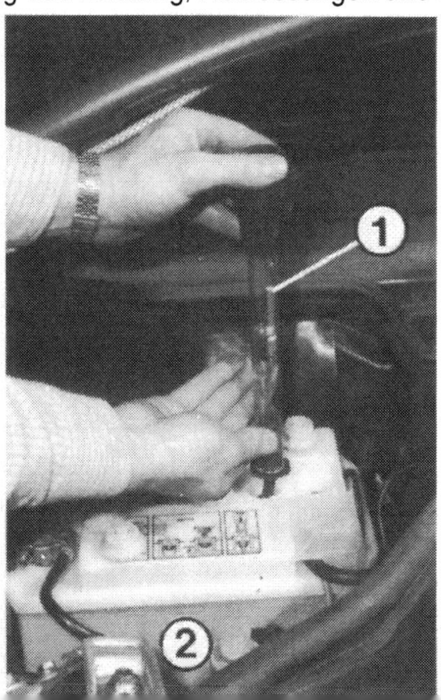

Links: Jede Zelle muß bis zu den Markierungen (Pfeil) gefüllt sein. Wenn nicht, destilliertes Wasser nachgießen. **Mitte:** Der Ladezustand der Batterie (2) wird mit einem Säuremesser (1) an jeder Zelle geprüft. **Rechts:** Zum Ausbau Minusklemme (3), Plusklemme (4) und Haltewinkel (5) abschrauben.

Spannung und Kapazität: In der Angabe 12 V/62 Ah gibt die vorangestellte 12 V natürlich die Spannung an. Hinter dem Schrägstrich ist die Stromstärke in ihrer »zeitlich lieferbaren Menge« vermerkt – »Ah« steht für Amperestunden. Das ist die Nenn-Batteriekapazität, die nach Normbedingungen gemessen wird. In Wirklichkeit rechnet man allerdings nur mit 2/3 der angegebenen Kapazität; bei einer älteren Batterie lediglich mit der Hälfte.
Kälteprüfstrom: Die Zahl 280 A nennt den Strom, den die Batterie bei −18° C liefern kann.

Leistung der Batterie

Etwa 13 Watt werden verbraucht, wenn Sie Ihren Mercedes mit eingeschaltetem Parklicht abstellen. Bei 12 Volt Spannung fließen dazu (nach folgender Formel: Leistung geteilt durch Spannung = Strom) 1,1 Ampere. Die können von der 62-Ah-Batterie theoretisch etwa 56 Stunden lang geliefert werden. Realistisch betrachtet sieht es aber schlechter aus:
- Nach etwa 30 Stunden ist das Parklicht aus und die Batterie leer.
- Bei brennendem Standlicht versagt die Stromlieferung nach rund 15 Stunden.
- Mit eingeschalteten Warnblinkern reicht der Strom etwa 8 Stunden.
- Die größten Anforderungen an die Batterie stellt der Anlasser.

Nachstehend sind einzelne Stromaufnahmen bei 13 V aufgelistet. Nach der Formel Batteriekapazität (Ah) geteilt Strom (A) gleich Stunden, können Sie berechnen, wie lange die Reserven reichen.

Verbraucher	Strom in A
Abblendlicht je Lampe	4,2
Fernlicht je Lampe	4,6
Außenspiegelheizung, maximal	4,0
Antennenmotor	3,0
Blinklicht, Bremslicht je Lampe	1,6
Elektromagnetische Kupplung am Kompressor	4,2
Elektromagnetische Lüfterkupplung (Vierzylinder)	3,5
Fensterhebermotor (beim Blockieren)	6,2 (17)
Heckscheibenheizung Verbundglas (ESG-Glas)	25–30 (20–25)
Heizungsgebläse in höchster Stufe (bei Klimaanlage)	23 (26)
Hupe jeweils	5
Einspritzanlage	1,5
Kraftstoffpumpe	7–10
Radio, volle Lautstärke (mit Kassette)	1,7 (3,5)
Saugrohrbeheizung bei Vergaser, maximal	40
Schiebedachmotor	13–16
Sitzheizung 1. Stufe (2. Stufe)	1,2 (4,6)
Sitzverstellung vor/zurück (hoch/tief)	28 (16)
Umwälzpumpe für Kühlmittel	1,3
Wischermotor 1. Stufe (2. Stufe)	4–7 (8–12)
Zigarettenanzünder	9,2
Zündung im Leerlauf	9
Zusatzlüfter bei Klimaanlage	16

Batterie ausbauen

Hinten rechts im Motorraum, im sogenannten Aggregateraum, ist die Batterie auf ihre Konsole geschraubt. Grundsätzlich muß an der Batterie zuerst das Minuskabel abgenommen werden, damit beim weiteren Hantieren kein Kurzschluß auftreten kann.
- Mutter an der Klemme des Minuskabels lösen, Klemme vom Batteriepol abheben.
- Pluskabel-Klemme lösen und abnehmen.
- Schraube der Halteleiste am Batteriefuß losdrehen, Schraube und Leiste abnehmen.
- Batterie herausheben.
- Beim Einbau zuerst das Pluskabel anschließen, dann die Minusklemme.
- Ein Vertauschen der Kabelklemmen ist nur mit Gewalt möglich, denn der Pluspolkopf ist dicker als der Minuspolkopf.
- Pluspolabdeckung aufsetzen.

Start mit leerer Batterie

Start-hilfekabel

Am einfachsten geht der Start bei leerer Batterie mit einem Satz Starthilfekabel. Sie müssen aber einen genügend starken Querschnitt und kräftige Anschlußklemmen haben, um die notwendige Stromstärke für die Zündanlage und den Anlasser durchzulassen. Der Kabelquerschnitt sollte mindestens 16 mm^2 (ohne Isolierung) betragen. Außerdem werden zu dünne Kabel während des Startvorgangs so heiß, daß die Isolierung schmilzt und Sie sich beim Abnehmen der Klemmen die Hände verbrennen können.

- Hilfsfahrzeug (Batterie sollte mindestens 55 Ah haben) so dicht an Ihren Mercedes heranfahren lassen, daß die Batterien beider Wagen durch die Starthilfekabel miteinander verbunden werden können.
- Kontrollieren Sie, ob in Ihrem stromlosen Fahrzeug sämtliche Stromverbraucher abgeschaltet sind.
- Ein Kabel an beide Batterie-Pluspole anklemmen.
- Anderes Starthilfekabel am Minuspol der geladenen Fremdbatterie und Minuspol der leeren Batterie anklemmen.
- Motor des Hilfswagens mit erhöhter Drehzahl laufen lassen, damit die Lichtmaschine kräftig Spannung liefert.
- Jetzt den Anlasser betätigen.
- Falls der Motor nicht gleich anspringt, zwischendurch eine kurze Pause einlegen. Hilfsmotor weiterlaufen lassen, wodurch die leere Batterie bereits etwas nachgeladen wird.
- Falls Ihr Anlasser trotz Starthilfe weiterhin nur lahm dreht, versuchen Sie die Anschlußklemmen der Starthilfekabel besser anzusetzen. Vielleicht ist auch die Batterie im Helferfahrzeug zu schwach bzw. zu alt, um dem Anlasser ausreichend Strom anbieten zu können.
- Beim Abklemmen der Starthilfekabel zuerst die Klemme vom Minuspol der geladenen Fremdbatterie abnehmen. Anschließend Minuskabel vollends abnehmen, dann Pluskabel entfernen.

Wagen anschieben

Mit zwei Helfern läßt sich der Mercedes bei gutem Motorzustand anschieben:

- Zündung einschalten.
- 1. Gang einlegen. In höheren Gängen wird die Lichtmaschine für kräftige Stromlieferung zu langsam durchgedreht.
- Kupplung durchtreten, Wagen anschieben lassen, bis er in Schwung ist.
- Kupplung schnell kommen lassen. Der Motor wird abrupt durchgedreht und müßte anspringen.
- Sofort Kupplung treten und Gas geben.

Wagen anschleppen

Suchen Sie sich zum Anschleppen am besten mit Abschleppstange einen schlepperfahrenen Helfer aus, damit nicht durch Ungeschick größerer Schaden entsteht. Und denken Sie daran: Bei stehendem Motor arbeiten Bremskraftverstärker und Servolenkung nicht. Bei KAT Seite 68 beachten.

- Zündung einschalten, 2. Gang einlegen und Kupplung treten.
- Der Zugwagen muß langsam anfahren.
- Bei etwa 15 km/h die Kupplung langsam kommen lassen und dabei bremsbereit sein.
- Ist der Motor angesprungen, Kupplung treten, Gang herausnehmen und Gas geben.
- Feststellbremse sanft betätigen, damit Sie dem Vordermann nicht ins Heck rollen.
- Schleppfahrer Hupsignal geben.
- Zusammen mit dem Schleppwagen vollends abbremsen.

Fingerzeige: *Bei Fahrzeugen mit Katalysator wird vor dem Anrollenlassen, Anschieben oder Anschleppen gewarnt. Falls der Motor lediglich wegen einer leeren Batterie nicht anspringt, ist das ungefährlich, denn sobald die Lichtmaschine Strom liefert und Kraftstoff kommt, läuft der Motor ja an. Anders bei einem Defekt an der Zündanlage: Da können unverbrannte Gemischanteile nachgezündet werden und die Temperatur im Katalysator auf gefährliche Höhen treiben.*
Der Motor darf nur mit angeschlossener Batterie laufen. Ansonsten entstehen Spannungsspitzen, die den elektronischen Geräten schaden.

Verstromer

In der Autofahrersprache hat sich der Begriff Lichtmaschine für den Stromerzeuger fest eingebürgert, obwohl es schon sehr lange her ist, daß der erzeugte Strom ausschließlich zur Fahrzeugbeleuchtung diente: Heute wollen noch zahlreiche andere Stromverbraucher mit elektrischer Energie gespeist werden. Bei stehendem Motor besorgt dies die Batterie. Sobald der Motor läuft und sich die Lichtmaschine dreht, tritt sie als Stromquelle in Aktion.

Die Drehstrom-Lichtmaschine

Die wartungsfreie Drehstrom-Lichtmaschine erzeugt trotz ihrer relativ kleinen Baugröße recht viel Strom. Allerdings hat sie noch mehr Vorzüge. Bereits bei Leerlaufdrehzahl des Motors werden ca. 25 A geliefert, und bei 2400/min wird bereits die Maximalleistung abgegeben. Ferner halten die Schleifkohlen weit über 100 000 km. Die Lichtmaschine wird über einen Flachriemen (Seite 44) angetrieben. Getreu ihrem Namen kann die Lichtmaschine nur Drehstrom erzeugen. Diesen können wir jedoch im Fahrzeug nicht gebrauchen, denn die Batterie kann nur Gleichstrom speichern. In der Lichtmaschine sind deshalb mehrere Dioden eingebaut, die den Drehstrom in einen Gleichstrom umwandeln. Diese Dioden sind empfindlich gegen Spannungsspitzen. Deshalb die auf Seite 205 angeführten Punkte beachten.

Welche Lichtmaschine ist eingebaut?

In den Mercedes werden Lichtmaschinen von Bosch mit einem Maximalstrom von 55 bzw. 70 Ampere eingebaut. Bei einer Ladespannung von etwa 14 Volt ergibt dies eine Leistung von 770 bzw. 980 Watt. Um schon bei möglichst tiefer Motordrehzahl darüber verfügen zu können, dreht die Lichtmaschine schneller als die Kurbelwelle. Man erreicht diese Drehzahlsteigerung, indem man die Flachriemenscheibe der Lichtmaschine kleiner wählt als die Kurbelwellen-Riemenscheibe. Der Spannungsregler ist an die Rückseite der Lichtmaschine geschraubt.

Lichtmaschine prüfen

Die Prüfungen werden bei eingebauter Lichtmaschine an der Schraubverbindung X 35 vor der Batterie durchgeführt. Dort sind alle Leitungen zur Lichtmaschine aufgeschaltet (siehe Schaltplan). Die Anschlüsse der weiß/roten Leitungen werden an der Lichtmaschine mit »B+« bezeichnet. Den Anschluß des dünnen weiß/blauen Kabels nennt man »D+«.

- Zuerst ein Voltmeter zwischen »D+« und Masse anschließen.
- Bei ausgeschalteter Zündung müssen Sie 0 Volt messen.
- Bei eingeschalteter Zündung muß die Spannung zwischen 1–3 Volt betragen. Wenn nicht, ist der Spannungsregler oder eine Lichtmaschinenwicklung defekt.
- Den Motor starten und mit 3000/min laufen lassen. Unnötige Verbraucher ausschalten. Nun müssen Sie die Ladespannung von 13,0–14,5 Volt messen. Wird ein anderer Wert gemessen, kann es an einem defekten Spannungsregler oder abgeschliffenen Lichtmaschinenkohlen liegen.
- Werden um die 20 Volt gemessen, sind Lichtmaschinendioden schadhaft.
- Eine weitere Möglichkeit ist das Messen des Ladestromes. Hierzu ist ein Strommeßgerät mit einem Meßbereich bis ca. 50 Ampere erforderlich.
- An der Schraubverbindung die beiden parallel geschalteten weiß/roten Leitungen zur Lichtmaschine abschrauben. Strommeßgerät zwischenschalten.
- Motor starten und im Leerlauf laufen lassen. Möglichst viele hohe Stromverbraucher einschalten (Beleuchtung, Gebläse, Heckscheibenheizung usw.).
- Es muß mindestens eine Stromstärke von 23 Ampere (bei Klimaanlage 28 A)gemessen werden können. Defekte Dioden können die Leistung der Lichtmaschine begrenzen.

Neue Lichtmaschine

Ergibt die Prüfung, daß die Lichtmaschine defekt ist, können Sie sich günstigen Ersatz auf folgende Arten beschaffen:

□ Die defekte Lichtmaschine ausbauen und in eine Autoelektrik-Werkstatt (Bosch-Dienste) bringen. Prüfung und Reparaturen, wie das Ersetzen der Schleifkohlen oder den Einbau eines neuen Spannungsreglers, können Sie dort durchführen lassen.

□ Wer schon Erfahrungen im Umgang mit Lichtmaschinen hat, kann versuchen, die Lichtmaschine selbst zu reparieren. Der Spannungsregler kann recht einfach getauscht werden – genauso die Schleifkohlen. Zum Zerlegen der ausgebauten Lichtmaschine die Durchgangsschrauben am Gehäuse herausdrehen. Die Diodenplatten, ja selbst der Läufer und die Wicklung können einzeln ersetzt werden.

Lichtmaschine ausbauen

- Minuspolklemme der Batterie lösen.
- Flachriemen entspannen und von der Riemenscheibe auf der Lichtmaschine abnehmen (Seite 46).
- Lichtmaschinenkabel ausstecken.
- 2 Schrauben am Lichtmaschinen-Halter herausdrehen.
- Lichtmaschine erst nach hinten, dann nach oben abnehmen.

Der Spannungsregler

Die Lichtmaschine kann man mit einem Fahrraddynamo vergleichen: Je schneller sie dreht, um so höher steigt die Spannung und somit auch der gelieferte Strom. Ein derartiges Auf und Ab würden die Stromverbraucher im Auto nicht lange ertragen, deshalb muß ein besonderer Regler die Lichtmaschinenspannung begrenzen und ein Überladen der Batterie verhindern. Dieser Regler – ein elektronischer Transistorregler – ist hinten an die Drehstrom-Lichtmaschine geschraubt. Die Prüfung der Reglerspannung ist im Abschnitt »Lichtmaschine prüfen« beschrieben. Zu niedere Spannung kann von abgenutzten Kohlen kommen.

Schleifkohlen kontrollieren und erneuern

Über die Schleifkohlen des Drehstrom-Generators fließt, anders als bei der Gleichstrom-Lichtmaschine, nur ein geringer Strom, außerdem laufen die Kohlen auf glatten Schleifringen. Die Schleifkohlen sitzen mit einem Halter am Regler. Wenn sie kontrolliert werden sollen:

- Luftführungsschlauch abnehmen.
- Ansaugstutzen losschrauben.
- Regler am eingebauten Generator abschrauben (2 Querschlitzschrauben).
- Den gelösten Spannungsregler nicht einfach abziehen, sondern gewissermaßen herausklappen, damit die Kohlebürsten nicht hängenbleiben.
- Messen Sie nun die Länge der Kohlen: Sind sie kürzer als 5 mm, klappt die Stromerzeugung nicht mehr richtig.
- Zum Austausch benötigen Sie einen Lötkolben und neue Kohlen. Die verbrauchten auslöten, herausziehen und die neuen einlöten.
- Regler wieder festschrauben.

Die Ladekontrolle

Bei laufendem Motor darf die Ladekontrolle weder schwach noch hell leuchen. Das deutet auf einen Fehler hin, siehe den Störungsbeistand auf der nächsten Seite. Brennt das rote Licht nicht beim Einschalten der Zündung, ist vermutlich das Lämpchen durchgebrannt und muß ersetzt werden. Die Kontrolleuchte im Armaturenbrett hat zwei Anschlüsse (siehe Schaltpläne). Einmal erhält sie bei eingeschalteter »Zündung« Strom über das rosa/rote Kabel, zum anderen führt das blaue Kabel zum »D+«-Anschluß (auch einheitlich als Klemme 61 bezeichnet) der Lichtmaschine. Bei stehender Lichtmaschine liegt an »D+« keine Spannung an. Der Strom durch das Lämpchen fließt von »D+« durch die Dioden und Wicklungen in der Lichtmaschine zur Masse – das Lämpchen leuchtet. Wird der Motor gestartet und die Lichtmaschine liefert Strom, entsteht auch am »D+«-Anschluß eine positive Spannung. Die »Masse« für die Kontrolleuchte fehlt jetzt – sie verlöscht. Der Fahrer weiß nun, daß die Lichtmaschine Strom produziert. Noch beachten:

□ Leuchtet die Ladekontrolle plötzlich während der Fahrt auf, und haben Sie etwas gegen das Blech schlagen hören, kann der Flachriemen gerissen sein. Sofort anhalten und nachsehen. Mit gerissenem Flachriemen dürfen Sie auf keinen Fall weiterfahren! Weil auch die Wasserpumpe steht, kommt es schnell zu einem Hitzeschaden am Motor.

□ Beim Einschalten der Zündung muß die brennende Ladekontrolle die Drehstrom-Lichtmaschine »vorerregen«. Nur so kann diese schon aus niedrigen Drehzahlen heraus Strom liefern. Allerdings ist die Vorerregung nur beim ersten Anlaufen des Generators erforderlich.

□ Beim Einschalten der Zündung leuchten die Kontrollämpchen für Kraftstoffreserve, Bremsbelagverschleiß, Kühlmittelstand, Ölstand und den Waschwasserstand usw. dunkel

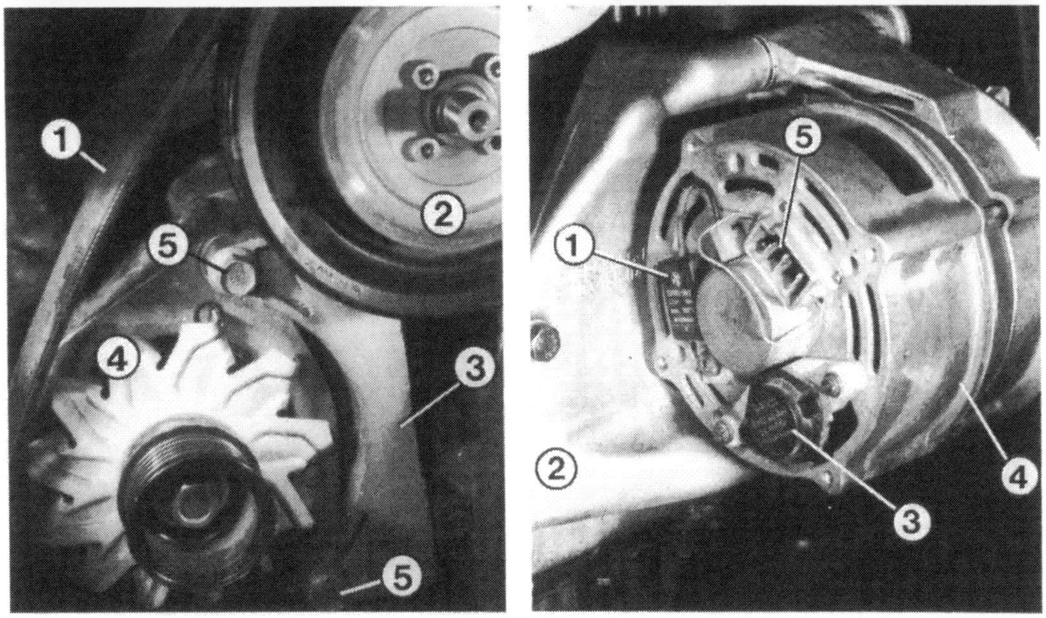

Links: 1 – Flachriemen; 2 – Riemenscheibe der Wasserpumpe; 3 – Lichtmaschinenhalter; 4 – Lüfterrad zur Lichtmaschinenkühlung; 5 – Befestigungsschrauben der Lichtmaschine.

Rechts: 1 – Entstörkondensator; 2 – Lichtmaschinenhalter; 3 – Regler; 4 – Lichtmaschine; 5 – Steckanschlüsse.

auf (Selbstkontrolle), müssen aber bei laufendem Motor verlöschen. Die Lämpchen sind hierzu, wie die Ladekontrolle, mit »D+« der Lichtmaschine verbunden. Ein zwischengeschalteter Widerstand bewirkt das etwas dunklere Leuchten. Wie die Ladekontrolle verlöschen die Lämpchen, sobald an »D+« Spannung anliegt.

Fahren mit defekter Lichtmaschine

Wenn die Lichtmaschine oder ihr Regler streikt, kann man noch weiterfahren, bis die Batterie leer ist. Nimmt man an, daß die Batterie gerade 40 Ah gespeichert hat, reichen die Reserven bei einem Fahrzeug mit Einspritzung und bei Dunkelheit für etwas mehr als eine Stunde. Die Zündung, Beleuchtung und Einspritzung benötigen jeweils bereits ca. 10 A. Noch beachten:

- □ Mehrfachstecker an der Lichtmaschine abziehen, damit sich die Batterie nicht über die defekte Lichtmaschine entladen kann.
- □ Nur die unbedingt erforderlichen Verbraucher einschalten.
- □ Die Fahrt nicht unnötig unterbrechen. Der Anlasser benötigt viel Strom.

Störungsbeistand Batterie und Lichtmaschine

Die Störung	– ihre Ursache	– ihre Abhilfe
A Rote Ladekontrolle brennt nicht beim Einschalten der Zündung	1 Batterie leer	Mit Starthilfekabeln starten oder Wagen anschleppen
	2 Batteriekabel gebrochen, Kabelklemmen lose oder oxidiert	Batteriekabel und -klemmen kontrollieren
	3 Glühlampe defekt	Ersetzen
	4 Kabelweg zwischen Zündschloß, Kontrollampe und Lichtmaschine unterbrochen	Stromweg mit Prüflampe kontrollieren
	5 Massekabel zwischen Lichtmaschine und Motorblock gebrochen	Kabel kontrollieren
	6 Schleifkohlen abgenutzt	Schleifkohlen erneuern
	7 Spannungsregler defekt	Regler austauschen
	8 Lichtmaschine schadhaft	Lichtmaschine instand setzen lassen
	9 Nach zu heftiger Motorwäsche: Eingedrungene Feuchtigkeit hat einen isolierenden Schmierfilm zwischen den Schleifringen und Kohlen gebildet	Lichtmaschine mit Preßluft ausblasen oder Schleifringe und Kohlen sauberreiben
B Ladekontrolle brennt oder glimmt bei laufendem Motor	1 Riemenantrieb schadhaft	Flachriemenantrieb prüfen (Seite 45)
	2 Mangelnder Kontakt an Kabelanschlüssen oder unterbrochene Kabel	Kabelanschlüsse und Kabel prüfen
	3 Siehe A 6, 7 und 8	

Hilfsmotor

So funktioniert der Anlasser

Der Anlasser, technisch nüchterner als Schub-Schraubtrieb-Starter bezeichnet, bekommt beim Durchdrehen des Zündschlüssels erst an Klemme »50« Strom (siehe Schaltplan). Zunächst wird also der Magnetschalter (auch als Einschaltrelais bezeichnet) aktiviert. Dessen Einrückhebel schiebt das Anlasserritzel in Richtung Zahnkranz auf der Schwungscheibe des Motors. Rutscht das Ritzel direkt in den Zahnkranz, schließt hinten im Magnetschalter eine Kontaktplatte den Stromkreis zum Anlassermotor – der Anlasser dreht kraftvoll los. Stoßen hingegen Zähne von Anlasserritzel und Zahnkranz aufeinander, sorgt ein steiles Gewinde dafür, daß sich daß Anlasserritzel etwas verdrehen kann, sich also in den Zahnkranz »hineinschraubt«. Erst anschließend läuft der Anlassermotor los. Diese Wirkungsweise führte zur beschriebenden Namensgebung.

Wenn der Fahrzeugmotor angesprungen ist und sich der Zahnkranz schneller dreht als das Anlasserritzel, sorgt ein Rollenfreilauf dafür, daß sich die Verbindung zwischen Ankerwelle und Anlasserritzel löst. Das Ritzel wird aus dem Zahnkranz ausgespurt, der Kontakt im Magnetschalter öffnet, und der Anlassermotor wird stromlos.

Anlasser schadhaft?

□ Schadhafte Anlasser zeigen oft folgendes Verhalten: In Startstellung »klickt« es aus Richtung Anlasser, der Startermotor dreht aber nur kurz mit rauhem Laufgeräusch oder gar nicht. Legen Sie den 1. Gang ein und halten Sie den Zündschlüssel in Startstellung, während ein Helfer etwas am Fahrzeug schiebt bzw. daran hin und her ruckelt. Dreht der Anlasser jetzt los, sind entweder seine Kohlen abgenutzt, die Ankerwicklung stellenweise durchgebrannt, oder der Kollektor ist stark eingelaufen.

□ Bisweilen kommt es auch vor, daß nach langer Fahrt der heiße Anlasser streikt. Dieser Effekt ist auf ungünstige Maßpaarungen von Ankerwelle und Ritzel zurückzuführen. Bei starker Erwärmung klemmen dann diese Teile gegeneinander, das Ritzel kann nicht mehr verschoben werden, und folglich wird auch der Kontakt im Magnetschalter nicht mehr geschlossen. Manchmal hilft dann ein Hammerschlag auf die Seite des Anlassers, während ein Helfer gleichzeitig den Zündschlüssel in Startstellung hält.

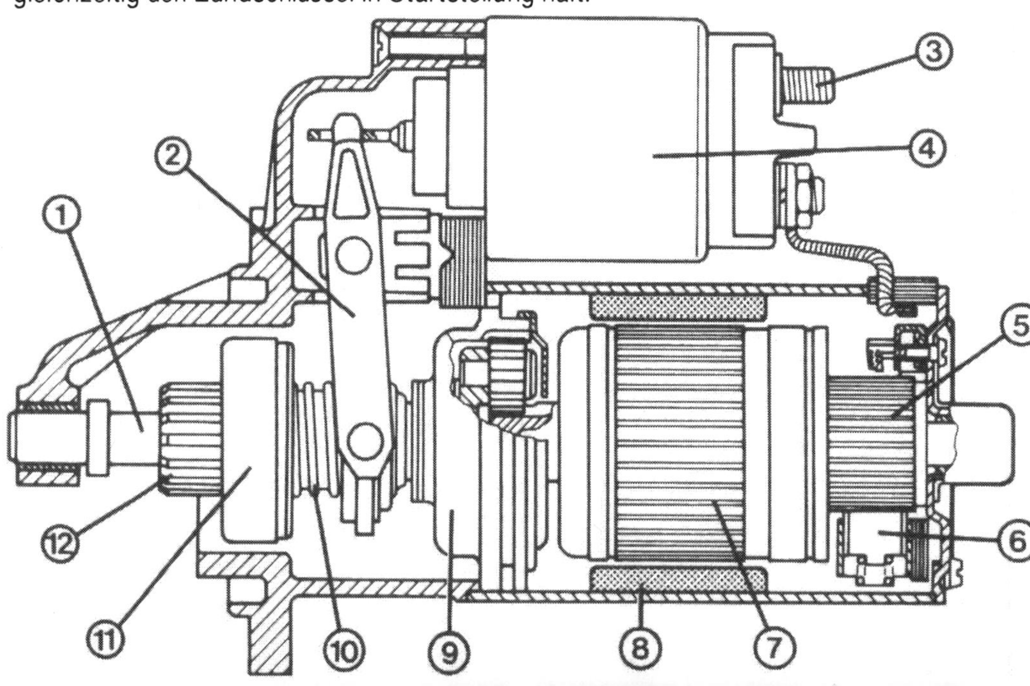

Der kräftige Anlasser im Querschnitt:
1 – Ankerwelle;
2 – Einrückhebel;
3 – Anschlußbolzen für das Pluskabel;
4 – Magnetschalter;
5 – Kollektor;
6 – Kohlebürste;
7 – Anker;
8 – Dauermagnet;
9 – Vorgelege-Planetengetriebe;
10 – Einrückfeder;
11 – Rollenfreilauf;
12 – Ritzel.

Der Motorleitungssatz (1) und der Anlasserleitungssatz (2) verlaufen unter einer Abdeckung (Seite 39) hinten im Motorraum.

Anlasser ausbauen

- Minusklemme an Batterie abschrauben.
- Luftfilter ausbauen.
- Halter des Anlasserleitungssatzes hinten am Saugrohr losschrauben.
- Fahrzeug vorn aufbocken und sichern.
- Untere Motorraumabdeckung ausbauen.
- Leitungen vom Ölstandsgeber und Öldruckgeber ausstecken.
- Beide Schrauben am Anlasserflansch herausdrehen. Dazu entsprechende Verlängerungen und ein Kreuzgelenk verwenden (55 Nm).
- Anlasser nach unten abbnehmen.
- Leitungen am Anlasser abschrauben.

Motor mit dem Anlasser drehen

Für einige Arbeiten (z. B. Kompressionsdrucktest) muß der Motor durchgedreht werden. Für andere Arbeiten (z. B. Flachriemen prüfen) ist es erforderlich, den Motor schrittweise weiterzudrehen. Das Drehen des Motors überlassen Sie am einfachsten dem Anlasser. Beachten Sie genau die Hinweise, damit der Motor nicht anspringt.

- Leerlauf einlegen und Feststellbremse betätigen.
- Zündung ausgeschaltet lassen.
- Steckverbindung X 27 neben dem Bremsflüssigkeitsbehälter auftrennen.
- Beliebiges Hilfskabel geeignet mit dem mittleren Anschlußstift 2 der Steckverbindung (violett/weiße Leitung) verbinden.
- Der Anlasser läuft los, sobald das andere Kabelende mit dem Pluspol der Batterie verbunden wird.

Fingerzeig: *Statt eines Hilfskabels können Sie auch einen sogenannten Motor-Start-*

Links: Zum Anlasserdrehen bei ausgeschalteter Zündung Leerlauf einlegen und Feststellbremse drücken. Dann Stecker (2) von Steckverbindung X 27 (1) abziehen und an den mittleren Stift + 12 V einspeisen.

Rechts: Befestigungsschrauben des Anlassers.

Schalter aus dem Zubehörhandel verwenden. Mit einem Tastschalter mit kräftigen Kontakten, zwei Leitungen und den geeigneten Anschlußklemmen können Sie sich einen solchen Schalter leicht selbst anfertigen.

Anlasser reparieren

Nachfolgend wollen wir noch auf Reparaturmöglichkeiten am ausgebauten Anlasser hinweisen:

□ **Magnetschalter** ersetzen: Kabel zum Startermotor vom unteren Anschlußbolzen losschrauben. Den Magnetschalter vorne vom Anlassergehäuse abschrauben (Schlitzschrauben) und vom Einrückhebel aushängen. Neuen Magnetschalter in umgekehrter Arbeitsfolge einbauen.

□ **Kohlebürsten** ersetzen: Den hinteren Deckel mit dem Kollektorlager abschrauben. Die Bürstenfedern abheben und die Kohlebürsten losschrauben oder ablöten. Neue Kohlen vom Bosch-Dienst in umgekehrter Reihenfolge einbauen.

Fingerzeig: *Wenn der Anlasser schon einige Jahre auf dem Buckel hat, sollte man von Reparaturversuchen eher Abstand nehmen und besser gleich einen Tausch-Anlasser einbauen. Diesen können Sie auch beim Bosch-Dienst erhalten.*

Störungsbeistand Anlasser

Die Störung	– ihre Ursache	– ihre Abhilfe
A Beim Drehen des Zündschlüssels in Startstellung dreht der Anlasser langsam, gar nicht oder nur kurz	1 Kontrollampen brennen schwach oder verlöschen:	
	a) Batterie entladen	Starthilfe oder Anschieben
	b) Kabelanschlüsse lose oder oxidiert	Kabelanschlüsse kontrollieren
	c) Anlasser hat Masseschluß	Anlasser überholen lassen
	2 Kontrollampen brennen hell, Klicken aus Richtung Anlasser	Kurz auf den Magnetschalter klopfen. Dreht der Anlasser weiterhin nicht:
	a) Kohlebürsten abgenutzt bzw. deren Anschlüsse im Anlasser gelöst	Kohlebürsten überprüfen
	b) Kontakte im Magnetschalter verschmort	Magnetschalter ersetzen
	c) Anlasserwicklung schadhaft	Anlasser überholen lassen
	3 Kontrollampen brennen hell, keinerlei Geräusche	Leitungen überprüfen
B Anlasser läuft, ohne den Motor durchzudrehen	1 Magnetschalter defekt	Ersetzen
	2 Einrückvorrichtung klemmt	Anlasser überholen lassen
	3 Verzahnung des Ritzels oder des Motorschwungrads beschädigt	Wagen bei eingelegtem Gang ein Stück vorschieben. Erneut starten. Beschädigte Teile ersetzen lassen
C Anlasser läuft weiter, obwohl Zündschlüssel losgelassen wurde	1 Magnetschalter hängt und schaltet nicht ab	Zündung sofort abschalten, notfalls Batterie abklemmen, Magnetschalter ersetzen
	2 Zünd-/Anlaßschalter defekt	Zünd-/Anlaßschalter ersetzen
D Ritzel spurt nach Anspringen des Motors nicht aus	1 Rückstellfeder des Einrückhebels lahm oder gebrochen	Zündung sofort abschalten. Anlasser überholen lassen
	2 Zahnkranz beschädigt	Ersetzen lassen

Gerätebezeichnung für den Gesamtschaltplan nächste Seite

		Koordinate
A 1	Kombi-Instrument	1 C
e 1	Blinkerkontrolle, links	1 E
e 2	Blinkerkontrolle, rechts	1 D
e 3	Fernlichtkontrolle	1 E
e 4	Kraftstoffreserve-Warnung	1 E
e 5	Ladekontrolle	1 E
e 6	Kontrolle Bremsbelagverschleißanzeige	1 E
e 7	Kontrolle Bremsflüssigkeit und Feststellbremse	1 E
e 8	Instrumentenbeleuchtung	1 D
e 11	Kontrolle Kühlmittelstand	1 D
e 12	Kontrolle Ölstand	1 D
e 13	Kontrolle Scheibenwaschwasserstand	1 D
e 14	Kontrolle Glühlampenausfall	1 F
h 1	Warnsummer	1 D
h 2	Blinkerkontrolle, akustisch	1 D
p 1	Temperaturanzeige Kühlmittel	1 E
p 2	Kraftstoffanzeige-Instrument	1 E
p 3	Öldruckanzeige	1 E
p 7	Elektronische Uhr/Drehzahlmesser	1 C
r 1	Regelwiderstand Instrumentenbeleuchtung	1 D
A2	Radio*	1 F
B2	Geber Luftmengenmesser	15 H
B4	Geber Kraftstoffanzeige	7 H
B5	Geber Öldruckanzeige	9 H
B 10/2	Temperaturfühler Wärmetauscher, links	9 B
B 10/3	Temperaturfühler Wärmetauscher, rechts	9 B
B 10/4	Temperaturfühler Innenluft	10 B
B 11/2	Temperaturfühler Kühlmittel (EZL/KE/2E-E)	15 D
B 13	Temperaturfühler Kühlmittelanzeige	11 E
B 17/2	Temperaturfühler Ansaugluft (KE)	11 F
E 1	Leuchteinheit, links	3 H
e 1	Fernlicht	3 H
e 2	Abblendlicht	3 H
e 3	Standlicht/Parklicht	3 H
e 4	Nebellicht	3 H
e 5	Blinklicht	3 H
E 2	Leuchteinheit, rechts	4 H
e 1	Fernlicht	4 H
e 2	Abblendlicht	4 H
e 3	Standlicht/Parklicht	4 H
e 4	Nebellicht	4 H
e 5	Blinklicht	4 H
E 3	Schlußleuchte, links	5 H
e 1	Blinklicht	5 H
e 2	Schlußlicht/Parklicht	5 H
e 3	Rückfahrlicht	5 H
e 4	Bremslicht	5 H
e 5	Nebelschlußlicht	5 H
E 4	Schlußleuchte, rechts	6 H
e 1	Blinklicht	6 H
e 2	Schlußlicht/Parklicht	6 H
e 3	Rückfahrlicht	6 H
e 4	Bremslicht	6 H
E 9/6	Beleuchtung Luftmengenschalter	13 A
E 10/1	Beleuchtung Luftdüse, mitte	9 A
E 10/2	Beleuchtung Luftdüse, links	11 A
E 10/3	Beleuchtung Luftdüse, rechts	12 A
E 13/2	Handschuhkastenleuchte mit Schalter	1 G
E 15/3	Deckenleuchte, hinten	1 H
E 15/4	Deckenleuchte mit Leseleuchte und Gurtwarnung	1 A
E 18/1	Kofferraumleuchte	7 H
E 19/1	Kennzeichenleuchte, links	5 H
E 19/2	Kennzeichenleuchte, rechts	6 H
E20	Beleuchtung Lichtdrehschalter	12 A
F 1	Sicherungs- und Relaiskasten	3 D
	Sicherung 1, Klemme 15 R	5 D
	Sicherung 2, Klemme 15 R	5 D
	Sicherung 3, Klemme 58 R	4 D
	Sicherung 4, Klemme 58 N	4 D
	Sicherung 5, Klemme 15	6 D
	Sicherung 6, Klemme 15	6 D
	Sicherung 7, Klemme 15	6 D
	Sicherung 8, Klemme 58 L	4 D
	Sicherung 9, Klemme 30	5 D
	Sicherung 10, Klemme 30	5 D
	Sicherung 11, Klemme 50	8 D
	Sicherung 12, Klemme 15 X	6 D
	Sicherung 13, Klemme 56 b	3 D
	Sicherung 14, Klemme 56 b	3 D
	Sicherung 15, Klemme 56 a	3 D
	Sicherung 16, Klemme 56 a	3 D
	Sicherung A, Klemme 15 R	5 D
	Sicherung B, Klemme 15	6 D
	Sicherung C, Klemme 30	5 D
	Sicherung D, Klemme 30	5 D
G 1	Batterie	10 H
G 2	Drehstromgenerator mit elektronischem Regler	10 G
G 3/2	O_2-Sonde, beheizt (nur bei Katalysatorfahrzeugen)	15 F
H 1	Zweiklang-Signalanlage	2 H
K 1	Relais Überspannungsschutz	15 F
L 1	OT-Geber	11 D
L 5	Positionsgeber Kurbelwelle	13 D
M 1	Starter	10 H
M2	Gebläsemotor	12 B
M3	Kraftstoffpumpe	15 E
M5/1	Wascherpumpe	1 B
M6/1	Wischermotor	4 A
M9	Belüftungsgebläse Innentemperaturfühler	10 B
M 11	Automatische Antenne*	8 G

		Koordinate
N 1/2	Schaltgerät Transistorzündung (EZL)	13 C
N2/1	Steuergerät Gurtstraffer	2 A
N3	Steuergerät KE	13 H
N7	Lampenkontrollgerät	5 G
N 10	Kombirelais (Blinker, heizbare Heckscheibe, Wischermotor)	5 A
N 16/1	Relais Kraftstoffpumpe mit Kaltstartventil-steuerung	12 D
N 18	Steuer- und Bediengerät Heizungsautomatik	10 A
R 1	Heizbare Heckscheibe	7 H
R 2/2	Waschdüsenbeheizung, links	10 F
R 2/3	Waschdüsenbeheizung, rechts	10 F
R3	Zigarrenanzünder mit Ascherbeleuchtung, vorn	1 G
R 4	Zündkerzen	12 C
R 12/1	Zündpille Gurtstraffer, vorn links	2 B
R 12/2	Zündpille Gurtstraffer, vorn rechts	2 B
R 14	Vorwiderstandsgruppe Gebläsemotor	12 B
R 16	Abgleichstecker (EZL)	14 C
R 17	Abgleichstecker (KE)	15 G
S 1	Lichtdrehschalter	4 C
S2/1	Zündstartschalter	7 A
S3	Luftmengenschalter	10 A
S4	Kombi-Schalter	3 A
s 1	Blinkerschalter	3 A
s2	Lichthupenschalter	3 A
s3	Abblendschalter	3 A
s4	Wascherschalter	3 A
s5	Schalter Wischgeschwindigkeit	3 A
s5	I Intervallwischen	3 A
s5	II Langsames Wischen	3 A
s5	III Schnelles Wischen	3 A
S5/3	Hochspannungsverteiler	12 C
S6	Warnblinkschalter	8 A
S7	Signalkontakt	3 A
S8/1	Warnsummerkontakt Beleuchtung	1 B
S9	Bremslichtschalter	6 G
S 10/1	Kontaktfühler Bremsbeläge, vorn links	1 G
S 10/2	Kontaktfühler Bremsbeläge, vorn rechts	1 H
S 11	Schalter Bremsflüssigkeitskontrolle	1 H
S 12	Schalter Feststellbremskontrolle	1 H
S 14	Schalter heizbare Heckscheibe	6 A
S 16/2	Rückfahrlichtschalter	8 D
S 17/3	Türkontaktschalter, vorn links	1 B
S 17/4	Türkontaktschalter, vorn rechts	1 B
S 17/5	Türkontaktschalter, hinten links	8 G
S 17/6	Türkontaktschalter, hinten rechts	8 G
S 17/8	Schalter Kofferraumleuchte	8 H
S 18	Schalter Deckenleuchte, hinten	7 G
S25/1	Temperaturschalter 100 °C	11 F
S27/2	Microschalter Schubabschaltung	11 G
S29/2	Drosselklappenschalter, Vollast-/Leerlauf-erkennung	15 F
S 41	Schalter Kühlmittelstandskontrolle	1 C
S42	Schalter Scheibenwaschwasserstandskontrolle	1 C
S43	Schalter Ölstandskontrolle	9 H
T 1	Zündspule	11 D
W 1	Hauptmasse (hinter Kombi-Instrument)	
W2	Masse, vorn rechts (bei Leuchteinheit)	
W3	Masse, Radlauf vorn links (Zündspule)	
W4	Masse, Deckenleuchte vorn	
W6	Masse, Kofferraum Radlauf links	
W7	Masse, Kofferraum Radlauf rechts	
W9	Masse, vorn links (bei Leuchteinheit)	
W 10	Masse, Batterie	
W 11	Masse, Motor (elektrische Leitung angeschraubt)	
W 12	Masse, Mittelkonsole	

Massestelle ohne Bezeichnung –
Bauteil direkt am Motor bzw. Karosserie

X4	Leitungsverbinder Klemme 30 (Sicherungs- und Relaiskasten)	7 D
X6	Leitungsverbinder Klemme 58 d	7 B/12 B/7 H
X 11	Diagnosedose/Leitungsverbinder Klemme TD	11 C
X 13	Steckverbindung (Zigarrenanzünder)	2 F
X 15	Steckverbindung Motorlüfter/Temperatur-schalter 100 °C	11 F
X 18	Steckverbindung Schlußlampenleitungssatz	6 F
X24	Steckverbindung Scheinwerferleitungssatz	3 G
X26	Steckverbindung Motorleitungssatz	10 F
X27	Steckverbindung Starterleitungssatz	9 F
X28/1	Steckverbindung Einspeisung Gurtstraffer	2 B
X29	Prüfanschluß Gurtstraffer	2 B
X35	Leitungsverbinder Klemme 30/Klemme 61 (Batterie)	14 E/10 F
X36	Steckverbindung Kraftstoffpumpenleitungssatz	14 E
X49/1	Steckverbindung Rückfahrlichtschalter	8 E
X63	Steckverbindung Lenkungsleitungssatz	3 B
Y 1	Elektrohydraulisches Stellglied	11 G
Y2	Elektromagnetische Kupplung Motorlüfter	11 F
Y6	Leerlaufsteller	15 E
Y8	Startventil	11 F
Y21	Duoventil	11 B

W 12 (S 17/4)
- Positionsnummer des Bauteils, über das die Masseleitung geschleift ist (S 17/4)
- Massestelle (W 12)

* Sonderausstattung

Farben der Leitungen

bl	=	blau
br	=	braun
el	=	elfenbein
ge	=	gelb
gn	=	grün
gr	=	grau
nf	=	naturfarben
rs	=	rosa
rt	=	rot
sw		schwarz
vi	=	violett
ws	=	weiß

Beispiel:
Leitungsbezeichnung 1,5 gr/rt
Grundfarbe gr = grau
Kennfarbe rt = rot
Leiterquerschnitt 1,5 = 1,5 mm²

Gesamtschaltplan RÜF/KAT-Fahrzeug

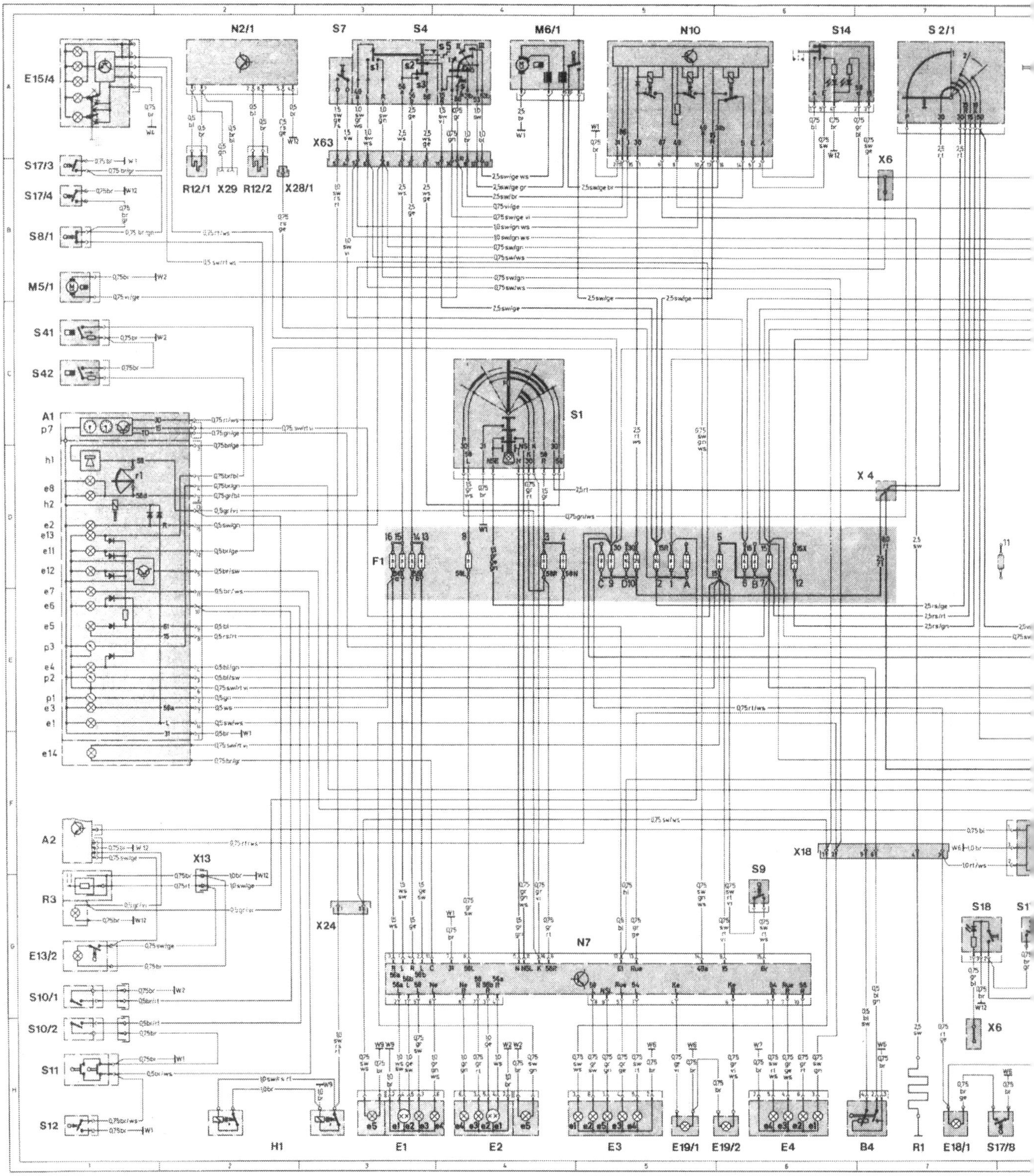

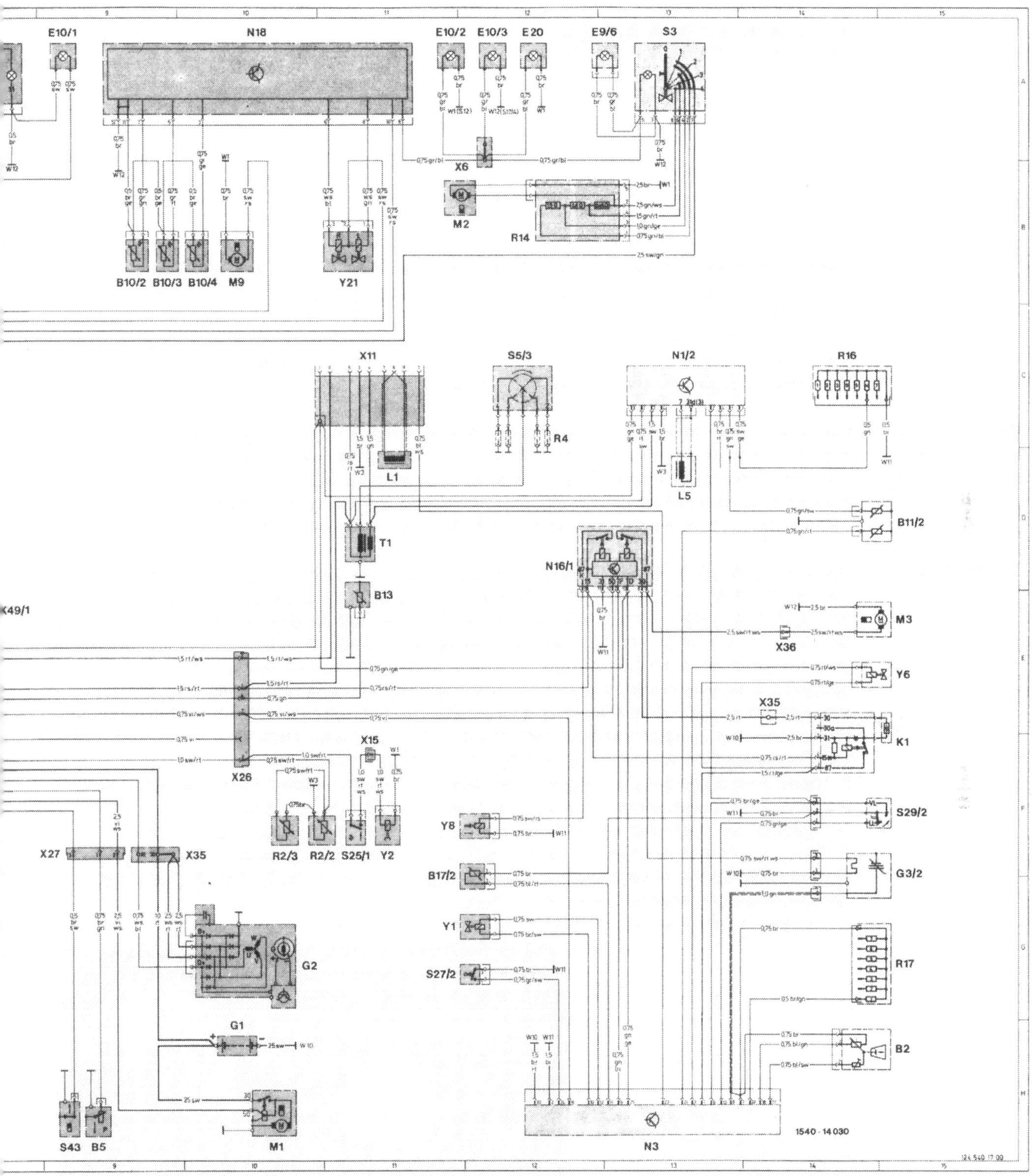

Hinweis: Gerätebezeichnung auf der Vorseite. Neben diesem Grundschaltplan sind für Sonderausstattungen weitere Schaltpläne gültig, siehe Seite 201. Für die etwas abweichende Einspritzung beim Typ 230 E Std. gilt der Schaltplan Seite 123.
Nur beim Vierzylindermotor wird der Lüfter elektrisch zugeschaltet. Ansonsten ist eine Viskolüfterkupplung eingebaut.

Lichtblick

Nacht und Nebel machen dem Fahrer das Leben schwer, da ist gutes Licht von höchster Wichtigkeit. Einerseits, damit Sie sehen, wohin Sie fahren und andererseits, damit andere Verkehrssteilnehmer rechtzeitig Ihren Mercedes erkennen. Das sichere Funktionieren der Außenbeleuchtung wird im Mercedes durch ein elektronisches Lampenkontrollgerät überwacht, welches sofort Alarm gibt, wenn eine Glühlampe der Außenbeleuchtung ausfällt.
Im Innenraum sorgen viele Lämpchen für gutes Zurechtfinden bei Nacht.

Beleuchtung überprüfen

Ständige Kontrolle

Der Gesetzgeber schreibt vor, daß Sie sich vor Antritt jeder Fahrt vergewissern müssen, ob auch alle Lampen am Auto brennen. So häufig wird wohl kaum jemand die Beleuchtung prüfen, aber einmal in der Woche ist andererseits auch nicht zu viel verlangt. Bei Dunkelheit geht die Kontrolle am einfachsten vor sich. In einer Kolonne reflektieren Vordermänner das Licht beider Abblendscheinwerfer oft durch die Stoßstange oder die Lackierung.

Glühlampenkontrolle

Diese Aufgabe erfüllt ein elektronisches Schaltgerät (N 7 im Schaltplan). Es ist im Relaiskasten angeordnet. Die Leitungen der überwachten Glühlampen führen alle über das Schaltgerät. Fließt kein Strom zur Glühlampe, obwohl der jeweilige Schalter eingeschaltet ist, wird dies vom Steuergerät erkannt, und die Glühlampenausfalls-Kontrolle im Armaturenbrett leuchtet auf. Welche der Glühlampen durchgebrannt ist, müssen Sie selbst herausfinden. Folgende kommen in Betracht: Abblendlicht links oder rechts, Fernlicht links oder rechts, Standlicht, Nebellicht, Schlußlicht, Nebelschlußlicht, Rückfahrlicht, Bremslicht und Kennzeichenbeleuchtung. Laut Gesetz muß die Außenbeleuchtung trotz Kontrolleinrichtung nach der oben beschriebenen Methode überprüft werden. Noch folgendes beachten:

- □ Beim Einschalten der Zündung muß die Lampe im Armaturenbrett aufleuchten (Selbstkontrolle). Bei laufendem Motor verlöscht sie, wenn alle Lampen in Ordnung sind.
- □ Leuchtet die Kontrollampe bei laufendem Motor, ist eine Glühlampe ausgefallen.
- □ Die Kontrollampe leuchtet nur so lange auf, wie die jeweilige Lampe auch eingeschaltet ist.
- □ Ist die Glühlampe im Bremslicht ausgefallen, leuchtet die Kontrollampe beim Bremsen auf und verlöscht erst wieder, wenn die Zündung ausgeschaltet wird.
- □ Anhängersteckdose nach Schaltplan (S. 264) anschließen!

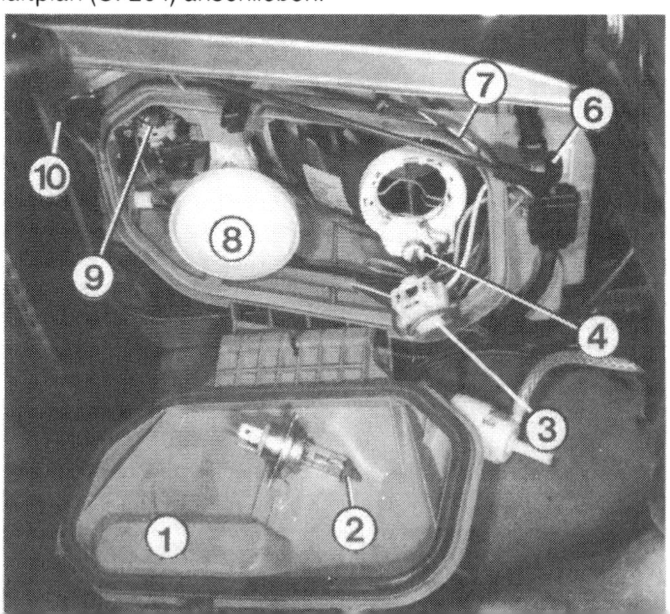

Die rechte Scheinwerfer von hinten: 1 – Abdeckung; 2 – H4-Scheinwerferlampe; 3 – Lampenstecker; 4 – Standlichtlampe; 6 – Unterdruckleitung für Leuchtweitenregulierung; 7 – Federbügel; 8 – Stellelement für Leuchtweitenregulierung; 9 – Nebelscheinwerferlampe; 10 – Federbügel.

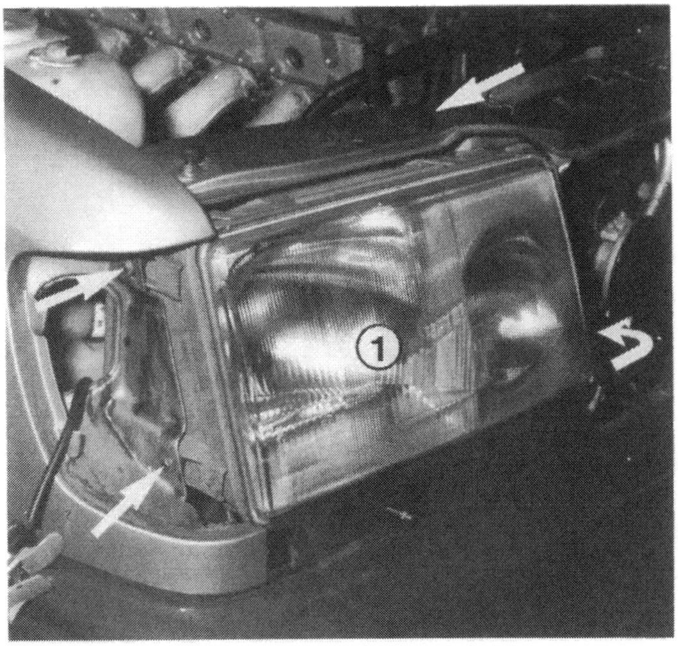

Ersatzlampen

Links: Der Scheinwerfer ist an vier Stellen (Pfeile) befestigt.

Rechts: Die Verkleidung (1) ist an zwei Stellen befestigt (Pfeile). Blinkleuchte und ggf. Wischerarm (2) zuerst ausbauen.

Immer sollte ein entsprechend gefüllter Ersatzlampenkasten an Bord sein, damit Sie unterwegs einen Lampendefekt »ambulant« beheben können. Als Ersatzlampen für Ihren Mercedes benötigen Sie:

- □ Halogen-Zweifadenlampe H4, 60/55 Watt, ECE H4 (Fern- und Abblendlicht)
- □ Halogen-Einfadenlampe H3, 55 Watt, ECE H3 (Nebelscheinwerfer)
- □ Kugellampe, 21 Watt, Klarglas ECE P 21 W (Blinkleuchten vorn und hinten, Rückfahrleuchten, Nebelschlußleuchte)
- □ Kugellampe, 21 Watt, Gelbglas, ECE PY 21 W (Blinkerlampen seit 7/93)
- □ Röhrenlampe, 4 Watt, ECE T 4 W (Standlicht)
- □ Kugellampe 10 Watt, ECE R 10 W (Schlußleuchten)
- □ Soffittenlampe, 5 Watt (Kennzeichenleuchten, Handschuhkastenleuchte, Sonnenblenden)
- □ Soffittenlampe, 10 Watt (Kofferraumleuchte, Innenleuchten)

Scheinwerferlampen austauschen

Die Glühlampen in den Scheinwerfern werden vom Motorraum her ersetzt. Dazu muß die graue Kunststoffabdeckung hinten am Scheinwerfer abgenommen werden. Dies ist möglich, wenn die beiden Verschlußbügel an den oberen Ecken gelöst sind.

- ■ **H4-Scheinwerferlampe:** Abdeckung auf Scheinwerferrückseite ausbauen.
- ■ Dreipoligen Stecker mit hebelnden Bewegungen von der Lampe lösen.
- ■ Federbügel etwas zusammendrücken und aushängen.
- ■ Neue Lampe so einsetzen, daß ihre drei Stecker-Kontaktzungen ein nach unten offenes U bilden.
- ■ Federbügel wieder einhängen.
- ■ Stecker aufdrücken.
- ■ Abdeckung einbauen.
- ■ **H3-Nebelscheinwerfer-Lampe:** Abdeckung auf der Scheinwerferrückseite ausbauen.
- ■ Steckkontakt des Lampenkabels auftrennen.
- ■ Federbügel aushängen und die Lampe austauschen.
- ■ **Standlichtlämpchen:** Abdeckung entfernen.
- ■ Lampenhalter unter der H4-Scheinwerferlampe aus dem Reflektor ziehen.
- ■ Lampe niederdrücken, verdrehen und herausziehen.

Weitere Glühlampen ersetzen

Hinweise zum Lampentausch

□ Nicht immer brennt eine ausgewechselte, neue Lampe. Besonders bei älteren Fahrzeugen blockiert gern Korrosion den Stromweg in der Steckfassung. Man merkt dies, wenn die Lampe öfters aufleuchtet, solange sie hin- und hergedrückt wird. In solchen Fällen alle Berührungspunkte zwischen Fassung und Lampe sauberkratzen. Sicherstellen, daß die Kontaktzunge die Lampe ausreichend stark in die Fassung drückt.

□ Mit einer Prüflampe können Sie leicht prüfen, ob überhaupt Strom zur Lampenfassung gelangt. Ggf. die Verschaltung schrittweise mit der Prüflampe kontrollieren.

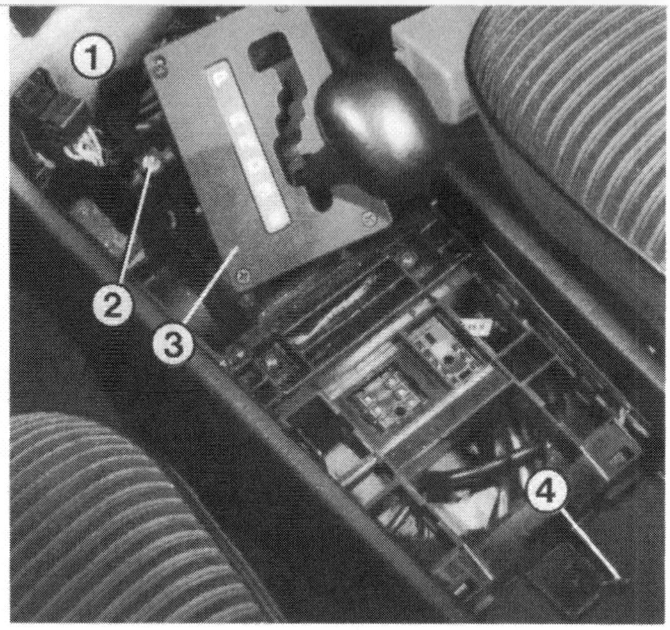

Links: 1 – Lichtschalter; 2 – Verkleidung; 3 – Regler für Leuchtweite; 4, 5 – Unterdruckleitungen (nicht vertauschen); 6 – Nebelschlußlichtkontrolle; 7 – Schalterbeleuchtung. **Rechts:** Beleuchtung (2) der Schaltkulisse (3). Dazu Holzverkleidung (1) ausbauen (Seite 247).

□ Wenn Sie vor dem Einbau einer neuen Lampe deren Glaskolben mit bloßen Händen angefaßt haben, sollten Sie diesen unbedingt mit einem sauberen Taschentuch wieder abwischen, denn der unvermeidbar zurückgebliebene Handschweiß verdampft später vom heißen Glaskolben und macht den Reflektor blind.

□ Im Kombiinstrument erhalten einige Lampen über »aufgedruckte« Kupferbahnen Strom. Wenn eine Bahn durch einen Riß unterbrochen ist, kann man diese Stelle durch Auflöten eines kurzen Kabelstückes überbrücken.

□ Die als kleine Lichtquelle oft verwendeten Glassockellämpchen werden zum Ausbau vorsichtig aus ihrer Steckfassung gezogen. Die Lämpchen haben teils verschiedene Leistungen und Baugrößen. Zum Einkauf am besten Muster mitbringen.

Heckleuchte

Alle Glühlampen sind auf dem Lampenträger montiert. Lampenträger abnehmen.

■ Bei den Limousinen dazu die Verschlußschraube in Stellung »AUF« drehen.

■ Beim Kombi auf der linken Seite erst die Reserveradverkleidung abnehmen. Rechts erst die Seitenverkleidung entfernen. Anschließend die Arretierung am Lampenträger nach oben drücken.

Innenleuchte vorn

Neben dem Temperaturfühler für den Innenraum, dem Schalter für das Schiebedach und einem Zeitglied sind noch fünf Glühlämpchen an der Innenleuchte montiert.

Die Soffittenlampe der Innenbeleuchtung muß bei geöffneten Vordertüren und entsprechender Schalterstellung brennen. Die Lampe erhält dauernd Strom. Nach dem Türenschließen bleibt die Innenleuchte noch einige Sekunden an. Die Dauer wird von einem Zeitglied bestimmt. Der Lesescheinwerfer für den Beifahrer ist mit einer 5-Watt-Halogenlampe ausgestattet. Das Symbol, welches Sie an die Anschnallpflicht erinnern soll, wird mit drei Glassockellämpchen beleuchtet.

Teile der vorderen Innenleuchte: 1 – Anschnallsymbol mit Beleuchtung; 2 – Innenraum-Temperaturfühler; 3 – Luftabsaugschlauch von Temperaturfühler (siehe Seite 240); 4 – Zeitelektronik; 5 – Halogenlampe für Lesescheinwerfer; 6 – Soffittenlampe. Zum Ausbau die Innenleuchte mit einem Schraubenzeiher vorsichtig aus dem Dachausschnitt hebeln.

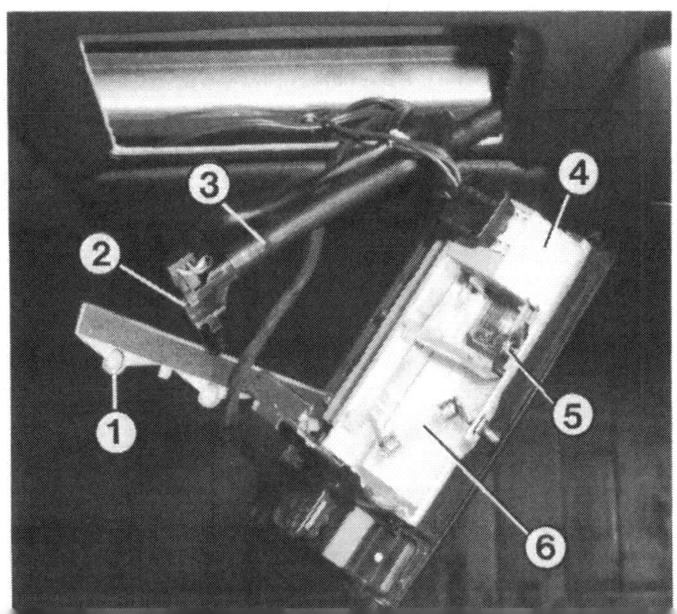

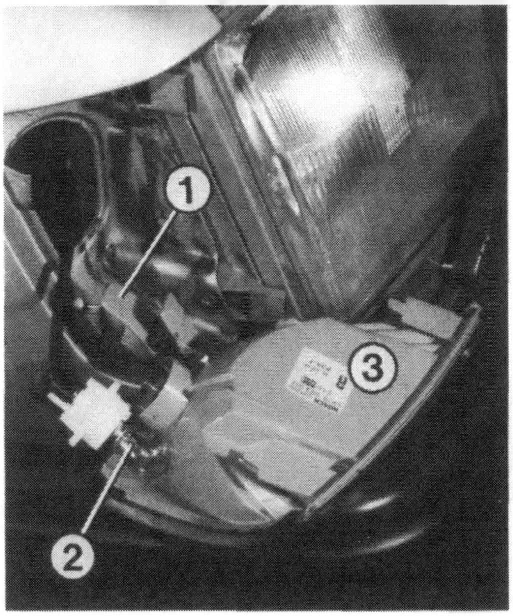

Zum Austausch der Lampe (2) den Haltebügel (1) im Motorraum (Seite 225 unten) ausrasten und Blinkleuchte (3) abnehmen. Beim Einbau auf richtigen Sitz der Zungen achten (Pfeile).

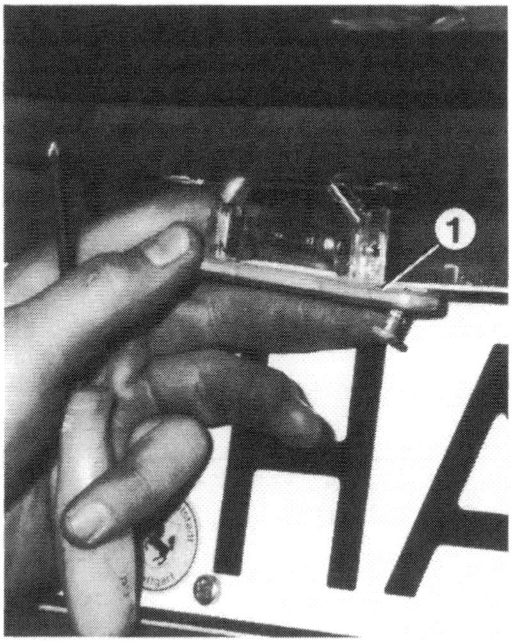

Links: Jede Kennzeichenleuchte (1) ist mit zwei Schrauben befestigt.
Rechts: Zum Austausch der Lampe (2) die Luftdüse (3) ausrasten (Pfeile).

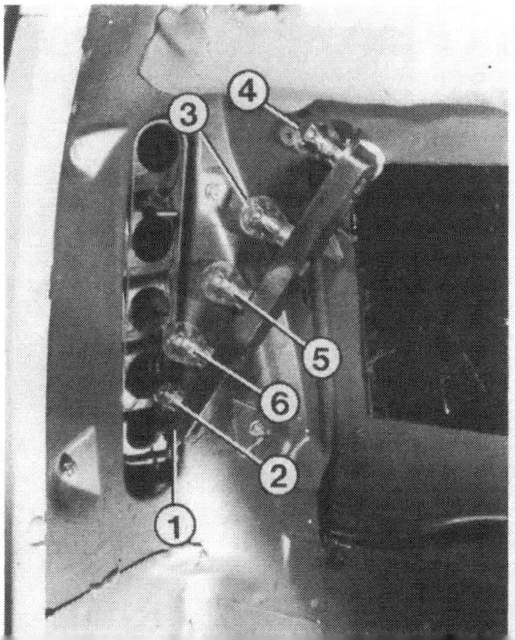

Heckleuchte beim Kombi links und bei Limousine rechts; 1 – Lampenträger; 2 – Schlußlicht (10 W); 3 – Bremslicht (21 W); 4 – Blinklicht (21 W); 5 – Rückfahrlicht (21 W); 6 – Nebelschlußlicht (21 W).

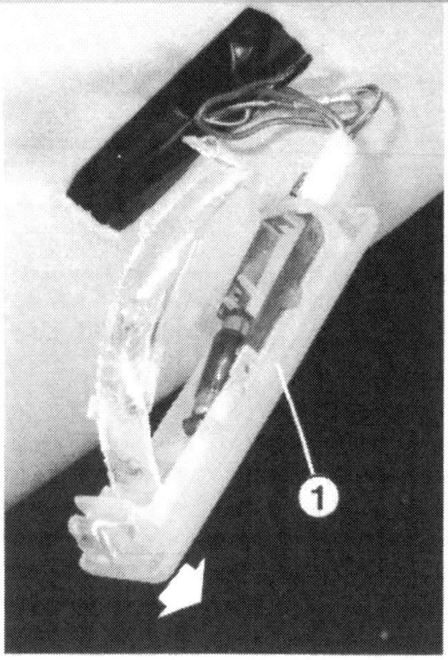

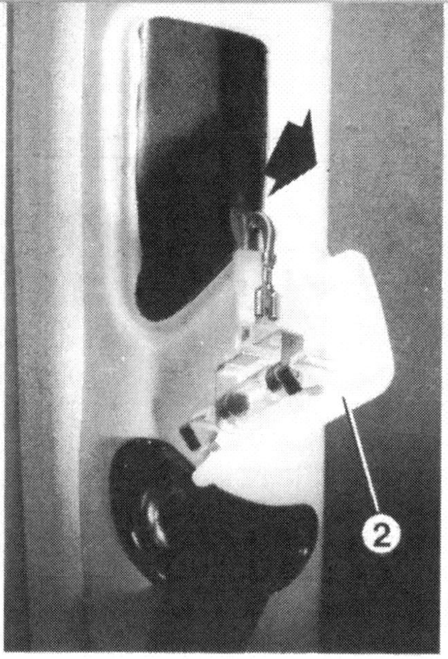

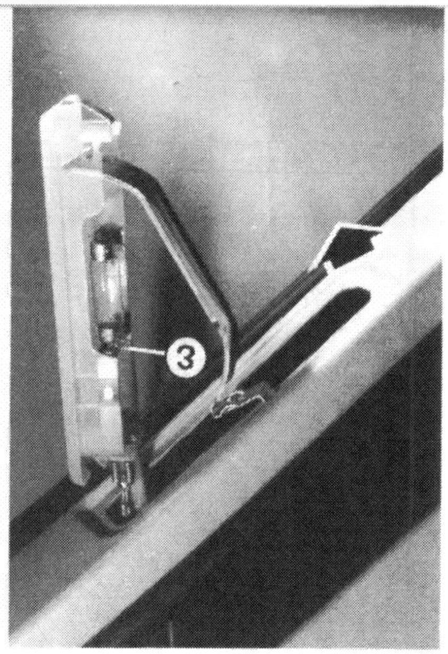

Innenleuchten hinten

1 – Innenleuchte hinten; 2 – Leuchte im Türpfosten (Kombi); 3 – Leuchte im hinteren Dachpfosten (Kombi). Zum Ausbau in Pfeilrichtung hebeln.

Bei der Limousine leuchtet die Innenleuchte über der hinteren Sitzbank, wenn eine Fondtür offen ist und bei entsprechender Stellung des Schalters im Armaturenbrett. Beim Kombi sind in den hinteren Dachpfosten insgesamt vier Leuchten eingebaut. Diese brennen, wenn eine hintere Tür oder die Heckklappe offen ist. Mit dem Schalter im Armaturenbrett können die Leuchten auch ganz ausgeschaltet oder ständig eingeschaltet werden.

■ Zum Ausbau einer Innenleuchte vorsichtig mit einem Schraubenzieher am Rand hebeln.

■ Beim Kombi die Innenleuchte im hintersten Dachpfosten an der Unterkante heraushebeln. Die Lampe hinter den Fondtüren an der Vorderkante loshebeln.

■ Zum Lampenaustausch erst den Reflektor wegklappen.

Fingerzeig: *Beim Kombi ist der Türkontaktschalter im Schloß der Heckklappe integriert. Über den Schalter wird neben den Innenleuchten auch die elektromotorische Schließhilfe für die Heckklappe geschaltet.*
Erst wenn die Klappe ganz zugezogen ist, verlöschen die Innenleuchten.

Leseleuchten hinten

Auf Wunsch können in den hinteren Dachpfosten Leseleuchten eingebaut sein. Die kleinen Scheinwerfer erhalten ständig Strom. Sie werden über einen Druckschalter ein- und ausgeschaltet. Achten Sie beim Verlassen des Fahrzeugs darauf, daß die Leuchten abgeschaltet sind, sonst können Sie die Batterie entleeren.

■ Zum Lampentausch die Leuchte an der Unterkante mit einem Schraubenzieher aus der Innenverkleidung des Dachpfostens heraushebeln.

■ Einen der beiden Leitungsstecker abziehen, um beim Lampentausch einen Kurzschluß zu vermeiden.

■ Reflektorteil hochklappen.

■ Glühlampe austauschen.

1 – Leseleuchten hinten; 2 – Kofferraumleuchte; 3 – Einstiegsleuchte.

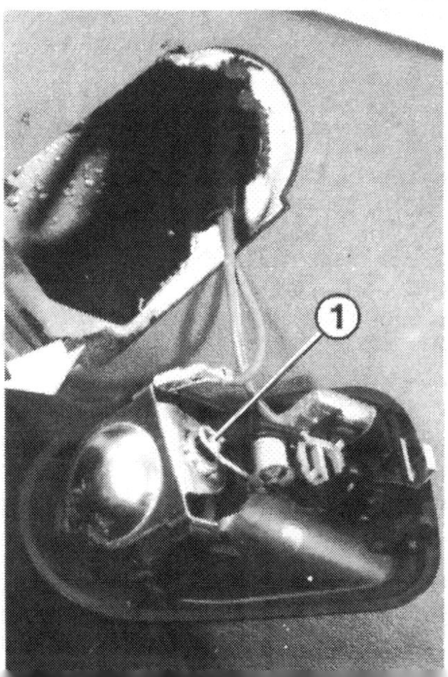

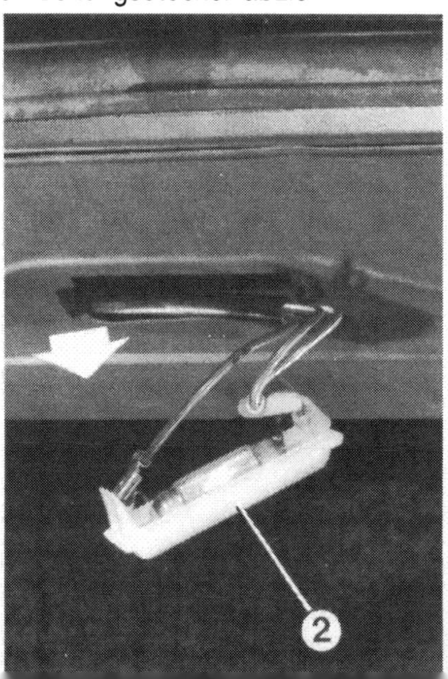

Links: Zum Ausbau der Lampen (1) den Spiegel (2) abhebeln (Pfeile). **Rechts:** 4 – Handschuhfachleuchte einfach herausklappen (Pfeil); 3 – Schraube für mittlere Luftdüse (auch Seite 240 unten).

Kofferraumleuchte

Die Kofferraumleuchte erhält über Klemme 30 ständig Batteriestrom. Sie wird beim Öffnen des Kofferraumdeckels von einem Schalter am linken Deckelscharnier (bis 9/85) eingeschaltet. Mit einigen Verrenkungen und langen Fingern kann der Schalter erreicht werden. Später ist der Schalter neben dem Schloß im Kofferraumdeckel eingebaut.

- Zum Lampenaustausch das Massekabel der Batterie abnehmen.
- Leuchte aus dem Ausschnitt oben am Kofferraum hebeln.
- Soffittenlampe ersetzen.

Luftdüsenleuchten

Bei eingeschalteter Beleuchtung werden die Regler an den drei Luftdüsen mit Glassockellämpchen beleuchtet.

- Erst Luftdüse ausbauen.
- Seitendüsen: Verrastungen an der Ober- und Unterkante zurückdrücken und gleichzeitig an der Düse ziehen.
- Hinter dem Regler ist die Fassung für das Glassockellämpchen eingesteckt.
- Mitteldüse: Seitliche Schrauben herausdrehen (Abb. oben rechts und S. 240 unten).

Ascherbeleuchtung

Ascher und Anzünder werden mit einem gemeinsamen Glassockellämpchen beleuchtet.

- Zum Austausch den Ascher aufklappen.
- Zwei Schrauben hinten im Aschergehäuse herausdrehen (Seite 248 oben).
- Aschergehäuse herausziehen und auf der Rückseite das Lämpchen ersetzen.

Beleuchtung der Drehschalter

Lichtschalter (Seite 220 oben), Gebläseschalter und der Drehschalter für die Luftverteilung (Seite 246 unten) sind in der Mitte beleuchtet.

- Zum Austausch den entsprechenden Drehknopf mit einer Zange fassen und nach hinten abziehen. Um unschöne Kratzspuren zu vermeiden, die Zangenbacken mit einem Lappen umwickeln.
- Das durchgebrannte Lämpchen vorsichtig aus der Schalterachse ziehen.
- Neues Lämpchen einstecken.
- Das Lämpchen in der Schalterachse des Lichtschalters brennt, wenn das Nebelschlußlicht leuchtet. Die Symbole um den Lichtschalter werden mit einem anderen Lämpchen beleuchtet. Zum Austausch flache Mutter am Lichtschalter lösen und Verkleidung ausbauen (siehe Seite 241 und 246 unten).

Heizungsbeleuchtung

Die beiden Temperaturwahlräder sowie die Symbole am Gebläseschalter und an der Luftverteilung werden von Glühlämpchen beleuchtet. Die Lämpchen sind auf der Rückseite des Steuer- und Bediengerätes der Heizungsautomatik eingebaut.

- Zum Austausch hölzerne Mittelverkleidung ausbauen (Seite 246).
- Bediengerät vom Halterahmen abschrauben (4 Schrauben).
- Auf der Rückseite das Lämpchen ersetzen.

Beleuchtung der Wippschalter

Je nach Ausstattung des Fahrzeugs sind oben in der Mittelverkleidung und um den Schalthebel eine Vielzahl von Wippschaltern eingebaut. Glassockellämpchen besorgen die Schalter-

Hier ist der rechte Scheinwerfer ausgebaut. Es bedeuten: 1 – Wischermotor; 2 – Gummi zur Isolation.

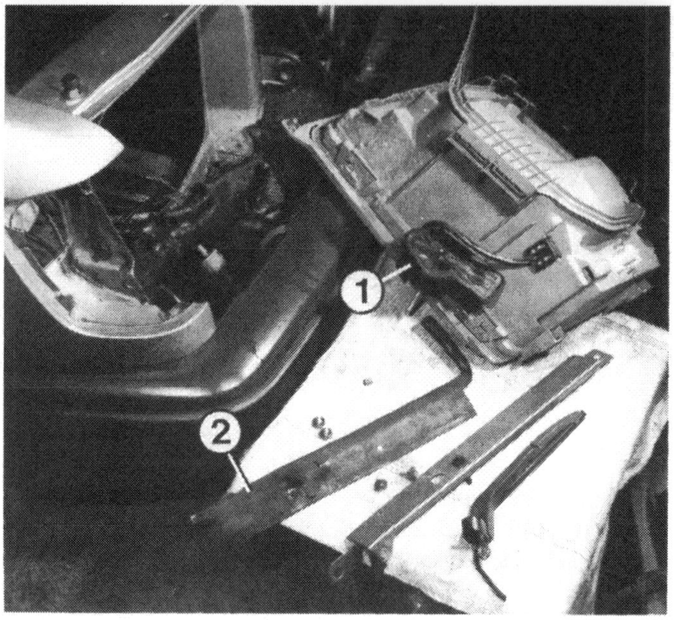

beleuchtung, um die Schalter bei Nacht leicht zu finden oder um die jeweils eingeschaltete Funktion anzuzeigen.

■ Zum Austausch der Lämpchen die hölzerne Mittelverkleidung (Seite 246) bzw. die Verkleidung um den Schalthebel (Seite 247 oben) ausbauen.

■ Schalter ausbauen. Hierzu den Schalter einfach herausziehen oder den Mehrfachstecker auf der Schalterrückseite abziehen.

■ Wipptaste seitlich links und rechts ausrasten und abnehmen. Bei anderen Schaltern Lämpchenfassung aus der Rückseite ausbauen.

■ Glassockellämpchen austauschen.

Vordere Scheinwerfer ausbauen

■ Blinkleuchte ausbauen (S. 221 oben).

■ Ggf. Wischerarm der Scheinwerfer-Reinigungsanlage ausbauen (siehe oben). Zuvor dessen Nullage mit einem Klebestreifen auf der Streuscheibe festhalten.

■ Verkleidung an der Scheinwerferunterkante losschrauben und abnehmen (Abbildung 219 oben).

■ Zum Ausbau des linken Scheinwerfers die Luftansaughutze ausbauen.

■ Schraube seitlich innen am Scheinwerfer herausdrehen.

■ 2 Schrauben seitlich außen herausdrehen.

■ Arretierungseinsatz oben am Scheinwerfer um 90° verdrehen und nach oben wegnehmen.

■ Leitungsanschlüsse lösen und den Unterdruckschlauch der Leuchtweiten-Regulierung abziehen.

■ Scheinwerfer abnehmen.

■ Nach dem Einbau in umgekehrter Richtung die Scheinwerfereinstellung prüfen.

Scheinwerfer zerlegen

■ Die Streuscheibe ist mit Haltelaschen am Scheinwerfergehäuse befestigt. Zum Austausch der Streuscheibe die Haltelaschen vorsichtig loshebeln. Die Ersatz-Streuscheibe wird zusammen mit dem Halterrahmen geliefert. Auch die Gummidichtung ersetzen.

■ Die Scheinwerferreflektoren können einzeln ersetzt werden.

■ Unten an den Scheinwerfergehäusen können die Elektromotoren der Scheinwerfer-Reinigungsanlage festgeschraubt sein.

Scheinwerfer einstellen

Diese billige, bisweilen sogar kostenlose Einstellarbeit überläßt man der Werkstatt, einer Tankstelle oder dem mobilen Prüfstand eines Autoclubs. Behelfsmäßig gibt es verschiedene, unterschiedlich genaue Methoden. Dabei immer den Motor kurz starten und die Leuchtweiten-Regulierung auf »0« stellen.

□ Wagen möglichst im rechten Winkel in fünf Meter Abstand vor eine helle Wand stellen. Erneuerten Scheinwerfer in der Höhe dem unveränderten gleichstellen. Eine Seitenkorrektur ist so allerdings nicht möglich.

□ Nach einer genauen Einstellung mit dem Meßgerät die Abknickpunkte (in diesen Punkten steigt der Abblend-Lichtstrahl um 15° nach oben an) an der Garagenwand anzeichnen. Dazu den Mercedes am Garagentor abstellen. So läßt sich später bei gleicher Fahrzeugstellung auch die Lichtstrahl-Seitenrichtung überprüfen.

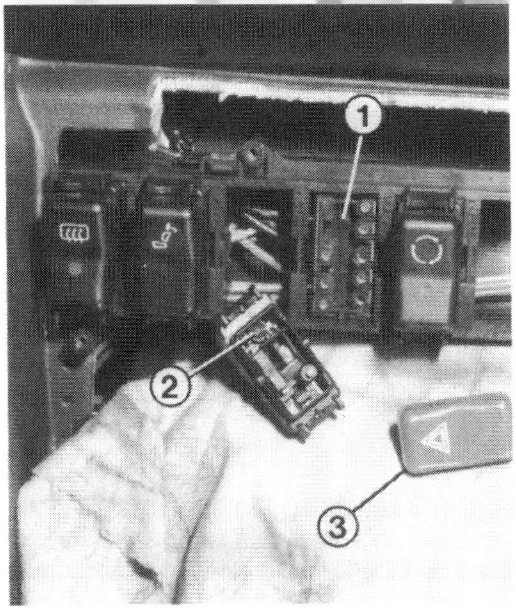

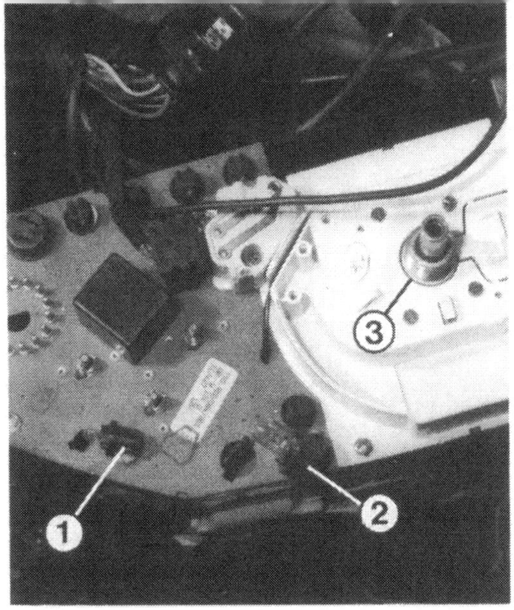

Links: Schalter aus Sockel (1) ziehen und Taste (3) ausrasten, um Lämpchen (2) für Beleuchtung bzw. Kontrolle austauschen zu können.

Rechts: 1 – Kontrollämpchen; 2 – Beleuchtung; 3 – Tachometer im Kombiinstrument.

Leuchtweiten-regulierung

Serienmäßig ist eine pneumatische Leuchtweiten-Regulierung eingebaut. Die Einstellung erfolgt je nach Belastungsgrad des Fahrzeuges von einem Stellrad neben dem Lichtschalter. Zur Betätigung wird Unterdruck eingesetzt. Damit bei jeder Drehzahl ein möglichst konstanter Unterdruck zur Verfügung steht, besitzt das Unterdrucksystem einen Vorratsbehälter. Der Behälter ist im vorderen linken Kotflügel hinter der Trennwand eingebaut. Damit der Unterdruck sich nicht abbaut, ist das System mit einem Rückschlagventil ausgestattet. Mit dem Stellrad im Armaturenbrett wird der Unterdruck zwischen 0,4 bar (Stellung »0«) und 0,05 bar (Stellung »3«) geregelt und gelangt dann zu den Stellelementen in den Leuchteinheiten. Diese Stellelemente haben einen Maximalhub von 3 mm.

Die Scheinwerfer-Reinigungs-anlage

Fahrzeuge, die damit ausgestattet wurden, haben im Motorraum einen größeren Waschwasser-Behälter, der mit 2 Pumpen ausgestattet ist. Jeder der beiden kleinen Wischerarme hat seinen eigenen Motor. Nach dem Ausschalten laufen die Wischer von selbst in die Ausgangslage zurück. Der rechte Wischermotor besitzt einen Kontakt, welcher die Wischwasser-Pumpe während des Wischens nur ganz kurz einschaltet. Durch die beiden Spritzdüsen am Wischerarm sprüht so nur wenig Wasser im rechten Augenblick auf die Scheinwerfergläser. Dadurch wird verhindert, daß sich nachts bei Gegenlicht eine undurchsichtige »Sprühwasserwand« bildet. Außerdem wird Wasser gespart.
Die Scheinwerfer-Reinigungsanlage tritt in Aktion, wenn das Licht eingeschaltet ist und am Kombihebel der Schalter für die Scheibenwaschanlage betätigt wird.

Die Heckleuchte

Jede Heckleuchte besteht aus drei Teilen – dem Lampenträger, dem Reflektorenteil und der bunten äußeren Kunststoffabdeckung. Diese Abdeckung ist mit einer Gummidichtung von außen ans Karosserieblech angesetzt und von innen zusammen mit dem Reflektorenteil mittels Muttern verschraubt.

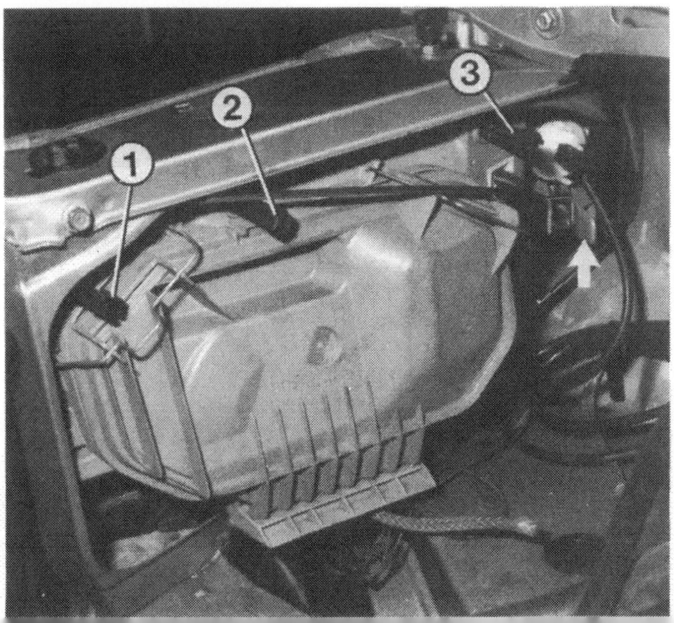

Einstellschrauben am Scheinwerfer; 1 – für Nebelscheinwerfer; 2 – für Scheinwerfer-Höhe; 3 – für Scheinwerfer-Seitenverstellung. Der Pfeil zeigt auf den Haltebügel der Blinkleuchte.

Die Signaleinrichtungen

Mit Licht und Schall

Bei Autos gibt es keine Sprachverwirrungen – es geht einheitlich zu. Die Absicht zum Abbiegen oder Spurwechsel drücken die Blinker aus. Wenn abgebremst oder angehalten werden soll, zeigen dies rote Lichter an. Und will der Fahrer jemanden warnen, ertönen die Hupen, oder die Lichthupe leuchtet kurz auf.

Blink- und Warnblink-anlage

Ständige Kontrolle

Die Warnblinkanlage wird ständig mit Strom versorgt. Drücken Sie bei ausgeschalteter Zündung auf den roten Wippschalter. Alle 4 Blinkerlampen und der transparente Schalterknopf leuchten im gleichen Rhythmus auf.
Zur Kontrolle der Richtungsblinker muß die Zündung eingeschaltet, aber die Warnblinkanlage ausgeschaltet sein, denn die Warnblinker überlagern die Richtungsblinker. Bei gedrücktem Blinkerhebel müssen eine Blinkerseite und die entsprechende grüne Kontrolleuchte in regelmäßigen Abständen aufleuchten. Die ganze Blinkerei ist etwas kompliziert, weil vorschriftsgemäß die Warnblinkanlage ständig funktionieren muß – der Warnblinkschalter bezieht den Strom durch ein rot-weißes Kabel über Sicherung Nr. 9 direkt von der Batterie. Die Richtungsblinker erhalten dagegen nur bei eingeschalteter Zündung Strom durch ein schwarz-rotes Kabel über Sicherung Nr.6 von Klemme 15.

Störungen

□ Wenn die Blinkerkontrolle in irgendeiner Weise »stolpert« oder nur rhythmisch kurz aufblitzt, ist meist eine Blinkerlampe defekt.
□ Bleibt die Blinkerei oder Warnblinkerei »stehen«, brennt also Dauerlicht statt Blinklicht, liegt der Fehler im Blinkrelais.
□ Leuchten die Blinker mal in langsamer Folge, mal schnell und sind alle Steckverbindungen einschließlich der Massekabel in Ordnung, muß das Relais erneuert werden.
□ Leuchten die Warnblinker auf, während die Richtungsblinker bei eingeschalteter Zündung dunkel bleiben, ist die Sicherung Nr. 6 defekt. Im umgekehrten Fall – kein Warnblinken, dafür aber Richtungsblinken – kommt die Sicherung Nr. 9 in Betracht. Es kann in beiden Fällen aber auch der betreffende Schalter defekt oder der Stromweg zum Schalter unterbrochen sein; Schalterausbau siehe Seite 231.
□ Wenn weder Warn- noch Richtungsblinken funktioniert, ist das Blinkrelais schuld. Neben den Blinkerkontrollen, die im Blinkerrhythmus mitblinken, werden Sie beim Mercedes durch ein akustisches Geräusch ans Blinken erinnert. Das Klacken stammt von einem Relais im Kombiinstrument. Bei Störungen Kombiinstrument ausbauen, Leitung und Relaisspule prüfen.

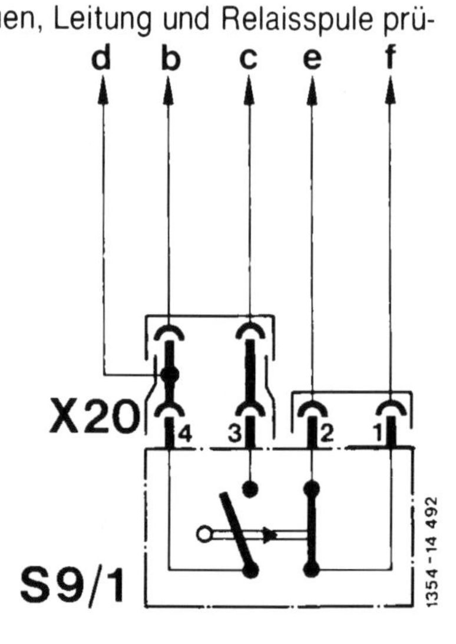

Bei ASD und 4MATIC hat der Bremslichtschalter (S 9/1) zwei Kontakte. Die Stifte in der Steckverbindung X 20 für das Bremslicht haben 4 mm Durchmesser. Im Zusatzkontakt beträgt der Durchmesser 2,5 mm. Über den Zusatzkontakt wird beim Bremsen die Spannungsversorgung für das Magnetventil der Hinterachssperre unterbrochen, so daß keinesfalls mit quergesperrter Hinterachse gebremst werden kann – Fahrzeug würde leicht ausbrechen.
b – zum Bremslicht
c – von Sicherung Nr. 5, Klemme 15
d – zum Steuergerät ABS, ASD und 4MATIC
e – Überspannungsschutz, Spannungsversorgung von Klemme 87
f – zum Magnetventil für Hinterachsdifferentialsperre

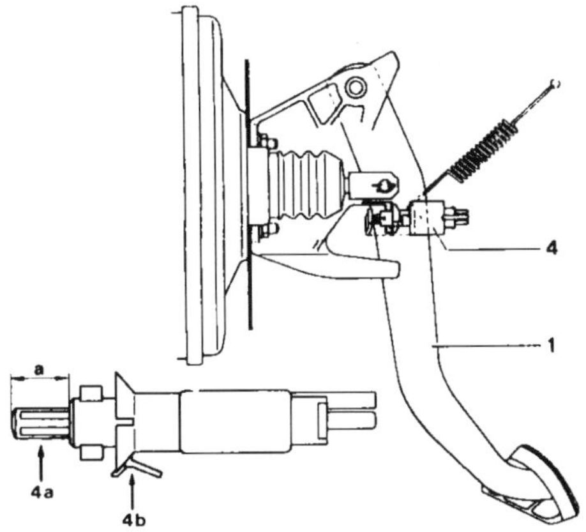

Die Zeichnung zeigt die Anordnung des Bremslichtschalters (4) am Bremspedal (1). Der Schalter stellt sich nach der Montage selbst ein. Es bedeuten: 4 b – Arretierung; 4 a – Betätigungsstift; a – maximaler Weg des Betätigungsstiftes (vor dem Einbau den Stift kräftig soweit herausziehen).

Fingerzeige *Im dichten Verkehr oder bei Dunkelheit ist das Weiterfahren mit ausgefallenem Blinkerrelais nicht ganz ungefährlich. Sie können sich aber so weiterhelfen: Das Kombirelais H herausziehen (Seite 204) und die Buchsen der Relaisanschlüsse 8 und 10 (entspricht Klemme 49 und 49 a) mit einem dünnen Drahtstück verbinden. Das Kombirelais wieder darüberstecken, denn es ist ja noch für die Heckscheibe und das Scheibenwischen zuständig. Bei gedrücktem Blinkerschalter leuchtet eine Blinkerseite jetzt dauernd, durch Ein- und Ausschalten mit dem Blinkerhebel erhält man einen Blinkerrhythmus.*

Bremsleuchten prüfen
Ständige Kontrolle

Die Bremslichter sollten Sie zu Ihrer eigenen Sicherheit so oft wie möglich kontrollieren.

- Die Garagenwand hinter dem Wagen muß hellrot aufleuchten, wenn Sie auf das Bremspedal treten.
- Oder in einer Kolonne prüfen Sie mit dem Rückspiegel, ob sich in den Scheinwerfer-Reflektoren oder in der Lackierung des Hintermannes beide Bremslichter spiegeln.
- Leuchtet beim Bremsen die Glühlampenausfall-Kontrolle im Armaturenbrett auf und bleibt an, Bremsleuchten sofort prüfen und instand setzen.

Der Bremslichtschalter

Beim Tritt auf das Bremspedal wandert der Druckstift des Bremslichtschalters oben am Pedalbock heraus und schließt die Schaltkontakte. Damit ist der Stromkreis zu den Bremsleuchten geschlossen. Der Bremslichtschalter stellt sich selbständig ein, deshalb beim Auswechseln die Montagehinweise beachten.
Der Bremslichtschalter ist zusätzlich für das ABS (Seite 190), das ASD (Seite 161) und die 4MATIC (Seite 165) wichtig.

Bremslichtschalter überprüfen

- Fußraumverkleidung ausbauen.
- Kabelstecker am Schalter abziehen.
- Mit einem Ohmmeter das Schalten kontrollieren.
- Bei Betätigen des Bremspedals muß der Stromkreis über die beiden Anschlußstifte geschlossen werden.
- Bei Fahrzeugen mit ASD und 4MATIC hat der Bremslichtschalter einen zusätzlichen Kontakt (Öffner). Die Anschlußstifte zum Kontakt sind kleiner (2,5 mm ⌀).
- Bei Betätigen des Bremspedals muß der Stromkreis über den Kontakt unterbrochen werden.

Bremslichtschalter auswechseln

- Fußraumabdeckung ausbauen.
- Kabelstecker abziehen.
- Kunststoffarretierung des Bremslichtschalters mit einem Schraubenzieher zurückdrücken.
- Schalter drehen und herausziehen.
- Vor dem Einbau den Druckstift am Bremslichtschalter kräftig (ca. 50 N) ganz herausziehen.
- Bremspedal treten und Schalter einsetzen. Schalter so weit drehen, bis er einrastet.
- Bremspedal loslassen. Dabei stellt sich der Betätigungsweg selbständig ein.

Störungen
Hupe

□ Hupt es nicht, die Sicherung Nr. 6 prüfen.
□ Bei intakter Sicherung einen Helfer »hupen« lassen. Kommt durch das schwarz-rosa-rote Kabel Strom zu den Hupen? Wenn ja, ist wahrscheinlich die Masseversorgung der Hupen gestört.
□ Kommt kein Strom, muß ein Defekt am Schalter im Lenkrad vermutet werden. Hupenkontakt im Lenkrad überbrücken, dazu die Polsterplatte abnehmen. Oder das Lenkrad ausbauen (Seite 179) und die Stromführung über die Schleifkohlen prüfen.

Informationsstand

Rund um Ihren Arbeitsplatz im Mercedes sind allerlei Anzeigeinstrumente, Warnlichter und Schalter versammelt, auf die wir im folgenden Kapitel eingehen wollen. Weiter kommen jene Einrichtungen zur Sprache, die das Autofahren einfacher, sicherer und komfortabler machen.

Kontrolleuchten und -instrumente prüfen
Wartung Nr. 17

Im täglichen Fahrbetrieb werden diese Einrichtungen wohl ganz automatisch geprüft. Wer die Prüfung bewußt durchführen will (z. B. beim Gebrauchtwagenkauf), achtet auf folgendes:

□ **Kühlmittel-Temperatur:** Unter Ausnahmebedingungen (Seite 57) darf die Anzeigenadel bis zur roten Marke wandern. Bei höheren Temperaturen kocht das Kühlmittel auch im Überdruck-Kühlsystem.

□ **Kühlmittelstands-Anzeige:** Bei laufendem Motor darf die Kontrollampe nicht brennen, ansonsten in den Ausgleichsbehälter Kühlmittel nachfüllen.

□ **Kraftstoff-Anzeige:** Bei eingeschalteter Zündung wird entsprechend angezeigt. Die dreieckige Reserve-Warnlampe verlöscht erst bei laufendem Motor. Tut sie das nicht, ist der Tank bald leer (Seite 59).

□ **Öldruck-Anzeige:** Die Angabe erfolgt in bar. Rührt sich der Zeiger bei laufendem Motor nicht, Motor sofort abstellen und die Ursache klären. Näheres Seite 43.

□ **Ölstands-Anzeige:** Bei laufendem Motor und einer Öltemperatur über 60°C leuchtet die Kontrolle, wenn sich der Ölstand der »MIN«-Marke am Peilstab nähert.

□ **Blinkkontrollen:** Die Pfeile müssen beim Richtungsblinken einzeln und beim Warnblinken zusammen aufleuchten.

□ **Tachometer:** Schon kurz nach dem Anfahren muß sich die Anzeigenadel bewegen. Weiteres Seite 230.

□ **Kilometerzähler und Tages-Kilometerzähler** müssen sich mit der Fahrstrecke weiterdrehen. Funktioniert die Rückstellung des Tageskilometerzählers mit dem Knopfdruck?

□ **Drehzahlmesser:** Die Motordrehzahl wird hier angezeigt. Weiteres Seite 230.

□ **Economy-Anzeige:** Bei laufendem Motor gelangt über eine Schlauchleitung Unterdruck von der Saugseite des Motors zum Instrument. Je größer der Unterdruck ist, um so mehr wandert der Zeiger ins rote Feld, und der Benzinverbrauch steigt.

□ **Die quarzgesteuerte Uhr** läuft äußerst genau. Sie erhält ständig Strom.

□ **Blinklichtkontrolle** bei Anhängerbetrieb: Wird mit Anhänger geblinkt, zeigt diese Kontrolle durch Mitblinken an, daß auch die Blinker im Hänger arbeiten.

□ **RS-Kontrolleuchte:** Mit dem Einschalten der Zündung leuchtet sie für etwa 10 Sekunden. Verlöscht die RS-Leuchte (RS = Rückhaltesystem), sind Airbag und Gurtstrammer funktionsbereit. Näheres Seite 236.

□ **ABS-Kontrolle:** Die Kontrolle für das Antiblockiersystem (Seite 192) leuchtet mit dem Einschalten der Zündung auf. Dreht der Motor oder spätestens, wenn schneller als 5 km/h gefahren wird, muß die Leuchte verlöschen.

□ **Ladekontrolle:** Sie muß bei eingeschalteter Zündung aufleuchten und bei laufendem Motor verlöschen. Näheres Seite 210.

□ **Bremskontrolle:** Leuchtet bei getretener Feststellbremse und bei fehlender Bremsflüssigkeit (siehe Fingerzeig Seite 188).

□ **Bremsbelag-Verschleißanzeige:** Leuchtet beim Bremsen, wenn die Bremsklötze vorn bis auf 3,5 mm abgenutzt und reif zum Austausch sind.

□ **Fernlichtkontrolle:** Beim Lichthupen und bei Fernlicht muß das blaue Licht aufleuchten.

□ **ASD- bzw. 4MATIC-Kontrollen:** Siehe Seiten 162 und 166.

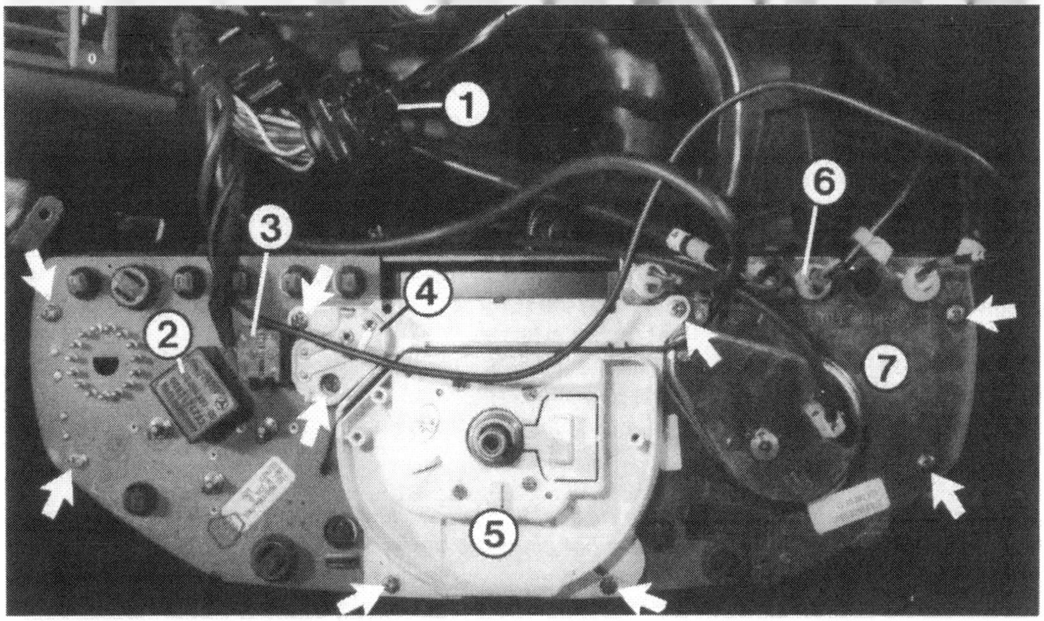

Die Rückseite des Kombiinstrumentes: 1 – 15poliger Rundstecker; 2 – Warnsummer; 3 – 4polige Steckkupplung; 4 – Spannungsstabilisierung; 5 – Tachometer; 6 – zusätzliche Kontrolleuchten (ausstattungsabhängig) z. B. ABS, ASD, 4MATIC, Anhängerblinklicht; 7 – rechtes Rundinstrument (Uhr, Drehzahlmesser); Pfeile – Schrauben (zum Zerlegen herausdrehen).

□ **Glühlampenausfall-Kontrolle:** Durch Aufleuchten der Lampe wird angezeigt, daß eine der überwachten Lampen durchgebrannt ist (Seite 218).
□ **Heckscheiben-Heizung:** Leuchtet bei eingeschalteter Heizung das Kontrollicht im Schalter?
□ **Nebelschlußlicht-Kontrolle:** Das Lämpchen sitzt in der Mitte des Lichtschalters und muß aufleuchten, wenn der Drehknopf um zwei Stufen herausgezogen wird.
□ **Warnblink-Kontrolle:** Der rote Wippschalter in der Mittelkonsole muß zusammen mit den Blinkerlampen aufleuchten.
□ **Waschwasser-Kontrolle:** Den Vorratsbehälter nachfüllen, wenn diese Lampe leuchtet.
□ **Sitzheizung:** Die Kontrolleuchten der Wippschalter müssen beim Einschalten aufleuchten. Bei voller Heizleistung beide Lämpchen und bei halber Leistung nur eines.

Kombiinstrument ausbauen

■ Am einfachsten geht der Ausbau bei ausgebautem Lenkrad (Seite 179) vonstatten.
■ Obere Verkleidung im Fahrerfußraum ausbauen (Seite 245).
■ Das Kombiinstrument ist nur in den Schacht im Armaturenbrett eingesteckt. Mit einem breiten Werkzeug das Instrument beidseitig vorsichtig etwas heraushebeln, dabei von hinten an der Tachowelle nachschieben. Kann man den Rand fassen, Instrument vollends herausziehen.
■ Tachowelle losschrauben.
■ Mehrfachsteckverbindung auf der Rückseite ausstecken.
■ Fassung der einzelnen eingesteckten Kontrollämpchen ausstecken. Jeweilige Position merken.

Kombiinstrument zerlegen

Das Kombiinstrument ist eine Meisterleistung der Feinwerker. Was neben den mechanischen Teilen noch an Elektrik darin untergebracht ist, erkennt man im Schaltplan. Die meisten Einzelteile sind zusammengeschraubt und können einzeln ersetzt werden. Wer dies nicht selbst machen will, kann es in einer VDO-Werkstatt instand setzen lassen.

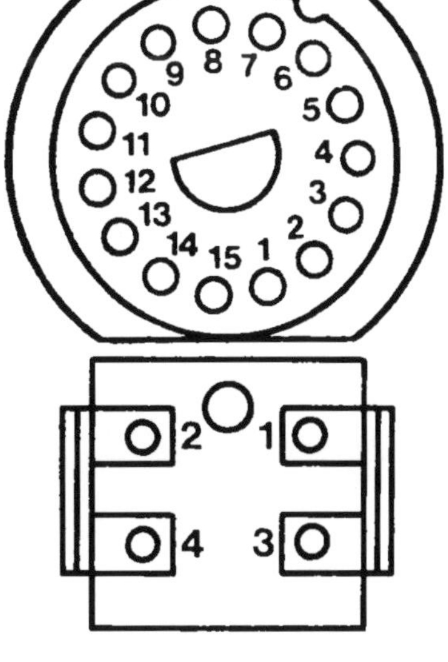

Belegung des 15poligen Rundsteckers
1 Masse W 1
2 Temperaturfühler Kühlmittel
3 Tauchrohrgeber Kraftstoffanzeige
4 Tauchrohrgeber Kraftstoffreserveanzeige
5 Schalter Motorölstandsanzeige
6 Sicherung 5 Klemme 15
7 Fernlichtkontrolle
8 Klemme 15 ungesichert Sicherungsdose
9 Ladekontrolle Klemme 61
10 Kontaktfühler Bremsbelagverschleißanzeige links
10 Kontaktfühler Bremsbelagverschleißanzeige rechts
11 Schalter Bremsflüssigkeitskontrolle
12 Schalter Kühlmittelstandsanzeige
13 Lampenkontrollgerät Klemme K Beleuchtung Aschenbecher
14 Blinkerkontrolle links
15 Blirkontrolle rechts.

Belegung der 4poligen Kupplung
1 Behälter Scheibenwaschanlage
2 Leitungsverbinder Klemme 58 d
3 Warnsummerkontakt
4 Öldruckgeber

□ Die Fassungen der diversen Kontroll- und Beleuchtungslämpchen sind von hinten in das Instrument gesteckt. Zum Ausbau die Fassung verdrehen und abnehmen.
□ Der Regelwiderstand für die Instrumentenbeleuchtung ist angeschraubt.
□ Der laut schnarrende Lichtwarnsummer ist in die Leiterplatte eingelötet.
□ Ein kleines Relais erinnert Sie akustisch daran, daß der Blinker arbeitet.
□ Über eine elektronische Spannungsstabilisierung werden die Anzeigeinstrumente und manche Kontrollämpchen mit Spannung versorgt. So ist gewährleistet, daß sie trotz Spannungsschwankungen im Bordnetz genau arbeiten.
□ Der von der Tachowelle angetriebene Tachometer kann einzeln ersetzt werden.
□ Auch der Drehzahlmesser ist als Einzelteil erhältlich.
□ Das linke Rundinstrument mit der Öldruck-, Kraftstoff- und Kühlmitteltemperaturanzeige muß komplett ersetzt werden.

Fingerzeig: *An der Rückseite des Kombiinstruments finden Sie auch den Warnsummer, der nervtötend losschwirrt, wenn Sie bei eingeschaltetem Licht aussteigen wollen. »Edel-Bastler« können versuchen, den Warnsummer auszubauen und den Lärm etwas zu dämpfen. Oder man verzichtet ganz auf die Warnung und sorgt durch den Einbau eines zusätzlichen Relais dafür, daß sich die Scheinwerfer ausschalten, sobald die Zündung ausgeschaltet wird.*

Tachometer

Dieser Geschwindigkeitsmesser zeigt die Fahrgeschwindigkeit gewissermaßen auf elektrischem Weg an, nämlich durch Erzeugung von Wirbelströmen, die eine Aluminiumtrommel rund um die Zeigerachse gegen den Widerstand einer Spiralfeder verdrehen.
Der Tachometer kann nicht die genaue Entfernung oder Geschwindigkeit messen, sondern er mißt die Umdrehungen des Tachowellenantriebs im Getriebe und setzt sie dann in Kilometerangaben um. Nach wieviel Tachowellenumdrehungen ein Kilometer auf der Straße zurückgelegt wurde, hängt von der Reifengröße und Achsübersetzung ab. Die entsprechende Tachometerantriebs-Anpassung wird mit der »Weg-Drehzahl« festgelegt.

Tachowelle ausbauen

Stehen Kilometerzähler und Geschwindigkeitsmesser des Tachometers, ist meist die Welle abgedreht. Eine stark zitternde Tachonadel weist gewöhnlich darauf hin, daß die Welle einen Knick hat und bald ersetzt werden muß. Bei Fahrzeugen mit sehr hoher Laufleistung könnte auch einmal der Tachoantrieb im Getriebe verschlissen sein.

■ Fahrzeug aufbocken und sichern.
■ Untere Motorraumkapselung komplett ausbauen.
■ Sechskantschraube rechts hinten am Getriebe herausdrehen und die Welle aus dem Getriebe ziehen.
■ Im Innenraum die obere Fußraumabdekkung auf der Fahrerseite ausbauen.
■ Kombiinstrument etwas vorziehen.
■ Die Tachowelle vom Kombiinstrument losschrauben.
■ Befestigungspunkte der Welle lösen und ausbauen.
■ Neue Welle in umgekehrter Reihenfolge einbauen und auf wasserdichten Sitz der Gummitüllen achten. Welle beim Einbau keinesfalls knicken!

Drehzahlmesser

Wie oft die Kurbelwelle im Motor in der Minute rotiert, zeigt der Drehzahlmesser an. Er erhält dazu vom Zündschaltgerät das TD-Signal (Seite 128) übermittelt. Elektronisch summiert und aufbereitet werden die TD-Signale auf das Zeigerwerk im Instrument übertragen. Dabei ist Anzeige ca. ± 5% ungenau. Bei Leerlaufdrehzahl noch viel mehr. Soll beim Modell 200 ein Drehzahlmesser nachgerüstet werden, ist die schönste und die teuerste Lösung, rechts ein entsprechendes Original-Rundinstrument ins Kombiinstrument einzubauen. Nicht so elegant, dafür aber billiger ist es, einen kleinen Drehzahlmesser aus dem Zubehörhandel auf das Armaturenbrett zu montieren.

Die Schalter

Mit den Schaltern wird der Stromkreis zum jeweiligen Verbraucher geschlossen. Im Mercedes finden Sie links an der Lenksäule den Kombischalter und bei entsprechender Ausstattung noch den Bedienungsschalter für den Tempomat. Der Lichtdrehschalter sitzt ganz links im Armaturenbrett; oben in der Mittelkonsole bis zu 6 Wippschalter. Bei Klimaanlage kommen noch einige Druckschalter hinzu. Der Drehschalter für das Heizungsgebläse ist darunter eingebaut. In der Holzverkleidung um den Schalthebel befinden sich weitere Schalter. Auch hinter dem Zündschloß verbirgt sich ein Schalter.

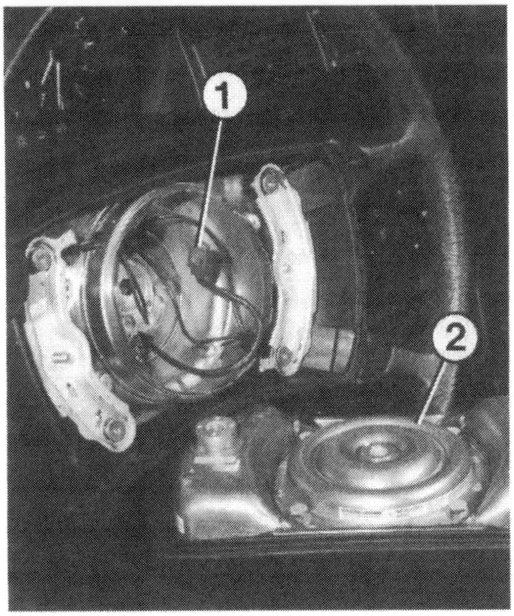

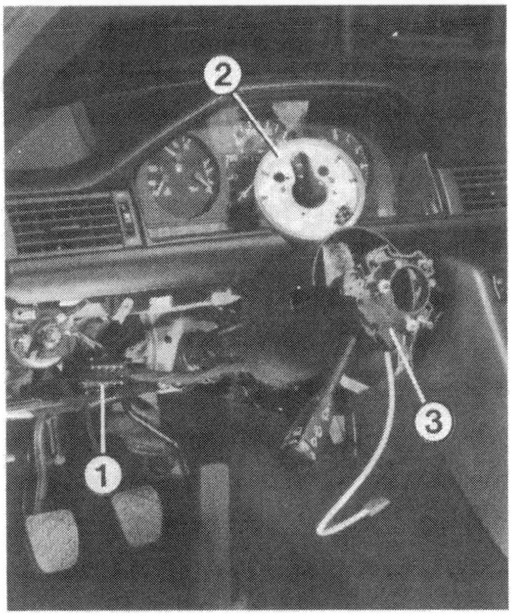

Links: Der Airbag in der Polsterplatte (2) wird über die Leitung (1) »gezündet« (Hinweise Seite 179 und 236 beachten).

Rechts: Ausbau des Kombischalters (3). 1 – Steckverbindung; 2 – Kontaktplatte für Airbag.

Muß man im Rahmen einer Fehlersuche die Schalterfunktion überprüfen, zunächst den Schalter im Schaltplan suchen. Im Schaltplan sind die Schalter mit S bezeichnet. Zur Prüfung verwendet man entweder eine Prüflampe und prüft »unter Spannung«, oder man steckt die Leitungen aus und mißt mit einem Ohmmeter. Meist ist die erste Methode aufschlußreicher. Versuchen Sie, ob mit der Spitze der Prüflampe die zu prüfende Leitung in der Steckverbindung erreicht werden kann. Wenn nicht, stechen Sie mit der Prüfspitze in die Leitung. Was zur Beleuchtung der Schalter zu sagen ist, steht auf Seite 223.
Zum Erreichen der Wippschalter muß man die hölzerne Mittelverkleidung (Seite 246) oder die Holzverkleidung am Schalthebel (Seite 247) ausbauen. Die Schalter können dann aus dem Schalterträger ausgesteckt oder von der Verkleidung ausgerastet werden.

Der Kombischalter

Dieser Schalter (S 4 im Schaltplan) ist ein wahres Meisterwerk, denn nicht weniger als 12 Leitungen führen dorthin und werden auf die unterschiedlichste Weise miteinander verbunden. Solche Kombischalter gab es schon bei früheren Mercedes-Modellen. Dort hat sich mit den Jahren folgender Effekt eingestellt: Beim Blinken ist der Schalterhebel nicht mehr eingerastet. In diesem Fall müßte der Kombischalter ausgetauscht werden. Frühere Versuche, die Einrastung etwas nachzuarbeiten, haben oftmals nur kurzfristig Besserung gebracht.

Kombischalter ausbauen

- Fußraumverkleidung oben ausbauen.
- Lenkrad ausbauen (Seite 179).
- 3 Halteschrauben am Schalter herausdrehen.
- Stecker unter dem Armaturenbrett ausstecken.
- Kabel durch Lenksäulenverkleidung führen und Schalter abnehmen.

Das Zündschloß

Der elektrische Schalter im Zündschloß (S 2 im Schaltplan) ist praktisch der Hauptschalter im Mercedes. Will man das elektrische Schalten überprüfen, macht man dies mit einer Prüflampe

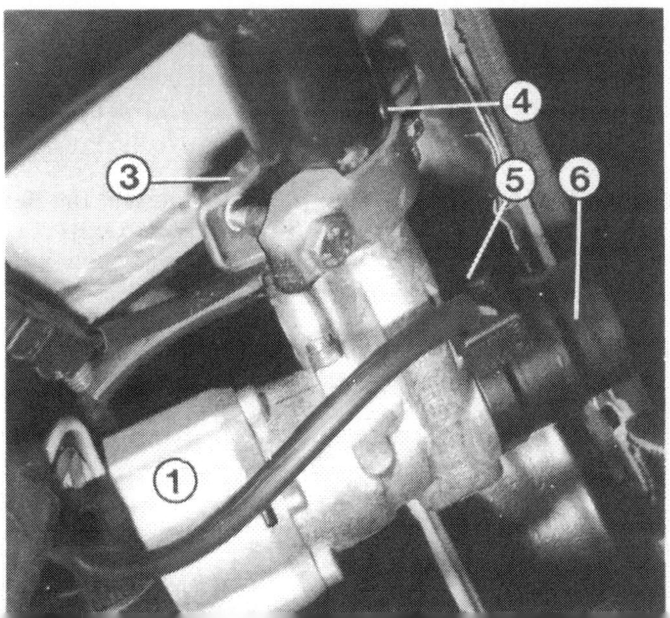

An das Zündschloß gelangt man, wenn das untere Armaturenbrett ausgebaut ist (Seite 245). Es bedeuten: 1 – Schalterteil; 3 – Klemmschelle zur Lenksäule; 4 – Arretierungsstift; 5 – Kontakt S 8/2 für Zentralverriegelung (Seite 259); 6 – Schließzylinder.

an den Leitungen auf der Rückseite des Zündschlosses. Um dorthin zu gelangen, die Verkleidung im Fahrerfußraum und die Verkleidung am Zündschloß ausbauen.

Zündschloß ausbauen

- Abdeckung oben im Fahrerfußraum ausbauen (Seite 245).
- Abdeckung am Zündschloß ausbauen (Seite 246 oben links).
- Unterteil des Armaturenbretts ausbauen (Seite 245).
- Batterie abklemmen.
- Zündschlüssel in Stellung »1« drehen.
- Klemmschelle an der Lenksäule losschrauben.
- Arretierungsstift etwas hineindrücken.
- Zündschloß herausziehen.
- Leitungen ausstecken.

Zündschloß zerlegen

□ Das Schalterteil ist hinten am Zündschloß mit 3 Schrauben befestigt. Hat eine elektrische Prüfung fehlerhaftes Schalten ergeben (z. B. Anlasser läuft nicht immer sofort los, wenn in Startstellung gedreht wird), das Schalterteil austauschen.
□ Der Schließzylinder kann in Zündschlüsselstellung »1« ausgebaut werden. Hierzu in die beiden Bohrungen am Rande des Schließzylinders zwei angespitzte, 2 mm dicke und 10 cm lange Schweißdrähte bis zum Anschlag hineinstecken.
□ Schließzylinder mit dem Schlüssel herausziehen.

Heizbare Heckscheibe prüfen

Die Heizfäden erhalten über Sicherung Nr. 10 Strom, wenn das entsprechende Relais im Kombirelais (Seite 204 bzw. 216/217) seinen Kontakt schließt. Dies geschieht dann, wenn der Schalter im Armaturenbrett betätigt wurde (Kontrollampe brennt) und wenn die Bordspannung über 11 Volt liegt. Dafür sorgt die Elektronik im Kombirelais. Wird bei eingeschalteter Heckscheibenheizung die Zündung ausgeschaltet, muß danach die Heizung erneut eingeschaltet werden. Falls die Heckscheibe kalt bleibt, so vorgehen:

- Sicherung Nr. 10 prüfen.
- Den festen Sitz der Stecker an der Heckscheibe prüfen. Liefert das schwarze Kabel Strom und die Heckscheibe bleibt kalt, fehlt es an Masse. Stecker und Leitung prüfen.
- Wippschalter aus dem Armaturenbrett ausbauen und mit einer Prüflampe feststellen, ob bei eingeschalteter Zündung Strom am schwarz/gelben Kabel ankommt. Gelangt beim Betätigen des Schalters Strom zum schwarzen Kabel?
- Schaltet das Relais den Strom von Klemme 30 nach Klemme 87? Zur Probe Relais abziehen und die Buchsen überbrücken.

Wenn die Scheibe jetzt warm wird, ist das Kombirelais gestört. Kombirelais entweder ersetzen oder durch ein zusätzliches separates Relais die Heckscheibenheizung einschalten.

- Wenn die Heizfäden von kantigen Gegenständen auf der Hutablage unterbrochen worden sind (Beweis: Scheibe heizt nur teilweise), hilft z. B. der Leitsilberlack der Firma Doduco (im Zubehörhandel erhältlich).

Scheibenwischer kontrollieren

Wartung Nr. 18

Drücken Sie auf den Knopf des Kombischalters links hinter dem Lenkrad, fördert die Wasserpumpe am Waschwasserbehälter, und die beheizbaren Spritzdüsen in der Motorhaube sprühen drei Wasserstrahlen auf die Frontscheibe. Verdrehen Sie den Knopf um eine Stufe in Stellung »1«, nimmt der Scheibenwischer den Intervallbetrieb auf. In Stellung »2« wird langsam gewischt, die Stellung »3« ist für schnelles Wischen. Lassen sich die letzten »Putzstreifen« einfach nicht entfernen, ist es Zeit, ein neues Wischerblatt zu montieren. Etwa halbjährlich sollte der Austausch erfolgen.

Scheibenwaschwasser nachfüllen

Ständige Kontrolle

Wenn die Kontrolleuchte im Armaturenbrett aufleuchtet, ist es Zeit nachzufüllen. Um der Schlierenbildung beim Wischvorgang entgegenzuwirken, sollten Sie stets Reinigungsmittel dem Wischwasser zugeben. Abgasrückstände, Öldunst und Silikon aus Lackpflegemitteln können sich so weniger hartnäckig auf die flach eingebaute Windschutzscheibe setzen.
Seit 7/85 gibt es von Mercedes ein besonderes Konzentrat gegen Schlierenbildung, Teilnummer 001 986 19 71 10 und 000 986 88 71. Zusätzlich ist noch zu beachten, daß hinter der Bezeichnung ein »S« oder »W« steht. Das Konzentrat darf nicht mit anderen Zusatzmitteln vermischt werden.
Spätestens beim Nachfüllen des Waschwassers sollten Sie die Windschutzscheibe gründlich reinigen (siehe folgenden Fingerzeig). Besser ist es jedoch, wenn Sie dies alle 2 Wochen tun.

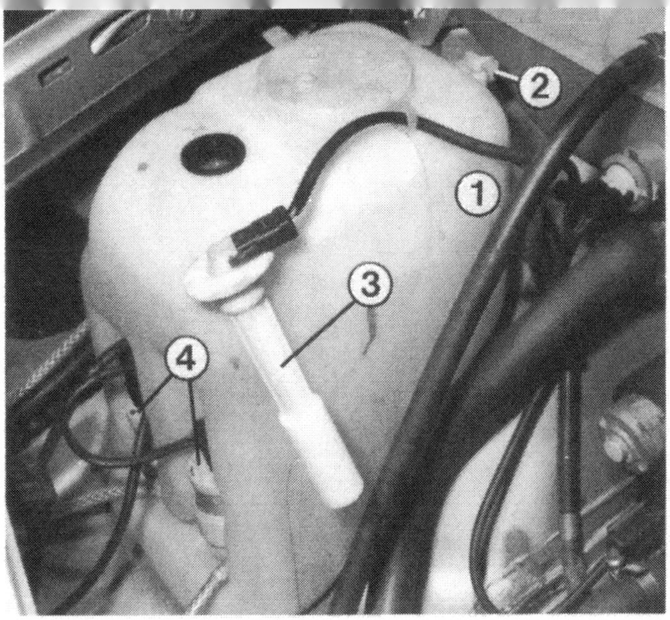

Einbauverhältnisse am Waschwasserbehälter (1). Es bedeuten:
2 – Befestigungsschraube
3 – Geber für Waschwasserstand
4 – Wascherpumpen

Damit sich Zusatzmittel und Wasser gut durchmischen, erst das Zusatzmittel, dann das Wasser in den Waschwasserbehälter einfüllen. In der kalten Jahreszeit Zusatzmittel mit Frostschutz verwenden bzw. dem Waschwasser 1/3 Brennspiritus zumischen.

Fingerzeig: *Wenn beim Wischen das Sichtfeld trotz Reinigungsmittel im Waschwasser schlierig bleibt, muß die Scheibe gründlich gereinigt werden. Dazu nach Großmutters Methode ein Scheibenreinigungsmittel auftragen und die Scheibe anschließend mit zusammengeknülltem Zeitungspapier recht kräftig abreiben. So wird der Schlierfilm regelrecht abgeschabt. Lappen oder Fensterleder sind hierfür zu weich. Versuche haben gezeigt, daß sich mit »Ajax Glasrein« der Schlierfilm am besten entfernen läßt.*

Die Spritzdüsen

Sobald die Zündung eingeschaltet wird, erhalten die dreistrahligen Spritzdüsen über Sicherung Nr. 7 Strom. Die Düsen sind einfach in die Motorhaube eingerastet. Zieht man etwas an den elektrischen Leitungen, findet man die Steckverbindungen zur Düsenbeheizung.
Dort kann deren Funktion nachgemessen werden: Eine Steckverbindung auftrennen und ein Amperemeter zwischenschalten. Wenn die Zündung eingeschaltet wird, müssen Sie rund 0,3 Ampere messen. Mit zunehmender Erwärmung der Düse nimmt der Stromfluß auf rund 0,1 Ampere ab. Dies liegt am Material der Heizwendel. Es besteht aus einem Kaltleiter-Material (läßt kalt mehr Strom fließen).
Eine verstopfte Düse reinigt man mit Druckluft. Meist genügt eine Ball- oder Fahrradpumpe, um den Fremdkörper aus der Düse zu blasen. Zuvor aber den Wasserschlauch an der Düse ausstecken. Verstopft die Düse immer wieder, ein Benzinfilter in die Leitung einbauen.

Scheibenwischer auswechseln

Nach etwa einem halben Jahr ist das Wischergummi so weit verschlissen, daß es besonders auf einer verregneten Nachtfahrt nicht mehr für einen verkehrssicheren »Durchblick« sorgen

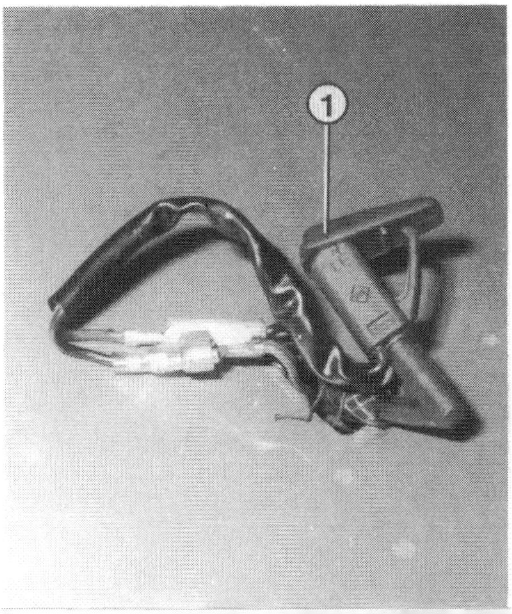

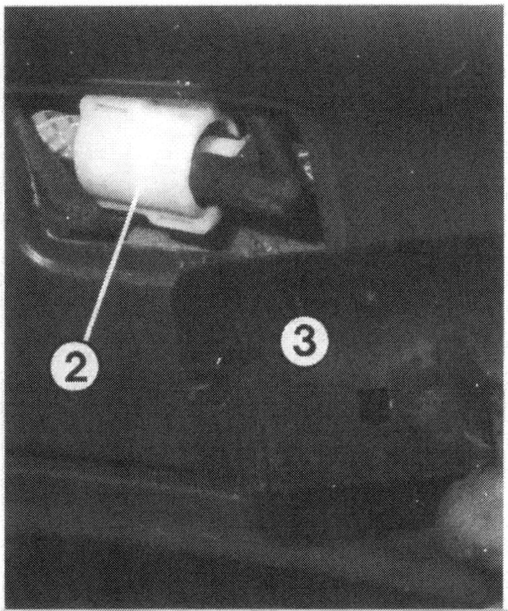

Die Spritzdüsen (1) in der Motorhaube sind beheizt. In der Schlauchleitung zu den Düsen sitzt unter einer Abdeckung (3) ein Rückschlagventil (2). Durch Blasen in Flußrichtung Durchgängigkeit prüfen.

Links: Zum Ausbau des Wischerblattes (1) den Arretierungsknopf hinunterdrücken (Pfeil).

Rechts: Zum Ausbau des Wischerarmes (4) die Klappe (3) öffnen und Schraube herausdrehen. Wischerarm vom Getriebekopf (2) abziehen.

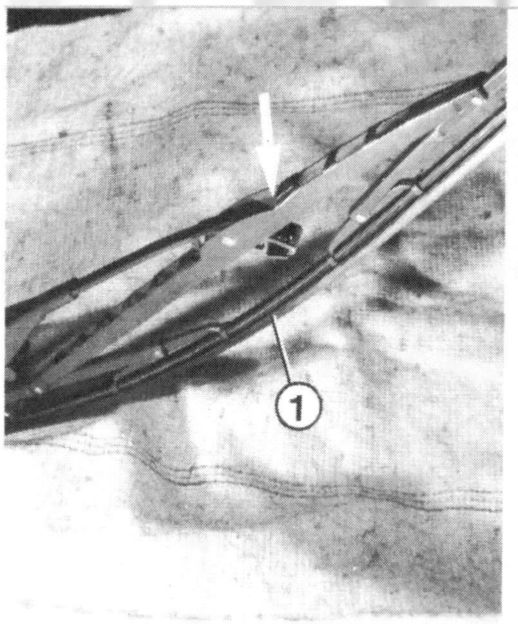

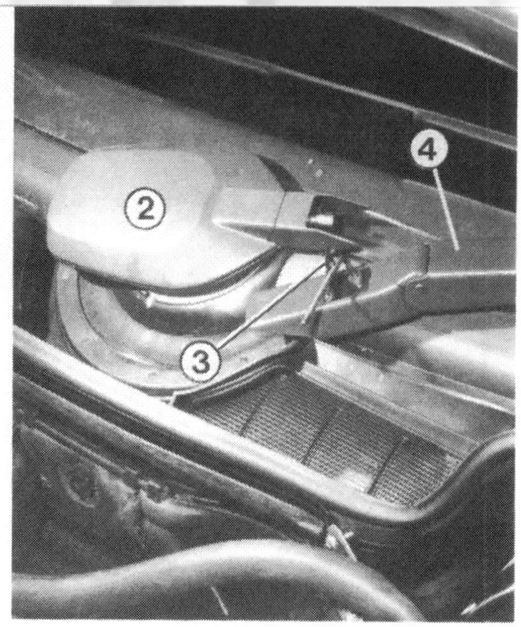

kann. Entscheiden Sie sich, ob Sie das komplette Wischerblatt oder nur den Wischergummi ersetzen wollen. Zuerst das Wischerblatt vom Wischerarm lösen:

- Wischerarm von der Frontscheibe abklappen.
- Geriffelten Kunststoff-Arretierungsknopf etwa 90° nach unten drücken.
- Wischerblatt vom Wischerarm aushaken.
- Neues Wischerblatt in umgekehrter Reihenfolge einbauen.

Fingerzeig: *Erreicht bei starkem Schneetreiben der Wischerarm nicht mehr die Endstellung, steht der Wischermotor weiter unter Spannung und dessen Wicklung kann durchbrennen. Deshalb bei steckengebliebenem Wischer anhalten, aussteigen und den Wischerarm von der Scheibe abheben, damit er in seine Endstellung laufen kann. Bleibt der Wischer dagegen beim Ausschalten der Zündung stehen, droht keine Gefahr.*

Wischeranlage ausbauen

- Batterie abklemmen, damit der Motor nicht plötzlich losläuft und so evtl. Handverletzungen entstehen.
- Wischerarm abmontieren.
- Abdeckgitter vor dem Lufteintritt ausbauen (nächster Abschnitt).
- 4 Befestigungspunkte der Wischeranlage losschrauben.
- Halteklammer lösen.
- Stecker abziehen.
- Wischeranlage herausnehmen.
- Kurbel von der Motorachse losschrauben, Stellung markieren und Kurbel abdrükken.
- Wischermotor von der Halterung abschrauben.
- Neuen Motor in die Endstellung laufen lassen. Dann die Kurbel mit dem Gestänge so an Motorachse festschrauben, daß sich 4 mm Abstand zwischen Bezugskante und Kurbel ergeben, Stellung markieren (Abb. S. 236 oben rechts).

Zum Ausbau der Wischeranlage erst das Gitter am Lufteintritt (1) ausbauen. Die Pfeile zeigen auf die 4 Befestigungsschrauben der Wischeranlage. Außerdem noch die Klammer vor dem Gebläsekasten entfernen. Weiter bedeuten: 2 – Temperaturfühler-Außenluft bei Klimaanlage; 3 – Wischergestänge; 4 – Gebläsekasten.

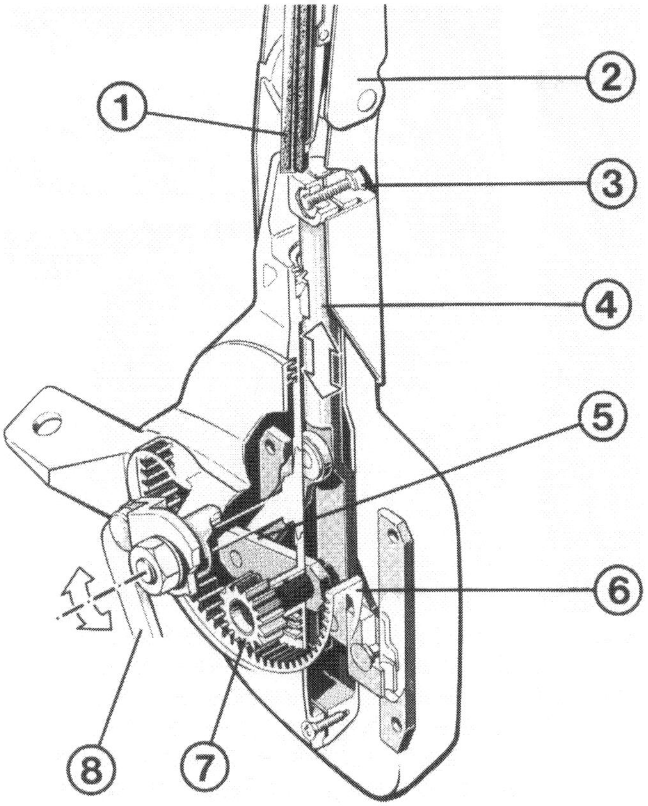

Die Zeichnung zeigt den Hub-Scheibenwischer. Durch einen zusätzlichen Kurbeltrieb im Getriebekopf werden zwei Bewegungen, nämlich eine Dreh- und eine Hubbewegung überlagert, wodurch die oberen Ecken der Windschutzscheibe besser freigewischt werden als mit dem herkömmlichen Einarm-Scheibenwischer. Das Wischfeld ist symmetrisch und beträgt 86 % der Durchsichtsfläche. Der Panorama-Scheibenwischer ist strömungsgünstig angeordnet, so daß ein Abheben auch bei höheren Geschwindigkeiten vermieden wird. In Ruhestellung ist der Scheibenwischer auf der Fahrerseite abgelegt. Das Wischen beginnt so beim Fahrer und sorgt für schnelle Reinigung auf seiner Seite. Es bedeuten: 1 – Wischergummi; 2 – Wischerarm; 3 – Befestigungsschraube des Wischerarms (unter Abdeckung); 4 – Hubstange; 5 – Kurbeltrieb; 6 – Zahnsegment; 7 – Antriebsritzel; 8 – Wischergestänge vom Wischermotor.

Abdeckgitter am Lufteintritt ausbauen

Diese Arbeit ist zum Ausbau der Wischeranlage oder des Gebläsemotors erforderlich.

- Motorhaube senkrecht stellen.
- Minuspolklemme der Batterie lösen, damit der Wischer keinesfalls losläuft und evtl. Handverletzungen verursacht.
- Gummiprofildichtung von der Motorraum-Trennwand abziehen.
- Blechteil vor dem Lufteintritt ausbauen. Dazu seitlich 2 Blechschrauben lösen.
- Die 4 Kunststoffschrauben von der Abdeckung am Kabelkanal lösen.
- Kabel durch Ausschnitte führen und Abdeckung abnehmen.
- Abdeckgitter am Lufteintritt losschrauben. Dazu 4 Schrauben unter der Windschutzscheibendichtung, eine Schraube seitlich rechts und eine weitere etwa vorn in der Mitte herausdrehen. Weiterhin die halbkreisförmig angeordneten kleinen Blechschrauben um die Wischeranlage herausdrehen.
- Abdeckgitter von der hinteren Wasserrinne ausrasten und abnehmen.

Airbag und Gurtstraffer

Der »Airbag« ist ein in das Lenkrad eingebauter Luftsack, der sich nach einem Aufprall nach $^1/_{30}$ Sekunde voll aufgeblasen hat. Bereits $^1/_{10}$ Sekunde später beginnt sich der Luftsack wieder durch Abströmöffnungen zu leeren.

Die Gurtstraffer sitzen an den Aufrollvorrichtungen der vorderen Gurte. Ein Treibsatz drückt einen Kolben nach oben, der mittels Drahtseil mit der Aufrollachse des Gurtes verbunden ist.

Das Abdeckgitter (1) am Lufteintritt ist ringsherum festgeschraubt (Pfeile). 2 – Wasserabläufe.

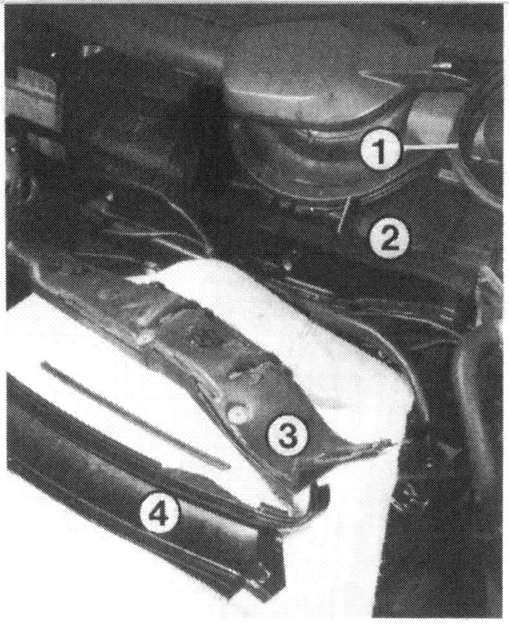

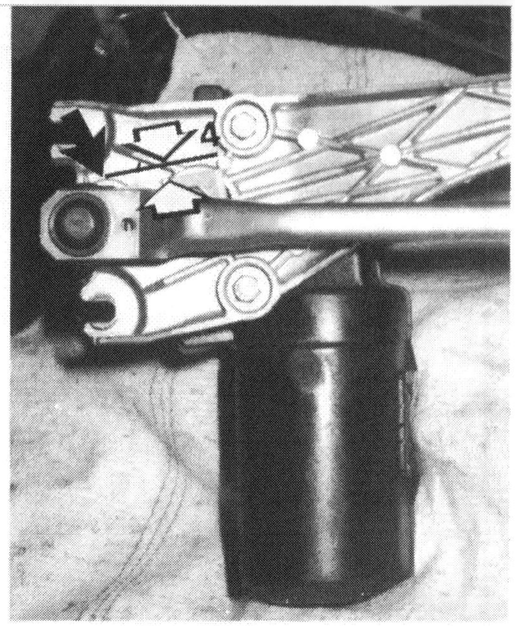

Links: Zum Ausbau des Abdeckgitters (2) am Lufteintritt die Gummiprofildichtung (1) abziehen, Abdeckung am Kabelkanal ausbauen (Seite 39 oben) und das Blechteil (4) losschrauben.

Rechts: Die Kurbel am Wischermotor muß so montiert werden, daß sie 4 mm unter dem Bezugspunkt am Halter steht. Andernfalls erreicht der Wischerarm nicht die richtige »Parkstellung«.

Dadurch legt sich der Gurt mit 1200 N stramm an den Körper an, und eine starke Vorverlagerung beim Aufprall wird verhindert. Airbag und Gurtstraffer benötigen für ihre Arbeit eine bestimmte Gasmenge, die beim Mercedes aus einem Festtreibstoff gewonnen wird. Meldet das elektronische Auslösegerät vor dem Schalthebel eine Verzögerung, die einem Aufprall mit mehr als 15–18 km/h auf ein starres Hindernis entspricht, bekommen die Zündpillen in den Treibsätzen Strom, und schlagartig wird die Gasladung erzeugt. Das System besitzt weiterhin einen Energiespeicher, welcher die Zündpillen der Gasgeneratoren selbst dann noch mit Strom versorgt, wenn die Batterie beim Aufprall herausgerissen wird.

»RS«-Kontrollleuchte

Die ständige Funktionsbereitschaft wird durch ein eigenes Kontrollsystem überwacht. Beim Einschalten der Zündung leuchtet die »RS«-Kontrolleuchte (von **R**ückhalte-**S**ystem) für etwa 10 Sekunden auf und muß dann verlöschen. Tut sie dies nicht oder leuchtet sie während der Fahrt auf, liegt eine Störung vor.

Sicherheitsvorschriften

Die Gasgeneratoren der Rückhaltesysteme sind pyrotechnische Teile und unterliegen deshalb den Bestimmungen des Sprengstoffgesetzes. Der Umgang damit ist nur geschulten Fachleuten gestattet, welche die jeweiligen Sicherheitsbestimmungen beim Ein- und Ausbau, bei der Beförderung, Lagerung und Verschrottung kennen. Nach einem Unfall ist das System zu überprüfen, und ggf. müssen der Airbag oder die vorderen Gurte erneuert werden.
Vor Montagearbeiten am System, Lenkradausbau (mit Airbag) und vor Schweißarbeiten am Fahrzeug immer:

- ☐ Zündschlüssel abziehen.
- ☐ Minuspolklemme der Batterie abnehmen.
- ☐ Die 10polige rote Steckverbindung zum Auslösegerät, hinter der Fußabstützung im Beifahrerfußraum, ausstecken (Abb. Seite 180).

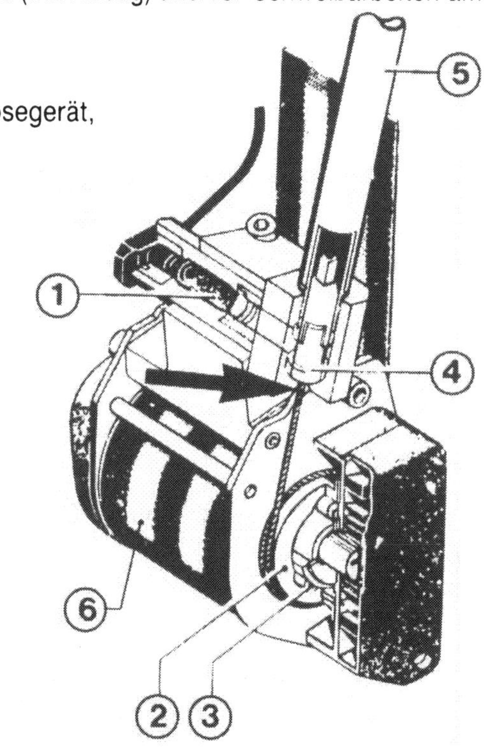

Die Zeichnung zeigt den Gurtstraffer an der Gurtaufrollvorrichtung. Wird der Gasgenerator (1) elektrisch gezündet, drückt das Gas den Kolben (4) im Rohr (5) nach oben. Die Kupplung (3) rastet ein und der Gurt (6) wird über die Seilwinde (2) gestrafft. Der Pfeil zeigt auf eine Farbmarkierung am Seil. Ist die Markierung verschwunden, steht der Kolben oben im Rohr. Der Gurtstraffer hat dann bereits einmal ausgelöst und muß ausgetauscht werden.

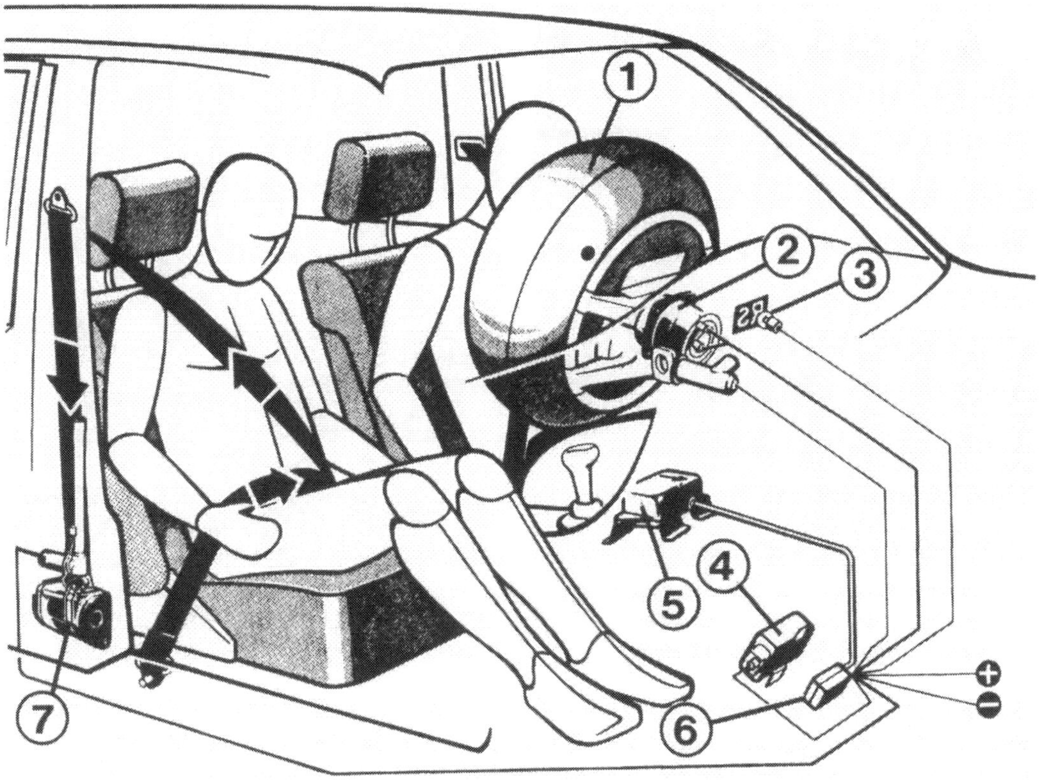

Hier ist die Anordnung der Rückhaltesysteme im Fahrzeug gezeigt: 1 – Luftsack (Airbag); 2 – Lenkrad mit Gasgenerator und Luftsack; 3 – RS-Kontrollampe; 4 – Energiespeicher; 5 – Auslösegerät; 6 – 10polige, rote Steckverbindung; 7 – Gurtstraffer.

Tempomat

Auf Wunsch können alle Fahrzeuge mit Automatik-Getriebe damit ausgestattet sein. Bei geringer Verkehrsdichte können Sie eine bestimmte Fahrgeschwindigkeit fixieren und dann den Fuß vom Gaspedal nehmen. Wird das Bremspedal betätigt oder langsamer als 40 km/h gefahren, schaltet sich der Tempomat aus. Weiterhin können Sie eine Fahrgeschwindigkeit speichern, die nach einem Abbremsvorgang wieder erreicht wird. Mit dem Ausschalten der Zündung wird die gespeicherte Geschwindigkeit gelöscht.

□ **Stellmotor:** Er ist seitlich am Motor angeschraubt, und ein Hebel wirkt über eine Verbindungsstange auf das Gasgestänge im Motorraum.

□ **Geber:** Hinter dem Tachometer ist dieses Teil zu finden. Es erfaßt die augenblickliche Geschwindigkeit und meldet sie zum Steuergerät.

□ **Elektronisches Steuergerät:** Es ist oben im Fahrerfußraum untergebracht und vergleicht die augenblickliche Geschwindigkeit mit dem gewünschten Wert. Das Steuergerät befiehlt dann dem Stellmotor, mehr Gas zu geben (z. B. am Berg) oder im Gefälle etwas Gas wegzunehmen. Auch die Geschwindigkeitsspeicherung erfolgt im elektronischen Steuergerät.

□ **Hebelschalter:** Er ist links hinter dem Lenkrad zu finden. Hier wird der Tempomat ein- und ausgeschaltet und die gewünschte Arbeitsweise gewählt.

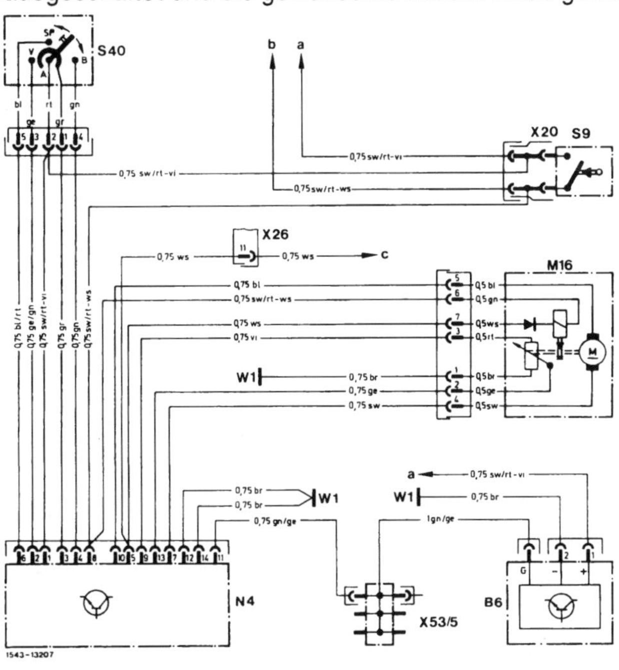

Schaltplan Tempomat

B 6 Hall-Geber Geschwindigkeit
M 6 Stellmotor Tempomat
N 4 Steuergerät Tempomat
S 9 Bremslichtschalter
S 40 Tastschalter Tempomat
A = Aus
B = Beschleunigen
SP = Speicher
V = Verzögern
W Masse
X 20 Steckverbindung Bremslichtschalter
X 26 Steckverbindung Motorleitungssatz
X 53/5 Mehrfachsteckverbindung Hallgeber 6polig (nur wenn Geschwindigkeitssignal für mehrere Sonderwünsche benötigt wird)
a an Sicherung 5 Klemme 15
b an Lampenkontrollgerät
c an N3 Steuergerät Einspritzanlage

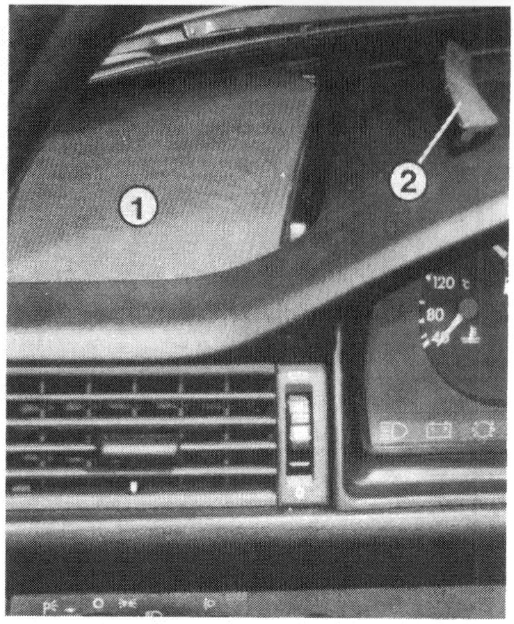

Links: 1 – Lautsprecher, 2 – Abdeckung; Pfeile – Verrastung

Rechts: 1 – Lautsprecher vorn; 2 – seitliche Abdeckschiene.

Radio ausbauen

- Ascher aufklappen und die beiden Kreuzschlitzschrauben vorn herausdrehen.
- Ascher samt Gehäuse abnehmen.
- Radio an der Unterkante durch Drücken der beiden Arretierungen lösen und aus dem Ausschnitt ziehen (S. 248 oben rechts).

Fingerzeig: *Seit 9/85 sind die Leitungen für die vorderen Lautsprecher und zum Radio bei allen Fahrzeugen eingebaut. Die Anschlußteile passen für Geräte der Firma Becker. Der 4polige Stecker zum Radioanschluß ist wie folgt belegt: Buchse 1: Masse, Buchse 2: Plusspannung in Zündschlüsselstellung 1 (Klemme 15R), Buchse 3: Plusspannung bei eingeschalteter Beleuchtung (Klemme 58d), Buchse 4: Dauerplus für Senderspeicher (Klemme 30).*

Lautsprecher ausbauen

- **Vorn:** Abdeckschiene seitlich innen an der Lautsprecherabdeckung mit einem breiteren Werkzeug etwas anheben und aushaken.
- 2 Schrauben herausdrehen und Lautsprecherabdeckung abnehmen.
- Der Lautsprecher wird mit 2 Federklammern im Ausschnitt festgeklemmt. Werkzeug seitlich ansetzen und Lautsprecher aus dem Ausschnitt hebeln.
- Leitungen ausstecken.
- **Hinten:** Die Abdeckung der Lautsprecher in der Hutablage an 3 Punkten aushaken.
- Die Lautsprecher stecken in runden Konsolen. Haltelaschen nach außen drücken.

Antenne ausbauen

- Im Kofferraum linke Seitenverkleidung ausbauen.
- Antennenleitung von der Antenne abschrauben.
- Antenne außen und an den Befestigungspunkten innen losschrauben.
- Leitungen lösen.
- Falls Masseverschraubungen gelöst wurden, diese wieder sorgfältig verschrauben, um Empfangsstörungen zu vermeiden.
- Eine defekte Motorantenne kann teilweise zerlegt und instand gesetzt werden. Die erforderlichen Ersatzteile bei einer Hirschmann-Vertretung beziehen.

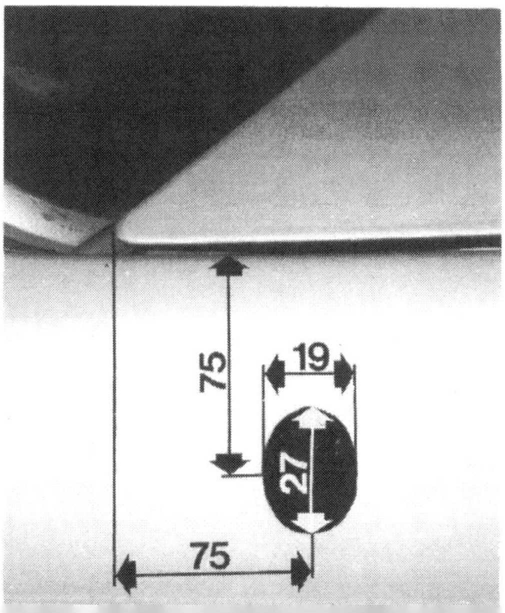

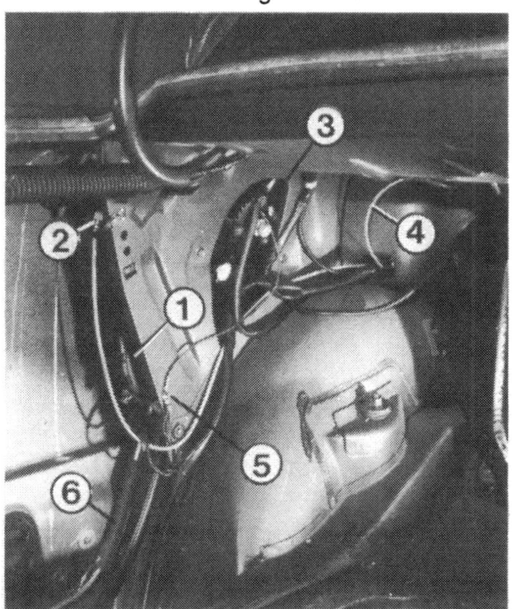

Links: Bohrung für Original-Antenne.

Rechts: 1 – Motorantenne; 2 – Schraubenverbindung Antennenleitung; 3 – Schiebedachmotor; 4 – Unterdruckleitung für versenkbare Kopfstützen; 5 – Masse W 6; 6 – Führungsrohr für Antennenantrieb.

Komfortelektronik

Jeder Autofahrer kennt die Unzulänglichkeiten vieler Fahrzeugheizungen und weiß, daß selbst durch ständige Nachregulierung von Hand noch unangenehme Temperaturschwankungen auftreten. Schuld daran sind unter anderem wechselnde Außentemperaturen und Fahrgeschwindigkeiten. Damit die Raumtemperatur in Ihrem Mercedes weitgehend konstant bleibt, wurde eine aufwendige Heizungsautomatik eingebaut. Für Fahrer- und Beifahrer kann die Temperatur einzeln gewählt werden.

Die Fahrzeugheizung

Die Anlage besteht aus den folgenden Teilen:

□ **Steuer- und Bediengerät:** Es ist in der Mitte des Armaturenbretts eingebaut und besteht aus den beiden Temperaturwahlrädern und der elektronischen Temperatursteuerung. Die eingestellten Temperaturen (Sollwert) werden mit den Werten von den Temperaturfühlern (Istwerte) verglichen. Entsprechend erfolgt die Ansteuerung des Duoventils. Die Öffnungsdauer ist von der Abweichung Soll/Istwert abhängig.

□ **Duoventil:** Es ist neben der Batterie zu finden. Das Duoventil besteht aus zwei voneinander unabhängigen elektromagnetischen Ventilen, die in einem Bauteil zusammengefaßt sind. Jedes Ventil ist im Kühlmittelkreislauf vor dem jeweiligen Wärmetauscher angeordnet. Das Duoventil steuert den Kühlmitteldurchfluß durch den Wärmetauscher. Wird z. B. zum Aufheizen die volle Heizleistung benötigt, hat das Ventil ständig geöffnet. Umgekehrt sind die Ventile bei ausgeschalteter Heizung geschlossen. Wird die Temperatur von der Heizungsautomatik geregelt, hört man bei eingeschalteter Zündung das Ventil öfters takten.
Über den elektrischen Anschluß erfolgt die Spannungsversorgung zu den beiden Magnetspulen. Im stromlosen Zustand hat das Ventil geöffnet. Bei Stromfluß wird der Spulenanker nach unten gedrückt und Dichtkegel verschließen den Kühlmitteldurchfluß.

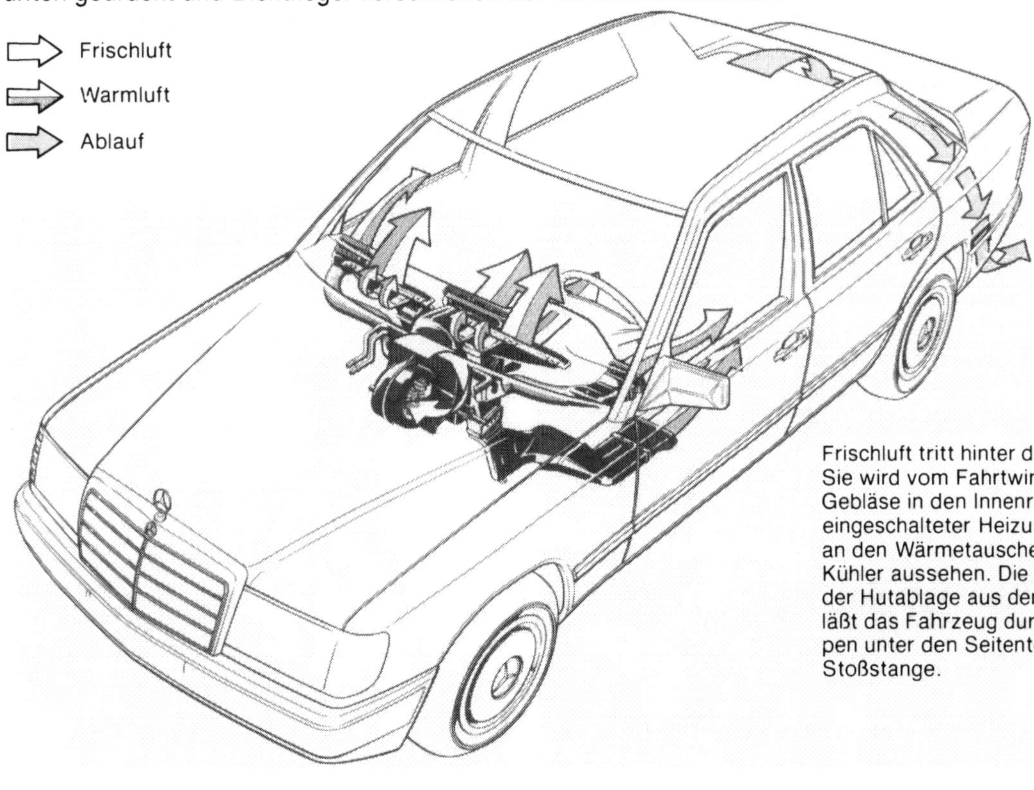

Frischluft tritt hinter der Motorhaube ein. Sie wird vom Fahrtwind und zusätzlich vom Gebläse in den Innenraum gedrückt. Bei eingeschalteter Heizung erwärmt sie sich an den Wärmetauschern, welche wie kleine Kühler aussehen. Die Abluft strömt hinter der Hutablage aus dem Innenraum. Sie verläßt das Fahrzeug durch die Lüftungsklappen unter den Seitenteilen der hinteren Stoßstange.

Hier ist die Batterie ausgebaut. Es bedeuten: 1 – Duoventil; 2 – Wasserleitungen vom jeweiligen Wärmetauscher (Fahrer/Beifahrerseite); 3 – Steckverbindung X 35; 4 – Steckverbindung für das Koaxialkabel vom Drehzahlfühler am rechten Vorderrad.

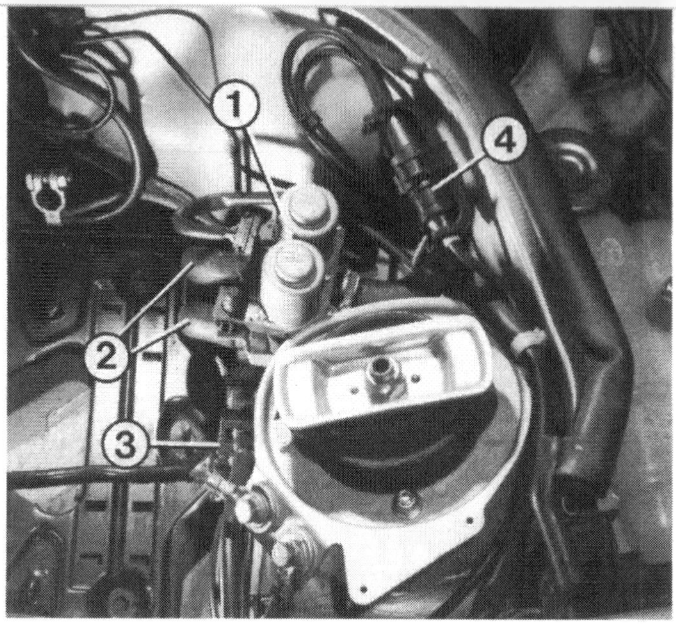

□ **Umwälzpumpe:** Sie ist unterhalb des Ausgleichsbehälters seitlich rechts im Motorraum eingebaut (nicht beim 200 und 230 E mit Schaltgetriebe). Bei eingeschalteter Zündung und bei Heizbetrieb pumpt sie das Kühlmittel durch die Wärmetauscher. Sie unterstützt dabei die Kühlmittelpumpe. Bei Motorstillstand hält die Umwälzpumpe den Kühlmittelkreislauf über die Wärmetauscher alleine aufrecht. So kann weitergeheizt werden, bis alle Motorwärme verbraucht ist.

Die Pumpe wird über Sicherung Nr. 7 mit Spannung versorgt. Der Masseanschluß ist über das Bedienungs- und Steuergerät der Heizungsautomatik geführt.

□ **Innenraum-Temperaturfühler:** Der Fühler ist an der vorderen Innenleuchte eingebaut (Seite 220). Damit Temperaturschwankungen im Innenraum schnell erkannt werden, wird ständig Innenluft über den Fühler angesaugt. Hierzu führt ein Luftschlauch vom Fühler zu einer Luftstrahldüse seitlich am Heizungsgehäuse. Die Düse erzeugt ähnlich wie eine Wasserstrahlpumpe einen Sog. An diesen Sog ist der Luftschlauch angeschlossen. Bei Fahrzeugen mit Schiebedach reicht bei offenem Schiebedach der schwache Sog nicht mehr aus. Ein kleines Lüftungsgebläse, an dessen Saugseite der Luftschlauch vom Fühler angeschlossen ist, sorgt hier für die erforderliche Luftströmung.

Zum Prüfen der Luftansaugung über den Temperaturfühler nimmt man ein ca. 1 cm^2 großes Papierstück und hält es an das Gitter vor dem Temperaturfühler – es muß hängenbleiben.

□ **Wärmetauscher-Temperaturfühler:** Am Heizungsgehäuse unter dem Armaturenbrett ist hinter jedem der beiden Wärmetauscher ein Temperaturfühler eingebaut. Sie erfassen die Lufttemperatur unmittelbar hinter den Wärmetauschern und geben sie an das Bedienungs- und Steuergerät weiter. Dieses bewertet die Temperaturinformationen vom Innenraum-Temperaturfühler und dem jeweiligen Wärmetauscher-Temperaturfühler in einem vorgegebenen Verhältnis und bestimmt so die momentane Innenraumtemperatur (Istwert). Zur Steuerung wird der Istwert mit dem eingestellten Sollwert verglichen.

Links: Die Frischluftklappe kann eingestellt werden (1). Die seitliche Schraube (Pfeil) wird erst erreicht, wenn das Kombiinstrument ausgebaut ist.

Rechts: 2 – Umwälzpumpe der Heizung; Pfeile – Fußrichtung des Kühlmittels.

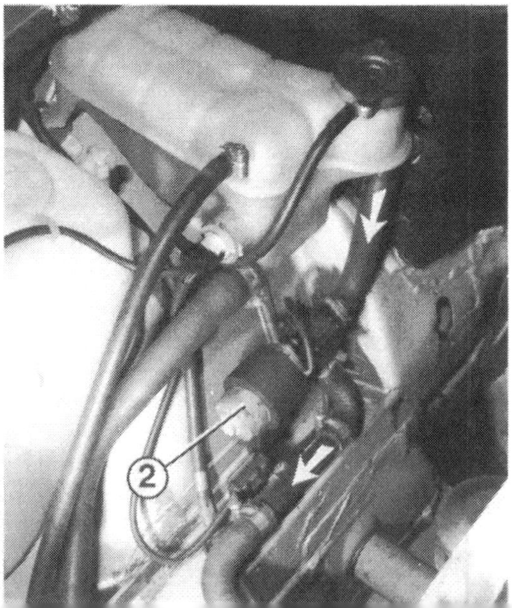

Links: Hier wurde das Steuer- und Bediengerät (4) ausgebaut. 1 – Steckverbindung; 2 – Temperaturwählrad; 3 – Beleuchtung.

Rechts: 5 – Gebläseschalter mit Zug zur Außenklappe; 6 – Luftverteilung; 7 – Schalterleiste.

Duoventil ausbauen

- Batterie im Motorraum ausbauen.
- Leitungsstecker am Duoventil ausstekken.
- Schlauchschellen der Kühlmittelschläuche lösen und Schläuche abziehen.
- Duoventil vom Halter lösen und erneuern.
- Nach dem Einbau in umgekehrter Folge ggf. Kühlmittel ergänzen.

Umwälzpumpe ausbauen

Läuft die Umwälzpumpe trotz anliegender Spannung nicht, ist sie entweder blockiert oder die Wicklung durchgebrannt.

- Elektrische Leitungen ausstecken.
- Kühlmittelschlauch vom Motor zur Pumpe z. B. mit einer Schraubzwinge abklemmen.
- Kühlmittelschläuche an der Pumpe lösen.
- Pumpe aus Gummihalter drücken und ersetzen.

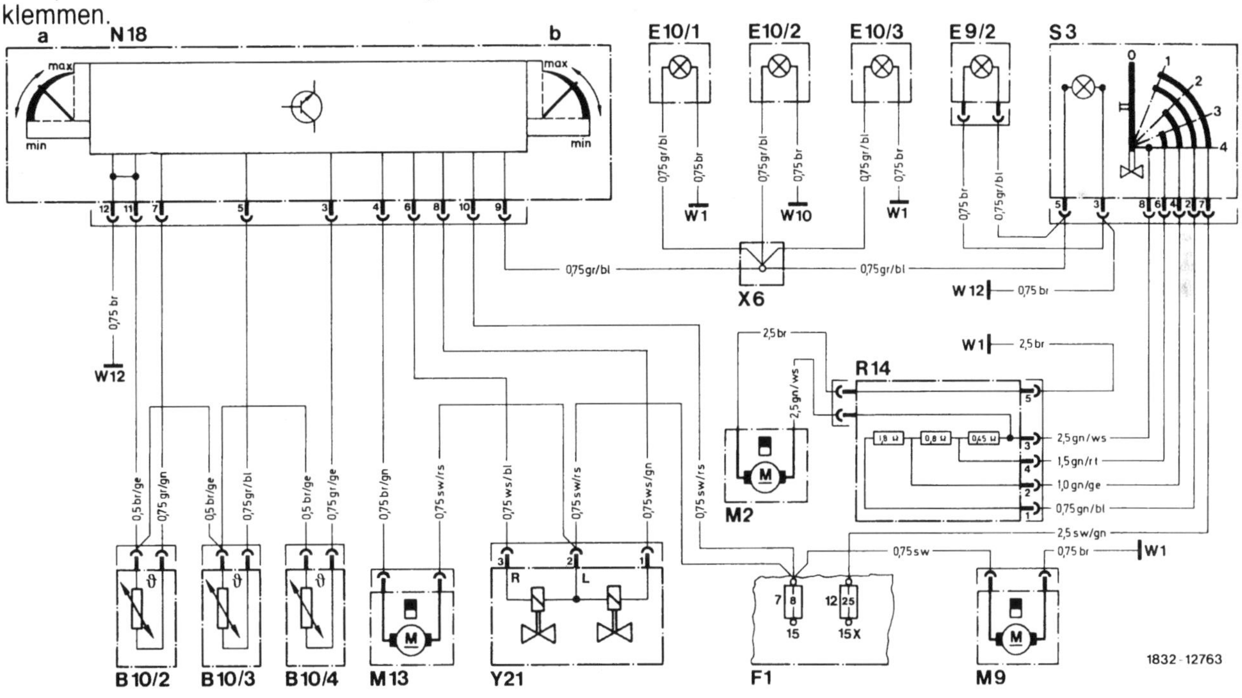

Schaltplan Heizungsautomatik

B 10/2	Temperaturfühler Wärmetauscher links
B 10/3	Temperaturfühler Wärmetauscher rechts
B 10/4	Innen-Temperaturfühler
E 9/2	Beleuchtung Luftverteilschalter
E 10/1	Beleuchtung Luftdüse, Mitte
E 10/2	Beleuchtung Luftdüse, links
E 10/3	Beleuchtung Luftdüse, rechts
F 1	Sicherungs- und Relaiskasten
M 2	Gebläsemotor
M 9	Belüftungsgebläse Innen-Temperaturfühler (nur bei Fahrzeugen mit Schiebedach).
M 13	Umwälzpumpe
N 18	Steuer- und Bediengerät Heizungsautomatik a Temperaturwählrad links b Temperaturwählrad rechts
R 14	Vorwiderstandsgruppe Gebläsemotor
S 3	Luftmengenschalter
W 1	Hauptmasse (hinter Kombi-Instrument)
W 10	Masse, Batterie
W 12	Masse, Mittelkonsole
X 6	Leitungsverbinder Klemme 58 d
Y 21	Duoventil

Steuer- und Bediengerät ausbauen

■ Drehknöpfe für Gebläse und Luftverteilung abziehen (Abb. S. 246 unten).
■ Über dem Ascher die beiden Kreuzschlitzschrauben aus der Holzverkleidung herausdrehen und Verkleidung abnehmen.
■ 4 Schrauben um das Steuer- und Bediengerät herausdrehen.
■ Leitungsstecker auf der Rückseite ausstecken.

Luftdüsen ausbauen

■ **Seitliche Luftdüsen:** Beide sind im Armaturenbrett eingerastet (Abb. S. 221). Zum Ausbau vorsichtig am Umfang hebeln. Gleichzeitig mit einem Schraubenzieher durch die Lüftungsschlitze die Arretierungen an der Unterkante etwas anheben.
■ **Doppelte Mitteldüse:** Sie ist auf beiden Seiten mit einer Schraube festgemacht. Zum Erreichen der Schrauben Handschuhfach öffnen und Kombiinstrument aus dem Ausschnitt drücken.
■ Beim Einbau der Luftdüsen auf richtigen Sitz der Luftschläuche achten.
■ Wenn nötig, Verkleidungen unter dem Armaturenbrett ausbauen und die Schläuche von hinten aufschieben.

Temperaturfühler prüfen

Bei defekten Fühlern wird die jeweilige Temperatur nicht mehr erkannt, oder es werden falsche Werte zum Steuer- und Bediengerät gemeldet.
Die verschiedenen Temperaturfühler werden mit dem Ohmmeter am besten am Mehrfachstecker hinter dem Steuer- und Bediengerät überprüft (Teil N 18 im Schaltplan). Dabei gelten für alle Temperaturfühler folgende Widerstandswerte: Bei +10°C ca. 18–22 kΩ, bei +15°C ca. 15–17 kΩ, bei + 20°C ca. 11,5–13,5 kΩ und bei + 25°C ca. 9,5–10,5 kΩ.
■ Zur Prüfung Steuer- und Bediengerät ausbauen.
■ Mehrfachstecker auf der Rückseite ausstecken.
■ Temperaturfühler-Wärmetauscher links zwischen den Buchsen 11 und 7 messen.
■ Temperaturfühler-Wärmetauscher rechts zwischen den Buchsen 11 und 5 prüfen.
■ Temperaturfühler-Innenraum zwischen den Buchsen 11 und 3 prüfen.

Störungsbeistand Heizung

Die Störung	– ihre Ursache	– ihre Abhilfe
A Heizleistung ungenügend	1 Kühlmittelverluste	Auffüllen
	2 Thermostat schließt nicht mehr, Kühlmittel bleibt zu lange kalt	Thermostat erneuern
	3 Duoventil verklemmt	Duoventil erneuern
	4 Werte der Temperaturfühler falsch	Widerstandsmessung, ggf. Fühler ersetzen
	5 Keine Luftabsaugung über Temperaturfühler-Innenraum	Gebläse (bei Schiebedach) bzw. Verlauf des Luftschlauches prüfen
	6 Steuer- und Bediengerät defekt	Ausbauen zur Überprüfung (Bosch-Dienst) oder austauschen
	7 Gebläse nicht mindestens in Stellung »I«	Einschalten
B Heizung läßt sich nicht abstellen	1 Keine Spannung am Duoventil, weil Steuer- und Bediengerät defekt	Steuer- und Bediengerät erneuern
	2 Siehe noch A 3 und A 4	
C Keine Heizung nach Abstellen des Motors	Umwälzpumpe läuft nicht	Bei eingeschalteter Heizung und Zündung Spannung an Pumpe messen. Pumpe ggf. ersetzen
D Luftverteilung nicht umschaltbar	1 Drehschalter läßt sich schwer oder widerstandslos drehen	Bowdenzüge ausgehängt oder Betätigungsteile am Heizungsgehäuse verklemmt
	2 Scheiben beschlagen innen, weil Umluftklappe nicht mehr öffnet	Bowdenzug und Betätigungsteile prüfen

Das Gebläse

Das Gebläse läuft in vier Geschwindigkeiten. Der Stromzufluß zum Gebläsemotor erfolgt von Klemme 15 X am Zündschloß über Sicherung Nr. 12 zum Gebläseschalter. Je nach Schalterstellung gelangt der Strom entweder über einen Vorwiderstand (1,5 Ω, 0,8 Ω, 0,45 Ω) oder in

Hier wurde der Gebläsemotor (1) eines Fahrzeuges mit Klimaanlage ausgebaut. 2 – Oberteil vom Gebläsegehäuse; 3 – Heizungsgebläse; 4 – Temperaturfühler-Außenluft.

der 4. Stufe direkt zum Gebläsemotor. Die Vorwiderstandsgruppe ist im Motor hinter dem Bremskraftverstärker eingebaut.
Im Motorraum ist der Gebläsemotor unter dem Lufteintritt eingebaut. Bei einer Batteriespannung von 13 Volt beträgt seine Stromaufnahme 23 Ampere. Damit dieser hohe Strom die Batterie beim Anlassen des Motors nicht belastet, wird beim Anlassen die Spannungsversorgung unterbrochen (Klemme 15 X am Zündschloß).
Mit dem Gebläseschalter im Armaturenbrett wird außerdem über einen Bowdenzug die Hauptluftklappe betätigt. In Stellung »0« hat die Klappe geschlossen, und es gelangt über den Lufteintritt keine Außenluft mehr ins Fahrzeuginnere. In allen anderen Schalterstellungen hat die Klappe voll geöffnet. Um stets ein gutes Arbeiten der Heizungsautomatik zu gewährleisten, ist ein gewisser Luftdurchsatz im Fahrzeug erforderlich. Deshalb das Gebläse stets mindestens in der ersten Stufe laufen lassen.

Gebläsemotor ausbauen

Bei Fahrzeugen mit oder ohne Klimaanlage geht man teilweise unterschiedlich vor.

- Abdeckgitter am Lufteintritt ausbauen (Seite 235).
- **Ohne Klimaanlage** ist der Gebläsemotor von seitlich rechts mit 3 Schrauben am Gebläsegehäuse montiert.
- **Mit Klimaanlage** Wischeranlage ausbauen (Seite 234). Dann die Federklemmen um das Gebläsegehäuse ausrasten und das Oberteil abnehmen.
- Motor vom Halter lösen und Leitungsverbindungen auftrennen.

Störungsbeistand Gebläse

Die Störung	– ihre Ursache	– ihre Abhilfe
A Gebläse läuft in keiner Schalterstellung	1 Sicherung Nr. 12 durchgebrannt	Sicherung ersetzen
	2 Kontakt 15 X im Zündschloß defekt	Zündschloß prüfen ggf. Schaltteil austauschen
	3 Gebläseschalter defekt oder Leitungen dorthin unterbrochen	Schalter ausbauen. Mit Prüflampe und Schaltplan das Schalten prüfen
	4 Unterbrechung an der Vorwiderstandsgruppe	Spannungen an den Steckverbindungen prüfen
	5 Motor durchgebrannt	Wenn Spannung direkt am Motor vorhanden, Motor austauschen
B Gebläse läuft in einer Schalterstellung nicht	1 Entsprechender Vorwiderstand durchgebrannt	Mit Ohmmeter prüfen und ggf. Vorwiderstandsgruppe erneuern
	2 Kontakt im Schalter defekt	Schalter ausbauen. Mit Prüflampe prüfen und ggf. austauschen
C Gebläsegeräusche	Gebläselüfter streift am Gehäuse	Losen Lüfter oder Motor befestigen. Abstand zum Gehäuse vergrößern

Klimaanlage

Das gasförmige Kältemittel (ca. 1 kg) wird mit dem Kompressor (Abb. Seite 39) verdichtet. Dessen Antrieb erfolgt über den Flachriemen von der Kurbelwelle aus. Beim Verdichten durch den Taumelscheiben-Kompressor verflüssigt sich das Kältemittel und strömt in den Verdampfer im Heizungsgehäuse unter dem Armaturenbrett. Dort verdampft das Kältemittel wieder, wobei Kälte entsteht. Die durch den Verdampfer strömende Luft kühlt sich an dessen Lamellen ab. Das Kältemittel strömt vom Verdampfer weiter zum Kondensator vor dem Kühler und von dort erneut zum Kompressor. Zur besseren Kondensierung ist vor dem Kondensator noch ein großer elektrischer Zusatzlüfter eingebaut. Die Kälteleistung der Klimaanlage wird elektronisch gesteuert. Sie hängt von der Außentemperatur, der augenblicklichen Innenraumtemperatur und der gewünschten Raumtemperatur ab.

Weiteres Wissenswertes zur Klimaanlage:

□ Der Zusatzlüfter läuft in zwei Stufen. Bei einem Kältemitteldruck von 20 bar schaltet ein Druckschalter. Ein Relais (K 8) zieht an, und der Zusatzlüfter erhält über einen Vorwiderstand Strom. Bei einer Motorkühlmitteltemperatur über 110°C überbrückt ein weiteres Relais (K 9) den Vorwiderstand. Der Zusatzlüfter läuft mit seiner Maximalleistung.

□ Beim Einschalten des Kompressors wird die Motordrehzahl sofort geregelt, damit der Motor nicht ausgeht (Seite 75, 84 und 107). Der Kompressor benötigt ca. 9 kW.

□ Damit die Motoren thermisch nicht überlastet werden, erfolgt eine Abschaltung des Kompressors bei ca. 115°C Kühlmitteltemperatur.

□ Hinter der Batterie ist das Steuergerät für die Kompressorabschaltung eingebaut. Das Steuergerät erfaßt die Drehzahl des Kompressors mit einem induktiven Drehzahlgeber. Die Motordrehzahl erkennt es über die TD-Signale vom Zündschaltgerät. Liegt das Verhältnis der beiden Drehzahlen nicht im festgelegten Bereich, ist der Kompressor zu schwergängig, und der Flachriemen rutscht auf den Riemenscheiben durch. Zum Schutz des Flachriemens wird jetzt der Kompressor abgeschaltet.

□ Bei Fahrzeugen mit Klimaanlage hat das Gebläse zwei Lüfter (Abb. Vorseite). Der Gebläsemotor ist leistungsstärker (bis zu 26 Ampere).

□ Zum Motorausbau darf der unter hohem Druck stehende Kältemittelkreislauf nicht ohne spezielle Auffanggefäße geöffnet werden. Auch das Ergänzen von Kältemittel ist nur in der Werkstatt möglich. Beim Motorausbau deshalb Kompressor, Kühlmittelleitungen und die Halter vom Motor losschrauben. Die Teile seitlich im Motorraum mit einem Draht befestigen.

Schaltplan Klimaanlage

F1 Sicherungs- und Relaiskasten
K9 Relais Zusatzlüfter
K10 Relais Zusatzlüfter Vorwiderstand
L4 Drehzahlgeber Kältekompressor
M4 Zusatzlüfter
N1 Zündschaltgerät
N6 Steuergerät Kompressorabschaltung
R15 Vorwiderstand Zusatzlüfter
S25/5 Temperaturschalter 105/115°C
a 105°C für Zusatzlüfter
b 115°C für Kompressor (Notausschaltung)
S31 Druckschalter Kältekompressor Aus 2,0 bar/Ein 2,6 bar
S32 Druckschalter Zusatzlüfter Aus 15 bar/Ein 20 bar
W3 Masse, Radlauf links
W5 Masse, Motor
W9 Masse, vorn links (bei Leuchteinheit)
W10 Masse, Batterie
X11 Diagnosedose/Klemme TD
X26 Steckverbindung Motorleistungssatz, 12 polig
Y5/1 elektromagnetische Kupplung Kältekompressor
a Zum Kraftstoffpumpenrelais Buchse 10
b Zum Steuergerät Einspritzanlage
c Zum Sicherungskasten Sicherung 7
d Zur 6fach Kupplung Steuergerät Temperaturautomatik Buchse 3

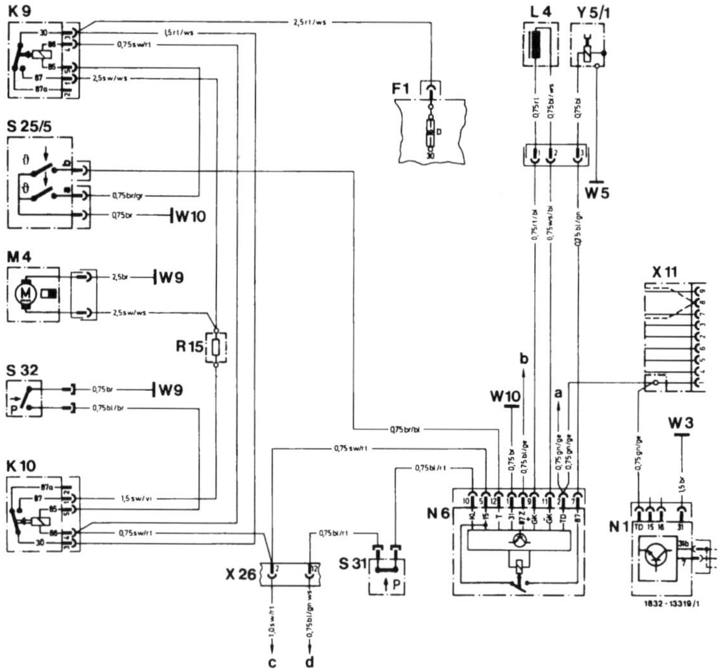

Im Schlößle

Bequeme Sitze mit angenehmen Stoffen oder Leder bezogen und darauf abgestimmte Seiten-Verkleidungen sorgen im Mercedes dafür, daß Sie sich auch auf langer Fahrt wohl fühlen. Im folgenden Kapitel wird beschrieben, wie Verkleidungen auszubauen sind, wenn man an die darunter versteckte Technik gelangen will.

Verkleidungen

Obere Fußraumverkleidungen

- Auf der Fahrerseite Teppichboden hinter den Pedalen lösen und etwas herunterklappen.
- Kunststoffschraube vorn lösen.
- 3 Kreuzschlitzschrauben zum unteren Teil des Armaturenbrettes lösen.
- Auf der Beifahrerseite die Schrauben an der Unterseite des Handschuhfaches lösen.

Unteres Armaturenbrett

- Auf der Fahrerseite obere Fußraumverkleidung ausbauen.
- Verkleidung um das Zündschloß ausrasten.
- Lichtschalter abziehen und flache Mutter dahinter abschrauben.
- Verkleidung hinter Lichtschalter ausbauen. Dazu noch die Unterdruckleitungen zur Leuchtweiteneinstellung abziehen und das Lämpchen zur Schalterbeleuchtung ausstecken.
- Roten Hebel zur Motorhaubenentriegelung ausbauen. Dazu Schraube durch mittige Öffnung herausdrehen und Zug aushängen.
- Entriegelungsgriff der Feststellbremse ausbauen. Dazu 3 Schrauben bei gezogenem Griff herausdrehen und Zug aushängen.
- Befestigungsschrauben neben Lichtschalter und Zündschloß herausdrehen und unteren Teil des Armaturenbrettes vollends abnehmen.

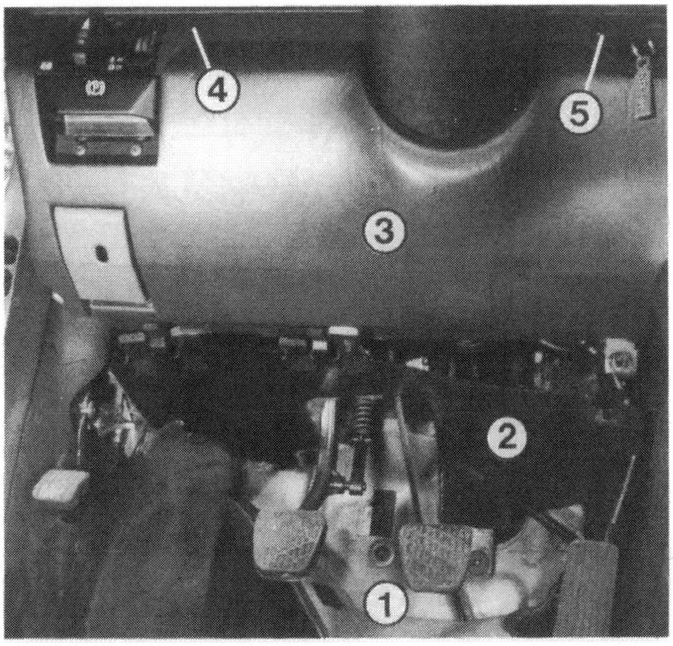

Verkleidungen am Fahrerplatz: 1 – Teppichboden; 2 – Obere Fußraumverkleidung; 3 – Unteres Amaturenbrett; 4 – Verkleidung am Lichtschalter; 5 – Verkleidung am Zündschloß.

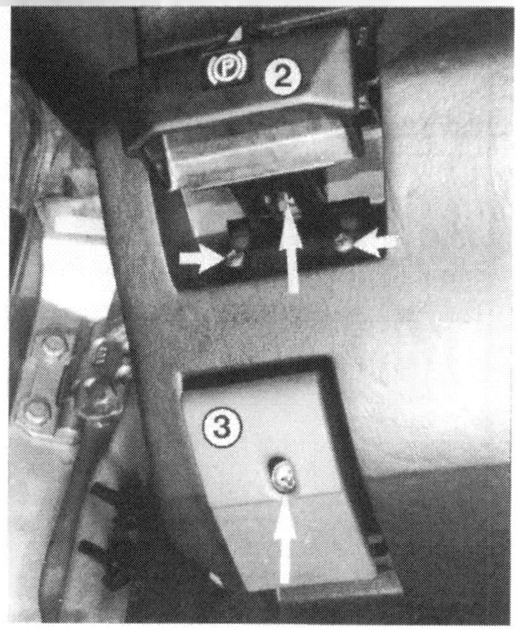

Links: Die Verkleidung am Zündschloß (1) ist nur eingerastet.

Rechts: Zum Ausbau des unteren Armaturenbrettes die Schrauben (Pfeile) an den Entriegelungsgriffen von Feststellbremse (2) und Motorhaube (3) herausdrehen.

Holzverkleidung an Heizungsregulierung

■ Drehknöpfe abziehen. Wenn dazu eine Zange erforderlich werden sollte, deren Backen mit einem Lappen umwickeln.
■ Die beiden flachen Muttern hinter den Drehknöpfen abschrauben.
■ Über dem Radio die beiden Kreuzschlitzschrauben herausdrehen.
■ Verkleidung abnehmen.

Holzverkleidung um Schalthebel

■ Ascher komplett ausbauen (Seite ■).
■ Stoffteil aus dem Ablagefach hinten in der Mittelkonsole herausnehmen.
■ Kreuzschlitzschraube hinten an der Holzverkleidung herausdrehen.
■ Ledermanschette am Schalthebel unten vom Rahmen aushängen.
■ Holzverkleidung anheben. Dabei lösen sich manche Schalter aus ihren Fassungen.
■ Die Leitungsstecker zu den Schaltern an der Vorderkante müssen einzeln gelöst werden.

Verkleidungen im Fußraum

■ Die schweren, schalldämmenden Fußmatten können einfach herausgenommen werden. Dies ist für den Ausbau weiterer Verkleidungen Voraussetzung. Im Kabelkanal unter den Matten befinden sich elektrische Leitungen, Schlauchleitungen der Zentralverriegelung und das Zeitrelais für die Sitzheizung.
■ Die Fußstütze im Beifahrerfußraum ist mit 2 Kunststoffschrauben befestigt. An ihrer Rückseite ist das Steuergerät und die 10polige Steckverbindung für die Rückhaltesysteme (Gurtstraffer und ggf. Airbag) zu finden.
■ Die Seitenverkleidungen zur Fahrzeugaußenseite sind eingeclipst. Auf der Beifahrerseite ist dahinter der Energiespeicher für die Rückhaltesysteme eingebaut.
■ Die Stoffverkleidung zum Mitteltunnel ist mit einer Kreuzschlitzschraube befestigt.

Zum Ausbau der Verkleidung (1) an der Heizungsregulierung die Drehknöpfe (2) von den Schalterachsen (3) abziehen und die beiden Schrauben an der Unterkante (Pfeile) herausdrehen.

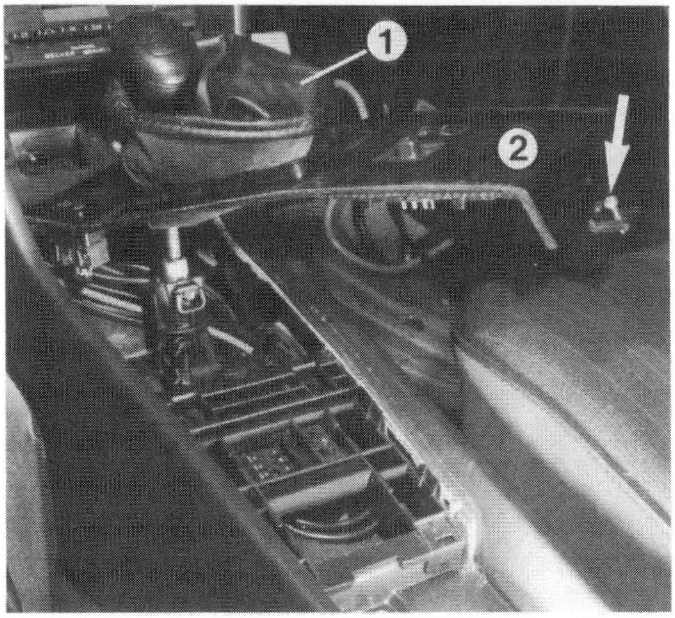

Hier ist der Ausbau der Holzverkleidung (2) um den Schalthebel gezeigt. Der Ascher muß komplett ausgebaut werden und die Schraube hinten (Pfeil) ist abzuschrauben. Außerdem muß man die Ledermanschette (1) am Schalthebel lösen.

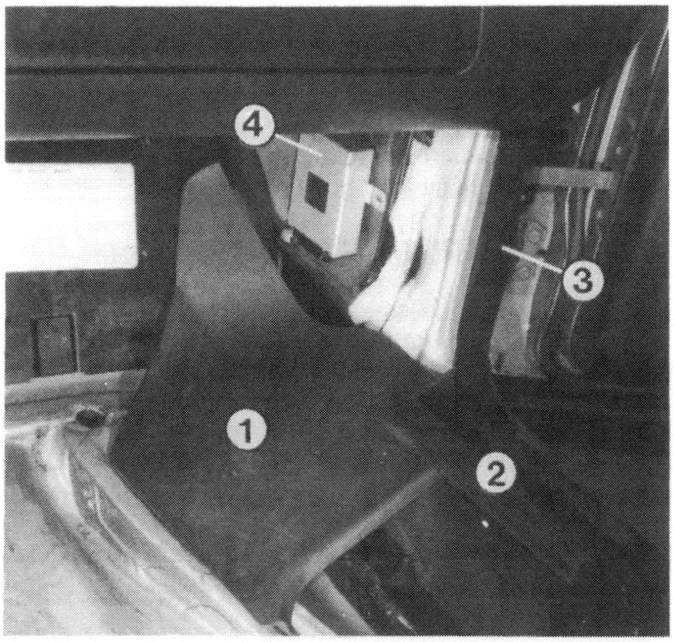

Die Seitenverkleidungen (1) im Fußraum sind nur eingeclipst. Zum Ausbau den Kantenschutz (3) und die Trittleiste (2) am Türausschnitt etwas lösen. 4 – Energiespeicher für Airbag/Gurtstraffer.

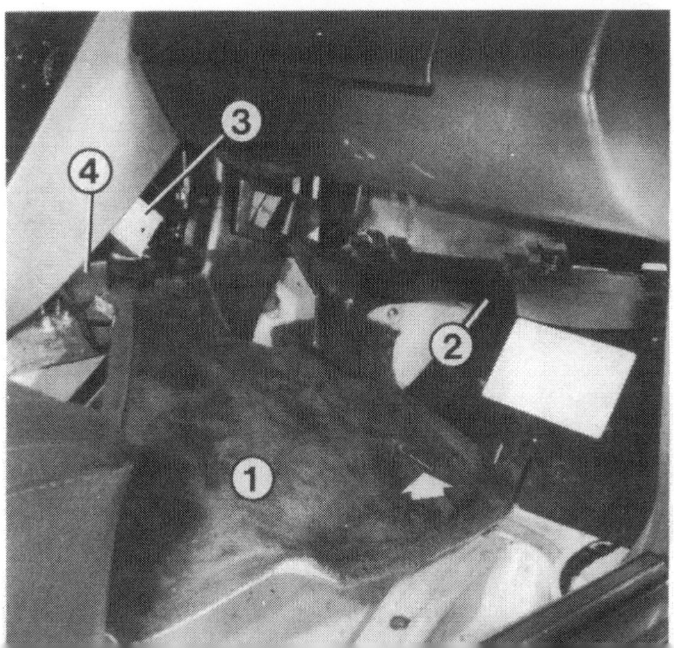

Die Stoffverkleidung (1) am Mitteltunnel hält eine Kreuzschlitzschraube (Pfeil). 2 – Obere Fußraumverkleidung auf Beifahrerseite; 3 Radio; 4 – Auslösegerät für Airbag/ Gurtstraffer.

Links: Befestigungsschrauben (Aschereinsatz herausgenommen)

Rechts: Wenn der Ascher (2) komplett ausgebaut wird, findet man das Beleuchtungslämpchen (3) Pfeile – Verrastung des Radios.

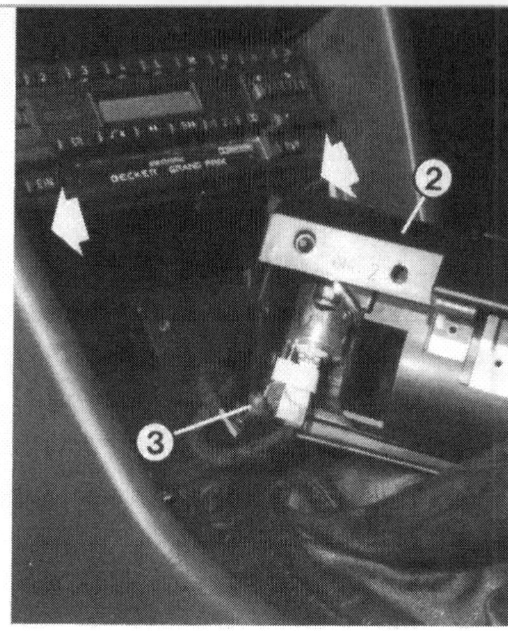

Ascher ausbauen

■ Aschereinsatz herausnehmen.

■ 2 Kreuzschlitzschrauben im Ausschnitt herausdrehen.

■ Ascher aus der Mittelkonsole ziehen.

■ Auf der Rückseite Leitungsverbindung und Lämpchen ausstecken.

Verkleidung der Mittelsäule

■ Beide Türen öffnen und den Kantenschutz an den Türausschnitten im Bereich der Mittelsäule abziehen.

■ Sitz ganz nach vorn schieben und die beiden Kreuzschlitzschrauben am unteren Verkleidungsteil herausdrehen.

■ Gurt zur Seite ziehen und die Verkleidung abnehmen (Abb. rechts oben).

Sitze ausbauen

■ Vordersitze: Jeweiligen Sitz ganz nach unten und nach hinten verschieben.

■ Die vorderen Schrauben herausdrehen.

■ Sitz vorschieben und die hinteren Schrauben herausdrehen.

■ Sitz nach vorn aus der seitlichen Gleitschiene für das Gurtschloß ziehen und herausnehmen.

■ Hintere Sitzbank: Die beiden roten Arretierungen unten an der Vorderkante drükken.

■ Sitzkissen herausnehmen.

■ Rückenlehne: Nach dem Ausbau des Sitzkissens unten an der Lehne die Verschraubungen lösen.

■ Lehne nach oben aus den Haltelaschen drücken.

Fingerzeig: *Läßt sich ein Vordersitz nur noch klemmend verschieben, kann dies an einer verbogenen Gleitschiene für das Gurtschloß liegen. Neue Gleitschiene einbauen.*

Die Sitzheizung

Die Sitzheizung wird von einem Wipptaster neben dem Schalthebel gesteuert. Der Strom (von Sicherung A) zu den Heizdrähten wird durch ein Relais zugeschaltet. Das Relais ist im vorderen Fußraum unter der Bodenmatte zu finden.

Teile der versenkbaren Kopfstützen unter dem hinteren Sitzkissen und über dem Tank (4). 1 – Elektrisches Schaltventil für Unterdruckzuschaltung; 2 – Unterdruckspeicher; 3 – Unterdruckdose zum Entriegeln; 5 – Gelenkteil.

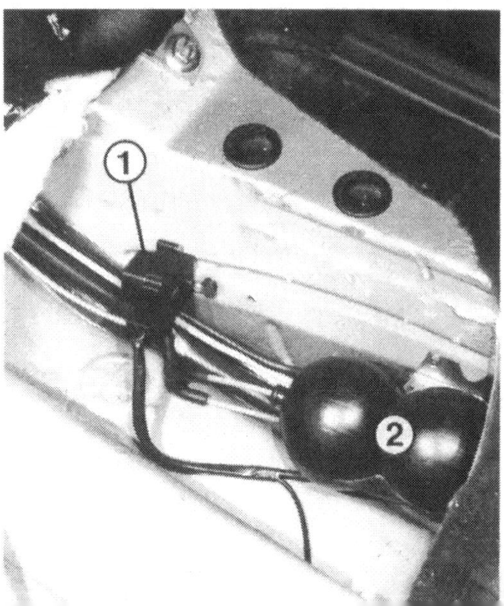

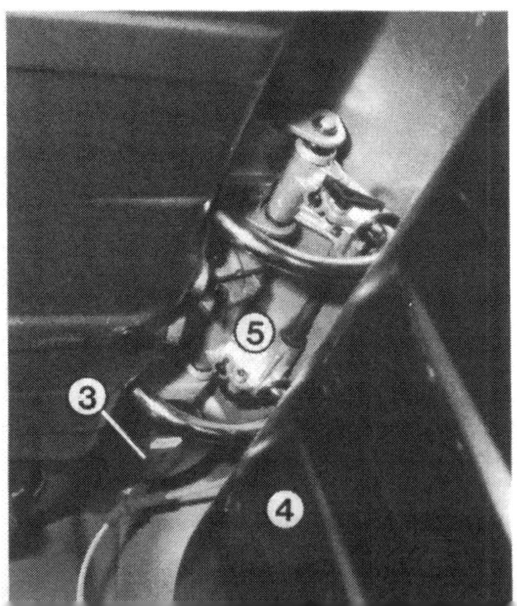

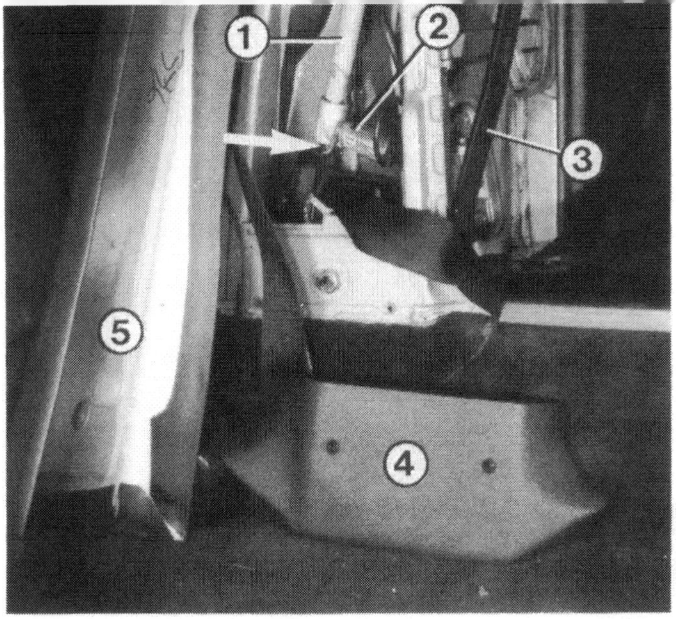

Hier wurde die Verkleidung (5) der Mittelsäule ausgebaut. Dazu muß das untere Verkleidungsstück (4) losgeschraubt und der Kantenschutz (3) an den Türausschnitten teilweise abgezogen werden. Ferner zu sehen: 1 – Rohr mit Aufrollvorrichtung und Gurtstraffer; 2 – Gasgenerator; Pfeil – Farbmarkierung.

In der 1. Heizstufe leuchtet eine Kontrolleuchte, und die Heizleistung beträgt 15 Watt. Leuchten beide Kontrolleuchten am Schalter, ist die starke Heizstufe (60 Watt) eingeschaltet. Die Einschaltzeit der Sitzheizung wird durch das Relais begrenzt. Nach etwa 5 Minuten wird von der 2. Stufe in die 1. Stufe umgeschaltet. Nach weiteren 25 Minuten schaltet sich die Sitzheizung selbständig vollends aus. Wird die Zündung zwischendurch ausgeschaltet, muß die Sitzheizung erneut eingeschaltet werden.

Sicherheitsgurte kontrollieren

Wartung Nr. 16

Wenn die Gurte bei einem Unfall stark beansprucht wurden, wenn das Gurtband ausgefranste Kanten hat oder wenn die Aufrollautomatik nicht mehr funktioniert, müssen neue Sicherheitsgurte eingebaut werden. Ein hinter der Verkleidung verschränkter Gurt kann ebenfalls die Ursache für schlechtes Aufrollen sein. Verschmutzte Gurtbänder reinigt man mit Seife und lauwarmem Wasser.

Haben die vorderen Gurtstraffer nach einem Unfall bereits einmal ausgelöst, müssen neue Sicherheitsgurte eingebaut werden. Zur Kontrolle Verkleidung an der Mittelsäule ausbauen und nachsehen, ob die Farbmarkierung am Drahtseil noch sichtbar ist. Bei bereits gezündeten Gurtstraffern hat die Gasladung den Kolben nach oben gedrückt, und das Drahtseil hat seine Lage geändert (Abb. Seite 236 unten). Zum Gurtausbau vorn Verkleidung der Mittelsäule ausbauen. Hinten Sitzkissen, -lehne und Hecksäulenverkleidung ausbauen.

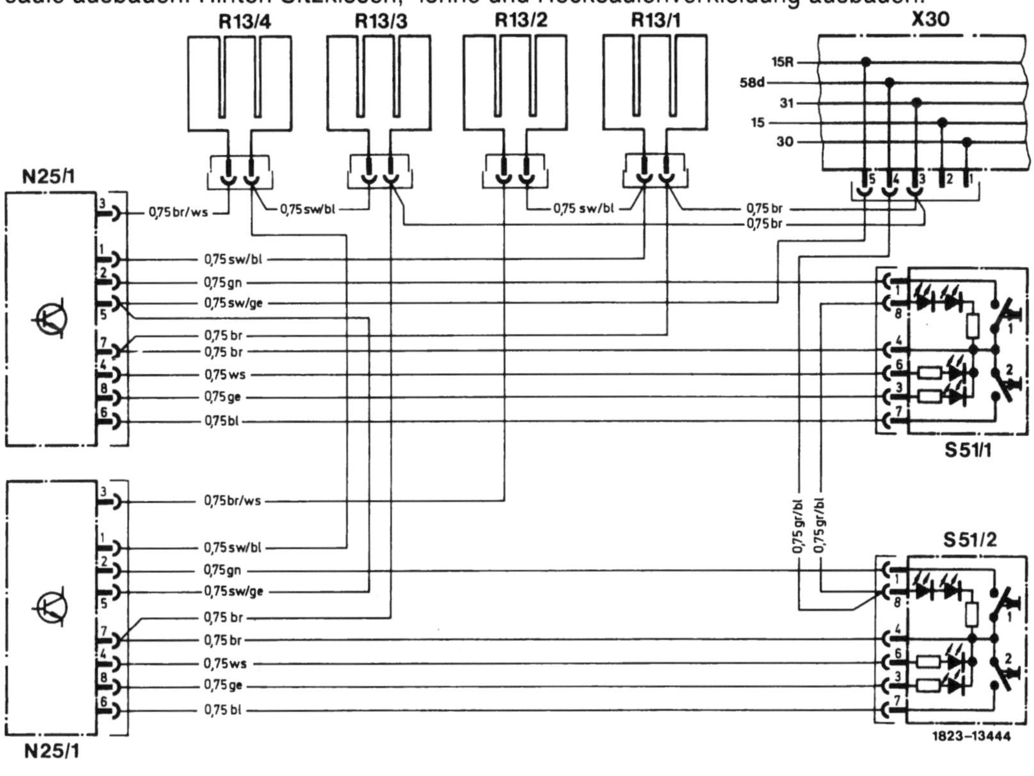

Schaltplan Sitzheizung
N25/1 Relais Sitzheizung vorn links
N25/2 Relais Sitzheizung vorn rechts
R13/1 Heizkissen Sitz vorn links
R13/2 Heizkissen Rückenlehne vorn links
R13/3 Heizkissen Sitz vorn rechts
R13/4 Heizkissen Rücklehne vorn rechts
S51/1 Schalter Sitzheizung vorn links
S51/2 Schalter Sitzheizung vorn rechts
X30 Steckverbindung SA-Leiste. Schalterstellung 1 schwach 2 stark

Defektsuche mit System

Schnelle Hilfe

Bei unserer Fehlersuche gehen wir davon aus, daß der Motor mechanisch gesund ist. Es geht nur darum, den Grund zu finden, wenn der Motor nicht anspringt oder unvermittelt stehenbleibt. Systematisch müssen Sie nachfolgende drei Grundfragen der Reihe nach beantworten:

Reihenfolge der Fehlersuche

Dreht der Anlasser den Motor durch?
Tut er's nicht oder nur unwillig, lesen Sie bitte auf der folgenden Seite weiter unter »Fehlerquelle Elektrik«. Wird der Motor dagegen flott durchgedreht, müssen zur weiteren Eingrenzung die folgenden beiden Fragen der Reihe nach beantwortet werden.

Funken an den Zündkerzen?
Kontrolle: Einen Kerzenstecker abziehen, herausgeschraubte Zündkerze hineinstekken und Stecker samt Kerze gegen blankes Motorblockmetall klemmen. Finger weg (Hinweise Seite 134)! Anlasser betätigen lassen. Springen Funkten über?
Wenn ja, nächste Frage erklären. Wenn nein, weiterlesen auf der Seite »Fehlerquelle Zündung«.

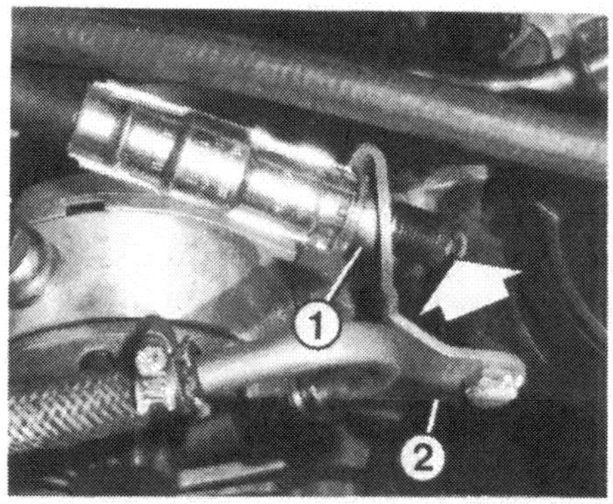

Wird Kraftstoff gefördert?
Im Motorraum die Rücklaufleitung vom Membrandruckregler bzw. Vergaser lösen und in einen Becher halten. Während der Anlasser dreht, muß Kraftstoff kommen (siehe auch Seite 78 und 114).
Kommt kein Kraftstoff, rechts unter »Fehlerquelle Kraftstoffversorgung« weiterlesen.

Fehlerquelle Elektrik

Dreht der Anlasser nicht, richten wir unser Augenmerk auf die Kontrolleuchten am Armaturenbrett. Die verraten uns einiges über den möglichen Defekt.

□ Kontrollampen verlöschen beim Schlüsseldreh in Startstellung: Die Batterie ist entladen oder altersschwach (Seite 211), Anlasser- oder Batteriekabel lose, Anlasser hat möglicherweise Kurzschluß.

□ Kontrollampen bleiben in Startstellung hell: Violett/weißes Kabel am Magnetschalter abgefallen, bei Automatik-Getriebe Startsperrschalter defekt oder Wählhebel nicht in Stellung P oder N (Seite 157), Magnetschalter defekt, Anlasser defekt oder Kohlebürsten abgenutzt (Seite 214), oder aber der Start-Kontakt im Zündschloß ist defekt (Seite 231).

□ Kontrollampen brennen gar nicht: Batterie völlig leer, Hauptkabel am Anlasser oder an Batterieklemmen lose.

Fehlerquelle Zündung

Zeigen sich bei der links beschriebenen Prüfung keine Zündfunkten, kommen bei der Zündung Ihres Fahrzeuges folgende Fehler in Betracht:

□ Alle Stecker an Verteilerkappe, Zündspule, Schaltgerät und zum Geber müssen fest sitzen!

□ Kriechstromspuren an der Verteilerkappe oder an der Zündspule?

□ Verteilerkappe abnehmen, Verteilerläufer und Kontaktkohle oben in der Verteilerkappe in Ordnung?

□ Zündspule, Schaltgerät oder Geber defekt (Seite 140 und 144).

Fehlerquelle Kraftstoffversorgung

Wird kein Benzin gefördert, kommen folgende Fehlerquellen in Betracht:

□ Es ist kein Benzin im Tank (Reservekanister einfüllen).

□ Fördert die Kraftstoffpumpe (Vergaser Seite 78; Einspritzer Seite 114)?

□ Kraftstoffleitungen, Benzinsiebe oder -filter verstopft.

□ Falls trotz intakter Benzinversorgung die Kraftstoffanlage in Verdacht gerät – etwa wegen dauernder Kaltstartschwierigkeiten – mit den Störungsbeiständen auf Seite 79, 93 (Vergaser) und Seite 125 (Einspritzung) den Fehler weiter einkreisen.

Störungsbeistände im Buch

	Seite		Seite
□ Anlasser	214	□ Kupplung	151
□ Antiblockiersystem	192	□ Lichtmaschine	211
□ ASD	164	□ Lüfterkupplung	54, 56
□ Auspuff	47	□ Motorgeräusche	31, 36
□ Batterie	211	□ Öldruck	43
□ Blinker	226	□ Öldruckanzeige	43
□ Bremsen	194	□ Ölstandsanzeige	44
□ Bremslicht	227	□ Ölverbrauch	13
□ Einspritzanlage	125	□ Scheibenwischer	232
□ Einspritzdüsen	113	□ Tankanzeige	59
□ Gebläse	243	□ Temperaturanzeige	56
□ Getriebeautomatik	158	□ Transistorzündung (TSZ)	144
□ Heizbare Heckscheibe	232	□ Vergaser (Stromberg)	79
□ Heizung	242	□ Vergaser (2-E-E)	93
□ Hupe	227	□ 4MATIC	168
□ Kennfeldzündung (EZL)	140	□ Wischer	234
□ Kompressionsdruck	38	□ Zentralverriegelung	259
□ Kraftstoffanlage	60	□ Zylinderkopfdichtung	29
□ Kühlsystem	57		

Die Karosserieteile

Formsache

Durch einen wohlüberlegten Karosserieaufbau können nicht nur der Luftwiderstand und die Fahrstabilität verbessert werden. Wichtiger ist, daß auch Unfallfolgen für die Fahrzeuginsassen und die anderen Verkehrsteilnehmer gemildert werden können.

Dazu ist die selbsttragende Karosserie so gestaltet worden, daß sich vorn und hinten möglichst lange Deformationswege ergeben. Verschieden starke Bleche, zum Teil hochfeste Stahlbleche, sorgen dafür, daß sich bei einem Aufprall die Fahrgastzelle möglichst wenig verformt. Verdickungen am Rahmenboden, am Mitteltunnel und in den Türensäulen erhöhen die Festigkeit. Dem gleichen Zweck dienen formstabile Bauelemente, wie Längsschweller, Dachrahmen, Türsäulen und Querträger am Rahmenboden.

Die Vordertüren sind durch Blecheinlagen verstärkt. Außerdem sind die Türen an der Mittelsäule so geformt, daß ein Verklemmen als Unfallfolge kaum möglich sein dürfte. Das liegende Reserverad schützt die Fahrgastzelle und die Hinterachse bei einem Heckaufprall. Durch die elastisch geschäumten Stoßstangenblenden wird ein Aufprall bis zu 4 km/h spurlos weggesteckt. Außerdem werden Beinverletzungen von Fußgängern gemildert. Zum Schutz der Fußgänger ist auch die obere Kante der Vorderkotflügel »weich« gestaltet. Hierfür sind die vielen Durchbrüche an den Befestigungsschrauben seitlich im Motorraum verantwortlich.

Demontierbare Teile

Mit einiger Geschicklichkeit kann man die Stoßstangen und die vorderen Kotflügel allein ausbauen. Wollen Sie aber Motorhaube oder Türen demontieren, brauchen Sie unbedingt einen Helfer, der diese großen und schweren Teile hält, während Sie schrauben, sonst wird schnell irgendwo der Lack zerkratzt.

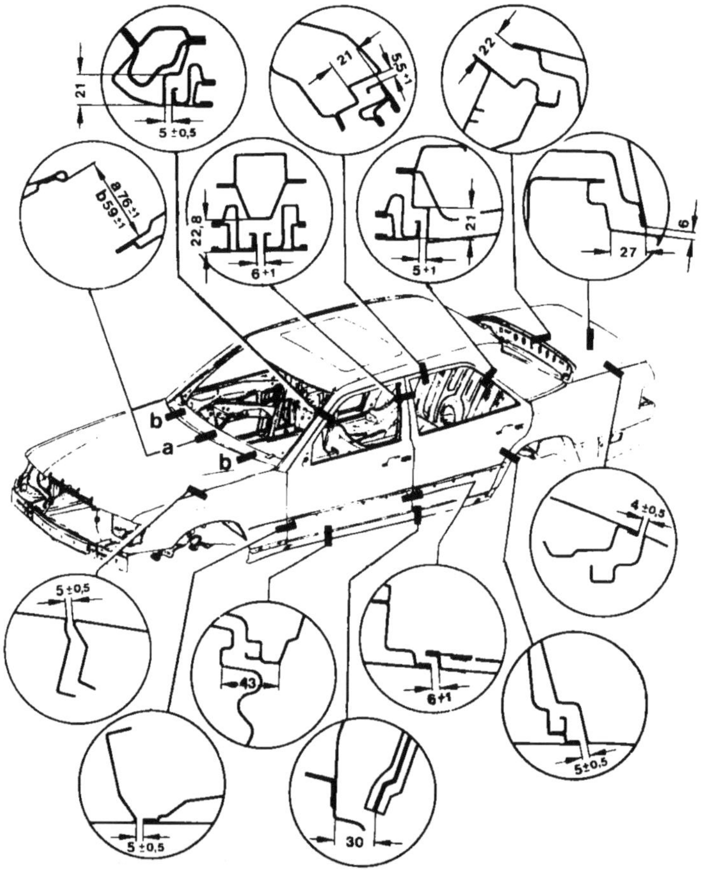

Die Zeichnung zeigt die Abstände wie sie zwischen den einzelnen Karosserieteilen bestehen sollen. Man nennt diese Abstände noch Luftspaltmaße.

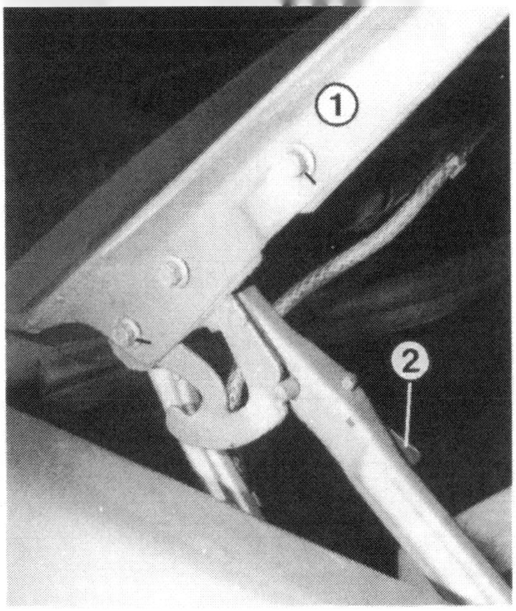

Links: Die Motorhaube (1) ist auf jeder Seite 3fach verschraubt. Vor Ausbau die Schraubenlage kennzeichnen. 2 – Entriegelung für Montagestellung.

Rechts: Verkleidung (3) am Kofferraumdeckel (4) nach oben abdrücken, um die Schrauben zu erreichen.

Übrigens: Eine neue Motorhaube, Heckklappe, Tür oder einen neuen Kotflügel können Sie bereits vor der Montage lackieren lassen.

Luftspaltmaße

Die Zeichnung auf der linken Seite zeigt, wie neu eingebaute Karosserieteile zu den benachbarten Teilen einzustellen sind. Die Luftspalte sollen parallel verlaufen. Eine Abweichung von ± 0,5 mm ist zulässig. Nach einem Unfall können die Luftspalte darüber Auskunft geben, ob die Karosserie verzogen ist. Beispiel: Beträgt der Spalt zwischen dem vorderen Kotflügel und der Fahrertür statt 5 mm nur 2 mm und ist er an der Beifahrertür vergrößert, ist der Vorderbau nach links verzogen.

Fingerzeig: *Wenn Sie Dachständer anbringen, müssen Sie die Lagemarkierungen oben an den Türausschnitten beachten, sonst kann es zu sehr lauten Windgeräuschen kommen.*

Die Motorhaube
Ausbau

- Haube innen entriegeln.
- Nach Herausziehen des Griffes am Kühlergrill die Haube öffnen.
- Um den Wiedereinbau zu erleichtern, die Lage der Haube an den Scharnieren kennzeichnen.
- Spritzwasserschlauch und Kabel zur Düsenbeheizung ausstecken. Schnur am Kabel befestigen und aus der Motorhaube ziehen (Schnur dient als Einbauhilfe).
- Während zwei Helfer die Haube seitlich links und rechts halten, je 3 Schrauben am Scharnier herausdrehen.

Montagestellung

- Um die Motorhaube in die senkrechte Montagestellung zu bringen, diese etwa halb öffnen.
- Dann den Sperrhebel am rechten Scharnier drücken und Motorhaube weiter nach oben drücken, damit der Sperrhebel nicht mehr einrastet.
- Anschließend den Sperrhebel am linken Scharnier drücken und Haube senkrecht stellen.
- Um die Motorhaube wieder in ihre Normalstellung bringen zu können, den Sperrhebel am linken Scharnier drücken.

Kühlergrill ausbauen

- Motorhaube öffnen und die Schrauben zum Kühlergrill von innen herausdrehen.
- Das Kunststoffgitter kann vom Rahmen abmontiert werden: Hierzu die Klammern abdrücken.
- Beim Einbau des Kühlergrills darauf achten, daß die Unterlage an der Motorhaube klebt.

Mercedes-Stern ausbauen

- Der Mercedes-Stern wird bei geöffneter Motorhaube mit seinem Fußteil ausgebaut.
- Mit größerer Zange den Haltebügel fassen, nach unten ziehen und um 90° verdrehen. Die Enden des Bügels auf die vorgesehenen Nuten absetzen.
- Mercedes-Stern außen abnehmen.
- Zum Einbau den Haltebügel wieder zurückdrehen.

Links: Zum Ausbau der Fensterkurbel mit einem dünneren Schraubenzieher die Verrastung (Pfeil) zurückdrükken und Verkleidung herunterschieben.

Rechts: Zum Ausbau des Mercedes-Sterns den Haltebügel (2) verdrehen und auf die Nuten am Fußteil (3) absetzen. Dann kann man den Mercedes-Stern (1) vom Kühlergrill (4) abnehmen.

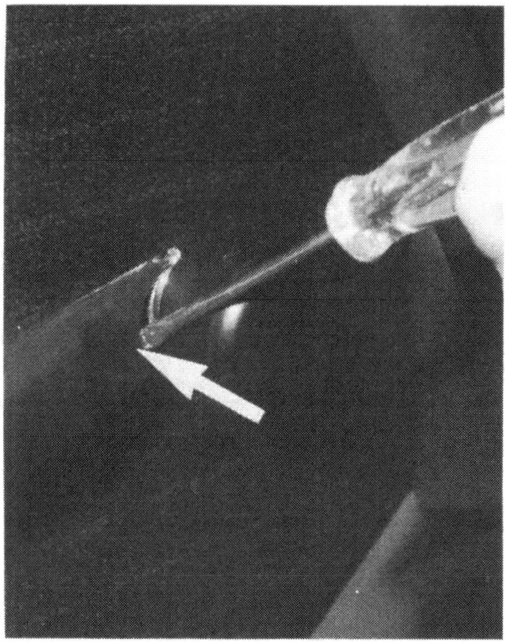

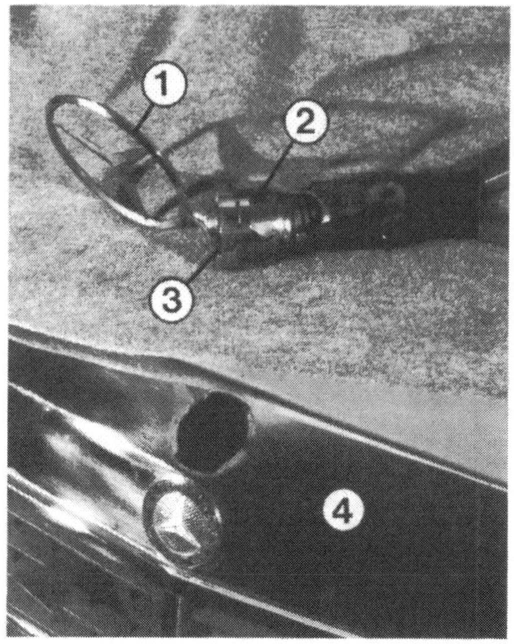

Die Kotflügel

Lediglich die vorderen Kotflügel sind verschraubt. Bei eingebauter Stoßstange, Schottwand und montiertem Scheinwerfer ist der Ausbau möglich. Die hinteren Seitenteile sind mit der restlichen Karosserie verschweißt.

Kotflügel ausbauen

- Blinkleuchte ausbauen (S. 221 oben).
- Verkleidung an der Unterkante des Kotflügels ausbauen (Abb. rechts oben).
- Befestigungsschrauben seitlich oben im Motorraum herausdrehen.
- Schrauben im Blinkleuchtenausschnitt herausdrehen.
- Schraube an der Unterkante des Kotflügels von der Konsole lösen (Abb. rechts).
- Bei geöffneter Vordertür Schrauben an der Türsäule lösen.
- Bevor der Kotflügel beim Einbau festgeschraubt wird, muß er ausgerichtet werden. Dazu Motorhaube schließen, und Kotflügel in der Höhe verschieben. Neues Dichtungsband verwenden. Auf guten Sitz der Schottwand achten.

Fingerzeig: *Wenn erforderlich, Befestigungskanten an Kotflügel und Karosserie gründlich entrosten. Mit Zinkstaubfarbe oder Kunstharz-Bleimennige vorstreichen und nach dem Trocknen überlackieren.*

Kofferraumdeckel bzw. Heckklappe ausbauen

- Leitungen der Kennzeichenleuchten ausstecken. Leitungen vom Deckel lösen.
- Kunststoffverkleidungen am Deckelscharnier abnehmen. Dazu die Verkleidungen bei offenem Deckel nach oben drücken und ausrasten.

Die Heckklappe beim T-Modell: 1 – Verkleidung an der Unterkante; 2 – Innenverkleidung; 3 – Befestigungsschrauben am Scharnier; Pfeile – Leitungen bzw. Waschwasserschlauch zur Heckklappe.

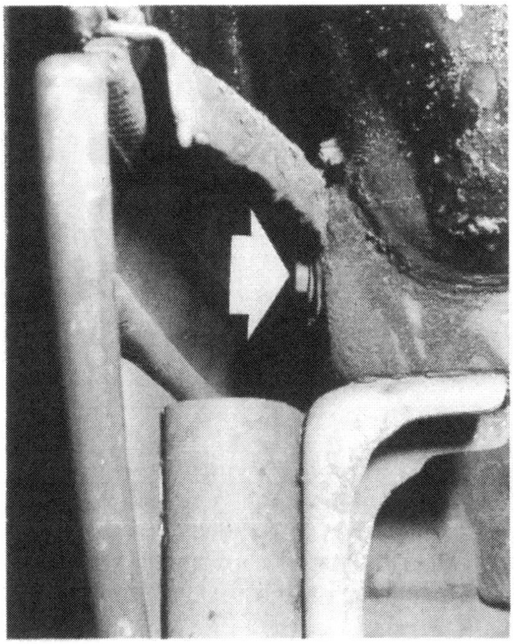

Links: Befestigung des Kotflügels unten an Konsole vor dem Vorderrad.

Rechts: Kotflügelschrauben an der Unterkante (hinter Verkleidung)

- Untere Schraube auf jeder Seite des Dekkels herausdrehen.
- Obere Schraube im Langloch leicht lösen.
- Deckel halb schließen, nach hinten ziehen und abnehmen (nur mit Helfer).
- Beim T-Modell die Innenverkleidung ausclipsen und die Verkleidung an der Unterkante der Heckklappe abschrauben.
- Elektrische Leitungen und Waschwasserschlauch von Heckklappe lösen. Beim Ausbau gleich einen Einziehdraht/schnur zum leichteren Einbau in die Ausschnitte ziehen. Den Mehrfachstecker auseinanderclipsen und Steckergehäuse abnehmen, damit die Leitungen durchgezogen werden können (Belegungsskizze anfertigen).
- Während zwei Helfer die Heckklappe halten, seitlich je zwei Schrauben am Scharnier herausdrehen.
- Beim Einbau von Kofferraumdeckel bzw. Heckklappe die Schrauben zunächst nur leicht festdrehen. Nach dem Ausrichten im Ausschnitt vollends anziehen.

Fingerzeig: *Dringt ständig Staub und Feuchtigkeit in den Koffer- bzw. Gepäckraum ein, müssen Sie die Gummidichtung unter die Lupe nehmen. Der Gummi kann mit den Jahren spröde geworden sein und schließt nicht mehr elastisch. Oder die Gummiumrandung ist eingerissen, weil im Winter der zugefrorene Kofferraumdeckel mit Gewalt aufgezerrt weren mußte.*
Vorbeugend hilft hier regelmäßiges Einreiben mit Glyzerin oder einem Spezialpflegemittel. Die schadhafte Gummiumrandung austauschen.

Die Heckklappe bei ausgebauter Innenverkleidung: 1 – Wischermotor; 2 – Elektromotorische Schließhilfe; 3 – Schaltelement der Zentralverriegelung; 4 – Intervallrelais für Wischer.

Befestigungspunkte der vorderen Stoßstange unter dem rechten Kotflügel.

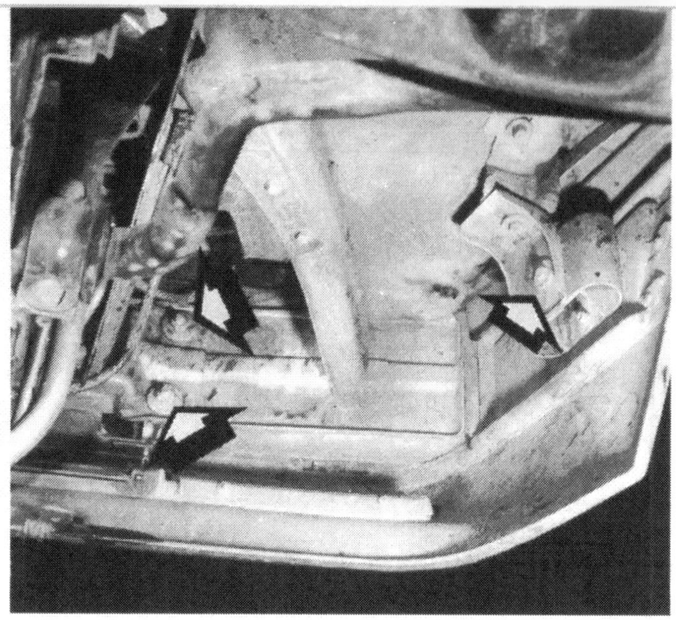

Vordere Stoßstange ausbauen

■ Mutter in der Mitte vor dem Kühlergrill herausdrehen.
■ Von unten her beidseitig die Verschraubung der Stoßstangenseitenteile losschrauben.
■ Ebenfalls von unten her beidseitig die beiden Muttern an der Querversteifung lösen.
■ Stoßstange nach vorn abnehmen.

Hintere Stoßstange ausbauen

■ Kofferraumdeckel öffnen. Klappen in den seitlichen Kofferraumverkleidungen vor den Schrauben aufklappen.
■ Schraubverbindungen der Seitenteile und des Stoßstangenhalters lösen.
■ Stoßstange abnehmen.

Fingerzeig: *Die Stoßstangen sind aus mehreren Teilen zusammengebaut. Halter, Stoßstange oder Kunststoffteile können einzeln erneuert werden.*

Türen ausbauen

■ Bei Fahrzeugen mit elektrischen Fensterhebern, Zentralverriegelung oder elektrisch verstellbarem Außenspiegel zuerst die Türverkleidung ausbauen. Die Anschlüsse lösen und vorn aus der Tür herausziehen.
■ Die Lage der Türscharniere z. B. mit einem Lacktupfer kennzeichnen.
■ Gummiabdeckung an der Türsäule abziehen und den Bolzen am Türfeststeller ausbauen.
■ Die beiden Schrauben an jedem Türscharnier herausdrehen. Die Schrauben der hinteren Türen werden bei geöffneter Vordertüre erreicht.
■ Vor dem Einbau einer neuen Tür müssen sämtliche Einzelteile umgebaut werden.
■ Die Tür vorher lackieren lassen und den Innenraum konservieren. Neue Entdröhnmatten einkleben.

Fingerzeig: *Eine neu eingebaute Tür muß sorgfältig im Türausschnitt ausgerichtet wer-*

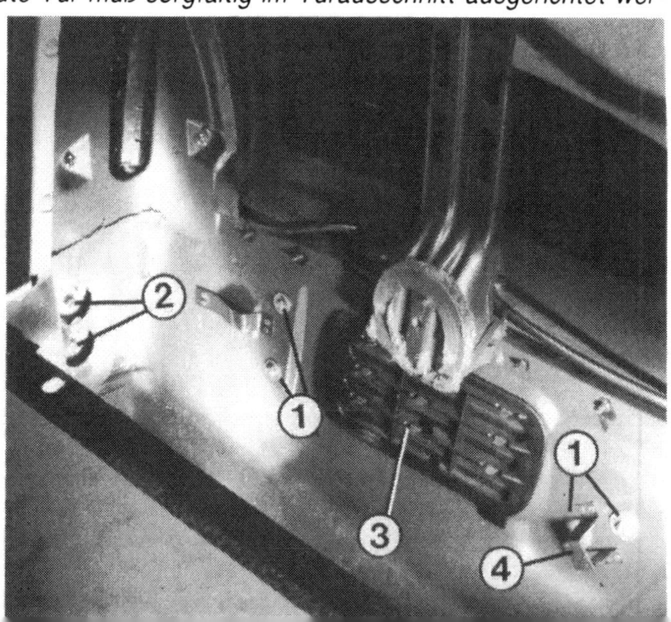

Hier ist die Befestigung der hinteren Stoßstange beim Kombi gezeigt. Bei der Limousine befinden sich die Schrauben an den gleichen Stellen und sind durch Klappen in den Seitenverkleidungen erreichbar. Es zeigen: 1 – Befestigungspunkte der Stoßstangenseitenteile; 2 – Stoßstangenbefestigung; 3 – Abluftklappe; 4 – Abstandhalter für Seitenverkleidung (die Verkleidungen dürfen nicht am Blech anliegen, sonst ist die Entlüftung des Innenraumes unterbrochen).

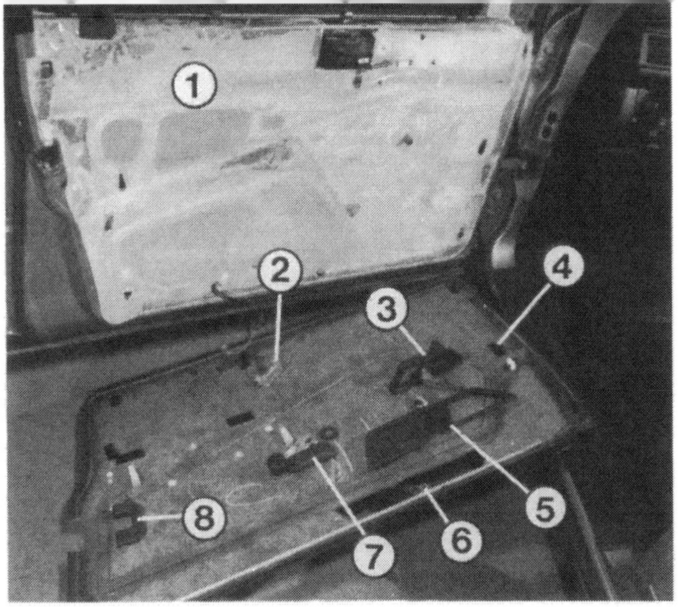

1 – Geklebte Kunststoff-Folie; 2 – Einstiegsleuchte; 3 – Abdeckung am inneren Türöffner; 4 – Befestigungshaken für Verkleidung; 5 – Verkleidung; 6 – Befestigungsschraube für inneren Türgriff; 7 – Fensterkurbel; 8 – Kunststoffrahmen am Türschloß.

den. Hierzu am besten mit der noch eingebauten Tür vergleichen. Sitzt die Tür gut, kann aber nur äußerst schwer geschlossen werden, das Schließteil an der Türsäule etwas lösen und entsprechend verschieben. Wird das Teil aber zu weit nach außen versetzt, verursacht die Tür Windgeräusche.

Türverkleidung ausbauen

- Verkleidung der Außenspiegelbefestigung abhebeln. Dazu auf der Fahrerseite zuerst den Verstellhebel ausbauen (Abb. nächste Seite unten).
- Schwarzen Kunststoffrahmen am Türschloß abschrauben (1 Kreuzschlitzschraube).
- Fensterkurbel ausbauen (Abb. Seite 254).
- Abdeckung am inneren Türöffnerhebel mit einem Schraubenzieher abhebeln.
- Obere Befestigungsschraube des inneren Türgriffes herausdrehen.
- Gesamte Türverkleidung nach oben drükken und so vom Türinnenblech ausrasten.
- Gestänge vom inneren Türöffnerhebel abdrücken.

Fingerzeig: *Wenn die Kunststoff-Folie hinter der Türverkleidung beschädigt ist, muß sie ersetzt werden. Ansonsten wird die Türverkleidung feucht und weicht auf.*

Äußeren Türgriff ausbauen

- Durch die Bohrung an der Stirnseite der Tür die Innensechskantschraube (SW 3) vom Türgriff herausdrehen.
- An der Fahrertür den Schlüssel einstekken und um 60° nach rechts verdrehen.
- Dann den Schließzylinder mit dem Druckknopf nach hinten drücken und herausziehen. An der Beifahrertür gleich vorgehen. An den hinteren Türen den Druckknopf lediglich nach hinten drücken.
- Anschließend den äußeren Türgriff etwas nach hinten drücken und erst aus dem Ausschnitt am Druckknopf, dann aus dem vorderen Ausschnitt herausschwenken.
- Soll zusätzlich der Lagerrahmen des Türgriffes ausgebaut werden, 3 Schrauben von

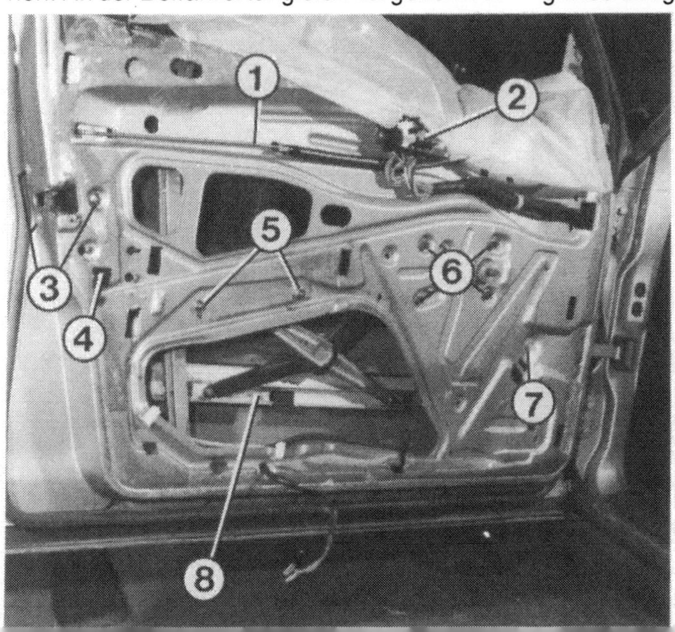

Fahrertür mit ausgebauter Verkleidung: 1 – Gestänge zum inneren Türöffner; 2 – Schaltergruppe für Sitzverstellung; 3 – Türschloßbefestigung; 4 – Schalterelement der Zentralverriegelung; 5 – Befestigung für Fensterheber (Scheibeneinstellung); 6 – Befestigung für Fensterheberantrieb; 7 – Befestigung Fensterführungsschiene vorn; 8 – Fensterheber.

Links: 1 – Türschloß; 2 – Einstellschraube für äußeren Türgriff; 3 – Befestigungsschraube für Türgriff.

Rechts: Versorgungspumpe der Zentralverriegelung unter hinterem Sitzkissen.

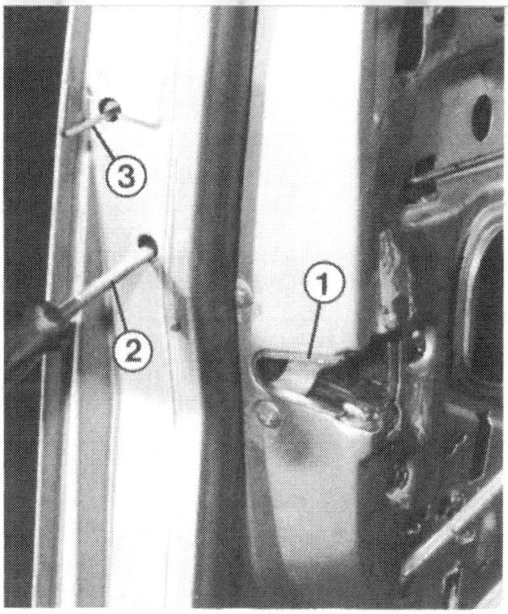

außen abschrauben, Türverkleidung innen ausbauen und den Lagerrahmen abnehmen.

- Vor dem Wiedereinbau des Türgriffes den Betätigungshebel zum Türschloß möglichst weit nach außen verstellen. Dazu die Einstellschraube hinter der Abdeckung an der Türstirnseite (Abb. oben links) entsprechend verdrehen.
- Türgriff einsetzen.
- Druckknopf so einsetzen, daß der Druckstift richtig im weißen Kunststoffteil am Türschloß sitzt.
- Druckknopf mit der Innensechskantschraube festklemmen.
- Türgriff mit der Einstellschraube flächenglatt zum Druckknopf einstellen.

Türschloß ausbauen

- Türverkleidung ausbauen.
- Kunststoff-Folie im Bereich des Türschlosses abziehen.
- Betätigungselement der Zentralverriegelung ausbauen.
- Verbindungsgestänge zum Türschloß lösen.
- 3 Kreuzschlitzschrauben zur Befestigung des Türschlosses lösen.

Elektrische Fensterheber

Bei dieser Zusatzausstattung ist in jeder Tür ein kräftiger Elektromotor samt Getriebe eingebaut. Die vorderen Fenster werden über einen Hebel betätigt. Der Antrieb der hinteren Scheiben erfolgt mittels Seilzug.

Bewegen sich die Scheiben bei Knopfdruck nicht, zunächst die Sicherungen G und H im Sicherungskasten prüfen. Für jede Fahrzeugseite ist eine 16-Ampere-Sicherung zuständig. Läßt sich ein Fehler unterwegs nicht beseitigen, notfalls so vorgehen:

- Türverkleidung ausbauen.
- Kunststoff-Folie abziehen.
- Scheibe an der Unterkante vom jeweiligen Betätigungselement losschrauben.
- Scheibe von Hand hochdrücken und oben mit einem geeigneten Keil an der Austrittsöffnung festklemmen.

Außenspiegel
Links: Mit einem 2 cm breiten Holz- oder Kunststoffkeil können die Spiegelgläser (1) beider Außenspiegel von der Grundplatte (2) abgehebelt werden. Im Mercedes-Zubehörprogramm gibt es für die Fahrerseite ein Spiegelglas ohne toten Winkel.

Rechts: 3, 4 – Verkleidung; 5 – Verstellhebel, zum Ausbau das geriffelte Teil vorn Richtung Spiegel drücken und abnehmen; 6 – Dämmung; Pfeile – Spiegelbefestigung.

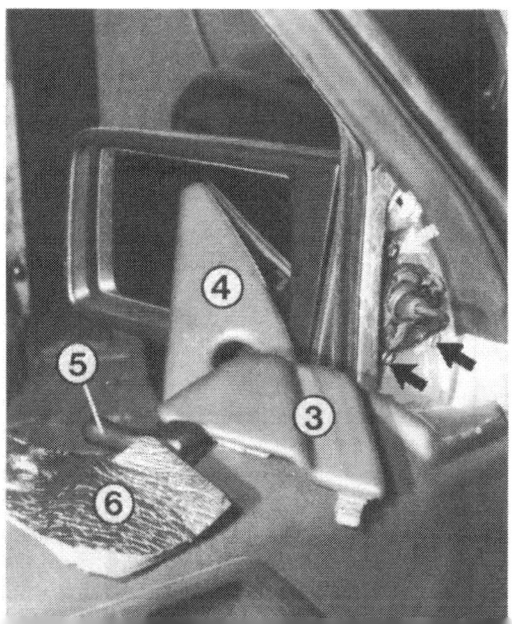

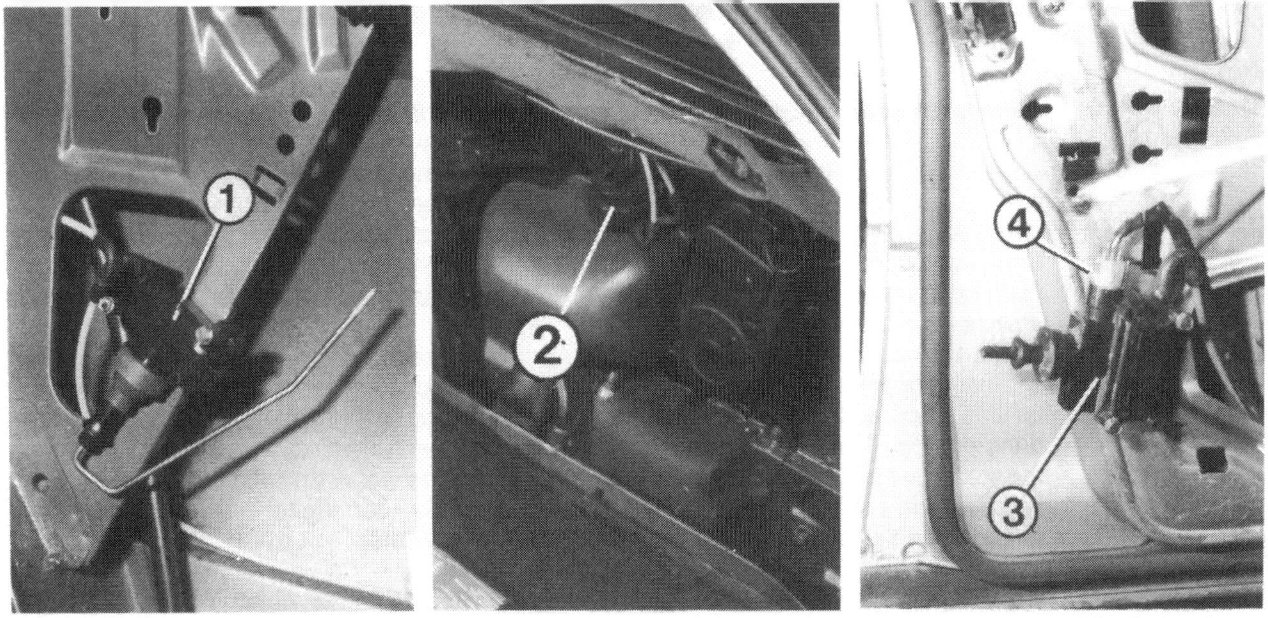

Die Zentralverriegelung

1 – Element Tankklappe (Limousine); 2 – Element Tankklappe (Kombi); 3 – Schalt- und Betätigungselement an Fahrertür mit Leitungsanschluß (4).

Die Zeichnung unten zeigt das Funktionsschema. Von elektrischen Schalterteilen wird die Anlage angesteuert. Je nach Drehrichtung des Schlüssels läuft der Motor der Versorgungspumpe unter der hinteren Sitzbank links- oder rechtsherum. Dabei wird entweder Unter- oder Überdruck erzeugt. Der Druck gelangt über dünne Schlauchleitungen zu den Türschloß-Betätigungselementen in den Türen, im Kofferraumdeckel und an der Tankklappe.
In jedem Betätigungselement befindet sich eine Gummimembran, welche sich entsprechend wölbt und so die Betätigungsstange zum Türschloß vordrückt oder zurückzieht. Ist im System ein bestimmter Über- oder Unterdruck erreicht, schaltet sich die Versorgungspumpe wieder selbständig ab. Eine Zeitschaltung sorgt dafür, daß die Pumpe selbst dann nach 25 Sekunden abschalten würde, wenn das System irgendwo undicht wäre.

Fehlersuche an der Zentralverriegelung

- Zuerst klären, ob die elektrische oder die pneumatische Seite der Anlage gestört ist. Dazu das hintere Sitzkissen ausbauen (Seite 248) und hören, ob die Pumpe bei Schlüsseldrehung losläuft.
- Läuft die Pumpe nicht, Spannungsversorgung prüfen. Vielleicht läuft die Pumpe doch, wenn Sie das Verriegeln von einem anderen Schalterteil aus versuchen. Evtl. ist ein Schalterteil defekt oder die entsprechenden Zuleitungen ausgesteckt.
- Läuft die Pumpe und es wird nirgends verriegelt, so ist die Anlage undicht. Vielleicht ist irgendwo eine Schlauchleitung ausgesteckt oder eine Membran in einem der Betätigungselemente gerissen.
- Zur einfachen Bestimmung der undichten Stelle alle Fußmatten aus dem Innenraum herausnehmen und nacheinander die Schlauchleitungen zu den verschiedenen Betätigungselementen ausstecken. Dabei den Schlauchanschluß Richtung Pumpe abdichten.
- Funktioniert das Verriegeln plötzlich wieder, die undichte Stelle im gerade abgeschlossenen Bereich weiter suchen.
- Wird nur an einer Stelle nicht verriegelt, Schloßbetätigung auf Leichtgängigkeit untersuchen. An der Tankklappe prüfen, ob der Verriegelungsbolzen leicht in seiner Führungshülse läuft.

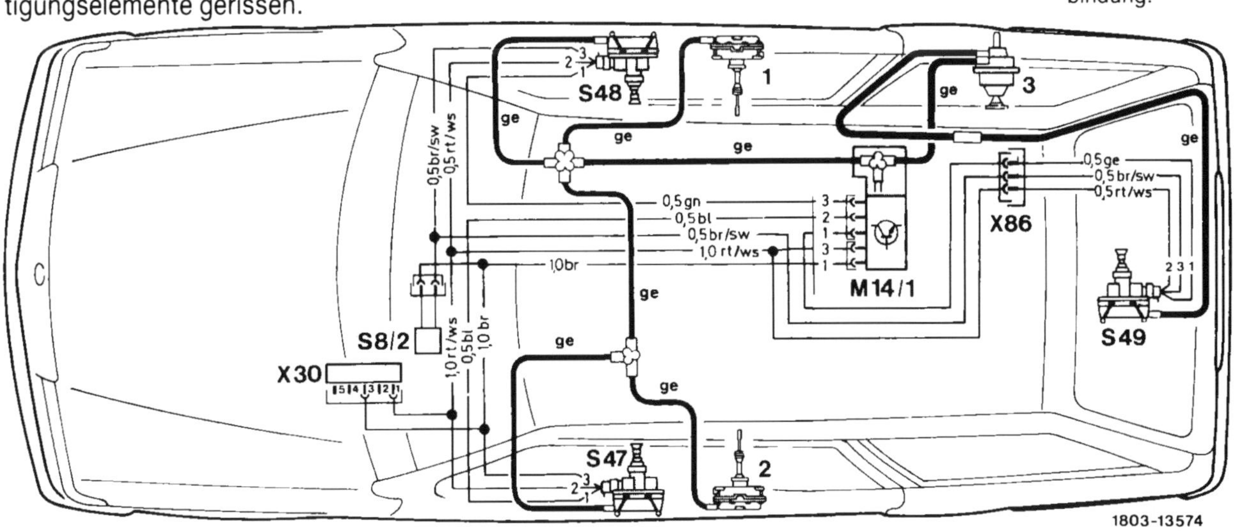

1803-13574

1, 2, 3 – Unterdruckelemente in Türen/Tankklappe
S47, 48, 49 – Schalter- und Unterdruckelement
S8/2 – Warnsummerkontakt
M14/1 – Versorgungspumpe
X30 – SA Leiste (Seite 180)
X86 – Steckverbindung.

Das Schiebedach

Abgesehen vom Schmieren der Gleitschienen (Seite 18) ist das Schiebedach wartungsfrei. Bei auftretenden Windgeräuschen oder bei Verkanten kann das Einstellen der Führungsschienen erforderlich werden. Hierbei ist allerdings eine umfangreiche Einstellanleitung zu beachten. Das Schiebedach muß nicht nur zu den Seiten hin gut im Ausschnitt sitzen, sondern auch einen bestimmten Winkel zur Dachschräge aufweisen. Gegenüber der gekonnten Einstellung durch den geübten Fachmann können Laien hier nur Zufallserfolge erzielen.
Funktioniert das elektrisch betätigte Schiebedach bei Knopfdruck in den einzelnen Schalterstellungen nicht, folgendes prüfen:

- Die 16-Ampere-Sicherung A prüfen.
- Spannungen am Motor messen. Dieser ist im Gepäckraum hinter der linken Verkleidung eingebaut. Steckverbindung am Motor ausstecken und die Spannungen bei der entsprechenden Schalterstellung prüfen.
- Läßt sich kein Fehler finden oder ist der Motor durchgebrannt, kann das Schiebedach auch von einer Notbetätigung aus bewegt werden. Hierzu hat der Motor außen einen Sechskant, an dem ein Rohrsteckschlüssel angesetzt wird. Dabei die Abdekkung in der Seitenverkleidung anheben (Abb. rechts).

Unfallschäden

Bei einem selbst verschuldeten Blechschaden können Sie bei der Reparatur kräftig sparen, wenn Sie möglichst viele Arbeiten selbst durchführen und sonst eng mit einem Karosseriebetrieb zusammenarbeiten. Am Beispiel eines Frontschadens wollen wir dies verdeutlichen. Angenommen, folgende Teile sind beschädigt: Stoßstange, Scheinwerfer, Blinkleuchte, Kotflügel, Motorhaube und Kühler. Bauen Sie alle beschädigten Teile aus und schaffen Sie das Fahrzeug zur Karosseriewerkstatt. Diese soll das Ausbeulen und Ausrichten verbogener Bleche, das Einschweißen neuer Bleche und letztlich die Lackierarbeiten übernehmen. Den Zusammenbau machen Sie wieder selbst.

Neue Blechteile konservieren

Werden Vorderkotflügel, Türen, Motorhaube und Heckklappe ausgetauscht, darf es nicht am erforderlichen Rostschutz fehlen. Hohlräume werden nach dem Lackieren mit Sprühwachs geschützt. Zum Abdichten von Schweißnähten und kleineren Fugen verwendet man ein klebstoffähnliches Universaldichtmittel aus der Tube. Man kann auch mehrmals hintereinander Unterbodenschutz in die Fugen schmieren.

Werksseitiger Rostschutz

Für die Karosserie werden in großem Umfang elektrolytisch verzinkte Stahlbleche verarbeitet, die bereits im Walzwerk beschichtet worden sind. Dies gewährt eine sehr gute Verbindung zwischen dem Zinkfilm und dem Stahlblech. Die gesamte Karosserie erhält eine Phosphatierung und eine Elektrotauchlackierung. Hierbei wird die kathodische Methode angewandt, und es kommen besonders beständige Harze zur Verwendung.
Als Unterbodenschutz wird Material auf PVC-Basis verwendet, welches sehr leicht und schlagfest ist. Besonders gefährdete Stellen sind zusätzlich durch Kunststoffschalen vor Steinschlag geschützt. Nach der Phosphatierung und Tauchlackierung werden ein Steinschlagschutz, eine Spritzgrundierung, dann der Vor- und Decklack aufgetragen. Bei der Hohlraumkonservierung wird sehr kriechfähiges Wachs in die Hohlräume gesprüht. Eine Nachbehandlung dieses Schutzes ist nach Werksmeinung nicht erforderlich.

Der Unterbodenschutz

Haben Sie eine Beschädigung des werksseitigen Unterbodenschutzes bemerkt, sollte die Stelle möglichst schnell ausgebessert werden. Das Werk empfiehlt zum Ausbessern einen Dauerunterbodenschutz auf Kautschuk-Basis, weil sich dieser besonders gut mit dem werksseitigen Material auf PVC-Basis verträgt.

- Beschädigten Bereich reinigen.
- Angerostete Stellen blank schleifen.
- Anschließend grundieren und den Unterbodenschutz auftragen.

Der Saison-Unterbodenschutz

Dies ist ein Wachs-Unterbodenschutz mit begrenzter Abriebfestigkeit. Er hält nur über einen Winter und muß dann erneuert werden. Für angerostete Bereiche ist dieses Material gut geeignet, denn es ist sehr haftfähig. Allerdings kann diese Methode eher zum Überbrücken empfohlen werden, etwa wenn im Winter schnell Rostschutz erforderlich wird.

Wasserabläufe reinigen
Wartung Nr. 36

Einmal jährlich sollten Sie prüfen, ob die Wasserabläufe an der Karosserieunterseite und in den Türböden verstopft sind. Kann salzhaltiges Wasser nicht aus den Hohlräumen abfließen, kommt es bald zu den ersten Durchrostungen.

Links: Die Verkleidung des Schiebedachs (1) ist vorn eingeclipst (Pfeile). 2 – Betätigungszug.

Rechts: Schiebedach-Notbetätigung seitlich links im Kofferraum.

Die Hohlraumkonservierung

Ihr Mercedes ist werksseitig mit einer so guten Hohlraumkonservierung versehen worden, daß offensichtlich keine Nachbehandlung mehr nötig wird. Wir würden hier etwas Mißtrauen haben und die Hohlräume des Mercedes nach etwa 6 Jahren alle 2 Jahre in der Mercedes-Werkstatt oder in einem Karosseriebetrieb nachsehen lassen. Die Werkstätten benützen hierfür eine spezielle Betrachtungssonde, die in die Hohlräume geschoben wird. Nach solcher Voruntersuchung kann genau entschieden werden, was getan werden muß.

Bei Wagen, an denen der Rost schon sehr kräftig zugebissen hat, lohnt sich eine Nachbehandlung nicht mehr. Das Weiterrosten können Sie aber etwas hinauszögern, indem Sie die Wasserablauflöcher in den Schwellern, Traversen und Türen mit einem feinen Schraubenzieher aufstochern oder die Gummi-Verschlußkappen abnehmen und anschließend die Hohlräume mit klarem Wasser aus dem Schlauch kräftig durchspülen, bis aller Rostschlamm herausgeschwemmt ist. Das klare Wasser ist weniger rostgefährdend als der nie trocken werdende Rostschlamm in den Hohlräumen!

Wer soll die Hohlraumbehandlung durchführen?

Die Hohlraumkonservierung kann man als Heimwerker auf gar keinen Fall selbst machen – alle derartigen Behauptungen verschiedener Spraydosen-Anbieter sind Unfug. Das kann nur die Fachwerkstatt mit entsprechend langen Sprühsonden und dem notwendigen hohen Arbeitsdruck. Dazu haben gut ausgestattete Fachbetriebe – wie schon gesagt – auch noch eine besondere Leucht- und Beobachtungssonde, mit der man in den Hohlräumen des Autos Roststellen auffinden kann.

Nach unseren Erfahrungen ist es ziemlich belanglos, welches Fabrikat zur Behandlung der Hohlräume verwendet wird – alle Markenfabrikate sind von guter Qualität. Entscheidend ist die Ausführung der Arbeit. Wer in Ihrer Gegend gut und preiswert arbeitet, müssen Sie allerdings selbst herausfinden.

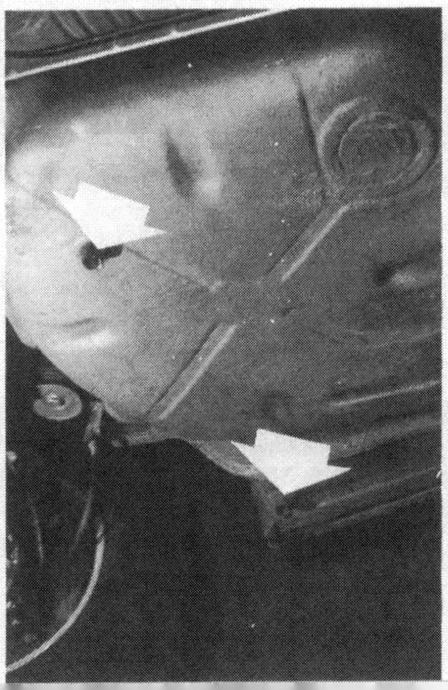

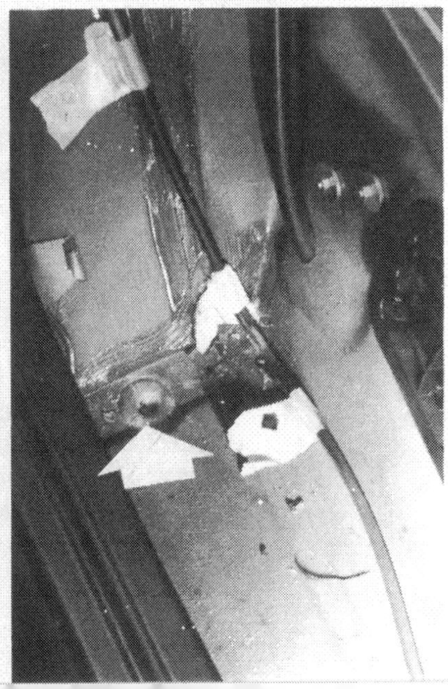

Wasserabläufe vorn am Schweller (links) in der Reserveradmulde (Mitte) und in den seitlichen Kofferraummulden (rechts). Weiterhin gibt es Wasserabläufe unter dem Tankdeckel, vorn am Schiebedach und am Lufteintritt.

Motoren mit Vierventil-Technik ab 10/92

Großer Frühling

Nach achtjähriger Produktionszeit und rechtzeitig vor dem Modellwechsel Mitte '95 erhalten alle Modelle der Baureihe W 124 neue Benzinmotoren. Alle sind mit Vierventil-Technik, hydraulischem Ventilspielausgleich und geregeltem KAT ausgestattet. Die neuen Gemischaufbereitungen heißen PMS- bzw. HFM-Motronic.

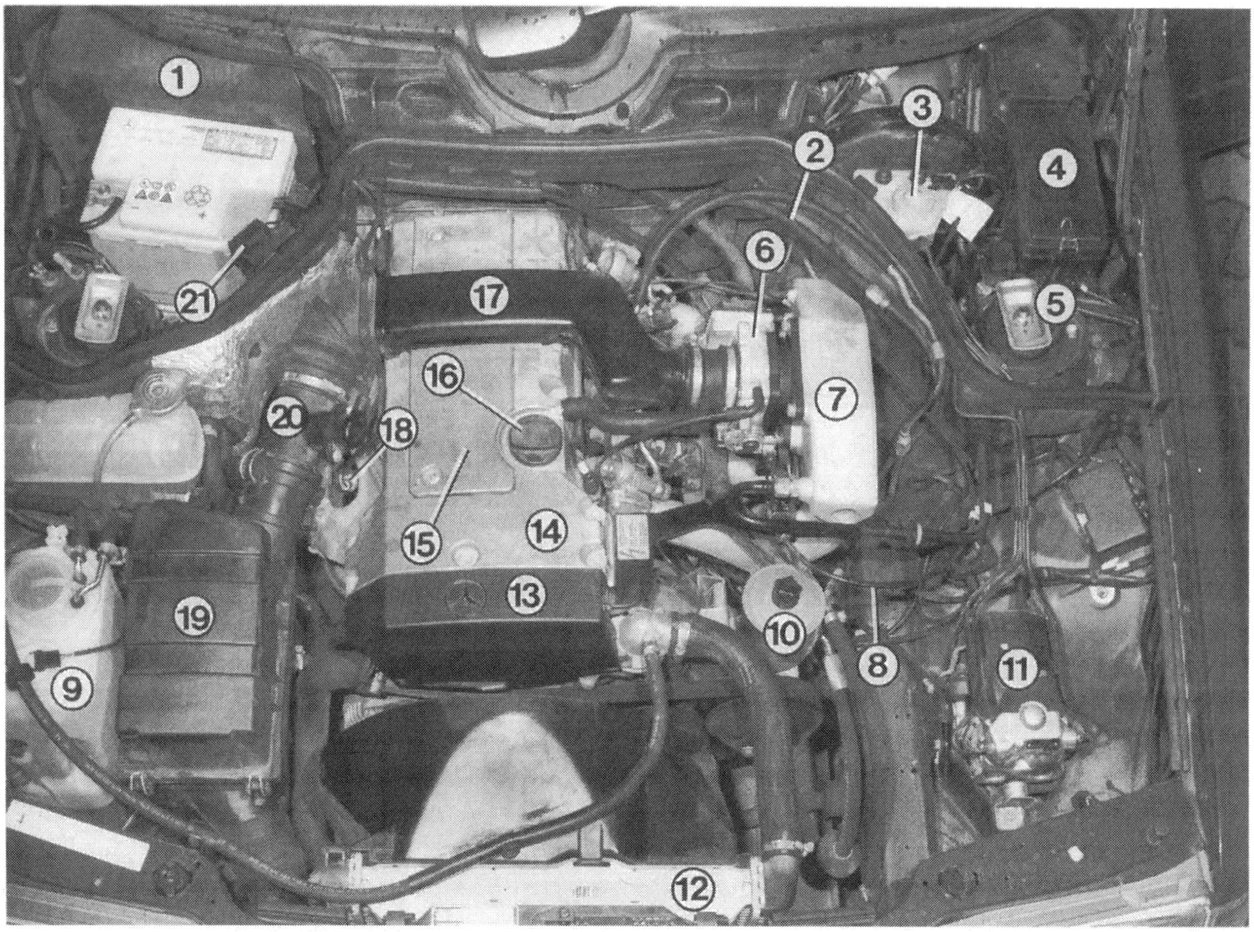

Im Motorraum des E 220 mit Vierzylinder-Motor wurden bezeichnet: 1 – Abdeckung über Aggregateraum rechts, darunter sind die meisten elektronischen Steuergeräte untergebracht; 2 – Kraftstoff-Vor- und -Rücklaufleitung; 3 – Bremsflüssigkeitsbehälter; 4 – Sicherungs- und Relaiskasten; 5 – obere Dämpferbeinbefestigung; 6 – Stellglied für Leerlaufregelung; 7 – Saugrohr; 8 – Gaszug; 9 – Waschwasserbehälter beheizt; 10 – Pumpe mit Ölvorratsbehälter der Servolenkung; 11 – Hydraulikeinheit für ABS/ETS, 12 – Kühler; 13 – Abdeckung Zylinderkopf; 14 – Zylinderkopfhaube; 15 – Abdeckung über Zündkerzen; 16 – Öleinfülldeckel; 17 – Querrohr für Ansaugluft vom Luftfilter zum Saugrohr; 18 – Lambdasonde im Auspuffkrümmer; 19 – Luftfilter; 20 – HFM-Luftmassenmesser; 21 – Diagnosedose.

Der Motorraum des E 280 mit Sechszylinder-Motor zeigt: 1 – Luftfilter; 2 – Kühlmittel-Ausgleichsbehälter; 3 – Verschlußdeckel; 4 – Abdeckung über Aggregateraum rechts, darunter sind die meisten elektronischen Steuergeräte untergebracht; 5 – Kabelkanal; 6 – Bremsflüssigkeitsbehälter; 7 – Querrohr für Ansaugluft vom Luftfilter zum Saugrohr; 8 – Schaltsaugrohr; 9 – Sicherungs- und Relaiskasten; 10 – Waschwasserbehälter beheizt; 11 – Abdeckung über Resonanzklappe; 12 – Hydraulikeinheit für ABS/ASR/ETS; 13 – Kühler; 14 – Kraftstoff-Druckregler; 15 – HFM-Luftmassenmesser; 16 – Kühlmittel-Ausgleichsleitung; 17 – Lüfterhaube; 18 – Hydraulikölbehälter für ASD, Niveauregulierung; 19 – Abdeckung über Zündkerzen; 20 – elektrische Luftpumpe für Sekundärlufteinblasung in den Auspuffkrümmer.

Modell- und Aggregate-Übersicht

Modell	Typ	Motor	Schalt-getriebe	Hinter-achse i =	Automatik-getriebe	Hinter-achse i =	Servo-lenkung
200 E E 200	124.019	111.940	717.412	3,67	722.431	3,27	765.905 765.929
200 CE E 200	124.040	111.940	717.412	3,67	722.431	3,07	765.908 765.905
200 TE E 200	124.079	111.940	717.412	3,92	722.431	3,46	765.905
220 E E 220	124.022	111.960	717.413	3,67	722.428	3,07	765.905 765.929
220 CE E 220	124.042	111.960	717.413	3,67	722.428	3,07	765.908 765.905
220 TE E 220	124.082	111.960	717.413	3,92	722.428	3,27	765.905
280 E E 280	124.028	104.942	717.440	3,69	722.433 4-Gang 722.504 5-Gang	3,06	765.904 765.928
280 TE E 280	124.088	104.942	717.440	3,69	722.433 4-Gang 722.504 5-Gang	3,06	765.904 765.928
320 E E 320	124.032	104.992	717.450	3,06	722.369 4-Gang 722.503 5-Gang	3,69	765.904 765.928
320 CE E 320	124.052	104.992	717.450	3,06	722.369 4-Gang 722.503 5-Gang	3,69	765.908 765.904
320 TE E 320	124.092	104.992	717.450	3,06	722.369 4-Gang 722.503 5-Gang	3,69	765.904

Motordaten

Motor	Zyl.	Verdich-tungsver-hältnis ε	Hub-raum cm³	Hub/Boh-rung mm	Zünd/Ein-spritz-Steue-rung*	Leistung kW bei 1/min	Drehmo-ment Nm bei 1/min	Ölfüll-menge l	Lichtma-schine W
111.940	4	9,6	1998	78,7/89,9	PMS	100/5500	190/4000	5,8	980
111.960	4	9,8	2199	86,6/89,9	HFM	110/5500	210/4000	5,9	980
104.942	6	10,0	2799	73,5/89,9	HFM	142/5500	270/3750	7,5	1260
104.992	6	10,0	3199	84,0/89,9	HFM	162/5500	310/3750	7,5	1260

* PMS = Druck-Motor-Steuerung   HFM = Heißfilm-Motor-Steuerung

Getriebeübersetzungen

Getriebe	I. Gang	II. Gang	III. Gang	IV. Gang	V. Gang	R.-Gang
717.412/413	3,91	2,17	1,37	1,00	0,81	4,27
717.440	3,86	2,18	1,38	1,00	0,80	4,22
717.450	4,15	2,52	1,69	1,24	1,00	4,15
722.431/428/433	4,25	2,41	1,49	1,00	–	5,67
722.369	3,87	2,25	1,44	1,00	–	5,59
722.503/504	3,87	2,25	1,44	1,00	0,75	5,59

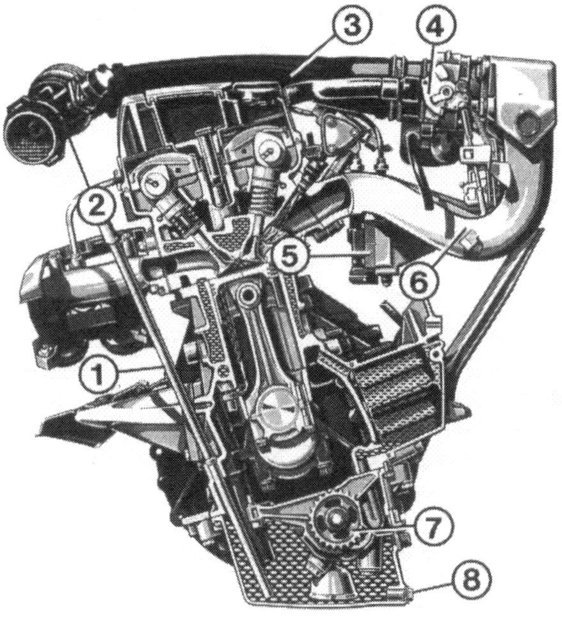

1 – Ölmeßstab; 2 – HFM-Luftmassenmesser, 3 – Querrohr; 4 – Stellglied; 5 – Zündspule; 6 – Saugrohr; 7 – Ölpumpe; 8 – Ölwanne.

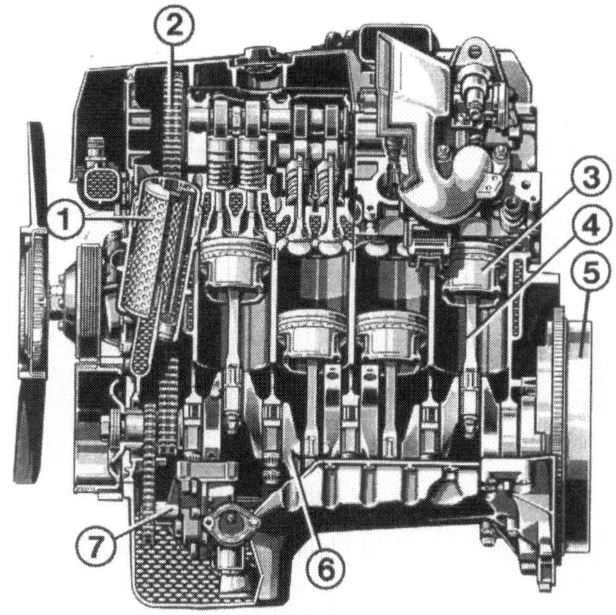

1 – Ölfilter; 2 – Steuerkette; 3 – Kolben; 4 – Pleuel; 5 – Schwungrad; 6 – Kurbelwelle; 7 – Ölpumpe.

Warum Vierventil-Technik?

Eines der Grundprobleme des Viertaktmotors ist es, die Zylinder während des Ansaugtakts mit der ausreichenden Menge Kraftstoff/Luft-Gemisch zu füllen. Das Problem vergrößert sich mit steigender Drehzahl, weil ja die Ventil-Öffnungszeiten dadurch immer kürzer werden. Der Techniker spricht von Füllungsverlusten. Dem zu begegnen, wählt man den Ventildurchmesser so groß als möglich. Denn nur so kann mehr Gemisch einströmen. Diesem Bestreben setzt jedoch der Brennraumdurchmesser Grenzen.
Hier fußt nun der Grundgedanke der Vierventil-Technik: Vier Ventilteller addieren sich zu einer insgesamt größeren Öffnungsfläche als zwei noch so große – jeweils auf dieselbe Brennraumgröße bezogen.

Vorteile der Vierventil-Technik

Kaum ein Automobilhersteller entschließt sich zu teuren Mehraufwendungen an seinen Fahrzeugmodellen, wenn sich nicht gleichzeitig mehrere Vorteile daraus ergeben. Und die gibt es tatsächlich:

- □ Vier Ventile ermöglichen größere Durchlaßquerschnitte für Frisch- und Abgas. Das freiere Atmen kommt der Motorleistung und damit auch dem Kraftstoffverbrauch zugute. So hat ein Vierventiler einen um ca. 8% geringeren spezifischen Kraftstoffverbrauch im Vergleich zum Zweiventiler.
- □ Vierventiler besitzen kleinere Ventile, dadurch geringere bewegte Massen, was schnelleres Reagieren des Ventiltriebs zur Folge hat. Angenehmer Nebeneffekt: Man benötigt weniger straffe Ventilfedern zum Schließen der Ventile.
- □ Die kleineren Ventile kühlen sich während der Schließzeiten über die Ventilsitze besser ab als große Ventile. Daher geringere thermische Probleme.
- □ Vierventiler-Motoren sind auf Grund der Brennraumverhältnisse unempfindlicher gegenüber klopfender Verbrennung. Sie vertragen ein etwas höheres Verdichtungsverhältnis.
- □ Die Zündkerze kann beim Vierventiler optimal in Brennraummitte plaziert werden.

Geänderte Einzelteile des Motors

Zweimassen-Schwungrad

Fahrzeuge in Schaltgetriebeversion sind mit einem Zweimassen-Schwungrad ausgestattet (Ausnahme: E 200 ohne Klimaanlage). Sinn dieser Einrichtung ist es, die bei Motorlauf an der Kurbelwelle bestehenden Drehschwingungen – sie entstehen durch die nacheinander zündenden Zylinder – nicht an den Antrieb weiterzugeben. So werden die durch die Schwingungen entstehenden Geräusche vermieden.
Der Aufbau des Zweimassen-Schwungrades sieht folgendermaßen aus: Fest mit der Kurbelwelle ist der vordere Teil des Schwungrades verschraubt. Darauf ist ein Drehschwingungsdämpfer montiert, der aus einem ausgeklügelten Feder-/Dämpfersystem besteht. Der hintere Teil des Schwungrades ist an diesem Schwingungsdämpfer befestigt, hat also keinerlei starre Verbindung zum Vorderteil und damit zur Kurbelwelle. Schon die hier montierte Kupplung ist also schwingungsmäßig vom Motor getrennt.

Die Vorteile des Vierventiler-Prinzips liegen auf der Hand: Im kreisrunden Zylinder lassen sich zwei Ventilkreise nicht beliebig vergrößern. Bald stoßen sie aneinander, während rechts und links ungenutzter Raum bleibt. Vier kleine Kreise kann man dagegen vergleichsweise elegant unterbringen und erreicht dadurch einen insgesamt größeren Öffnungsquerschnitt.

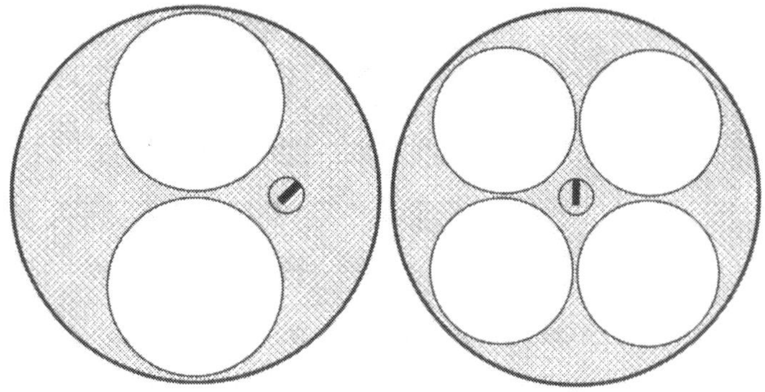

Der Zylinderkopf

Der schon erwähnte Vierventil-Zylinderkopf ist aus Gewichtsgründen und wegen der besseren Wärmeleitfähigkeit aus Leichtmetall gegossen. Die Ventilsitze, die aus gehärtetem Stahl gefertigt sein müssen, werden bei erhitztem Zylinderkopf eingesetzt. Dadurch sind sie nach dem Abkühlen fest »eingeschrumpft«. Die Ventile selbst gleiten in Messing-Ventilführungen und ragen von oben in den Brennraum oberhalb der Kolben.

Die Nockenwellen

Zwei Nockenwellen sind für das rechtzeitige Öffnen und Schließen der Ventile verantwortlich. Die in Fahrtrichtung rechts angeordnete Nockenwelle betätigt die Auslaßventile, die links eingebaute die Einlaßventile. Die Lagerstellen der Nockenwellen befinden sich nicht direkt im Zylinderkopf.

Die Stößel sind zwischen Nockenwelle und Ventilschaft-Ende angeordnet. Auf sie drücken die einzelnen Nocken der Nockenwelle, um die Ventile zu öffnen. Durch ihre Form bedingt werden die Stößel im Mercedes Tassenstößel genannt – sie erinnern an eine über den Ventilschaft gestülpte Kaffeetasse.

Hydraulischer Ventilspielausgleich

Einstellen des Ventilspiels ist beim Vierventiler-Motor nicht mehr notwendig. Der hydraulische Ventilspielausgleich schafft bei jeder Ventilbetätigung das richtige Spiel. Der Ventiltrieb arbeitet dadurch spielfrei, aber dennoch ist dafür gesorgt, daß die geschlossenen Ventile fest auf dem Ventilsitz aufliegen und damit einwandfrei abdichten.

Akustisch wahrnehmbarer Vorzug der Hydrostößel: Der spielfreie Ventiltrieb arbeitet geräuschärmer als der herkömmliche.

Funktion der Hydrostößel

Bei geschlossenem Ventil gelangt Öl aus dem Schmierkreislauf des Motors über eine Ringnut in den Hydrostößel. Nach Passieren des Rückschlagventils im Stößel fließt der Schmierstoff in den momentan noch völlig drucklosen Hochdruckraum und füllt diesen ganz aus. Parallel zu diesem Vorgang drückt die Druckfeder den Stößel spielfrei an die Nockenwelle bzw. den Zylinder gegen das Ende des Ventilschafts.

Dreht sich nun die Nockenwelle und drückt ihr exzentrischer Nocken gegen den Stößel, so steigt der Druck im Hochdruckraum. Das Rückschlagventil verschließt die Zulaufbohrung und sorgt dafür, daß kein Öl mehr entweichen kann. Da sich das Öl nicht komprimieren (in sich

Die Abbildung zeigt den Zylinderkopf (1) mit Vierventil-Technik: 2 – Auslaßventile; 3 – Einlaßventile; 4 – Zündkerze in der Brennraummitte.

Vierzylindermotor mit ausgebautem Zylinderkopfdeckel: 1 – Stecker auf Einspritzventil; 2 – Lagerdeckel an Einlaß-Nockenwelle (3); 4 – Zündkerzenschacht; 5 – Auslaß-Nockenwelle.

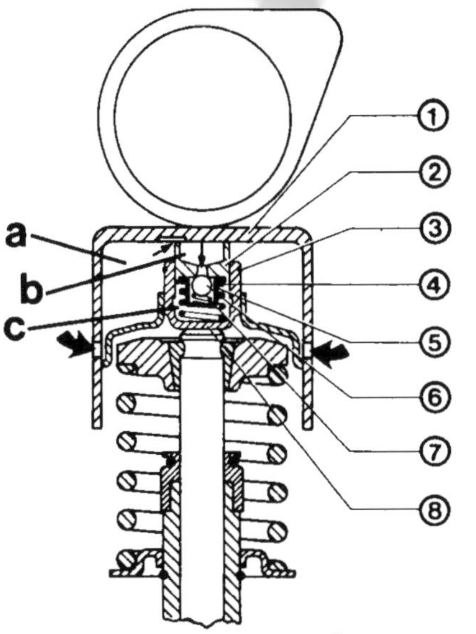

Die Arbeitsweise der Hydrostößel. Über Bohrungen im Ventilstößel (1) gelangt Öl in den Ventilstößelraum (a), weiter in den kleinen Vorratsraum (b) und ggf. über das Kugelventil in den Arbeitsraum (c). Weiter bedeuten: 2 – Druckbolzen; 3 – Sicherungsring; 4 und 7 – Druckfeder; 5 – Kugelführung; 6 – Kugel; 8 – Führungshülse.

Zum Ausbau des Querrohrs (2) von der Zylinderkopfhaube (1) beim Vierzylinder die Schlauchbänder beidseitig lösen und Leitung am Temperaturgeber Ansaugluft (3) ausstecken. Das Querrohr nach rechts drücken, damit es an den Nasen (Pfeile) ausrastet.

zusammendrücken) läßt, ist damit eine starre Verbindung zwischen Hydrostößel und Zylinder hergestellt. Das Ventil kann also durch die Kraft der Nocke niedergedrückt werden.
Nach dem Schließen des Ventils entsteht durch Leckölverlust ein geringfügiges Ventilspiel, das aber durch die Druckfeder – sie drückt den Hydrostößel nach oben – sofort wieder ausgeglichen wird. In das vergrößerte Volumen des Druckraums strömt nun bei geöffnetem Rückschlagventil wieder Öl nach. Damit ist der Stößel bereit zur nächsten Ventilbetätigung.

Antrieb der Nockenwellen

Langlebiges Antriebselement der Nockenwellen ist im Vierventiler-Motor die Steuerkette (Duplex). Die Kette verläuft von der Kurbelwelle zur auslaßseitigen Nockenwelle und weiter zur Einlaß-Nockenwelle. Damit sie auf dem langen Weg nicht flattert oder peitscht, wird sie von einer hydraulisch gedämpften Spannschiene und Gleitschienen im Zaum gehalten.

Drehzahlen

Die **Höchstdrehzahl** zeigt, daß man dem Motor in Sachen Drehfreudigkeit einiges abverlangen kann. Denn die Ventile werden über Tassenstößel direkt von den obenliegenden Nockenwellen betätigt. Dabei sind nur geringe Massen zu bewegen, was hohe Drehzahlen ohne Gefahr für den Ventiltrieb gestattet. Unbelastet wird die Drehzahl früher begrenzt. Bei Bergabfahrt im 5. Gang wird zum Schutz der Gelenkwelle die Drehzahl auf ca. 5700/min begrenzt. Das übernimmt das Steuergerät der Zünd/Einspritz-Steuerung.

Nockenwellen-Versteller

Die Motoren des E 220, E 280 und E 320 sind mit einem Nockenwellen-Versteller für die Einlaß-Nockenwelle ausgestattet. Bei laufendem Motor verdreht sich die Nockenwelle gegenüber

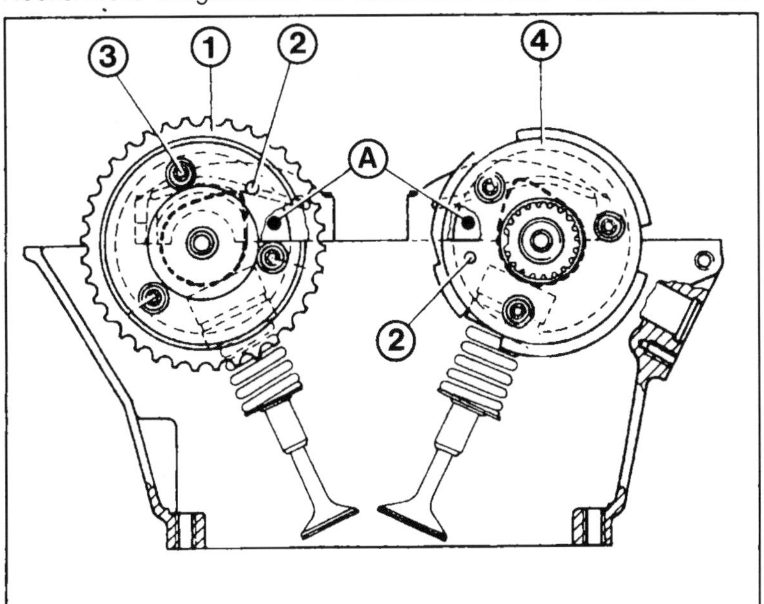

Grundstellung der Nockenwellen beim Vierzylinder. Dazu die Kurbelwelle auf 20° nach Zünd-OT des ersten Zylinders drehen und Nockenwellen an beiden Bohrungen (A) fixieren.
1 – Auslaß-Nockenwelle;
2 – Stift M 5 × 9,5 mm;
3 – Schrauben M 7 × 13, TORX T 40 (immer erneuern);
4 – Einlaß-Nockenwelle;
A – Bohrungen im Nockenwellenlagerdeckel 6,5 mm, in Nockenwellen 6,0 mm.

dem Kettenrad um ca. 20° über eine Schrägverzahnung und einen Stellkolben, der wahlweise vorn oder hinten mit Öldruck beaufschlagt wird. Die Ansteuerung erfolgt last- und drehzahlabhängig über das Steuergerät der Zünd/Einspritz-Steuerung. Über einen Stellmagnet werden die Ölströme im Versteller beeinflußt (Zeichnung Seite 285).
Im Leerlauf- und Teillastbereich (bis ca. 2000/min) sowie oberhalb ca. 4500/min erhält der Stellmagnet keinen Strom, und die Nockenwelle steht in Stellung »spät«. Dies sorgt für einen stabilen Leerlauf, geringen Verbrauch und geringe Emissionen. Bei mittleren Drehzahlen (1500–4500/min) fließt Strom durch den Magnet, und die Nockenwelle steht »früh« – Drehmomentsteigerung ist die Folge.

Zylinderkopfhaube

Aus- und Einbau

- Querrohr für Verbrennungsluft hinten am Motor ausbauen. Dazu zwei Schlauchschellen lösen. Querrohr zur rechten Fahrzeugseite hin drücken und so ausrasten.
- Abdeckung über den Zündkerzen abschrauben.
- Abdeckung vorn am Zylinderkopf ausrasten.
- Zündkerzenstecker abziehen und mit den Kabeln zur Seite legen.
- Schlauch der Kurbelgehäuse-Entlüftung abziehen.
- Schrauben um die Zylinderkopfhaube losdrehen. Ggf. den Kabelkanal hinten etwas lösen.
- Haube mit Schachtabdichtungen an den Zündkerzen abnehmen.
- Beim Einbau auf richtigen Sitz der Schachtabdichtungen achten.
- Achtung – besonders gründlich auf den Sitz der Dichtung an der Zylinderkopfhaube hinten am Motor achten.
- Schrauben über Kreuz in der Mitte beginnend mit 10 Nm anziehen.

Zylinderkopf aus- und einbauen

Für diese Arbeit brauchen Sie einen Drehmomentschlüssel, einen Steckeinsatz ½" für Innenzwölfkant-Zylinderkopfschrauben, einen Steckeinsatz ½" für Innen-TORX T40, zwei Fixierstifte 6 mm, neue Dichtungen für Kettenspanner, Auszieher für Lagerbolzen von Gleit- und Spannschienen der Steuerkette, Dichtungsmittel (z.B. »Omnifit FD 10«) und ggf. neue Zylinderkopfschrauben, wenn diese sich bereits zu sehr gelängt haben. Legen Sie die Arbeit zeitlich so, daß jederzeit Ersatzteile besorgt werden können.

Ausbau

- Batterie abklemmen.
- Untere Motorraumabdeckung ausbauen.
- Kühlmittel am Zylinderblock und Kühler ablassen.
- Wasserschläuche am Zylinderkopf abschrauben.
- Querrohr für Ansaugluft ausbauen.
- Abdeckung über Zündkerzen und Zylinderkopfhaube ausbauen.
- Vorderen Deckel am Zylinderkopf ausbauen.
- Ölmeßstab-Führungsrohre für Motoröl und Automatikgetriebeöl oben losschrauben.
- Bei Motoren mit Lufteinblasung Leitung rechts am Zylinderkopf lösen.
- Unterdruckleitungen am Saugrohr abziehen und kennzeichnen.
- Elektrische Verbindungen lösen.
- Gaszug und Steuerdruckzug bei Automatik lösen.
- Tempomatgestänge lösen.
- Tankdeckel zum Druckabbau kurz öffnen. Benzinleitungen im Motorraum abnehmen und verschließen.
- Saugrohrabstützung abschrauben.
- Auspuffanlage am Krümmer abschrauben.
- **E 220/280/320:** An der Einlaß-Nockenwelle Magnetanker für Nockenwellen-Versteller abschrauben (Anzugsmoment der Schraube 7 Nm).
- **Alle:** Motor in Grundstellung drehen, d.h. 20° nach Zünd-OT des ersten Zylinders. In dieser Position ist ein längerer Strich an der Kurbelwellen-Riemenscheibe angebracht. Die Nockenspitzen am ersten Zylinder stehen oben.
- Kettenspanner ausbauen.
- Lagerbolzen der Gleitschiene oben ausziehen.
- Kettenräder an den Nockenwellen abschrauben. Steuerkette abnehmen.
- Kette mit Draht hochbinden. So kann die Kette nicht in den Kettenkasten fallen und bleibt außerdem auf dem unteren Kettenrad gespannt.
- Kurbelwelle nicht mehr drehen!
- Zylinderkopfschrauben entgegen der Reihenfolge im Anzugsschema unten lösen.
- Nochmals kontrollieren, ob alle Verbindungen vom Zylinderkopf zum Motorblock und zur Karosserie gelöst sind.
- Zylinderkopf abnehmen.
- Ist der Zylinderkopf mit der Dichtung am Motorblock festgebacken, helfen leichte Schläge mit dem Kunststoff-Hammer auf die Seitenfläche des Kopfes.

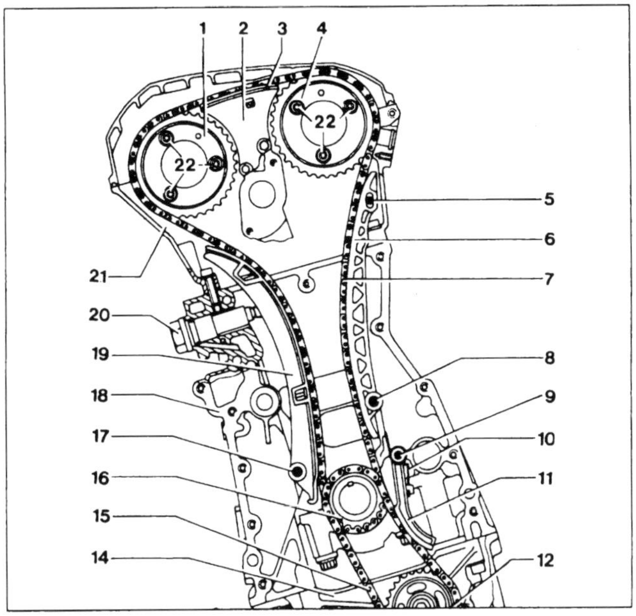

Schnitt an der Motorfrontseite des Vierzylinders: 1 – Nokkenwellenrad Auslaß; 2 – Halter; 3, 6 – Gleitschiene; 4 – Einlaß-Nockenwelle; 5 – Lagerbolzen; 7 – Zweifachrollenkette; 8, 17 – Zylinderstift M 10 × 40; 9 – Zylinderstift M 8 × 60; 10 – Drehfeder; 11 – Spannbügel; 12 – Antriebsrad Ölpumpe; 14 – Ölpumpe; 15 – Einfachrollenkette; 16 – Kurbelwellenrad; 18 – Zylinderkurbelgehäuse; 19 – Spannschiene; 20 – Kettenspanner; 21 – Zylinderkopf; 22 – Bundschrauben M 7 × 13 TORX T 40, Voranzug 20 Nm und Drehwinkelanzug 90°.

Einbau

- Neue Zylinderkopfdichtung mit alter Dichtung vergleichen.
- Neue Zylinderkopfdichtung auflegen.
- Zylinderkopf aufsetzen, dabei auf richtigen Sitz der Paßstifte achten.
- Die unterschiedlich langen Zylinderkopfschrauben (M 12) messen. Da es sich um Dehnschrauben handelt, darf sich der Schraubenschaft um höchstens 2,7 mm in die Länge gezogen haben. Ist dieses Maß überschritten, neue Schrauben verwenden. Neue Schrauben sind beim Vierzylinder 102 mm und beim Sechszylinder 160 mm lang.
- Schraubengewinde und Anlageflächen einölen.
- **1. Anzugsstufe:** Alle Schrauben mit 55 Nm anziehen.
- **2. Anzugsstufe:** Alle Schrauben um 90° weiter festdrehen. Dazu das Werkzeug z. B. in Längsrichtung ansetzen und so lange drehen, bis es quer zur Fahrtrichtung steht.
- **3. Anzugsstufe:** Die Schrauben nochmals mit 90° weiterdrehen. Der Zylinderkopf wird später nicht mehr nachgezogen.
- Die Schrauben (M 8) vorn am Zylinderkopf einsetzen und mit 21 Nm festdrehen.
- Den weiteren Einbau in umgekehrter Ausbaufolge durchführen. Dabei nachfolgende Punkte besonders beachten:
- Die Nockenwellen-Kettenräder mit neuen Schrauben montieren. Schrauben zunächst mit 20 Nm anziehen und anschließend nochmals um 90° weiter festdrehen.
- Stellung der Kurbelwelle nochmals prüfen, 20° nach Zünd-OT des ersten Zylinders.
- Kettenspanner einbauen, siehe Abschnitt »Kettenspanner«.
- Wenn Kettenspanner und Gleitschiene wieder eingebaut sind, Grundstellung von Nockenwellen und Kurbelwelle nochmals prüfen. Fixierstifte anschließend entfernen.
- **E 220/280/320:** Magnetanker nur mit 7 Nm festdrehen.
- **Alle:** Obere Abdeckung vor dem Zylinderkopf mit Dichtmittel montieren. Innen O-Ring für Kühlmittelrücklauf prüfen und ggf. erneuern.

Flachriemen prüfen

- Riemen mit Kreide kennzeichnen.
- Zündung ausschalten.
- Motor von Hand weiterdrehen, bis der Riemen eine Runde gelaufen ist.

Bei folgenden Schäden muß der Riemen erneuert werden:

○ Gummiknollen, starke Verschmutzung zwischen den Rippen,
○ Rippen oben spitz (neu sind sie trapezförmig),
○ zwischen den Rippen hellere Stellen (Gewebe teilweise sichtbar),
○ Querrisse über mehrere Rippen, Rippen teilweise ausgerissen,
○ ausgefranste Seiten, Querrisse auf dem glatten Rücken.

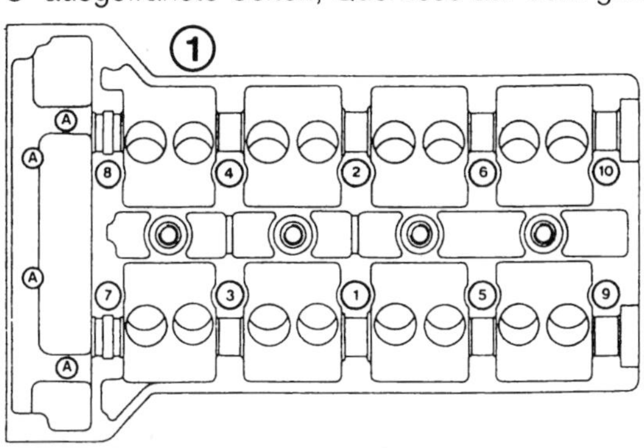

Die Zylinderkopfschrauben müsssen in der numerierten Reihenfolge, beginnend mit 1, angezogen werden. Die Schrauben (A) zuletzt mit 25 Nm festdrehen.
1 – Vierzylindermotor; 2 – Sechszylindermotor.

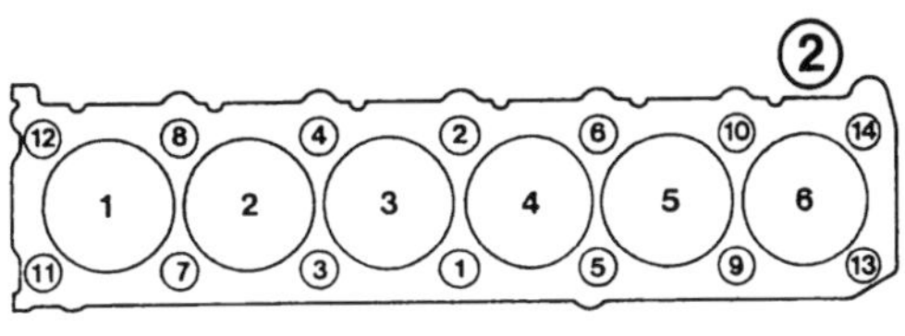

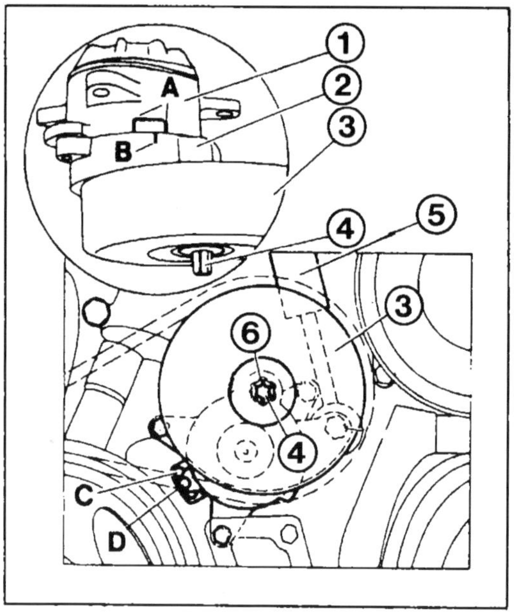

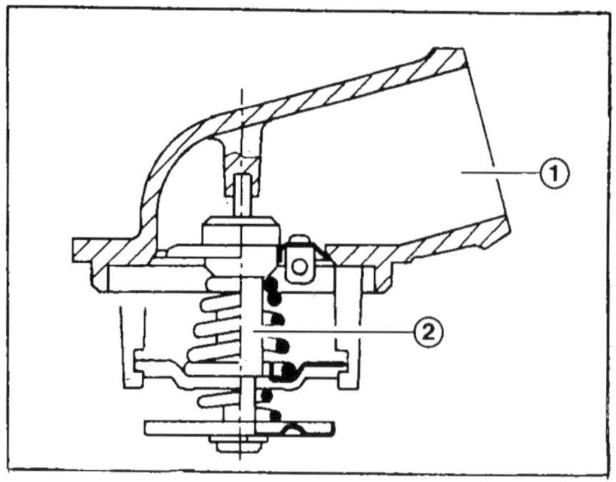

1 – Deckel für Thermostat-Gehäuse; 2 – Kühlmittel-Thermostat. Der Thermostat darf nicht aus dem Deckel ausgebaut werden – er wird dadurch funktionsunfähig.

Riemenspannvorrichtung beim Vierzylinder: Zum Spannen wird die TORX-Schraube so weit gedreht, bis sich die Marke (B) innerhalb dem Arbeitsbereich (A) befindet. Zum Ausbau der Spannvorrichtung einen Stift (6 mm) durch die Bohrungen C und D stecken. Es bedeuten: 1 – Gehäuse; 2 – Spannarm; 3 – Spannrolle; 4 – Schraube Außen-TORX E 10, Linksgewinde; 5 – Stoßdämpfer; 6 – Mutter M 11 × 1 (20 Nm).

Riemen erneuern

- Je nach Motor Lüfterhaube lösen und so etwas Platz schaffen.
- **Vierzylinder:** Schlüssel für Außen-TORX E 10 besorgen.
- Mit diesem Schlüssel Stiftschraube in der Spannrolle gegen den Uhrzeigersinn drehen.
- Riemen tauschen und Rolle wieder zurückdrücken.
- Die Markierung am Spannarm muß sich innerhalb des Arbeitsbereiches befinden.
- **Sechszylinder:** Schraube in Spannrollenmitte ca. ½ Umdrehung lösen.
- Riemen entspannen, dazu Spannmutter nach links drehen.
- Riemen tauschen und Zeiger zur Markierung ausrichten.
- Spannmutter rechts herum drehen, bis der Zeiger die zweite Markierung erreicht.
- Schraube in Spannrollenmitte mit ca. 75 Nm anziehen.

Beim Vierzylinder ist der Ölfiltereinsatz (2) im Ölfiltergehäuse (4) vorn links am Zylinderkopf leicht zu erneuern. Den Schraubdekkel (3) am besten mit dem Spezialsteckeinsatz (1) ab- und anschrauben.

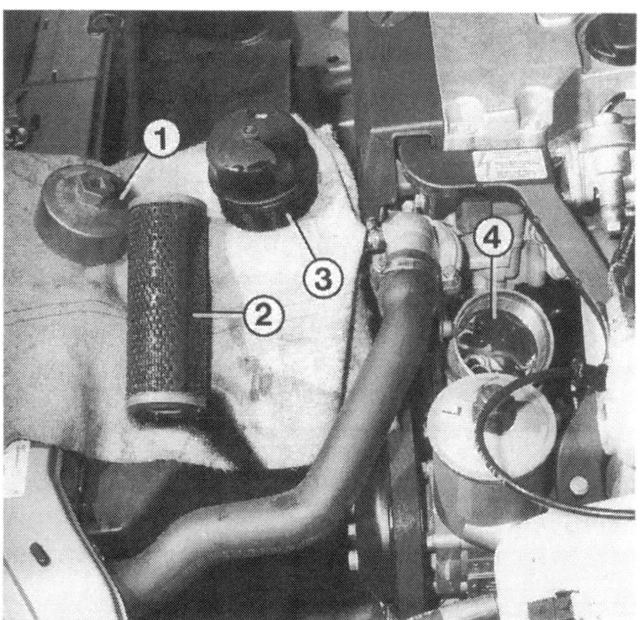

Schnitt durch Wasserpumpe und Lüfter: 1 – Visko-Lüfterkupplung; 3 – Schraube (drei Stück) 10 Nm; 4 – Kugellager; 5 – Überwurfmutter SW 36, (M 30 × 1,5) 45 Nm (Linksgewinde!); 6 – Flansch; 7 – Riemenscheibe; 9 – Kühlmittel-Auffangring; 10 – Kühlmittel-Ablaufrohr; 11 – Gehäuse Wasserpumpe; 12 – Wasserpumpenlager mit Pumpenwelle; 13 – Einsatzstück; 14 – Flügelrad; 15 – Kassettendichtung; A – Lüfter mit Rippe (Montagehilfe).

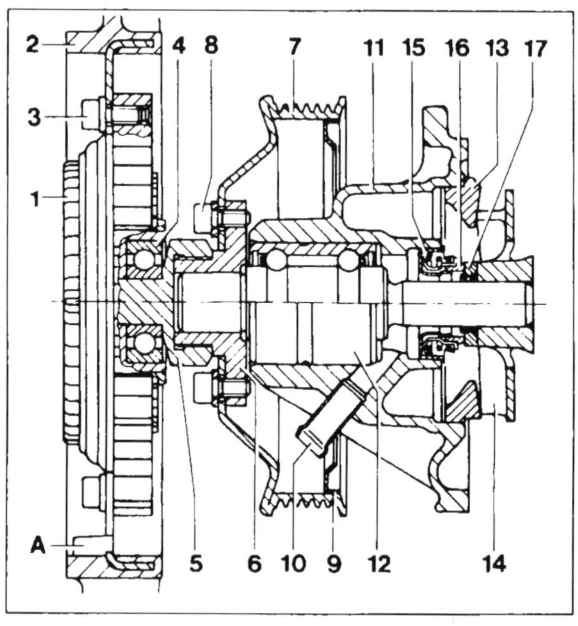

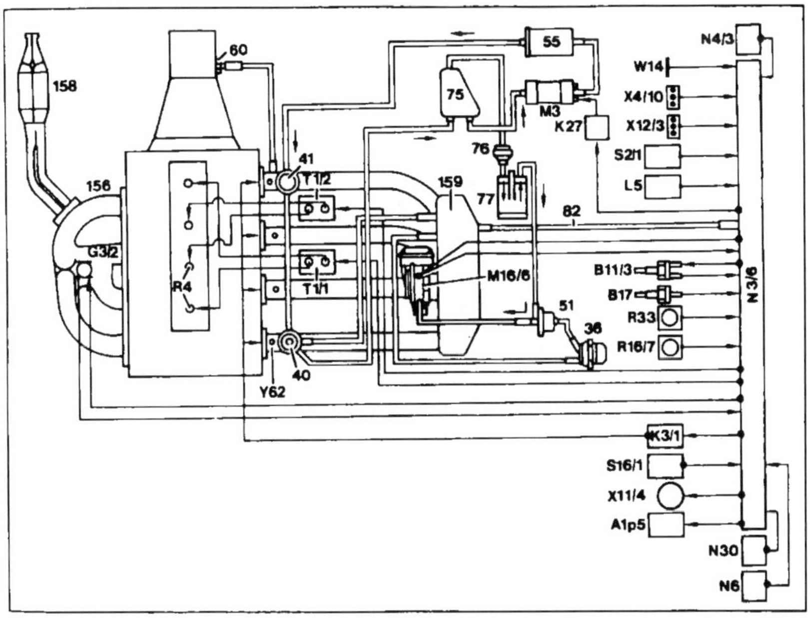

Einspritzanlage E 200: 36 – Thermoventil, Kraftstoff-Verdunstungsanlage; 40 – Membrandruckregler; 41 – Membrandruckdämpfer; 51 – Regenerierventil; 55 – Kraftstoffilter; 60 – Unterdruckdose Modulierdruck (AG); 75 – Tank; 76 – Lüftungsventil; 77 – Aktivkohlebehälter; 82 – Unterdruckleitung zum Drucksensor (Saugrohrdruck); 156 – Auspuffkrümmer; 158 – Katalysator; 159 – Saugrohr; A1p5 – Drehzahlmesser; B11/3 – Temperaturfühler Kühlmittel; B17 – Temperaturfühler Ansaugluft; G3/2 – O_2-Sonde (beheizt); K3/1 – Relais partielle Saugrohrvorwärmung (PSV); K27 – Kraftstoffpumpenrelais; L5 – Positionsgeber Kurbelwelle; M3 – Kraftstoffpumpe; M16/6 – Stellglied Leerlaufregelung; N4/3 – Steuergerät Tempomat (Leerlaufregelung); N6 – Steuergerät Kompressorabschaltung; N30 – Steuergerät ABS; R16/7 – Einzelabgleichstecker; R33 – CO-Potentiometer (ohne Kat); S2/1 – Zündstartschalter; S16/1 – Startsperr- und Rückfahrlichtschalter; T1/1 – Zündspule 1 (Zylinder 1 und 4); T1/2 – Zündspule 2 (Zylinder 2 und 3); W14 – Masse Hydraulikeinheit; X4/10 – Leitungsverbinder Klemme 30/61; X11/4 – Prüfkupplung für Diagnose; Y62 – Kraftstoffeinspritzventil.

Grundprinzip der Einspritz- und Zündsysteme

Das Motor-Management, wie Zündung und Einspritzung auf Neudeutsch heißen, übernimmt bei allen Motoren im Prinzip eine Motronic, bei welcher Einspritzung, Zündsystem und Leerlaufregelung in einem Steuergerät zusammengefaßt sind. Allerdings kommen unterschiedliche Versionen zum Einsatz. Mercedes-Benz vergibt hier folgende Namen: Beim E 200 eine PMS (Druck-Motor-Steuerung) und beim E 220/280/320 eine HFM (Heiß-Film-Motorsteuerung). Die Systeme unterscheiden sich hauptsächlich durch die Erkennung der Motorbelastung, einmal kommt ein Heißfilm-Luftmassenmesser (bei HFM) zum Einsatz, zum anderen ist der Saugrohrunterdruck (bei PMS) die wesentliche Steuergröße für die Einspritzmenge.

Vom Grundprinzip her ist die Einspritzungsseite der Motronic bei allen Versionen gleich: Das Steuergerät bestimmt die Öffnungszeiten der elektromagnetisch betätigten Einspritzventile. Bei der Zündungsseite hat dagegen das Steuergerät weitere Aufgaben dazubekommen: Die sogenannte ruhende Zündverteilung. Auf einen Verteiler kann hierbei völlig verzichtet werden, denn jede Zündkerze hat hier ihre eigene Zündspule, die in einem gesonderten Zündspulenblock untergebracht ist, doch davon später.

□ Das Steuergerät der Motronic ist voll **diagnosefähig**. D.h. die im Fahrbetrieb auftretenden Störungen werden in einem Fehlerspeicher abgelegt, der erst nach Abklemmen der Batterie gelöscht wird. Bei HFM ist sogar noch ein Dauerfehlerspeicher eingebaut. Genial daran ist, daß auch diejenigen Fehler gespeichert werden, die nur kurzzeitig auftreten. Erfahrungsgemäß sind es eben jene Defekte, die extrem schwer auffindbar sind. Manche Fehler werden aber auch wieder gelöscht, wenn sie z.B. bei zehn Fahrten hintereinander nicht mehr aufgetreten sind. Ausgelesen werden Fehler in der Mercedes-Werkstatt mit dem sogenannten Hand-Held-Tester (kurz HHT). Hierbei werden noch sehr viele Umgebungsdaten beim Auftreten des Fehlers mit ausgegeben.

□ Und noch eins: Das Steuergerät ist **codierbar**. Das heißt, die verschiedenen Programme der Fahrzeugversionen (z.B. Schalt- oder Automatikgetriebe) und der Länderversionen (z.B.

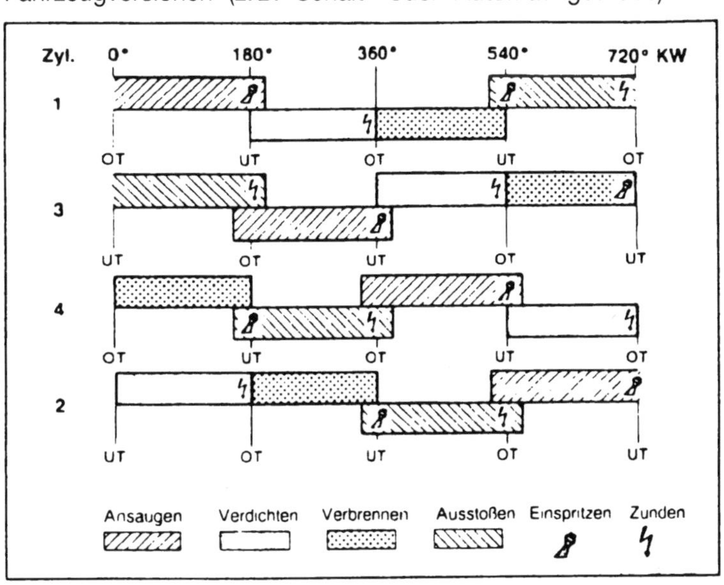

So wird beim Vierzylinder eingespritzt: Zum Starten spritzen alle vier Ventile bis 600/min gleichzeitig ein. Anschließend spritzen immer zwei Ventile gleichzeitig ein, z.B. Zylinder 1 und 4. Die Einspritzung erfolgt immer im UT (Kolben unten). Last-, drehzahl- und temperaturabhängig wird die Einspritzmenge vom Steuergerät bestimmt, wodurch die Einspritzventile zwischen 1,5 und 130 Millisekunden öffnen.

Teile der Einspritzanlage:
1 – Zündspule für Zylinder 2 und 3;
2 – Zündspule für Zylinder 1 und 4;
3 – Kraftstoff-Einspritzventile;
4 – Kraftstoff-Verteilerrohr;
5 – Kraftstoff-Zulauf;
6 – Kraftstoff-Rücklauf.

Europa, USA, Golf-Staaten) sind im Steuergerät bereits angelegt und brauchen bei Einbau eines neuen Steuergeräts nur noch aufgerufen zu werden, was mittels des HHT-Gerätes geschieht. Teilweise erkennen auch die Steuergeräte selbst, wo sie eingebaut sind. Überhaupt sind die Steuergeräte praktisch kleine Computer mit einer Unzahl möglicher Funktionen. Hier liegt aber auch eine gewisse Gefahr, die jeder kennt, der schon einmal selbst programmiert hat – jeden Tag fällt einem etwas ein, was man noch verbessern könnte. Wir können deshalb nicht mehr jede Funnktion im Detail beschreiben.

Die Teile der Einspritzung

Steuergerät

Zwischen den Eingangsinformationen (durch die verschiedenen Geber) und den Einspritzventilen steht das Steuergerät. Es billigt dem Motor – abhängig von den herrschenden Last- und Temperaturbedingungen – eine ganz bestimmte Kraftstoffmenge zu. Dazu verändert das Steuergerät die Öffnungsdauer der elektromagnetisch gesteuerten Einspritzventile. Da der Druck im Kraftstoffsystem stets annähernd konstant ist, kann die Einspritzmenge nur über die Einspritzzeit variiert werden. Woher bezieht das Steuergerät die Informationen, nach denen es die Einspritzzeit festlegt? Dafür sind verschiedene Geber zuständig:

- □ **Luftmassenmesser**; er gibt Auskunft über die angesaugte Luftmasse und darüber wird der Belastungszustand des Motors erkannt. Bei HFM sitzt der Geber im Ansaugkanal.
- □ **Drucksensor**; er ist bei PMS oben am Steuergerät angeordnet und über eine Schlauchleitung mit dem Saugrohr verbunden.
- □ **Temperaturgeber** im Ansaugrohr; er signalisiert die Temperatur der Ansaugluft.
- □ **Kühlmittel-Temperaturgeber**; er liefert eine Vergleichsgröße für die Motortemperatur.
- □ **Drehzahlgeber**; er übermittelt das Drehzahlsignal für Zündungs- und Einspritzungsteil der Motronic. Außerdem meldet er die Stellung der Kurbelwelle. Beim Vierzylinder wird über einen zusätzlichen Magnet auch die Zylinderzahl erkannt (vgl. nächster Punkt).
- □ **Geber für Zylindererkennung bzw. Nockenwellengeber** (nur Sechszylinder); er meldet dem Steuergerät, welcher Zylinder mit dem Zünden bzw. Einspritzen dran ist.
- □ Das Startsignal kommt von der Zündschloß-(Anlasser-)Klemme 50.
- □ Weitere Einflußgrößen stammen vom automatischen Getriebe, vom ABS-Steuergerät, vom Tempomat, von einer besonderen Abgleichkupplung, von der Lambdasonde, vom Stellglied der Leerlaufregelung und selbst von der Klimaanlage.

Einspritzventile

Im Ansaugkanal eines jeden Motorzylinders sitzt ein Einspritzventil. Es mißt dem jeweiligen Motorzylinder die momentan benötigte Kraftstoffmenge zu und sorgt gleichzeitig für die Feinzerstäubung des Benzins. Die Ventile werden mittels Elektromagnet betätigt. Dabei wird die Ventilnadel ungefähr 0,1 mm von ihrem Sitz abgehoben – der Kraftstoff kann durchfließen. Die Einspritzventile spritzen aus zwei Bohrungen ab. Dadurch bilden sich zwei Kraftstoffstrahlen, die fein zerstäubt auf beide Einlaßventile spritzen. Elektrisch sind alle Einspritzventile mit Plusspannung verbunden. Das Steuergerät schaltet zum Einspritzen Masse zu.

Kraftstoff-Verteilerrohr

Es dient dazu, alle Einspritzventile gleichmäßig mit Kraftstoff zu versorgen. Außerdem wirkt das Verteilerrohr als Kraftstoffspeicher und verhindert damit Druckschwankungen.

Kraftstoff-Druckregler

Er sitzt hinten am Kraftstoff-Verteilerrohr und muß – wie der Name schon sagt – den Druck im Verteilerrohr konstant halten. Das macht er, indem er mehr oder weniger Kraftstoff durch die Rücklaufleitung zum Tank zurückfließen läßt. Läuft mehr zurück, sinkt der Druck; bei geringerer Rücklaufmenge steigt er.
Durch einen Unterdruck-Anschluß weiß der Druckregler gleichzeitig über den Lastzustand des Motors Bescheid. Bei Vollast hebt er den Druck noch um etwa 0,5 bar an. Dadurch wird mehr Kraftstoff eingespritzt, was der Motor zum Erreichen der vollen Leistung dringend braucht.

Heißfilm-Luftmassenmesser
nur HFM

Er befindet sich im Ansaugkanal zwischen Luftfilter und Drosselklappe. Im Innern eines Meßkanals ist eine Keramikscheibe mit verschiedenen Widerständen und eine Auswert-Elektronik untergebracht. Ein Widerstand sitzt im Luftstrom und wird auf konstant 160°C erwärmt. Der dafür erforderliche Strom gibt ein Maß für die durch den Kanal strömende Luftmasse.

Drucksensor
nur PMS

Er sitzt im Steuergerät und ist über einen Schlauch mit dem Saugrohr verbunden. Auf einen Kristallchip im Drucksensor wirkt der aktuelle Saugrohrdruck ein. Je nach Saugrohrdruck verändert sich der Widerstandswert des Kristallchips. Über die Widerstandsänderung und die augenblickliche Drehzahl erkennt das Steuergerät die aktuelle Belastung des Motors.

Drosselklappe

Weiter hinten im Ansaugluftstrom sitzt die Drosselklappe im Drosselklappenstutzen. Betätigt wird sie vom Gaspedal über den Gaszug. Sie öffnet oder verschließt den Luftweg zum Ansaugrohr und damit zu den Brennräumen des Motors. Seitlich neben der Drosselklappe ist das Stellglied der Leerlaufregelung angebracht. Dieses bewegt über einen Stellmotor die Drosselklappe und meldet die jeweilige Position.

Drosselklappen-Potentiometer

Der Drosselklappen-Potentiometer im Stellglied der Leerlaufregelung wird von der Drosselklappenwelle betätigt. Der Potentiometer erfaßt die momentane Stellung der Drosselklappe und meldet sie in Form elektrischer Spannung dem Steuergerät. Das Steuergerät benötigt diese Lastinformationen unter anderem zur Leerlaufregelung, Zündkennfeldauswahl und zur Einspritzzeitberechnung.

Leerlaufregelung

Wie der Name schon sagt, sorgt die Leerlaufregelung für eine stets konstante Leerlaufdrehzahl – egal ob der Motor kalt oder warm ist oder ob kraftzehrende Verbraucher (Klimaanlage) eingeschaltet sind.
Das Stellglied an der Drosselklappe ist dabei nur ausführendes Organ. Kopf der Regelung ist das Motronic-Steuergerät. Es vergleicht die Momentan- mit der Solldrehzahl und sorgt so für das fein abgestimmte Öffnen und Schließen der Drosselklappe zur Drehzahlanpassung. Wird der Drosselklappenspalt weiter geöffnet, wird mehr Luft angesaugt und vom Luftmassenmesser erfaßt, was wiederum die Einspritzung dazu veranlaßt, die nötige Mehrmenge an Kraftstoff beizusteuern. Resultat: die Motordrehzahl erhöht sich.

Schaltsaugrohr im Sechszylinder

Über die Saugrohrlänge kann das Motordrehmoment beeinflußt werden. Bei unserem Schaltsaugrohr werden durch eine pneumatisch betätigte Resonanzklappe in Saugrohrmitte zwei unterschiedliche Saugrohrlängen nutzbar gemacht. Das Steuergerät der HFM steuert dazu ein Umschaltventil an. Bei geschlossener Klappe ist das Saugrohr zweigeteilt und die Ansaugkanäle sind lang – besseres Drehmoment bei niederen Drehzahlen. Bei offener Klappe ist das Saugrohr innen quer verbunden. Kürzere Ansaugwege verschieben das maximale Motormoment in höhere Drehzahlen.

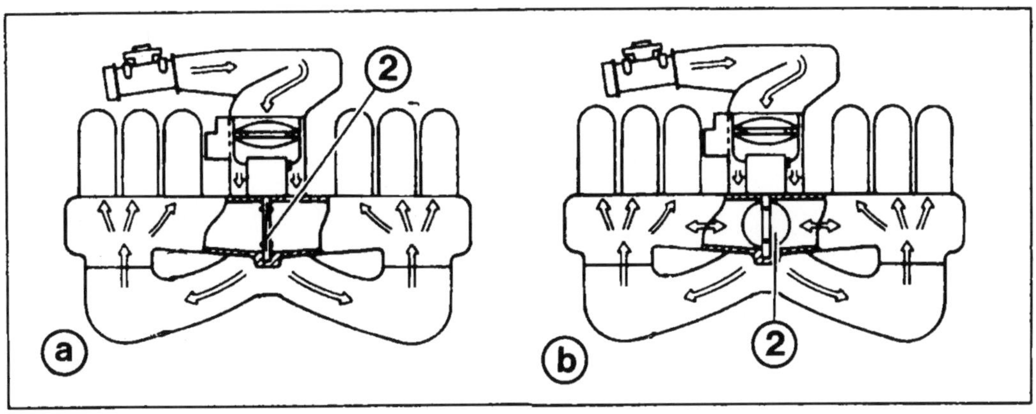

Das Schaltsaugrohr beim Sechszylinder:
a – bis 3300/min ist die Klappe (2) geschlossen, darüber geöffnet (b).

1 – Querrohr für Ansaugluft;
2 – Deckel in Zylinderkopfhaube (3);
4 – Kurbelgehäuse-Entlüftung;
5 – Stellglied Drosselklappe/Leerlaufregelung;
6 – Saugrohr.

Notlauf

Die Einspritzanlage verfügt über Notlaufeigenschaften. Bei Ausfall des Temperaturgebers werden Ersatzwerte gebildet. Bei Ausfall der Luftmassenerfassung wird der Drosselklappenwinkel mit der Motordrehzahl verglichen. Die errechnete Einspritzmenge läßt ganz brauchbares Fahren bis zur Werkstatt oder nach Hause zu.

Selbsthilfe

Viele Prüfungen an der Einspritzung sind dem Selbsthelfer in Ermangelung der nötigen Prüfgeräte leider unmöglich gemacht.

Vorgehensweise

Das Steuergerät selbst kann mit Heimwerkermitteln nicht kontrolliert werden. In der Praxis ist hier auch nur sehr selten mit Fehlern zu rechnen. Geber, Schalter und Kabelverbindungen geben ungleich häufiger Anlaß zu Beanstandungen.
Damit bietet sich bei einem Defekt folgende Vorgehensweise an:

- ☐ Sicherstellen, daß die Zündung in Ordnung ist.
- ☐ Kraftstoffversorgung prüfen.
- ☐ Sichtprüfung an den Teilen der Einspritzanlage durchführen.
- ☐ Brachte das keinen Erfolg, Fehlerspeicher des Steuergeräts im Rahmen eines Wartungsdienstes auslesen lassen.

Leerlaufdrehzahl einstellen?

Die **Leerlaufdrehzahl** kann bei unseren Mercedes-Modellen nicht mehr korrigiert werden – sie besitzen keine Leerlauf-Einstellschraube. Eine automatische Leerlaufregelung sorgt dafür, daß die vom Steuergerät vorgegebenen **750/min** (E 200/220) bzw. **650/min** (E 280/320) bei betriebswarmem Motor stets beibehalten werden. Bei kaltem Motor, eingeschalteter Klimaanlage, direkt nach dem Start usw. gelten andere Werte. Überdies paßt sich die Leerlauf-Korrektur eventuellen Veränderungen an Motor, Ansaug- und Abgassystem an. Der Korrekturwert wird gespeichert, so daß die Drehzahl sofort nach dem Start richtig einreguliert wird.

Am linken Radlauf ist beim E 200 das PMS-Steuergerät (2) für Einspritzung und Zündung eingebaut. Es bedeuten:
1 – Stecker für Leitungen zum Motor;
3 – Leitung vom Drehzahlgeber an der Kurbelwelle;
4 – Unterdruckleitung vom Saugrohr;
5 – Leitungen zur Karosserie;
6 – Kodierstecker mit/ohne Kat.

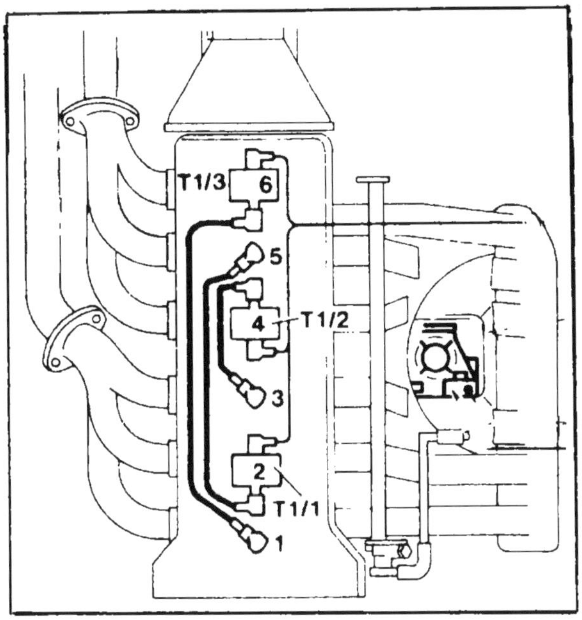

Anordnung der Zündspulen und Hochspannungsleitung in der Zylinderkopfhaube beim Sechszylinder.

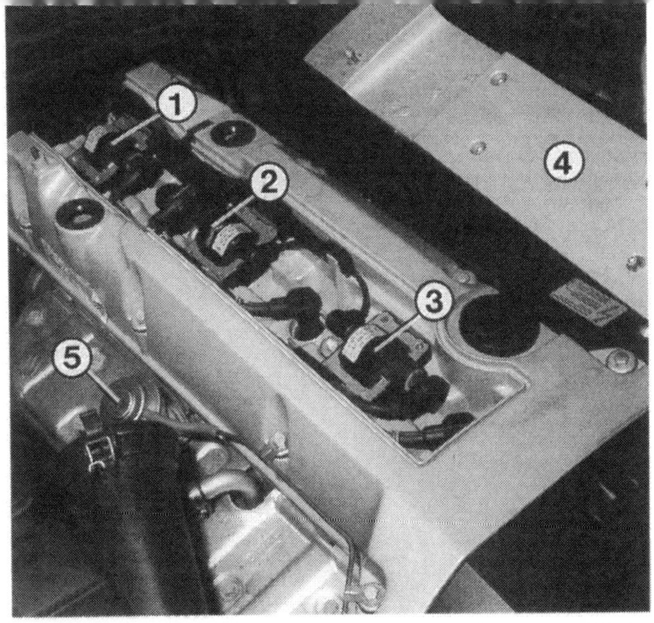

Die Zündspulen (1, 2, 3) müssen fest in den Hülsen zur Zylinderkopfhaube sitzen. Weiter bedeuten: 4 – Deckel in Zylinderkopfhaube; 5 – Luftabschaltventil der Lufteinblasung.

Das Zündsystem

In der Einleitung ist es schon erwähnt: Unsere Motoren ab 10/92 besitzen ein umfassendes Motor-Management – die **Motronic**. Die ist sowohl für die Einspritzung wie auch für die Zündung zuständig. Dabei nutzt sie für beide Teile dieselben Geber, wie z.B. den Drehzahl-(Impuls-)geber, den Geber für die Nockenwellen-Position links vorn im Zylinderkopf, die Temperaturgeber für Kühlmittel und Ansaugluft und andere.

Von der Funktion her ist die Motronic eine normale Transistorzündung geblieben – doch mit kleinen, aber feinen Unterschieden:

- Sie berechnet die Zündverstellung elektronisch und führt sie auch elektronisch aus.
- Sie besitzt eine ruhende Zündverteilung, d.h. es ist kein aufwendiger, mechanischer Zündverteiler mehr nötig.

Die Zündspulen

Beim Vierzylinder sind die beiden Zündspulen unten am Saugrohr recht versteckt angeschraubt. Beim Sechszylinder sind drei Zündspulen unter der Abdeckung im Zylinderkopf untergebracht. Jede der sogenannten Zweifunken-Zündspulen versorgt trickreich zwei Zündkerzen gleichzeitig mit Hochspannung. Beide Enden der Sekundärwicklung sind mit einem Hochspannungsanschluß versehen. Die Hochspannung wird dabei von einer Zündspule so verteilt, daß eine Zündkerze im Arbeitstakt des Zylinders zündet, während die andere Zünd-

Die Temperaturgeber vorn am Zylinderkopf des E 220: 1 – Leitung zum Stellmagnet der Nockenwellen-Verstellung; 2 – Nockenwellengeber (E 220/280/320); 3 – Deckel auf Thermostatgehäuse; 4 – Temperaturgeber für Temperaturanzeige im Kombiinstrument; 5 – Temperaturgeber der Motronic.

Teile vorn links am Zylinderkopf beim Sechszylinder: 1 – Nockenwellgeber; 2 – Temperaturgeber für Kombiinstrument; 3 – Temperaturschalter Klimaanlage; 4 – Temperaturgeber für Motronic; 5 – Spannmutter für Keilrippenriemenspannung.

Hier ist das Stellglied für die Drosselklappe bzw. Leerlaufregelung gezeigt. Mit Einschalten der Zündung tritt das Stellglied in Aktion, man hört es. Mit dem Stellmotor (4) wird die Drosselklappe bewegt, z. B. um die Leerlaufdrehzahl einzuhalten. Die genaue Stellung der Drosselklappe wird über zwei Potentiometer (2, 3) erfaßt. Der Leerlaufkontakt (1) schließt, wenn das Gaspedal ganz entlastet ist.

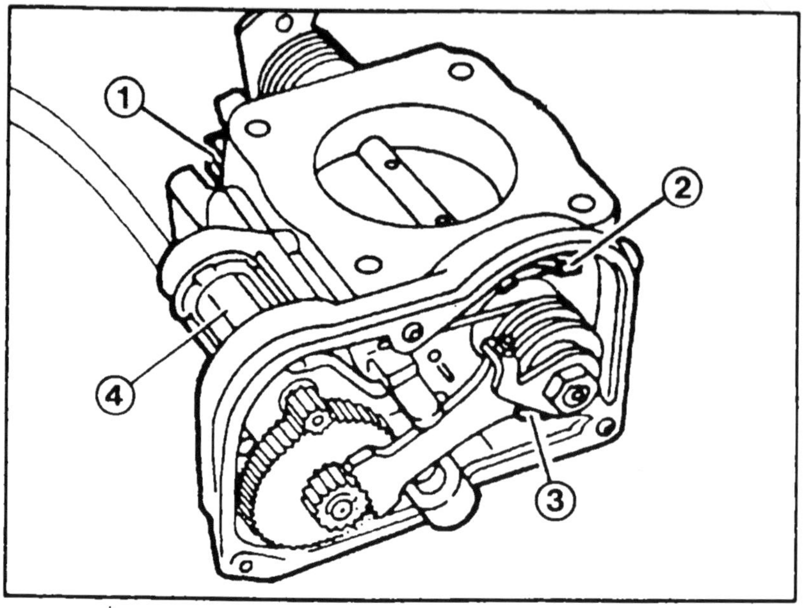

kerze in den Auslaßtakt des um 360° versetzten Zylinders zündet. Die Zündfunken springen zwar an beiden Zündkerzen gleichzeitig über, doch der Zündfunke im unverdichteten Auslaßtakt benötigt nur wenig Energie, so daß nahezu die gesamte in der Zündspule gespeicherte Energie dem Funken im Arbeitstakt zukommt.

Die Zweifunken-Zündspulen werden über je eine Leistungs-Endstufe im Steuergerät im Zündzeitpunkt gegen Masse geschaltet. Entsprechend versorgen die Zündspulen folgende Zylinder:

Motor	Zündspule (in Fahrtrichtung)	angeschlossene Zylinder
Vierzylinder	vorne	1 und 4
Vierzylinder	hinten	2 und 3
Sechszylinder	ganz vorne	2 und 5
Sechszylinder	mitte	3 und 4
Sechszylinder	hinten	1 und 6

Was die Zündung alles bedenkt

Mit den folgenden Erklärungen wollen wir Ihnen ein Gefühl für die vielen Dinge geben, welche heute in ein modernes Zündsystem eingebaut sind. Da Software oft nur kurze Beine hat und öfters überarbeitet wird, können wir aber keine Angaben darüber machen, für welche Motoren die Funktionen gelten:

Kaltstart: Um die Startwilligkeit unter 0° C zu erhöhen, wird im Zündzeitpunkt mehrfach ganz kurz hintereinander gezündet, jedoch nur bis maximal 10° nach dem Oberen Totpunkt und einer Motordrehzahl bis 600/min.

Erkennung des 1. Zylinders: Bei den ersten Motorumdrehungen vergleicht das Steuergerät die Signale des Gebers an der Nockenwelle und das Signal vom Positionsgeber Kurbelwelle mit dem Magnet-Segment zur Erkennung des Zündkreises für Zylinder 1.

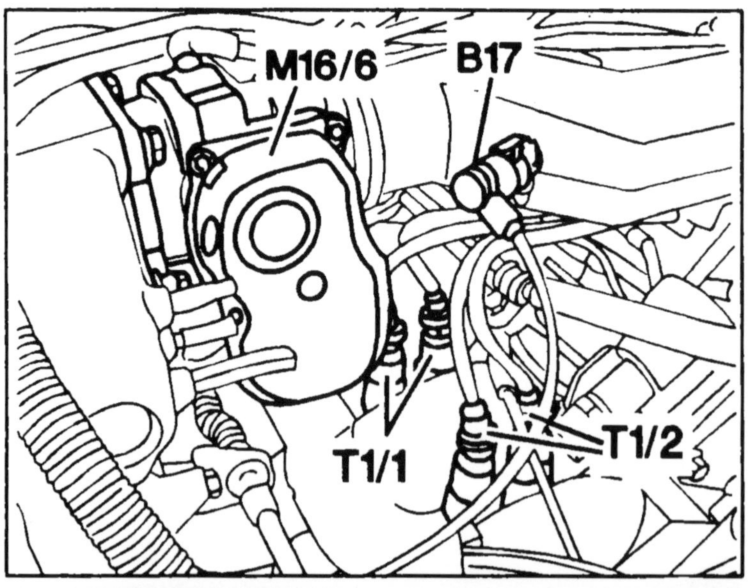

Beim Vierzylinder sind die Zündspulen unter dem Saugrohr versteckt:
B17 – Temperaturgeber Ansaugluft;
M16/6 – Stellglied Drosselklappe/LLR;
T1/1 – Zündspule für Zylinder 1 und 4;
T1/2 – Zündspule für Zylinder 2 und 3.

Starten: Bis ca. 600/min ist der Zündzeitpunkt größtenteils fest vorgegeben. Erst ab ca. 800/min wird zum für den momentanen Betriebszustand entsprechenden Zündzeitpunkt übergegangen.
Zünden im Warmlauf: Je nach Motortemperatur und Belastung wird ein möglichst optimaler Zündzeitpunkt herausgesucht.
Zünden bei Vollgas: Der Zündzeitpunkt wird möglichst weit nach »früh« (mehr Drehmoment) verlegt, aber nur, wenn sonst alles in Ordnung ist.
Zünden im Leerlauf: Je nach Getriebe (Schaltung oder Automatik) und Motortemperatur sind verschiedene Zündzeitpunkte möglich.
Ansauglufttemperatur-Korrektur: In Abhängigkeit von der Lufttemperatur und der Motorlast wird der Zündzeitpunkt in Richtung »spät« korrigiert – jedoch nur bei hoher Belastung: Z. B. bei +35° C um 3,5° später und maximal bei 65° C mit 9,5° Spätverstellung.
Antiklopfregelung: Der Zündzeitpunkt ist auf optimale Leistungsausbeute ausgelegt. Sollte es unter bestimmten Betriebsbedingungen zu klopfender Verbrennung kommen, wird durch die Antiklopfregelung der klopfende Zylinder erkannt und der Zündzeitpunkt entsprechend verstellt:
Sofort wird der Zündzeitpunkt für den entsprechenden Zylinder, in dem die klopfende Verbrennung stattgefunden hat, um 3° KW (Kurbelwinkel) in Richtung »spät« verstellt. Klopft es weiterhin, wird der Zündzeitpunkt um weitere 3° (bis maximal ca. 10°) in Richtung »spät« verstellt. Klopft es nicht mehr (z. B. wieder besseren Sprit getankt), wird der Zündzeitpunkt schrittweise um 0,35° je Zündung zurückgestellt. Sollte es zum Ausfall der Klopfsensoren oder Geber kommen, wird zum Schutz des Motors auf Spätzündung gestellt.
Katalysator-Aufheizung: Damit der Katalysator möglichst schnell Abgas umsetzt, wird die Abgastemperatur erhöht. Bei einer Motortemperatur bis 40° C und im Leerlauf wird nach dem Start der Zündzeitpunkt ca. 30 Sekunden bis 8° in Richtung »spät« verstellt und die Leerlaufdrehzahl auf ca. 1200/min erhöht.
Überhitzungsschutz: Bei Motorbelastung und einer Temperatur über 100° C erfolgt die Zündung bis 3° später. Dies hilft gegen weiteren Temperaturanstieg. Wenn es draußen zudem recht heiß ist, wirkt zusätzlich die oben beschriebene Korrektur für die Ansaugluft. Dann können bis ca. 11° Spätzündung entstehen, welches wiederum der Fahrer als deutlichen Leistungsverlust (ungerechtfertigt) beklagen könnte.
»Amtshilfe« für die Leerlaufdrehzahl: Liegt eine unzulässige Leerlaufdrehzahl vor, versucht die Zündung zu helfen. Dazu kann der Zündzeitpunkt um bis zu 8° in Richtung »früh« oder »spät« verstellt werden.
Kraftstoffabschaltung: Zum Katalysatorschutz wird nach 16 Fehlzündungen in einem Zylinder dessen Einspritzventil abgeschaltet. Sind später ca. 200 Zündungen in Folge in Ordnung, wird es ggf. wieder eingeschaltet, wenn eine ganze Reihe weiterer Bedingungen gut sind.
Folgende Fehler kann das Steuergerät durch eine Primärstromüberwachung erkennen: Leistungs-Endstufe defekt, Zündspule unterbrochen, Kurzschluß, Zündkerze defekt.
Antiruckelaufschaltung bei Schaltgetriebe: Nach einem Lastwechsel wird besonders im 1. Gang kurz der Zündzeitpunkt nach »spät« verstellt und damit ein Aufschaukeln der Karosserie unterdrückt.

Bei den Vierzylindermotoren ist die Lambdasonde (1) in den Auspuffkrümmer geschraubt. Beim Sechszylinder sitzt sie unter dem Fahrzeug direkt vor dem Kat. Die Lambdasonde ist ein Verschleißteil, das um die 100000 km halten dürfte. In den USA muß die Sonde teilweise nach 40000 Meilen vorsorglich ersetzt werden. Bei uns gerät sie in Verdacht, wenn die Abgas-Untersuchung nicht bestanden wird.

Beim Sechszylinder sind Zweifunken-Zündspulen (3) eingebaut. Mit einem Hochspannungsanschluß stecken sie direkt auf der Zündkerze (4), vom zweiten Hochspannungsanschluß (2) führt ein kurzes Zündkabel (6) zur jeweiligen »Partner«-Zündkerze. Die Ansteuerung der Zündspule erfolgt über den Stecker (5) am Anschluß (1).

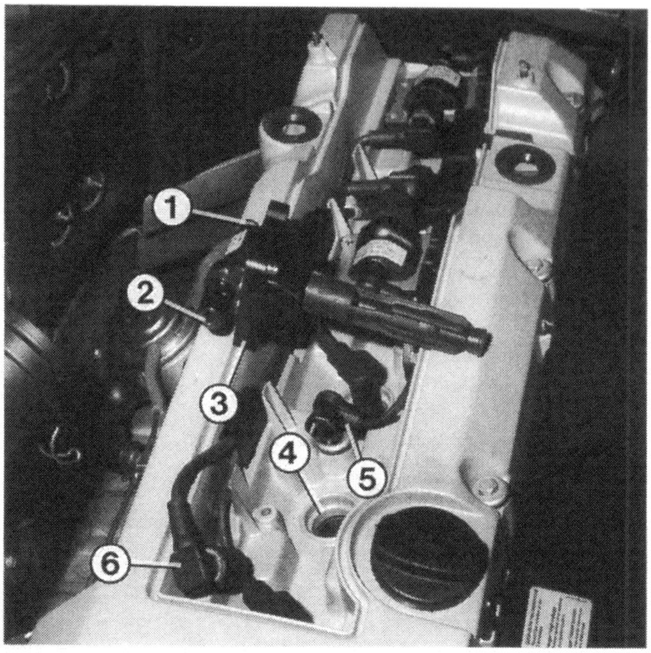

Überlastungsschutz bei Automatik: Bei den stärksten Motoren der E-Klasse ist es erforderlich, die Schaltglieder des automatischen Getriebes vor thermischer Überlastung zu schützen. Dazu wird während der Hochschaltungen 1→2 und 2→3 der Zündzeitpunkt für ca. 400 ms in Richtung »spät« auf 5° KW vor OT verstellt (reduziertes Motordrehmoment). Diese Maßnahme wird auch bei der Vollastrückschaltung 3→2 zur Komfortverbesserung eingesetzt.

Das Motronic-Zündungskennfeld

Bei der Motronic bedarf es keiner zusätzlichen Einrichtung zur Verstellung des Zündzeitpunkts. Dem Steuergerät stehen alle möglichen Motordaten und -kennwerte zur Verfügung. Drehzahlgeber, Geber für Zylinder-Erkennung und Geber für Motortemperatur machen's möglich. Aus all diesen Daten und Informationen errechnet die Motronic den für den jeweiligen Belastungszustand richtigen Zündzeitpunkt.
Zeichnet man den Zündwinkel (Zündzeitpunkt) über dem Lastzustand des Motors und der Motordrehzahl auf, erhalten wir ein sogenanntes Zündkennfeld. Das Kennfeld der Motronic wird wegen seiner bizarren Form gerne gezeigt – es läßt auf genaue Einflußnahme auf die Betriebszustände schließen. Eine einfachere Form zeigt das Kennfeld von herkömmlichen Zündanlagen.

Teile der Regulierung beim Vierzylinder: 1 – Rückzugfeder; 2 – Verbindungsstange zur Drosselklappe; 3 – Gaszug mit Einstellschraube. Pfeil – Spitzen müssen sich gegenüber stehen, wenn der Steuerdruckzug für das automatische Getriebe richtig eingestellt ist.

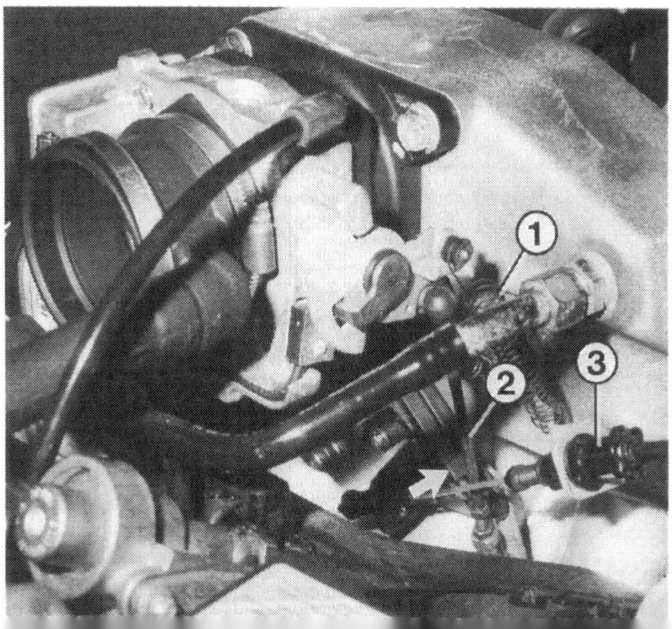

Hier ist die Abdeckung in der Getriebeglocke beim E 200 abgenommen. Dahinter zu sehen: 1 – Segment am Schwungrad; 2 – Magnet zur Zündkreiserkennung.

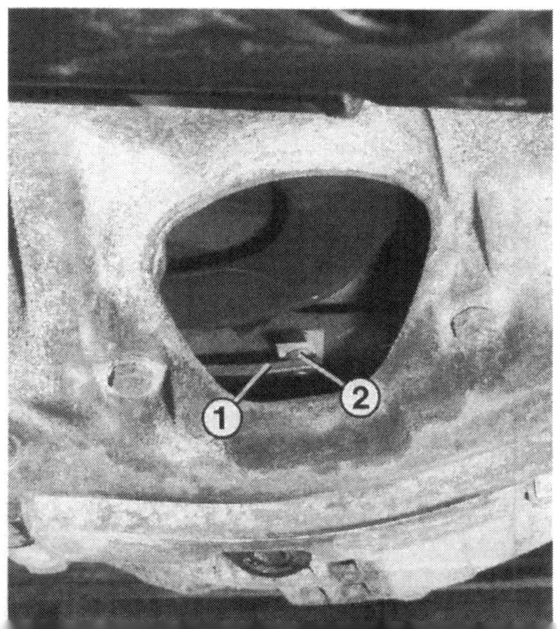

Die Geber der Motronic

Die Geber der Motronic sind doppelt genutzt: Von der Einspritzanlage wie von der Zündanlage. Drehzahlgeber und der Geber für Zylinder-Erkennung sind die wichtigsten. Beides sind sogenannte Induktionsgeber.

□ Der Drehzahlgeber funktioniert folgendermaßen: Spule und Magnet sind im Geber untergebracht. Das Gegenstück bilden Segmente am Zahnkranz der Schwungmasse hinten am Motor. Jedesmal, wenn nun ein Segment am Geber vorbeiläuft, ändert sich das Magnetfeld des Dauermagneten, und in der Spule wird Spannung erzeugt. Dieses kleine Spannungssignal genügt zur Weiterverarbeitung im Steuergerät der Motronic. Die Information über die Drehzahl der Kurbelwelle und deren Stellung liegt somit vor.

□ Fast identisch funktioniert der Nockenwellen-Positionsgeber. Er meldet dem Steuergerät, wann Zylinder 1 mit dem Zünden dran ist.

□ Weitere Geber übermitteln die Temperatur der Ansaugluft und des Kühlmittels.

Vorsicht beim Umgang mit der Zündung!

Gegenüber den alten kontaktgesteuerten Zündungen sind die heutigen Zündsysteme, wie z.B. die Motronic, ungleich leistungsfähiger. Die höhere Zündenergie kommt zwar dem Motorlauf und der Zuverlässigkeit zugute, doch sind die **hohen Zündspannungen** nun in den **für Menschen gefährlichen Bereich** gerückt. Schon in der dünnen Steuerleitung zu einer Zündspule können Spannungen bis zu 100 Volt auftreten, ganz zu schweigen von der Zündspannung, die mit über 30000 Volt gefährlich hoch ist.

Zündung lahmlegen

Ist eine Zündspule oder -kerze ausgebaut, darf der Motor keinesfalls mit dem Anlasser durchgedreht werden. Denn so kann die Zündenergie nicht abgeleitet werden, und das Motronic-Steuergerät sowie die betreffende Zündspule können Schaden nehmen. Deshalb bei **ausgeschalteter Zündung** den Überspannungsschutz im Aggregateraum rechts abziehen.

Störungssuche an der Zündung

Kompliziert sieht sie aus, die Motronic-Zündanlage, und manch einer wird sich fragen, ob hier die Störungssuche in Eigenregie noch sinnvoll ist. Wir meinen ja – nach folgendem System:

□ Zuerst die Sichtprüfung. Da fallen einfach zu behebende Fehler sofort auf.

□ Die anschließende Funktionsprüfung zeigt, ob die Motronic einen Zündfunken zustandebringt.

□ Als nächstes wird die Spannungsversorgung des Steuergeräts geprüft.

□ Jetzt kommt die Prüfung der Zündspulen dran.

□ War bis zu diesem Punkt kein Fehler zu finden (was recht unwahrscheinlich ist), kann es eigentlich nur noch am Steuergerät selbst oder an den Gebern liegen. Das Steuergerät ist voll diagnosefähig, d.h. die Mercedes-Werkstatt kann mit dem Service-Tester genau feststellen, wo der Defekt sitzt.

Sichtprüfung der Zündanlage

□ Sitzen alle Kabelanschlüsse und Steckkontakte an den Zündspulen fest?

□ Ist im Mehrfachstecker am Motronic-Steuergerät eventuell ein einzelner Steckkontakt zurückgerutscht?

□ Zeigt die Vergußmasse einer Zündspule Risse oder Verwerfungen? Dies deutet auf Überhitzung hin.

□ Sind alle Teile der Zündanlage sauber und trocken? Feuchter Schmutz begünstigt Spannungsüberschläge.

Ist Zündspannung vorhanden?

Gleich zu Anfang prüfen wir, ob die Zündanlage überhaupt Zündfunken zustandebringt:

■ Eine Zündkerze herausdrehen.

■ Stecker und Kerze wieder zusammenstekken und diese so auf dem Motorblock befestigen, daß sie sicheren Massekontakt hat und von der Motorbewegung nicht abgeschüttelt werden kann. Das erreicht man z.B., wenn man das Gewindeteil der Kerze mittels der Klemme eines Starthilfekabels leitend mit dem Motor verbindet.

■ Motor mit Anlasser durchdrehen.

■ Springen kräftige Funken an der Kerzen-Elektrode über, ist Zündstrom zumindest an dieser Spule vorhanden und damit die Zündanlage aller Wahrscheinlichkeit nach in Ordnung.

■ Dennoch können Fehler vorhanden sein, die auf diese Weise nicht zu erkennen sind: ein defekter Geber oder falsches Ausrechnen des Zündzeitpunkts durch das Steuergerät.

■ Funkt nichts, versuchen Sie es mit einem anderen Zylinder.

■ Springen immer noch keine Funken an der Zündkerze über, muß nach der folgenden Anleitung weiter geprüft werden.

Stromversorgung der Zündung/Zündspulen in Ordnung?

Neben einem Totalausfall der Zündanlage durch fehlende Spannung kann auch zu geringe Versorgungsspannung (weniger als 11,5 Volt) erhebliche Störungen bewirken! Deshalb ist hier ein Voltmeter besser zur Prüfung.

- Am Überspannungsschutz prüfen, ob die Sicherung(en) oben in Ordnung sind.
- Sind am Überspannungsschutz Klemme 30, 15, 87 und Masse bei entsprechender Zündschlüsselstellung nachweisbar.
- Am Stecker des Steuergeräts Spannungsversorgung in Ordnung? Spannungsanschlüsse und Masseverbindungen prüfen.
- An den Zündspulen Spannungsversorgung an Klemme 15 in Ordnung?
- Leitungsverbindung von Klemme 1 der Zündspulen zum Steuergerät unterbrochen?

Zündspule defekt?

- Die **Sichtprüfung** an den Zündspulen wurde bereits durchgeführt. Spule mit herausgedrückter Vergußmasse oder Haarrissen ersetzen.
- Zur **Widerstandsprüfung** Leitungsstecker an der jeweiligen Zündspule bei ausgeschalteter Zündung abnehmen. Wir messen Primär- und Sekundärwicklung der Spule.
- Mit einem genauen Ohmmeter zwischen den Zündspulenklemmen 1/– und 15/+ messen. Sollwert: 0,3–0,4 Ω.
- Mit dieser Messung läßt sich ein Kurzschluß zwischen den Wicklungen nicht erkennen. Fällt also der Verdacht trotz guter Meßergebnisse auf die Zündspule, sollten Sie die ausgebaute Spule bei einer Autoelektrik-Werkstatt durchprüfen lassen.
- Widerstandsprüfung zwischen den beiden Hochspannungsanschlüssen. Der Sollwert lautet 5,5–8,5 kΩ.

Zündzeitpunkt kontrollieren?

Die Kontrolle des Zündzeitpunkts ist bei der Motronic überflüssig geworden. Denn an dieser Zündung kann sich beim besten Willen nichts verstellen: Die Geber sitzen rüttelsicher in ihren Halterungen und die Segmente am Schwungrad können ihre Position auch nicht verändern.

Die Zündfolge

Für ausgewogenen Motorlauf werden die Zylinder entsprechend der werksseitig festgelegten Zündfolge **1–3–4–2** beim Vierzylinder und **1–5–3–6–2–4** beim Sechszylinder gezündet. In dieser Reihenfolge sind die Zündkabel auch in die Zündspulen eingesteckt. Bei Reparaturarbeiten sind Verwechslungen beim Einstecken möglich. Deshalb Leitungsstecker vor dem Ausbau **kennzeichnen**, sofern die Zylinder-Nr. auf den Zuleitungskabeln unleserlich geworden ist.

Zündkerzen auswechseln

Der Wartungsplan sieht alle 30000 km einen Kerzenwechsel vor. Das erscheint uns ein realistisches Intervall zu sein, bei dem keine Veranlassung besteht, es Kraft besseren Wissens zu verlängern. Gerade bei Fahrzeugen mit Katalysator muß besonders darauf geachtet werden, daß die Zündanlage intakt ist.

Neue Zündkerzen kaufen

Mercedes gibt nur einige Zündkerzen-Hersteller zur Verwendung frei. Wir sind in diesem Punkt nicht ganz so markengläubig und würden auch die Vergleichstype eines anderen Zündkerzen-Herstellers verwenden: Beru 14 F-8 DUO, Bosch F-8 DCO, Champion C 10 YCC.

Zündkerzen ausbauen

- Querrohr über dem Zylinderkopf ausbauen.
- Zylinderkopfabdeckung abnehmen.
- Anschlußstecker der Zündspulen in der Zylinderreihenfolge kennzeichnen (sofern keine Kennzeichnung auf den Leitungen vorhanden ist) und nach Lösen der Sicherung abziehen.
- Zündkerzenstecker durch Hin- und Herdrehen lösen.
- Beim Sechszylinder Zündspulen abziehen.
- Zündkerzen mit **langem Zündkerzenschlüssel SW 16** herausschrauben.
- Beim Einbau die Zündkerzen nur mit **24–28 Nm** festziehen.

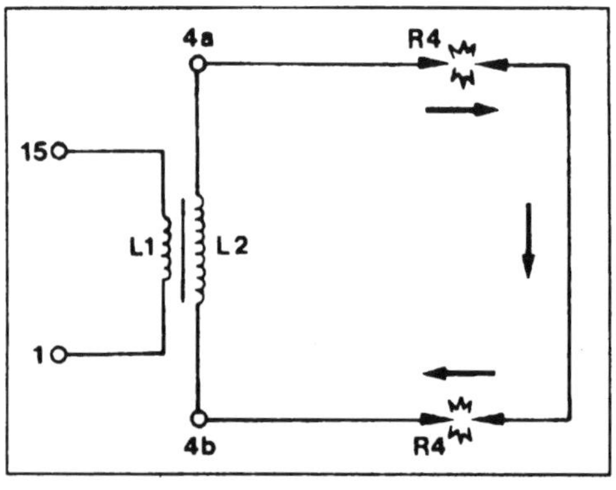

Verschaltung der Zündspulen: Der Hochspannungskreis (L2 – Sekundärwicklung) wird über zwei Zündkerzen (R4) und den Motorblock geschlossen. Eine Unterbrechung zu einer Zündkerze wirkt sich so immer auf zwei Zündkerzen aus. Am Anschluß 15 wird die Zündspule (L1 – Primärwicklung) mit Spannung versorgt. Angesteuert wird sie am Anschluß 1 vom Steuergerät der Zünd/Einspritz-Steuerung.

Typ-Entwicklung

Schrittweise

Jedes Auto macht im Laufe seiner Produktionsjahre viele Änderungen durch, teils weil Neuentwicklungen ins Fahrzeug eingebaut werden, teils werden manche Teile aufgrund Praxis-Erfahrungen abgeändert. Nicht zuletzt sollen weitere Modell-Varianten und kleine Änderungen am Äußeren (»Facelifting«) dem Fahrzeug wieder bessere Verkaufschancen verschaffen.

Dezember 1984

Die Modellreihe W 124 löst das Modellprogramm W 123 ab. Zunächst werden drei Diesel-Limousinen und 4 Varianten mit Ottomotor vorgestellt (Fahrzeuge mit Dieselmotor behandelt ein separater Band dieser Buchreihe). Die neue Baureihe stellt eine komplette Neuentwicklung dar. Herausragende Merkmale sind die spürbaren Fortschritte bezüglich Verbrauch und Fahrqualitäten. Die guten Fahrleistungen werden durch Gewichtsreduzierungen und durch den c_w-Wert von bis zu 0,29 erreicht.
Der Vierzylindermotor ist bereits von der Modellreihe 190/190 E bekannt. Er wird bei Einführung im Modell 200 vom altbewährten Stromberg-Vergaser gefüttert. Bei den Einspritzern sorgt eine KE-Einspritzanlage für gute Gemischaufbereitung.
Eine komplette Neuentwicklung sind die Sechszylindermotoren 260 E/300 E. Sie haben eine besonders hohe Laufkultur, niedriges Gewicht, reduzierte Reibung und entsprechend eine hohe Leistungsausbeute. Erstmals kommt die Kennfeldzündanlage EZL zum Einsatz. Alle Motoren sind sogenannte Standard (Std.)- Ausführungen, d. h. werkseitig noch nicht für den Betrieb mit einem geregelten Katalysator vorbereitet.

Mai 1985

Nach und nach werden alle Motoren in RÜF- oder in KAT-Ausführung angeboten. Der 230 E macht den Anfang. In KAT-Ausführung ist ein geregelter Katalysator eingebaut. Bei RÜF ist alles für einen einfachen Einbau des Katalysators vorbereitet. Ermöglicht wird dies durch das »Multifunktionale Gemischaufbereitungs- und Zündsystem«. Durch den Austausch von Abgleichstekkern werden Einspritzung und Zündung entsprechend angepaßt. Es ist immer die Kennfeldzündung EZL eingebaut, mit welcher der Zündzeitpunkt entsprechend der Kraftstoffqualität verstellt werden kann.

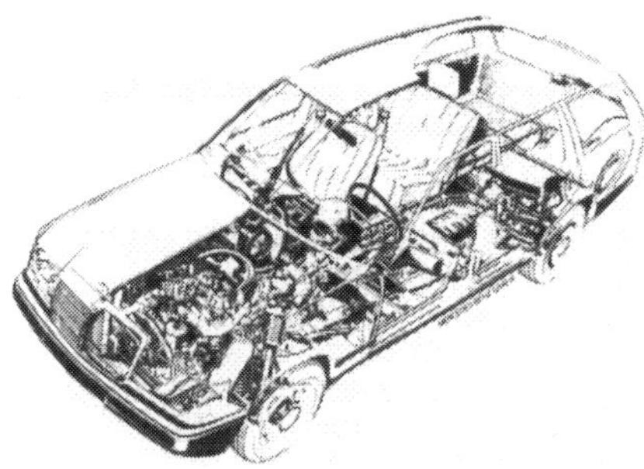

Dezember 1985

Die T-Modelle 200 T, 230 TE und 300 TE ergänzen das Limousinenangebot. Die Technik von Limousine und Kombi ist identisch. Gegenüber dem Vorgänger wurde der Laderaum deutlich vergrößert. Eine interessante Detaillösung ist die Heckklappe mit elektromotorischer Schließhilfe.

September 1986

Alle Fahrzeuge mit 6-Zylinder-Motor erhalten serienmäßig das ABS. Weiterhin wird in alle Fahrzeuge serienmäßig ein geregelter Katalysator eingebaut. Beim Modell 200 besorgt ein elektronisch geregelter Vergaser die Gemischaufbereitung. Die RÜF-Ausführung ist nur noch auf Sonderwunsch erhältlich.

Januar 1987

Auslieferungsbeginn der Fahrzeuge mit automatischem Sperrdifferential (ASD). Bei dieser Sonderausstattung wird das Sperren des Hinterachsdifferentials von einer Elektronik bedarfsgerecht gesteuert.

Mai 1987

Auslieferungsbeginn der ersten 4MATIC-Fahrzeuge. Dieser automatisch schaltende Vierradantrieb kann im 260 E, 300 E und im 300 TE eingebaut sein. Für das richtige Zuschalten des Vierradantriebes, der Zentraldifferentialsperre und der Hinterachsdifferentialsperre sorgt eine Elektronik und eine aufwendige Hydraulik.
Die elegante Coupé-Version 230 CE und 300 CE vervollständigen die Modellreihe W 124.

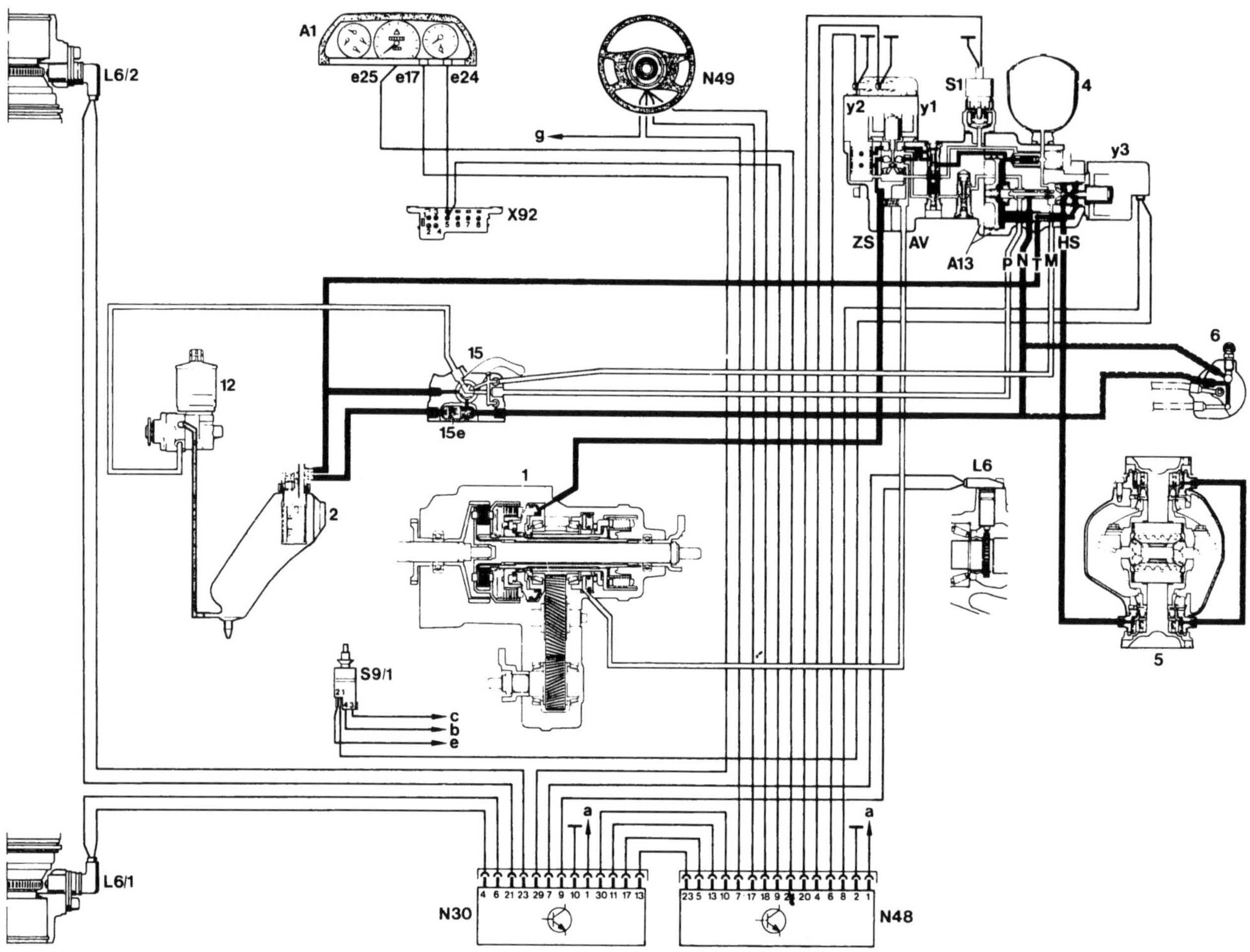

Funktionsschema der 4MATIC (Seite 165)

1	Verteilergetriebe
2	Ölbehälter
4	Druckspeicher
5	Hinterachsdifferential (ASD)
6	Niveauregler
12	Druckölpumpe
15	Serviceventil
15e	Druckventil (5 bar)
A1	Kombi-Instrument
e17	Kontrolle ABS
e24	Kontrolle 4MATIC
e25	Funktionsanzeige 4MATIC
A13	Ventilsteuereinheit
S1	Öldruckschalter (5 bar)
Y1	Magnetventil AV
Y2	Magnetventil ZS
Y3	Magnetventil HS
AW –	Ölleitung zur Lamellenkupplung Antrieb-Vorderräder, in Schaltstufe 0 mit Anlegedruck 1,3 bar
HS –	Ölleitung zur Hinterachsdifferentialsperre (ASD)
P –	ungeregelter Pumpendruck (bis über 200 bar)
N –	Rücklauf ggf. über Niveauregler durch 15e immer größer 5 bar
T –	Rücklauf zum Ölbehälter
M –	Meßanschluß für geregelten Druck 25–36 bar
L6	Drehzahlgeber Hinterachse
L6/1	Drehzahlgeber Vorderrad links
L6/2	Drehzahlgeber Vorderrad rechts
N30	Steuergerät ABS
N48	Steuergerät 4MATIC
N49	Lenkwinkelgeber
S9/1	Bremslichtschalter
X92	Prüfkupplung für Diagnose
a, e, g	Überspannungsschutz Klemme 87, Spannung bei eingschalteter Zündung)
b	Bremslicht
c	Sicherung 5 (Klemme 15)
ZS –	Ölleitung zur Zentraldifferentialsperre

September 1987

Sechszylinder Einspritzung: Geschwindigkeitssignal von einem Hall-Geber auf der Rückseite des Tachometers. Durch dieses Signal wird die Drehzahlregelung über 1,4 km/h abgeschaltet. Dadurch auch geänderte Schaltpläne.

Kombiinstrument: Ab 5/87 ist hinten im Instrument eine Sicherung für die Instrumentensicherung eingebaut. Die Sicherung ist anstelle einer Glühlampenfassung (rot eingefärbt) rechts neben dem Tachometer eingebaut.

Außentemperaturanzeige: Die bekannte Anzeige erhält eine neue Elektronik mit Geschwindigkeitssignal, wodurch ein Aufheizen des Fühlers bei Stillstand verhindert wird. Der Fühler ist jetzt hinter dem vorderen Kennzeichen eingebaut. Steht das Fahrzeug, können nur fallende Temperaturen angezeigt werden. Nach 2 bis 5 Minuten Weiterfahrt wird wieder der tatsächliche Wert angezeigt.

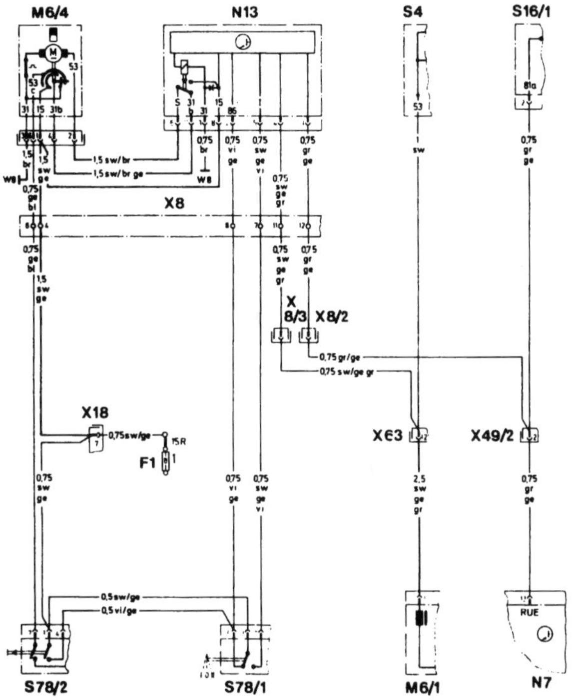

Schaltplan Heckscheibenwischer T-Modelle ab 9/87

F1	Sicherungs- und Relaiskasten, Sicherung 1, Kl. 15 R
M6/1	Wischermotor
M6/4	Wischermotor Rückwandtür
N7	Lampenkontrollgerät
N13	Intervall-Nachwisch-Elektronik Rückwandtür
S4	Kombi-Schalter
S16/1	Startsperr- und Rückfahrlichtschalter
S78/1	Wischerschalter Rückwandtür
S78/2	Wascherschalter Rückwandtür
W8	Masse, Rückwandtür (8fach Leitungsverbinder 1)
X8	Leitungsverbinder Rückwandtür
X8/2	Steckverbindung Rückfahrlicht/Rückwandtür – Scheibenwischer
X8/3	Steckverbindung Kombischalter/Rückwandtür – Scheibenwischer
X18	Steckverbindung Schlußlampenleitungssatz
X49/2	Steckverbindung Startsperr- und Rückfahrlichtschalter
X63	Steckverbindung Lenkungsleitungssatz

Heckscheibenwischer beim T-Modell mit geänderter Schaltung: Bei eingeschalteten Frontwischern wird beim Einlegen des Rückwärtsganges automatisch der Heckwischer zugeschaltet.

Elektrisches Heckscheibenrollo: Diese neue Sonderausstattung wirkt gegen Innenraumaufheizung und Nachtblenden. Das Rollo und der Motor sind in der Hutablage eingebaut. Der Schalter sitzt in der Mittelkonsole.

Wischer: Wischerarmabdeckung, Wischerarm und Befestigung des Wischerblattes sind geändert – beim Wischereinkauf beachten! Zum Ausbau des Wischerarmes den Hubwischer maximal ausfahren lassen, Zündschlüssel abziehen und Abdeckung am Getriebekopf nach unten abziehen.

Sitzheizung: Beide Vordersitze haben nur noch ein gemeinsames Steuergerät. Es ist links unter dem Rücksitz eingebaut.

Radio: Erstmals können Radios mit Codierung als Diebstahlschutz eingebaut sein. Bewahren Sie die Code-Karte sorgfältig auf. Nach Abklemmen der Batterie etc. müssen Sie die Nummer unbedingt wissen.

Heizung mit neuen Temperaturreglerfunktionen: In der MIN-Stellung ist die Heizung jetzt aus (bisher minimal +10 °C), in der MAX-Stellung heizt sie mit Höchstleistung (bisher maximal +40 °C).

Änderungen an der Verschaltung der Klimaanlage und Fehleranzeige über Prüfkupplung für Diagnose (Abfrage über Impulszähler in Werkstatt).

Airbag: Neues Steuergerät mit eingebautem Energiespeicher und Spannungswandler. Fehleranzeige über Prüfkupplung für Diagnose. Gurtschlösser mit Kontaktschaltern.

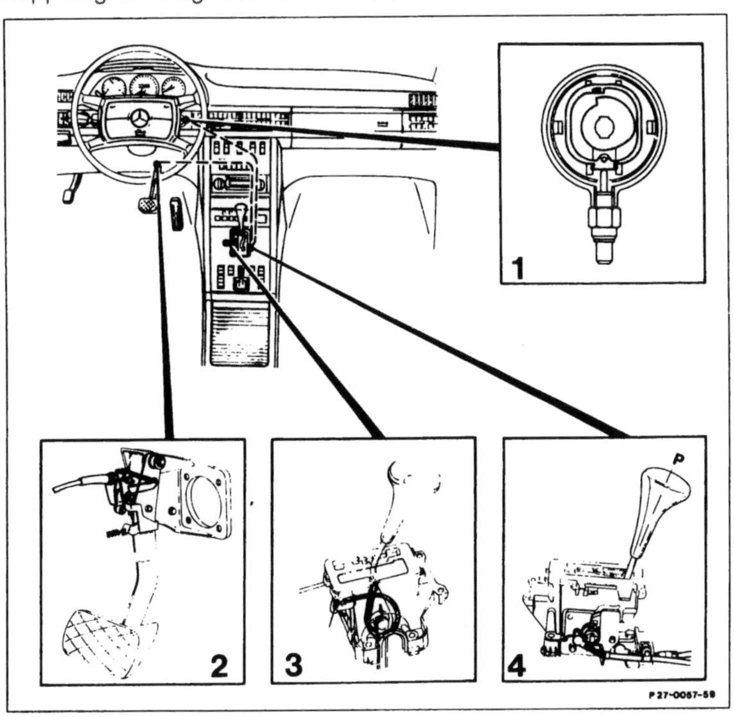

Automatisches Getriebe ab 9/89 mit Parksperrenverriegelung

1 – Zündschloß mit Kurvenscheibe für Seilzugbetätigung; 2 – Bremspedal mit Seilzug; 3 – Mittelschaltung mit Ganganzeige über Lichtfaser; 4 – Mittelschaltung mit seilzugbetätigter Verriegelung.

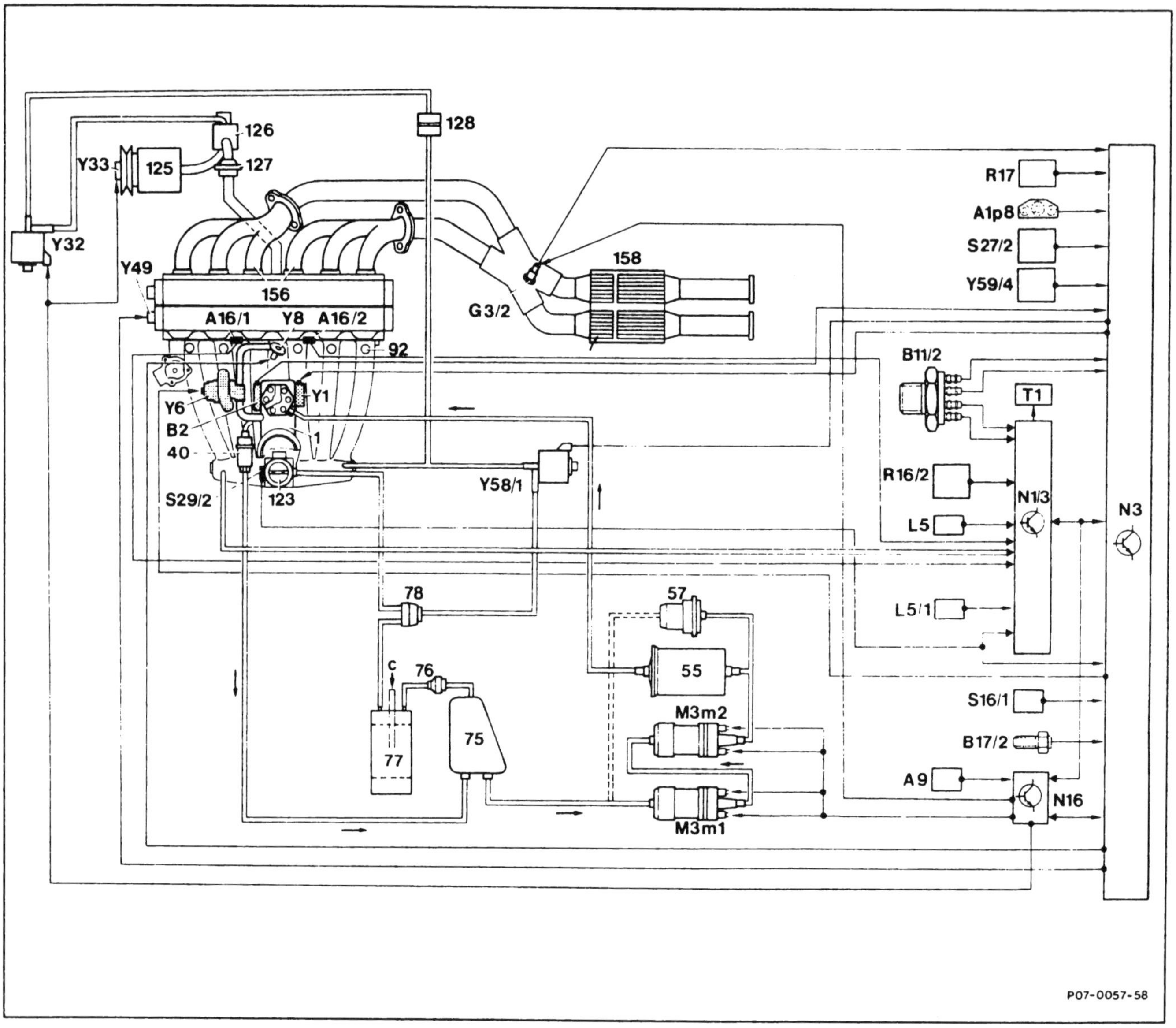

Funktionsschema KE-Einspritzanlage mit Motor 104

1	Gemischregler	L5	Positionsgeber Kurbelwelle
40	Membrandruckregler	L5/1	Positionsgeber Nockenwelle
55	Kraftstoffilter	M3m1	Kraftstoffpumpe 1
57	Kraftstoffspeicher	M3m2	Kraftstoffpumpe 2
75	Kraftstoffbehälter	N1/3	Schaltgerät EZL-AKR
76	Lüftungsventil	N3	Steuergerät KE
77	Aktivkohlebehälter	N16	Motoraggregate-Steuergerät (MAS)
78	Regenerierventil	R16/2	Abgleichkupplung EZL/AKR
92	Einspritzventil	R17	Abgleichstecker KE
123	Klappenstutzen	S16/1	Startsperr- und Rückfahrlichtschalter
125	Luftpumpe	S27/2	Microschalter Schubabschaltung, entfällt bei ASR
126	Luftabschaltventil		
127	Rückschlagventil (Einblaseluft)	S29/2	Drosselklappenschalter, Vollast-/ Leerlauferkennung
128	Rückschlagventil (Unterdruck)		
156	Auspuffkrümmer	T1	Zündspule
158	Katalysator	Y1	Elektrohydraulisches Stellglied
A1p8	Elektronischer Tachometer	Y6	Leerlaufsteller
A16g1	Klopfsensor 1	Y8	Startventil
A16g2	Klopfsensor 2	Y32	Unterdruckventil Luftpumpe
B2	Geber Luftmengenmesser	Y33	Elektromagnetische Kupplung Luftpumpe
B11/2	Temperaturfühler Kühlmittel (EZL/KE/2 E-E)	Y49	Stellmagnet Nockenwellensteuerung
		Y58/1	Umschaltventil Regenerierung
B17/2	Temperaturfühler Ansaugluft, KE-Einspritzanlage	Y59/4	wurde geändert in K 29, Relais Getriebe-Schaltpunktanhebung
G3/2	O_2-Sonde, beheizt	c	Belüftung

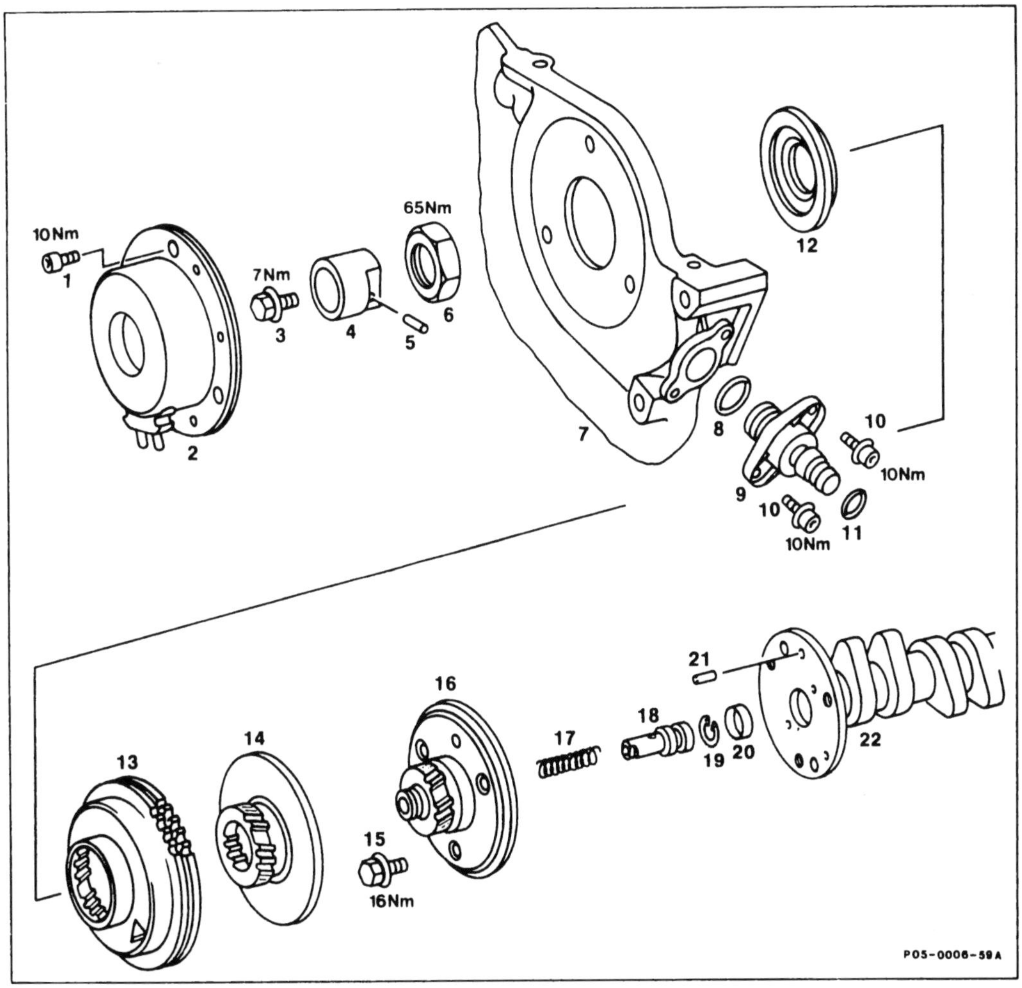

Nockenwellen-Verstel-ler am Motor 104

1 Schraube M6×18
2 Stellmagnet mit 2poligem Stecker
3 Kombi-Schraube M5×12
4 Anker
5 Spannhülse 3×22 im Anker
6 Mutter M20×1,5, SW30
7 Deckel vorn
8 Dichtring
9 Positionsgeber Zündschaltgerät
10 Kombi-Schraube M6×16
11 Dichtring
12 Deckel
13 Nockenwellenrad mit Positionszeiger
14 Stellkolben
15 Kombi-Schraube M7×12
16 Flanschwelle
17 Druckfeder
18 Steuerkolben
19 Sicherungsring 18×1
20 Verschlußdeckel A18 für Ölbohrung
21 Zylinderstift in Nockenwelle
22 Nockenwelle Einlaß

September 1988

Die Typen 200 E und 200 TE ergänzen die Modellreihe W124.
2 E-E-Vergaser: Geändertes Steuergerät mit erweiterter Fehlererkennung und Zündungskorrektur bei Fehlern am Drosselklappensteller. Änderungen am Vergaser. Neues Heizgitter für Saugrohranwärmung.
Vierzylinder-Einspritzung: Geschwindigkeitssignal von einem Hall-Geber auf der Rückseite des Tachometers. Durch dieses Signal wird die Drehzahlregelung über 1,4 km/h abgeschaltet. Dadurch auch geänderte Schaltpläne. Einspritzventile mit 3,7–4,3 bar Öffnungsdruck.
Luftfilter: Andere Einbaulage für bessere Zugänglichkeit zum Ölfilter.
EZL-Zündanlage: Neue Schaltgeräte mit geänderten Kennfeldern.
Vierzylinder-Motor: Jetzt Doppelsteuerkette und stärkere Ölpumpe.
Gaspedal: Bei mechanischem Getriebe mit anderer Übersetzung und verstellbarem Vollgasanschlag.
Automatisches Getriebe 300 E/TE/CE: Neue Übersetzung (1. Gang = 3,87; 2. Gang = 2,25; 3. Gang = 1,44; 4. Gang = 1; Rückwärtsgang = 5,59).
Anhängerkupplung: 13polige Steckdose mit abgesichertem Dauerplus (Sicherung in Kästen vor Sicherungskasten) und mit Anschluß für Nebelschlußleuchte.
Bremsen: Das Antiblockiersystem (ABS) jetzt serienmäßig.
Aschenbecher: Muß zum Öffnen nur noch angetippt werden.
Außenspiegel: Rechts serienmäßig.
Motorhaube: Hintere Versteifung wegen beheizter Scheibenwaschanlage geändert.
Zentralverriegelung: Verstärkte Versorgungspumpe.
Scheibenwaschanlage: Jetzt serienmäßig komplett beheizte Waschanlage. Der Waschwasserbehälter wird mit Kühlmittel beheizt, die Schläuche und die Düsen elektrisch. Ein Thermoventil sorgt für eine gleichbleibende Wassertemperatur von + 20–30 °C. Die elektrische Beheizung schaltet unter + 5 °C ein (Stromaufnahme ca. 5 Ampere).
Airbag mit Gurtstraffern: Jetzt Fahrer- und Beifahrer-Airbag mit Gurtstraffern erhältlich. Der Beifahrer-Airbag ist anstelle des Handschuhfaches eingebaut. Fehleranzeige über Prüfkupplung für Diagnose. Gurtschlösser mit Kontaktschaltern.

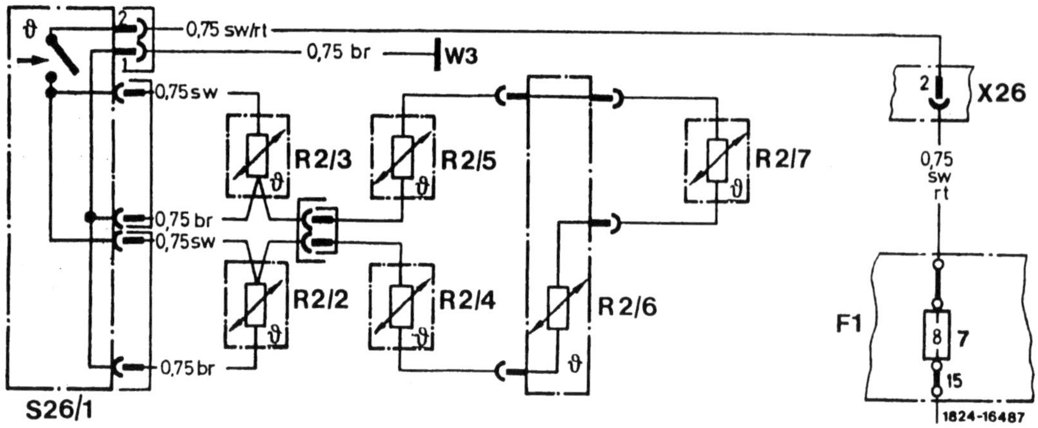

Schaltplan beheizte Scheibenwaschanlage

F1	Sicherungs- und Relaiskasten Sicherung Nr. 7, Klemme 15	R2/6	Rückschlagventilbeheizung
R2/2	Waschdüsenbeheizung, links	R2/7	Pumpenschlauchbeheizung
R2/3	Waschdüsenbeheizung, rechts	S26/1	Thermoschalter-Waschdüsenbeheizung
R2/4	Waschdüsenschlauchbeheizung, links	W3	Masse, Radlauf links
R2/5	Waschdüsenschlauchbeheizung, rechts	X26	Steckverbindung Innenraum-Motorleitungssatz

September 1989

Die mittlere Mercedes-Klasse, die Typenreihe W124, wird um die Modelle 300 E-24, 300 CE-24 und 300 TE-24 erweitert. Sie werden von einem 24-Ventil-Motor mit verstellbarer Einlaßnockenwelle angetrieben (Leistung 162 kW bzw. 220 PS). Die RÜF-Ausführungen entfallen – es werden nur noch optimierte KAT-Motoren eingebaut.

Besonderheiten Motor 104.980: Als Basis dient der Motor 103. Neu sind der Zylinderkopf mit Vier-Ventil-Technik und Tassenstößeln sowie die zwei obenliegenden Nockenwellen, angetrieben über eine Doppelrollenkette. Die Einlaßnockenwelle kann in Richtung »spät« oder »früh« verstellt werden. Die Zündkerze mit Flachsitz ist in der Brennraummitte angeordnet. Die EZL-Zündanlage ist um eine umfangreiche, zylinderselektive Antiklopfregelung erweitert. Die Steuergeräte der Motorsteuerung besitzen alle Fehlerspeicher, die im Beanstandungsfall in der Werkstatt ausgelesen werden können.

Der mechanisch/hydraulisch wirkende Einlaß-Nockenwellen-Versteller verdreht die Nockenwelle bei laufendem Motor um 34° Kurbelwellenwinkel in Richtung »früh« und wieder zurück. Die Ansteuerung erfolgt vom Steuergerät der Einspritzung über einen Stellmagnet. Im Leerlauf wird auf »spät« geschaltet, durch die kürzere Ventilüberschneidung verbessert sich der Leerlauf. Von ca. 1000/min bis max. 5000/min (lastabhängig) wird auf »früh« geschaltet, dadurch steigt das Drehmoment. Ab 5000/min wird wieder auf »spät« geschaltet – die Füllung verbessert sich (Nachladeeffekt).

Der Temperaturfühler ist jetzt vierpolig. In ihm sind zwei voneinander unabhängige Temperaturfühler (NTC) diagonal eingebaut. Die Widerstandswerte sind mit der bisherigen Ausführung identisch. Ein Temperaturfühler ist für die EZL-Zündanlage (Buchse 1 und 3) und einer für die KE-Einspritzanlage (Buchse 2 und 4).

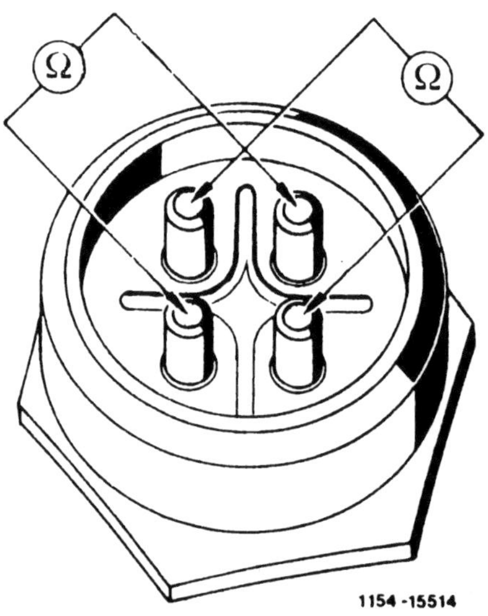

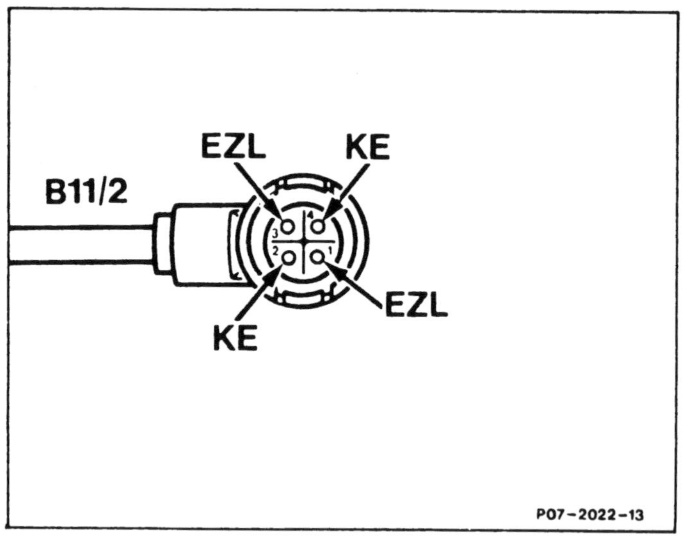

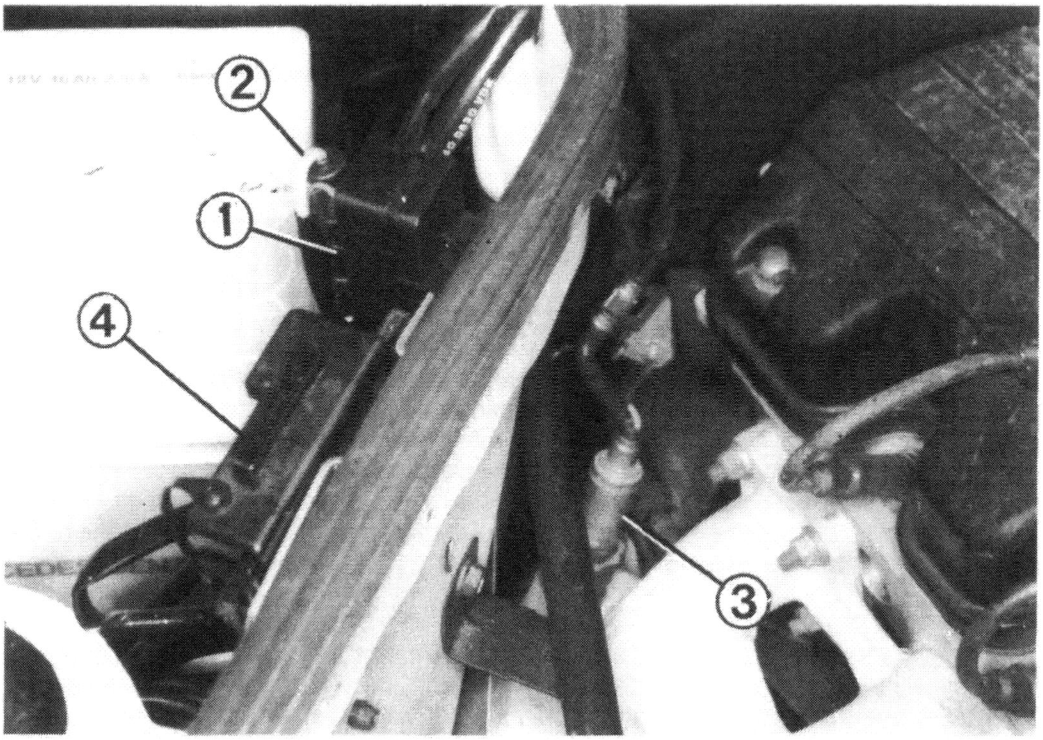

Vierzylindermotoren ab 9/89 mit Lambdasonde (3) im Auspuffkrümmer. Die Steckverbindung der Leitungen zur Lambdasonde ist neben der Batterie zu finden. Es bedeuten: 1 – zweipolige Steckverbindung für Sondenheizung; 2 – runder Stecker mit Lambdasondensignal; 4 – Prüfkupplung für Diagnose von Einspritzung, Klimaanlage, Airbag, ASD, ASR.

Das Steuergerät der Einspritzung besitzt 55 Anschlüsse, gesteuert werden u. a.: Kaltstartventilansteuerung, Kraftstoffverdunstungsanlage, Nockenwellenverstellung, Datenaustausch mit Zündschaltgerät, Diagnose mit Fehlerspeicher, Leerlaufstellerüberwachung, Höchstgeschwindigkeitsregelung, Lufteinblasung, Leerlaufdrehzahl (650–750/min).
Der Systemdruck der Einspritzung beträgt 6,2–6,4 bar.
Alle KAT-Motoren: Am Zylinderkopf entfällt die Quetschkante, damit ein »offener« Brennraum entsteht. Dadurch weniger Kohlenwasserstoffe im Abgas. Kolben mit kalottenförmiger Erhebung.
2 E-E-Vergaser: Geändertes Steuergerät und Änderungen am Vergaser. Zur Steuerung der jetzt eingebauten Abgasrückführung erhielt der Vergaser einen Unterdruckanschluß für das Abgasrückführungsventil. Im Auspuffkrümmer sind das Abgasrückführungsventil und die Lambdasonde eingeschraubt. Die Abgasrückführung erfolgt zwischen + 35 und + 70 °C Kühlmitteltemperatur, aber nicht im Leerlauf und bei Vollgas. Dadurch können die Stickoxyde im Abgas weiter verringert werden.
Vierzylinder-Einspritzung: Steuergerät nur noch für KAT-Ausführungen. Teilfunktionen modifiziert. Schaltpläne geändert.
Die Lambdasonde ist jetzt »motornah« im Auspuffkrümmer eingeschraubt, dadurch erreicht sie schneller ihre Betriebstemperatur. Fehler in der Einspritzung werden zusätzlich zur Fehlerdiagnose über Tastverhältnis im Steuergerät gespeichert und können an der Prüfkupplung für Diagnose ausgelesen werden. Nach dem Kaltstart ist die Leerlaufdrehzahl für maximal 30 Sekunden erhöht und das automatische Getriebe schaltet später in den 3. Gang. Beide Maßnahmen lassen den Katalysator schneller seine Betriebstemperatur erreichen. Um die Gemischbildung bei kaltem Motor zu verbessern, wird zwischen Saugrohr und Zylinderkopf ein Vorwärmflansch eingebaut. Die Stromaufnahme beträgt über 21 A, bis ca. + 60 °C Kühlmitteltemperatur erreicht sind.
Kraftstoffpumpenrelais: Es schaltet die Heizung für die Lambdasonde erst ab + 20 °C Kühlmitteltemperatur ein, um Risse in der Lambdasondenkeramik besser auszuschließen.
Kühlmitteltemperaturfühler: Jetzt in vierpoliger Ausführung. Die Anschlüsse für die beiden NTC-Widerstände sind diagonal angeordnet.
Temperaturfühler für Ansaugluft: Der Fühler am Luftfilter meldet jetzt sein Signal zum EZL-Zündschaltgerät (anstelle Einspritzung). Ab + 32 °C wird der Zündzeitpunkt immer weiter Richtung »spät« verstellt.
Zweimassenschwungrad: Alle Typen über 2 Liter Hubraum werden bei Schaltgetriebe damit ausgerüstet. Durch dieses Schwungrad wird ein hohes Maß an Laufruhe erreicht. Durch den Einbau des Zweimassenschwungrades wurden auch Änderungen an Kupplung, Kupplungspedal, Getriebe und den Hinterachswellen erforderlich.
Automatisches Getriebe: Der Steuerdruckzug wird an seiner Einstellschraube jetzt so eingestellt, daß sich die Zeiger an den Regulierhebeln gegenüberstehen. Die Mittelschaltung wird gegen unbefugtes Bedienen mit einer Parksperrenverriegelung ausgestattet. Dazu werden Zündschloß und Bremspedal über Seilzüge mit der Mittelschaltung verbunden. Aus der P-Stellung kann der Wählhebel nur bewegt werden, wenn das Bremspedal gedrückt ist und der Zündschlüssel auf Stellung »1« steht. Zum Abziehen des Zündschlüssels muß die P-Stellung gewählt werden. Beim 300 CE-24 wird erstmals ein automatisches 5-Gang-Getriebe verwendet.

Hinterachse: Um die Fahrleistungen zu verbessern und aus geräuschlichen Gründen sind die Hinterachsübersetzungen teilweise verändert.
Bremsen, Modelle mit 24-Ventil-Motor: Vorn sind 4 Kolben-Festsattel-Bremsen eingebaut. Der 300 TE-24 hat hinten innenbelüftete Scheibenbremsen.
Ausstattung: Armaturenbrett und Türverkleidungen mit Holzzierstab, Handschuhfachklappe mit Dämpfer und Fertighimmel (nicht bei T-Modellen). Schwingungskomfort und Seitenhalt der vorderen Sitze sind durch die Integration von PUR-Schaumelementen in den Stahlfederkern verbessert. Ein zusätzlicher Bügel im verstärkten Lehnenrahmen unterstützt die Seitenstabilität. Das hintere Sitzkissen besteht jetzt aus Vollschaum. Die vorderen Sicherheitsgurte sind mit verstellbarem Umlenkpunkt ausgestattet.
Komfortbetätigung für Fensterheber und Schiebedach: Wird der Schlüssel im Schloß der Vordertüren oder im Kofferraum ca. 1 Sekunde auf »Schließen« gehalten, schließen sich Schiebedach und Fenster automatisch. Die Fenster öffnen bis zur Endlage, wenn der jeweilige Schalter über seinen Druckpunkt »Öffnen« betätigt wird.
Außenverkleidungen: Seitenverkleidungen aus Polyurethan-Kunststoff decken die untere Hälfte der Türen bzw. der Karosserie zwischen den Radausschnitten ab. Stoßfänger- und Seitenverkleidungen sind passend zur Wagenfarbe lackiert. Auf der Oberseite der Verkleidungen befinden sich schmale Zierleisten aus Edelstahl. Türgriffe außen und Einstiegsbleche in den Türausschnitten mit Chromleisten. Das Außenspiegelgehäuse ist lackiert. Die Radkappen erhalten einen verchromten Mercedes-Stern und Außenring.

Februar 1990

Die Antriebs-Schlupfregelung (ASR) ist für alle Modelle mit Sechszylindermotor als Sonderausstattung erhältlich. Das automatisch arbeitende System verbessert Anfahr- und Beschleunigungsvermögen und die Fahrstabilität. Dazu wird das Motordrehmoment den jeweiligen Kraftübertragungsmöglichkeiten der Räder angepaßt, wenn zuviel Gas gegeben wird. Ein durchdrehendes Antriebsrad wird über den Bremsmomentregelkreis über die jeweilige Radbremse abgebremst. Ist die Motorkraft zu hoch, schließt die Drosselklappe unabhängig von der Gaspedalstellung (elektronisches Fahrpedal). Über einen Schneekettenschalter im Armaturenbrett kann das ASR teilweise ausgeschaltet werden, um sich z. B. aus einer Schneeverwehung »freizufräsen«.
Das Modell 200 mit 2E-E-Vergaser läuft aus.

Mai/Juni 1990

Der Tempomat ist als Sonderausstattung auch für Schaltgetriebe lieferbar. Ein Schalter am Kupplungspedal schaltet den Tempomat beim Auskuppeln ab.
90-Liter-Tank als Sonderausstattung möglich (nicht T-Modell). Im Kombiinstrument entfällt die ungenaue Kraftstoffverbrauchsanzeige.

Fahrer- und Beifahrerairbag

- A1e15 Kontrolle RS (Airbag/RS/SRS)
- N2/2 Steuergerät Gurtstraffer mit Airbag
- R12/1 Zündpille Gurtstraffer, Sitz, links
- R12/2 Zündpille Gurtstraffer, Sitz, rechts
- R12/3 Zündpille Airbag/Fahrer
- R12/4 Zündpille 1 Airbag (Beifahrer)
- R12/5 Zündpille 2 Airbag (Beifahrer)
- S68/3 Schalter Gurtschloß/Airbag, Gurtstraffer, Fahrer
- S68/4 Schalter Gurtschloß, Beifahrer, Gurtstraffer
- X92 Prüfkupplung für Diagnose 8polig (Blinkcode)

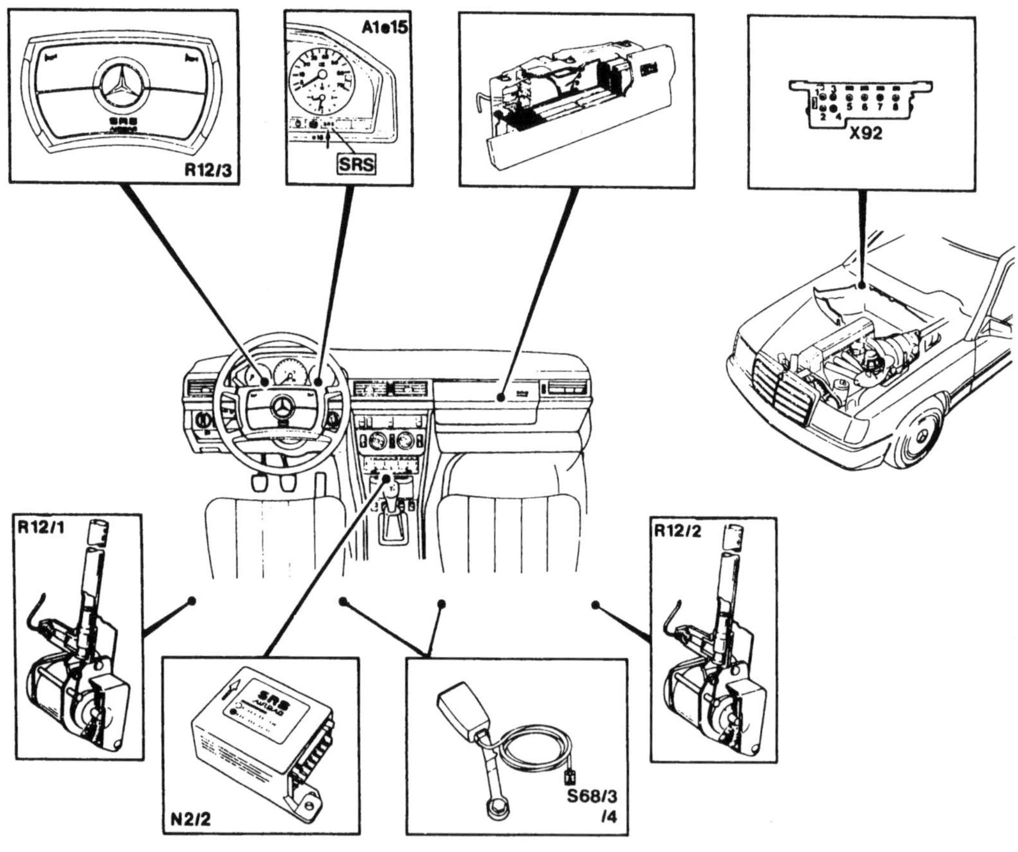

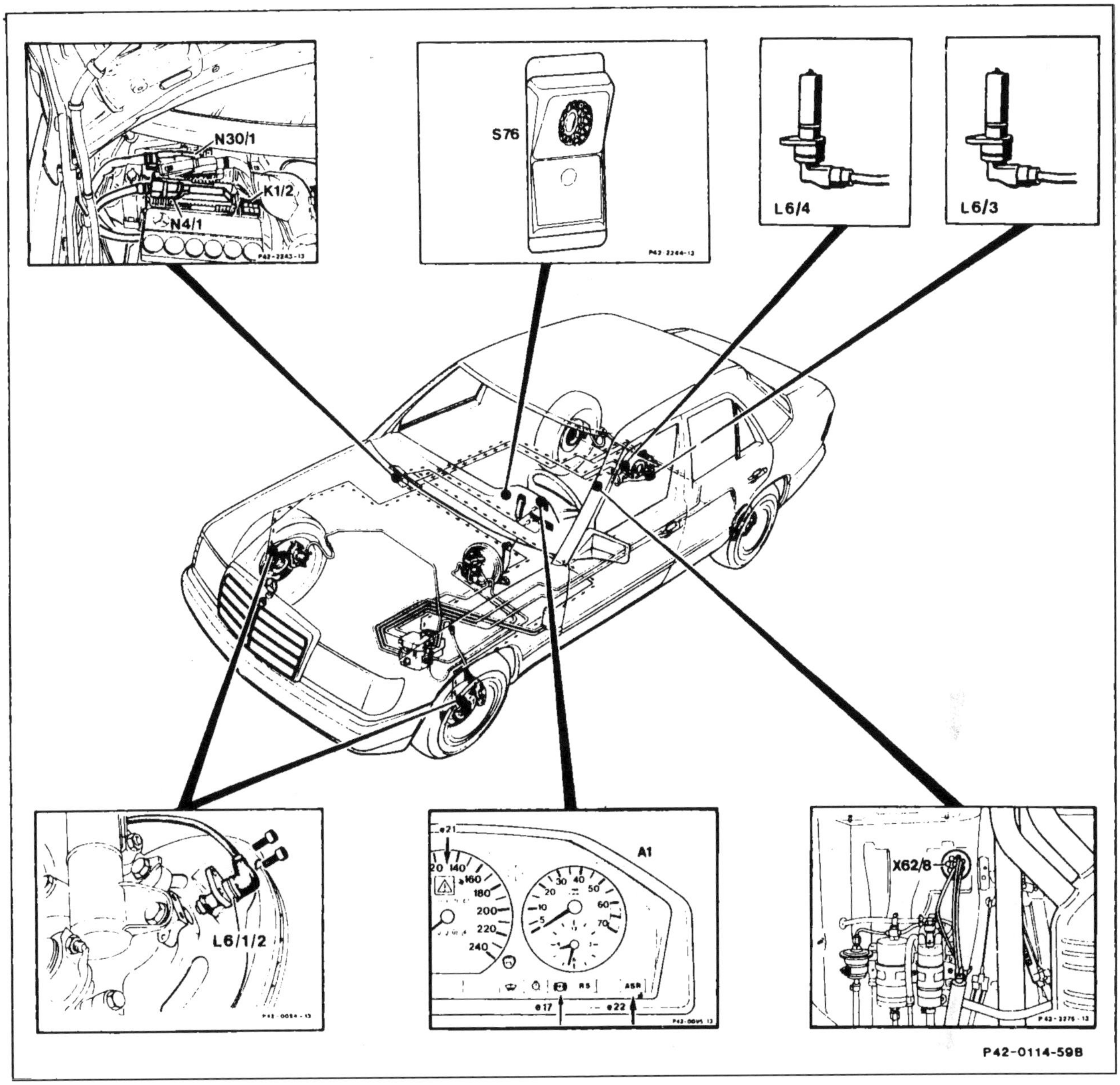

Einige Bauteile bei ASR:

A1e17 Kontrolleuchte ABS
A1e21 Funktionsanzeige ASR
A1e22 Kontrolleuchte ASR
K1/2 Relais Überspannungsschutz
L6/1 Drehzahlgeber vorne links
L6/2 Drehzahlgeber vorne rechts
L6/3 Drehzahlgeber hinten links
L6/4 Drehzahlgeber hinten rechts
N30/1 Steuergerät ABS/ASR
S76 Schlupfschwellenschalter ASR mit Anzeigenleuchte
X62/8 Steckverbindung Hinterachse-Verteiler

Im Herbst 1990 wird der Motorraum der Modellreihe W 124 maximal gefüllt. Im 500 E ist ein Achtzylinder-V-Motor mit vier obenliegenden Nockenwellen und mit Vierventil-Technik eingebaut. Die 240 kW (326 PS) gelangen über ein automatisches Getriebe zur Hinterachse. Die serienmäßige ASR zügelt die gewaltige Kraft. Im Oktober 1993 kommt der 400 E ebenfalls mit Achtzylindermotor hinzu. Er leistet 205 kW (279 PS).

Juni 1991
Der Typ 260 E 4MATIC ist nicht mehr lieferbar. Leichtmetallräder können mit 8-Loch-Design bestellt werden. Neue Lenkräder im S-Klasse-Design. Alle Motoren mit KE-Einspritzung und Automatik erhalten eine geänderte Schaltpunktanhebung. Dabei wird der Schaltpunkt 2→3 um max. 80 Sekunden angehoben. Der Motor dreht dadurch höher und der Katalysator wird schneller heiß.

Oktober 1992
Alle Modelle erhalten neue Motoren (siehe Kapitel »Motoren mit Vierventil-Technik«). 400 E mit 8-Zylinder-Motor lieferbar. Bei Automatik werden andere Getriebe und damit Schaltpunkte gültig.
Als Sonderausstattung kommt ein automatisch abblendender Innenrückspiegel ins Programm. Dieser erfaßt mit je einer Fotozelle das Licht vorne sowie das Licht hinten. Stufenlos wird der Reflexionsgrad zwischen 6 und 80% gesteuert. Mit einem Schalter am Spiegel kann auch aufgeblendet werden, wenn man z.B. beim Rückwärtsfahren mehr im Spiegel erkennen will. Der Außenspiegel links ist elektrisch einstellbar.
Serienmäßig sind Fahrer-Airbag, Fünfgang-Getriebe und Zentralverriegelung eingebaut. Auf Wunsch ist eine Infrarot-Fernbedienung zur Zentralverriegelung lieferbar.

Juli 1993
Mit geändertem Erscheinungsbild präsentieren sich alle Modelle unter der neuen Modell-Bezeichnung »E-Klasse«. Durch eine neue Motorhaube und Neugestaltung der Heckpartie ergibt sich ein einheitliches Erscheinungsbild mit C- und S-Klasse. Am einfachsten erkennt man die neuen Modelle am »Stern«, er steht jetzt im lackierten Teil der Motorhaube und nicht mehr im Kühlergrill. Die Scheinwerfer sind in der Form der neuen Motorhaube angepaßt. Die Blinkleuchtengläser sind transparent, jedoch mit gelben Glühlampen ausgestattet. Die Heckleuchte ist rot/weißgrau eingefärbt.

Für Cabriofreunde steht jetzt das viersitzige Cabrio E 220 zur Verfügung. Im bisherigen 300 CE Cabrio kommt der neue Sechszylinder mit 3,2 Liter Hubraum zum Einsatz. Beide Cabrios sind serienmäßig mit elektrischer Verdeckbetätigung und Überrollschutz sowie einem wärmeisolierten Ganzjahresverdeck ausgestattet. Mit Einführung der neuen Modellnamen werden die Wartungsintervalle auf 15 000 bzw. 30 000 km verlängert.
Bei Automatik wird immer im 1. Gang angefahren. Federung, Dämpfer, Hinterachsübersetzungen sind teilweise geändert. Unter dem Lenkrad erfolgt die elektrische Verbindung zu Hupe und Airbag anstelle der Schleifkontakte jetzt über eine Kontaktspirale. Neue Mercedes-Radios mit vier Endstufen und Überblendregler. Neu entwickeltes Steuergerät für Airbag und Gurtstraffer. Der Beifahrer-Airbag wird Serienumfang.

Dezember 1994
Die E-Klasse bietet nunmehr 32 Varianten. Neuestes Modell ist das 200 E Coupé. Alle Coupés sind serienmäßig mit elektrischen Fensterhebern vorn, wärmedämmendem Glas, elektrischen Gurtbringern und Zentralverriegelung mit Infrarot-Fernbedienung ausgestattet.

Januar 1995
Seit Jahresbeginn verlangen die Versicherungen einen elektronischen Diebstahlschutz, der direkt in die Motorsteuerung eingreift. Unsere Modelle erhalten hierzu eine Zentralverriegelung mit Wegfahrsperre, die nur über eine Infrarotfernbedienung geöffnet oder geschlossen werden kann.

Datenbank

Beinahe alle Angaben über ein Auto lassen sich in irgendeiner Form in Zahlen wiedergeben, man nennt das »Technische Daten«. Dazu gehören auch die Kurzbeschreibung von Motor, Fahrwerk und Elektrik. Nachdem ein Fahrzeug die sogenannte Typprüfung bestanden hat (dabei wird geprüft, ehe der erste Wagen verkauft werden darf, ob das Modell den Zulassungsbestimmungen entspricht), werden die meisten dieser Angaben in der allgemeinen Betriebeserlaubnis (kurz: ABE) behördlich registriert. Änderungen an Motor, Fahrwerk oder Karosserie sind dann nur mit amtlichem Segen zulässig. **Neue Motoren ab 10/92 siehe ab Seite 262.**

Modell	**200**	**200 T**	**200 E**	**200 TE**	**230 E**	**230 E[1])**	**230 CE**	**230 TE**	**260 E**	**260 E[1])**
Typ	124.020	124.080	124.021	124.081	124.023	124.004	124.043	124.083	124.026	124.007
Motor	102.922	102.922	102.963	102.963	102.982	102.982	102.982	102.982	103.940	103.940

Modell	**260 E 4MATIC**	**300 E**	**300 E-24**	**300 E 4MATIC**	**300 CE**	**300 CE-24**	**300 TE**	**300 TE-24**	**300 E 4MATIC**
Typ	124.226	124.030	124.031	124.230	124.050	124.051	124.090	124.091	124.290
Motor	103.943	103.983[2])	104.980	103.985	103.983	104.980	103.983	104.980	103.985

[1]) Spezialaufbau mit 65 cm längerem Radstand.
[2]) Bis 9/85 mit Motor 103.980 (ohne KAT).

Motoren bis 10/92

Motortypnummer		102.922	102.982	103.940	103.983[1])
Motorbauart		wassergekühlter Otto-Reihenmotor, 15° geneigt eingebaut			
Zylinderanzahl		4	4	6	6
Bohrung	mm	89	95,5	82,9	88,5
Hub	mm	80,25	80,25	80,25	80,25
Hubraum effektiv	cm^3	1997	2299	2599	2962
Motorleistung kW (PS) bei 1/min					
Std.-Ausführung:		80 (109)/5200	100 (136)/5100	–	140 (190)/5600[1])
RÜF-Ausführung:		80 (109)/5500	100 (136)/5100	122 (166)/5800	138 (188)/5700
KAT-Ausführung:		77 (105)/5500	97 (132)/5100	118 (160)/5800	132 (179)/5700
Drehmoment max. Nm bei 1/min					
Std.:		170/2500	205/3500	–	260/4250[1])
RÜF:		165/3000	205/3500	228/4600	260/4400
KAT:		160/3000	198/3500	220/4600	255/4400
Höchstdrehzahl	1/min	6200 ±50	6200 ±50	6150 ±50	6550 ±50
Verdichtung/Kraftstoff[2])					
Std.:		9,1/Super verbleit[3])	9/Super verbleit[3])	–	10/Super verbleit[3])
RÜF:		9,1/Super bleifrei	9/Super bleifrei	9,2/Super bleifrei	9,2/Super bleifrei
KAT:		9,1/Super bleifrei	9/Super bleifrei	9,2/Super bleifrei	9,2/Super bleifrei
Zündanlage					
Std.:		TSZ	TSZ	–	EZL
RÜF/KAT:		EZL	EZL	EZL	EZL
Zündfolge		1–3–4–2		1–5–3–6–2–4	
Zündkerzen		Seite 132			

[1]) bis 9/85 mit Motor 103.980 ohne Lambda-Regelung
[2]) bei max. Frühzündung, siehe Seiten 130, 135 und 144; Verbrauch siehe Seite 71
[3]) Super bleifrei ROZ 95 möglich, nach Anpassung des Zündzeitpunktes
[4]) Werte bis 3/86 mit Nockenwellen-Kennzahl 18

Modell		200/T	230 E/TE/CE	260 E	300 E/TE/CE
Gemischaufbereitung					
Std.:		Stromberg-Vergaser	Bosch KE-Einspritzanlage, Steuergeräte ohne Lambda-Regelung		
RÜF/KAT:		2-E-E-Vergaser	Bosch KE-Einspritzanlage mit Lambda-Regelung, bei RÜF ausgeschaltet		
Ventilsteuerung		Durch obenliegende Nockenwelle über Kipphebel auf Ventile. Der Nockenwellenantrieb erfolgt mit einer Einfach-Steuerkette mit hydraulischem Rastenkettenspanner. Die Kipphebel sind mit hydraulischem Ventilspielausgleich ausgestattet.			
Steuerzeiten					
Einlaßventil	öffnet nach OT		11°	11,5°	[11,5°] 4)
Einlaßventil	schließt nach UT		17°	19,5°	[17,2°]
Auslaßventil	öffnet vor UT		32°	21,7°	[18,6°]
Auslaßventil	schließt vor OT		13°	13,6°	[13,7°]
Ventilteller-Durchmesser					
Einlaßventil	mm	43	46	40	43
Auslaßventil	mm	39	39	35	39
Ventilsitz-Winkel			46°	43° 52′	
Ventilschaft-Durchmesser					
Einlaßventil	mm	8			
Auslaßventil	mm	9			
Ventilsitz-Breite					
Einlaßseite	mm	1,8–2,5			
Auslaßseite	mm	1,5–2,5			
Schmiersystem		Druckumlaufschmierung mit Ölfilter-Wechselpatrone, Druckbegrenzung auf ca. 5,3 bar, Umgehungsventil für Ölfilter			
Ölpumpe		Sichelölpumpe vorn an Kurbelwelle		Zahnradölpumpe über Kette von Kurbelwelle angetrieben	
Ölfüllmengen mit Filterwechsel	l	5	5	6	6
Differenz zwischen den Ölpeilstabmarkierungen	ca. l	2,0			
Motorölverbrauch	l/1000 km	max. 1,5			
Mindest-Öldruck					
im Leerlauf	bar	0,3			
bei 3000/min	bar	3			
Kühlsystem		Wasserumlaufkühlung mit Flügelradpumpe, Thermostatregelbereich von 85 °C bis 100 °C			
Lüfter		Elektromagnetische Lüfterkupplung schaltet bei 100 °C		Visko-Lüfterkupplung	

Kraftübertragung

		200/T	230 E/TE/CE	260 E	300 E/TE/CE
Kupplung		Hydraulisch betätigte Einscheiben-Trockenkupplung			–
Belagdicke neu	mm	3,8–4,0 (pro Belag)			
Verschleißgrenze	mm	1,8–2,0 (pro Belag)			
Kupplungsscheiben-Dicke					
neu	mm	9,5–10,5		10,0–10,9	
Übersetzungsverhältnisse					
4-Gang-Schaltgetriebe		3,91–2,17–1,37–1; R–3,78			
5-Gang-Schaltgetriebe		3,91–2,17–1,37–1–0,78; R–4,27		3,86–2,18–1,38–1–0,8; R–4,22	
Automatikgebriebe		4,25–2,41–1,49–1; R–5,67		3,68–2,41–1,44–1; R–5,14	
Hinterachsübersetzungen					
Limousine		3,42	3,27	3,27	3,07
T-Modell		3,64	3,46	–	3,27
Coupé		–	3,27	–	3,07

Fahrwerk

Vorderachse	Dämpferbein-Vorderachse mit Bremsmomentabstützung, Schraubenfedern auf Dreiecksquerlenker, Gasdruckstoßdämpfer, Drehstabilisator
Hinterachse	Raumlenker-Hinterachse mit Anfahr- und Bremsmomentabstützung, Schraubenfedern, Gasdruckstoßdämpfer, Drehstabstabilisator, Niveauregulierung bei Kombi serienmäßig
Bremsanlage	Hydraulische Zweikreis-Anlage mit Bremskraftverstärker, Faustsattel-Scheibenbremsen vorn, Festsattel-Scheibenbremsen hinten, Feststellbremse auf Backenbremse in der hinteren Bremsscheibe wirkend, auf Wunsch Antiblockiersystem
Servolenkung	Servolenkung mit veränderlicher Übersetzung und Unterstützung in Abhängigkeit vom Lenkwinkel, Lenkungsdämpfer

Modell		200/T	230 E/TE/CE	260 E	300 E/TE/CE

Elektrische Anlage

Batterie		12 Volt/62 Ah			
Lichtmaschine		Bosch 14 V/55 A (ohne Klimaanlage) Bosch 14 V/70 A (mit Klimaanlage)		Bosch 14 V/70 A	
Reglerbezeichnung		EL 14 V 4 B			
Regelspannung		13,0–14,5 V bei 3000/min an Batterie (Verbraucher ausgeschaltet)			
Anlasser		DW 12 V 1,4 kW		DW 12 V 1,7 kW	

Maße und Gewichte

Radstand	mm	2800; Coupé 2715			
Spurweite vorn/hinten	mm	1497/1488			
Länge	mm	4740 Limousine; 4765 Kombi; 4655 Coupé			
Wendekreis	m	11,2; 10,92 Coupé			
Dachlast	kg	100			
Kofferraum-Zuladung	kg	100			
Leergewicht ohne Sonderausstattung	kg	1280/1400	1310/1420/1340	1370	1370/1480/1390
Zulässiges Gesamtgewicht	kg	1800/2020	1830/2040/1790	1890	1890/2090/1840
Anhängelast					
gebremst	kg	1500/1900/2100			
ungebremst	kg	700–750 Limousine; 750 Kombi			

Füllmengen

Tank/davon Reserve	ca. l	70/9 Limousine, 72/10 Kombi, 90/11 Sonderausstattung Limousine
Kühlsystem mit Heizung	ca. l	8,0
Bremsanlage mit Kupplungsbetätigung (DOT 4)	ca. l	0,35
Mechanisches Getriebe (ATF)	ca. l	1,3 (4-Gang); 1,5 (5-Gang)
Automatisches Getriebe nach Ölwechsel (ATF)	ca. l	5,5–6,0
Niveauregulierung (Hydrauliköl)	ca. l	2
Hinterachsgetriebe (Hypoidgetriebeöl SAE 90)	ca. l	0,7 bei Modell 200/T; sonst 1,1
Servolenkung (ATF)	ca. l	0,6

Mercedes-Benz Abkürzungen

Jeder Auto-Verfertiger hat so seine eigene Haussprache. Die Tabelle nennt die »Hausabkürzungen« von Mercedes.

AB Airbag
ABS Antiblockiersystem
ABW Abstandswarner
ADA Atmosphärendruckabhängiger Vollastanschlag
ADS Adaptives Dämpfungssystem
AG Automatisches Getriebe
AHV Anhängevorrichtung
AKR Antiklopfregelung
ALDA Atmosphärische Ladedruckanpassung
ARA Antiruckelaufschaltung
ARF Abgasrückführung
ASD Automatisches Sperrdifferential
ASR Antriebs-Schlupfregelung
BAE Basis-Auslöseeinheit
CAN Control Area Network (Datenbus/CAN BUS)
EAG Elektronische Steuerung für automatisches Getriebe (5-Gang)
EDR Elektronische Dieselregelung
EDS Elektronisches Dieselsystem
EDW Elektronische Diebstahl-Warnanlage
EFP Elektronisches Fahrpedal
ELR Elektronische Leerlaufdrehzahlregelung
ERE Elektronisches Reiheneinspritzsystem
ESL Elektrische Spiegel-, Lenksäulenverstellung, Spiegelheizung
ESP Electronic Stability Programm
ESV Elektrische Sitzverstellung
ETS Elektronisches Traktionssystem
EVE Elektronisches Verteilereinspritzsystem
EZL Elektronische Zündanlage mit Zündlinienverstellung
FAN Fanfaren-Signalanlage
FBS Fahrberechtigungssystem
FSA Freisprechanlage
GES Geschwindigkeitssignal
GUB Gurtbringer
GUS Gurtstraffer
HAU Heizungsautomatik
HFM Heißfilm-Motorsteuerung
HPF Hydropneumatische Federung
IFZ Infrarot-Fernbedienung für Zentralverriegelung
KAF Kopfstützenabsenkung im Fond
KAT Katalysator
KFB Komfortbetätigung
KI Kombi-Instrument
KLA Klimatisierungsautomatik
KW Kurbelwinkel
LL Linkslenker
LLR Leerlaufregelung
LS Servo-Lenkgetriebe
MG Mechanisches Getriebe
MRA Motor-Restwärmeanlage
NV Niederverdichtet
OSL Orthopädische Sitzlehne
OT Oberer Totpunkt
PLA Pneumatische Leerlaufanhebung
PML Parameterlenkung
PMS Druck-Motorsteuerung
PSE Pneumatische Steuereinheit
PSV Partielle Saugrohrvorwärmung
RA Reparaturanleitung
RAF Ruß-Abbrennfilter
RFH Rückfahrhilfe
RIV Reglerimpulsverfahren
RL Rechtslenker
RRE Reiserechner
SA Sonderausstattung
SHD Schiebe/Hebedach
SHI Schließhilfe
SIF Sitzheizung Fond
SIH Sitzheizung
SRA Scheinwerfer-Reinigungsanlage
SRS Rückhaltesystem
SRU Saugrohrunterstützung
STH Standheizung
TAU Temperaturautomatik
TEL Telefon
TD Drehzahlsignal (Time Division)
TN Drehzahlsignal
TPM Tempomat
UT Unterer Totpunkt
ZAE Zentrale Auslöseeinheit
ZV Zentralverriegelung

Stichwortverzeichnis

FSC
www.fsc.org
MIX
Papier | Fördert gute Waldnutzung
FSC® C083411

Zeitfracht Medien GmbH
Ferdinand-Jühlke-Straße 7
99095 Erfurt, Deutschland
produktsicherheit@kolibri360.de